W0238292

Gérard Calvat

Ma maison

Les techniques de construction

Tome 2

Ouvrages de l'auteur

Chez le même éditeur

- *La maison de A à Z. Le vocabulaire de la construction*
- *Ma maison. Tome 1 : de la conception à la construction*

Aux éditions Eyrolles

- *Initiation au dessin bâtiment*
- *Lectures de plans bâtiment*
- *Comprendre les plans de votre maison*
- *Perspectives coniques et axonométriques*

Les informations contenues dans cet ouvrage sont aussi complètes et actuelles que possible. Cependant les extraits des textes officiels et règles de l'art présentés ici ne sauraient remplacer les documents originaux auxquels il convient de se reporter dans leur édition la plus récente.

À mon fils, Mathieu

© éditions Alternatives - 5 rue de Pontoise 75005 PARIS, 2007
www.editionsalternatives.com

Présentation de l'ouvrage

Quels matériaux, quels équipements doit-on choisir pour sa future maison ? Il est bien difficile de répondre si l'on ne connaît pas les techniques actuelles de construction. Cet ouvrage vous aidera dans vos choix. Il comprend dix-sept chapitres concernant :

- les travaux de gros œuvre tels que les fondations, les murs, les planchers et la charpente ;
- les ouvrages du second œuvre comme les menuiseries extérieures et intérieures, les vérandas et les escaliers ;
- les différents modes de chauffage et les équipements qui s'y rattachent ;
- les installations électriques.

Un chapitre est également consacré aux composants industrialisés car ces éléments préfabriqués (encadrements de baie, corniches, lucarnes...) sont de plus en plus employés dans les maisons individuelles. Un autre chapitre aborde les différents aspects de l'isolation thermique : modes d'isolation des parois (murs, planchers et combles), ponts thermiques...

L'aspect environnemental des habitations n'est pas oublié : plusieurs fiches, réparties dans l'ouvrage, traitent des maisons à basse consommation, des constructions durables, des labels écologiques... De nombreuses adresses utiles sont regroupées en fin d'ouvrage. Elles concernent les organismes officiels, les industriels et fournisseurs réunis par corps d'état (gros œuvre, charpente et menuiserie, couverture et étanchéité...).

SOMMAIRE DU TOME 1 : DE LA CONCEPTION À LA CONSTRUCTION

Chapitre 1 : les fondations

1.1 Les systèmes de fondations

■ Les fondations sont des ouvrages en béton, enterrés qui transmettent au sol d'assise les charges qu'elles reçoivent. Cette transmission doit s'effectuer dans de bonnes conditions de manière à assurer la stabilité et la durabilité de la construction. Il existe deux principales catégories de fondations :

- les **fondations superficielles** qui sont faiblement enterrées. Leur profondeur d'enfouissement correspond le plus souvent à la profondeur hors gel. Ce type de fondation est mis en œuvre lorsque les couches de terrain capables de supporter la construction sont proches de la surface ;
- les **fondations profondes** qui descendent en profondeur dans le sol. Elles sont mises en œuvre lorsque les couches de terrain en surface n'ont pas la résistance suffisante pour supporter la construction. On distingue deux types de fondations profondes :

  – les **puits** qui sont des massifs en béton, généralement non armé, de 0,80 à 1,50 mètre de côté et de 2 à 3 mètres de profondeur. En maison individuelle, les puits sont reliés entre eux par des longrines en béton armé qui supportent les murs ;

  – les **pieux** qui sont généralement de forme cylindrique et d'une longueur supérieure à 10 mètres. Ils transmettent au sol profond les charges de la construction. Il existe différentes catégories de pieux. Le **pieu préfabriqué** en béton armé est enfoncé dans le sol au moyen d'un dispositif mécanique (par battage ou par fonçage). Le **pieu métallique** se présente sous la forme d'un tube en acier qui, une fois enfoncé à la profondeur souhaitée, est progressivement retiré pour être remplacé par du béton frais. Le **pieu foré** nécessite un forage préalable à l'aide d'une tarière. Le béton est coulé dans la cavité après la mise en place d'armatures de renfort ;

  Ce type de fondations profondes n'est pratiquement pas utilisé pour les maisons individuelles. Seule la technique des **micro-pieux** (diamètre de 25 cm environ et longueur de 2 à 5 mètres) est parfois employée pour réaliser des reprises en sous œuvre de fondations existantes qui s'affaissent ou pour renforcer le soubassement d'une habitation en prévision d'un agrandissement (création d'un étage supplémentaire par exemple).

■ Les **fondations superficielles** transmettent aux premières couches du sol les charges apportées par la construction. On distingue trois types de fondations superficielles (fig. 1.1) :

- la **semelle isolée** située sous un poteau. Elle a la forme d'un plot en béton armé au contour carré ou rectangulaire ;
- la **semelle filante** située sous les murs. En béton armé de section rectangulaire, les semelles filantes

Fig. 1.1 Semelles de fondations

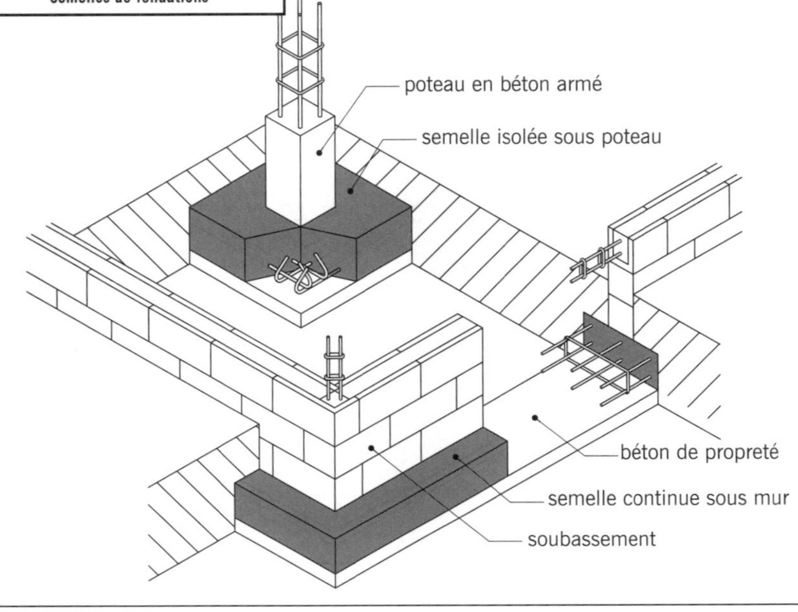

Fig. 1.2 Radier

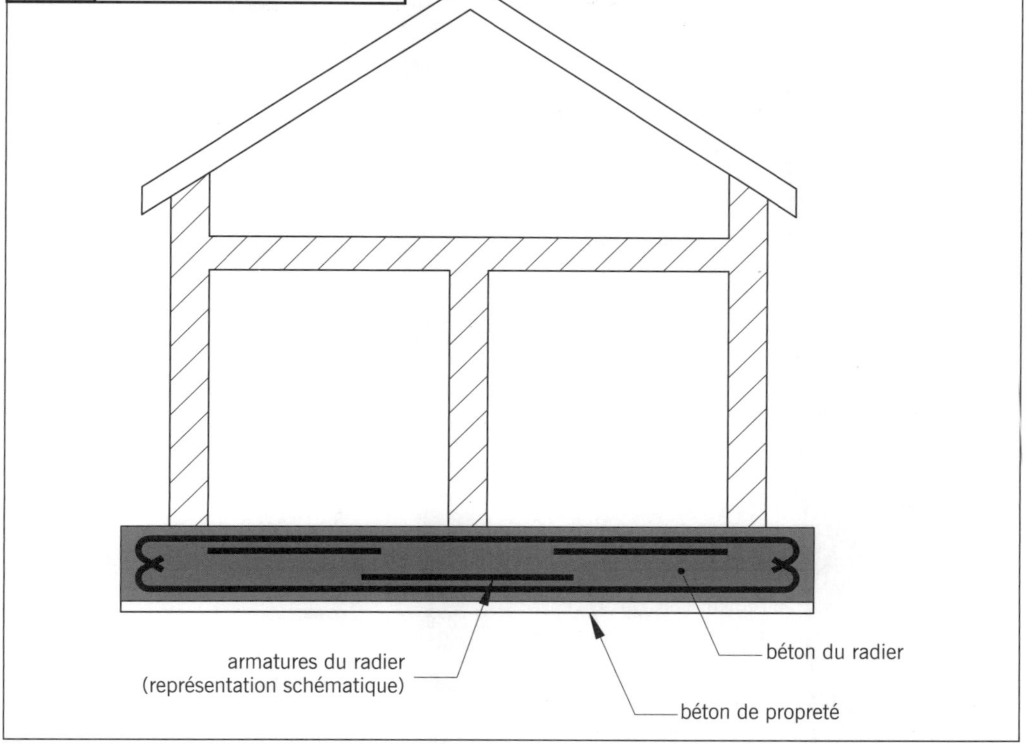

Fig. 1.3 Fondations pas plots et longrines

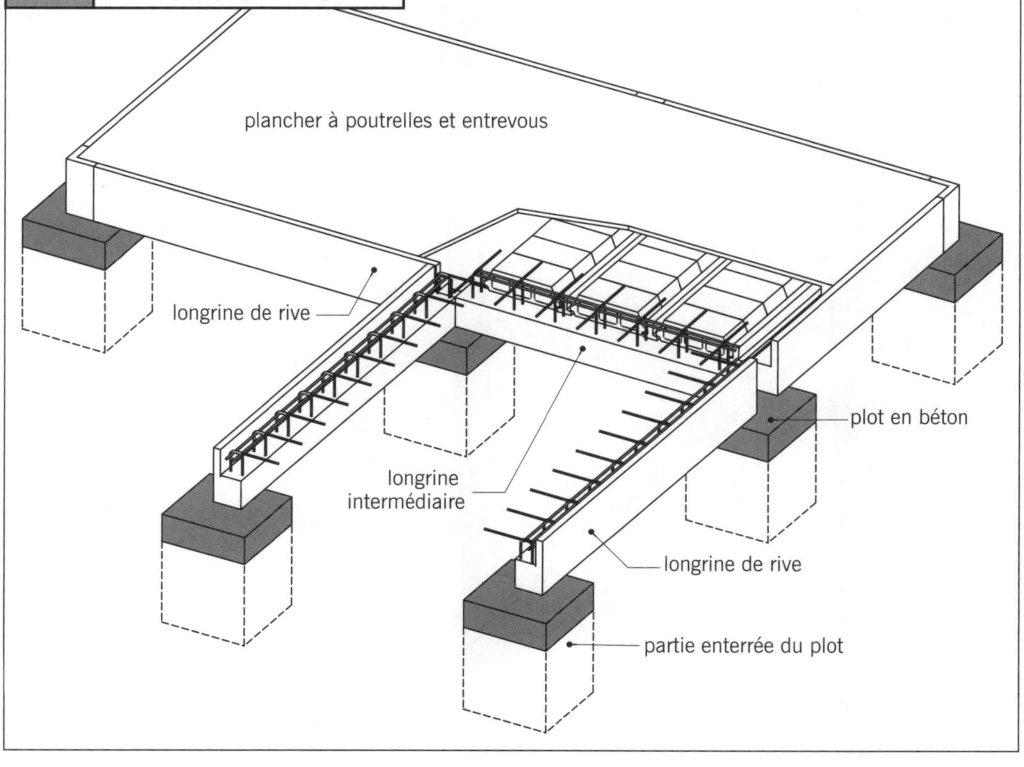

Fig. 1.4 **Longrines**

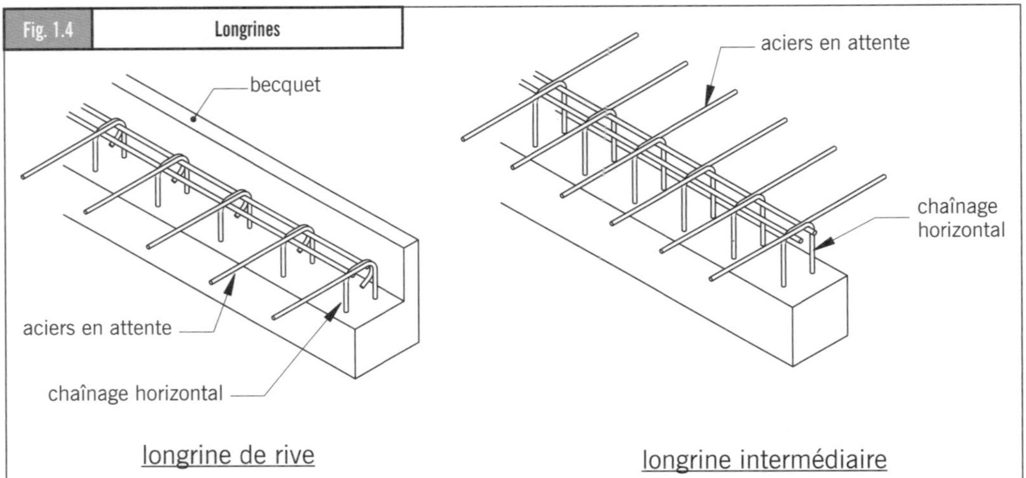

sont dites continues car elles suivent les contours de tous les murs porteurs (murs de façade et de refend).

- Le **radier** situé sous toute l'emprise de la maison est une dalle en béton armé de 20 à 30 cm d'épaisseur (fig. 1.2). Il s'impose, en maison individuelle, quand les couches de sol superficielles manquent de résistance et que le bon sol est trop éloigné de la surface. Un sol très peu résistant conduit à augmenter de manière importante la largeur de semelles, au point que celles-ci, très proches les unes des autres, se recouvrent parfois. Cela revient alors à réaliser une seule et grande semelle en béton armé sous toute la surface de la construction.

■ Le **système plots-longrines** comprend des poutres en béton armé, les **longrines**, et des massifs isolés de fondations, les **plots**, en béton non armé ou faiblement armé (fig. 1.3).

Les longrines sont des éléments préfabriqués en béton armé ou en béton précontraint. Elles prennent appui à leurs extrémités sur les plots. Ce système de fondations est généralement mis en œuvre lorsque le bon sol est situé à une profondeur supérieure à 2 mètres. Les longrines sont le plus souvent associées à un plancher à poutrelles et à entrevous dont elles constituent les appuis. On distingue deux types de longrines (fig. 1.4) :

- la **longrine de rive** ou **longrine périphérique** mise en place sous les murs de façade. Elle est munie d'une partie saillante, le becquet, qui sert de coffrage périphérique à la dalle de compression du plancher ;
- la **longrine intermédiaire** ou **longrine intérieure** mise en place sous les murs de refend.

Les longrines sont munies (comme les poutres) d'une armature longitudinale et d'aciers en attente pour la liaison avec le plancher. Le béton de clavetage qui relie les extrémités de longrines aux plots est coulé en même temps que la dalle du plancher (fig. 1.5).

Fig. 1.5 **Liaison plot-longrines**

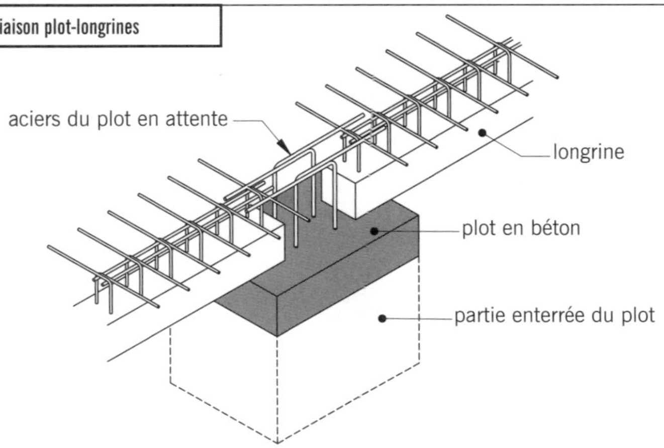

1.2 Le sol de fondation

1 – les caractéristiques du sol de fondation

Il ne faut pas considérer comme seul sol de fondation celui qui est visible en fond de tranchée car l'application d'une charge sur le sol crée des contraintes qui se diffusent en profondeur et qui peuvent éventuellement atteindre des couches moins résistantes.

La **contrainte de calcul du sol** appelée aussi **taux de travail du sol** (1) dépend donc des propriétés physiques et mécaniques du sol directement en contact avec les semelles de fondation mais aussi de celles du sol sous-jacent.

Le tableau ci-dessous donne les valeurs moyennes des contraintes de calcul pour différents types de sol. Ces valeurs sont exprimées en MPa (Mégapascal).

1 MPa = 1 N (Newton)/mm^2.

Pour obtenir l'équivalence en bars (ancienne unité encore couramment utilisée), il faut multiplier par 10 les valeurs exprimées en MPa.

Exemple : 0,15 MPa = 1,5 bar soit environ 15 kg/cm^2 (cette valeur correspond à un taux de travail satisfaisant).

2 – l'étude de sol

L'**étude de sol,** appelée aussi **reconnaissance de sol**, permet de connaître la composition du sol d'assise et de définir ainsi le type de fondations le plus adapté. Elle est réalisée par un bureau d'études géotechniques. Deux types d'essais sont généralement réalisés :

- la résistance du sol est mesurée au moyen d'un **pénétromètre**. Il s'agit d'un petit cylindre métallique qui est enfoncé dans le sol par battage. On compte le nombre de coups nécessaires pour le faire pénétrer sur une profondeur de 10 cm puis, par calculs, on détermine la contrainte admissible du sol ;
- le **carottage** qui consiste à prélever, en profondeur, des échantillons du sol puis à en déterminer la composition exacte en laboratoire.

L'étude de sol est malheureusement considérée le plus souvent comme superflue. Elle devrait pourtant être effectuée chaque fois que la nature du terrain n'est pas parfaitement connue. Le coût d'une reconnaissance de sol standard est de 1 000 à 2 000 € environ. Cette somme, certes non négligeable, doit être comparée aux frais occasionnés en cas de sinistre. La facture de travaux de réparations pouvant être 10 à 20 fois supérieure à ce montant.

■ Pour en savoir plus ■

– Norme XP P 94-011 : sols, reconnaissance et essais. Description. Identification. Dénomination des sols. Terminologie. Éléments de classification (extrait du sommaire : généralités, description d'un sol, identification d'un sol, critères intervenant dans la dénomination des sols, classification d'un sol ou d'un matériau).

– Norme NF P 94-500 : missions géotechniques. Classifications et spécifications (extrait du sommaire : termes et définitions, classifications des missions géotechniques types, modalités générales de réalisation des missions géotechniques).

(1) Appelée aussi : contrainte admissible du sol, capacité portante ou portance du sol.

valeurs moyennes des contraintes de calcul pour différents types de sols	
nature du sol	**contrainte de calcul en MPa (contrainte en bars)**
tourbe	0,008 à 0,02 (0,08 à 0,2)
remblais récents non tassés	0,01 à 0,05 (0,1 à 0,5)
terre végétale	0,03 à 0,10 (0,3 à 1)
remblais anciens stabilisés	0,05 à 0,10 (0,5 à 1)
sables	0,2 à 1 (2 à 10)
argiles (humide à molle)	0,05 à 0,1 (0,5 à 1)
argiles (plastique à sèche compacte)	0,1 à 0,6 (1 à 6)
graviers	0,3 à 1 (3 à 10)
marnes	0,4 à 0,8 (4 à 8)
roches	1 à 4 (10 à 40)

1.3 Le dimensionnement des semelles

1 – La largeur des semelles

■ Pour calculer la largeur d'une semelle de fondation, il faut connaître la totalité des charges qui s'appliquent sur cette semelle. Celles-ci sont calculées selon la méthode (simplifiée) présentée dans le chapitre 10 du tome 1.

En règle générale, on effectue le calcul pour une longueur de mur de un mètre (fig. 1.6). Les valeurs des charges permanentes prises en compte sont soit celles figurant dans la norme NF P 06-004, soit celles obtenues à partir des documentations des fabricants. Les charges d'exploitation ne peuvent pas, sauf cas particulier, être modifiées. Leurs valeurs sont indiquées dans la norme NF P 06-001.

■ Exemple : la charge totale (charges d'exploitation + charges permanentes + coefficient de sécurité) supportée par un mètre de mur de façade d'une maison individuelle est égale à 1 000 daN/mètre. Le taux de travail du sol est de 0,12 MPa (1,2 bar).

La largeur minimale des semelles filantes sous le mur de façade de 20 cm d'épaisseur est égale à :

$10\,000$ (daN/m) : $1{,}2 \times 10^4$ (daN/m^2) $\approx 0{,}83$ m soit 85 cm.

2 – La hauteur des semelles

■ Les semelles de fondations doivent être suffisamment rigides pour que les charges amenées par le mur puissent se diffuser correctement sur toute la largeur de la fondation (fig. 1.7).

Cette condition de rigidité est remplie si :

$$\mathbf{H \geq [(L - M) : 4] + e}$$

H = hauteur des semelles (égal au moins à 20 cm, pour une mise en œuvre aisée du béton).
L = largeur de la semelle
M = épaisseur du mur
e = enrobage des aciers (4 à 5 cm)

Fig. 1.6 Descente de charges

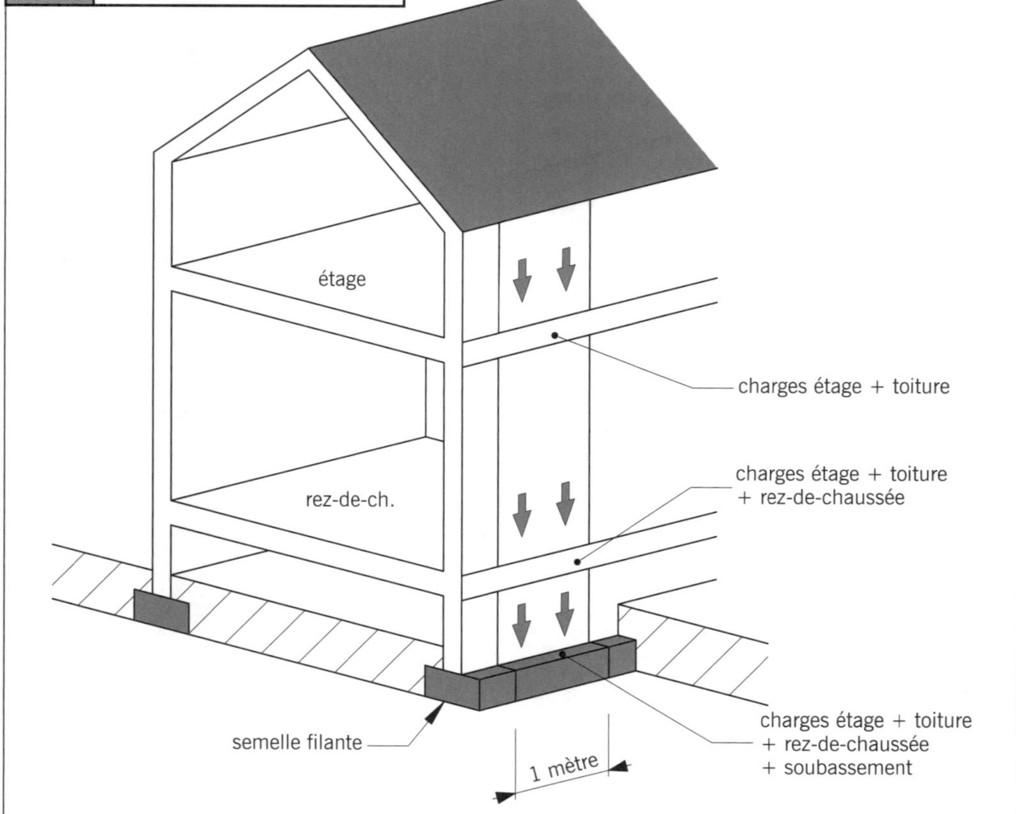

Fig. 1.7 Semelle continue

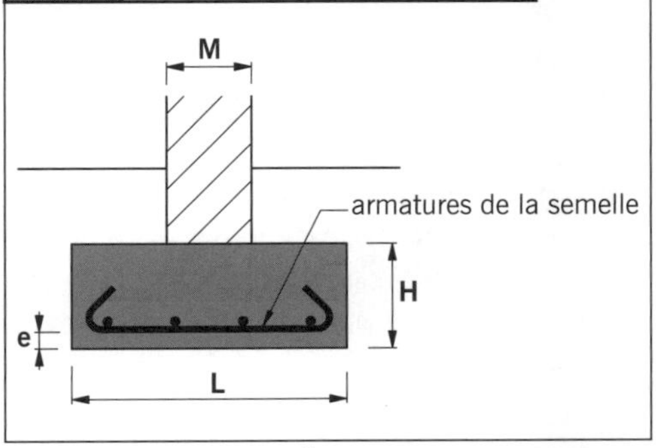

Fig. 1.8 Semelle dimensionnée

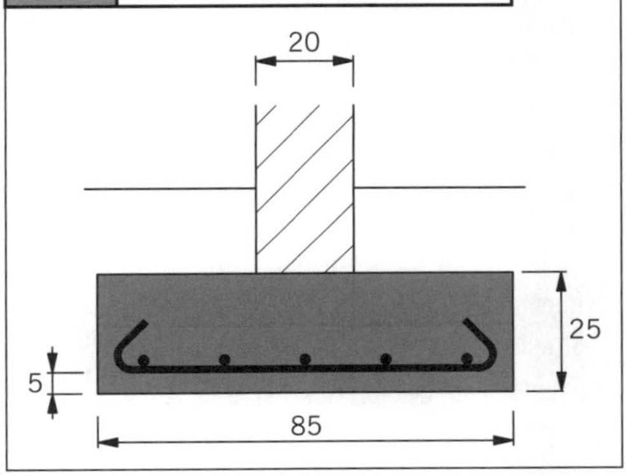

■ Exemple : dans l'exemple précédent, la semelle continue sous mur mesure 85 cm de large avec M = 20 cm.

La hauteur de cette semelle est égale à :

$H \geq [(85 - 20) : 4] + 5 = 16{,}25 + 5 = 21{,}25$ cm

soit 25 cm de hauteur de semelle (fig. 1.8).

3 – Les armatures des semelles

Dans une semelle filante, les armatures principales sont transversales et les armatures secondaires sont longitudinales. Disposées en partie basse de la semelle, les armatures principales reprennent les efforts de traction exercés sur le béton (fig. 1.9).

Le dimensionnement des armatures (nombre, espacements et diamètres des aciers) répond à des règles de calcul non abordées dans le cadre de cet ouvrage.

4 – la protection contre le gel

La profondeur à laquelle les fondations sont réalisées doit être située hors de la zone d'action du gel afin éviter que l'eau contenue dans le sol d'assise n'entraîne en gelant des efforts supplémentaires sur les semelles. Ceux-ci seraient susceptibles de provoquer un déplacement des fondations accompagné de désordres divers (fissures, tassements différentiels, soulèvement des revêtements de sols).

Pour éviter ces problèmes, il faut enfouir les fondations à une profondeur suffisante. Cette profondeur dite de « **hors gel** » appelée aussi « **garde au gel** » est de 0,50 m au moins en région tempérée (littoral plaines et vallées) et de 1,00 mètre au moins en montagne (valeurs recommandées par les DTU).

Le fascicule de documentation FD P 18-326, édité par l'Afnor, défini canton par canton, les zones de gel. À partir de ces zones, le document distingue plusieurs valeurs de profondeur de mise hors gel :

- **60 cm** (gel faible ou modéré) pour les régions de plaine y compris les littoraux ;
- **80 cm** (gel modéré ou sévère suivant l'altitude) pour les régions montagneuses (Pyrénées, Massif Central, Alpes du sud, Alpes du nord, Jura, Vosges et le centre de la Corse) ;
- **100 cm** (gel sévère) pour seulement quelques zones situées en régions montagneuses.

Fig. 1.9 Armatures d'une semelle continue

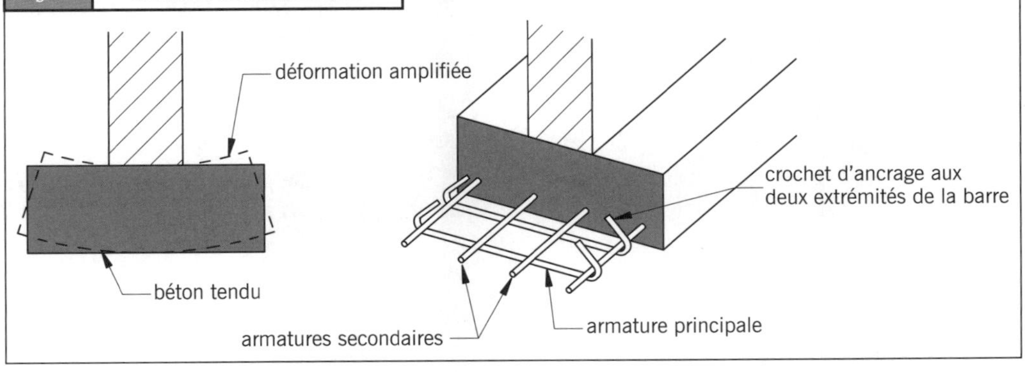

Pour en savoir plus

– DTU 13.11 (P 11-211) : fondations superficielles.

– DTU 13.12 (P11-711) : règles pour le calcul des fondations superficielles (complété par un erratum de novembre 1988).

1.4 Le phénomène retrait-gonflement des sols argileux

■ La consistance des matériaux argileux se modifie en fonction de leur teneur en eau : mous quand cette dernière atteint un certain niveau, ils deviennent durs et cassants lorsqu'ils perdent leur eau de manière importante. Ces changements de consistance s'accompagnent de variations de volume plus ou moins importants selon le type d'argile concerné.

En période de sécheresse, les argiles se rétractent. Ce retrait, rarement uniforme, se traduit au niveau du sol, par des tassements différentiels : certains secteurs sont soumis à une forte évaporation et au « pompage » de l'eau interstitielle par les racines des arbres tandis que d'autres, protégés, conservent pratiquement la même teneur en eau tout au long de l'année.

Ce phénomène s'observe pour les maisons fondées sur des sols argileux. En périodes chaudes, de fortes différences de teneur en eau vont apparaître sur le pourtour de la construction entre le sol protégé situé sous la maison et celui qui est exposé à l'évaporation. Les tassements différentiels qui risque de se produire vont entraîner des désordres au niveau des constructions tels que des fissures sur les façades, sur les cloisons et les revêtements de sols, la déformation des fenêtres et des huisseries de portes, des décollements entre des corps de bâtiment de taille et de poids différents et parfois des ruptures de canalisations enterrées.

■ Le **bureau de recherches géologiques et minières (BRGM)** établit des cartes départementales (environ une quarantaine réalisée à ce jour), accessibles sur Internet, qui délimitent les secteurs concernés par le phénomène de retrait-gonflement des argiles en les répartissant en quatre zones :

- les **zones d'aléa[1] fort** sont celles où la probabilité que le sinistre se déclare est la plus élevée et où l'intensité des phénomènes risque d'être la plus forte ;
- les **zones d'aléa faible** sont celles où les sinistres ne surviendront, à priori, qu'en cas de sécheresse importante ;
- les **zones d'aléa moyen** correspondent aux zones intermédiaires situées entre les deux précédentes ;
- les **zones à priori non argileuses** sont celles où les cartes géologiques n'indiquent pas la présence de terrain argileux en surface. Il n'est pas exclu pour autant que quelques sinistres s'y déclarent occasionnées par des poches argileuses non mentionnées sur les cartes.

Les cartes intègrent également les sinistres survenus dans le département depuis une quinzaine d'années.

Cette cartographie permet d'établir, à l'échelle communale, le **plan de prévention des risques naturels (PPR)** qui propose des dispositions constructives dans les zones classées à risque. Pour construire une maison individuelle dans ces zones, le PPR prévoit une étude de sol couvrant la conception, le prédimensionnement des fondations ainsi que l'adaptation de la construction aux caractéristiques du terrain et à son environnement. Faute d'étude de sol, les dispositions constructives suivantes doivent être respectées[2] :

- la profondeur des fouilles est fixée au minimum à **(fig. 1.10)** :
  - 0,80 m pour les zones d'aléas moyen et fort ;
  - 1,20 m pour les zones d'aléa fort.

  Les semelles de fondations doivent être continues et armées ;
- la réalisation d'une terrasse périphérique de 1,50 m de large permet de réduire l'évaporation à proximité immédiate des murs de façade ;
- la réalisation d'un plancher sur vide sanitaire ou sur un sous-sol total est recommandée **(fig. 1.10)**. Sinon, le dallage sur terre-plein doit être suffisamment rigide pour résister aux tassements différentiels ;
- toute plantation d'arbres ou d'arbustes est interdite à une distance de la construction inférieure à la hauteur de l'arbre adulte (1,5 fois cette hauteur pour les rideaux d'arbres et les haies). Si cette condition n'est pas respectée mettre en place un écran anti-racines d'une profondeur minimale de 2 mètres **(fig. 1.11)** ;
- il est interdit de réaliser un sous-sol partiel **(fig. 1.12)** ;
- les parties de la construction exerçant sur le sol des charges différentes et susceptibles d'être soumises à

(1) Aléa : probabilité qu'un phénomène naturel survienne

(2) Seules les principales dispositions constructives sont rappelées ci-dessus. Elles peuvent être légèrement différentes d'un PPR à l'autre. Voir site www.argile.fr.

des tassements ou à des soulèvements différentiels doivent être désolidarisées au moyen d'un joint de rupture (fig. 1.12) ;

- sur un terrain en pente, les fondations doivent descendre à une profondeur plus importante à l'aval qu'à l'amont pour assurer une homogénéité au niveau de l'assise des semelles (fig. 1.13) ;

Fig. 1.10 Profondeur de fouille et terrasse

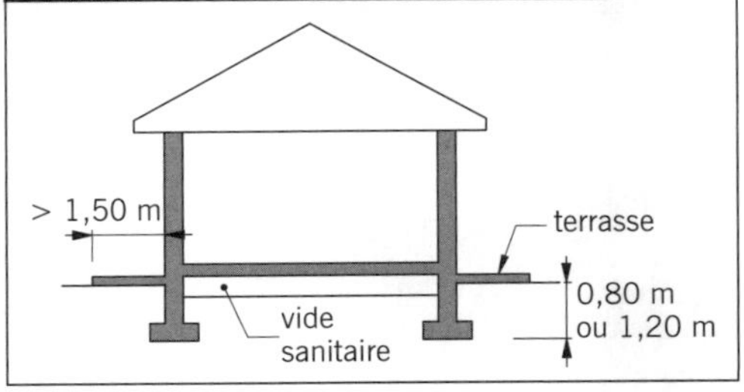

Fig. 1.11 Plantations

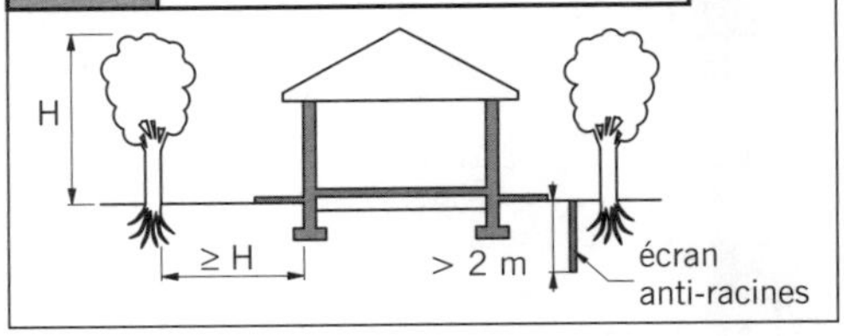

Fig. 1.12 Sous-sol et bâtiment accolé

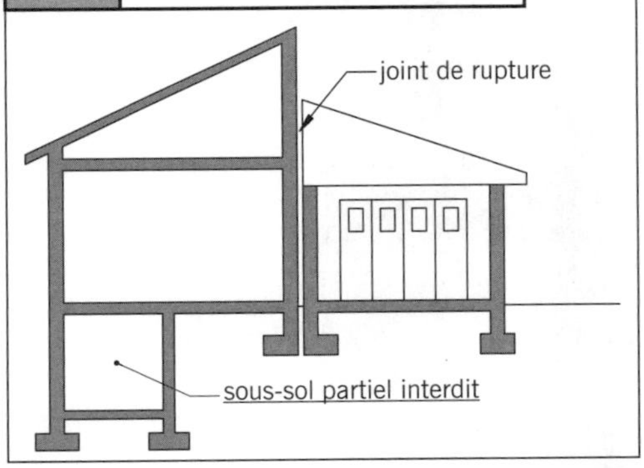

Fig. 1.13 Adaptation à la pente

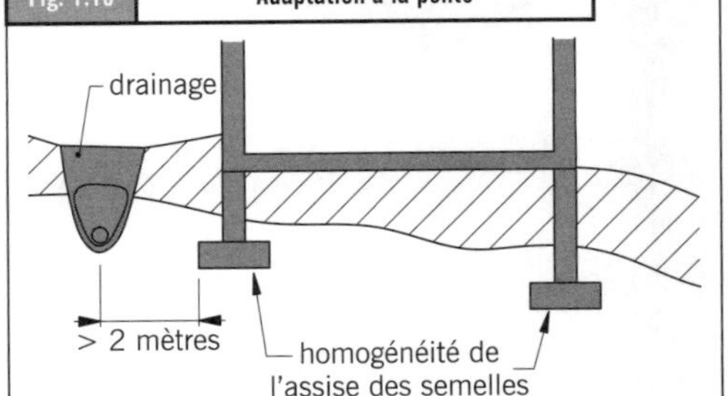

- le captage des écoulements superficiels (s'ils existent) doit être assuré par un dispositif de drainage périphérique placé à une distance minimale de 2 mètres.

■ Pour en savoir plus ■

– Sites Internet traitant du phénomène retrait-gonflement : www.brgm.fr, www.argiles.fr et www.qualiteconstruction.fr

1.5 Les dispositions parasismiques

■ Les dispositions décrites ci-dessous sont extraites des règles de construction parasismiques des maisons individuelles et des bâtiments assimilés appelées « Règles PS-MI révisées 92 (NF P 06-014) ».

■ Les semelles filantes doivent former un réseau maillé et continu. Un chaînage doit être prévu au niveau des fondations. Il doit comporter au moins deux lits de deux armatures longitudinales en acier, soit quatre aciers filants au total :

- de diamètre 8 mm en zone Ia ;
- de diamètre 10 mm en zones Ib ;
- de diamètre 12 mm en zone II.

L'espacement de deux armatures ne doit pas excéder 20 cm. L'espacement entre les cadres transversaux doit être au plus égal à la hauteur du chaînage sans excéder 25 cm.

La figure 1.14 présente les deux dispositions possibles dans le cas d'un dallage sur terre-plein. Dans le cas d'un plancher sur vide sanitaire, il faut prévoir deux chaînages horizontaux sauf si le plancher est situé à moins de 1,20 m du niveau des fondations (fig. 1.15).

■ Pour limiter leurs déplacements relatifs en cas de séisme, les semelles isolées doivent être reliées entre elles et au réseau de semelles filantes suivant, deux directions perpendiculaires, par des longrines armées (fig. 1.16).

■ Les chaînages verticaux situés dans les angles des murs porteurs et de part et d'autre des ouvertures doivent être ancrés dans les semelles par l'intermédiaire d'équerres de liaison (aciers en attentes), une équerre pour chaque acier filant du chaînage (fig. 1.17).

■ Les semelles filantes doivent être reliées entre elles par des équerres de liaison (fig. 1.18).

Fig. 1.14 Semelles et dallage sur terre-plein

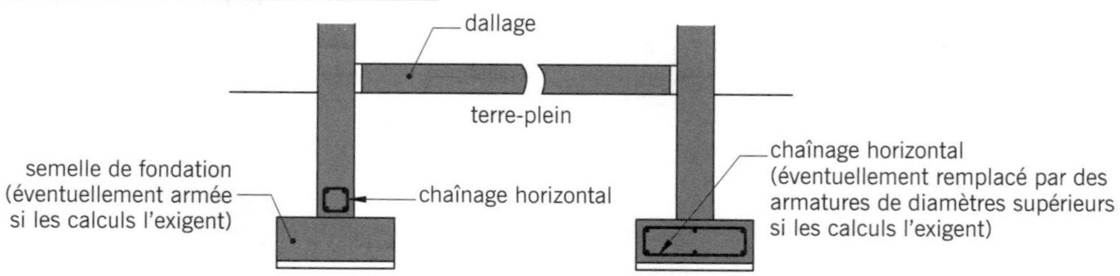

Fig. 1.15 Semelles et plancher sur vide sanitaire

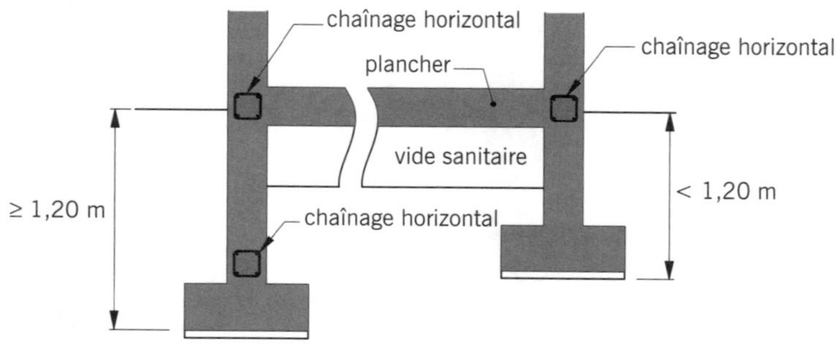

Fig. 1.16 Longrines pour semelles isolées (vue de dessus)

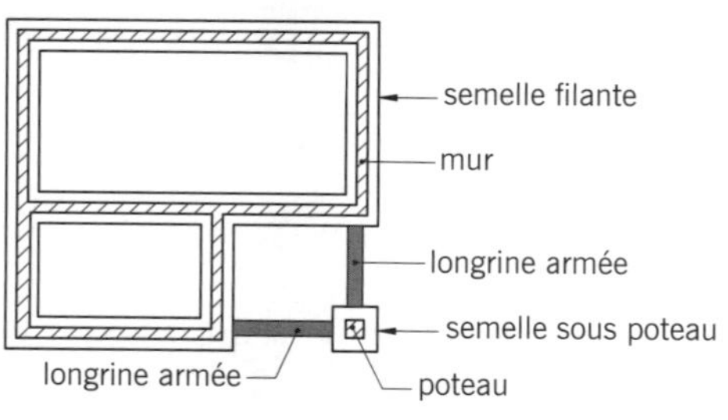

Fig. 1.17 Ancrage des chaînages verticaux (autres armatures non représentées)

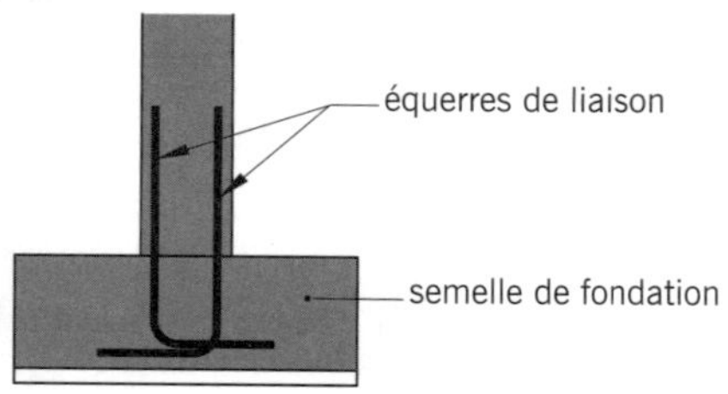

Fig. 1.18 Liaisons d'angle des semelles filantes (autres armatures non représentées)

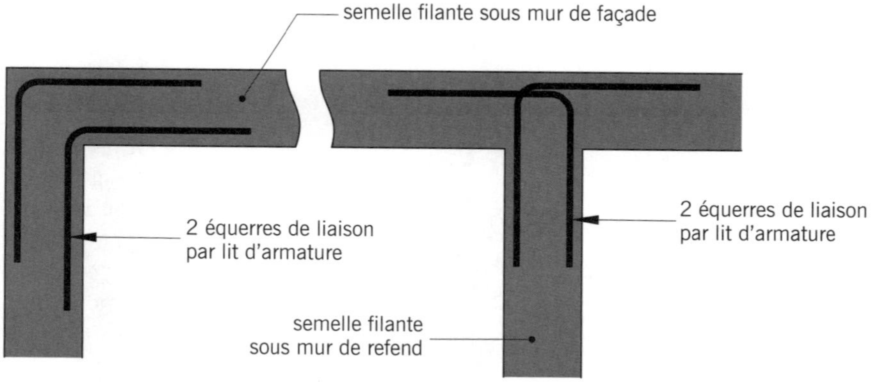

1.6 La protection des bâtiments

1 – La protection contre l'humidité

■ Le choix d'un mode de protection dépend de la nature du sol à proximité du soubassement et des fondations, de l'origine de l'eau contenue dans le sol (nappe d'eau souterraine, eaux de ruissellement), de la constitution de la paroi et de la destination des locaux enterrés ou semi-enterrés (pièce habitée, garage, vide sanitaire).

■ En présence d'une nappe d'eau souterraine ou nappe phréatique, il est parfois nécessaire de réaliser un **cuvelage** (fig. 1.19). Il s'agit d'une enveloppe en béton armé (radier et murs périphériques) capable de résister à la pression de l'eau et protégé côté intérieur par un revêtement étanche (enduit hydrofuge ou écran à base de résines).

■ La mise en place d'un **drainage** périphérique est conseillée lorsque le sol est peu perméable et que la topographie du terrain favorise la présence des eaux de ruissellement à proximité de l'habitation (bâtiment situé en bas de pente par exemple). Un dispositif de drainage comprend (fig. 1.20) :

- une **tranchée drainante** destinée à capter les eaux de surface. Elle est réalisée sur le pourtour de la construction et remplie de plusieurs couches de matériaux filtrants (terre perméable, sable, gravillons et cailloux) dont la taille des particules croît avec la profondeur ;
- un **drain** constitué de tuyaux en béton ou en PVC de 10 cm de diamètre, perforés dans leur partie supérieure et posés avec une pente de 1 cm par mètre environ.
- Le drain et les cailloux sont généralement enveloppés dans un textile synthétique appelé **géotextile** dont le rôle est d'empêcher le colmatage des tuyaux par la pénétration de particules fines dans les perforations. Lorsque le drain est mis en place contre le soubassement, il ne doit jamais être situé à un niveau inférieur à celui de l'assise des semelles. Il doit se trouver préférentiellement au-dessus des semelles ;
- des **regards de visite** permettant de vérifier le bon fonctionnement du dispositif et, en cas de colmatage, de curer les drains (fig. 1.21) ;
- un **exutoire** vers lequel les eaux drainées sont évacuées. Il peut s'agir d'un collecteur d'eaux pluviales, d'un cours d'eau ou d'un puisard.

■ La tranchée drainante peut être remplacée par une **nappe drainante** (fig. 1.22). Ce procédé consiste à fixer sur le parement extérieur des murs enterrés une membrane en PVC multicouche de type « Somdrain TS® », qui assure simultanément la protection de la paroi contre l'humidité, la collecte des eaux d'infiltration et leur évacuation en direction d'un drain mis en place à proximité des fondations. Ce dispositif ne nécessite pas la présence de matériaux filtrants mais la mise en place dans la tranchée de remblais perméables.

■ Qu'il existe ou non un dispositif de drainage, les faces extérieures des parois enterrées doivent être imperméabilisées pour éviter tout infiltration d'eau à

Fig. 1.19 Cuvelage

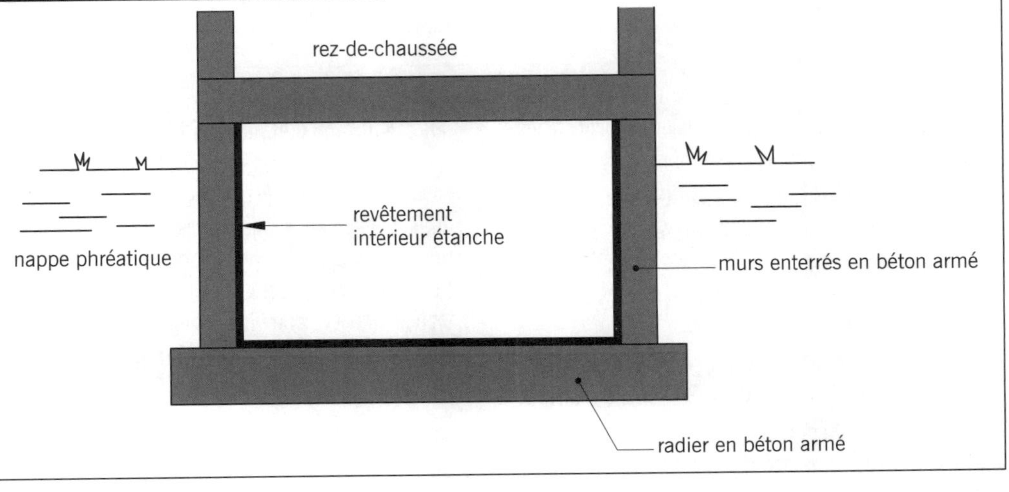

Fig. 1.20 Dispositif avec tranchée drainante

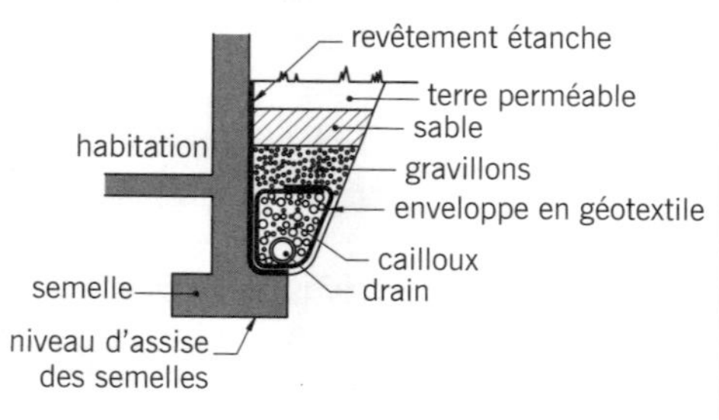

Fig. 1.22 Dispositif avec nappe drainante

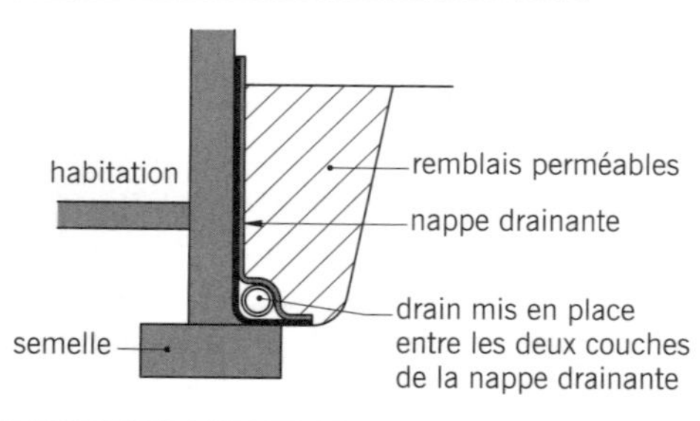

Fig. 1.21 Drainage avec terrain en pente (vue de dessus schématique)

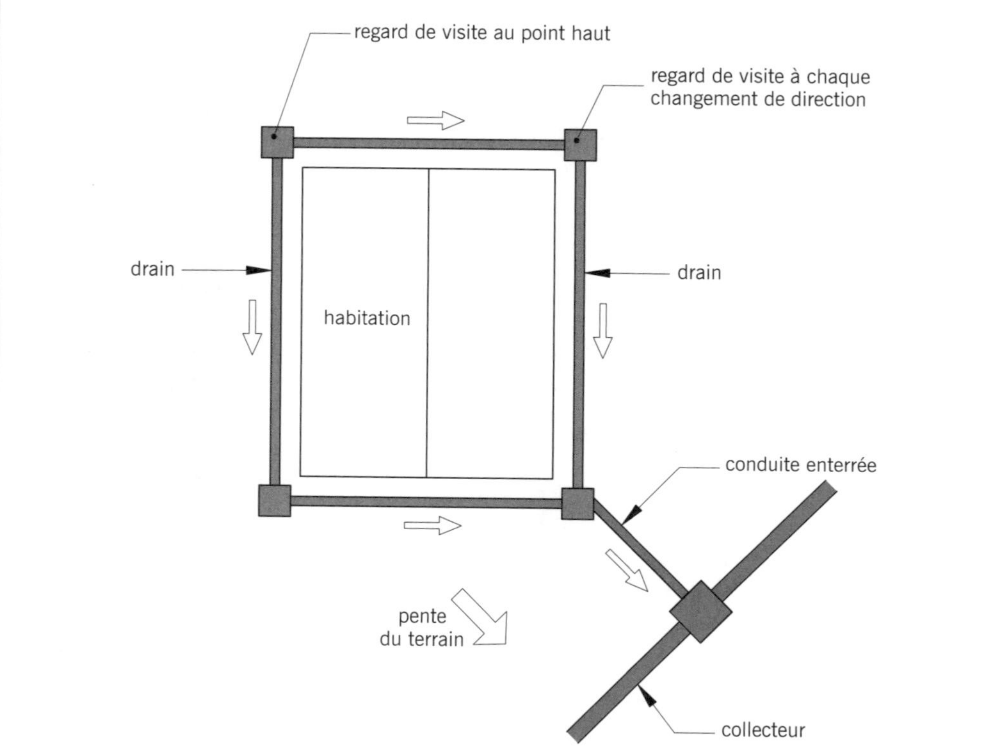

l'intérieur de la construction. Plusieurs dispositions peuvent être mises en œuvre :

- deux **couches de produit à base de bitume** appliquées à froid. Ce revêtement convient aux parois lisses ou comportant de faibles aspérités (béton décoffré). Il assure une protection minimale contre les risques d'infiltration ;
- un **enduit traditionnel hydrofuge en deux couches** destiné aux parois en blocs de béton ou en briques ;
- un **enduit hydrofuge recouvert d'un produit à base de bitume** en cas de risque important d'infiltration ;
- une **membrane d'étanchéité bitumeuse**, autoadhésive ou collée à chaud. Ce revêtement qui se présente sous forme de lés posés en recouvrement nécessite au préalable l'application d'une couche d'accrochage (enduit primaire d'imprégnation) sur la maçonnerie (blocs ou béton). Cette disposition assure une protection efficace contre les risques élevés d'infiltration mais présente l'inconvénient d'être beaucoup plus onéreuse que les précédentes.

L'ensemble peut être recouvert d'une feuille de protection en polyéthylène à plots thermoformés de type

« Delta MS® ». Cet écran fixé mécaniquement en partie haute protège le revêtement d'étanchéité et ménage, par la présence des plots disposés à intervalles réguliers, une lame d'air permanent qui laisse « respirer » le mur.

■ Les matériaux poreux (blocs de béton, briques, plâtre...) favorisent les remontées d'eau par capillarité. Pour empêcher celles-ci d'endommager la base des murs en élévation, il faut stopper leur ascension par la mise en place d'une **coupure étanche** appelée aussi **coupure de capillarité** ou **arase étanche**. Cette coupure, située au moins à 15 cm au-dessus du sol extérieur définitif, est mise en œuvre :

- au-dessous du plancher bas du rez-de-chaussée dans le cas d'un sous-sol ou d'un vide sanitaire (fig. 1.23). Malgré la faible porosité du béton du chaînage périphérique, cette coupure est recommandée car la moindre microfissure dans le matériau constitue une porte d'entrée pour l'eau ;
- entre le soubassement et la maçonnerie en élévation dans le cas d'un dallage sur terre-plein (fig. 1.24).

La coupure étanche doit être réalisée de manière continue sur tous les murs porteurs (murs de façade et de refend). Elle peut être constituée :

- d'une bande de feutre bitumé ;
- d'une feuille (ou chape) en bitume armé ;
- d'une feuille de polyéthylène posée entre deux couches de mortier ;
- d'une couche de mortier hydrofuge de 2 cm d'épaisseur, fortement dosé en ciment (500 à 600 kg de ciment par m³ de sable).

Fig. 1.23 Disposition avec sous-sol ou vide sanitaire

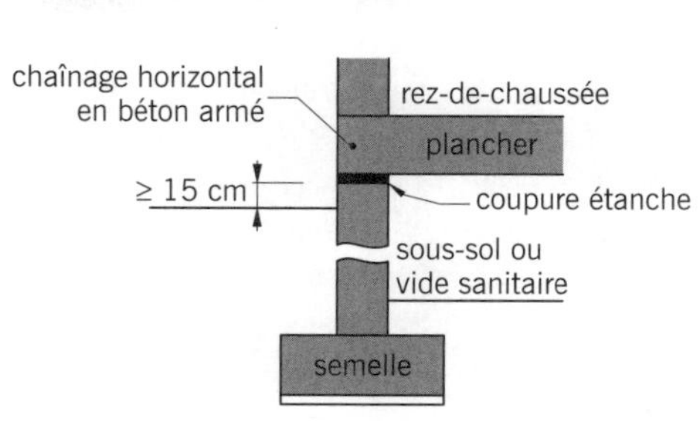

Fig. 1.24 Disposition avec dallage sur terre-plein

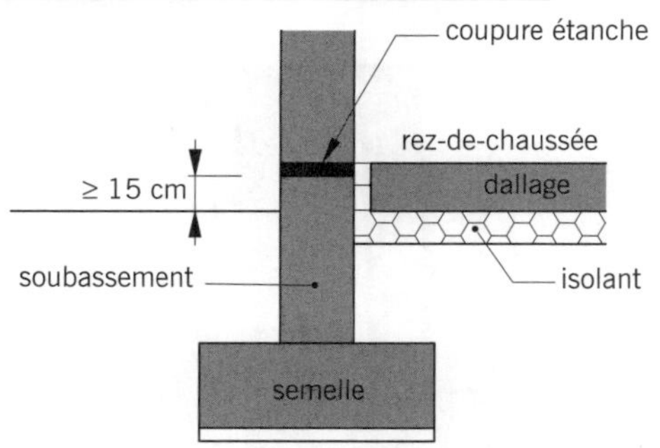

2 – La protection contre les termites

■ Dans les zones infectées par les termites (voir encadré), des traitements préventifs doivent être mis en œuvre lors de l'exécution des fondations.

Le traitement le plus courant est la **barrière chimique continue**. Elle consiste à épandre ou à injecter un

Fig. 1.25 Traitement par barrière chimique

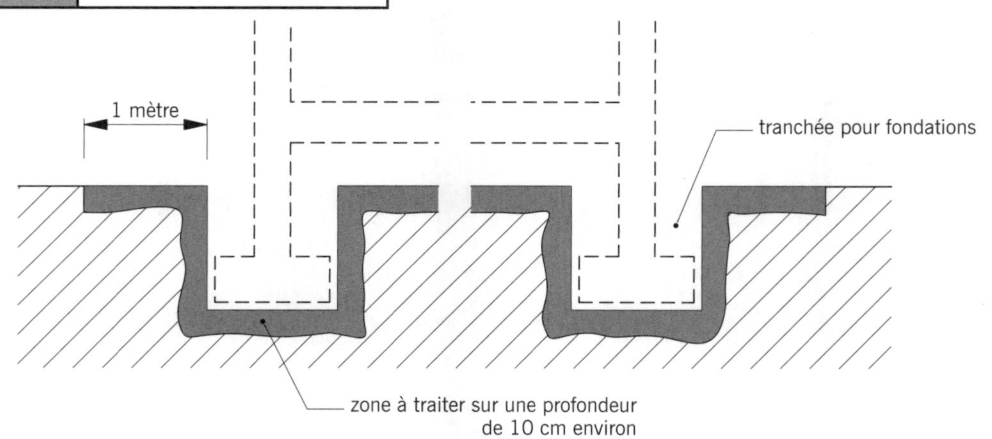

termicide chimique avant le coulage de semelles de fondation et la réalisation du plancher bas (fig. 1.25). Une seconde intervention doit être effectuée une fois les abords stabilisés sur le pourtour extérieur du bâtiment, sur une largeur de 1 mètre. L'effet de la barrière chimique s'atténue naturellement au fil du temps. Le renouvellement du traitement sera d'autant plus facile à réaliser si l'habitation dispose d'un vide sanitaire accessible d'une hauteur minimale de 80 cm.

■ Une autre technique, appelée **barrière physio-chimique**, consiste à placer sous les fondations et le plancher bas (avant leur exécution) un film spécial en polyéthylène imprégné de termicide. Commercialisé sous le nom de « Termifilm® », il évite la dispersion du produit chimique dans le milieu naturel et protège également contre les remontées d'humidité.
Les figures 1.26 et 1.27 montrent la mise en place du film sous un vide sanitaire et sous un dallage.

Fig. 1.26 Protection au niveau du vide sanitaire

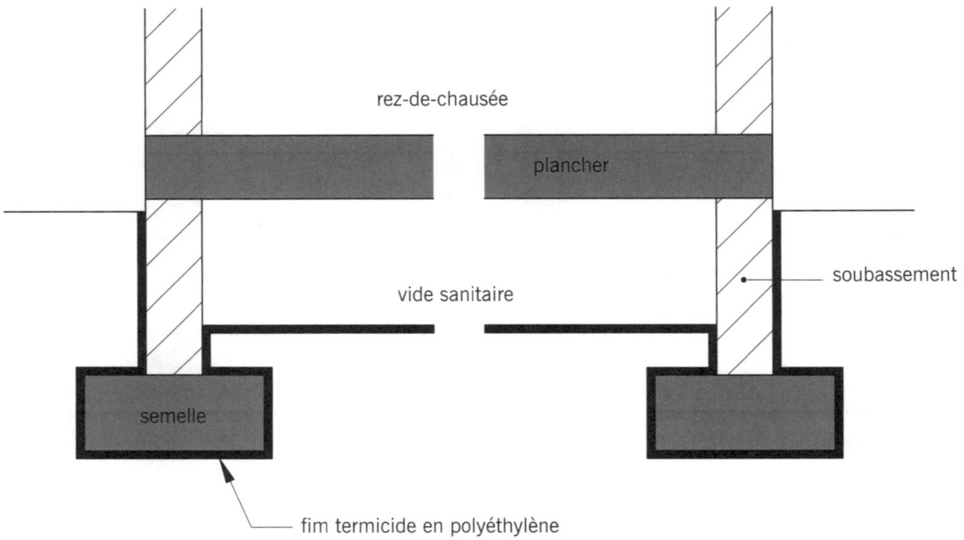

Fig. 1.27 Protection au niveau du dallage

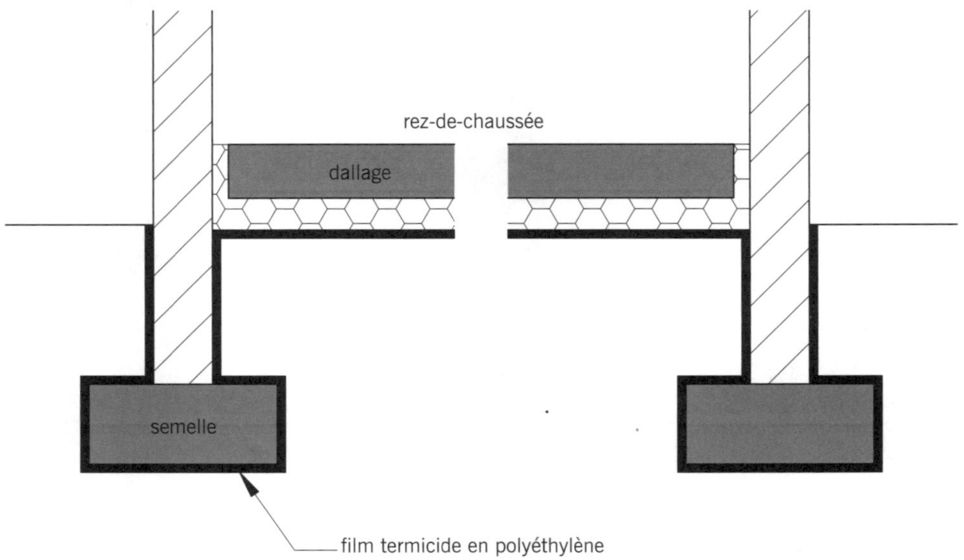

PRÉVENTION ET TRAITEMENT ANTI-TERMITES

■ Les termites sont de petits insectes qui vivent en colonie et qui se nourrissent de bois et de matériaux à base de cellulose (cartons, papiers d'origine végétale...). En France leur prolifération est importante. Elle touche, à l'heure actuelle, une soixantaine de départements. Les principales régions concernées sont : le sud-ouest, les départements situés sur les côtes atlantique et méditerranéenne, l'Ile-de-France, les départements bordant les vallées du Rhône, de la Garonne et de la Loire. Les termites peuvent occasionner des dégâts importants jusqu'à mettre en péril la solidité des bâtiments. La loi n° 99-471 tend à protéger les acquéreurs et les propriétaires d'immeubles contre les termites et autres insectes xylophages. Plusieurs textes d'application organisant la lutte contre les termites ont été publiés.

■ La circulaire UHC/QC/1/5 n° 2001-21 rédigée par la direction générale de l'Urbanisme de l'Habitat et de la Construction, à destination des préfets indique notamment : « Le dispositif mis en place fixe les responsabilités de chacun des acteurs dans la lutte contre les termites :

- les propriétaires et les occupants d'immeubles bâtis et non bâtis sont soumis à des obligations de déclaration en mairie de la présence de termites, ainsi que de diagnostic et de travaux ;
- l'état, préfet de département, définit les périmètres à l'intérieur desquels des mesures s'imposent aux propriétaires et professionnels pour endiguer la propagation des termites ;
- les personnes qui procèdent à la démolition, professionnels notamment, sont soumises à des règles de traitement des déchets infestés par les termites et à une obligation de déclaration de ces opérations en mairie ;
- les communes définissent les périmètres dans lesquels elles mettent en œuvre des programmes d'éradication des termites. »

En annexe III, la circulaire définit les travaux de traitement des constructions contre les termites :

« Les **traitements préventifs** : l'emploi de matériaux à base de bois implique généralement un choix adapté aux classes de risques biologiques et de résistance naturelle à l'égard des termites. Contre les termites souterrains, des solutions techniques permettent de limiter l'intrusion des insectes dans le futur bâtiment en créant des barrières d'étanchéité autour de l'assise de la future construction ou bien en réalisant des vides sanitaires. Le principe du traitement consiste à limiter les contacts entre l'insecte et les éléments de la construction avec la mise en œuvre de solutions insecticides ou pose de films imprégnés d'insecticide.

Les **traitements curatifs** : ceux-ci intéressent principalement les constructions existantes et sont effectués au niveau des sols, murs planchers, charpentes et autres éléments composants la construction, par injection ou infiltration de produits insecticides. Ils peuvent parfois requérir une intervention lourde affectant l'ensemble du bâti. De nouvelles techniques ont vu le jour avec l'utilisation d'appâts chimiques pouvant interrompre le développement des insectes et de la colonie. »

■ Pour en savoir plus ■

– Loi n° 99-471 du 8 juin 1999 tendant à protéger les acquéreurs et propriétaires d'immeubles contre les termites et les autres insectes xylophages.

– Décret n° 2000-613 du 3 juillet 2000 relatif à la protection des acquéreurs et propriétaires d'immeubles contre les termites.

– Arrêté du 10 août 2000 fixant le modèle de l'état parasitaire relatif à la présence de termites dans un immeuble.

– Circulaire UHC/QC/1/5 n° 2001-21 du 23 mars 2001 relative à la protection des acquéreurs et propriétaires d'immeubles contre els termites.

– Fascicule de documentation (Afnor) FD X 40-501 : les termites. Protection des constructions conter l'infestation par les termites (extrait du sommaire : biologie, répartition géographique et présence des principales espèces, protections des constructions).

– Sites Internet :
- www.termite.com : site de l'observatoire national des termites crée par le centre technique du bois et de l'ameublement ;
- www.termites-info.com ;
- www.termifilm.com

■ Le bloc en béton communément appelé « parpaing », « moellon » ou « agglo » est actuellement le composant le plus utilisé pour la construction des murs de maisons individuelles. Il existe pourtant d'autres façons de réaliser la structure porteuse d'une maison. La brique de type Monomur®, le béton cellulaire, l'ossature en bois ou métallique, par exemple, constituent des alternatives intéressantes, certaines très performantes en terme d'isolation thermique, d'autres imbattables au point de vue de la rapidité d'exécution.

Les différents matériaux et techniques utilisées pour la construction peuvent être classés en huit catégories.

■ Les **blocs en béton de granulats** (fig. 2.1) : ces blocs peuvent être seulement revêtus d'un enduit extérieur (murs simples pour locaux non chauffés). En cas d'isolation thermique rapportée, celle-ci peut être réalisée soit côté intérieur (méthode couramment utilisée en maison individuelle malgré la présence de nombreux ponts thermiques), soit côté extérieur (procédé efficace mais plus rarement utilisée en construction neuve).

■ Les **blocs en béton à isolation intégrée** (fig. 2.2) : ces composants de type sandwich qui possèdent une partie centrale isolante en polystyrène ne nécessitent pas la mise en place d'une isolation complémentaire. Les quelques procédés actuellement commercialisés sont très peu utilisés malgré les bonnes performances thermiques obtenues.

■ Les **blocs en béton cellulaire** (fig. 2.3) : ces blocs se suffisent à eux-mêmes en terme d'isolation thermique. Malgré les avantages qu'il présente, le béton cellulaire

Fig. 2.1 **Blocs en béton de granulats**

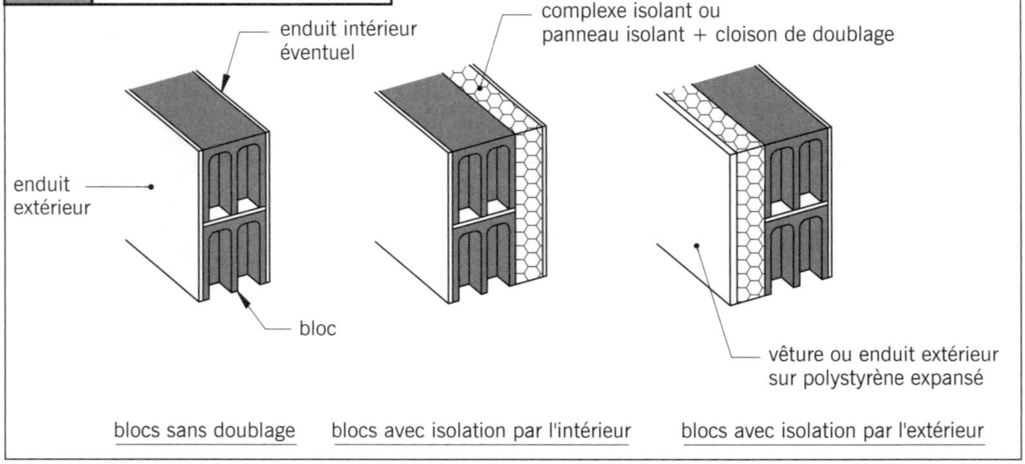

Fig. 2.2 **Blocs en béton à isolation intégrée**

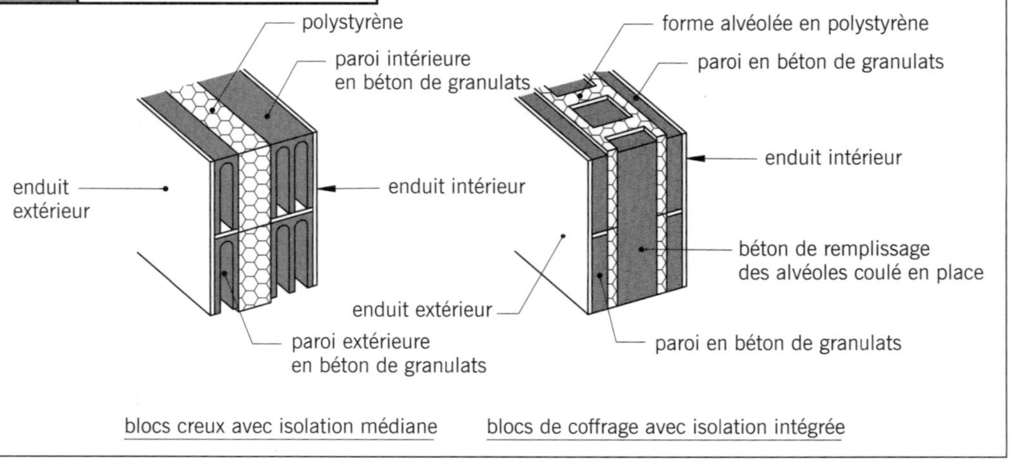

Fig. 2.3 Blocs en béton cellulaire

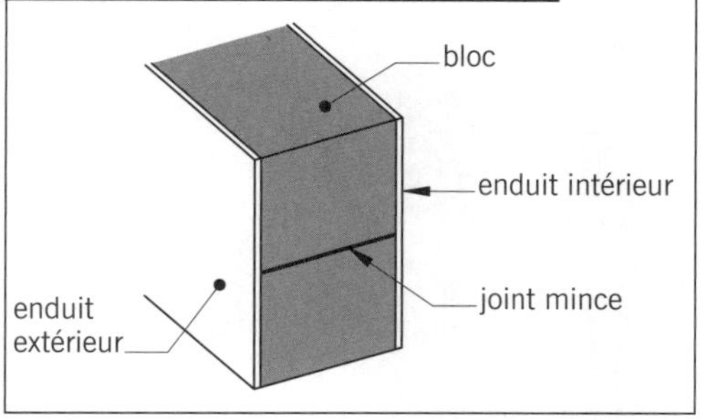

Fig. 2.4 Briques creuses

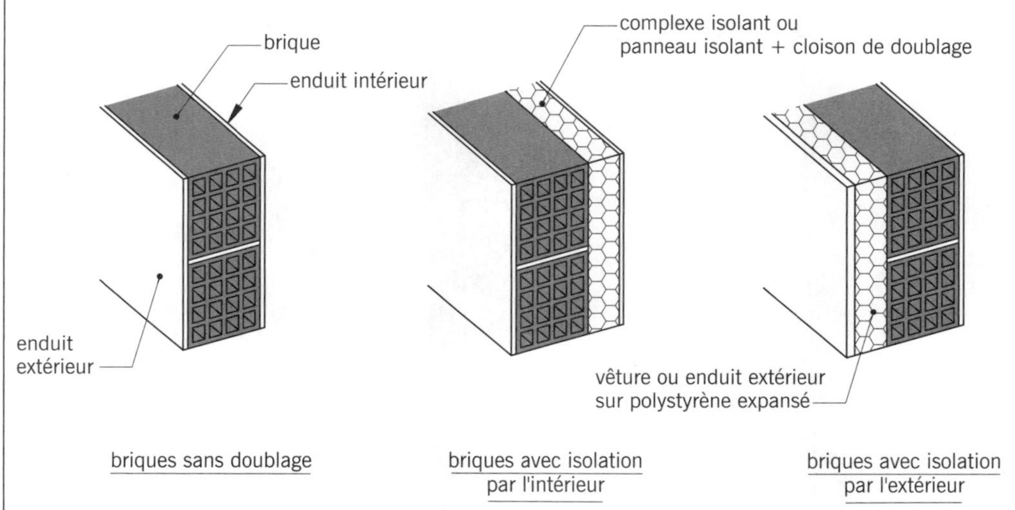

Fig. 2.5 Brique de type Monomur

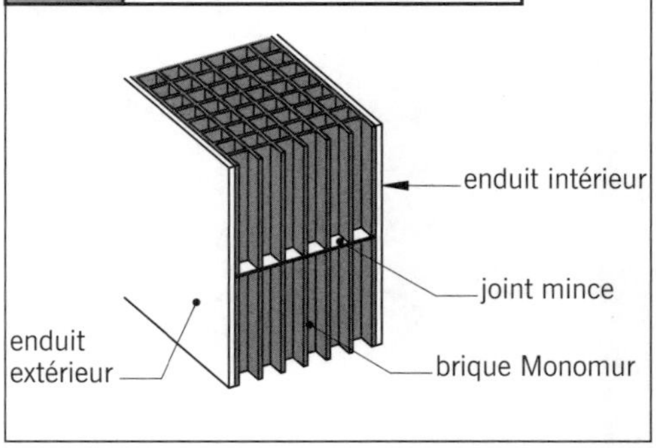

est encore peu utilisé. Sa légèreté qui lui confère des propriétés isolantes élevées, paradoxalement semble le desservir, car pour beaucoup de personnes un mur pour être solide et résistant doit être lourd !

■ Les **briques creuses** (fig. 2.4) : les briques en terre cuite peuvent être seulement enduites sur leurs deux faces (murs simples pour locaux non chauffés) ou revêtues d'un isolant thermique côté intérieur ou côté extérieur.

■ Les **briques de type Monomur®** (fig. 2.5) : ces briques sont de plus en plus utilisées. À la fois porteuses et isolantes, elles évitent la mise en place d'une isolation thermique rapportée. Elles peuvent être posées sur joints épais ou minces.

■ Les **murs en béton** (fig. 2.6) : rares sont les maisons individuelles construites entièrement en béton banché. Seuls quelques murs le sont parfois. Ils peuvent être seulement enduits ou revêtus d'une couche isolante côté intérieur ou côté extérieur. Quelques industriels proposent des murs entiers préfabriqués en béton (avec isolant incorporé).

■ Les **murs à ossature bois** (fig. 2.7) : la technique la plus utilisée en maison individuelle est celle des panneaux préfabriqués en atelier et assemblés entre eux sur chantier. Ce procédé présente notamment l'avantage de pouvoir intégrer la couche isolante dans une paroi de faible épaisseur.

■ Les **murs à ossature métallique** (fig. 2.8) : quelques fabricants proposent des systèmes constructifs dont la structure porteuse est métallique. Les habillages extérieurs et intérieurs diffèrent selon les procédés.

Ces huit modes constructifs sont détaillés dans les pages suivantes.

Fig. 2.6 **Murs en béton**

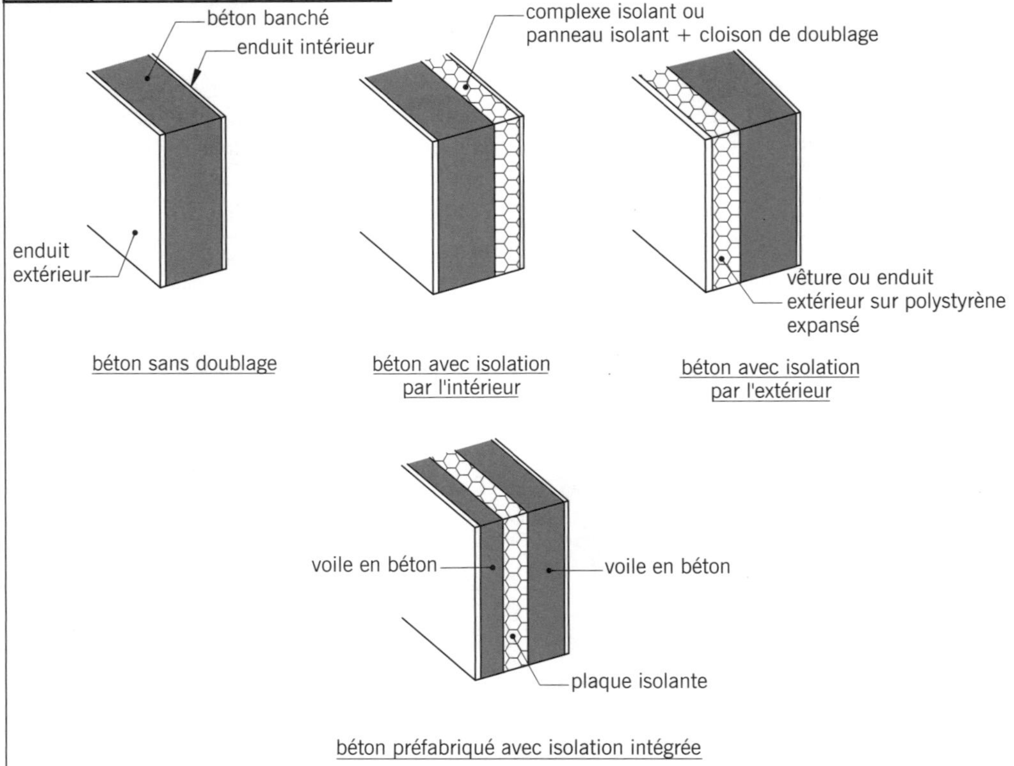

Fig. 2.7 **Mur à ossature bois**

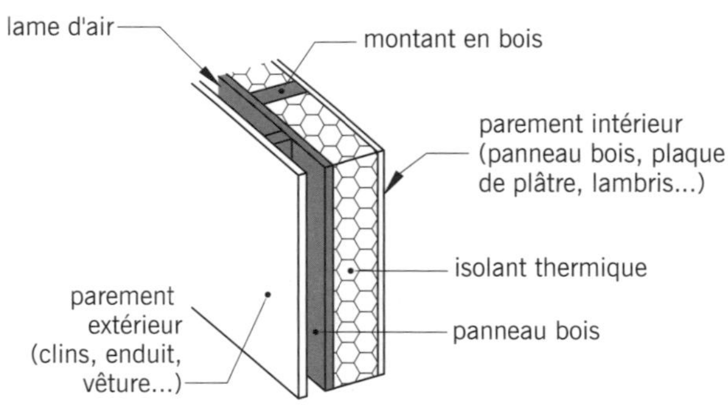

Fig. 2.8 **Mur à ossature métallique**

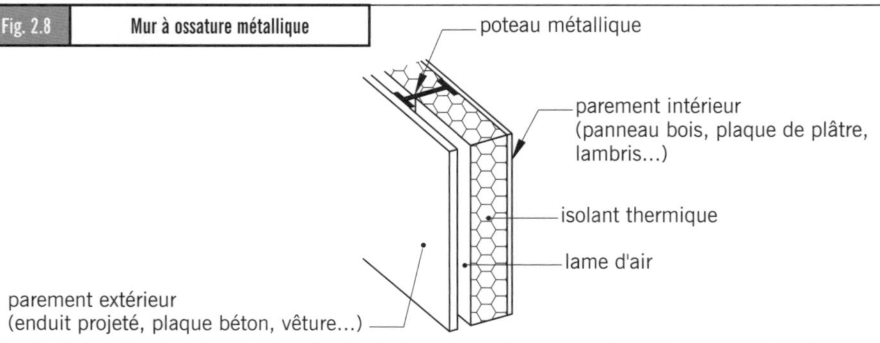

2.1 Les blocs en béton de granulats

1 – les différents types de blocs

■ Les fabricants de blocs en béton proposent une gamme complète de produits qui, par la diversité de leurs formes et de leurs dimensions, s'adaptent à tous types de construction.
Les blocs en béton se répartissent en trois catégories selon la taille de leurs alvéoles :

- les **blocs pleins** sans alvéoles ;
- les **blocs perforés** comportant des évidements cylindriques verticaux disposés à intervalles réguliers ;
- les **blocs creux** comportant de larges alvéoles rectangulaires séparées par des nervures.

Les blocs pleins et perforés qui possèdent une résistance à la compression élevée sont surtout utilisés lorsque les charges à transmettre sont importantes. Les blocs creux de moindre résistance à la compression sont généralement suffisants pour la plupart des applications courantes. Ce sont les blocs les plus utilisés.

■ On distingue deux types de blocs creux (fig. 2.9) :

- les **blocs standard** qui constituent la partie courante des murs ;
- les **blocs accessoires** qui permettent de construire certaines parties du mur sans recourir aux coffrages. Les principaux blocs accessoires sont :

  – la **planelle** destinée à habiller extérieurement le chaînage horizontal au niveau des planchers. De même nature que les blocs standards, elle réduit les risques de fissuration de l'enduit extérieur ;

  – le **bloc linteau** ou **bloc chaînage**, en forme de U, qui constitue un coffrage perdu pour la réalisation des linteaux et de certains chaînages. De même nature que les blocs standards, il diminue les risques de fissuration de l'enduit extérieur sur le pourtour du linteau ;

  – le **bloc de coupe** préentaillé et pouvant être recoupé à la demande sur le chantier. Il est utilisé notamment pour la réalisation des trumeaux et des tableaux d'ouvertures ;

Fig. 2.9 Blocs creux en béton de granulats

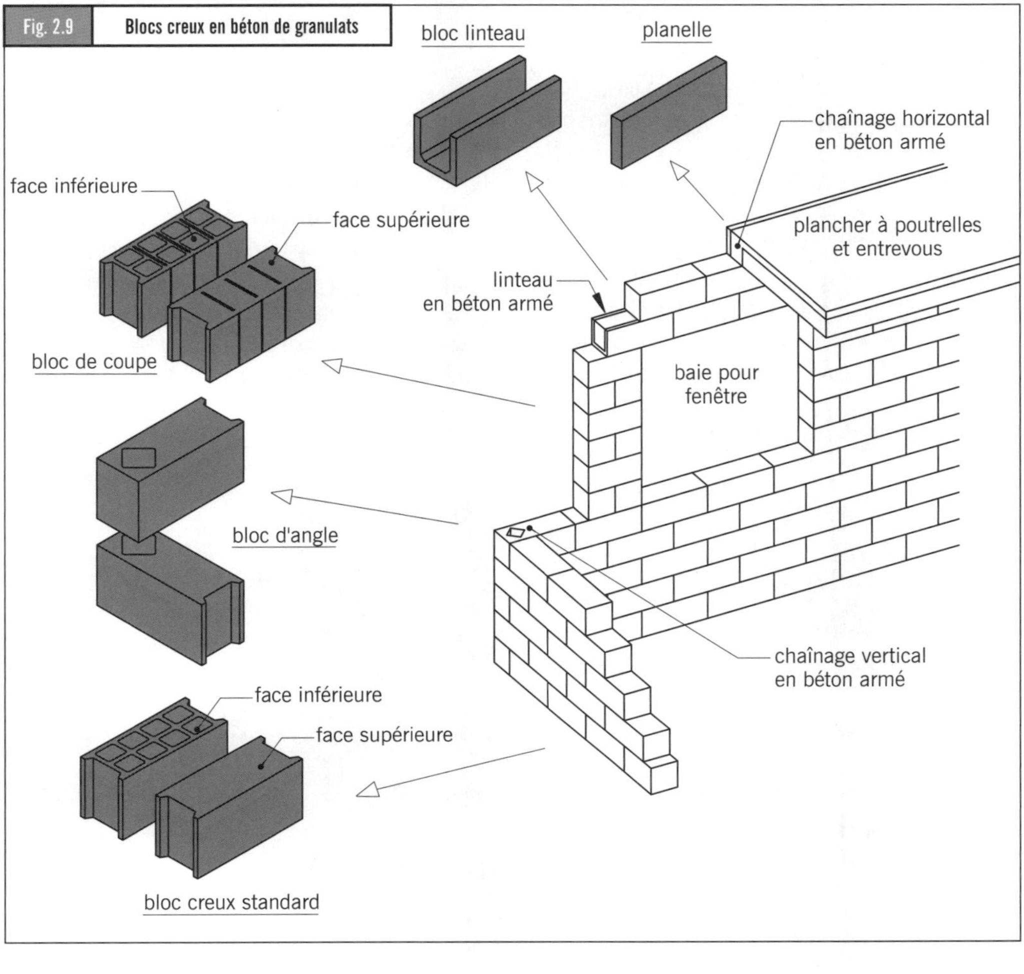

– le **bloc d'angle** qui disposé dans les angles rentrants et sortants de la construction permet la réalisation des chaînages verticaux.

■ Il existe également d'autres types de blocs en béton moins couramment utilisés :

- les **blocs en béton de granulats légers** dont la masse volumique est inférieure à 1 700 kg/m^3 ;
- les **blocs destinés à rester apparents** dont la face extérieure constitue le parement fini du mur (aspects de surface lisse, strié, rainuré) ;
- les **blocs à bancher** qui comportent deux parois extérieures et de petites cloisons intérieures (2 ou 3 selon les modèles) délimitant des alvéoles. Celles-ci sont débouchantes contrairement à celles des blocs ordinaires. Les blocs à bancher servent de coffrage perdu au béton coulé dans les alvéoles. Ils permettent la réalisation de murs porteurs soumis à des efforts latéraux importants (murs semi-enterrés ou petits murs de soutènement par exemple). Il existe plusieurs types de blocs à bancher. En règle générale, la disposition des alvéoles permet la réalisation de coulées verticales continues en béton. qui peuvent être éventuellement armées.

  Les blocs à bancher sont généralement posés à sec (sans mortier de pose). Ils sont fabriqués avec des tolérances maximales de l'ordre de ± 1,5 mm en hauteur qui permettent d'assurer un empilage précis des blocs.

2 – les chaînages

■ Le DTU 20.1 « Ouvrages en maçonnerie de petits éléments, parois et murs » précise les dispositions réglementaires applicables pour ce type de murs et notamment celles concernant les chaînages. Un **chaînage** est un élément en béton armé de faible section et de grande longueur incorporé dans l'épaisseur des murs et dont le rôle est de solidariser entre eux les planchers et les parois verticales de manière à rendre l'ensemble rigide et stable. Les armatures du chaînage comprennent deux à quatre aciers filants et des cadres de liaison.

■ Les **chaînages horizontaux** sont obligatoires à chaque étage au niveau des planchers et en couronnement des murs. Ils ceinturent les façades de manière continue et fermée (fig. 2.10).

La continuité est assurée dans les angles et au niveau des murs de refend par des aciers complémentaires de liaison pliés en équerre (fig. 2.11).

Les sections minimales des armatures filantes des chaînages horizontaux sont données dans le tableau suivant (réglementation parasismique).

zone sismique	section minimale et équivalence
0	1,5 cm^2 soit 2 HA 10 ou 3 HA 8 ou 4 HA 7
Ia	2 cm^2 soit 4 HA 8 (1)
Ib	3,1 cm^2 soit 4 HA 10
II	4,5 cm^2 soit 4 HA 12

(1) : la section de 4 aciers filants à haute adhérence de 8 mm de diamètre est égale à 2 cm^2 (4 x 0,50 cm^2).

■ Les **chaînages verticaux** sont obligatoires à tous les niveaux. On distingue (fig. 2.12) :

- les **chaînages verticaux** principaux disposés dans les angles rentrants et sortants des murs porteurs (murs de façade et de refend). Ils liaisonnent fermement les pans de murs afin d'éviter les fissurations aux angles de la construction. Ils doivent être ancrés par retour d'équerre dans les planchers ou dans les

Fig. 2.10 Chaînages horizontaux

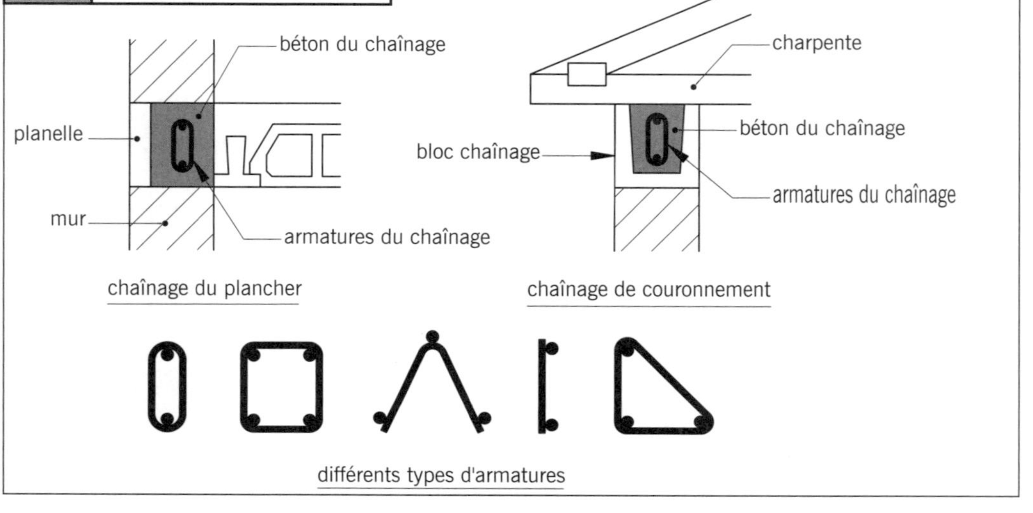

Fig. 2.11 Liaisons des chaînages horizontaux (coupe horizontale)

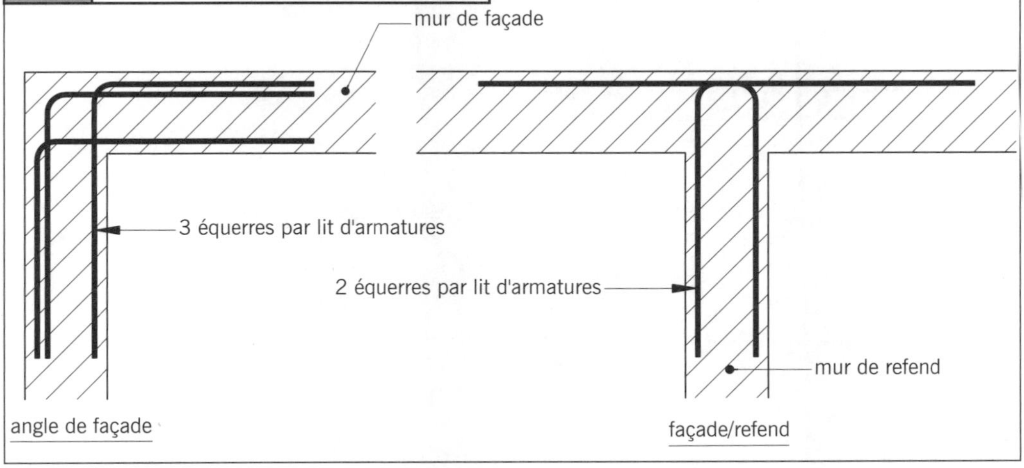

Fig. 2.12 Chaînages verticaux

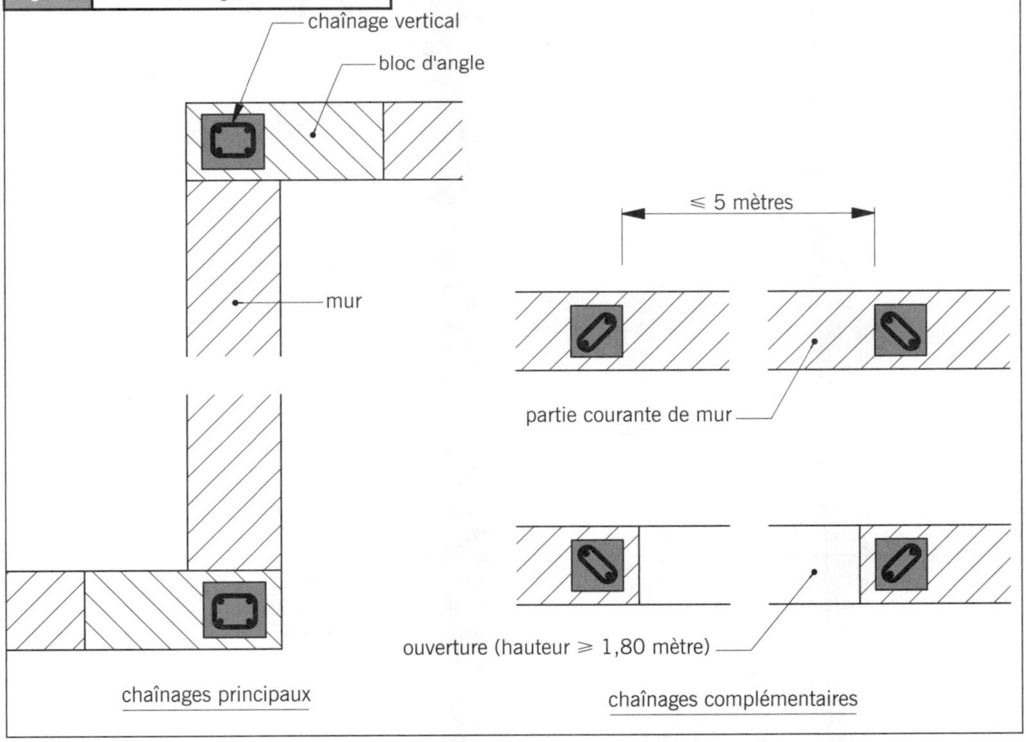

chaînages horizontaux. Les sections minimales des armatures filantes des chaînages verticaux sont identiques à celles des chaînages horizontaux ;

- les **chaînages verticaux complémentaires** qui sont à prévoir aux emplacements suivants pour les constructions situées en zone sismique :

– en encadrement de baies de hauteur supérieure ou égale à 1,80 m ;

– en partie courante des murs de façade et de refend, tous les 5 mètres au maximum. Les sections minimales des armatures filantes des chaînages verticaux sont données dans le tableau suivant.

zone sismique	section minimale et équivalence
Ia	2,6 cm² soit 2 HA 12
Ib	3,1 cm² soit 2 HA 14
II	4 cm² soit 2 HA 16

Fig. 2.13 **Autres dispositions**

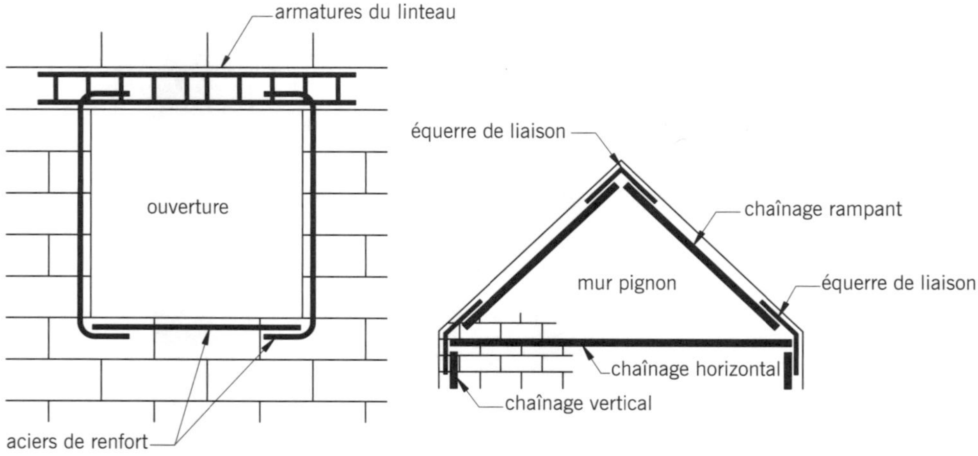

■ Il existe d'autres dispositions parasismiques qui concernent notamment (**fig. 2.13**) :

- les ouvertures de largeur supérieure à 60 cm qui doivent recevoir une **armature d'encadrement** dont la continuité est assurée dans les angles. Le tableau suivant donne les sections minimales des armatures filantes ;
- les **chaînages rampants** situés en partie haute des murs des combles (murs pignons et murs intermédiaires). Les sections minimales des armatures filantes sont identiques à celles inscrites dans le tableau précédent.

zone sismique	section minimale et équivalence
Ia	1 cm² soit 2 HA 8
Ib	1,6 cm² soit 2 HA 10
II	2,3 cm² soit 2 HA 12

2.2 Les blocs en béton à isolation intégrée

Les blocs à isolation intégrée sont destinés à la réalisation de murs porteurs isolés. Ils sont constitués de deux éléments assemblés, l'un en béton de granulats et l'autre en matériau isolant. Ces blocs permettent en une seule opération de réaliser le mur porteur et l'isolation thermique.

Parmi les quelques procédés de construction actuellement commercialisés, deux d'entre eux sont décrits ci-dessous.

1 – Le bloc RTH® (3)

■ Le **bloc RTH**® est un bloc à isolation intégrée par l'extérieur comprenant (**fig. 2.14**) :

(3) Le titulaire de la marque est le CERIB (voir adresse en fin d'ouvrage). Les informations données ici ne décrivent que partiellement ce procédé de construction. Pour plus de renseignements, se reporter à la documentation du fabricant et à l'avis technique correspondant.

Fig. 2.14 **Bloc courant RTH**

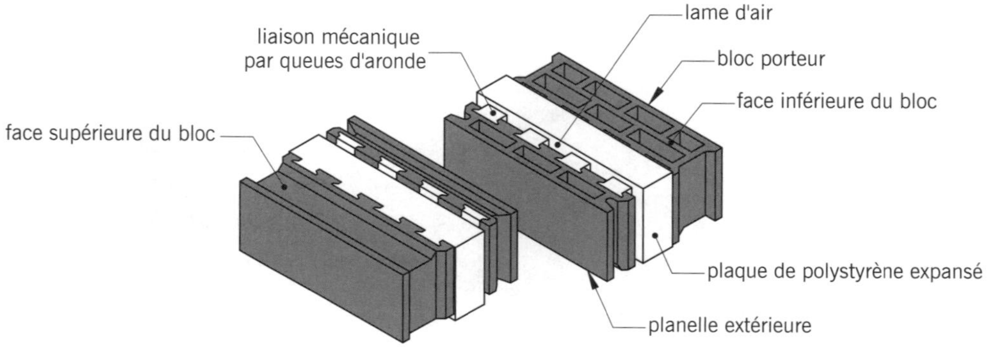

- un bloc creux porteur intérieur en béton de granulats de 15 cm d'épaisseur ;
- une plaque médiane en polystyrène expansé moulé de 7,5 ou 10 cm d'épaisseur ;
- une planelle extérieure, en béton de granulats de 8 cm d'épaisseur destinée à être enduite.

La plaque isolante est légèrement décalée par rapport aux deux blocs de manière à assurer la continuité de l'isolant une fois les blocs assemblés et hourdés.

Ce procédé de construction est conçu pour isoler par l'extérieur. Il présente notamment l'avantage de supprimer les ponts thermiques au droit des planchers et des murs de refend.

■ Le coefficient de transmission U pour une partie courante de mur fini est égal à :

- 0,37 W/m² °C pour les blocs munis d'une plaque isolante de 7,5 cm d'épaisseur enduits deux faces (1,5 cm d'enduit traditionnel à l'extérieur et 1 cm d'enduit au plâtre à l'intérieur) ;
- 0,30 W/m² °C pour les blocs munis d'une plaque isolante de 10 cm d'épaisseur enduits deux faces (idem ci-dessus).

■ Les blocs spéciaux permettent de traiter les points particuliers de la construction tout en facilitant la mise en œuvre (fig. 2.15) :

- le **bloc multifonction** destiné à réaliser des coupes, à faciliter la réalisation des chaînages verticaux et le harpage des murs de refend ;
- le **bloc d'angle** sert de coffrage aux chaînages verticaux en béton armé tout en assurant la continuité de l'isolation thermique ;
- la **planelle** sert de coffrage perdu aux chaînages horizontaux, situés en about de plancher, tout en assurant la continuité de l'isolation thermique.

■ Les figures 2.16 à 2.18 présentent quelques dispositions constructives :

- le harpage pour mur de refend réalisé à l'aide de blocs multifonction (fig. 2.16) ;
- un angle sortant constitué par des blocs d'angles (fig. 2.17). Il existe deux types de blocs d'angle dont un (non représenté ici) de la longueur des blocs courants mis en place un rang sur deux ;
- un angle rentrant réalisé à l'aide de blocs multifonction partiellement coupés (fig. 2.18). La réalisation du chaînage vertical nécessite la mise en place d'un coffrage extérieur.

■ « Du fait que l'épaisseur de la paroi porteuse des blocs est inférieure à la valeur minimale requise dans les règles PS 92 pour les maçonneries de blocs creux en béton, le domaine d'emploi du procédé est limité aux zones de sismicité Ia et Ib » (extrait de l'avis technique).

Fig. 2.15 **Blocs spéciaux**

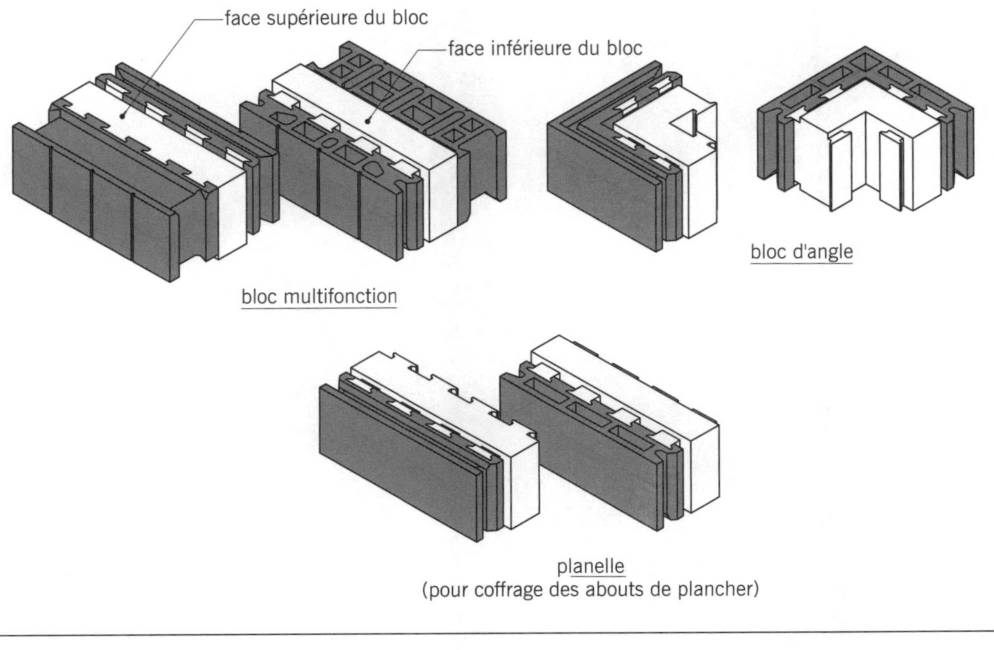

Fig. 2.16 **Harpage pour mur de refend**

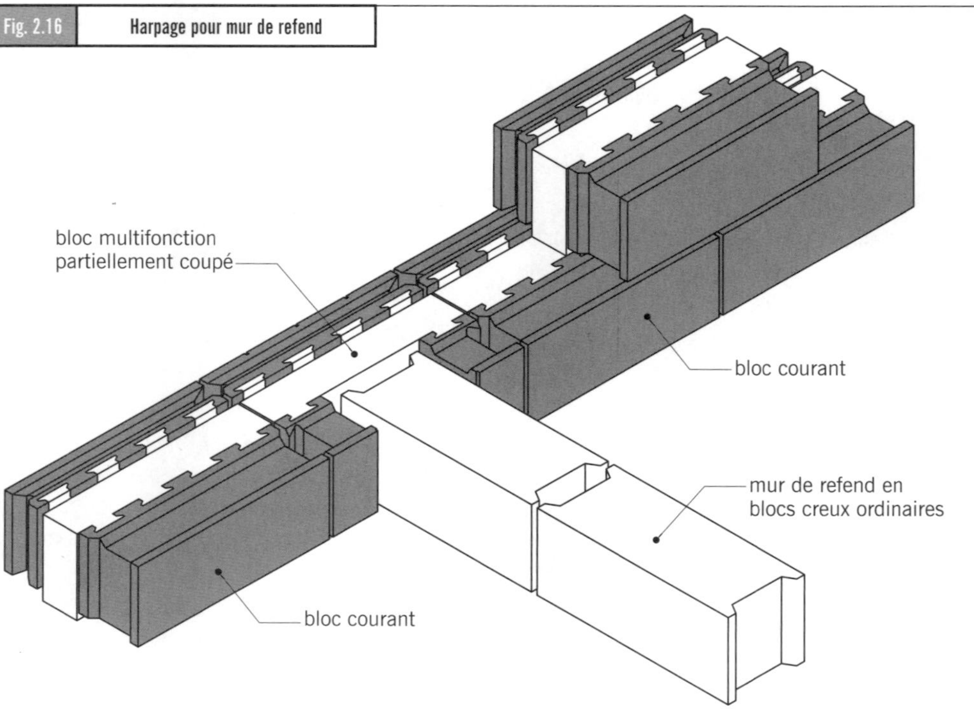

Fig. 2.17 **Angle sortant**

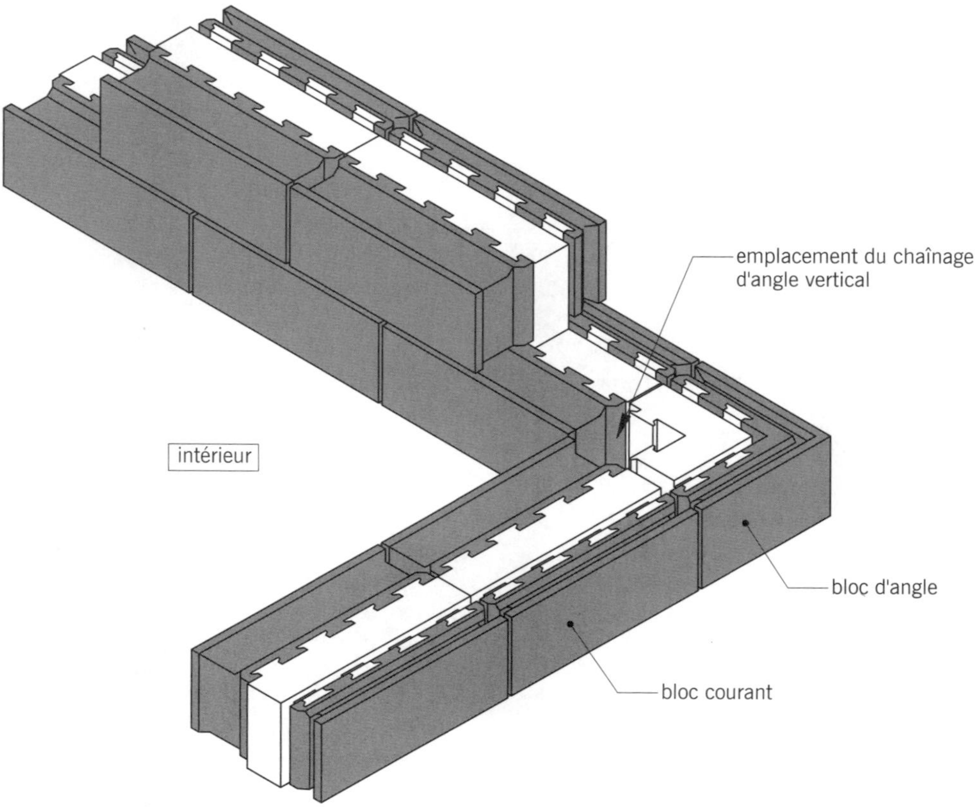

Fig. 2.18 **Angle rentrant**

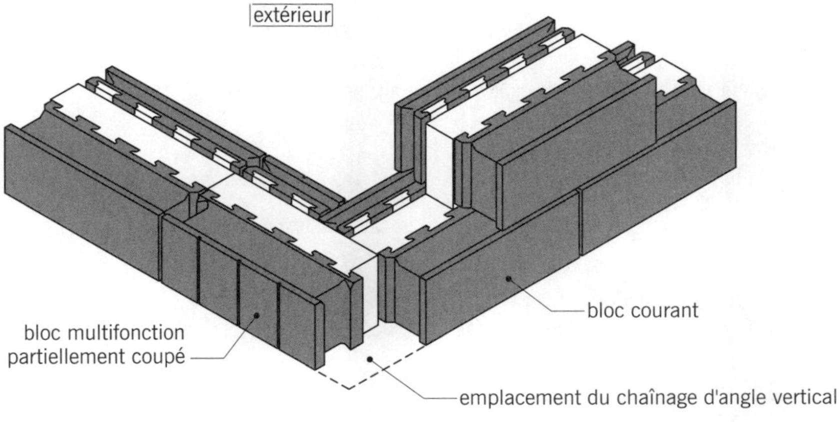

Fig. 2.19 **Bloc courant BABI**

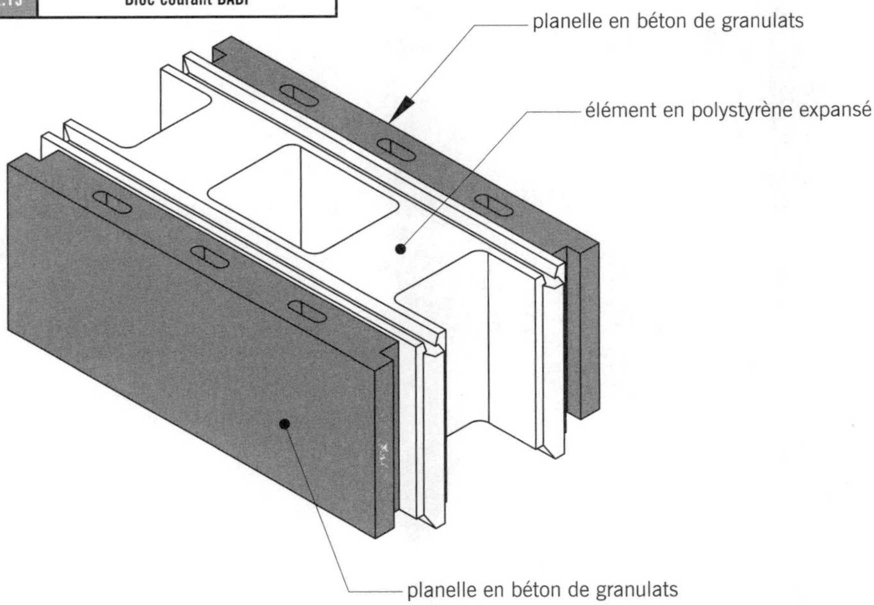

2 – Le bloc BABI®(3)

■ Le **bloc BABI®** est un bloc de coffrage à isolation intégrée. Il est constitué **(fig. 2.19)** :

- d'un élément central en polystyrène expansé ;
- de deux planelles intérieure et extérieure en béton de granulats de 5 cm d'épaisseur reliées à l'élément en polystyrène par des assemblages à queue d'aronde.

(3) Le titulaire de la marque est le CERIB (voir adresse en fin d'ouvrage). Les informations données ici ne décrivent que partiellement ce procédé de construction. Pour plus de renseignements, se reporter à la documentation du fabricant et à l'avis technique correspondant.

Les deux planelles ont des dimensions légèrement inférieures à celles de l'élément en polystyrène de manière à assurer la continuité de l'isolation une fois les blocs assemblés.

Ce procédé de construction assure une double isolation thermique, par l'intérieur et par l'extérieur. Le montage des éléments s'effectue à sec (sans mortier de pose) par emboîtements horizontaux et verticaux (assemblage par languette et rainure). Les alvéoles de l'élément central en polystyrène sont remplies de béton de manière à réaliser une succession de « potelets » en béton constituant avec les chaînages horizontaux l'ossature du bâtiment.

■ Le **bloc d'angle** sert de coffrage aux chaînages verticaux situés dans les angles rentrants et sortants de la construction (fig. 2.20). Le **bloc linteau** fait office de coffrage perdu pour le linteau tout en assurant la continuité de l'isolation (fig. 2.21). Il doit être coffré en sous face.

■ Tous ces blocs sont destinés à être enduits à l'extérieur (enduit traditionnel ou monocouche) et à l'intérieur (enduit au plâtre ou plaques de plâtre collées). Le coefficient de transmission thermique U pour une partie courante de mur fini est égal à 0,40 W/m² °C. Les planelles en béton sont liées mécaniquement par clavetage à l'aide du béton de remplissage et des évidements disposés dans l'isolant, répartis sur la hauteur du mur. Elles restent donc solidaires de la structure même en cas de fissuration, ce qui permet d'utiliser le procédé en zone de séismicité Ia et Ib.

■ Pour en savoir plus ■

– Avis technique 16/03-446 relatif aux murs de façade en blocs RTH®.

– Avis technique 16/03-448 relatif aux murs en blocs BABI®.

Fig. 2.20 **Réalisation des angles**

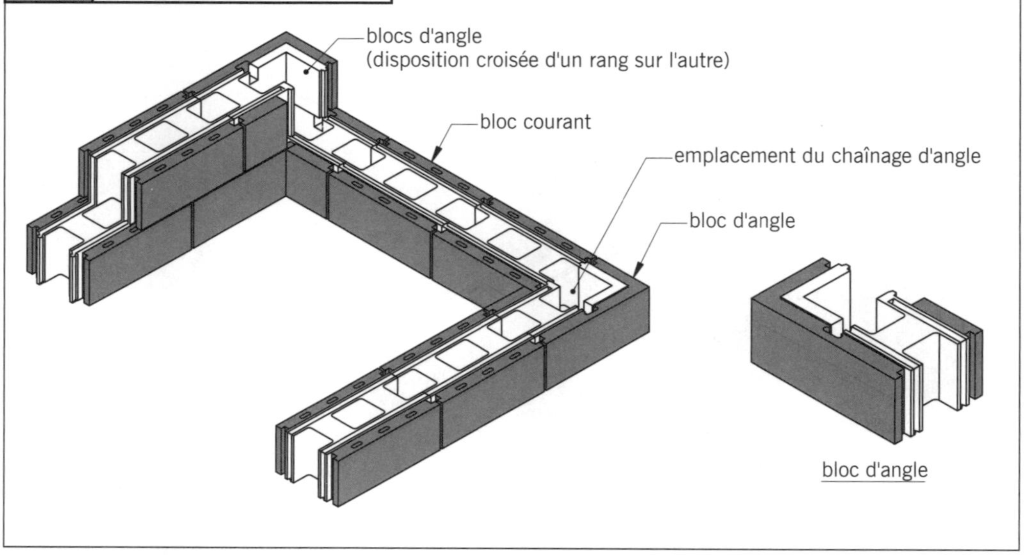

Fig. 2.21 **Réalisation des linteaux**

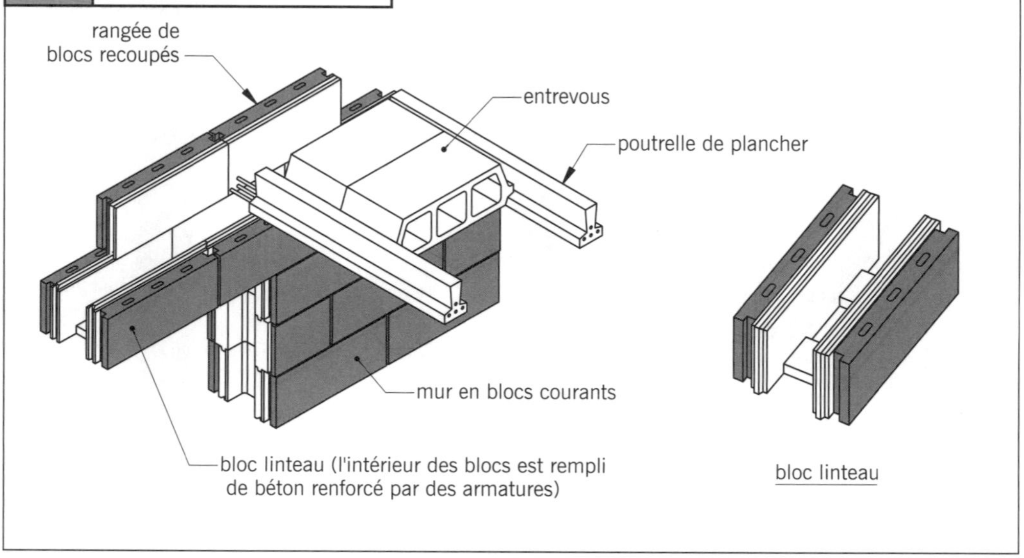

2.3 Les blocs en béton cellulaire

■ Le **béton cellulaire** ou **Thermopierre®(4)** est un mélange de sable, de ciment, de chaux, d'eau et de poudre d'aluminium. Cette dernière, par réaction chimique, crée une multitude de microcellules d'air qui confèrent au matériau des propriétés isolantes élevées et une faible masse volumique (de 400 à 800 kg/m³).

Les éléments en béton cellulaire permettent de réaliser des murs porteurs extérieurs et de refend, des planchers, des toitures et des cloisons. Les blocs pour murs sont posés sur joints minces à l'aide d'un mortier-colle spécial.

■ Les **blocs standard** mesurent 62,5 cm de long, 25 cm de haut et sont disponibles en plusieurs largeurs (ou épaisseurs) : 20, 25, 30 et 37,5 cm.

Les **blocs spéciaux** permettent de traiter les points particuliers de la construction (fig. 2.22) :

- Le **bloc linteau** en forme de U, disponible en différentes longueurs, qui sert de coffrage aux linteaux et aux chaînages horizontaux coulés en place ;
- Le **linteau préfabriqué** qui se présente sous la forme d'un long parallélépipède en béton cellulaire renfermant des armatures. il existe de nombreux modèles de linteaux préfabriqués qui se différencient par leurs dimensions (longueur et hauteur) et les caractéristiques des armatures (définies en fonction de la charge maximale admissible) ;
- Le **bloc d'angle** percé d'un trou cylindrique est destiné à la réalisation des chaînages verticaux en béton armé placés dans les angles de la construction. Il est également mis en place de part et d'autre des ouvertures ou en partie courante de mur (règles parasismiques).

Fig. 2.22 Blocs en béton cellulaire

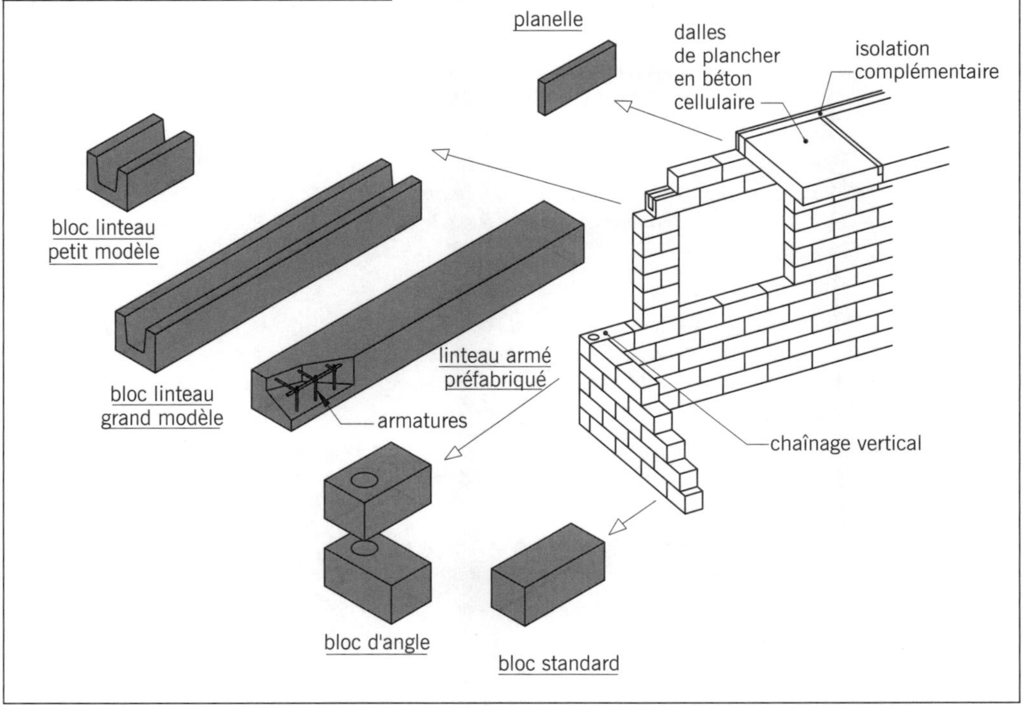

- La **planelle** qui sert de coffrage au chaînage horizontal situé en about de plancher. Elle est généralement doublée, côté intérieur, d'une bande isolante de quelques cm d'épaisseur ;

■ À l'extérieur les blocs peuvent être revêtus d'un enduit traditionnel réalisé en trois couches (gobetis, corps d'enduit et couche de finition) ou d'un enduit monocouche d'imperméabilisation certifié CSTBât. Côté intérieur, il est possible de réaliser soit un enduit pelliculaire spécifique, soit un enduit au plâtre ou coller des plaques de plâtre.

Les performances thermiques des murs en béton cellulaire sont réunies dans le tableau suivant.

(4) Thermopierre® est la marque commerciale du système de construction Ytong-Siporex de la société Xella.

épaisseur du bloc (cm)	résistance thermique R (m²°C/W)	coefficient de transmission U (W/m²°C)
20	1,73	0,58
25	2,11	0,47
30	2,49	0,40
37,5	3,06	0,33

Les valeurs figurant dans ce tableau sont établies pour une conductivité thermique λ de 0,12 W/m°C et pour des murs enduits deux faces (avec joints horizontaux et verticaux minces réalisés au mortier-colle).

Les règles parasismiques définies précédemment s'appliquent également aux murs en béton cellulaire.

■ Pour en savoir plus ■

– Norme NF P 14-306 : blocs en béton cellulaire autoclavé pour murs et cloisons.

– Avis technique n° 16/02-435 relatif au mortier-colle Ytocol à télécharger sur le site www.cstb.fr.

– *Guide technique du béton cellulaire*, à télécharger, au format pdf, sur le site www.xella.fr ou sur www.ytong.fr.

– *Le système de construction. Gros œuvre et applications*. Document à télécharger, au format pdf, sur le site www.ytonf.fr ;

– *Guide de pose,* à télécharger, au format pdf, sur le site www.ytonf.fr.

2.4 Les briques creuses

Il existe de nombreux modèles de briques creuses destinées à la réalisation des murs porteurs (de façade et de refend). On distingue deux familles de briques creuses selon la position de leurs perforations : les briques à perforations horizontales et celles à perforations verticales.

1 – Les briques à perforations horizontales

Ces briques doivent être revêtues d'un isolant thermique car leur propre pouvoir isolant est insuffisant. Les modèles les plus courants sont **(fig. 2.23)** :

LES MURS À ISOLATION RÉPARTIE

■ Un mur à isolation répartie est constitué d'un seul matériau renfermant un grand volume d'air inerte réparti soit dans de nombreuses alvéoles (terre cuite de type Monomur®) soit dans une multitude de microbulles (béton cellulaire). L'isolation thermique est assurée non pas par la matière première elle-même mais par la présence de ces poches d'air uniformément distribuées qui constituent autant de barrières destinées à s'opposer aux échanges thermiques.

■ Les murs à isolation répartie assurent deux fonctions principales :

- ils sont **porteurs**. Ils supportent sans dommage des charges importantes transmises par les planchers, la charpente et la couverture. La résistance à la compression du béton cellulaire est élevée malgré sa faible masse volumique. De même, les minces épaisseurs des parois intérieures de la brique Monomur® ne l'empêchent pas d'être très résistante ;
- ils sont **isolants**. Ils assurent par eux-mêmes une isolation thermique suffisante. Leurs performances thermiques sont sensiblement identiques, voire supérieures dans certains cas, à celles des murs traditionnels isolés par l'intérieur.

■ La continuité et l'homogénéité de l'isolation contribuent à réduire de manière significative les déperditions calorifiques dues aux ponts thermiques linéaires sans pour autant les supprimer complètement.

■ Les fabricants des systèmes d'isolation répartie mettent souvent en avant l'inertie thermique de leurs produits. Qu'en est-il réellement ? L'**inertie thermique** caractérise la capacité d'un matériau à absorber de l'énergie calorifique et à la restituer dans un délai plus ou moins long. Cette capacité est fonction de la masse volumique du matériau. Plus cette dernière est élevée, plus le matériau est en mesure de stocker de l'énergie calorifique puis de la restituer lentement. Un mur à forte inertie thermique garantit donc une température pratiquement stable pendant plusieurs heures. C'est un avantage certain en été lorsqu'il fait chaud dehors. Mais cela peut parfois devenir un inconvénient car un mur à forte inertie thermique mettra, une fois refroidi, beaucoup de temps, avant de retrouver une température de confort.

Les briques de type Monomur® possèdent une inertie thermique moyenne inférieure à celle d'un mur isolé par l'extérieur. Mais elle est supérieure à celle d'un mur isolé par l'intérieur dans lequel l'isolant fait barrage à toute tentative de stockage de chaleur. Quant au béton cellulaire, il possède une faible inertie thermique.

Fig. 2.23 **Briques à perforations horizontales**

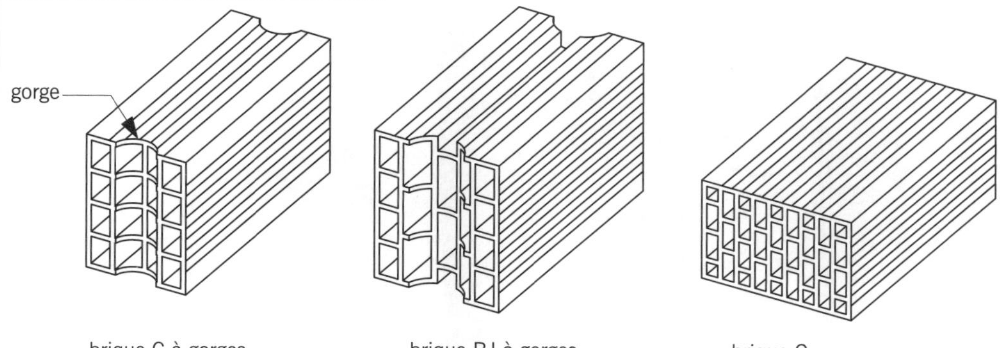

- les **briques C à gorge**. Disponibles en différentes hauteurs et largeurs, ces briques sont munies d'une gorge permettant de réaliser, au mortier de ciment, un joint vertical non apparent en façade (sur une même rangée, les briques sont en contact les unes avec les autres) ;
- les **briques RJ à gorge**. La brique RJ dite « à rupture de joint » dispose d'une rainure centrale sur ses deux faces horizontales destinée à interrompre le joint de pose. D'autre part, la disposition en quinconce des alvéoles permet d'allonger le circuit emprunté par les calories. Ces deux particularités contribuent à améliorer les performances thermiques de cette brique par rapport à celles d'une brique ordinaire ;
- les **briques G** qui comportent de nombreux rangées d'alvéoles (de 9 à 14 suivant leur épaisseur). Comme pour la brique précédente, la disposition en quinconce des alvéoles contribue à allonger le circuit de fuite des calories. Certains modèles de briques G sont à rupture de joint. Elles possèdent sur leurs deux faces horizontales une partie centrale qui peut s'enlever, permettant ainsi de réaliser un joint de pose en deux parties.

2 – Les briques à perforations verticales

■ La disposition verticale des perforations contribue à améliorer la résistance à la compression de ce type de brique. On distingue deux familles de briques à perforations verticales :

- les briques dont les performances thermiques sont suffisantes et qui ne nécessitent pas la mise en place d'une isolation complémentaire. C'est le cas notamment des briques de type Monomur® ;
- les briques dont les performances thermiques ne permettent pas d'atteindre les niveaux réglementaires exigés pour les murs isolés. Ces briques doivent être revêtues d'un complexe isolant. La figure 2.24 en présente deux modèles : la brique traditionnelle à grandes alvéoles et la brique G dont le nombre et la disposition des alvéoles améliorent les caractéristiques thermiques sans pour autant éviter l'emploi d'une isolation complémentaire.

■ Comme pour les blocs en béton, les briques sont associées à des accessoires destinés à réduire les ponts thermiques et à augmenter la rapidité d'exécution en facilitant les opérations de pose et en supprimant les coffrages.

Il existe à l'heure actuelle, plusieurs systèmes constructifs équivalents. Celui décrit ci-dessous est constitué de briques comportant des perforations verticales.

3 – La brique OPTIBRIC PV®

■ La brique OPTIBRIC PV®(5) est une brique porteuse à grandes alvéoles verticales posées à joints minces. Les briques sont posées sur un lit de mortier-colle de faible épaisseur (de 1 à 3 mm). Ce mode de pose est rendu possible grâce à la **rectification** des briques. Cette opération consiste, après cuisson des éléments, à meuler simultanément les deux faces de pose de la brique de manière à les rendre parallèles avec une tolérance de ± 0,5 mm. Cette particularité permet la mise en œuvre d'un joint de très faible épaisseur. L'application du mortier-colle s'effectue à l'aide d'un rouleau spécialement conçu à cet effet de manière à obtenir un joint calibré aussi régulier que possible. Cette technique conduit à une économie importante de

(5) Fabricant : Imerys Structure (voir adresse en fin d'ouvrage). Les informations données ici ne décrivent que partiellement ce procédé de construction. Pour plus de renseignements, se reporter à la documentation du fabricant.

Fig. 2.24 Briques à perforations verticales

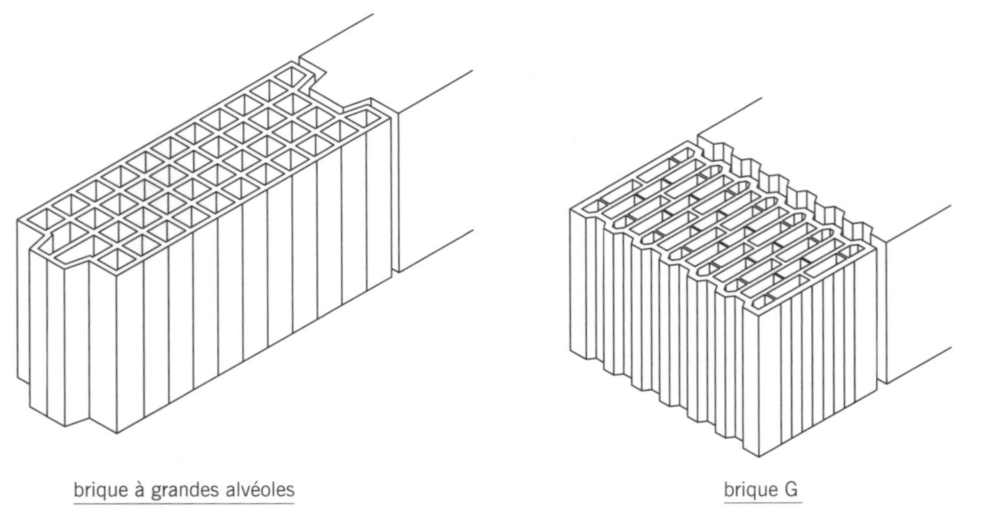

mortier de pose et à une plus grande rapidité d'exécution. Cependant le premier rang doit être posé sur une assise parfaitement plane et de niveau (réglage de l'horizontalité au niveau laser).

Les règles parasismiques exposées précédemment s'appliquent également aux murs en briques.

■ Les briques OPTIBRIC PV® sont associées, au montage, à divers accessoires (fig. 2.25) :

- la **planelle** dite « thermique » dont les alvéoles sont remplies de laine minérale. Elle sert de coffrage au chaînage horizontale situé au niveau du plancher ;
- le **bloc linteau** qui sert de coffrage aux linteaux en béton armé. Ce même accessoire permet aussi de réaliser les chaînages horizontaux situés en couronnement des murs. Le bloc linteau peut être remplacé par un accessoire spécial, le **bloc linteau-coffre de volet roulant** dont la partie supérieure en forme de

Fig. 2.25 Briques creuses à perforations verticales

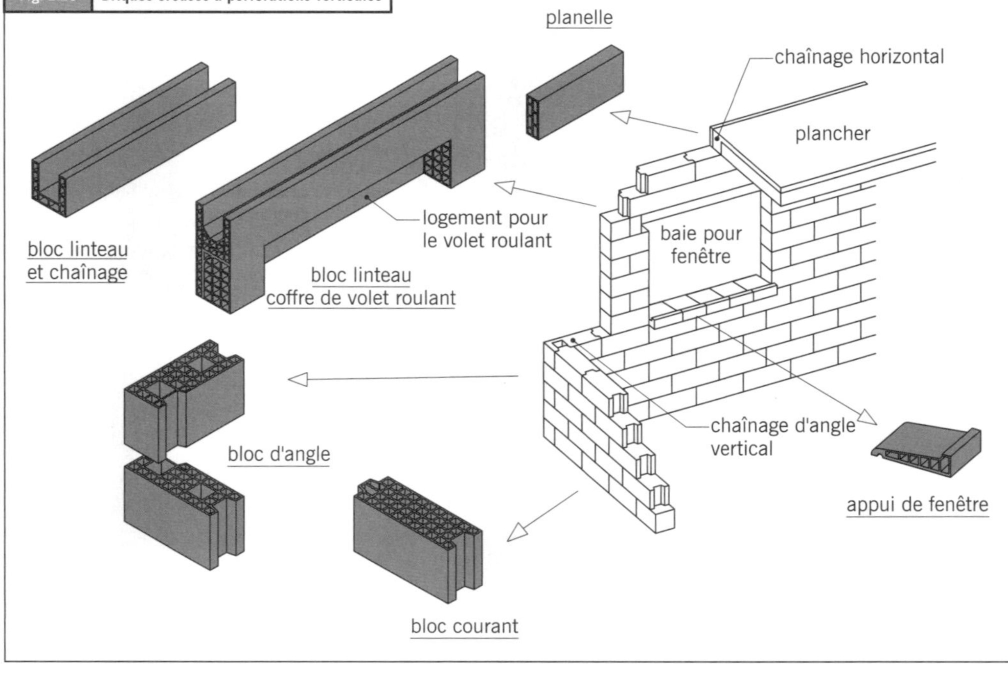

U sert de coffrage au linteau et la partie inférieure constitue un coffre pour volet roulant ;

- le **bloc d'angle** qui sert à la fois à la réalisation des chaînages verticaux d'angle et des chaînages intermédiaires ;
- **l'appui de fenêtre** préfabriqué en terre cuite.

2.5 Les briques de type Monomur®

1 – Les modes de pose et les enduits

■ Comme pour le bloc en béton cellulaire, la brique en terre cuite de type Monomur® (6) permet de réaliser des murs à isolation répartie. À la différence d'une brique creuse ordinaire, le bloc Monomur® est plus épais que long. Il est perforé verticalement. L'air inerte emprisonné dans les très nombreuses alvéoles (près d'une centaine pour un bloc de 37,5 cm d'épaisseur) ainsi que la géométrie particulière des parois intérieures du bloc (disposées en quinconce et en forme de losange) confèrent à ce produit des propriétés isolantes élevées.

■ On distingue deux types de pose :

- la **pose traditionnelle**. Les blocs sont hourdés au mortier isolant ou bâtard (chaux et ciment). Les joints horizontaux sont exécutés à l'aide d'un gabarit de pose qui permet d'obtenir une épaisseur constante de 1 cm et de réaliser plusieurs bandes parallèles de mortier (de deux à cinq selon les fabricants) avec interposition éventuelle de bandes isolantes en laine de verre de type « Jointolène® ». Les joints verticaux sont réalisés à sec par des emboîtements mâle-femelle. En zone sismique la gorge centrale verticale est à remplir de mortier ;
- la **pose à joints minces**. Les joints horizontaux de 1 mm d'épaisseur sont réalisés à l'aide d'un rouleau applicateur qui permet de déposer la quantité de mortier-colle nécessaire. Ce type de maçonnerie posée à joints minces est parfois appelé « **maçonnerie roulée** ». Comme précédemment, les joints verticaux entre blocs sont à remplir uniquement dans les régions à risque sismique.

(6) L'appellation « Monomur® » est une marque déposée, réservée aux produits commercialisés par les sociétés suivantes : Wienerberger, Imerys Structure et Bouyer-Leroux (voir adresses en fin d'ouvrage). Les informations données ici ne décrivent que partiellement ce procédé de construction. Pour plus de renseignements, se reporter aux documentations des fabricants et aux avis techniques correspondants.

- Ce mode de pose s'effectue obligatoirement avec des **briques rectifiées** (briques dont les deux faces de pose ont été meulées, après cuisson, pour obtenir un parallélisme presque parfait). La technique du joint mince présente plusieurs avantages :

  – une économie substantielle de mortier par rapport à la pose traditionnelle ;

  – un gain de temps pour la mise en œuvre ;

  – des déperditions thermiques linéiques plus faibles qu'avec des joints épais.

■ Les maçonneries en briques Monomur® doivent être enduites extérieurement et intérieurement.

Les **enduits extérieurs** applicables sont :

- les enduits traditionnels pour les supports en terre cuite définis et mis en œuvre conformément au DTU 26-1 ;
- les enduits non traditionnels bénéficiant d'un avis technique et mis en œuvre conformément à leurs prescriptions.

Les **enduits intérieurs** applicables sont :

- les enduits traditionnels à base de liants hydrauliques ;
- les enduits non traditionnels bénéficiant d'un avis technique ;
- les enduits au plâtre ;
- les plaques de plâtre collées.

2 – Le système constructif et ses particularités

■ Les différents systèmes constructifs, actuellement commercialisés, à base de briques Monomur® possèdent de très nombreux points communs. Ils se différencient seulement par les dimensions et les formes des blocs et par la manière de traiter certaines parties de la construction.

Les informations données ci-dessous ne concernent pas un système constructif en particulier mais décrivent plutôt les principales particularités du procédé.

■ Chaque système constructif propose de nombreux éléments permettant de traiter les points singuliers de la construction de manière à assurer une isolation la plus constante et homogène possible. Les éléments constitutifs les plus courants sont **(fig. 2.26)** :

- la **brique courante** ou **brique de base** est disponible pour les murs extérieurs en deux épaisseurs : 30 et 37,5 cm. Les faces latérales comportent des emboî-

Fig. 2.26 **Briques Monomur**

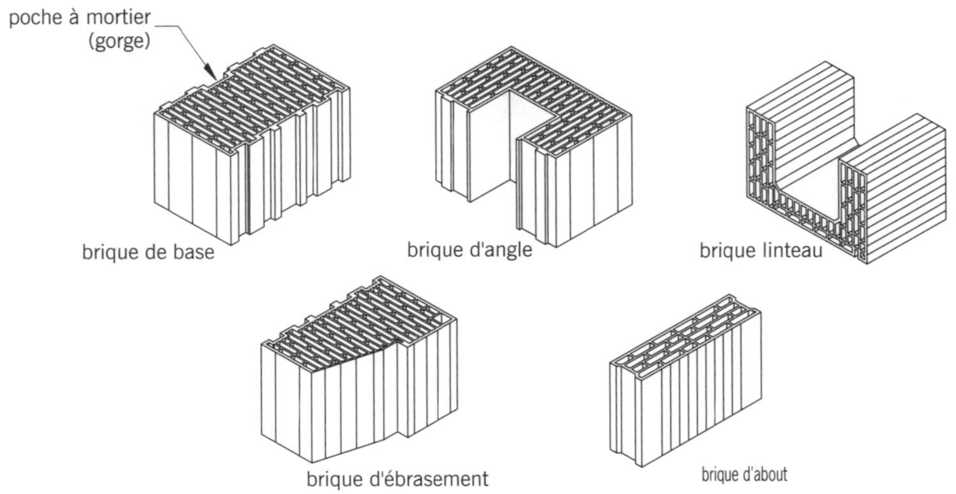

tements pour la réalisation des joints verticaux. La poche à mortier (ou gorge centrale) doit être remplie dans le cas d'une construction en zone sismique ;

- la **brique d'angle** comporte un évidemment vertical ouvert. Elle est destinée à l'intégration des chaînages verticaux d'angle et des chaînages verticaux intermédiaires ;
- la **brique linteau** comporte un évidemment horizontal ouvert. Elle est destinée à la réalisation de linteaux en béton armé et de chaînages horizontaux sous charpente ;
- la **brique d'ébrasement** est destinée à la réalisation des ouvertures. Sa forme particulière permet la mise en place des menuiseries extérieures dans l'épaisseur du mur de façade avec tableaux en ébrasement ;
- la **brique d'about** ou **planelle** est destinée au coffrage des chaînages horizontaux situés au droit d'un plancher en béton.

Les règles parasismiques définies précédemment (voir p. 13) s'appliquent également aux murs en briques Monomur®.

■ Les figures suivantes présentent la réalisation de quelques points particuliers :

- l'exécution des angles rentrants et sortants de la construction à l'aide des briques d'angle (fig. 2.27) ;
- deux exemples d'utilisation de la brique linteau (fig. 2.28). Il existe plusieurs façons de réaliser les linteaux de baie. Le mode de réalisation dépend du type de menuiserie mise en place (menuiserie avec volets battants, bloc-baie), de la présence ou non d'un coffre de volet roulant intégré à la maçonnerie et de la distance séparant le linteau du chaînage horizontal du plancher ;
- un exemple d'utilisation de la brique d'about (fig. 2.29). Celle-ci doit être recouverte, côté intérieur, d'une plaque isolante afin de réduire le pont thermique en about de plancher.

■ Les performances thermiques des murs en briques Monomur® sont équivalentes à celles des murs traditionnels isolés de l'intérieur :

- le Monomur® de 37,5 cm d'épaisseur, enduit deux faces à joints horizontaux minces et à joints verticaux secs, possède un coefficient de transmission U de 0,33 W/m^2 °C. Cette valeur est identique au coefficient U d'un mur en blocs de béton revêtu de 10 cm de PSE Th et d'une plaque de plâtre ;
- le Monomur® de 30 cm d'épaisseur, enduit deux faces à joints horizontaux minces et à joints verticaux secs, possède un coefficient de transmission U de 0,41 W/m^2 °C. Cette valeur est presque identique au coefficient U d'un mur en blocs de béton revêtu de 8 cm de PSE Th et d'une plaque de plâtre.

Fig. 2.27 Réalisation des angles rentrants et sortants

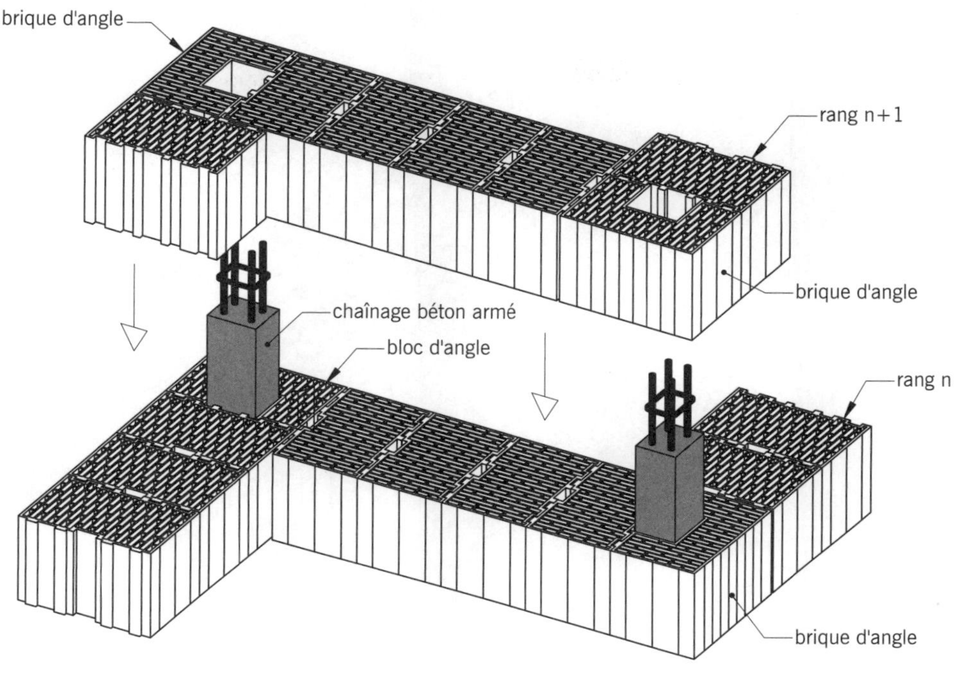

Fig. 2.28 Exemples d'utilisation de la brique linteau

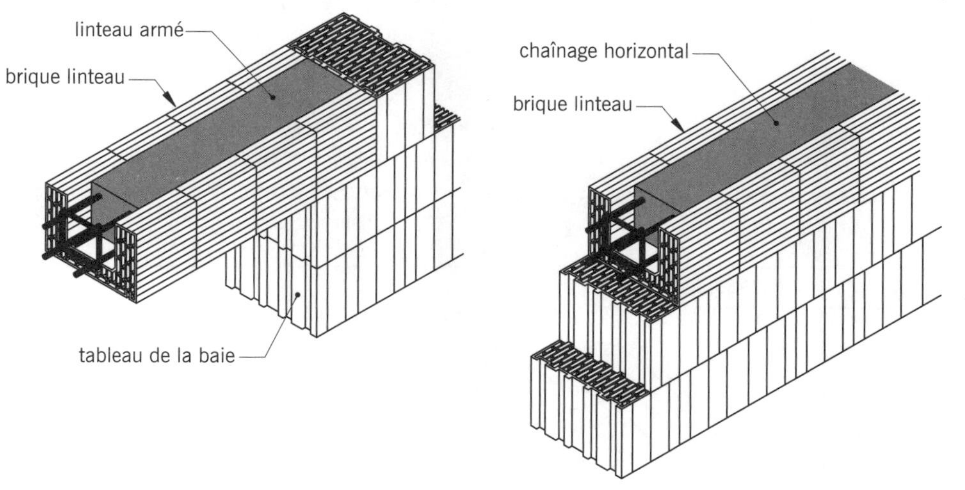

Pour en savoir plus

– Avis techniques de la société Wienerberger :

- n° 16/00-399 concernant le Biomur R (roulé) ;
- n° 16/04-474 concernant le Biomur T (à joints épais).

– Avis techniques de la société Imerys Structure :

- n° 16/04-473 concernant le Monomur Gelis JT (à joints épais) ;
- n° 16/03-452 concernant le Monomur Gelis JM (à joints minces).

– Avis technique de la société Bouyer-Leroux :

- n° 16/02-436 concernant le Monomur BioBric rectifié (à joints minces).

Fig. 2.29 Exemple d'utilisation de la brique d'about

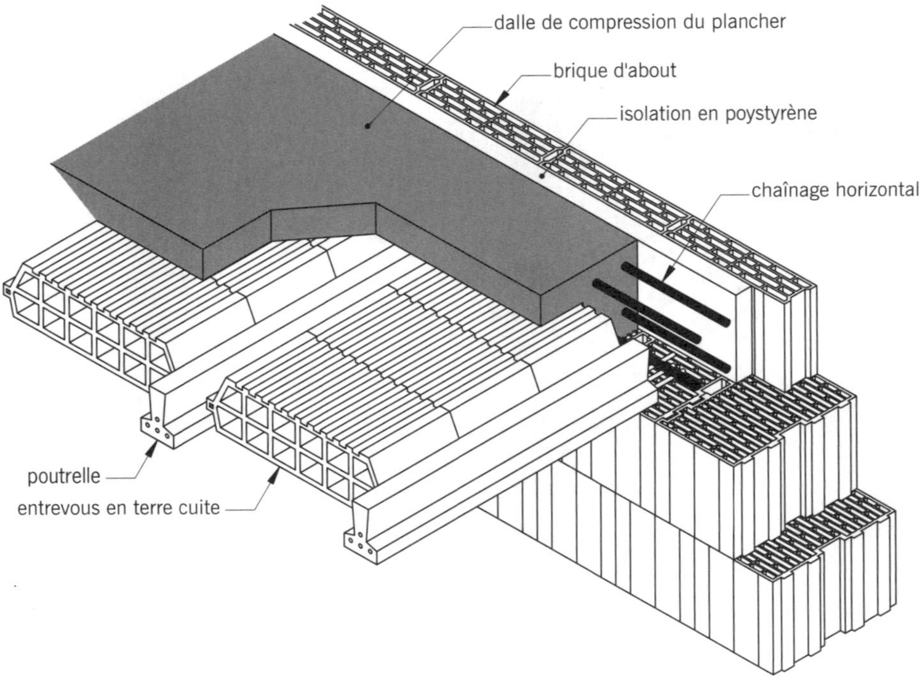

2.6 Les murs en béton

1 – Les murs en béton coulés sur place

La plupart des murs de maisons individuelles sont construits avec des blocs assemblés (blocs de béton, briques, Monomur®...). Cependant, certains d'entre eux peuvent être réalisés en **béton banché** (béton coulé dans des coffrages métalliques ou en bois appelés « banches »). Il s'agit principalement :

- des murs de soubassement dans certains cas ;
- des murs de façade partiellement ou totalement enterrés. Ces pans de mur, appelés **voiles**, en contact avec la terre côté extérieur, peuvent subir des efforts horizontaux (poussée des terres et pression hydrostatique) à la manière d'un mur de soutènement. Aussi doivent-ils être réalisés en béton banché pour mieux résister à ces efforts et pouvoir être armés en conséquence (fig. 2.30) ;

Fig. 2.30 Mur en béton banché

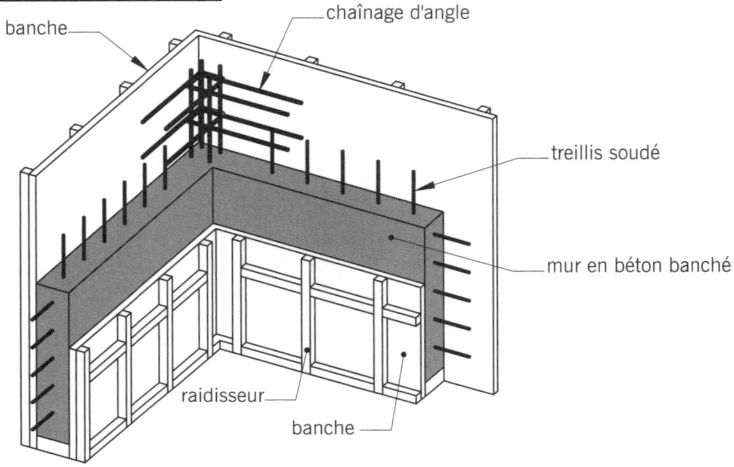

- des portions de murs en élévation, dès lors que leurs formes sont difficiles à réaliser en maçonnerie traditionnelle : voile percé de nombreuses ouvertures, parois de faible largeur, pan de murs en faux-aplomb...

2 – Les murs préfabriqués en béton

■ Les murs en béton peuvent également être préfabriqués en usine, puis ensuite assemblés sur chantier. Cette technique de construction est présente dans le secteur du logement collectif et des bâtiments à usage de bureaux mais elle est peu employée dans le domaine de la maison individuelle. Elle offre pourtant certains avantages :

- sur chantier, un montage rapide et rationnel des différents composants ;
- une fabrication en usine dans un environnement protégé, à l'abri des intempéries ;
- un système constructif optimisé en terme de performances mécaniques et thermiques ;
- une meilleure maîtrise de la qualité et des coûts.

Les quelques procédés actuellement commercialisés proposent des systèmes constructifs comprenant des éléments de murs préfabriqués de hauteur d'étage (murs de façade et de refend), associés soit à des éléments préfabriqués de plancher soit à des planchers à poutrelles ou à prédalles. La préfabrication des éléments est réalisée en usine dans des moules métalliques horizontaux. L'appareillage électrique (gaines et boîtiers) est intégré aux panneaux et, dans certains cas, les menuiseries extérieures peuvent être également mises en place en usine.

■ Les murs préfabriqués se présentent sous la forme de panneaux sandwiches constitués :

- d'un voile extérieur en béton de 4 à 7 cm d'épaisseur armé d'un treillis soudé ;
- d'une plaque médiane isolante en polystyrène expansé de 6 à 14 cm d'épaisseur assurant l'isolation par l'extérieur des murs ;
- d'un voile intérieur porteur en béton armé de 10 cm d'épaisseur environ, renforcé ou non par des nervures verticales en béton.

Le voile extérieur librement dilatable est relié à la paroi porteuse par un dispositif mécanique (suspentes en acier inoxydable, faisceau d'armatures).

Sur le chantier, les murs de façade et de refend sont réalisés par la juxtaposition des panneaux, mis en place verticalement sur un lit de mortier déposé sur le soubassement. Les panneaux sont maintenus provisoirement par des étais métalliques puis solidarisés entre eux par le coulage de noyaux de liaison ou **clavetages**.

Les figures suivantes présentent quelques dispositions constructives [7] :

- figure 2.31 : exemple d'un panneau de façade préfabriqué muni d'une ouverture. Le voile extérieur se prolonge au niveau des tableaux et du linteau jusqu'à une réservation ménagée dans le voile intérieur et destinée à recevoir la fenêtre. L'appui de baie préfabriqué est rajouté par la suite ;
- figures 2.32 et 2.33 : principes de réalisation des liaisons verticales entre les panneaux. Quel que soit le procédé de préfabrication employé, les panneaux sont toujours solidarisés entre eux par des clavetages en béton ;
- figure 2.34 : principe de réalisation des liaisons panneau-plancher. Le chaînage horizontal de liaison entre les têtes des panneaux et le plancher est coulé en même temps que la dalle de compression du plancher. Les éléments de l'étage supérieur sont ensuite mis en place verticalement sur un lit de mortier.

■ Pour en savoir plus ■

– *Prescriptions techniques communes aux procédés de mur ou de gros œuvre*. Cahier CSTB n° 2159, document à télécharger, au format pdf, sur le site www.cstb.fr.

– Avis techniques de procédés de gros œuvre de maison en panneaux préfabriqués :

- N° 1/01-775 : La Maison Bleue n° 3 ;
- N° 1/02-788 : Magmur 96 (Société Magnenet S.A) ;
- N° 1/04-807 : Personeni (société Personeni S.A) ;
- N° 1/05-826 : Procédé Prefer (société Ferrari S.A).

(7) Les procédés décrits ici sont susceptibles d'évoluer en fonction des exigences de la nouvelle réglementation thermique RT 2005.

Fig. 2.31 **Exemple d'un panneau de façade préfabriqué (procédé PREFER)**

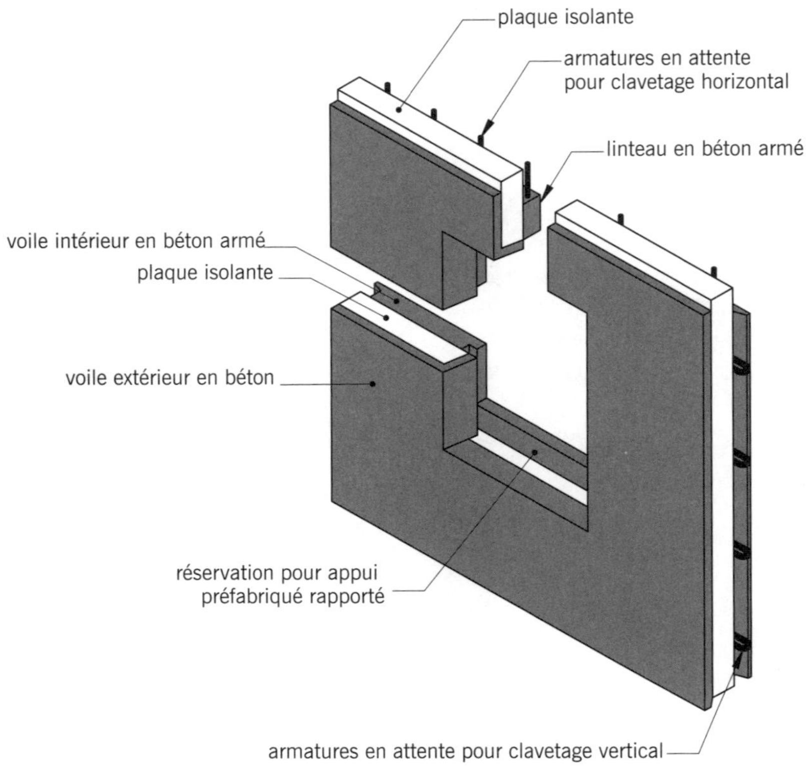

Fig. 2.32 **Liaisons verticales entre panneaux préfabriqués (procédé PREFER)**

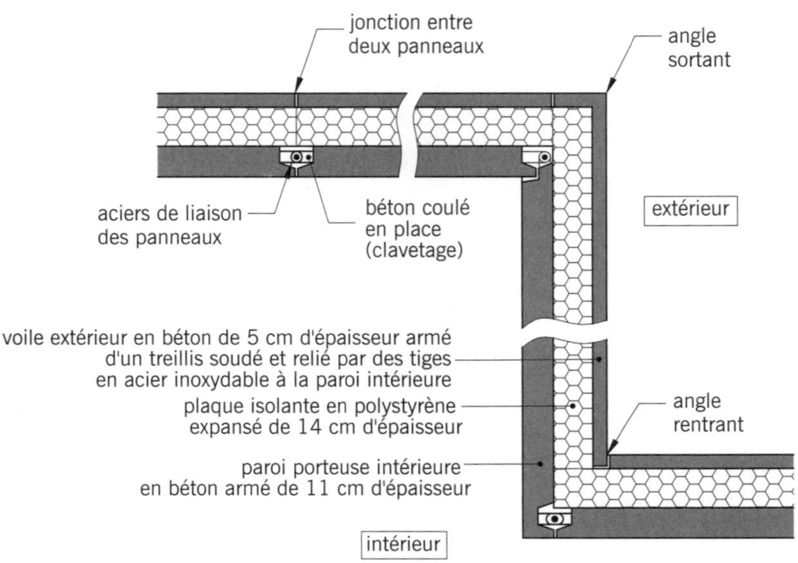

Fig. 2.33 Liaisons verticales entre panneaux préfabriqués (procédé MAGMUR 96)

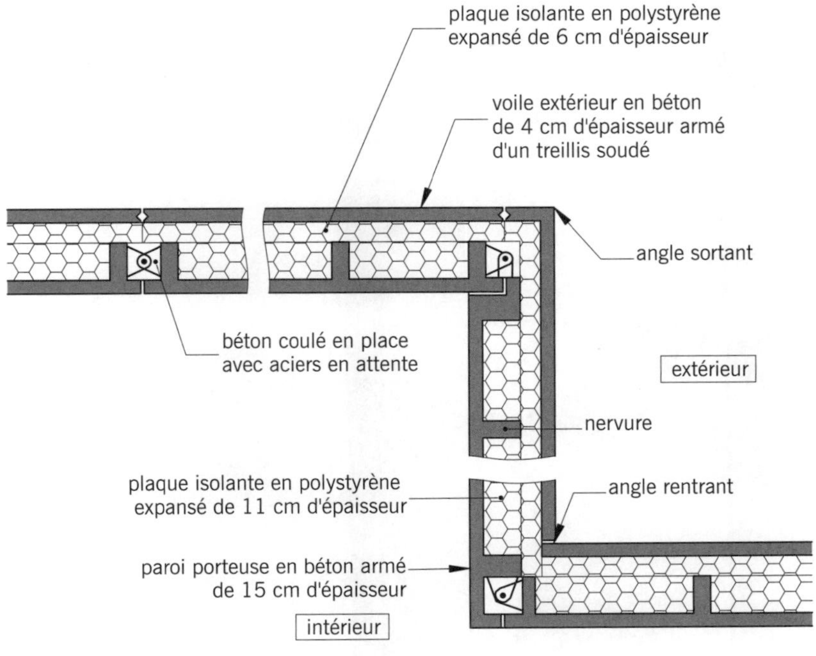

Fig. 2.34 Liaisons panneaux/plancher (coupes verticales)

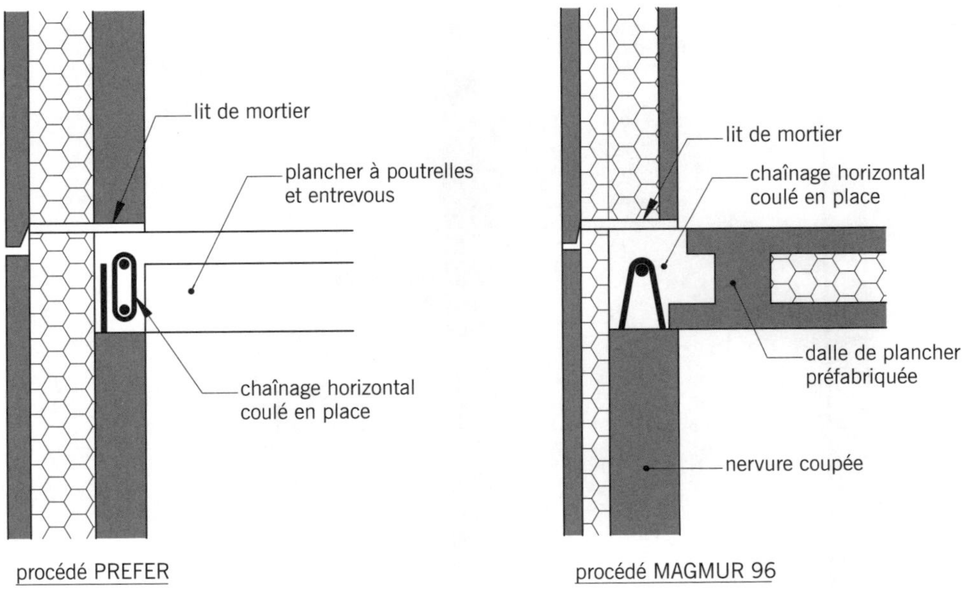

2.7 Les murs à ossature bois

■ Dans une maison à ossature bois, tous les éléments porteurs (murs de façade et de refend, poteaux, poutres, charpente et planchers à l'exclusion du plancher du rez-de-chaussée) sont en bois ou en matériaux dérivés du bois.

La construction en bois actuelle comprend quatre principales techniques de fabrication :

- la construction en bois empilés ;
- la construction poteaux-poutres ;
- la construction à ossature bois ;
- la construction avec panneaux massifs.

Fig. 2.35 Madriers empilés pour simple paroi

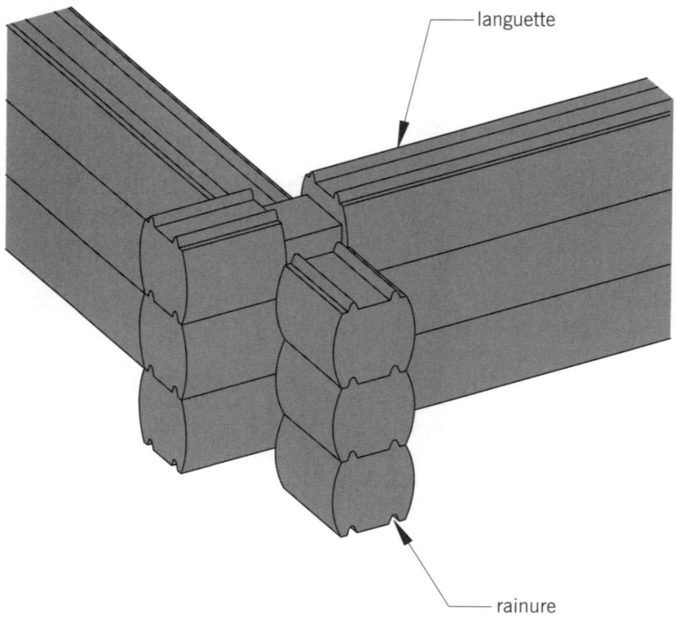

Fig. 2.36 Madriers empilés avec doublage isolant

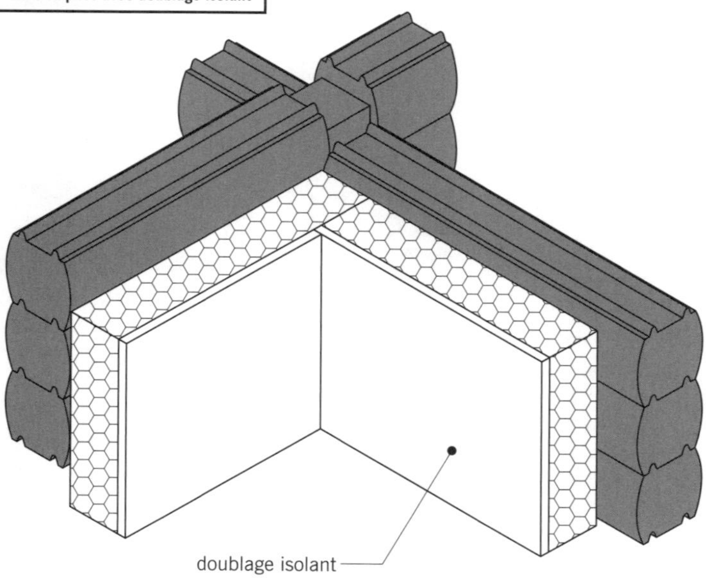

Fig. 2.37 Madriers empilés pour double paroi

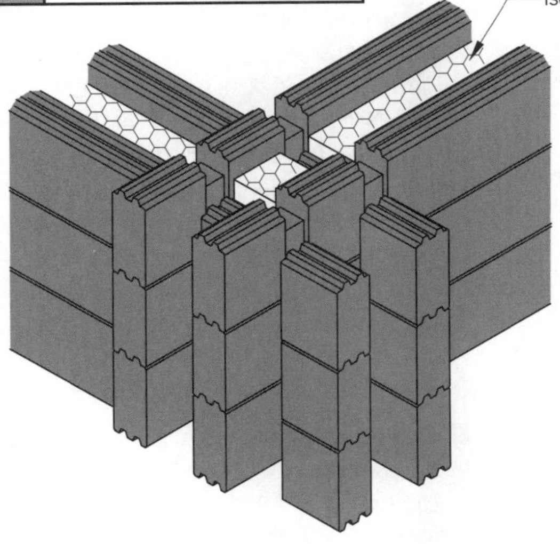

1 – La construction en bois empilés

■ Cette technique de construction fréquemment employée pour les chalets de montagne est parfois utilisée pour les maisons individuelles. Elle consiste à empiler horizontalement des pièces de bois (rondins ou madriers) qui s'emboîtent les unes dans les autres aux angles de la construction.

Les madriers en bois massif, contrecollés ou lamellés collés sont munis sur leurs faces de pose de dispositifs à languettes et rainures pour réduire les infiltrations d'air. On distingue différents types de parois :

- la **simple paroi** constituée de madriers empilés de forte épaisseur, de 14 à 20 cm **(fig. 2.35)** ;
- la **paroi avec doublage isolant** constitué de madriers empilés de faible épaisseur, de 6 à 10 cm, recouverts côté intérieur d'un isolant thermique (complexe isolant, panneaux semi-rigides de laine minérale + ossature + parement intérieur) **(fig. 2.36)**. Cette paroi peut

Fig. 2.38 Madrier composite

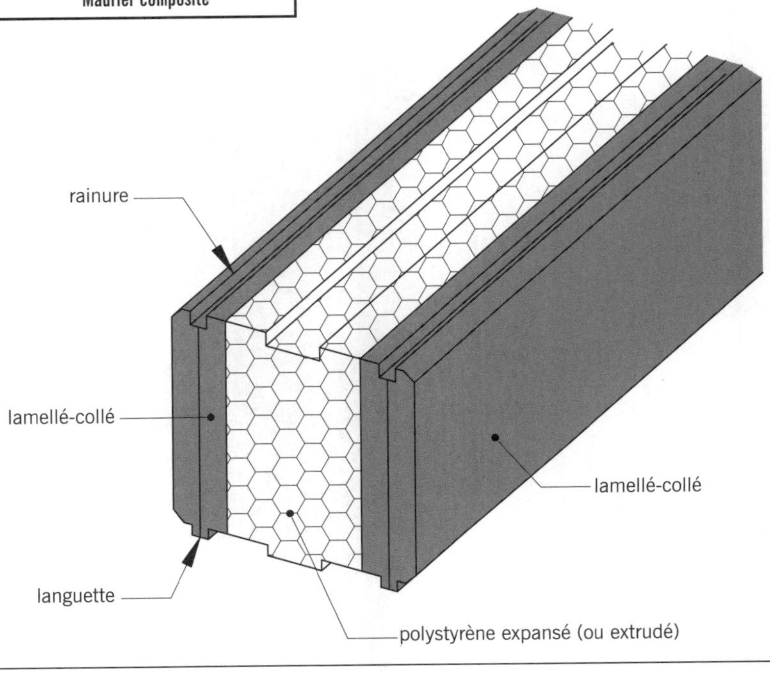

également être isolée par l'extérieur avec une couche isolante recouverte d'un bardage en bois posé sur une ossature primaire ;

- la **double paroi** constituée de deux murs parallèles en madriers empilés de faible épaisseur (fig. 2.37). L'espace ménagé entre les deux parois, de 8 à 12 cm, est destiné à recevoir un isolant thermique sous forme de panneaux semi-rigides ou en vrac (isolant insufflé).

■ Quelques fabricants proposent des **madriers composites** appelés aussi **madriers sandwichs** (fig. 2.38) qui comportent une âme isolante en polystyrène expansé ou extrudé assemblée par collage sur deux parements en bois massif ou contrecollé. Ces madriers qui s'empilent horizontalement pour constituer des murs à isolation intégrée ne s'assemblent pas dans les angles à la manière des madriers précédents. Ils sont destinés à être mis en œuvre sur une ossature en bois massif, en lamellé-collé ou en béton.

■ Les murs en bois empilés se tassent inévitablement. Ce tassement qui peut atteindre plusieurs centimètres est causé notamment par les charges auxquelles la structure est soumise et par le retrait que subit le bois en séchant. Des dispositions particulières doivent être mises en œuvre afin que les ouvrages incorporés à la structure porteuse (portes, fenêtres, escalier) ne soient pas endommagés par le tassement.

2 – La construction poteaux-poutres

Ce système constructif se présente sous la forme de portiques constitués de poteaux et de poutres de forte section (en bois massif ou, le plus souvent, en lamellé-collé). Les seuls éléments porteurs verticaux sont les poteaux disposés tous les 3 à 5 mètres environ. Ce système bénéficie d'une grande liberté de conception, notamment en ce qui concerne l'emplacement et les dimensions des baies, la nature des remplissages verticaux (panneaux en bois, murs en briques, en béton cellulaire) et les découpes dans les planchers (trémies d'escaliers, mezzanine).

3 – La construction à ossature bois

■ Cette technique appelée aussi « **système à panneaux porteurs** » est la plus utilisée en France pour la construction des maisons en bois. Elle consiste à fabriquer en usine des panneaux qui sont ensuite acheminés sur le chantier et assemblés entre eux pour constituer les murs de façade et de refend. L'ossature d'un panneau comprend (fig. 2.39) :

- des **lisses**, pièces horizontales et continues placées aux extrémités supérieure et inférieure de chaque panneau ;
- des **montants**, pièces verticales disposées tous les 40 à 60 cm environ ;

Fig. 2.39 **Éléments constitutifs d'un panneau**

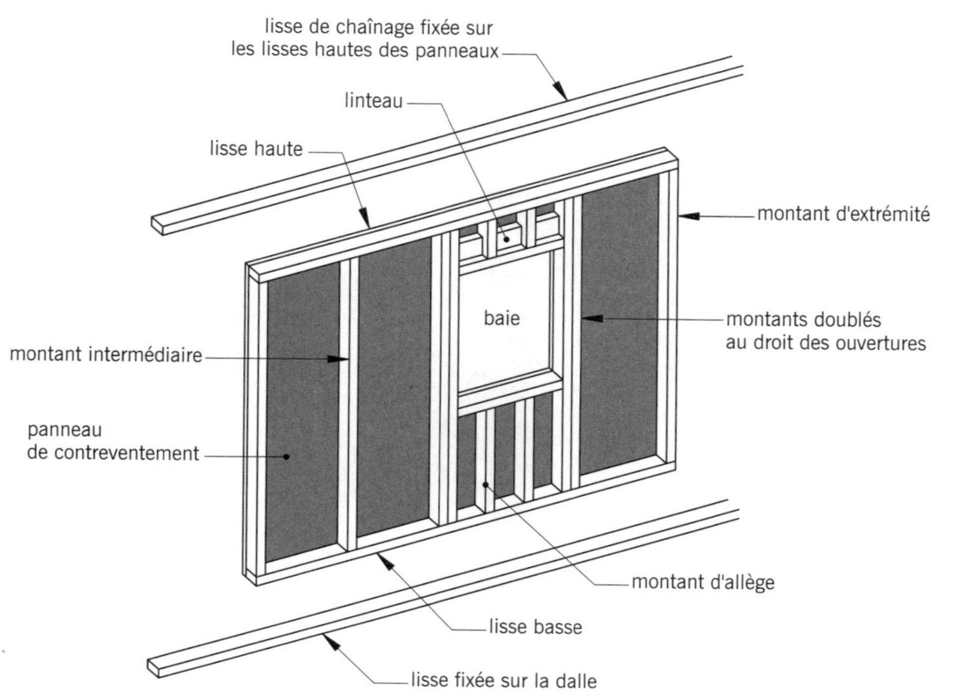

Fig. 2.40 Exemples de murs à ossature bois

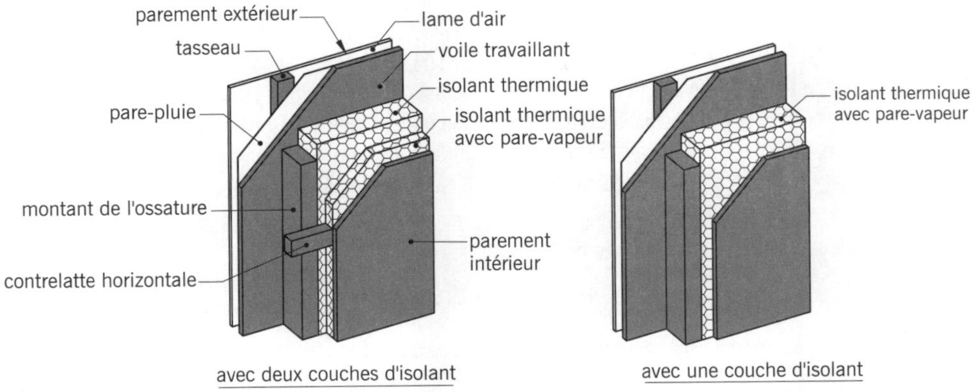

- des **traverses** ou **entretoises**, pièces horizontales fixées entre les montants ;
- un **voile de contreventement** appelé aussi **voile travaillant**, en panneaux dérivés du bois (contreplaqué CTBX, panneau de particules CTBH, OSB...) assurant la rigidité de l'ouvrage.

■ Un mur de façade comprend, le plus souvent, de l'intérieur vers l'extérieur (fig. 2.40) :

- un **parement intérieur** en plaques de plâtre, en panneaux dérivés du bois ou en lambris ;
- un **pare-vapeur**, matériau généralement souple possédant une faible perméance à la vapeur d'eau et placé derrière le parement intérieur (côté chaud). Le pare-vapeur est destiné à empêcher la migration d'humidité à travers la paroi ;
- un **isolant thermique** en une ou deux couches croisées (épaisseur totale de 10 à 12 cm) mis en place entre les montants de l'ossature ;
- l'**ossature** du panneau constitué de montants et de traverses et d'un voile de contreventement ;
- un **pare-pluie**, matériau généralement souple, placé à l'extérieur (côté froid), derrière le bardage et destiné à protéger le mur d'éventuelles pénétrations d'eau. Le pare-pluie est étanche à l'eau mais laisse passer l'air ;
- un **bardage** (voir encadré page 48) en clins (éléments longs en bois assemblés entre eux) ou en panneaux de bois revêtus d'un enduit. Le bardage est fixé sur des liteaux de manière à assurer la libre circulation de l'air entre le bardage et le pare-pluie.

■ Les panneaux préfabriqués peuvent être de deux types :

- des **panneaux dits « ouverts »** dont l'ossature bois et le bardage sont assemblés entre eux en atelier. Ces panneaux sont ensuite, sur le chantier, liaisonnés les uns aux autres. Puis, l'isolant thermique et le parement intérieur sont mis en place une fois le bâtiment couvert et les menuiseries posées ;
- des **panneaux dits « fermés »** dont tous les composants sont assemblés en atelier. Ces panneaux, livrés complets sur le chantier, sont liaisonnés entre eux par un système discret de languettes clouées. Cette technique nécessite une réalisation rigoureuse des panneaux et interdit toute modification ou ajustement de dernière minute.

Les éléments de planchers sont également préfabriqués. En atelier, les lambourdes et les solives sont coupées aux dimensions. Elles sont ensuite assemblées sur le chantier.

■ Les avantages de la maison à ossature bois sont nombreux :

- le bois qui est un matériau léger, (4 à 5 fois moins lourd que le béton) permet de réduire l'importance des fondations ;
- la rapidité d'exécution sur chantier. La phase dite « clos-couvert » qui correspond à la pose des murs, de la charpente, de la couverture et des menuiseries extérieures dure de 5 à 10 jours selon l'importance de la construction. Cette rapidité d'exécution permet parfois de diminuer certains coûts indirects liés à la construction d'une maison (par exemple, raccourcissement de la période pendant laquelle le paiement d'un loyer s'additionne au remboursement des prêts) ;
- les maisons à ossature bois sont des constructions dites « sèches » ne nécessitant aucun délai de séchage des ouvrages, à l'exception des fondations et du soubassement. Elles peuvent être emménagées dès la fin des travaux ;

- avec des murs de 10 à 15 cm moins épais que ceux d'une maison en maçonnerie, la maison à ossature bois permet un léger gain de surface habitable (voir calcul des surfaces, Tome 1) ;
- le bois lui-même participe à l'isolation thermique des parois : 10 cm de bois isolent autant que 3 cm de laine minérale. C'est peu, mais que dire des 10 cm de béton qui isolent autant que 3 mm de laine minérale !

■ La construction d'une maison à ossature bois présente cependant quelques inconvénients :

- les bois de bardage sont traités à cœur contre l'humidité, les insectes et les champignons. Il n'y a aucun risque qu'ils se détériorent. En revanche, si l'on souhaite qu'ils conservent l'aspect du neuf, il faut les entretenir régulièrement sinon ils se patinent avec le temps ;

Fig. 2.41 **Exemple de liaisons entre panneaux (coupe horizontale)**

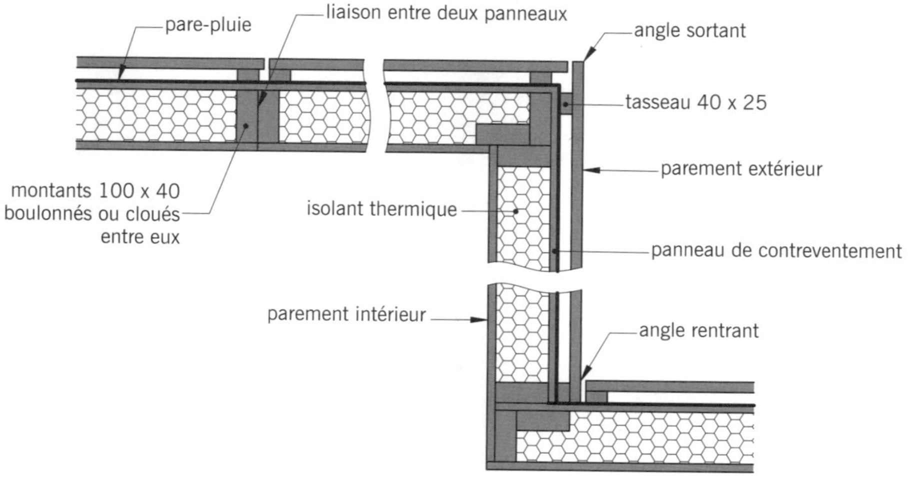

Fig. 2.42 **Coupes sur fenêtre (exemple)**

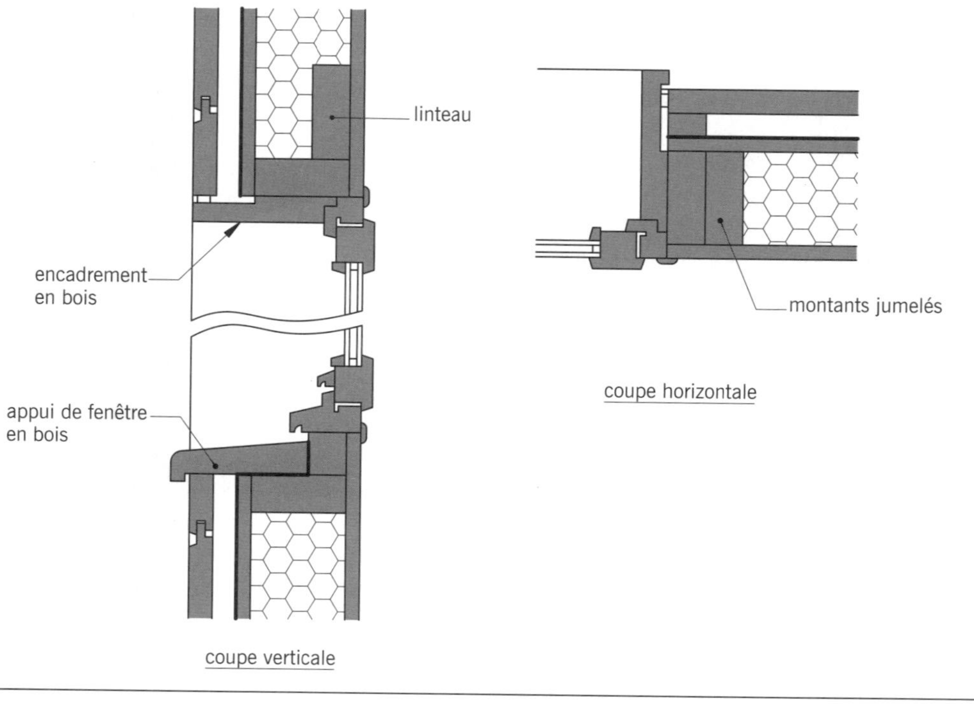

- le coût moyen d'une maison à ossature bois est légèrement supérieur à celui d'une maison traditionnelle de forme identique.

■ Les figures suivantes présentent quelques dispositions constructives qui ne constituent que des exemples :

- figure 2.41 : liaison courante entre deux panneaux et liaison d'angle (rentrant et sortant) ;
- figure 2.42 : intégration d'une fenêtre dans un panneau de façade. Dans cet exemple, la menuiserie est posée en applique au nu intérieur.

4 – La construction avec panneaux massifs

Dans ce système constructif, peu répandu en France, la structure porteuse est constituée de panneaux pleins en bois, de grandes dimensions. Les panneaux en planches d'épicéa contrecollées en plusieurs couches croisées (fig. 2.43) sont utilisés à la fois pour les murs extérieurs et de refend, les planchers et comme supports de couverture. Ils sont assemblés entre eux par vissage au moyen de pièces de liaison en bois ou métalliques. Les ouvertures pour les fenêtres et les portes sont découpées dans les panneaux.

Une fois mis en place et assemblés entre eux, les panneaux de murs sont recouverts côté extérieur d'un isolant thermique et d'un bardage comme dans le cas d'une maison à ossature bois « traditionnelle ».

■ Pour en savoir plus ■

– *La construction à ossature bois. Guide*. Ouvrage édité par Krono France (www.kronofrance.fr).

Fig. 2.43 Panneau massif

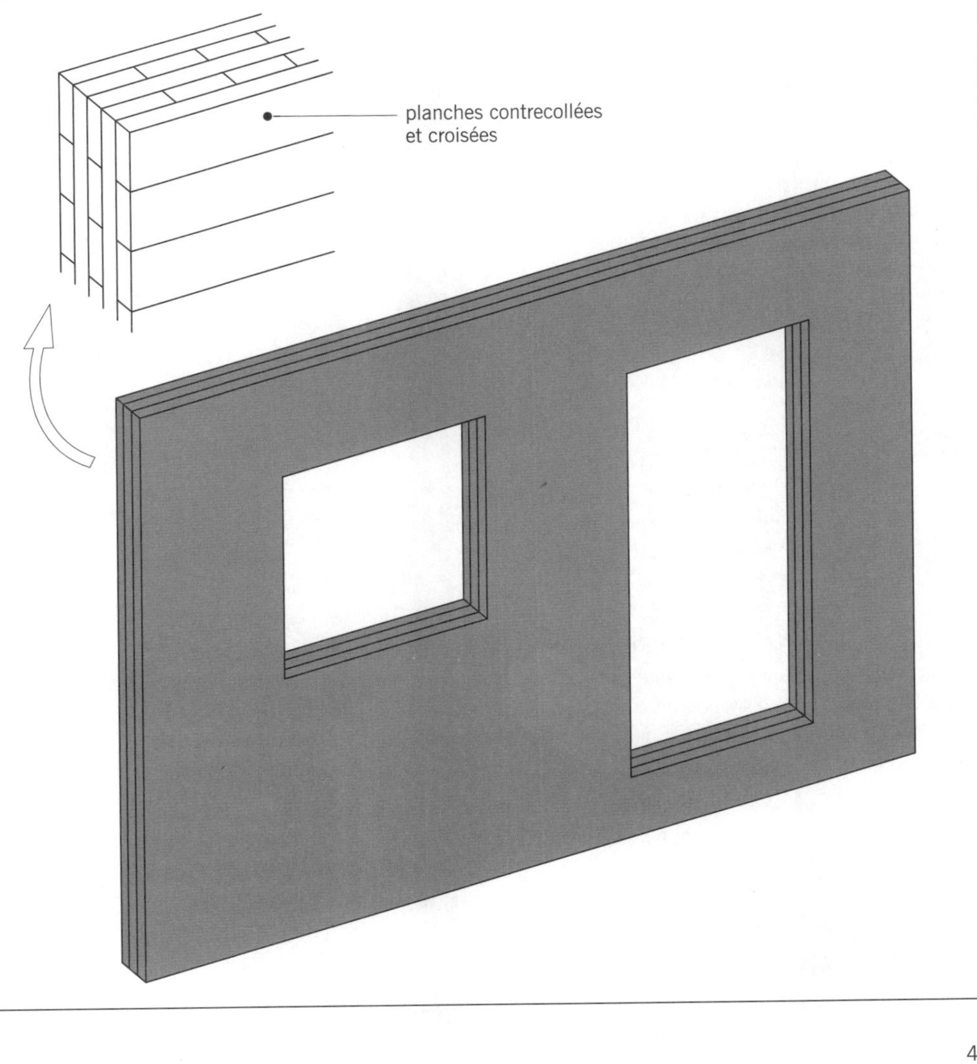

– *Construction à ossature bois. Conception et mise en œuvre*. Éditions CTBA/Eyrolles ;

– *Optimisation de la réalisation des chantiers de maisons individuelles en bois*. Document, au format pdf, à télécharger sur le site www.unionbois.com.

– *Détails de construction* (panneaux massifs pour maisons en bois). Documentation technique à télécharger, au format pdf, sur le site www.klh.at/new/.

– *Les systèmes constructifs en bois massif* (panneaux massifs pour maison en bois). Documentation à télécharger, au format pdf, sur le site www.finforest.fr.

– *Ossature bois et isolation thermique des bardages rapportés faisant l'objet d'un avis technique ou d'un constat de traditionnalité. Règles générales de conception et de mise en œuvre*. Cahier n° 3316 du CSTB à télécharger, au format pdf, sur le site www.cstb.fr.

– Norme NF P 21-204-1 (DTU 31-2) : constructions de maison et de bâtiments à ossature en bois. Cahier des clauses techniques.

– Norme NF P 65-210 (DTU 41-2) : travaux de bâtiments. Revêtements extérieurs en bois.

– Norme NF EN 335 : durabilité du bois et des matériaux dérivés du bois. Définition des classes de risque d'attaque biologique :

- partie 1 : généralités ;
- partie 2 : application au bois massif ;
- partie 3 : application aux panneaux à base de bois.

– Avis technique n° 2/04-1095. Sapisol façade (société Simonin). Madrier Sapisol (panneaux sandwich bois-polystyrène-bois).

LES BARDAGES

■ Le **bardage** est un revêtement de façade constitué d'éléments assemblés entre eux et fixés sur une ossature. Le bardage peut être posé avec ou sans isolation thermique. Les principaux matériaux utilisés en bardage de maisons individuelles sont le bois massif, le bois reconstitué, le PVC et le fibre-ciment.

■ Les éléments en **bois massif** se présentent sous la forme de lames (ou clins) posées à recouvrement ou emboîtées les unes dans les autres. Le mélèze et le red cedar (cèdre rouge) sont des essences qui conviennent particulièrement en raison de leur durabilité à l'extérieur. Ces bois qui appartiennent, sans traitement, à la classe de risques 3, se patinent naturellement avec le temps sans altération de leurs propriétés. Pour qu'ils conservent leur couleur d'origine, il faut leur appliquer une lasure de finition extérieure. Selon la qualité de la lasure employée et l'exposition de la façade, l'opération doit être renouvelée tous les 3 à 5 ans. Le sapin du Nord, plus économique, est également utilisé en bardage après avoir subi un traitement en **autoclave**. Ce traitement consiste à injecter, sous pression, dans les cellules du bois, un produit de traitement à base de cuivre et de sels boriques afin de protéger le bois contre l'humidité, les champignons et les insectes xylophages.

Il existe également des lames de bardage en bois lamellé-collé. La lamellation permet d'obtenir des lames stables dimensionnellement et également plus larges et plus longues.

■ Les produits en **bois reconstitué** ressemblent par leurs formes aux lames de bardage en bois massif. Ce bois reconstitué est obtenu à partir de fibres de bois et de liants synthétiques. Les lames reçoivent en usine plusieurs couches de peinture.

■ Les lames en **PVC** se présentent généralement sous la forme de profilés creux. Elles s'assemblent par emboîtement et sont vissées sur une ossature en bois. Il existe un large choix de coloris et de décors imitant le bois. Les bardages en PVC sont légers et ne nécessitent aucun entretien autre qu'un lavage périodique.

■ Les lames en **fibre-ciment** sont posées à recouvrement sur une ossature en bois. Le fibre-ciment, aujourd'hui dépourvu d'amiante, est composé de ciment, de silice, de fibres de cellulose et d'additifs. C'est un produit imputrescible et stable qui ne réclame aucun entretien particulier.

■ La pose des bardages en bois répond à certaines obligations (norme NF P 65-210) :

- la pose d'un pare-pluie sur la face extérieure de la paroi en maçonnerie ou en ossature bois, Le bardage n'a pas pour fonction première d'être étanche à l'eau ;
- la présence d'une lame d'air ventilée entre le bardage et le pare-pluie pour permettre l'évacuation de l'humidité provenant d'infiltrations et/ou de condensations éventuelles. Les tasseaux supportant le bardage ne doivent pas entraver la libre circulation de l'air ;
- l'arrêt du bardage à 20 cm du sol fini pour éviter les projections d'eau en pied de bardage.

LES CLASSES DE RISQUES

1 – Les principales caractéristiques des cinq classes de risques (norme NF EN 335)

■ **Classe 1 :** bois toujours secs (lambris, parquets, menuiseries intérieures). Taux d'humidité toujours inférieur à 18 %.

■ **Classe 2 :** bois à l'abri des intempéries (charpente, planchers, ossature). Risques occasionnels d'humidification. Taux d'humidité parfois supérieur à 20 %.

■ **Classe 3 :** bois non abrités sans contact avec le sol (bardages, menuiseries extérieures). Risques d'humidification fréquents. Taux d'humidité souvent supérieur à 20 %.

■ **Classe 4 :** bois en contact avec le sol ou de l'eau douce (terrasses, mobilier de jardin, clôtures). Risques d'humidification permanents avec rétention d'eau. Taux d'humidité toujours supérieur à 20 %.

■ **Classe 5 :** bois en contact avec l'eau de mer (pontons, piliers immergés). Risques d'humidification permanents.

Pour chacune de ces classes il existe un mode de traitement adapté qu'il convient de respecter.

2 – La marque de qualité CTB-B+

Cette marque délivrée par le CTBA (Centre technique du bois et de l'ameublement) garantit le respect des normes en vigueur pour le traitement du bois selon les classes de risque. Le référentiel technique de la marque de qualité CTB-B+ est à télécharger, au format pdf, sur le site www.ctba.fr.

LE CLASSEMENT REVETIR

Le **classement reVETIR** est délivré par le CSTB. Il concerne notamment les systèmes traditionnels ou non d'isolation thermique des façades par l'extérieur tels que : les enduits sur isolant, les bardages rapportés avec isolation thermique, les vêtures, les revêtements en pierre mince avec isolation thermique.

Les performances des systèmes sont évaluées selon sept caractéristiques principales :

- la **facilité de réparation (r)** : de **r1** (réparation malaisée) à **r4** (réparation simple à effectuer) ;
- la **facilité d'entretien (e)** : de **e1** (entretien à intervalles rapprochés) à **e4** (aucun entretien autre qu'un lavage périodique) ;
- la **résistance aux effets du vent (V)** : de **V1** (pression du vent > 510 Pa) à **V4** (pression du vent > 1 790 Pa) ;
- l'**étanchéité (E)** : de **E1** (le système n'empêche pas l'eau de pluie d'atteindre le support) à **E4** (le système comporte une peau étanche et des dispositions de récupération de l'eau de pluie) ;
- la **tenue aux chocs (T)** : les systèmes sont classés en 5 niveaux définis à partir d'essais normalisé : **T1-**, **T1+**, **T2**, **T3** et **T4** de **T1-** (pour les parties de façade non susceptibles d'être exposées aux chocs) à **T4** (pour les parties en rez-de-chaussée accessibles et non protégées) ;
- le **comportement en cas d'incendie (I)** : les systèmes sont classée en quatre niveaux à partir d'essais normalisés de **I1** à **I4** ;
- la **résistance thermique (R)** : les systèmes sont classés en fonction de la résistance thermique susceptible d'être obtenue. De **R1** (0,5 < résistance thermique ≤ 1 m² °C/W) à **R4** (résistance thermique ≥ 3 m² °C/W).

Exemple de classement (clins en fibres de bois) : r2 e2 V2 E3 T3 I2 R4.

2.8 Les murs à ossature métallique

Les ossatures en acier sont très présentes dans le secteur de la construction industrielle grâce à leur rapidité de mise en œuvre et à leur résistance mécanique élevée. Dans le domaine de la maison individuelle, il existe, à l'heure actuelle, quelques procédés constructifs à ossature métallique porteuse. Comme pour l'ossature en bois, ces procédés ne nécessitent aucun délai de séchage et les mises hors d'eau et hors d'air s'effectuent rapidement.

Deux procédés sont décrits succinctement ci-après. L'un comporte une isolation thermique insérée dans

Fig. 2.44 Composition de la paroi extérieure (procédé PHENIX)

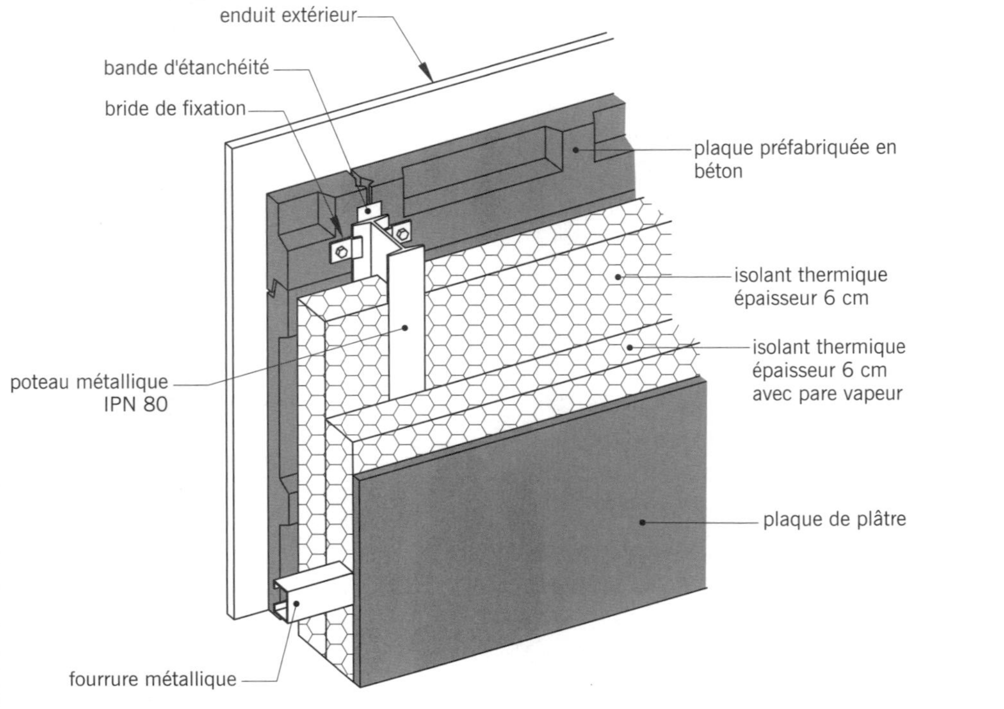

l'épaisseur de la paroi et l'autre un dispositif d'isolation par l'extérieur.

1 – Le procédé constructif « Maison Phenix® »

■ Procédé de construction de maisons individuelles(8), à un ou deux niveaux, dont tous les éléments porteurs sont métalliques.

Les différents ouvrages sont réalisés de la manière suivante :

- les **murs extérieurs** comportent une ossature métallique constituée de poteaux intermédiaires et d'angle, de linteaux et de dispositifs de contreventement boulonnés entre eux. Cette ossature est habillée à l'extérieur par de petites plaques minces préfabriquées en béton et à l'intérieur elle est revêtue d'un doublage en plaques de plâtre ;
- le **plancher d'étage**, supporté par des poteaux métalliques, est réalisé soit en béton coulé sur des bacs en acier soit en panneaux de particules de bois ;
- la **charpente** est constituée de fermes métalliques dont l'espacement, de 0,60 à 1,20 m, est fonction de la longueur des façades et des surcharges climatiques ;
- la **couverture** de type traditionnel (tuiles en terre cuite, tuiles en béton...) repose sur des cornières métalliques faisant office de liteaux ;
- les **fondations** sont exécutées de manière traditionnelle ;
- le **plancher bas du rez-de-chaussée** est un plancher à poutrelles sur vide sanitaire. Les rives sont coffrées au moyen d'éléments spécifiques en acier. Ces pièces préfabriquées comportent des tiges métalliques filetées servant à fixer les pieds des poteaux de l'ossature.

■ La figure 2.44 représente la paroi extérieure. Les éléments qui la composent, de l'extérieur vers l'intérieur sont :

- un **enduit de façade** ;
- des **plaques nervurées préfabriquées en béton armé** de 1 m² environ chacune. Ces plaques s'assemblent entre elles à l'aide de feuillures en partie haute et basse et sur les côtés sont disposées bord à bord. Il existe des plaques spéciales pour les dif-

(8) Titulaire de la marque : Géoxia. Les informations données ici ne décrivent que partiellement ce procédé de construction. Pour plus de renseignements, se reporter à la documentation fabricant et à l'avis technique correspondant (voir adresse en fin d'ouvrage).

Fig. 2.45 **Détails des liaisons de la paroi extérieure (procédé PHENIX)**

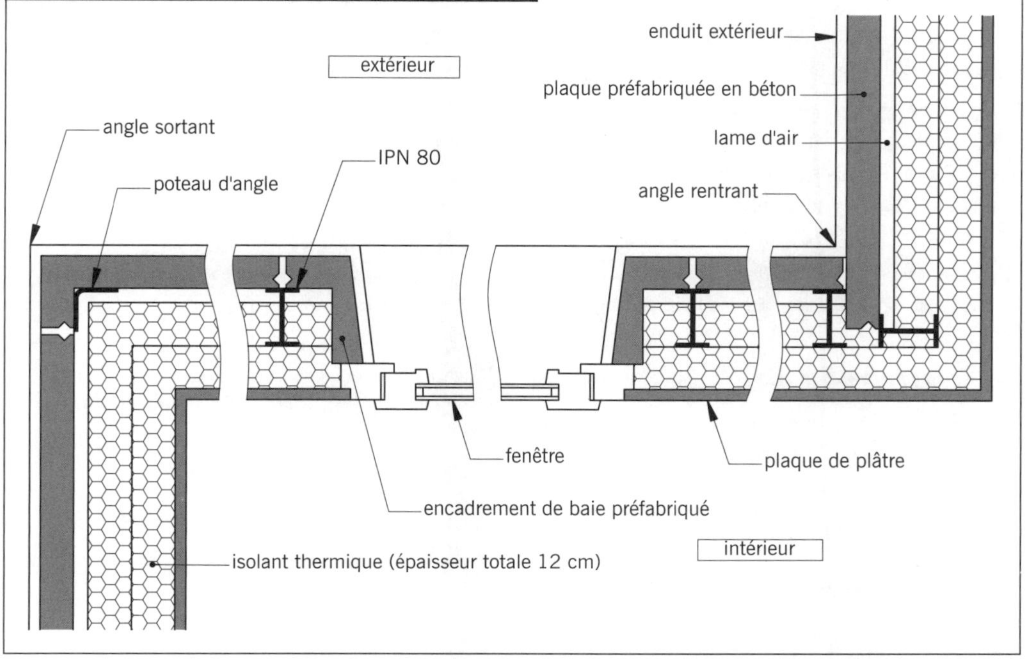

férents points singuliers de la construction : plaques pour la base des murs, plaques linteau, plaques d'angle gauche et droit, plaques pour pointes de pignon ;

- une **feuille alvéolée**, en matériau de synthèse, mise en place au dos des plaques et destinée à ménager une lame d'air ventilée entre le parement extérieur et l'isolant thermique ;
- l'**ossature métallique** comprenant des poteaux courants (en IPN ou en IPE 80), des poteaux d'angle en tôle pliée, des cornière de chaînages boulonnées en partie haute des poteaux et des cornières de contreventement. Les pieds de poteaux sont fixés au plancher bas du rez-de-chaussée par l'intermédiaire de tiges filetées. Les plaques de parement en béton sont reliées mécaniquement à l'ossature à l'aide de brides en tôle galvanisé boulonnées aux douilles incorporées dans les plaques ;
- deux couches croisées de **laine de verre** de 6 cm chacune ;
- un parement intérieur en **plaques de plâtre** de 13 mm d'épaisseur vissées sur des fourrures en acier galvanisé.

■ La figure 2.45 montre quelques détails constructifs concernant les angles rentrant et sortant de la paroi extérieure ainsi que le mode de réalisation d'une baie à l'aide de pièces d'angles préfabriquées en béton. La performance thermique d'une paroi extérieure est équivalente à celle d'un mur traditionnel isolé par l'intérieur. Le coefficient de transmission U est égal à 0,31 W/m^2 °C avec deux couches croisées de laine de verre de 6 cm d'épaisseur chacune ($\lambda = 0{,}036$).

2 – Le procédé constructif Styltech®

■ Procédé de construction de maisons individuelles(9), à un ou deux niveaux, dont la structure porteuse est constituée de profilés métalliques.

Les différents ouvrages sont réalisés de la manière suivante :

- l'ossature des **murs extérieurs** est réalisée en profilés à froid en acier galvanisé assemblés par vis auto-perceuses. Le parement extérieur comprend une plaque nervurée en acier galvanisé sur laquelle est fixé un système d'isolation par l'extérieur (enduit mince projeté sur des plaques en polystyrène expansé). L'habillage intérieur est réalisé en plaques de plâtre ;
- les **planchers** avec poutres métalliques sont réalisés soit en béton coulé sur des bacs en acier soit avec un platelage en bois ;

(9) Titulaire de la marque : Profil du futur. Les informations données ici ne décrivent que partiellement ce procédé de construction. Pour plus de renseignements, se reporter à la documentation fabricant et à l'avis technique correspondant (voir adresse en fin d'ouvrage).

- les **fermes** de la charpente constituées de profilés à froid en acier galvanisé reçoivent une couverture de petits éléments (tuiles, ardoises) posés sur des liteaux métalliques.

Les ossatures métalliques ne doivent pas être enterrées, même localement. Aussi, tous les ouvrages de soubassement (dallage, fondations, sous-sol) sont réalisés de manière traditionnelle.

■ La figure 2.46 représente la paroi extérieure. Les éléments qui la composent, de l'extérieur vers l'intérieur sont :

- un **enduit extérieur mince** ;
- un isolant extérieur en plaques de **polystyrène expansé** de 6 à 10 cm d'épaisseur ou une **vêture** (éléments préfabriqués composés d'un matériau isolant et d'un parement extérieur mince en pierre naturelle) ;
- une **plaque nervurée en acier galvanisé** qui contribue au contreventement de la construction et qui assure l'étanchéité à l'air en association avec des joints de calfeutrement ;
- une **ossature métallique** constituée de traverses et de montants en profilés à froid assemblés les uns aux autres par vissage ;
- un **complément éventuel d'isolation** par panneaux semi-rigides de laine de verre mis en place entre les montants de l'ossature ;
- un parement intérieur en **plaques de plâtre** de 13 mm d'épaisseur vissées sur l'ossature principale ou sur des profilés secondaires en acier galvanisé.

■ Les figures 2.47 et 2.48 montrent quelques détails constructifs :

- les poteaux d'angle sont constitués de plusieurs profils assemblés. Ils sont placés dans les angles rentrants et sortants de la construction ;
- les menuiseries sont fixées sur un précadre en cornières. Des plaques de polystyrène recouvrent les tableaux de l'ouverture, la sous face du linteau ainsi que l'appui de fenêtre afin d'assurer la continuité de l'isolation thermique par l'extérieur.

■ Pour en savoir plus ■

– Avis technique n° 1/02-787 : gros œuvre de maison « Maison Phenix » ;

– Avis technique n° 2/04-1108 : système constructif « Styltech® ».

– *Styltech® : procédé constructif à base d'ossature acier*. Plan urbanisme construction architecture. Chantier 2000. Document au format pdf à télécharger sur le site www.chantier.net.

Fig. 2.46 Composition de la paroi extérieure (procédé STYLTECH®)

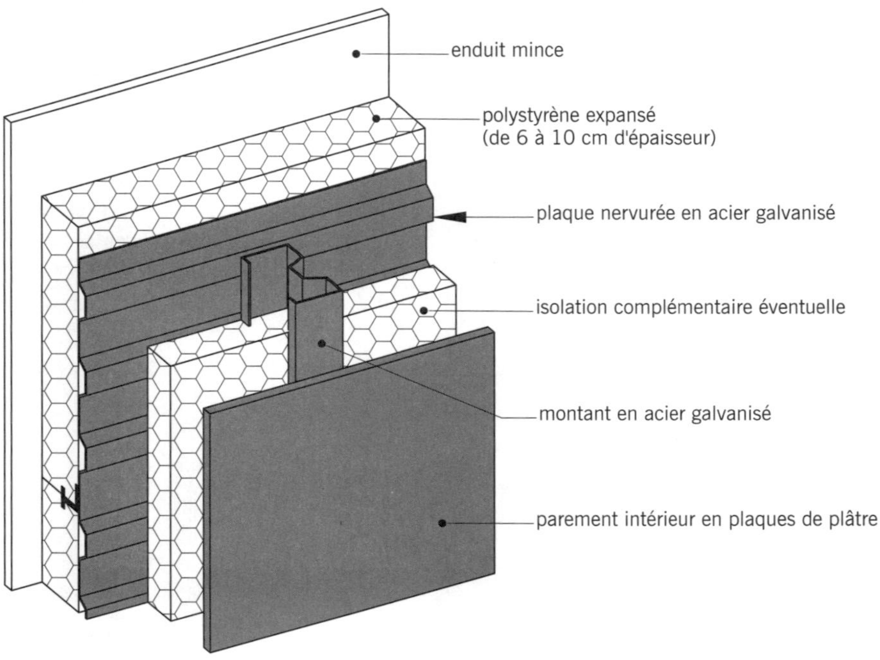

Fig. 2.47 Détail des liaisons de la paroi extérieure (procédé STYLECH®)

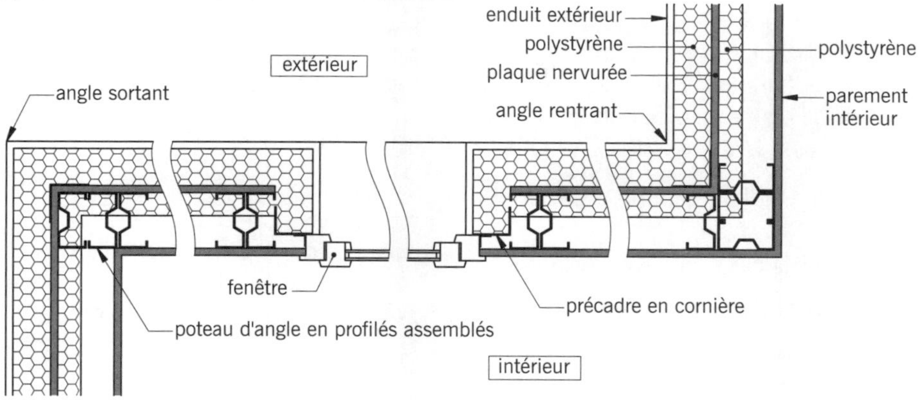

Fig. 2.48 Coupe verticale sur fenêtre (procédé STYLTECH®)

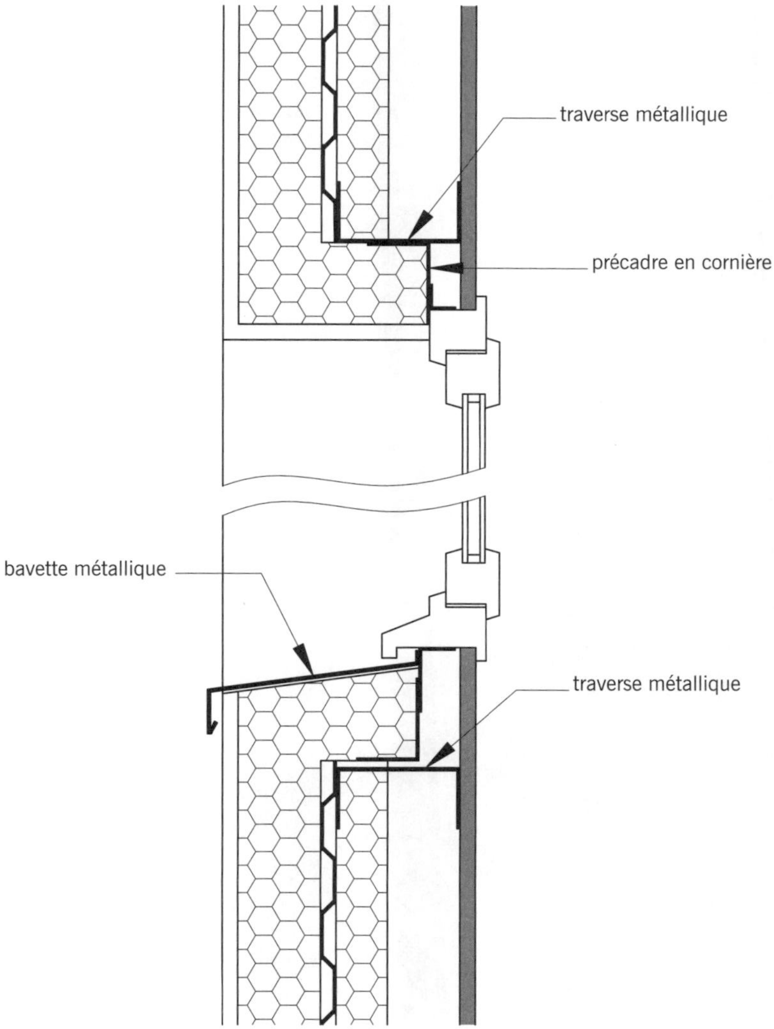

Chapitre 3 : les planchers en béton

Le plancher est un ouvrage horizontal séparant deux niveaux d'une habitation et capable de supporter, sans fléchir, des charges (cloisons, mobilier, occupants) puis de les transmettre aux éléments porteurs horizontaux et/ou verticaux (murs) de la construction.

Les planchers en béton peuvent être de différents types :

- le **plancher préfabriqué** à poutrelles et entrevous ;
- la **dalle pleine en béton armé** coulée sur place ;
- la **dalle préfabriquée**, alvéolaire ou en béton cellulaire ;
- la **prédalle en béton armé** avec béton complémentaire coulé sur place.

3.1 Le plancher à poutrelles et entrevous

C'est le type de plancher le plus utilisé en maison individuelle. Il est constitué par (fig. 3.1) :

- des **poutrelles** qui prennent appui sur des murs ou des poutres. On distingue deux types de poutrelles :
  - les **poutrelles à treillis** qui comportent une semelle en béton et un treillis métallique dont la base est noyée dans la semelle ;
  - les **poutrelles en béton précontraint** réalisées selon la technique du béton précontraint (voir Tome 1). Elles sont plus résistantes que les précédentes et autorisent de grandes portées, de mur à mur. Les poutrelles sont fabriquées en usine aux dimensions souhaitées ;
- des **entrevous** qui prennent appui sur le talon des poutrelles. Disposés côte à côte, ils peuvent être en béton de gravillons (comme les blocs utilisés pour les murs), en terre cuite, en fibres de bois ou en polystyrène ;
- un remplissage en béton qui recouvre les poutrelles et les entrevous. Ce béton coulé en place est appelé **dalle de compression** ou **dalle de répartition**. Il solidarise entre eux les différents composants de manière à rendre le plancher monolithique et résistant. Un treillis soudé (sorte de grillage métallique) renforce la dalle sur toute sa surface.

Les planchers à poutrelles ne sont pas considérés comme des ouvrages traditionnels. Le CSTB certifie les planchers au travers de la marque CSTBat et délivre des avis techniques (liste consultable sur www.cstb.fr). L'avis technique atteste que le plancher concerné est conforme aux caractéristiques de qualité et de performances définies dans le règlement technique élaboré par le CSTB.

1 – Les différents types de planchers

On distingue plusieurs types de planchers à poutrelles pour maison individuelle selon leur emplacement et leur usage :

- le **plancher avec entrevous en béton et dalle de compression** est le type le plus utilisé pour séparer deux niveaux habitables, rez-de-chaussée et étage par exemple (fig. 3.1) ;
- le **plancher avec entrevous rehaussés sans dalle de compression** (fig. 3.2). Appelé aussi « à table de compression incorporée », ce plancher comporte

Fig. 3.1 **Plancher avec poutrelles et entrevous**

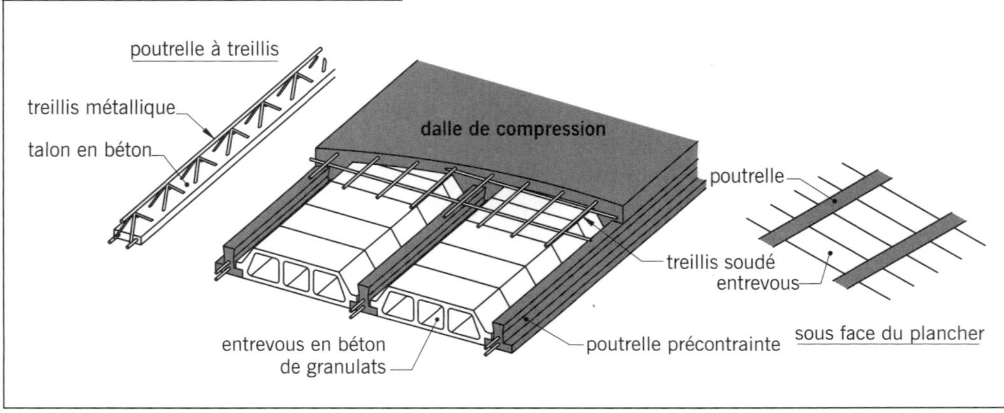

Fig. 3.2 Plancher avec entrevous rehaussés

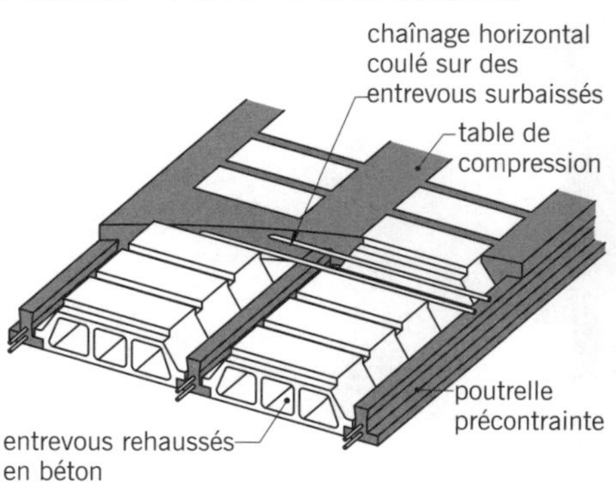

des entrevous spéciaux dits rehaussés dont la paroi supérieure est très épaisse. Cette particularité confère au plancher une plus grande résistance qui permet d'utiliser moins de béton qu'avec un plancher ordinaire : seuls les espaces entre entrevous sont garnis de béton. Malgré tout, l'ouvrage doit être renforcé par des chaînages horizontaux armés (tous les 2 mètres environ) coulés sur des entrevous surbaissés (entrevous plats). Ce plancher ne peut pas être utilisé en zone sismique. En maison individuelle, il peut recouvrir un vide sanitaire ou un local non chauffé. Dans ce cas, il doit obligatoirement être recouvert d'une dalle flottante avec interposition d'une couche isolante. Il peut également être posé incliné pour la réalisation de versants de toits (voir p. 83) ;

- le **plancher avec entrevous en polystyrène et dalle de compression** (fig. 3.3). Ce plancher est mis en place principalement au-dessus d'un vide sanitaire ou d'un local non chauffé (garage, cellier). Le pouvoir isolant de ce type de plancher (avec des entrevous à languette) permet d'atteindre les niveaux d'isolation requis par la réglementation thermique RT 2005. En recouvrant le talon de la poutrelle, la languette permet de réduire le pont thermique occasionné par la poutrelle ;
- le **plancher avec entrevous en fibres de bois et dalle de compression** (fig. 3.4). Ces entrevous de faible épaisseur, de 1,20 m de long, légers et résistants libèrent l'espace en sous face qui peut alors recevoir des canalisations ou des câbles électriques ;
- le **plancher avec poutrelles incorporées** (fig. 3.5). Ce plancher est constitué de grandes dalles en polystyrène juxtaposées, de 15 à 20 cm d'épaisseur. Chaque dalle est équipée, en usine, d'une poutrelle en béton précontraint. L'ensemble reçoit une dalle de compression armée d'un treillis soudé. Ce plancher est destiné à recouvrir un vide sanitaire ou un local non chauffé.

2 – Les armatures complémentaires

■ En plus du treillis soudé disposé dans la dalle de compression, plusieurs armatures doivent être incorporées au plancher. Il s'agit notamment (fig. 3.6) :

- des **chaînages horizontaux** qui ceinturent le plancher. Ils sont constitués de barres horizontales (de 2 à 4) maintenues par des cadres et noyées dans le béton lors du coulage de la dalle de compression du plancher. Ces armatures en reliant étroitement les murs de façade au plancher assurent la stabilité de la construction. Ils contribuent également à réduire les risques de fissuration ;
- des **chapeaux de rive**. En règle générale, il faut prévoir un chapeau de rive (barre horizontale coudée à une extrémité) par poutrelle. La longueur du chapeau,

Fig. 3.3 Plancher avec entrevous en polystyrène à languette

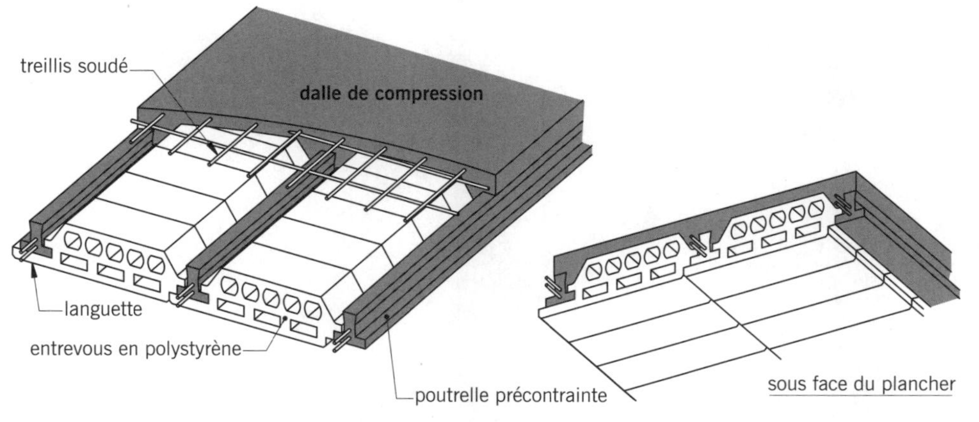

Fig. 3.4 Plancher avec entrevous en fibres de bois

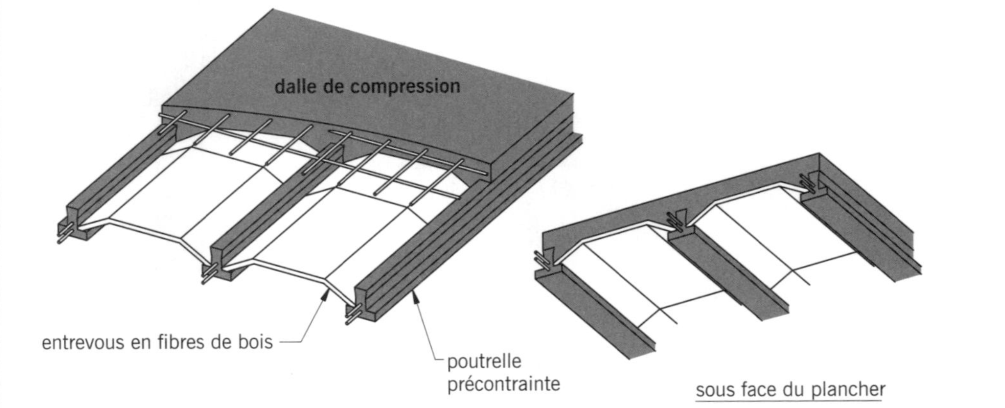

Fig. 3.5 Plancher avec dalles en polystyrène et poutrelles incorporées

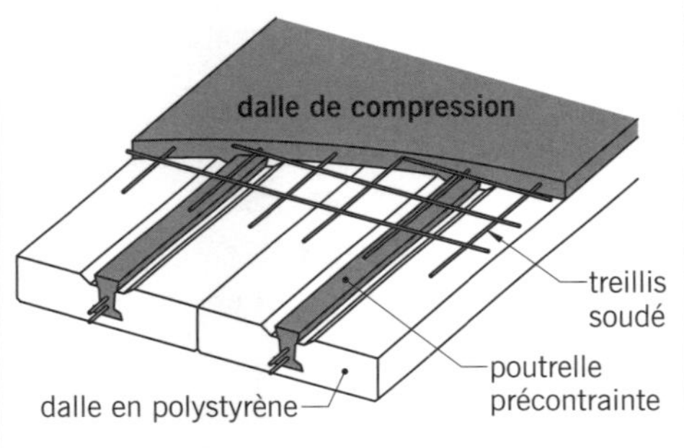

la nuance de l'acier et le diamètre de la barre sont déterminés par le bureau d'études qui établit le plan de pose du plancher (voir Tome 1) ;

- des **chapeaux de continuité** appelés aussi **chapeaux intermédiaires** disposés au-dessus des appuis intermédiaires du plancher (murs de refend et/ou poutres). Ces barres horizontales, une par poutrelle, dont les caractéristiques sont également définies par le bureau d'études servent à renforcer la dalle de compression au droit des appuis intermédiaires. Les chapeaux de rive et de continuité peuvent être remplacés par des portions de treillis soudés.

Fig. 3.6 Armatures complémentaires (treillis soudé non représenté)

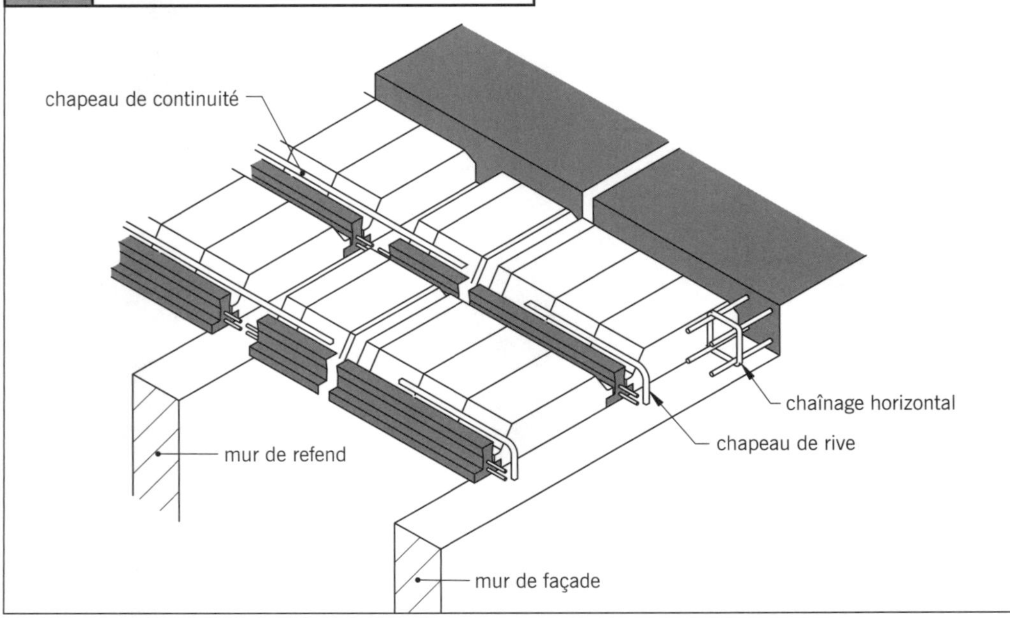

Fig. 3.7 Chevêtre de trémie

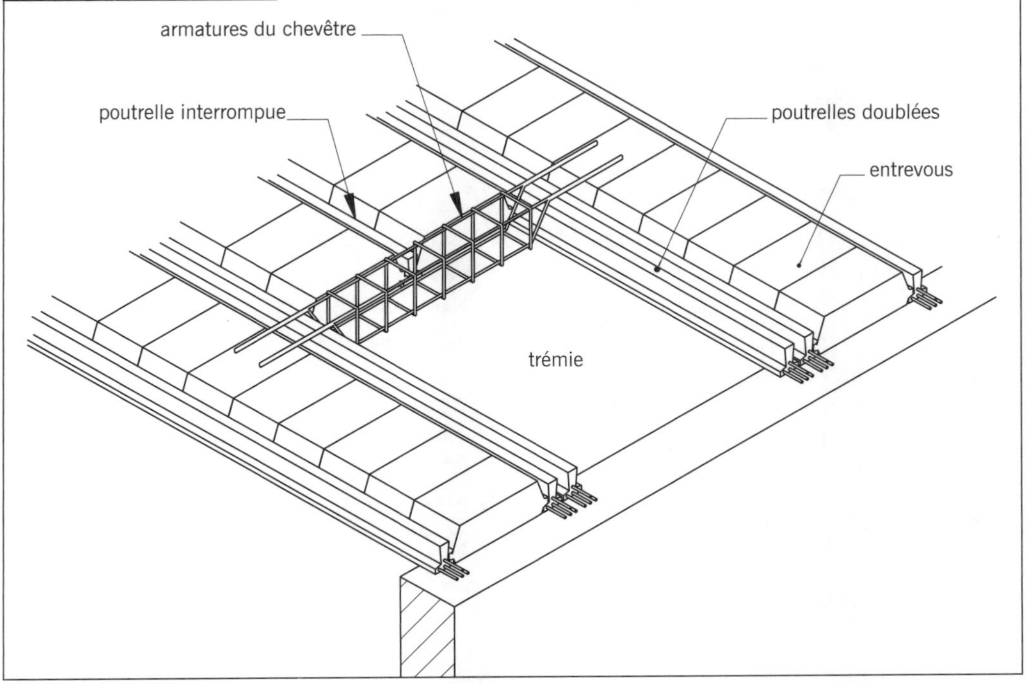

■ La réalisation d'une **trémie** (ouverture ménagée dans le plancher pour permettre le passage d'un conduit de fumée, d'une gaine de ventilation, d'un escalier) nécessite la présence d'un chevêtre. La figure 3.7 présente une trémie placée en bord de mur. Les poutrelles qui la délimitent sont doublées ou triplées (le nombre de poutrelles de renfort dépend des dimensions de la trémie et des charges ponctuelles reçues par le chevêtre). L'extrémité de la (ou des) poutrelle(s) interrompue(s) s'appuie sur un chaînage horizontal en béton armé, le chevêtre. L'armature du chevêtre comprend quatre barres horizontales reliées par des cadres. Les deux barres supérieures se prolongent au-delà de la trémie. Les bords de la trémie sont coffrés avant le coulage de la dalle de compression du plancher. Pour les trémies placées au milieu d'un plancher, il faut prévoir deux chevêtres.

Si la trémie est placée entre deux poutrelles (trémie de petites dimensions pour conduit de fumée par exemple), aucune armature de renfort n'est nécessaire.

3 – Quelques dispositions particulières

■ Certaines charges lourdes (cloison en carreaux de plâtre par exemple) nécessitent des dispositions particulières (fig. 3.8) :

Fig. 3.8 Dispositions particulières pour charges lourdes

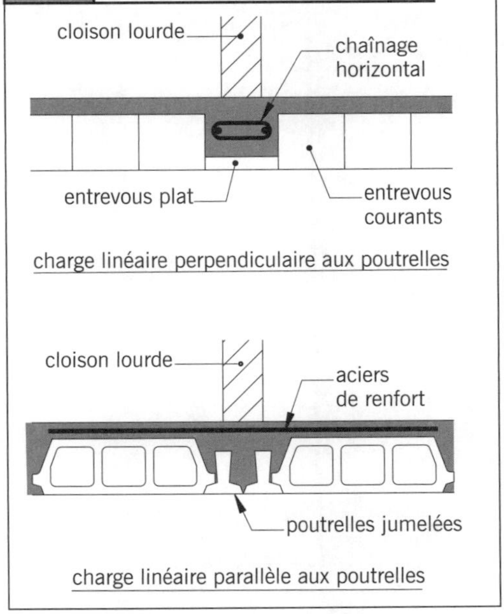

- la mise en place d'un chaînage horizontal supplémentaire sur des entrevous plats quand la charge est perpendiculaire aux poutrelles ;
- des poutrelles jumelées ou triplées et des aciers de renfort supplémentaires lorsque la charge est parallèle aux poutrelles.

Les **entrevous plats** appelés aussi **entrevous surbaissés**, **entrevous négatifs** ou **plaques négatives** sont des entrevous pleins ou alvéolés de faible hauteur (de 5 à 10 cm) qui permettent d'augmenter localement l'épaisseur de la dalle de compression. Dans tous les cas les caractéristiques des armatures complémentaires et le nombre d'entrevous plats à prévoir sont déterminés par le bureau d'études.

■ Un **porte-à-faux** (dalle de balcon, auvent) peut être réalisé de deux façons différentes (fig. 3.9) :

- de manière traditionnelle en béton armé. Les entrevous plats du plancher permettent d'avoir une masse importante de béton servant à équilibrer la partie en porte-à-faux. Les aciers principaux du balcon disposés en partie supérieure de la dalle (lieu des efforts de traction) sont ancrés dans le plancher ;
- avec des poutrelles et des entrevous plats. Les aciers principaux du balcon sont disposés comme précédemment et, côté plancher, un contrepoids en béton est également à prévoir. De plus, cette disposition nécessite la réalisation d'un chaînage horizontal en extrémité de balcon.

4 – Les dispositions parasismiques

En zone sismique, la mise en œuvre des planchers à poutrelles fait appel à des dispositions particulières. Quelques unes d'entre elles sont détaillées ci-dessous (fig. 3.10) :

- prévoir des armatures complémentaires autour des trémies pour toutes les zones. Ces aciers de renforts viennent en complément des renforts habituellement prévus. La longueur et la section minimale de ces aciers sont fonction des dimensions de la trémie (cotes **a** et **b**) ;
- le treillis soudé présent dans la dalle de répartition doit être ancré dans les chaînages horizontaux qui

Fig. 3.9 **Porte-à-faux**

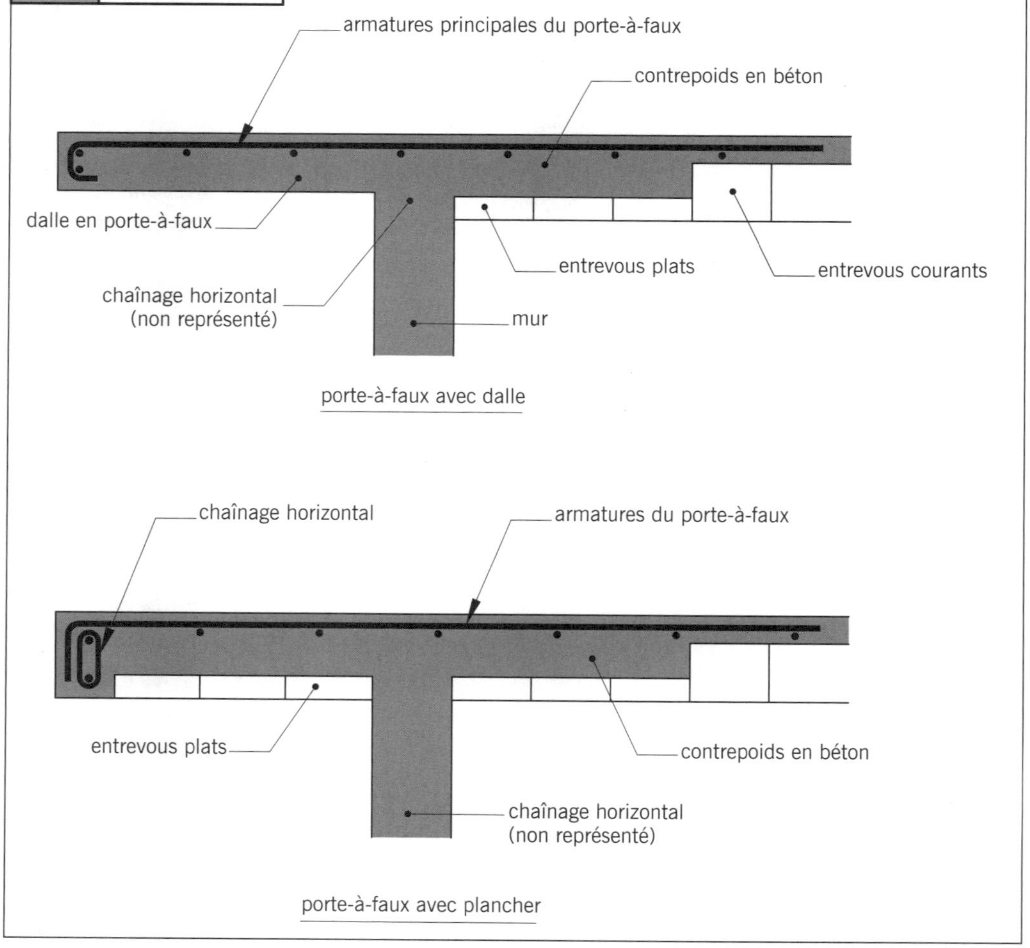

Fig. 3.10 **Quelques dispositions parasismiques**

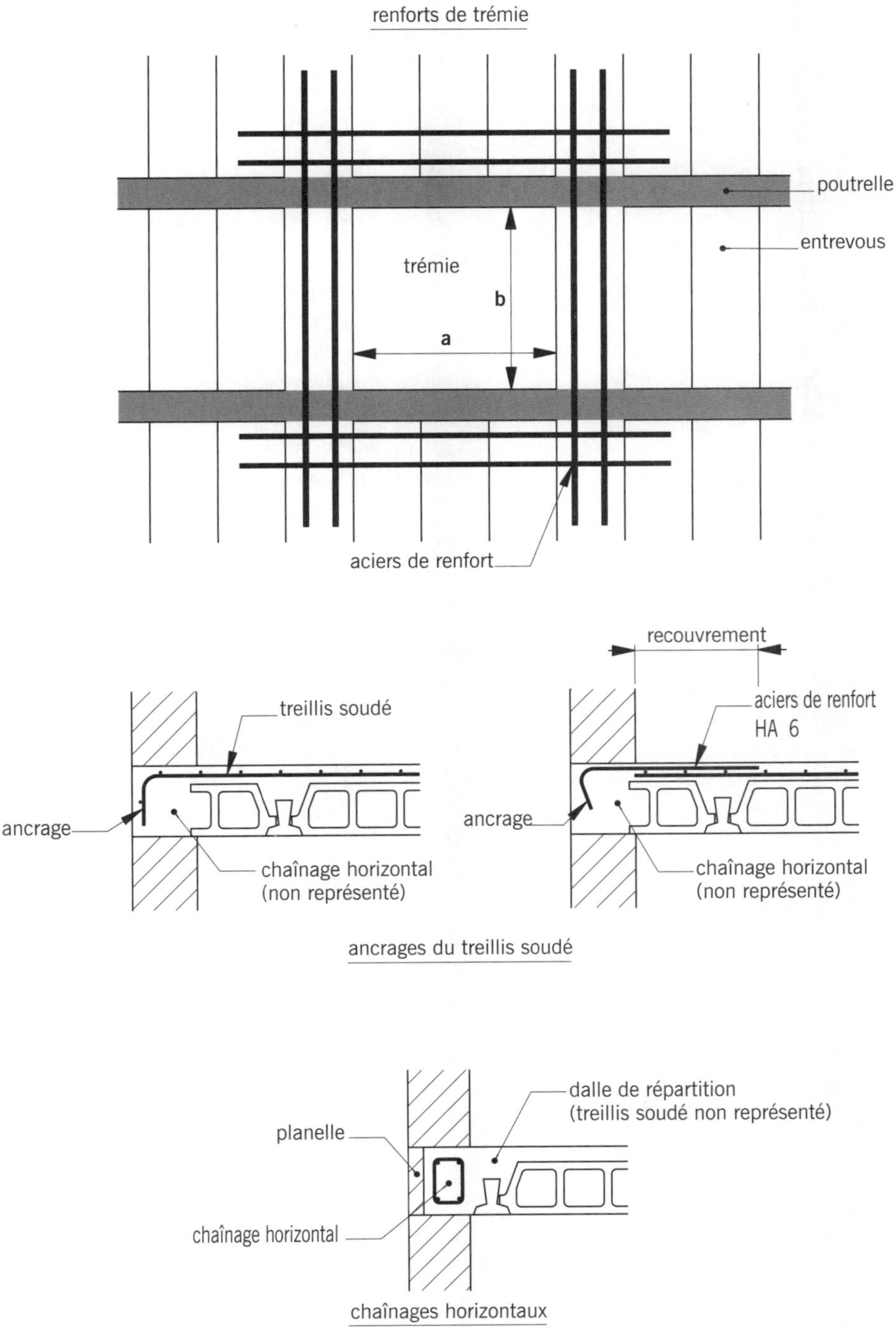

bordent le plancher (pour toutes les zones). L'ancrage peut être réalisé soit en recourbant le treillis soudé à son extrémité au niveau du chaînage horizontal soit en ajoutant des aciers de renforts tous les 25 cm. Le treillis soudé doit être au minimum un panneau ST 10 (désignation ADETS) ;

- Les chaînages horizontaux sont obligatoires à chaque niveau de plancher, la section minimale des armatures filantes du chaînage est fonction de la zone de sismicité (voir tableau ci-dessous).

zones	caractéristiques des aciers	section d'acier en cm²
Ia	4 HA 8 (1)	2
Ib	4 HA 10	3,1
II	4 HA 12	4,5

(1) Quatre aciers filants à haute adhérence de 8 mm de diamètre

Pour en savoir plus

– *La technologie béton. Choix et technique. Edition n°3*. Ouvrage édité par la SEAC (site Internet : www.seac-gf.fr). Cinq chapitres de cet ouvrage sont consacrés aux planchers à poutrelles.

– *Planchers nervurés à poutrelles préfabriquées associées à du béton coulé en œuvre ou associés à d'autres constituants préfabriqués par du béton coulé en place. Section A : conception et calcul*. Cahier des prescriptions techniques à télécharger au format pdf sur le site www.cstb.fr

3.2 La dalle pleine

Une **dalle pleine** en béton armé est une plaque de béton, de 10 à 20 cm d'épaisseur, coulée sur place, avec des armatures incorporées. On rencontre, en maison individuelle, deux types de dalles pleines :

- la dalle séparant deux niveaux ;
- la dalle sur terre-plein.

1 – La dalle séparant deux niveaux

Cette dalle, dont la réalisation nécessite la mise en place d'un coffrage horizontal sur toute sa surface et qui repose sur un ou plusieurs murs, peut être :

- une dalle en porte-à-faux telles que les dépassées de toit, les auvents et les dalles de balcons ;
- une dalle de plancher dont les armatures sont généralement en treillis soudés (fig. 3.11). Le nombre et l'emplacement des armatures sont fonction de la surface de la dalle, du nombre et de la nature de ses appuis et de l'importance des charges qu'elle reçoit. A titre d'exemple, la figure 3.12 présente une dalle pleine reposant sur trois appuis. Ce type de dalle est peu utilisé en maison individuelle car elle transmet aux murs, du fait de sa masse, des charges importantes, plus élevées que celles apportées par un plancher à poutrelles. Elle est donc seulement mise en œuvre lorsqu'un plancher traditionnel ne peut être

Fig. 3.11 Dalle pleine

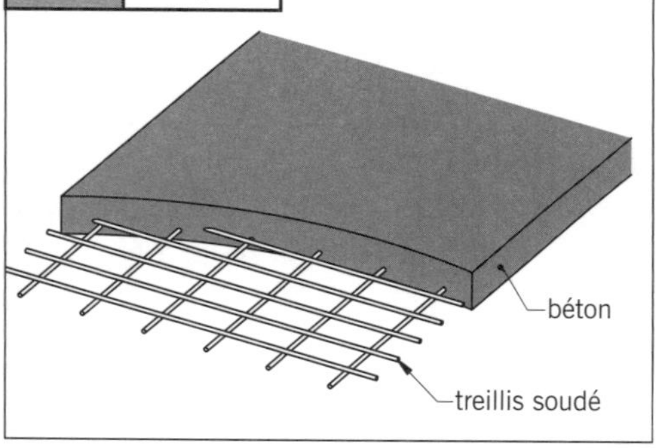

Fig. 3.12 Dalle pleine sur trois appuis (coupe verticale schématique)

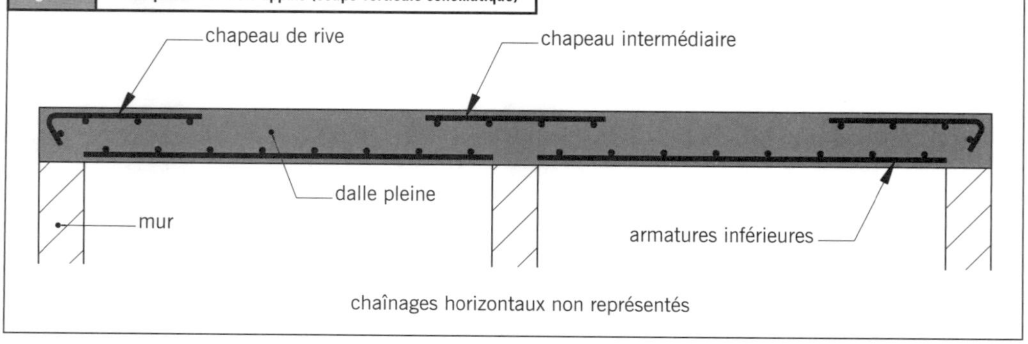

réalisé (cas des paliers d'escaliers et des zones de planchers à forte densité d'armatures).

■ Dans un **plancher collaborant,** la dalle pleine est associée à des bacs métalliques nervurés (fig. 3.13). Ces bacs jouent le rôle à la fois de coffrage perdu et d'armatures basses pour le plancher. Ce type de plancher et surtout utilisé pour les habitations à structure métallique porteuse. La rive du plancher est constituée d'un bandeau en acier galvanisé servant à contenir le béton coulé en place.

2 – Le dallage sur terre-plein

■ Un **dallage** en béton armé, pour maison individuelle, comprend, de bas en haut (fig. 3.14) :

- une **forme** faisant office de fondation constituée de matériaux choisis et mis en œuvre de manière à obtenir une plateforme stable apte à recevoir la dalle en béton. On utilise généralement du **tout-venant** de carrière (mélange de granulats de toutes dimensions) sur une épaisseur minimale de 20 cm. Cette forme est stabilisée mécaniquement par compactage ;
- une couche de sable compacté de 5 cm d'épaisseur environ ;
- une couche isolante de 5 à 10 cm d'épaisseur généralement en polystyrène de type incompressible (voir classement ISOLE, Tome 1) ;
- un film plastique étanche en polyéthylène pour empêcher les remontées d'humidité par capillarité ;
- le corps du dallage constitué d'une dalle en béton de 12 cm d'épaisseur minimum armée d'un treillis soudé et dosée à 350 kg/m^2 de ciment ;
- un revêtement de sol.

■ En maison individuelle, un dallage sur terre-plein est une solution plus économique qu'un plancher à poutrelles posé sur un vide sanitaire.

■ On distingue deux types de dallages (fig. 3.14) :

– le **dallage avec dalle désolidarisée** : la dalle est indépendante des murs de façade et de refend. L'isolant en remontant sur le pourtour de la dalle supprime le pont thermique en about de dalle. Cette disposition est recommandée par la nouvelle réglementation thermique. Le chaînage horizontal est coulé dans des blocs spéciaux en forme de U ;

– le **dallage avec dalle solidaire des murs** : le dallage prend appui sur les soubassements des murs extérieurs et des refends éventuels. Il participe à la transmission des charges vers le sol. Cette disposition peut provoquer des tassements différentiels : la dalle est soumise à des charges plus élevées sur sa périphérie (charges apportées par les murs) qu'au centre où elle ne supporte que son poids propre et celui du revêtement de sol. La dalle risque alors de se fissurer si elle insuffisamment ou incorrectement armée. D'autre part, cette disposition crée un pont thermique en about de dalle.

Fig. 3.13 Plancher collaborant

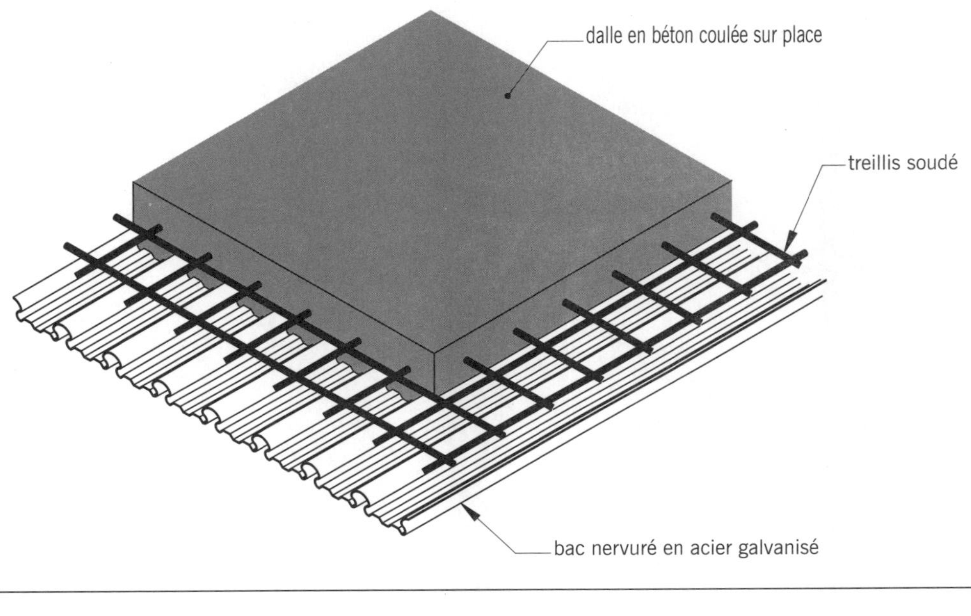

Fig. 3.14 Types de dallages

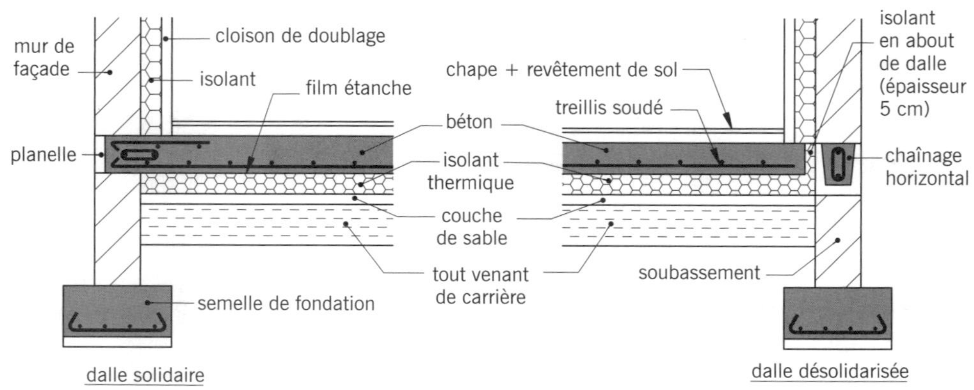

■ La réglementation concernant les dallages a été modifiée en 2005. La norme de référence NF P 11-213 (DTU 13.3) intitulée « Dallages. Conception, calcul et exécution » comporte trois parties. Les deux premières concernent les dallages industriels et les dallages de bâtiments commerciaux. La troisième partie qui traite des dallages de maisons individuelles précise notamment :

- l'épaisseur minimale de la dalle doit être de 12 cm (contre 8 auparavant) ;
- la dalle doit être obligatoirement armée avec un pourcentage minimal d'armatures dans les deux directions.

3.3 La dalle préfabriquée

La réalisation de planchers à l'aide de grandes dalles préfabriquées est une technique couramment employée pour la construction de parkings, de locaux commerciaux et de bâtiments industriels. Certains types de dalles préfabriquées sont parfois utilisés en maison individuelle, il s'agit notamment de :

- la dalle alvéolée ;
- la dalle en béton cellulaire.

1 – La dalle alvéolée

La **dalle alvéolée** est une dalle préfabriquée en béton armé ou précontraint comportant des évidements réguliers (fig. 3.15). Sur chantier, les dalles sont solidarisées

Fig. 3.15 Dalles alvéolées en béton précontraint

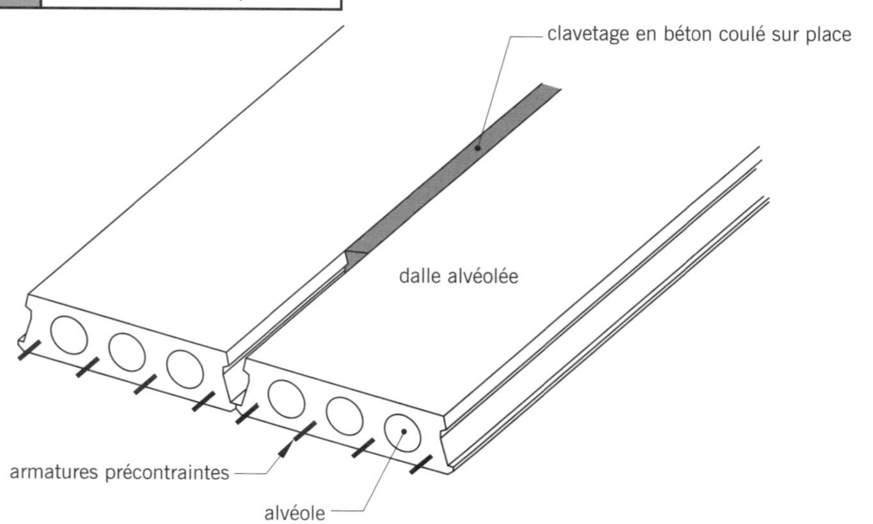

entre elles par des clavetages en béton coulés entre les faces latérales de deux dalles alvéolées consécutives. Ces dalles sont très peu utilisées en maison individuelle car elles nécessitent des moyens de levage appropriés. Cependant, elles peuvent constituer une alternative intéressante aux planchers à poutrelles lorsqu'il s'agit de franchir de grandes portées. La dalle alvéolée permet de dégager de grands volumes sans murs ni poteaux intermédiaires (portée de 8 à 16 mètres selon le type de dalle mise en œuvre). Ce type de plancher peut être utilisé sans dalle de compression rapportée et il peut recevoir tout type de revêtement de sol après rattrapage de la planéité par une chape mince. Les dalles peuvent être isolées par l'ajout en sous face de panneaux isolants.

La largeur commerciale des dalles alvéolées est de 1,20 m. Certains fabricants proposent des dalles de 60 cm de large destinées en priorité aux maison individuelles.

2 – La dalle en béton cellulaire

La dalle de plancher en béton cellulaire est prioritairement mise en œuvre dans les constructions dont les murs sont en blocs de béton cellulaire mais elle peut également être utilisée dans les maisons n'excédant pas deux niveaux dont les murs sont en blocs de béton de granulats.

Ces dalles dont la largeur standard est de 60 cm sont armées (fig. 3.16). Sur chantier, elles s'assemblent par languettes et rainures et sont solidarisées entre elles par un clavetage coulé sur place. Leur portée varie de 3 à 6 mètres selon les charges supportées et leur épaisseur (de 10 à 30 cm).

Le revêtement de sol peut être soit posé directement sur la dalle soit sur une chape de mortier grillagée de 3 cm d'ép. ou sur une dalle en béton de 4 cm armée d'un treillis soudé.

■ Pour en savoir plus ■

- *La technologie béton. Choix et technique*. Ouvrage édité par la SEAC (site Internet : www.seac-gf.fr). Quatre chapitres traitent des dalles alvéolées.
- *Planchers confectionnés à partir de dalles alvéolées en béton précontraint*. Titre III (première partie. Cahier des prescriptions techniques à télécharger, au format pdf, sur le site www.cstb.fr.
- Avis technique n° 3/99-326. Ytong. Plancher en béton cellulaire.

3.4 La prédalle

■ La **prédalle** est une dalle mince préfabriquée de 5 à 7 cm d'épaisseur en béton armé ou précontraint (fig. 3.17). Elle sert de coffrage à la couche de béton coulé en place et les armatures qu'elle contient participent à la résistance du plancher. La face supérieure de la prédalle est rugueuse pour favoriser l'adhérence avec le

Fig. 3.16 Dalles en béton cellulaire

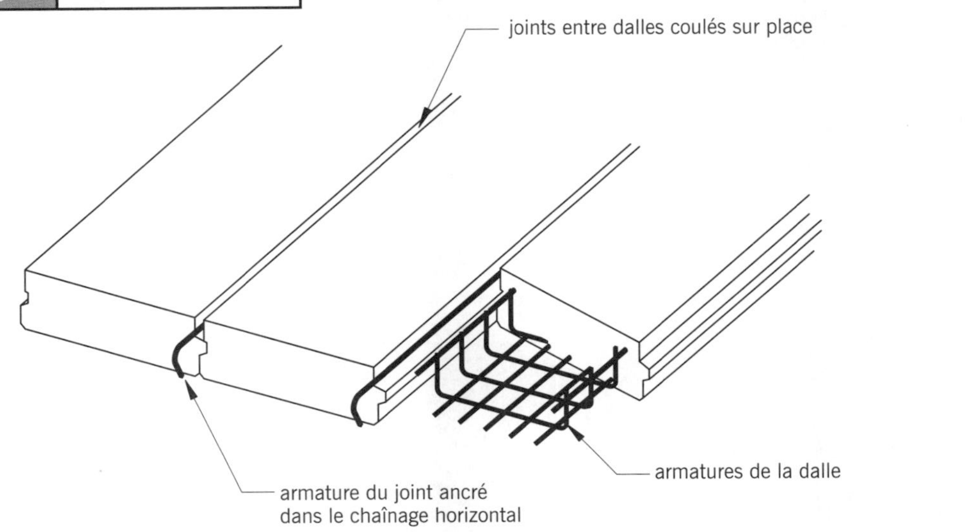

Fig. 3.17 **Prédalles**

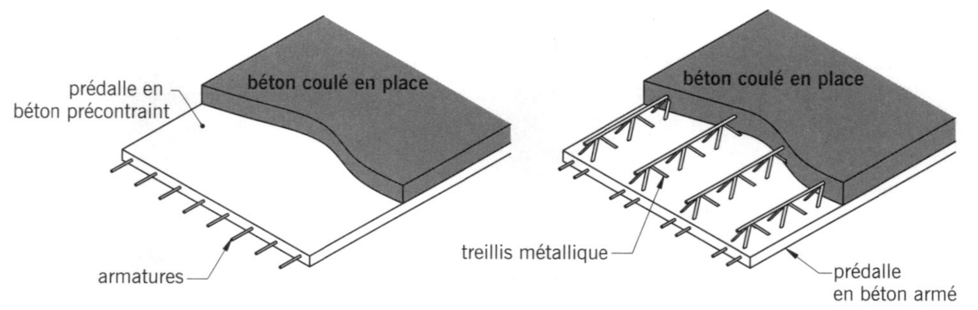

béton frais. La sous face est lisse, prête à peindre après application d'un enduit pour boucher les pores.

■ Avant le coulage de la dalle, des armatures complémentaires doivent être mises en place :

- des aciers dits de couture composés généralement de bandes de treillis soudés posées à cheval sur les joints entre prédalles ;
- des chapeaux de rive et des chapeaux intermédiaires ;
- des aciers de renfort autour des trémies notamment.

■ On distingue deux types de prédalles :

- les prédalles en béton précontraint particulièrement adaptées aux grandes portées (jusqu'à 8 mètres environ) ;
- les prédalles en béton armé munies le plus souvent d'une armature à treillis. Elles sont parfois utilisées en maison individuelle notamment pour les constructions dont le gros œuvre est préfabriqué.

■ Pour en savoir plus ■

– *La technologie béton. Choix et technique*. Ouvrage édité par la SEAC (site Internet : www.seac-gf.fr). Deux chapitres sont consacrés aux prédalles.

– *Dalles pleines confectionnés à partir de prédalles préfabriquées et de béton coulé en oeuvre. Titre II*. Cahier des prescriptions techniques à télécharger, au format pdf, sur le site www.cstb.fr.

Chapitre 4 : les composants industrialisés

L'utilisation de composants préfabriqués en béton tend à se développer dans le domaine de la maison individuelle à l'image de ce qui existe déjà, depuis plusieurs années, dans le secteur de la construction industrielle et des grands bâtiments (immeubles de bureaux, logements collectifs, bâtiments administratifs).

Aux produits de base couramment utilisés tels que les blocs de béton pour murs, les poutrelles et les entrevous pour planchers, viennent s'ajouter d'autres composants industrialisés tels que les appuis de baie, les prélinteaux et les poutres dont l'emploi facilite l'exécution des ouvrages et écourte les temps de réalisation (fig. 4.1). Il existe également des produits à caractère essentiellement décoratif tels que les corniches, bandeaux et plaques de parement pour habiller les baies et les angles des murs.

Fig. 4.1 Composants préfabriqués en béton

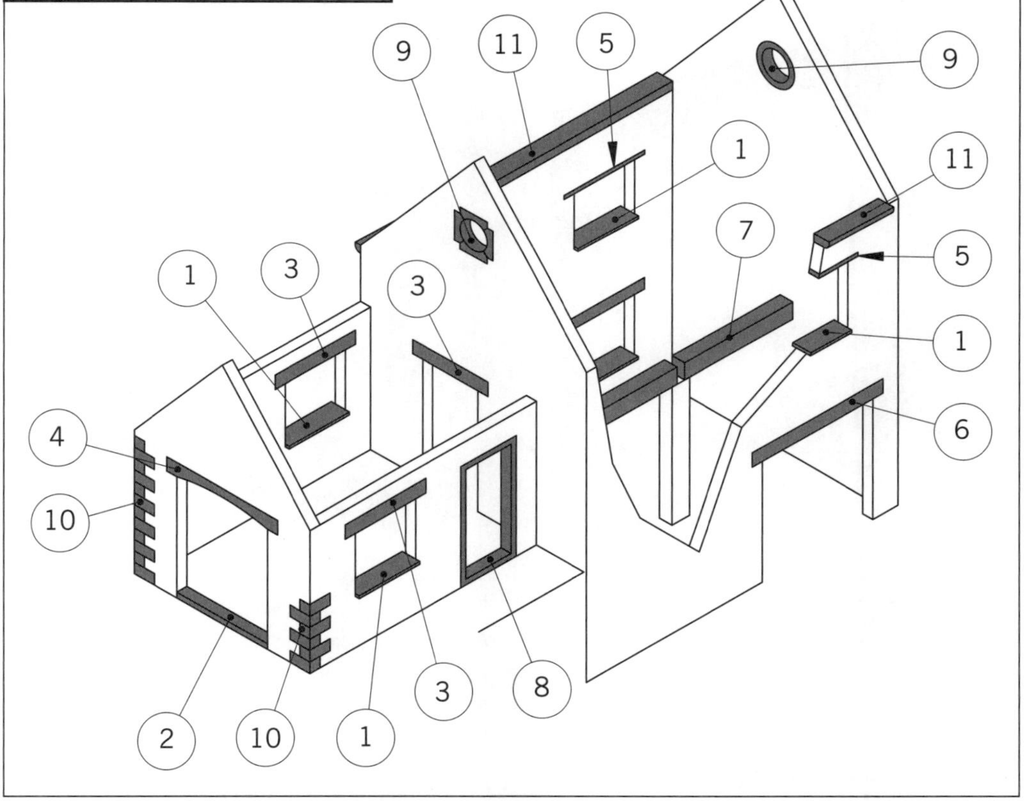

① Appui de fenêtre
② Seuil pour portes et portes-fenêtres
③ Linteau droit en forme de U
④ Linteau cintré
⑤ Prélinteau
⑥ Poutre linteau pour garage
⑦ Poutre préfabriquée
⑧ Encadrement de baie
⑨ Oeil-de-boeuf
⑩ Plaques de parement
⑪ Corniche

4.1 Les composants pour murs

Les différents composants pour murs décrits ci-dessous ne représentent qu'une partie des produits actuellement commercialisés. Les informations techniques données ici sont volontairement succinctes. Pour plus de renseignements consulter les documentations des fabricants (voir adresses en fin d'ouvrage).

1 – L'encadrement de baie Compobaie

Cet encadrement de baie est constitué d'un cadre rectangulaire monobloc en béton armé, d'une menuiserie extérieure (en bois, PVC ou aluminium) et d'un dispositif de fermeture (volets battants ou volet roulant intégré à l'encadrement). La menuiserie est fixée en usine sur l'encadrement à l'aide de pattes métalliques après mise en place d'un joint d'étanchéité périphérique. Ces encadrements sont disponibles en plusieurs dimensions (largeur de baie variable de 40 à 280 cm et hauteur de baie de 45 à 215 cm) et en plusieurs épaisseurs (suivant la composition du mur de façade).

Ils peuvent recevoir tous types de menuiseries : fenêtre, porte-fenêtre, porte d'entrée et de service et porte de garage.

L'étanchéité entre l'encadrement et la maçonnerie est assurée en partie inférieure par la mise en place d'un cordon d'étanchéité sur une arase en béton rigoureusement plane. De chaque côté, l'encadrement est relié au mur par l'intermédiaire de deux clavetages verticaux au mortier.

Fig. 4.2 Encadrement de baie COMPOBAIE

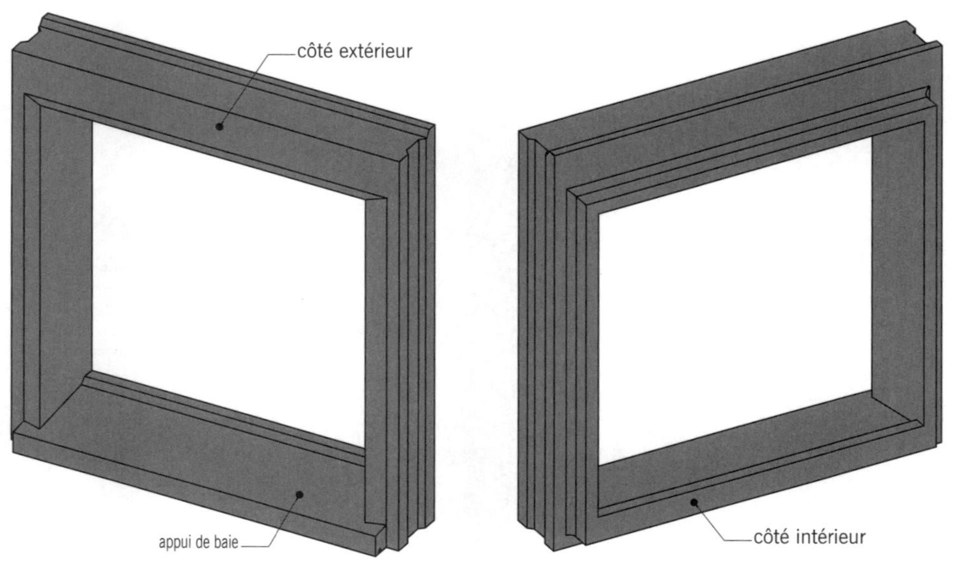

Fig. 4.3 Coupe verticale sur encadrement COMPOBAIE

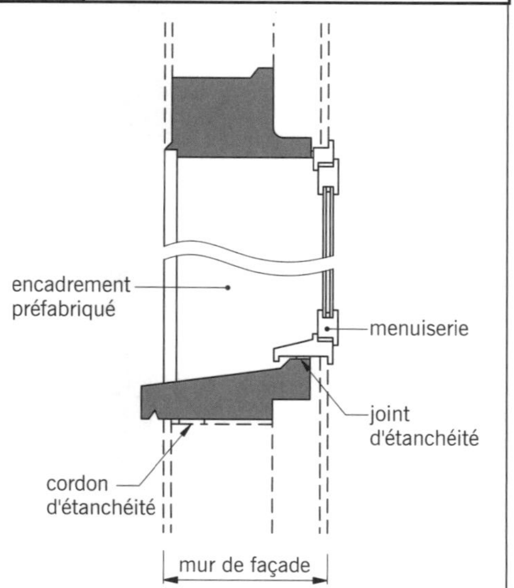

Il existe plusieurs modèles d'encadrements. La figure 4.2 présente l'encadrement dit « classique » destiné à recevoir un enduit extérieur. Les figures 4.3 et 4.4 montrent le même encadrement observé en coupes verticale et horizontale.

2 – L'encadrement de baie Stradal

Cet encadrement de baie est constitué d'éléments préfabriqués en béton moulé ne nécessitant ni enduit ni peinture (fig. 4.5). On distingue deux types d'éléments (fig. 4.6) :

- les **éléments de jambage**, en forme de U, disposés les uns sur les autres et posés sur un joint de mortier. Ils sont remplis de béton avec mise en place éventuelle d'armatures pour les constructions édifiées en zones sismiques (fig. 4.7) ;
- les **éléments de linteau** en forme de U, disposés les uns à côté des autres et servant de coffrage perdu au linteau en béton armé coulé en place.

Fig. 4.4 Coupe horizontale sur encadrement COMPOBAIE

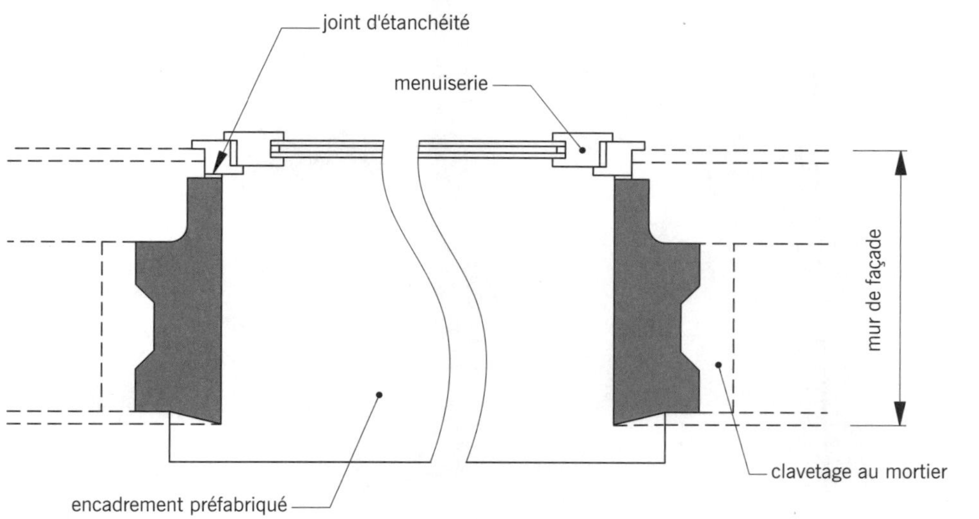

Ces éléments sont disponibles en deux coloris : blanc cassé et jaune clair.

3 – Les lucarnes Weser

Ces lucarnes préfabriquées en béton pressé sont composées de plusieurs éléments qui s'assemblent par emboîtement, clavetage et collage au mortier-colle (fig. 4.8). Des aciers en attente dans la maçonnerie assurent la liaison de la lucarne avec le gros œuvre.

Les lucarnes sont disponibles en plusieurs largeurs entre tableaux (de 80 à 120 cm) et plusieurs hauteurs de baie (de 115 à 215 cm). Elles existent en deux coloris : blanc cassé et ton pierre.

4 – Les poutres préfabriquées Rector

Ces poutres préfabriquées en béton précontraint (section 20 x 20 ou 15 x 20) de 200 à 420 cm de longueur (de 20 cm en 20 cm) sont associées, le plus souvent,

Fig. 4.5 Encadrement de baie STRADAL

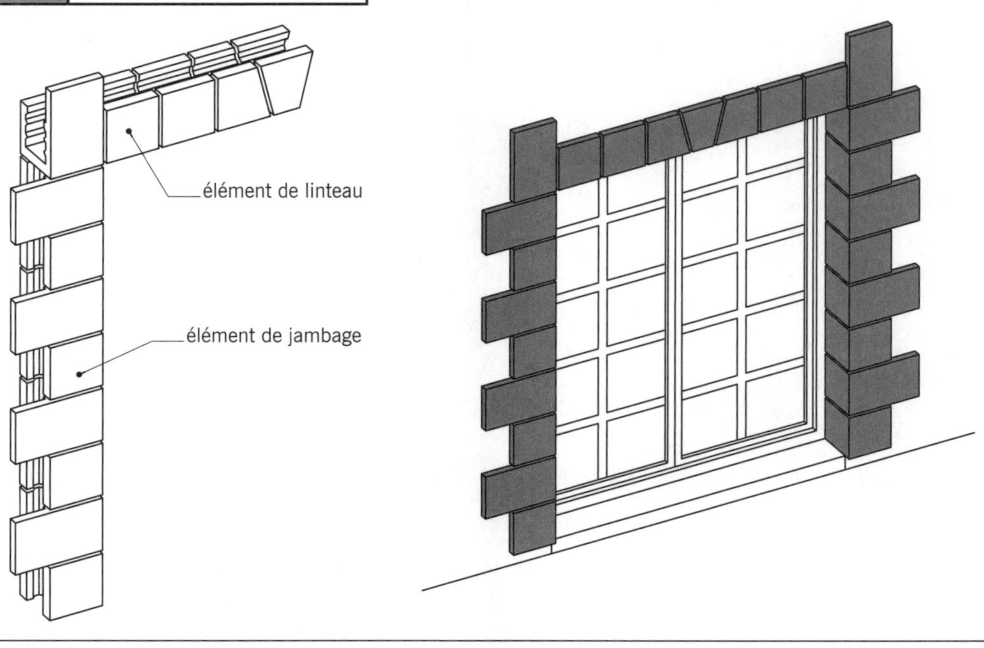

Fig. 4.6 **Éléments préfabriqués STRADAL**

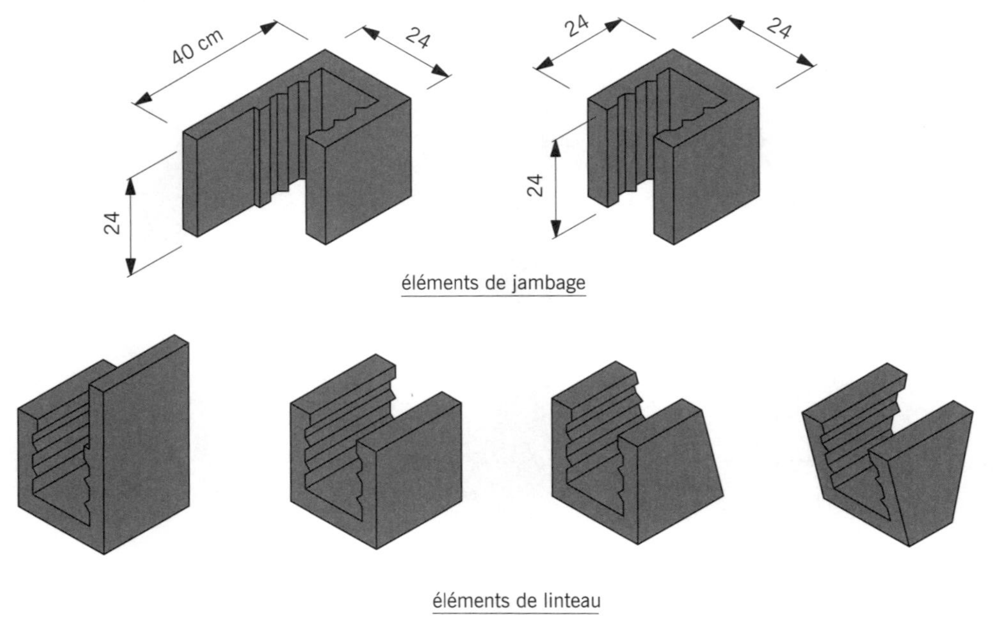

Fig. 4.7 **Eléments de jambage STRADAL (coupes horizontales)**

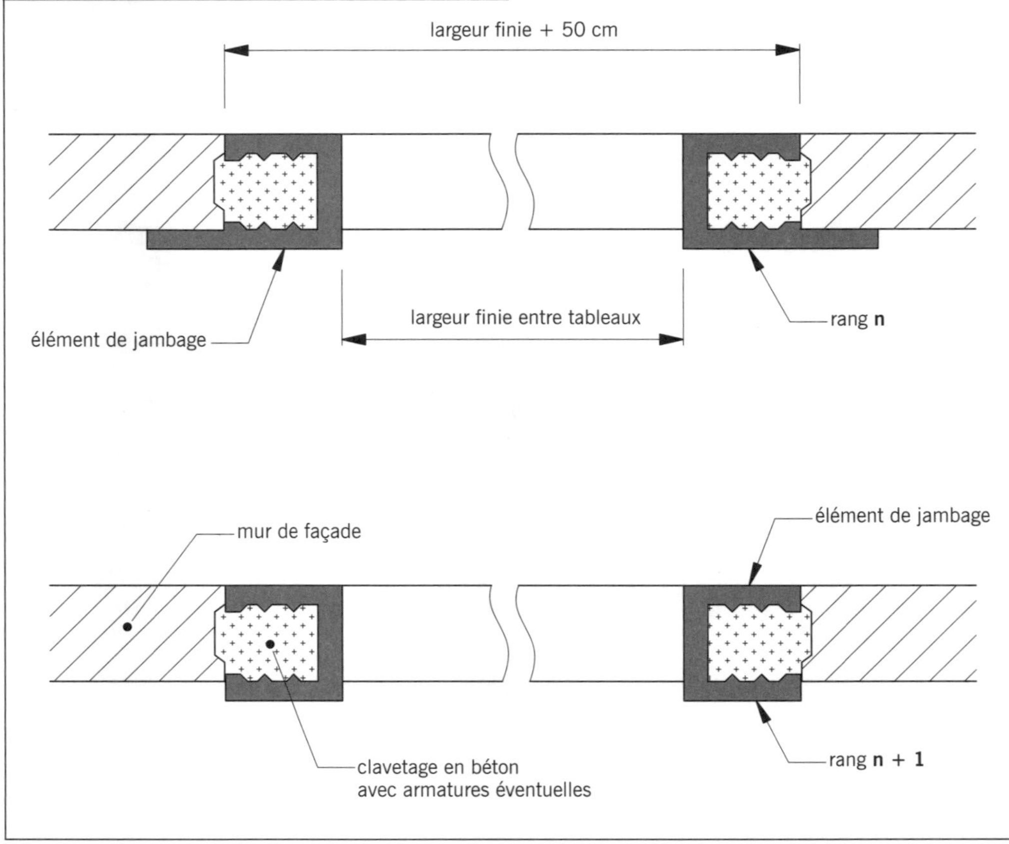

Fig. 4.8 Lucarnes préfabriquées WESER

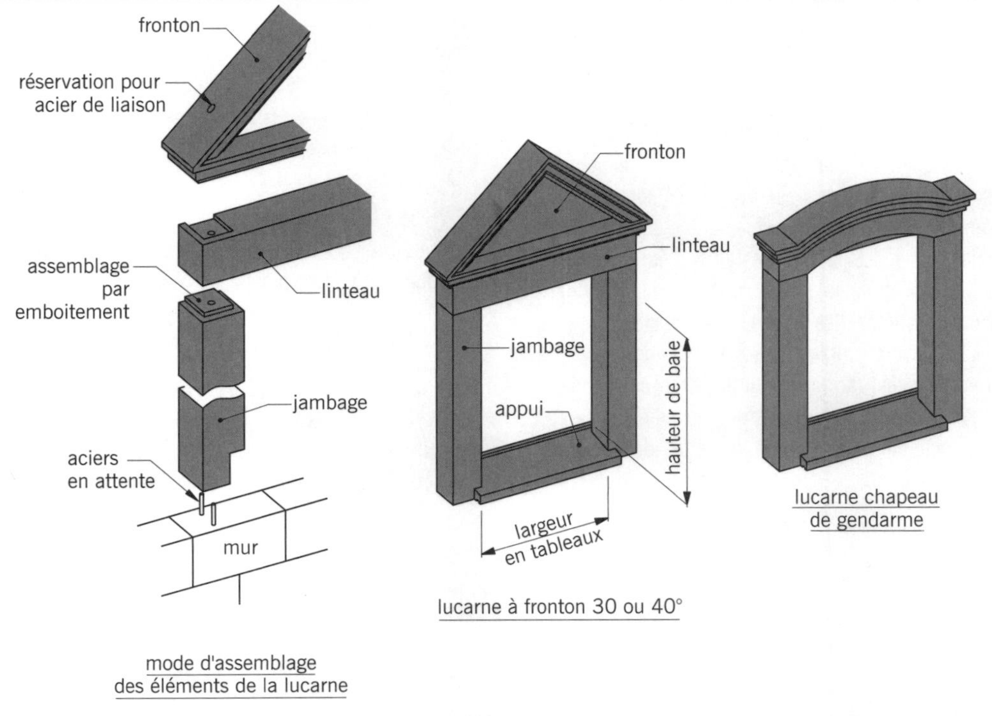

à des planchers à poutrelles et entrevous. Leur emploi évite les opérations de coffrage, ferraillage et de coulage liées à la réalisation des poutres traditionnelles (fig. 4.9).

Fig. 4.9 Poutre préfabriquée RECTOR

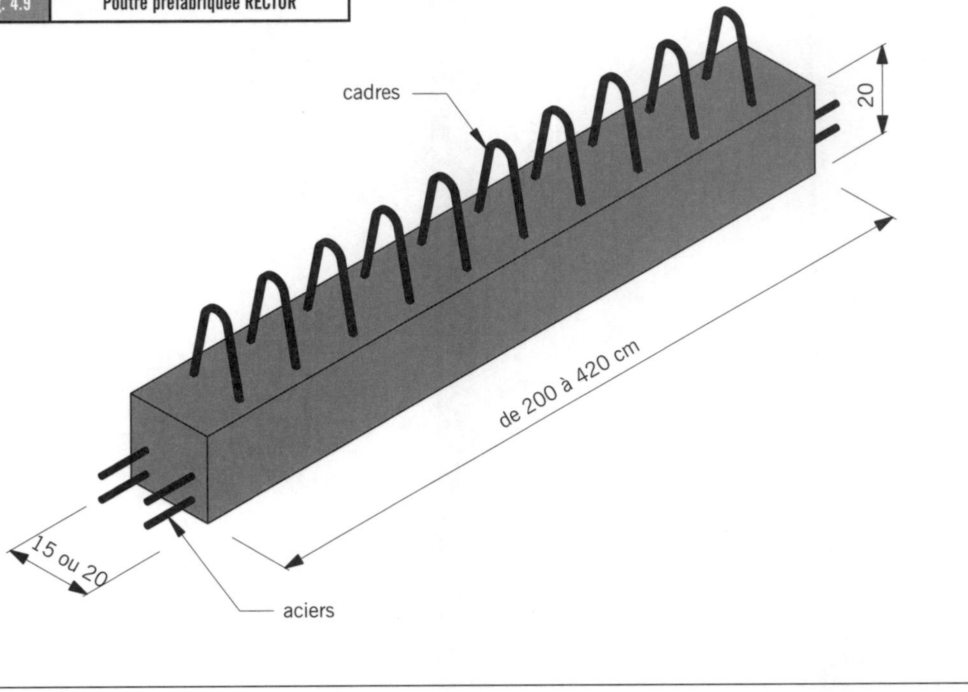

Les poutres ne peuvent pas s'appuyer directement sur un mur en blocs de béton ou en briques. Elles doivent reposer sur une assise en béton armé ou **sommier** (fig. 4.10).

La figure 4.11 présente une poutre préfabriquée supportant sur ses deux côtés, les poutrelles et les entrevous du plancher. Le chaînage horizontal de la poutre est coulé en même temps que la dalle de compression du plancher. La figure 4.12 présente une autre disposition constructive : le plancher, de part et d'autre de la poutre et sur une certaine largeur, est presque entièrement réalisé en béton (les entrevous ordinaires étant remplacés par des entrevous plats). Cette portion de dalle armée appelée **table de compression** est étroitement associée à la poutre et contribue à améliorer les performances de cette dernière en terme de portée et de reprise de charge.

5 – Les œils-de-bœuf Weser

■ Ces œils-de-bœuf préfabriqués en béton pressé sont composés de quatre éléments à assembler sur place (fig. 4.13). Il existe plusieurs modèles d'œils-de-bœuf ronds (diamètre intérieur de 44, 54 et 60 cm) et un modèle d'œil-de-bœuf ovale. Ces œils-de-bœuf sont disponibles en deux coloris : blanc cassée et ton pierre.

La figure 4.14 montre la mise en place d'un œil-de-bœuf sur un mur de façade isolé côté intérieur.

6 – Les appuis de fenêtre Weser

Ces appuis préfabriqués en béton pressé sont livrés prêts à poser (fig. 4.15). Ils sont disponibles en trois largeurs (28, 35 et 39 cm) et en différentes longueurs (de 50 à 250 cm, de 10 cm en 10 cm). Ces appuis

Fig. 4.10 Exemple de mise en œuvre

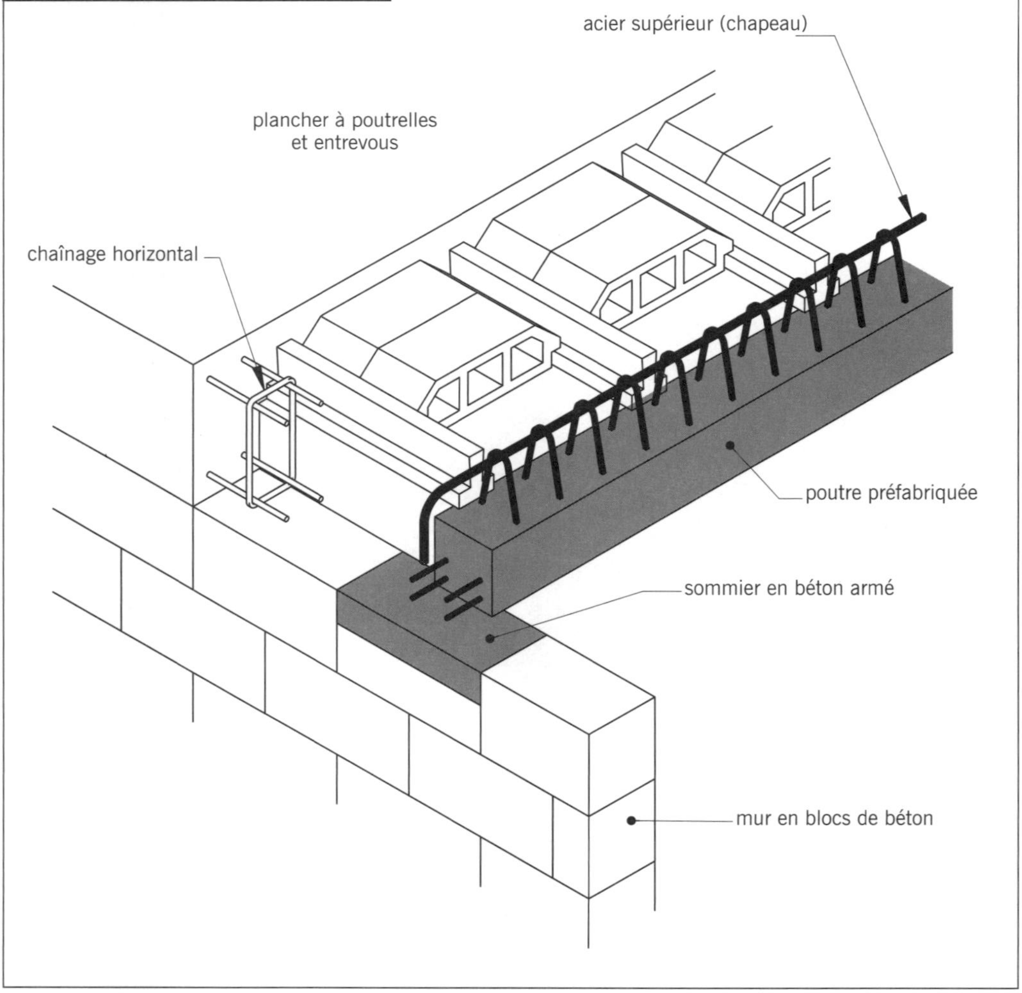

Fig. 4.11 Disposition sans table de compression

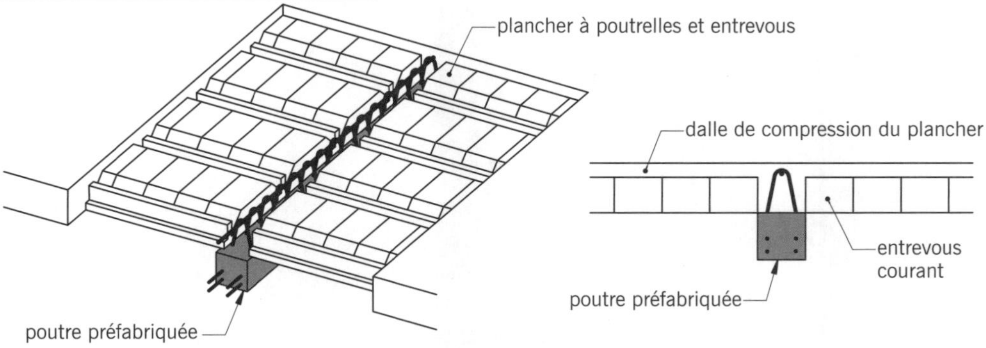

Fig. 4.12 Disposition avec table de compression

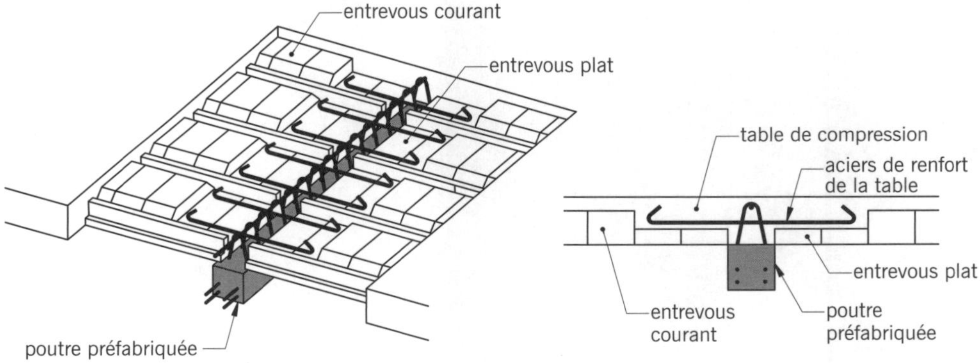

Fig. 4.13 Œil-de-bœuf WESER

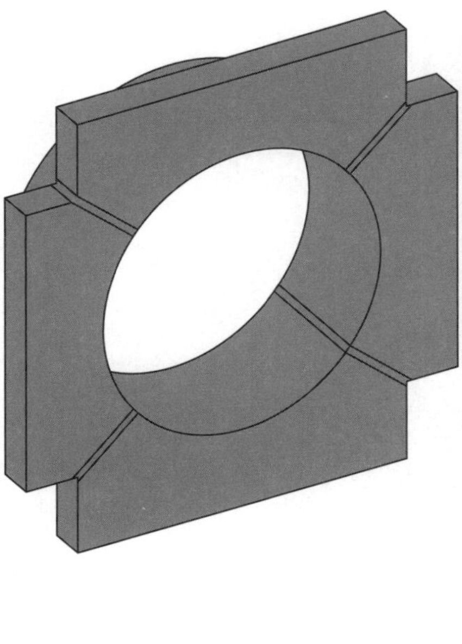

Fig. 4.14 Exemple de mise en œuvre de l'œil-de-bœuf (coupe verticale)

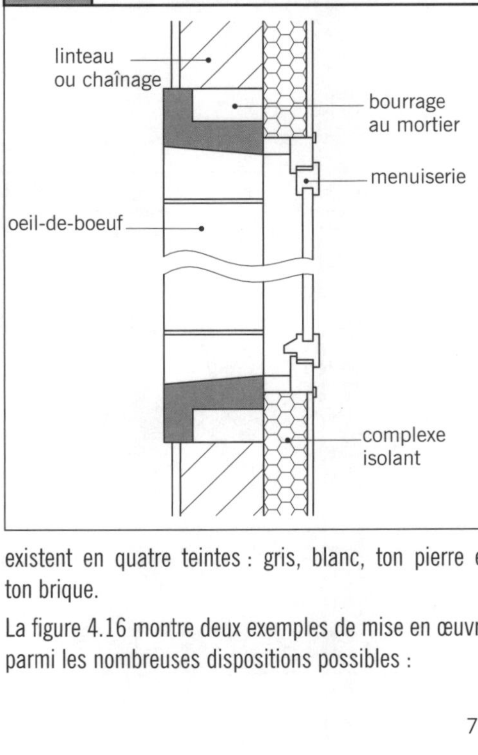

existent en quatre teintes : gris, blanc, ton pierre et ton brique.

La figure 4.16 montre deux exemples de mise en œuvre parmi les nombreuses dispositions possibles :

Fig. 4.15 Appui préfabriqué WESER

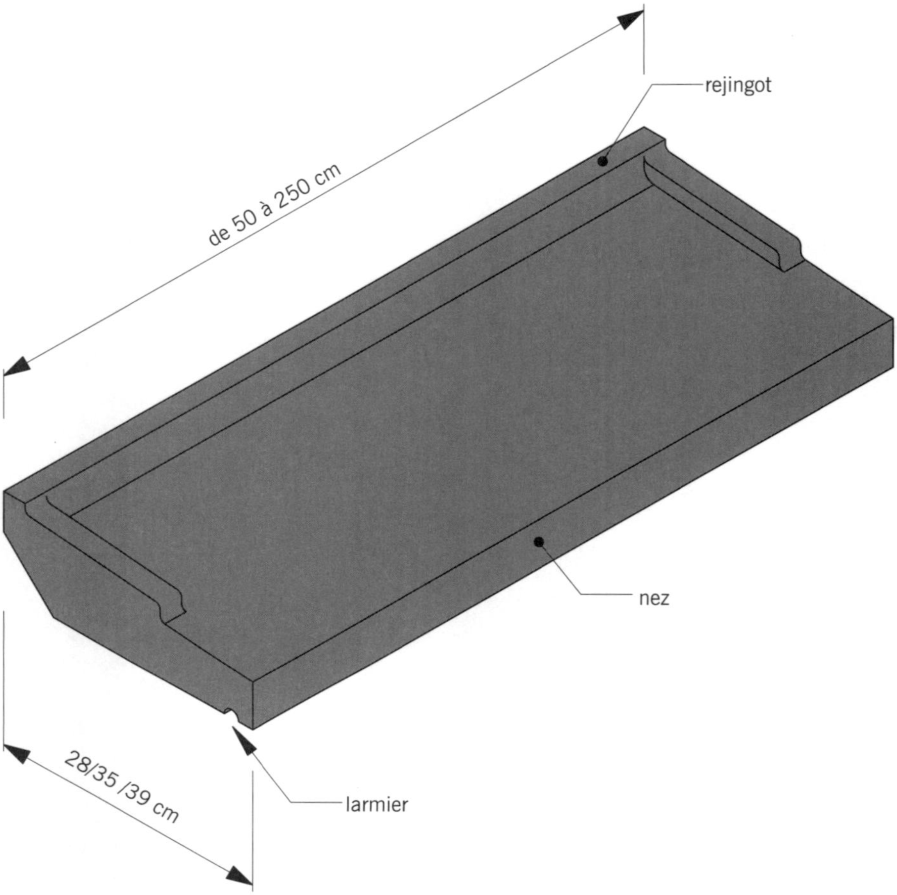

Fig. 4.16 Exemples de mise en œuvre de l'appui préfabriqué

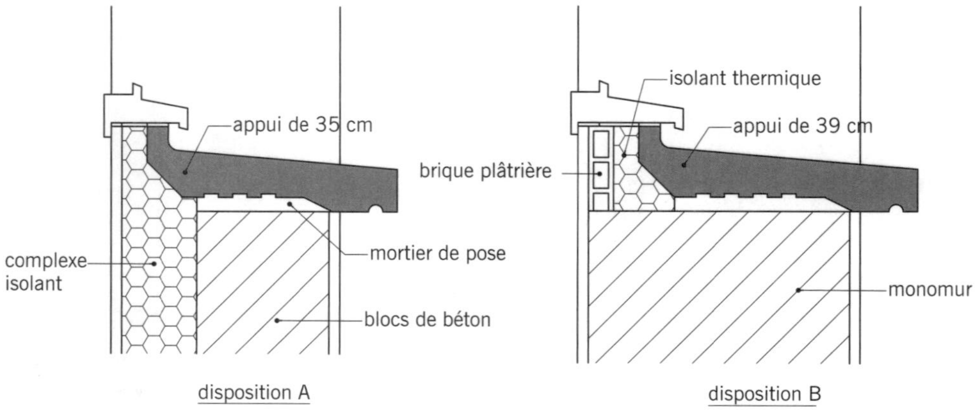

- **disposition A :** mise en place d'un appui de 35 cm sur un mur en blocs de béton de 20 cm isolé côté intérieur. L'isolant thermique remonte derrière l'appui jusqu'à la menuiserie ;
- **disposition B :** mise en place d'un appui de 39 cm sur un mur en briques Monomur® de 37,5 cm. L'isolant mis en place à l'arrière de l'appui est recouvert par un morceau de brique plâtrière ou par une chute de brique Monomur®.

Il existe également des seuils préfabriqués en béton pressé (largeur de 34 cm) pour portes d'entrée et portes-fenêtres.

7 – Les appuis de fenêtre en fibres-ciment

Ces appuis préfabriqués en fibres-ciment sont disponibles en plusieurs largeurs (22, 25, 28, 33 et 38 cm) et en une seule longueur standard de 3 mètres, à recouper à la demande (fig. 4.17).

La figure 4.18 présente un exemple de mise en œuvre sur un mur en blocs de béton isolé côté intérieur avec cloison de doublage en briques plâtrières. Le débord **D** dépend de la largeur de l'appui (les alvéoles ne doivent pas être situées dans le porte-à-faux).

8 – Les linteaux et prélinteaux

Le **prélinteau** est un élément plat en béton précontraint utilisé pour la réalisation des linteaux (fig. 4.19). Son épaisseur est de 5 cm et sa largeur de 15, 20 ou 25 cm. Sa longueur de fabrication peut varier de 100 à 320 cm (de 20 cm en 20 cm). La face inférieure du linteau est lisse, prêt à peindre et la face supérieure rugueuse pour favoriser l'accrochage avec le mortier ou le béton coulé en place. Le prélinteau est posé sur un lit de mortier avec un appui minimal de 20 cm de part et d'autre de l'ouverture.

Fig. 4.17 Appui en fibres-ciment

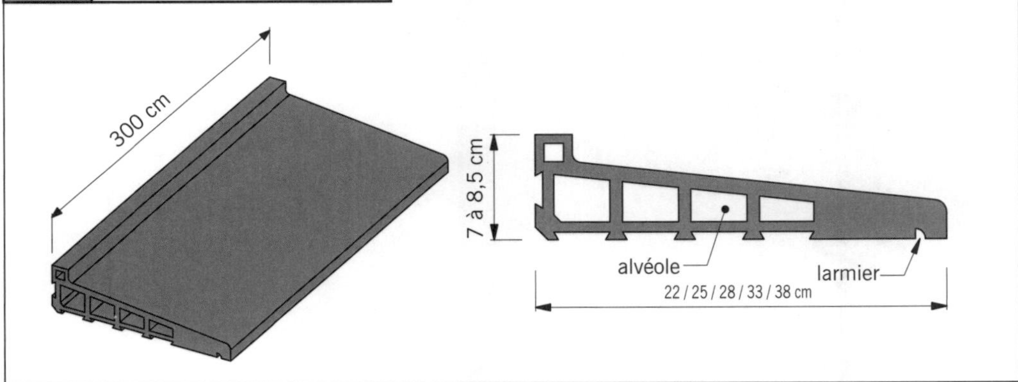

Fig. 4.18 Exemple de mise en œuvre de l'appui en fibres-ciment

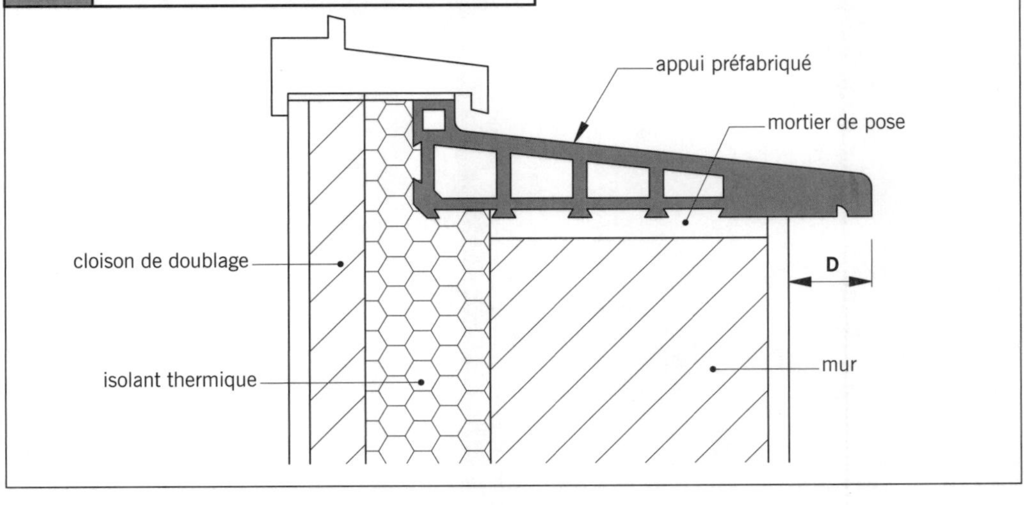

Les éléments porteurs d'un plancher (poutres, poutrelles) ne doivent jamais s'appuyer directement sur un prélinteau. Celui-ci peut être rehaussé par :

- un linteau en béton armé coulé en place (fig. 4.20). Les armatures du linteau sont dimensionnées en fonction des charges supportées par l'ouvrage ;
- un ou deux rangs de blocs pleins de béton ou de blocs à bancher remplis de béton (fig. 4.21).

Dans tous les cas, il faut respecter les portées maximales prescrites par le fabricant et définies en fonction des charges supportées.

Le **linteau monobloc** en terre cuite est mis en place au-dessus d'une ouverture. Il sert de coffrage perdu au linteau porteur en béton armé coulé en place (fig. 4.22). Ce linteau est disponible en plusieurs longueurs (80, 110, 140, 170, 200 et 260 cm) et il peut être appareillé aussi bien avec des briques qu'avec des blocs en béton.

9 – Les plaques de parement Weser

Ces plaques et angles de parement sont fixés au mur par collage au mortier-colle et également au moyen

Fig. 4.19 Prélinteau

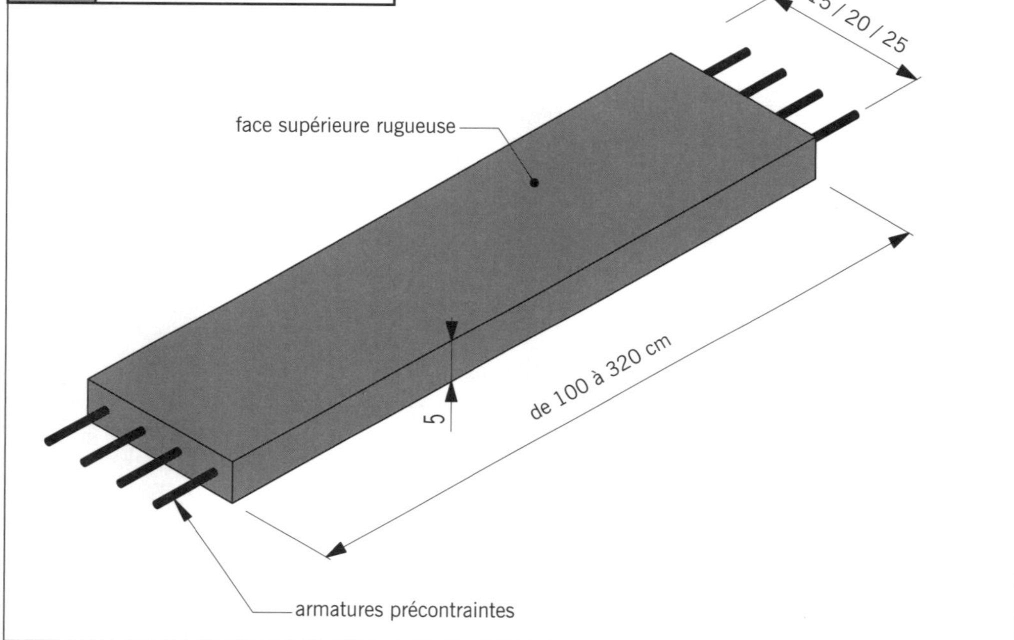

Fig. 4.20 Linteau en béton armé avec prélinteau

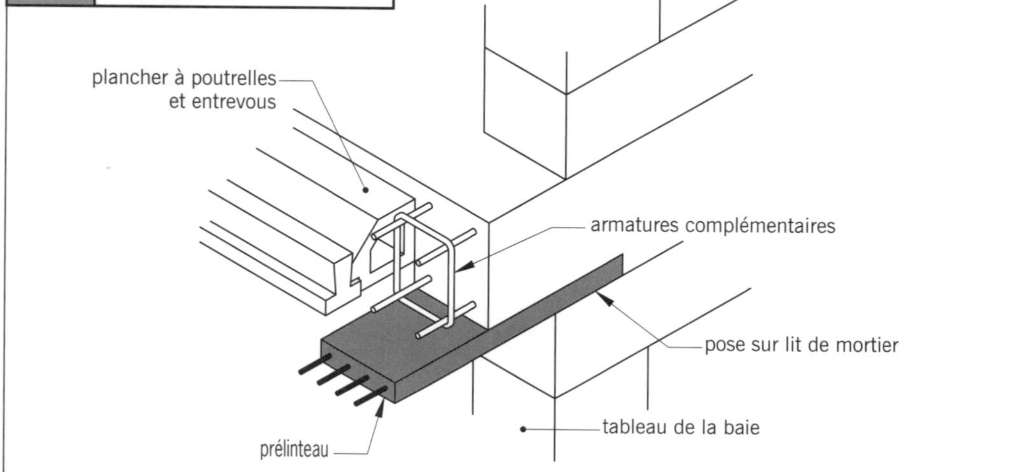

Fig. 4.21 Linteau maçonné avec prélinteau

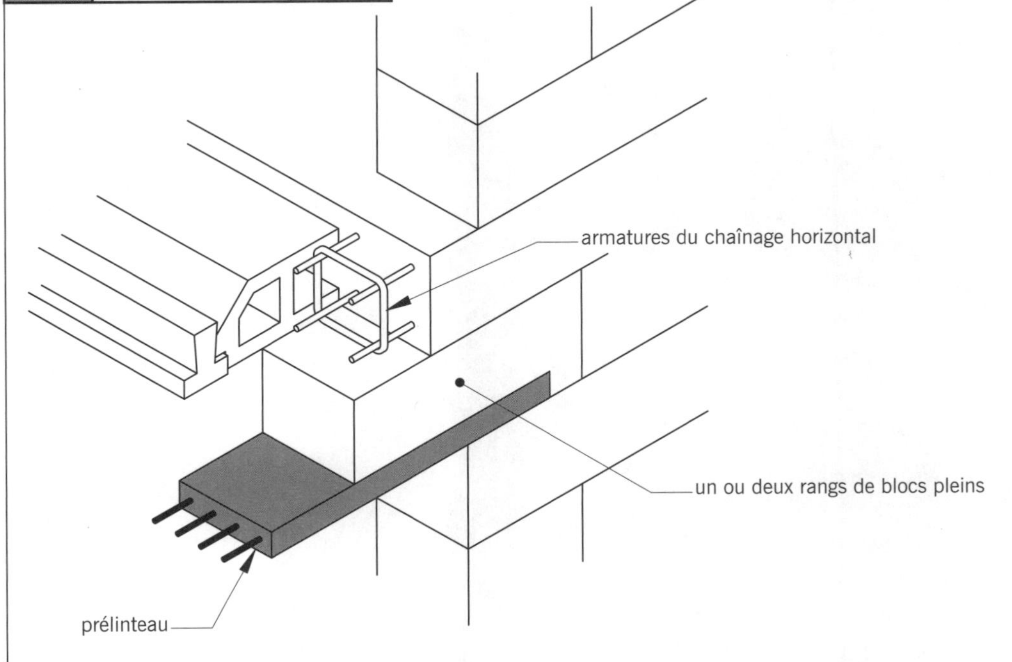

Fig. 4.22 Linteau monobloc en terre cuite

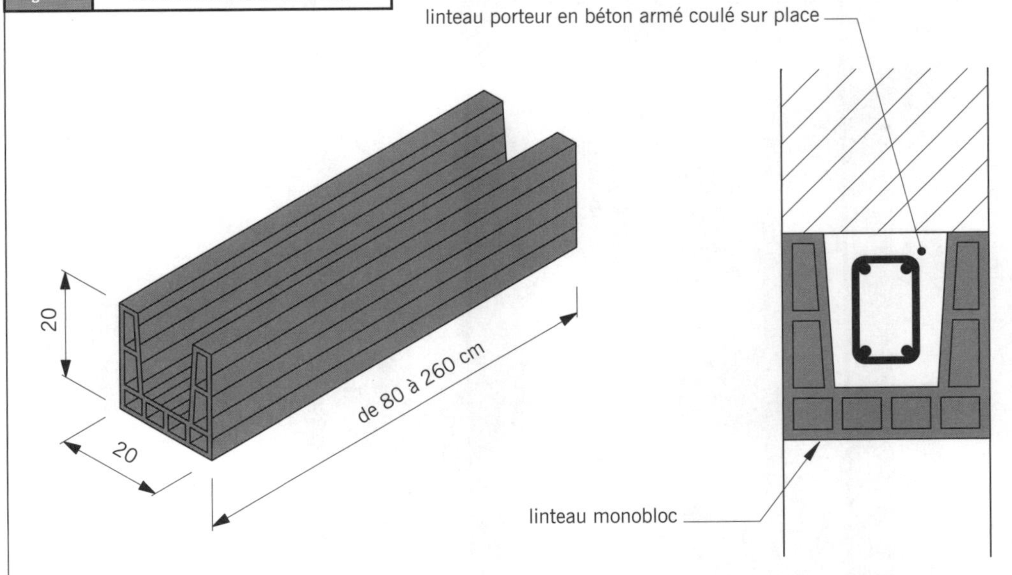

d'un système mécanique (vis et chevilles). Il existe deux types d'éléments :

- ceux destinés à mettre en valeur le pourtour des fenêtres et des portes-fenêtres (fig. 4.23) ;
- ceux destinés à habiller les angles extérieurs saillants de la construction (fig. 4.24).

Ces plaques sont disponibles en deux coloris : blanc cassé et ton pierre. Les joints entre éléments sont réalisés au mortier.

10 – La corniche préfabriquée Weser

Cette corniche est constituée de plusieurs éléments préfabriqués en béton moulé assemblés entre eux au

Fig. 4.23 Plaques de parement WESER pour ouvertures

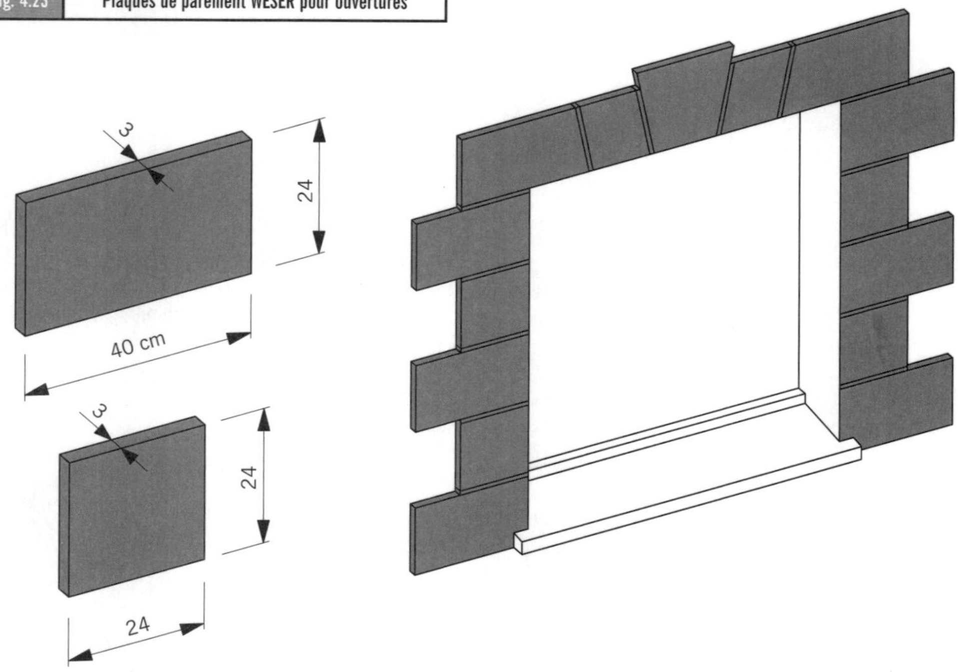

Fig. 4.24 Plaques de parement WESER pour angles

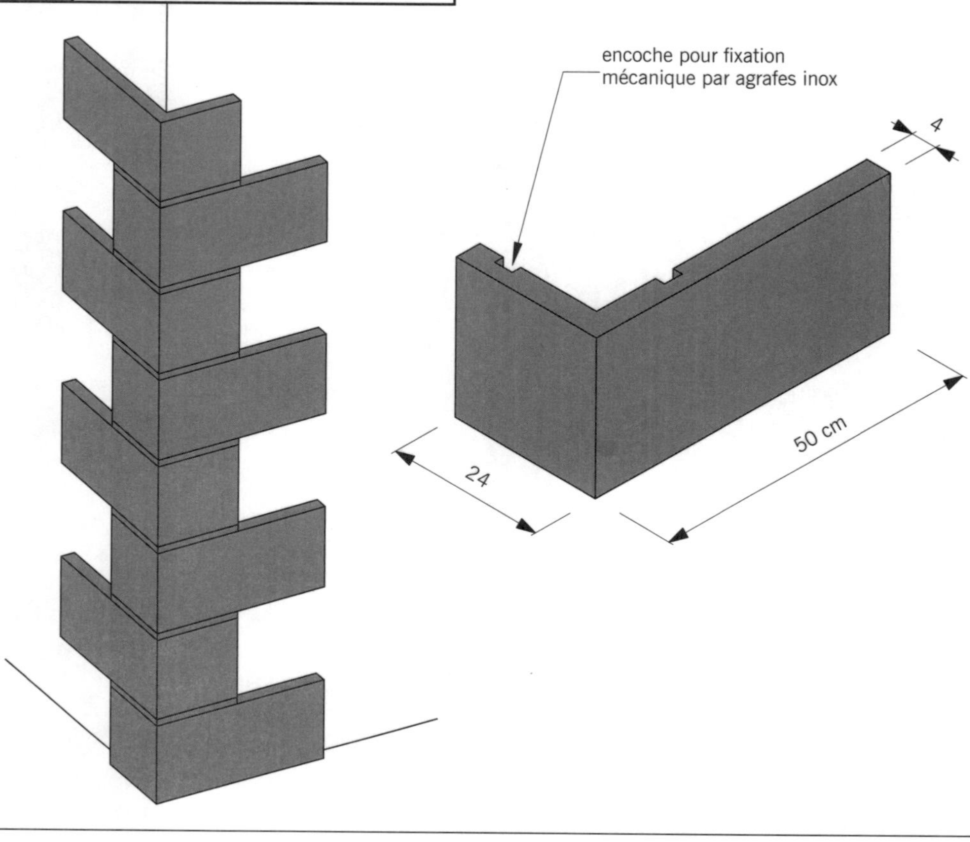

mortier (fig. 4.25). Elle est mise en place au sommet des murs Elle est décorative et sert de coffrage perdu au chaînage horizontal.

Il existe des éléments spéciaux pour traiter les points singuliers (angles rentrants et sortants, extrémités de corniche, élément pour le passage des descentes EP). Les réservations prévues dans les éléments d'angle permettent de liaisonner le chaînage horizontal aux chaînages verticaux.

Le chaînage peut remplir entièrement la corniche (fig. 4.26) ou une partie seulement, le reste servant à dissimuler la gouttière (fig. 4.27).

Les éléments de corniche sont disponibles en deux coloris : blanc cassé et ton pierre.

4.2 Les armatures préfabriquées

1 – Les armatures pour semelles isolées

Les barres métalliques sont disposées en forme de quadrillage et reliées entre elles par des points de soudure. Les crochets aux deux extrémités de chaque barre servent d'ancrage (fig. 4.28). Il existe plusieurs modèles

Fig. 4.25 Éléments de corniche WESER

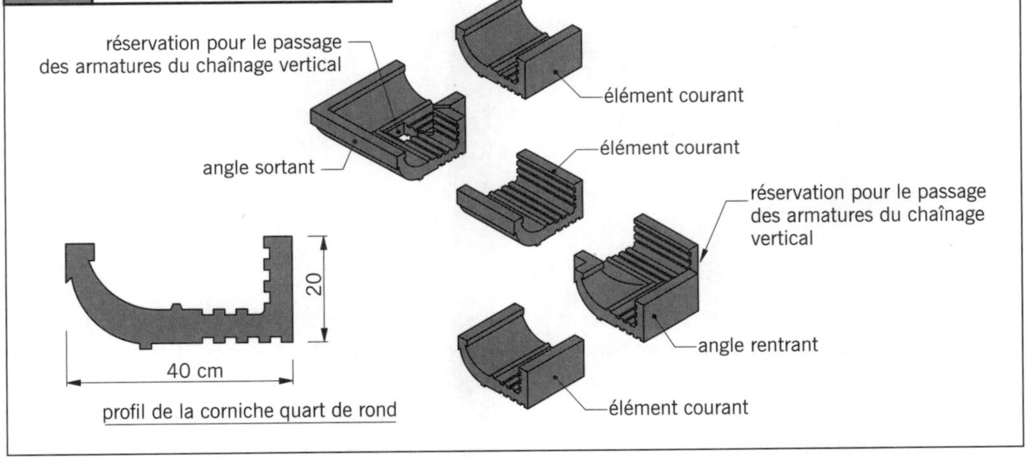

Fig. 4.26 Corniche WESER avec gouttière extérieure

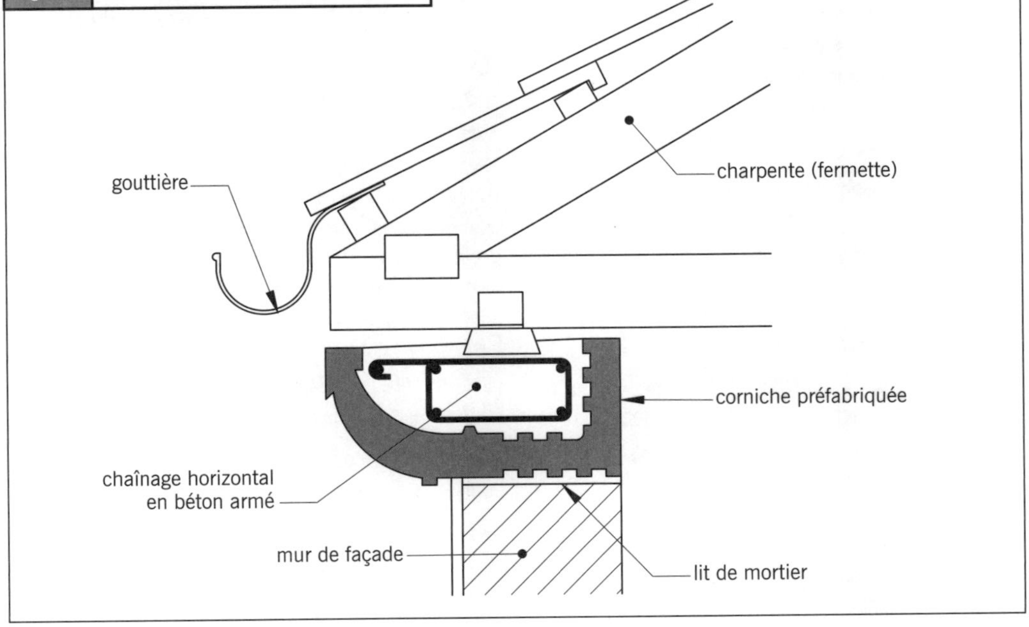

Fig. 4.27 Corniche WESER avec gouttière intégrée

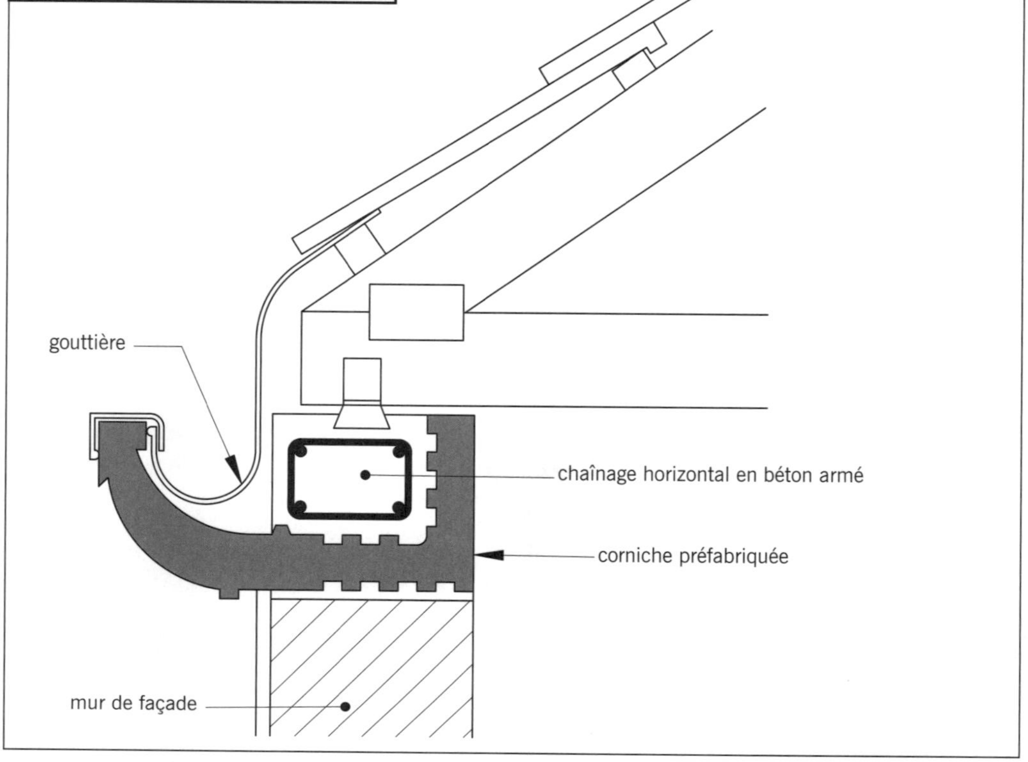

d'armatures pour semelles carrées et rectangulaires proposées par les fabricants.

Le choix d'un modèle s'effectue le plus souvent à partir de plusieurs critères :

- l'emplacement de la semelle dans la construction. S'agit-il d'une semelle de rive (située sous un mur de façade) ou d'une semelle intérieure ? En règle générale, pour un bâtiment donné, une semelle de rive reçoit moins de charges qu'une semelle intérieure. Elle sera donc de plus petite dimension et moins armée ;
- la surface totale des planchers que supporte la semelle par l'intermédiaire du poteau. Plus cette surface est importante et plus la charge totale reprise par la semelle est élevée. Le diamètre des aciers, leur nombre ainsi que la surface au sol de la semelle dépendent directement de cette charge ;
- la contrainte admissible du sol. A charge égale, plus la contrainte du sol est faible, plus les dimensions de la semelle sont importantes et plus celle-ci devra être armée. En cas de contrainte inférieure à 1daN/cm^2, il est conseillé de ne pas utiliser des armatures préfabriquées mais de procéder à une étude géotechnique afin de définir le système de fondation le plus approprié (voir chapitre 1).

La prise en compte de ces critères détermine un modèle donné d'armatures préfabriquées dont toutes les caractéristiques sont définies (nombre de barres, diamètre et longueurs des aciers).

2 – Les armatures pour semelles filantes

Cette armature préfabriquée est constituée d'aciers filants (de trois à huit environ) et d'aciers transversaux (petites barres avec crochets d'ancrage ou cadres) (fig. 4.29). Les aciers sont reliés entre eux par des points de soudure. Ce type d'armature, disponible en longueur de 6 mètres, convient aux sols homogènes et peu compressibles. L'armature plate est utilisée lorsqu'il n'y a pas de risque de tassement différentiel tandis que l'armature renforcée est mise en œuvre lorsqu'il existe de faibles tassements différentiels. Lorsque le sol présente des risques de tassements importants ou différentiels l'étude géotechnique s'impose.

Le choix d'un modèle d'armature s'effectue à partir des critères suivants :

- la charge supportée par la semelle filante sur une longueur de 1 mètre ;
- la contrainte admissible du sol.

Fig. 4.28 Armature pour semelle isolée

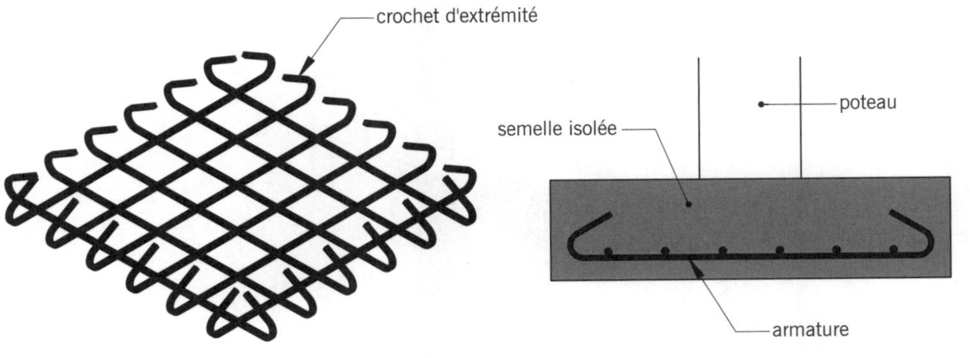

Fig. 4.29 Armatures pour semelles filantes

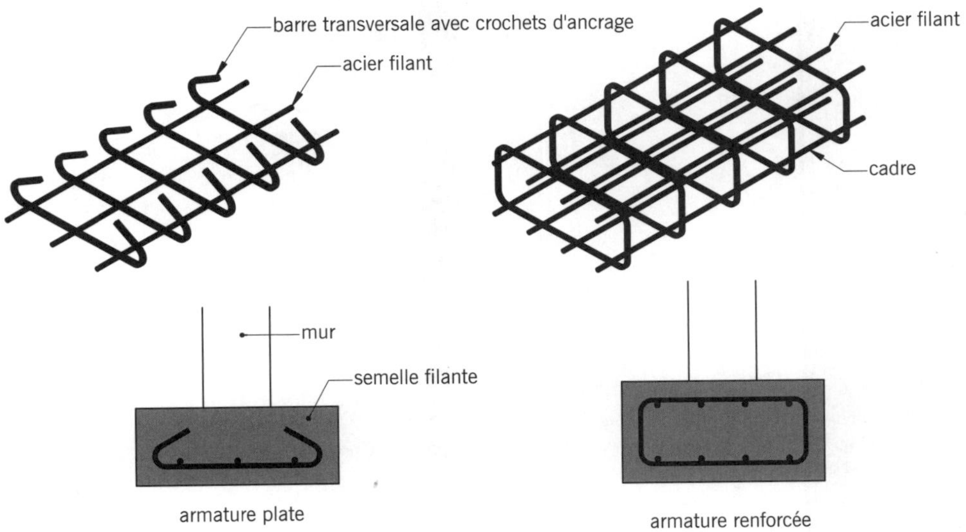

3 – Les armatures pour poutres

Cette armature préfabriquée comprend des aciers filants (inférieurs et supérieurs), des cadres ainsi que des barres coulissantes (fig. 4.30). Ces dernières permettent d'adapter la longueur de la poutre à la dimension réelle entre appuis. La valeur maximale du réglage est de 25 cm à chaque extrémité (cette armature est commercialisée par la société Standarm ; voir adresse en fin d'ouvrage).

Il existe plusieurs modèles d'armatures préfabriquées pour poutres. Le choix d'un modèle s'effectue à partir des critères suivants :

- l'emplacement de la poutre dans la construction : poutre située sur un mur de façade ou à l'intérieur du bâtiment ;
- la portée de la poutre (distance mesurée entre appuis) ;
- la surface totale de plancher à poutrelles et entrevous supportée par la poutre.

Des **chapeaux** (aciers supérieurs disposés au-dessus des appuis intermédiaires) sont à prévoir en cas de poutres continues (poutres alignées).

4 – Les armatures pour chevêtres

Cette armature préfabriquée est réglable en longueur comme l'armature pour poutres (fig. 4.31). Les aciers d'extrémité en forme de Z peuvent coulisser afin d'adapter la longueur du chevêtre à la dimension réelle de la trémie (cette armature est commercialisée par la société Standarm ; voir adresse en fin d'ouvrage).

Fig. 4.30 Armature préfabriquée pour poutre

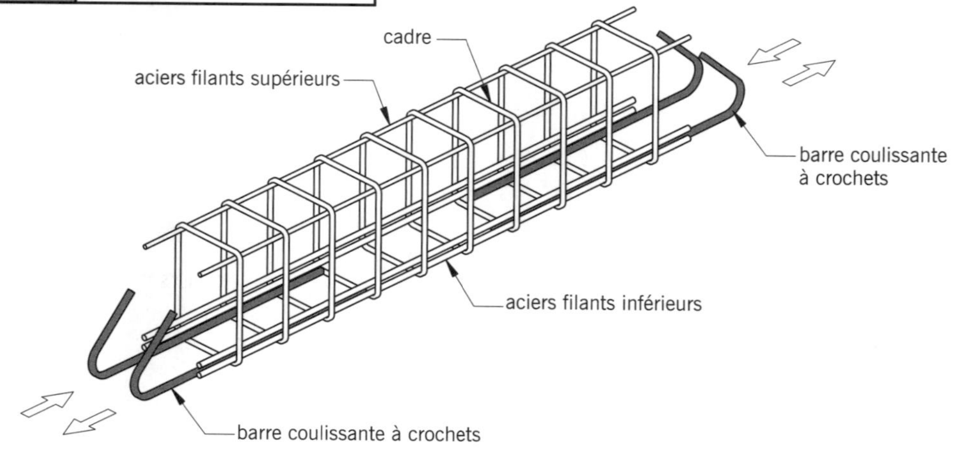

Le choix d'une armature pour chevêtre est fonction des critères suivants :

- l'épaisseur totale du plancher à poutrelles et entrevous (16, 20 ou 24 cm) ;
- la longueur du côté de la trémie recevant le chevêtre ;
- le nombre de poutrelles du plancher interrompues par la présence de la trémie et supportées par le chevêtre.

La liaison de l'armature avec le plancher doit être correctement réalisée. Elle doit comporter notamment des aciers supérieurs (chapeaux) disposés perpendiculairement au chevêtre et au-dessus de chaque poutrelle interrompue.

5 – Les armatures pour linteaux

Cette armature préfabriquée est constituée d'aciers filants et de cadres assemblés les uns aux autres par des points de soudure.

Le choix d'une armature pour linteaux est fonction des critères suivants :

- l'emplacement du linteau dans la construction (en façade, dans un mur de refend, sous charpente en couronnement de mur) ;
- la portée du linteau correspondant à la largeur libre de la baie.

Il existe également des armatures préfabriquées pour chaînages horizontaux et verticaux de différentes formes et disponibles en longueur de 6 mètres.

Fig. 4.31 Armature préfabriquée pour chevêtre

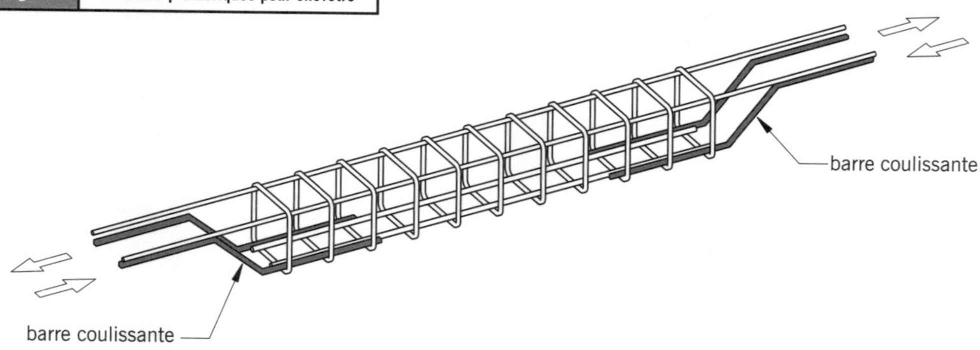

Chapitre 5 : les charpentes

5.1 Les systèmes de charpentes

La **charpente** est l'ensemble des ouvrages qui supportent la couverture. Il existe, en maison individuelle, plusieurs systèmes de charpente dont les plus courants sont détaillés ci-dessous.

1 – Avec des murs de refend

Les pannes reposent sur les murs pignons et sur des murs de refend (**fig. 5.1**). Cette solution permet d'utiliser au mieux les volumes sous toiture mais elle nécessite la réalisation de murs de refend. Les pannes peuvent être en bois massif ou en lamellé-collé. Cette dernière possibilité permet d'obtenir des poutres de grandes portées.

Les murs de refend peuvent être remplacés partiellement par des demi-fermes. Cette solution donne des volumes sous toiture moins cloisonnés.

2 – Avec des fermes

Les pannes reposent sur les murs pignons et sur des fermes de charpente traditionnelle (**fig. 5.2**). L'emploi de fermes dont la partie centrale est surélevée (fermes à entrait retroussé) permet de rendre les combles habitables à condition que le plancher soit porteur (plancher en bois ou plancher préfabriqué à poutrelles et entrevous).

Fig. 5.1 **Avec des murs de refend**

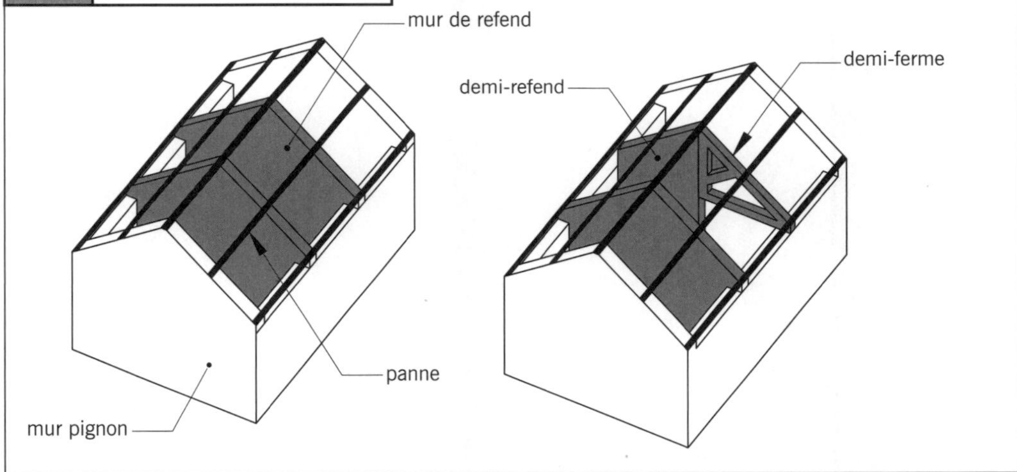

Fig. 5.2 **Avec des fermes**

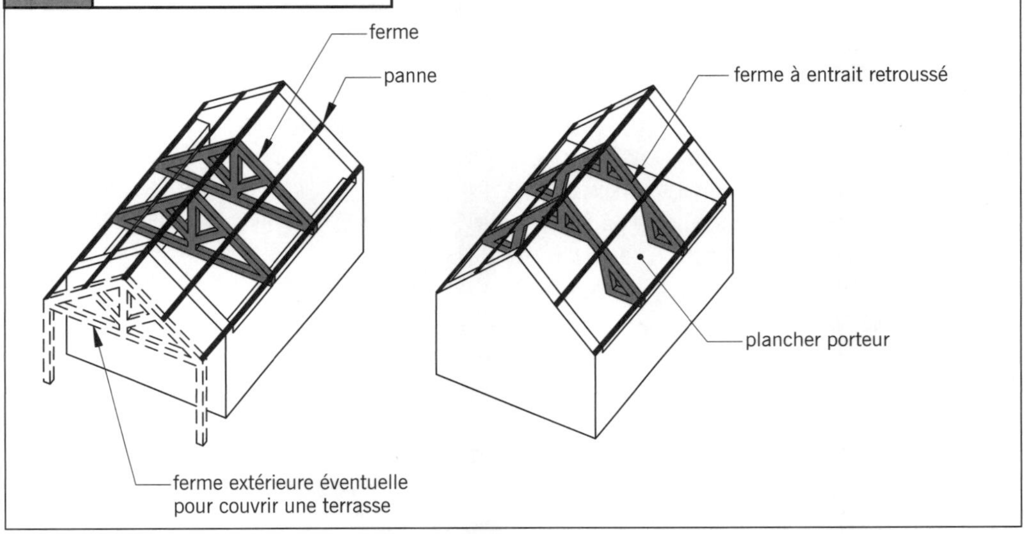

Fig. 5.3 Avec des poutres

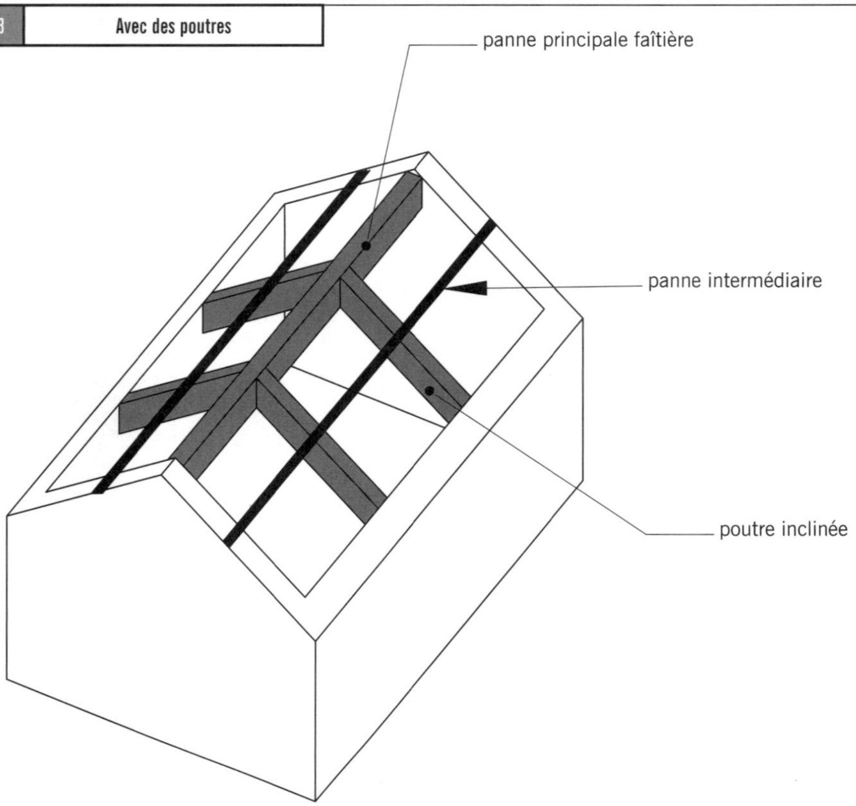

3 – Avec des poutres

Ce type de structure comprend des poutres inclinées en bois dont les extrémités reposent d'un côté sur le mur de façade et de l'autre sur une panne faîtière de forte section généralement en bois lamellé-collé (fig. 5.3). Cette structure porteuse, lorsqu'elle peut être mise en place, libère la totalité des combles.

4 – Avec des fermettes

Espacées tous les 50 à 70 cm, les fermettes ne nécessitent ni pannes, ni chevrons, les liteaux étant directement cloués sur les arbalétriers (fig.5.4). Les fermettes ordinaires portent généralement un plafond suspendu réalisé en plaques de plâtre. Les fermettes à entrait retroussé associées à un plancher porteur permettent d'obtenir des combles habitables.

Les fermettes métalliques sont peu utilisées en maison individuelle hormis dans certains procédés constructifs à structure porteuse en acier.

5 – Les solutions mixtes

Ces solutions mixtes permettent d'adapter le type de charpente à la destination des locaux (fig. 5.5). Les pannes reposent sur les murs pignons, sur les fermes et éventuellement sur un ou plusieurs murs de refend. Les pannes seules peuvent, par exemple, être mises en place au-dessus d'un séjour afin de bénéficier d'une importante hauteur sous plafond (avec présence ou non d'une mezzanine) tandis que les fermes ou fermettes sont disposées au-dessus du coin nuit (chambres et salle de bain).

Une autre solution consiste à prévoir des pannes seules au-dessus du garage pour permettre la réalisation d'un entresol destiné au stockage. Les fermes et fermettes situées au-dessus des pièces habitables sont cachées par un plafond en plaques de plâtre. Dans le séjour, une ferme peut éventuellement rester apparente.

6 – Avec des structures en béton

Les versants de toiture sont constitués de poutrelles et d'entrevous (fig. 5.6). Ces planchers inclinés, généralement sans dalle de compression, sont recouverts de tuiles posées sur liteaux. Comme pour un plancher ordinaire, les poutrelles doivent, lorsque la portée l'exige, reposer sur des appuis intermédiaires (murs de refend ou poutres inclinées en béton).

Fig. 5.4 Avec des fermettes

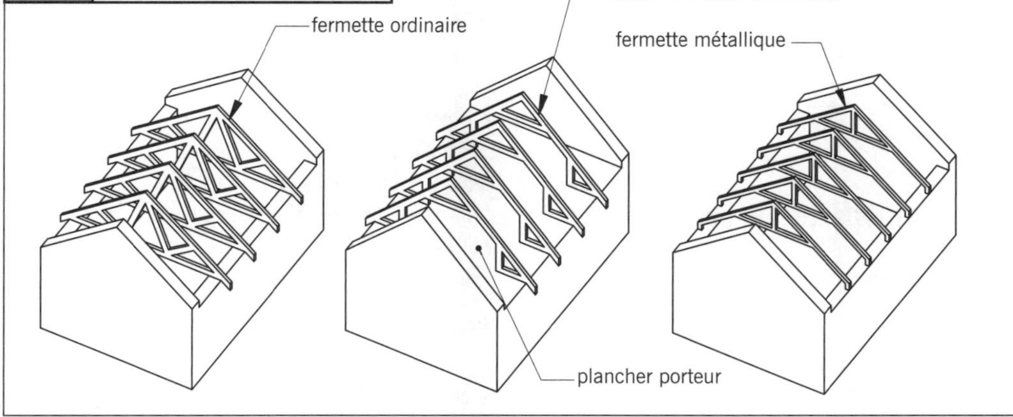

Fig. 5.5 Solutions mixtes

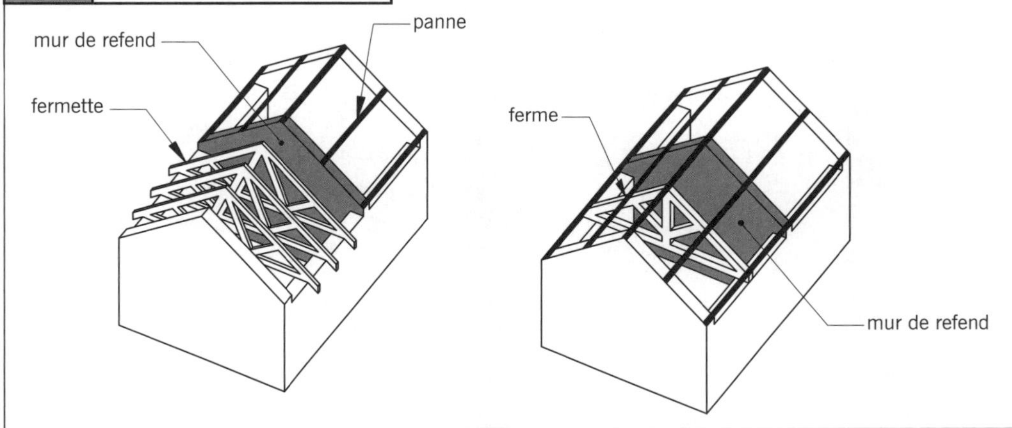

Fig. 5.6 Avec des structures en béton

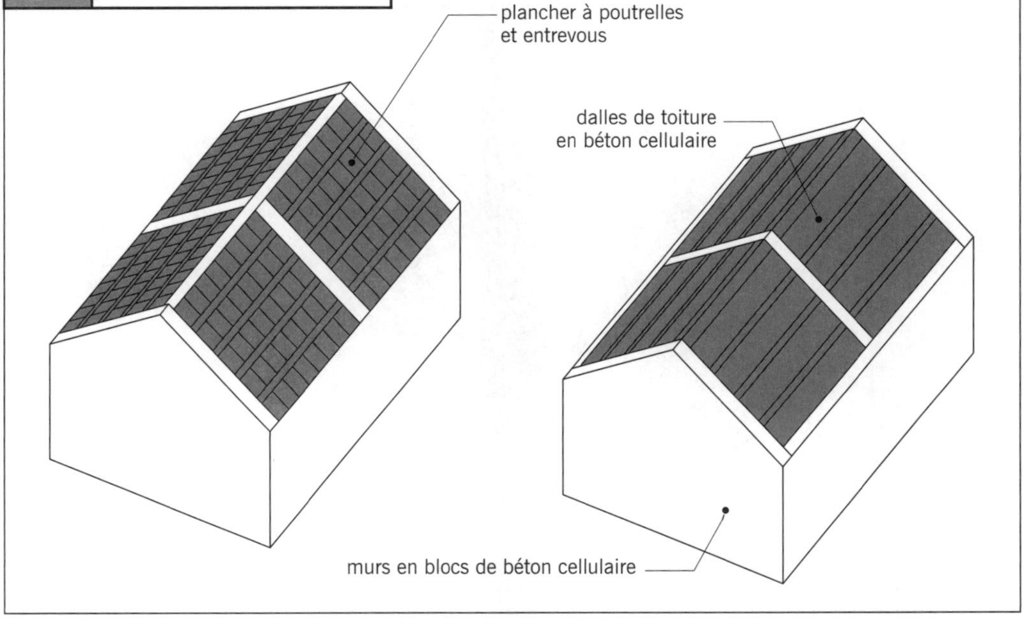

Dans le cas d'une construction en blocs de béton cellulaire, la toiture peut éventuellement être réalisée avec des dalles spécifiques de toiture dont les extrémités reposent sur les murs de façade et sur les murs de refend. Les joints longitudinaux entre dalles sont armés et remplis de mortier.

5.2 Les charpentes en bois

1 – Les mots de la charpente (fig. 5.7)

charpente industrialisée	charpente traditionnelle
Les éléments d'une fermette : ① Entrait ② Arbalétrier ③ Contrefiche ④ Connecteur Les autres pièces de la charpente : ⑤ Entretoise ⑥ Lisse horizontale de contreventement ⑦ Lisse oblique de contreventement ⑧ Lisse oblique d'anti-flambage ⑨ Bandeau de rive ⑩ Liteau La couverture ⑪ Faîtage ⑫ Éléments de couverture (tuiles, bardeaux....) ⑬ Noue	Les éléments d'une ferme : ⑭ Entrait ⑮ Arbalétrier ⑯ Poinçon ⑰ Contrefiche ⑱ Entrait retroussé moisé ⑲ Jambe de force ⑳ Blochet moisé ㉑ Semelle ㉒ Echantignolle (ou chantignolle) Les autres pièces de la charpente : ㉓ Aisselier (ou lierne) ㉔ Panne faîtière ㉕ Panne intermédiaire ㉖ Panne sablière ㉗ Chevron ㉘ Liteau

2 – Les différents types de pannes

■ Les pannes de charpente ne sont pas toutes réalisées en bois massif monolithique. Il existe des pannes obtenues par collage de plusieurs lames de bois ou fabriquées à partir de matériaux dérivés du bois. Elles offrent alors, à dimensions égales, une résistance mécanique, supérieure à celle des pannes traditionnelles. On distingue pour les maisons individuelles deux familles de pannes : les pannes dites « à section rectangulaire » et celles dites « composites à section en I ».

■ **Les pannes à section rectangulaire** sont réalisées (fig. 5.8) :

- en **bois contrecollé**, obtenu par collage à plat de deux ou de plusieurs lames de bois massif. Le plan du collage est parallèle à la plus grande dimension de la section de la panne ;
- en **bois lamellé-collé** obtenu par collage à plat de plusieurs lamelles de bois massif. Le plan du collage est perpendiculaire à la plus grande dimension de la section de la panne ;
- en **lamibois** ou **LVL** (Laminated Veneer Lumber). Le lamibois est un matériau obtenu par placage de bois disposés à fil parallèle et collés à chaud sous pression ;
- en **bois reconstitué** ou **PSL** (Parallel Strand Lumber). Le PSL est composé de bandes de placage longues et étroites disposées à fils parallèles et collées à chaud sous pression.

Fig. 5.7 Éléments de la charpente

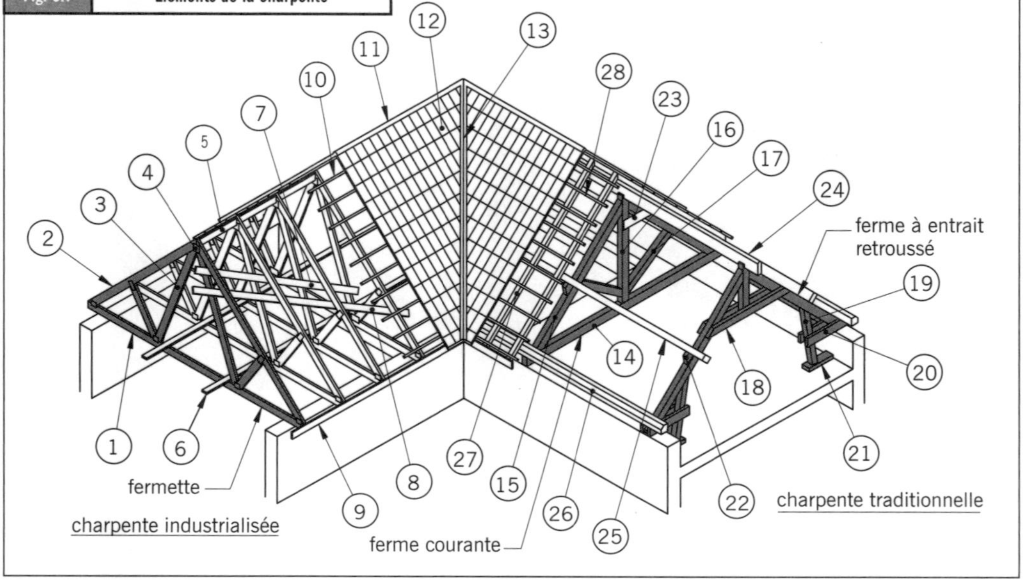

Fig. 5.8 Pannes à section rectangulaire

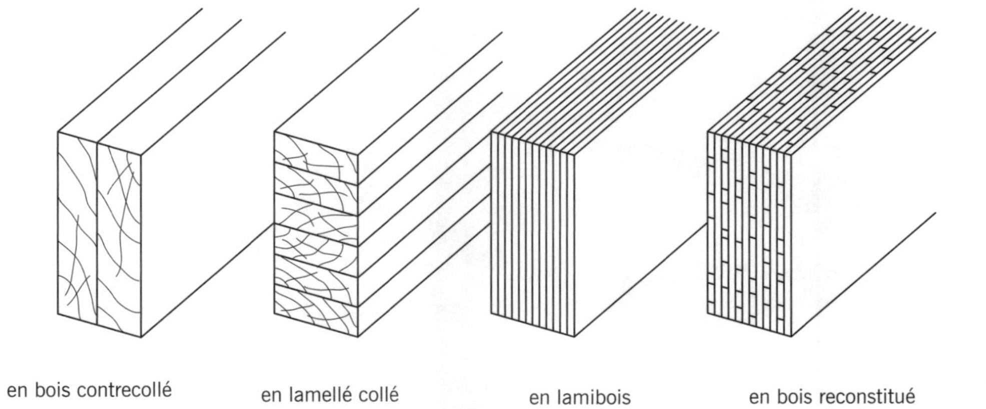

■ **Les pannes composites à section en I** comportent deux ailes longitudinales ou **membrures** reliées entre elles par une âme. On distingue trois principaux types de pannes composites appelées aussi **poutrelles reconstituées** (fig. 5.9) :

- les **pannes avec âme en bois massif**. Les membrures peuvent être en bois massif ou en matériaux dérivés (contrecollé, lamellé-collé, lamibois....). Les éléments sont assemblés entre eux par collage ;
- les **pannes avec âme en dérivé du bois**. Les membrures sont en bois massif ou en matériaux dérivés du bois. L'âme, le plus souvent réalisée en **OSB** (Oriented Strand Board), est assemblée aux membrures par collage. Plus connue sous l'appellation commerciale Triply®, l'OSB est un matériau constitué de minces lamelles de résineux orientées et collées entre elles ;
- les **pannes avec âme en acier**. Les membrures sont en bois massif ou en bois contrecollé. L'âme en tôle galvanisée ondulée est assemblée aux membrures par pressage. L'ondulation de l'âme confère à la panne une grande rigidité contre les efforts verticaux. En revanche, leur faible résistance face aux efforts horizontaux nécessite la mise en place d'un dispositif spécifique d'entretoisement et d'anti-déversement (fig. 5.10).

La marque CTB-PI délivrée par le CTBA concerne les poutres composites à section en I. Les caractéristiques certifiées sont la qualité et la durabilité des bois, la qualité des collages et des aboutages et les caractéristiques mécaniques d'emploi.

■ Pour en savoir plus ■

– Norme NF EN 386 : bois lamellé-collé. Exigences de performances et exigences minimales de fabrication.

– Norme NF EN 390 (P 21-352) : bois lamellé-collé. Dimensions, écarts admissibles.

– Norme NF EN 408 (P 21-302) : structures en bois. Bois de structure et bois lamellé collé. Détermination de certaines propriétés physiques et mécaniques.

Fig. 5.9 Pannes composites à section en I

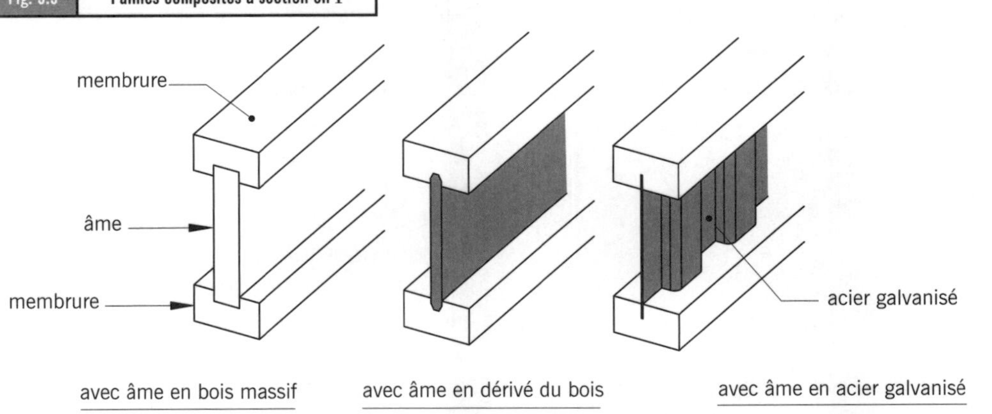

Fig. 5.10 **Dispositifs anti-déformations**

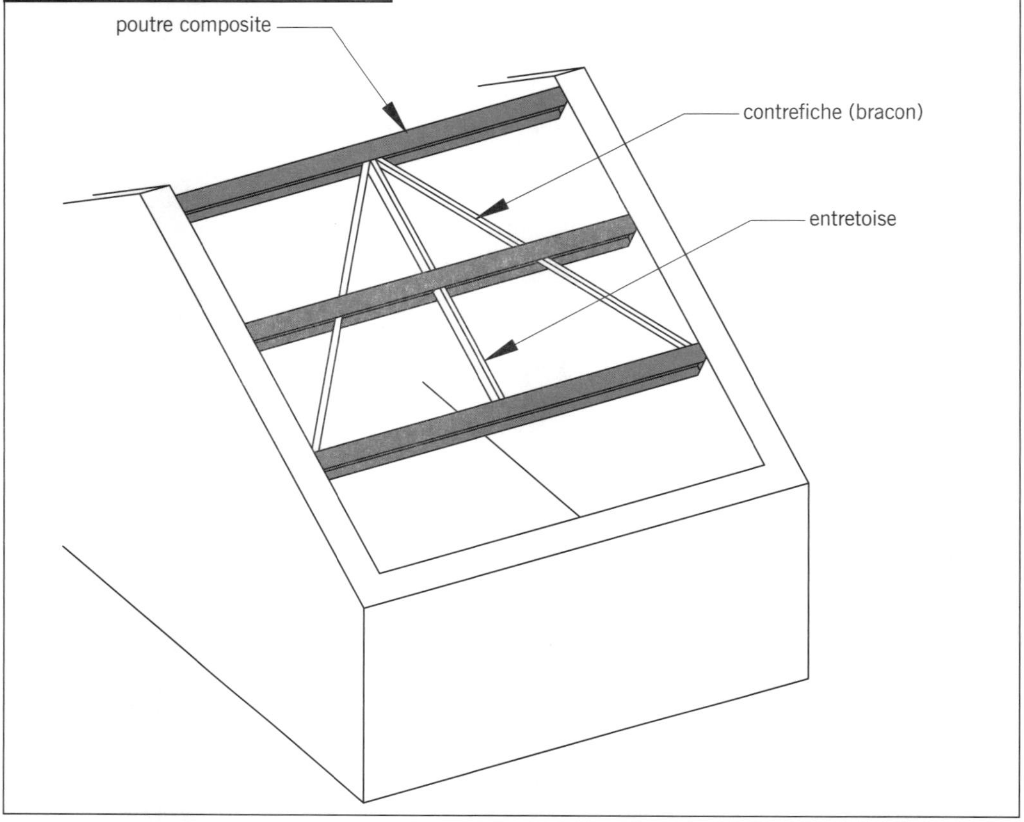

– Norme NF EN 1194 (P 21-354) : structures en bois. Bois lamellé-collé. Classes de résistance et détermination de valeurs caractéristiques.

– Norme NF EN 14080 : structures en bois. Bois lamellé-collé. Exigences.

– Norme NF EN 14279 (B 54-190) : lamibois (LVL). Définitions, classifications et spécifications.

– Norme NF EN 14374 (P 21-401) : structures en bois. Lamibois (LVL). Exigences.

– Norme NF EN 1995 (P 21-711) : eurocode 5 : conception et calcul des structures en bois.

– *Poutres en I. Mise en œuvre et applications.* Ouvrage édité par le CTBA.

5.3 Les noues et les arêtiers

1 – Les formes des combles

On distingue trois principales formes de combles adaptées aux maisons individuelles :

- **les combles avec croupe(s)** (fig. 5.11) : la **croupe** est un pan de toiture de forme généralement triangulaire situé à l'extrémité d'un comble. Les deux arêtes saillantes obliques qui délimitent la croupe s'appellent les **arêtiers** ;
- les **combles en forme de L** (fig. 5.12) : les toitures des deux corps de bâtiment se rencontrent suivant deux arêtes obliques : une arête saillante, l'arêtier et une arête rentrante qui s'appelle une **noue** ;
- les **combles en forme de T** (fig. 5.13) : la jonction entre les deux toitures détermine deux noues.

2 – Les combles avec croupes

■ La figure 5.14 présente une croupe droite avec fermes pour combles perdus. Le terme « arêtier » désigne également la pièce de bois oblique disposée à la rencontre des deux versants de toit. Le sommet de l'arêtier est assemblé au poinçon de la ferme et le pied à un entrait appelé **coyer**. Une demi-ferme de croupe est nécessaire si la distance **L** est trop importante. Des goussets sont disposés en diagonale de chaque côté de la demi-ferme. Cette disposition est appelée **enrayure**.

Fig. 5.11 **Combles avec croupe(s)**

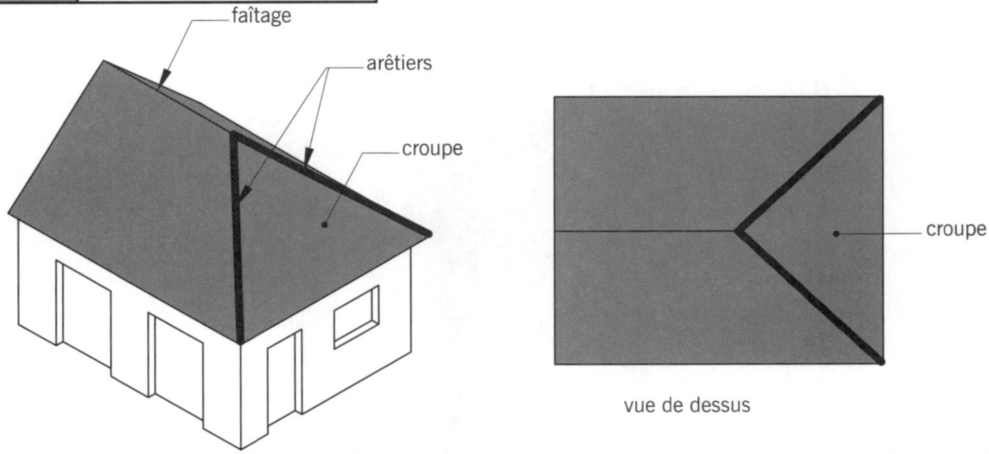

vue de dessus

Fig. 5.12 **Combles en L**

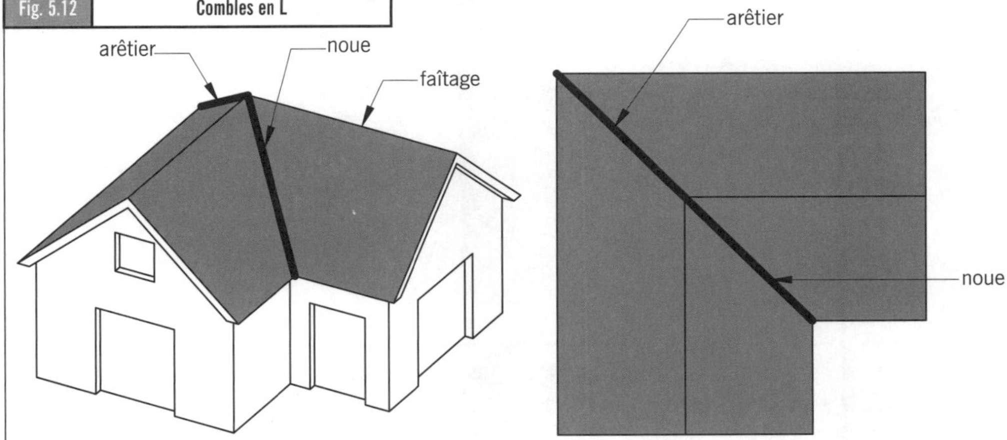

vue de dessus

Fig. 5.13 **Combles en T**

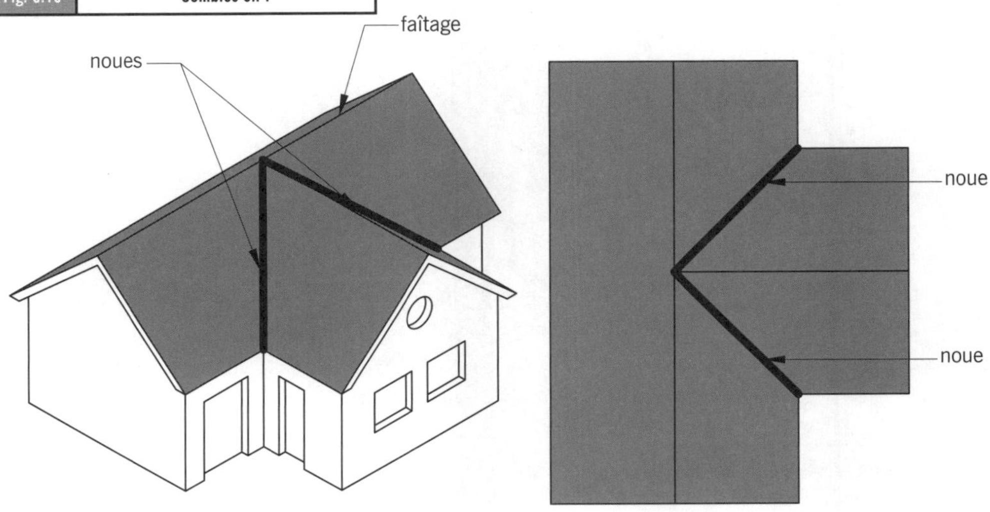

vue de dessus

Fig. 5.14 **Croupe avec fermes**

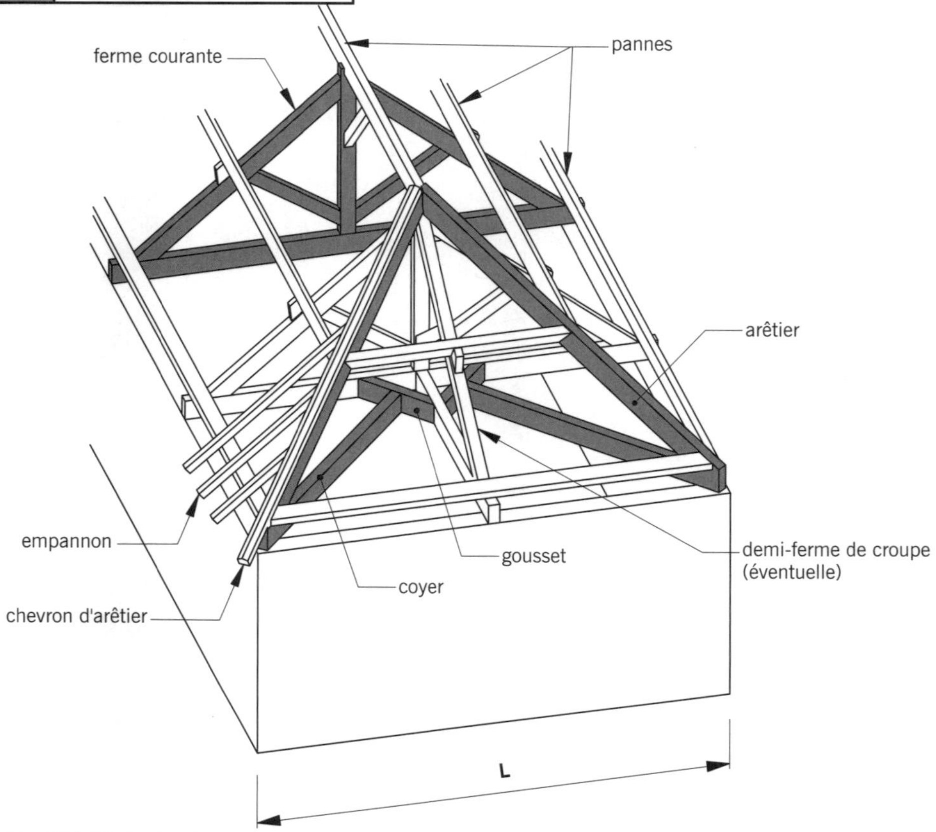

Les arêtiers sont souvent recouverts par un chevron d'arêtier sur lequel sont cloués les extrémités des **empannons** (chevrons de longueur variable).

■ Les figures 5.15 et 5.16 montrent deux modes de réalisation d'une croupe droite avec fermettes pour combles perdus. Les pièces de bois formant la croupe s'appuient

Fig. 5.15 **Croupe avec fermettes (I)**

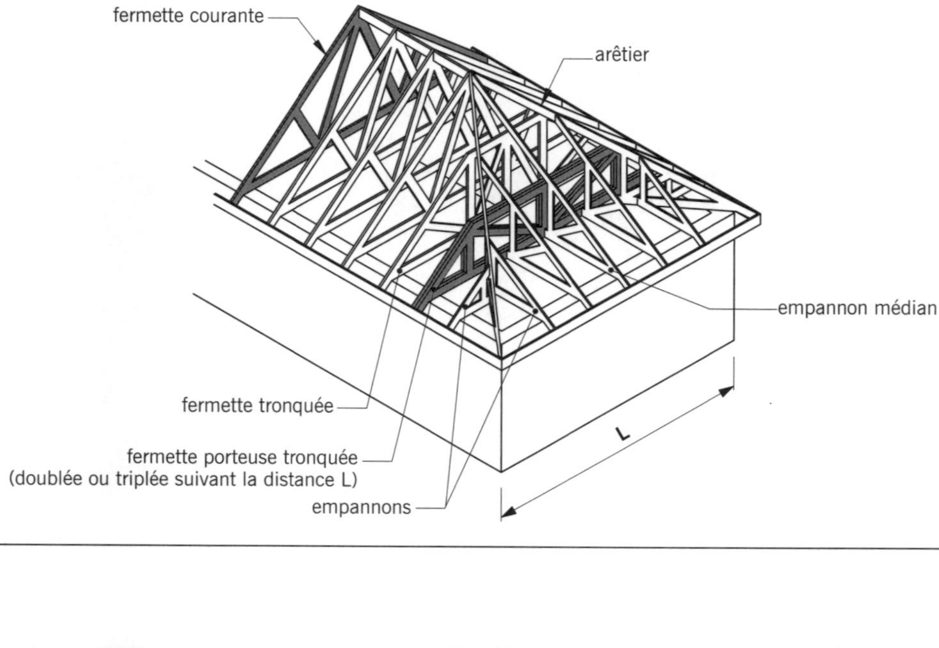

Fig. 5.16 Croupe avec fermettes (2)

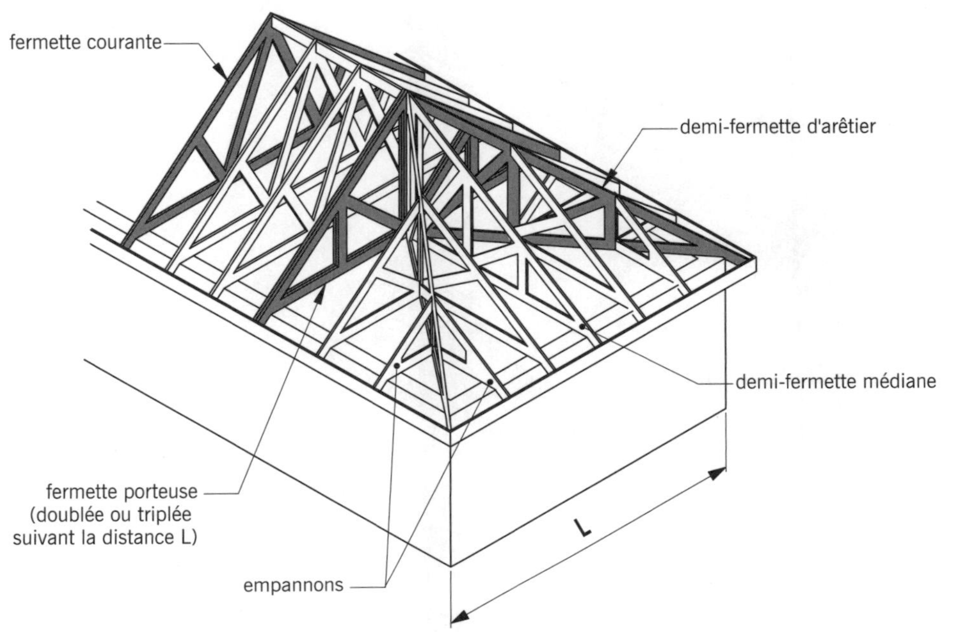

soit sur une fermette porteuse tronquée (fig. 5.15), soit sur une fermette porteuse et deux demi-fermettes d'arêtier (fig. 5.16). Par extension, le terme « empannons » désigne souvent les pièces de bois de dimensions variables disposées de part et d'autre des arêtiers.

3 – Les combles en forme de L

En charpente traditionnelle, on dispose une **ferme d'angle** sous l'arêtier et la noue de la toiture (fig. 5.17). La ferme d'angle peut éventuellement être remplacée par un mur de refend (fig. 5.18).
Les figures 5.19 et 5.20 présentent deux modes de réalisation d'un comble en L avec fermettes. Deux demi-fermettes (une d'arêtier et une de noue), doublées ou triplées, suivant la portée, assurent la jonction entre les différents pans de toiture (fig. 5.19). Une autre solution consiste à mettre en place une fermette porteuse tronquée et des triangles de raccordement cloués sur les deux planches de noue (fig. 5.20).

4 – Les combles en forme de T

■ Il existe plusieurs façons de concevoir la liaison des deux combles en charpente traditionnelle. La figure 5.21 présente une solution possible avec deux pièces de noue prenant appui sur les pannes.
■ Avec des fermettes, la liaison entre les combles est assurée par une succession de triangles de raccordement de hauteurs dégressives clouées sur deux planches de noue (fig. 5.22).

■ Pour en savoir plus ■

– *Charpente industrialisée et matériaux associés. Les règles de mise en œuvre*. Bernard Juhem. Editions F.O.R.E.T.

– *La charpente et la construction en bois*. Encyclopédie des métiers. Editions Librairie du compagnonnage.

– Norme NF P 21-205 (DTU 31.3) : charpentes en bois assemblées par connecteurs métalliques ou goussets. Règles de conception, de calcul et de mise en œuvre.

5.4 Les dispositions constructives pour les fermettes

■ La mise en place d'une lucarne sur un toit nécessite la réalisation d'une trémie (fig. 5.23). Dans le cas d'une charpente traditionnelle, on réalise un chevêtre qui interrompt un ou deux chevrons. Avec une charpente industrialisée, il faut couper une ou deux fermettes et disposer des planches de renfort pour rigidifier la charpente de part et d'autre de la trémie.

■ Tout conduit de fumée traversant une charpente traditionnelle ou industrialisée doit être situé à distance des éléments combustibles (fig. 5.24). Un espacement minimal de 16 cm, appelé **écart au feu** ou **garde au feu** est à prévoir entre la paroi intérieure du conduit et les éléments de charpente.

Fig. 5.17 Combles en L avec fermes (l) (chevrons et empannons non représentés)

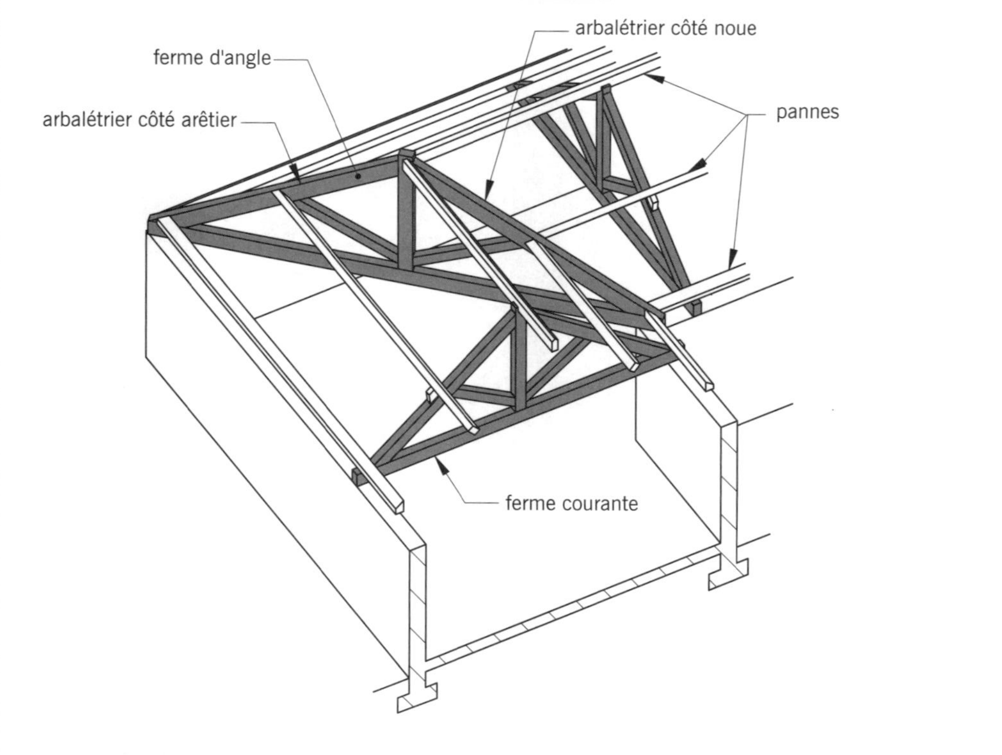

Fig. 5.18 Combles en L avec fermes (2) (chevrons et empannons non représentés)

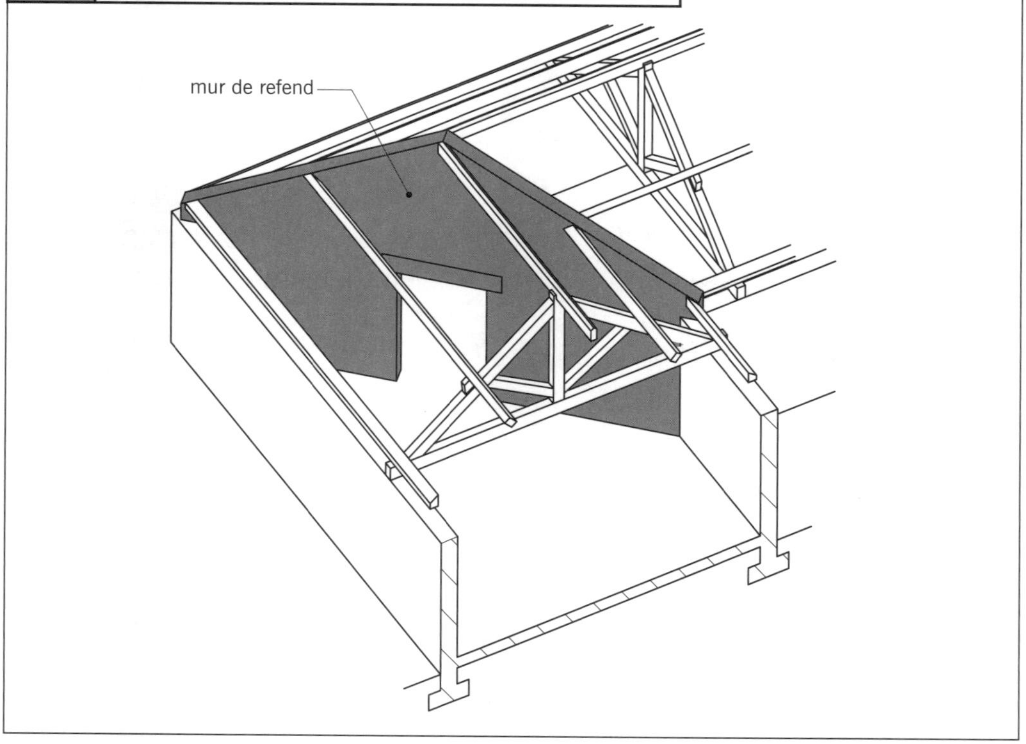

Fig. 5.19 **Combles en L avec fermettes (1)**

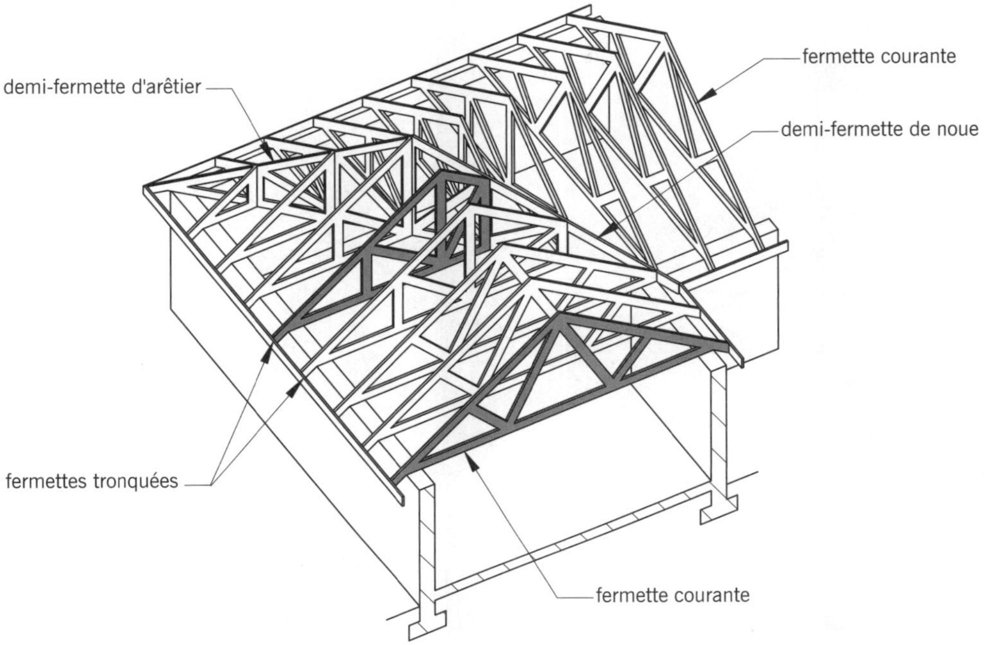

Fig. 5.20 **Combles en L avec fermettes (2)**

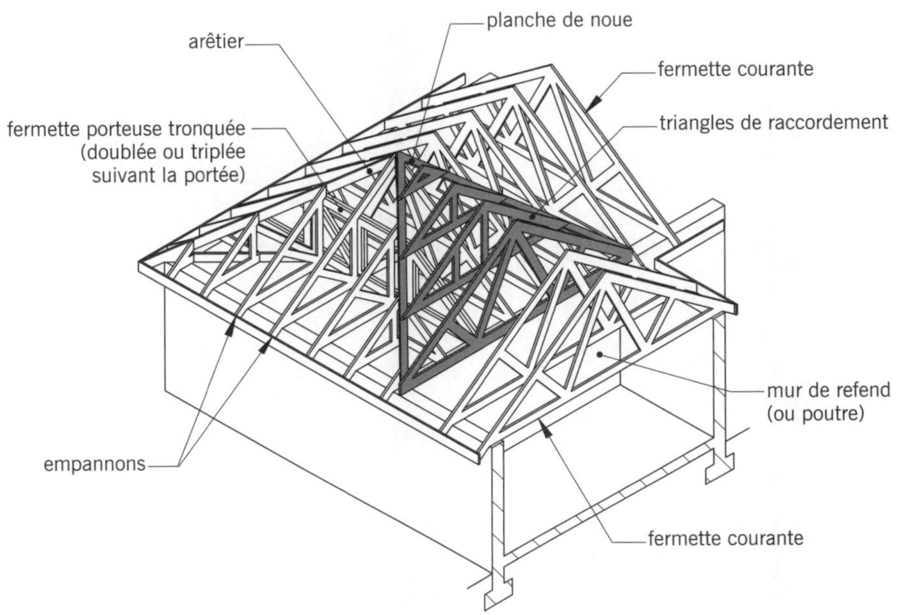

Fig. 5.21 **Combles en T avec fermes**

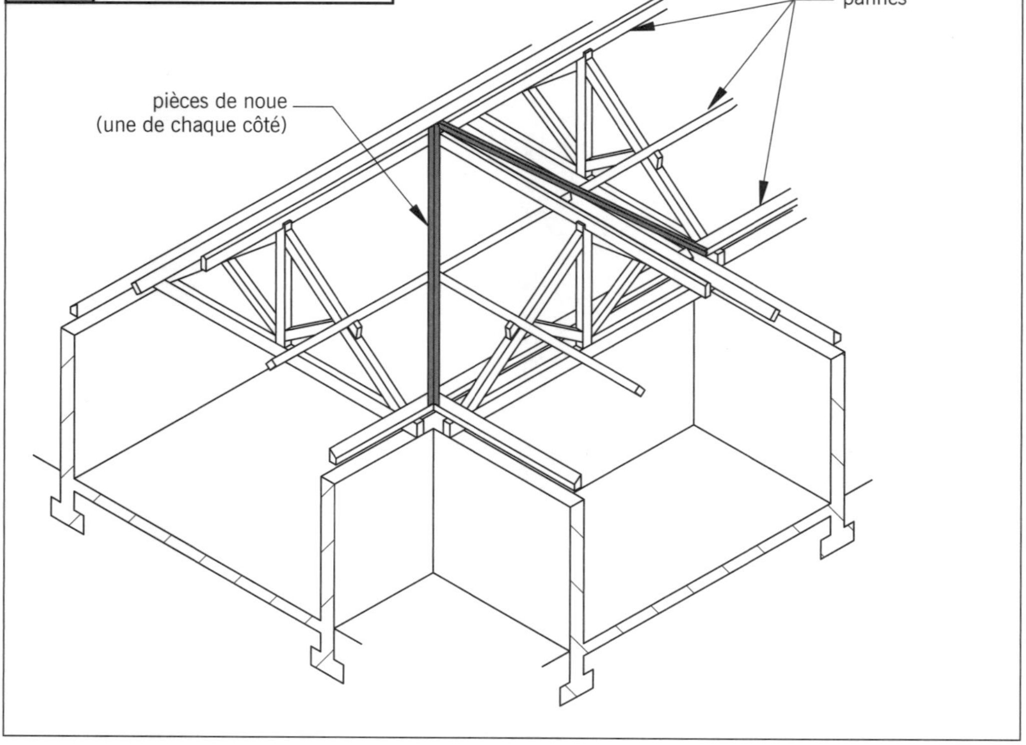

Fig. 5.22 **Combles en T avec fermettes (avec faîtages de hauteurs différentes)**

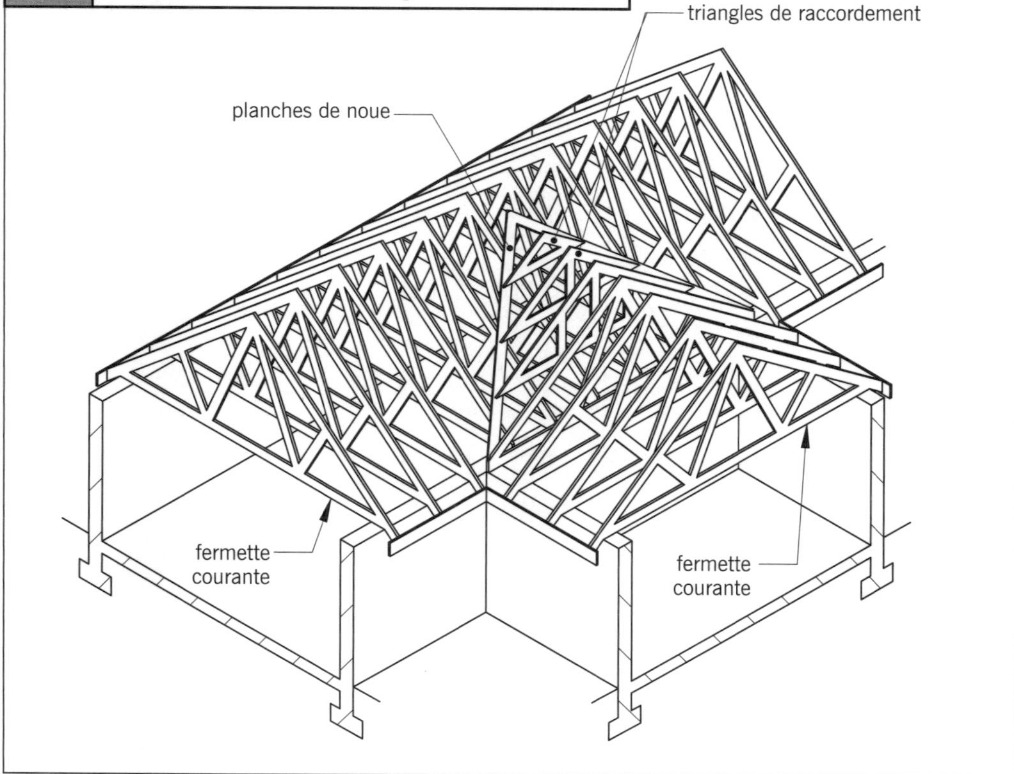

Fig. 5.23 **Dispositions pour lucarnes et trémies**

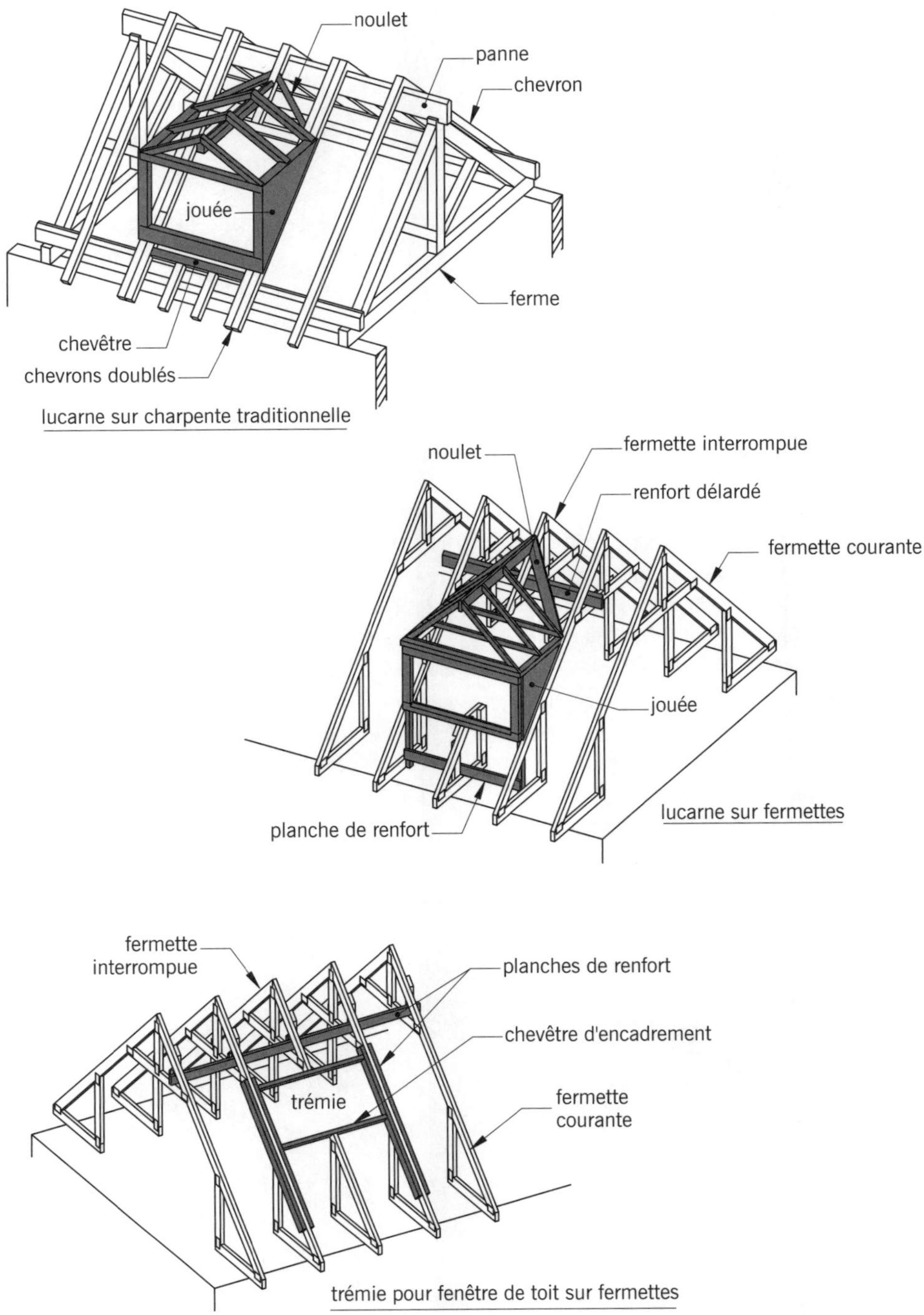

Fig. 5.24 **Trémies pour conduit de fumée**

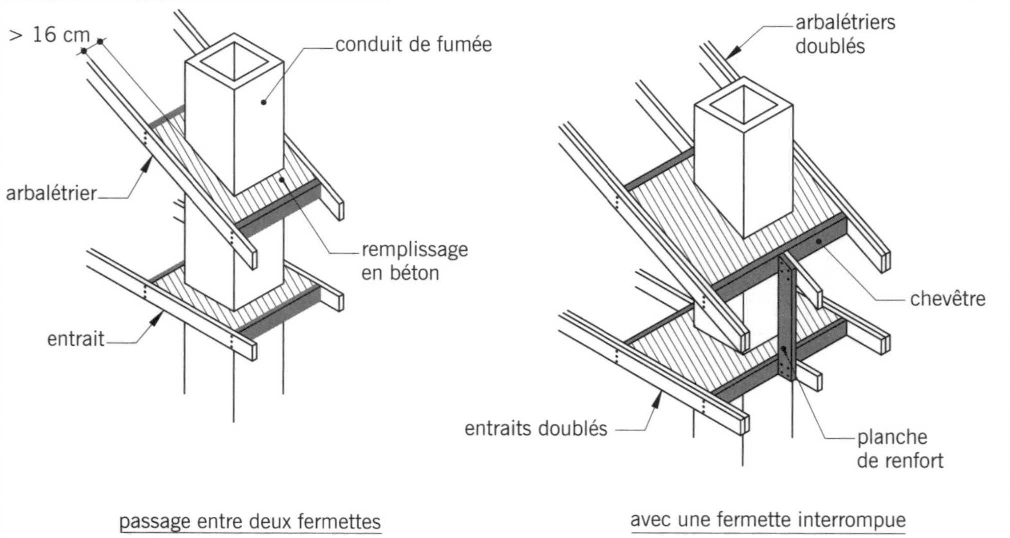

■ Le mode de fixation des fermettes sur les murs doit prendre en compte la forme de la charpente, la portée des fermettes et la nature des murs. La figure 5.25 présente deux solutions possibles : les fermettes sont fixées à l'aide d'équerres métalliques soit sur une lisse en bois scellée dans le chaînage horizontal, soit sur une panne sablière fixée par des tire-fonds sur le chaînage.

■ Les fermettes nécessitent la mise en place de dispositifs spécifiques de consolidation indispensables pour assurer la stabilité et la pérennité de la charpente. Ces dispositifs qui répondent à des principes de base généraux décrits ci-dessous, peuvent différer dans leur mise en œuvre suivant le type de fermette utilisée et la forme de la charpente.

Les fabricants de charpente industrialisées fournissent des plans de pose détaillés (voir Tome 1) qui précisent, outre l'emplacement de chaque fermette, la position de toutes les pièces de bois participant à la consolidation de la charpente.

Une pièce longue et de faible section soumise à un effort de compression va se déformer en se cintrant. Ce phénomène physique, appelé **flambement** ou **flam-**

Fig. 5.25 **Exemples de fixation de fermettes**

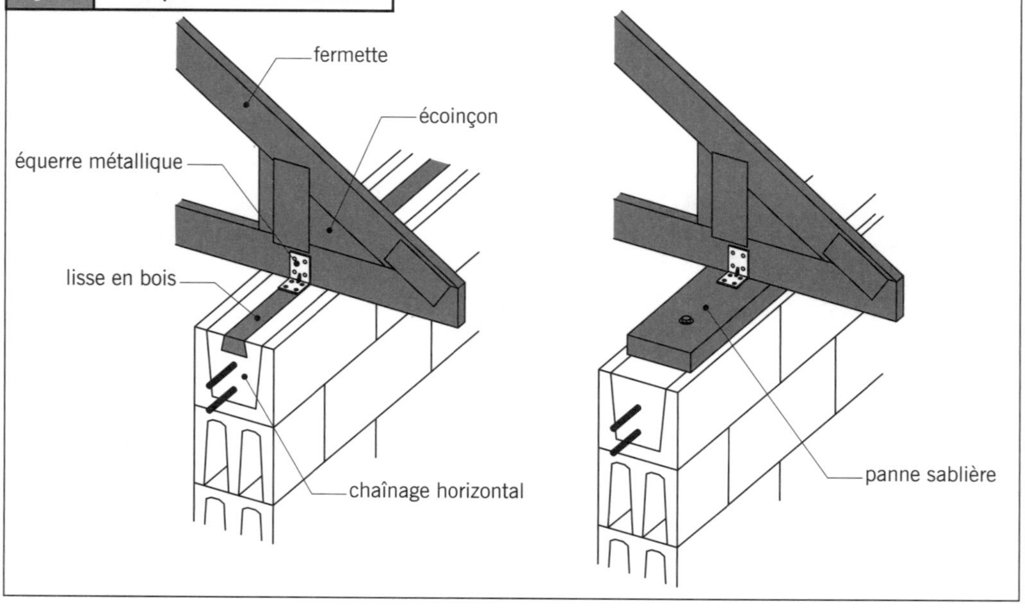

Fig. 5.26 **Déformations des fermettes**

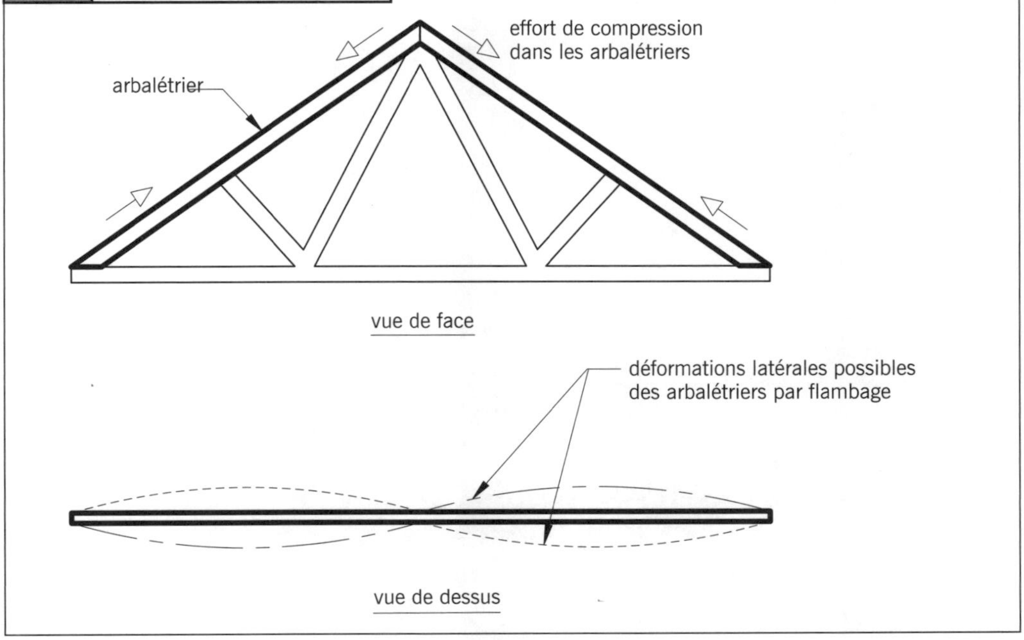

bage, peut affecter les arbalétriers et les autres pièces comprimées des fermettes (fig. 5.26). Pour empêcher le flambement, il faut clouer des planches inclinées à 45° sous les arbalétriers et éventuellement sous d'autres pièces comprimées (fig. 5.27).

■ Sous l'effet d'un vent perpendiculaire à leur plan, les fermettes peuvent se déverser. Pour rigidifier l'ensemble et maintenir les fermettes en position verticale, il faut les relier entre elles par des planches clouées formant une poutre treillis à mailles triangulaires indéformables (fig. 5.28). La figure 5.29 présente les dispositifs de contreventement appliqués aux fermettes en W. Il comprend des planches inclinées à 45° clouées sur les contrefiches et des lisses horizontales dont une est clouée sous le nœud du faîtage et les deux autres sur l'entrait.

Fig. 5.27 **Dispositifs antiflambement**

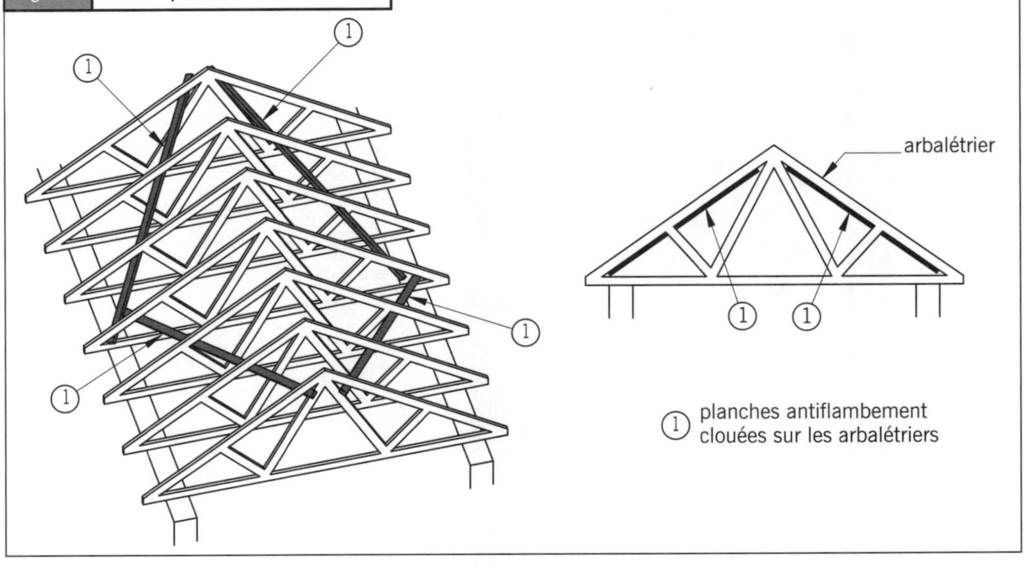

Fig. 5.28 **Stabilité des fermettes au vent**

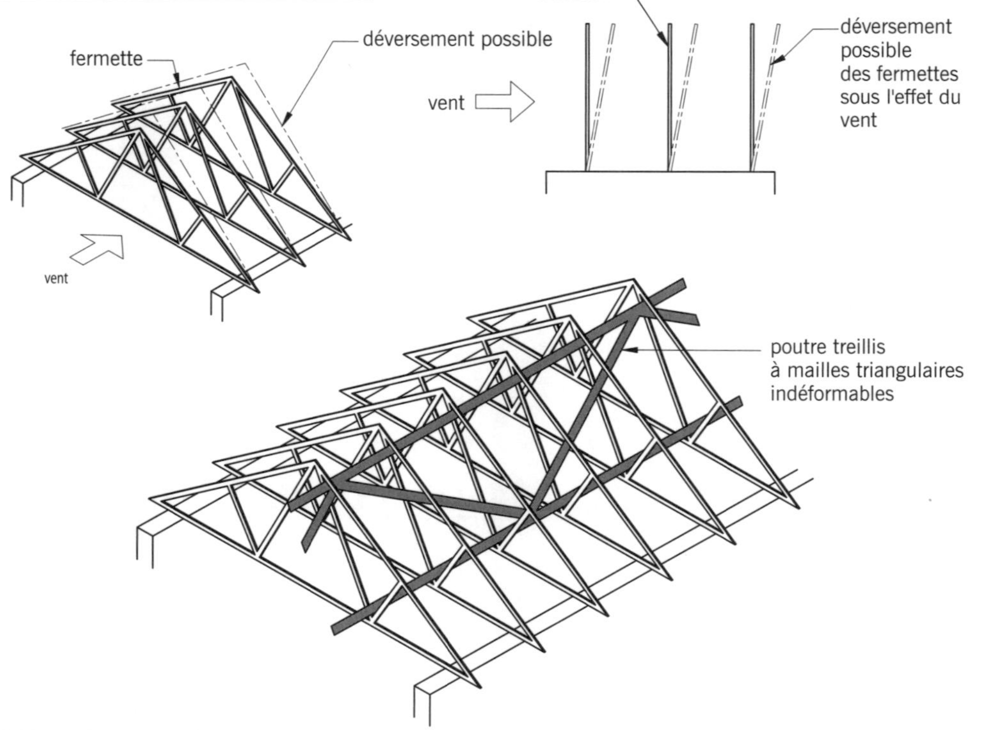

Fig. 5.55 **Dispositifs de contreventement**

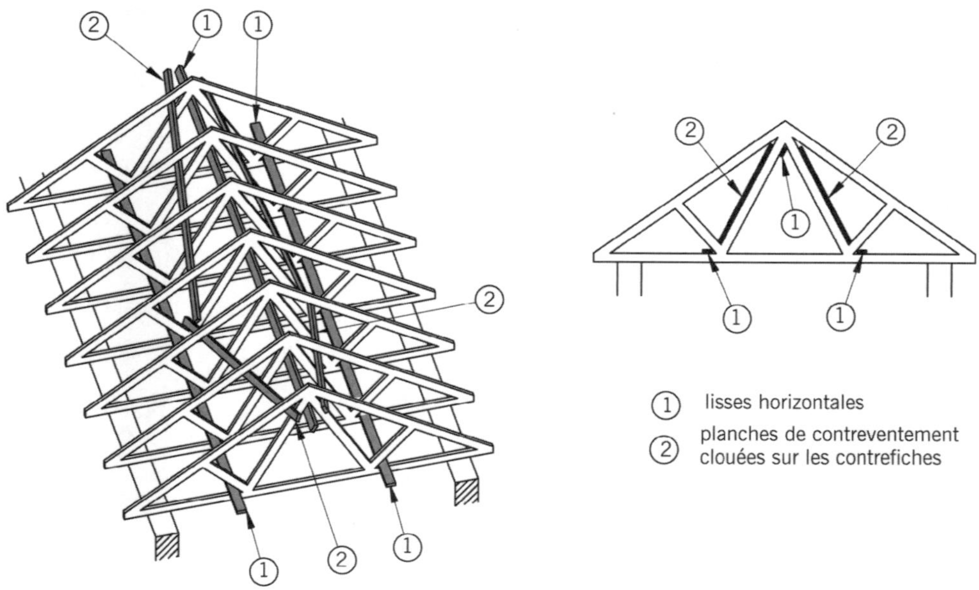

① lisses horizontales

② planches de contreventement clouées sur les contrefiches

Chapitre 6 : les fenêtres et les portes-fenêtres

6.1 Les mots de la fenêtre

Les mots définis ci-après font partie des termes les plus couramment employés (fig. 6.1). D'autres désignations, plus spécifiques, figurent au travers des pages de ce chapitre.

6.2 Le choix des matériaux

Qu'elles soient en bois, en aluminium ou en PVC, les fenêtres isolantes d'aujourd'hui sont toutes performantes. Si le prix est souvent un élément déterminant, d'autres facteurs entrent en ligne de compte. Pour vous permettre de choisir en toute connaissance de cause, voici exposés les avantages et les inconvénients de chaque matériau.

1 – Les menuiseries en bois

■ Depuis plusieurs siècles, le bois est utilisé pour la réalisation des menuiseries. La fenêtre traditionnelle dite « à mouton et gueule de loup[10] » – dont les performances techniques sont devenues insuffisantes au regard des nouvelles exigences en matière d'étanchéité et d'isolation – a progressivement laissé la place à la fenêtre isolante. Cette dernière est équipée de profilés particuliers dits à recouvrement (les pièces de bois des cadres ouvrant et dormant se recouvrent partiellement), d'un double vitrage performant, de joints d'étanchéité et de pièces de bois spécifiques (fourrures, tapées, pièce d'appui large) nécessaires à la pose sur mur isolé (fig. 6.2).

En fabrication industrielle, les essences européennes (sapin, épicéa, chêne) ont été remplacées par des bois tropicaux (niangon, moabi, tauari) en raison de leur prix et de leur durabilité.

Ces dernières années, des avancées ont été réalisées dans les traitements des bois (fongicides, insecticides, hydrofuges) et dans les modes d'assemblage des châssis. Les assemblages traditionnels à tenons et mortaises (fig. 6.3) sont peu à peu remplacés par des assemblages mécaniques vissés (fig. 6.4). En cas de bris de verre, il faut désassembler les montants et les traverses pour changer le vitrage.

(10) nom donné aux deux pièces de bois constituant les montants de battement de la fenêtre. L'un est de forme concave et l'autre convexe.

Le bois **lamellé-collé** (bois constitué de lamelles de bois de faible épaisseur collées entre elles) permet la réalisation de fenêtres et de portes-fenêtres de grandes dimensions (à section égale le bois lamellé-collé est environ 30 % plus résistant que le bois massif monolithique).

■ Avantages des menuiseries en bois :

- le bois est un matériau naturellement isolant ($\lambda = 0.15$), 8 cm de bois isolent autant que 2 cm de laine de verre ;
- le bois est un produit naturel qui possède de bonnes propriétés mécaniques.

■ Inconvénients des menuiseries en bois :

- le bois nécessite un entretien régulier (lasure, vernis) tous les 3 à 4 ans ;
- si elles sont mal ou suffisamment entretenues les menuiseries en bois risquent de se déformer au fil des ans et de ne plus être étanches ;
- le bois ne convient pas aux portes-fenêtres coulissantes de grandes dimensions car celles-ci, pour être rigides, nécessitent des sections de bois importantes peu esthétiques.

2 – Les menuiseries en aluminium

■ Les menuiseries en aluminium sont constituées de montants et de traverses assemblés entre eux au moyen de dispositifs mécaniques : équerres de liaison, vis, sertissages (fig. 6.5). Réalisées sur mesure, en atelier, à partir de profilés livrés en longueur de six mètres, selon des règles de montage très précises, ces menuiseries sont résistantes et durablement étanches à l'eau, à l'air et au vent.

Les fabricants de profilés proposent un vaste choix de formes et de coloris : le profilé d'origine en aluminium anodisé aux arêtes vives tend à disparaître au profit de formes arrondies et fines qui se déclinent en un grand nombre de couleurs de laquage.

■ On distingue deux principales familles de profilés en aluminium (fig. 6.6) :

- les profilés constitués d'une seule pièce. Appelés aussi « série froide » ou « gamme froide », il sont de moins en moins employés car ils sont à l'origine de ponts thermiques linéaires non négligeables et peuvent, dans certains cas, provoquer de la condensation ;
- les profilés constitués de deux parties raccordées entre elles par un matériau isolant. Dits « à rupture de pont

Fig. 6.1 **Les mots de la fenêtre**

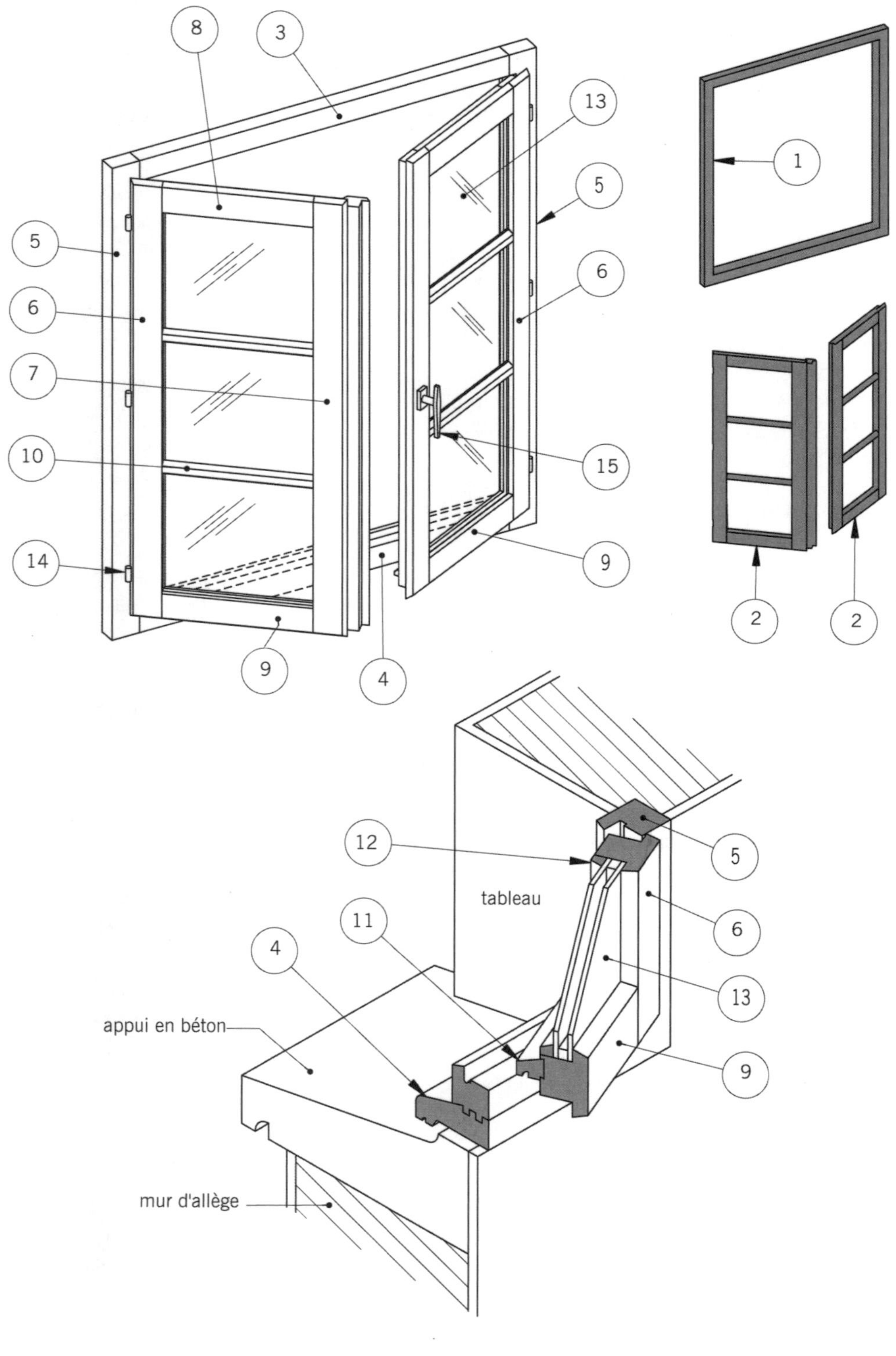

①	Le **cadre dormant** ou **dormant** : partie de la fenêtre fixée dans la maçonnerie et destinée à recevoir un ou plusieurs ouvrants. Le cadre est aussi appelé **châssis**.
②	Le **cadre ouvrant** ou **ouvrant** : partie(s) mobile(s) de la fenêtre. L'ouvrant est aussi appelé **vantail** ou **battant**.
③	La **traverse haute dormante** : pièce de bois horizontale fixée à la maçonnerie au niveau du linteau.
④	La **pièce d'appui** : traverse basse dormante de la fenêtre en contact avec l'appui en béton de la baie. La pièce d'appui est équipée à sa partie inférieure d'une gorge appelée **goutte d'eau** ou **larmier** destinée à éloigner l'eau de pluie.
⑤	Les **montants dormants** : pièces de bois verticales fixées dans la maçonnerie de part et d'autre de la baie.
⑥	Les **montants ouvrants** : pièce de bois verticales mobiles reliées au cadre dormant par l'intermédiaire de paumelles ou de fiches.
⑦	Le **montant de battement** ou **battement** : montant d'un vantail qui vient, à la fermeture, soit s'appuyer sur le cadre dormant, soit joindre le montant du cadre ouvrant voisin.
⑧	La **traverse haute ouvrante** : pièce de bois horizontale située à la partie supérieure d'un cadre ouvrant.
⑨	La **traverse basse ouvrante** : pièce de bois horizontale située à la partie inférieure d'un cadre ouvrant. Elle est en contact, à la fermeture, avec la pièce d'appui.
⑩	Les **petits bois** : à l'origine ces baguettes servaient à diviser les châssis pour permettre la pose de vitrages plus petits. De nos jours ces petits bois ou **croisillons** ont essentiellement un rôle décoratif. Ils peuvent être intégrés dans l'épaisseur du double vitrage ou posés en applique sous la forme d'un cadre amovible.
⑪	Le **jet d'eau** ou **rejet d'eau** : petite pièce de bois en saillie ou rapportée sur la traverse basse ouvrante. Par sa forme particulière, le jet d'eau éloigne l'eau de pluie de la fenêtre pour la rejeter et la diriger vers l'appui de baie.
⑫	Les **parcloses** : petites baguettes servant à maintenir le vitrage dans les feuillures d'un cadre ouvrant (ou dans celles d'un châssis fixe).
⑬	Le **double vitrage**. La partie visible du double vitrage s'appelle le **clair de vitrage**.
⑭	Les **paumelles** ou les **fiches** : organes de rotation du vantail.
⑮	La **poignée**. Elle est reliée à un mécanisme le plus souvent encastré dans l'épaisseur du montant ouvrant, permettant de fermer et de condamner le ou les ouvrants.

Fig. 6.2 **Exemple de fenêtre en bois**

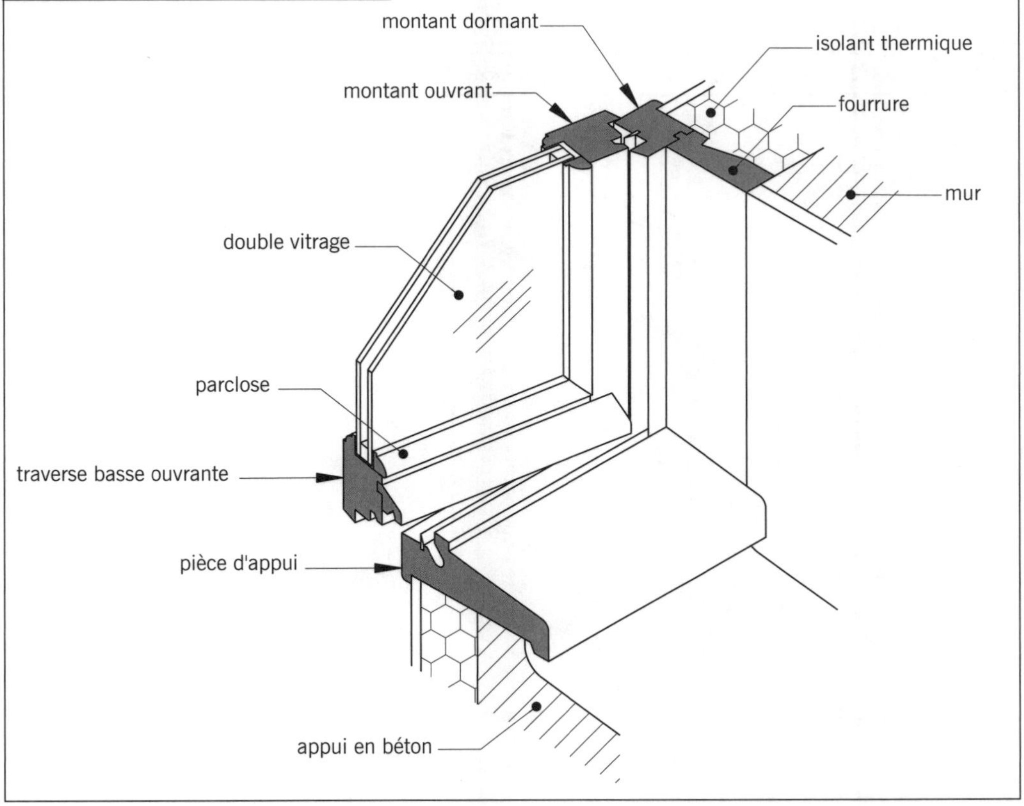

Fig. 6.3 Assemblage par tenons et mortaises (vue éclatée d'un cadre ouvrant)

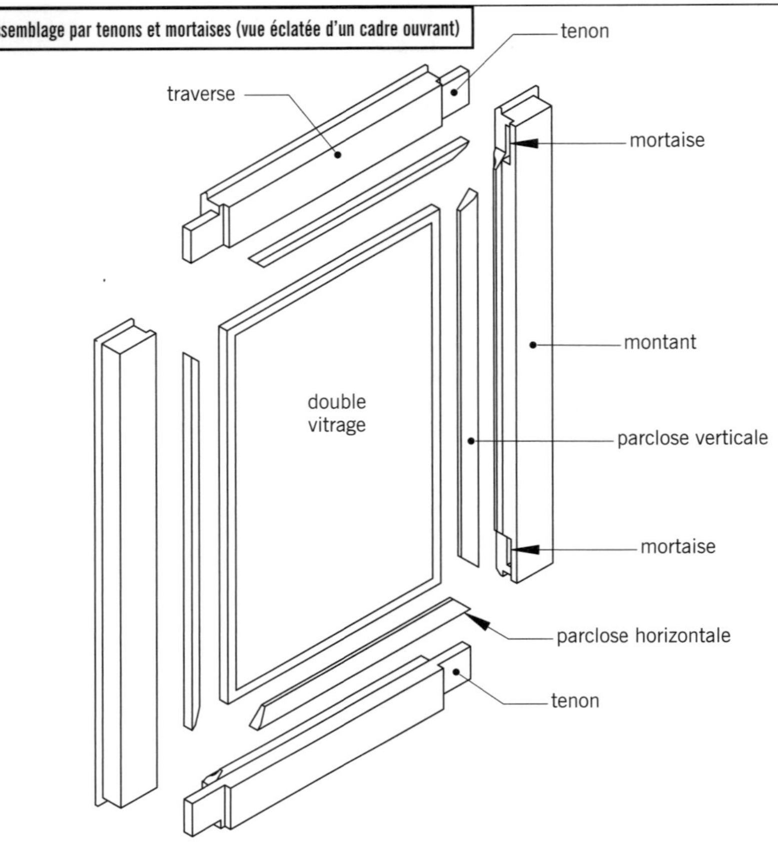

Fig. 6.4 Exemple d'assemblage mécanique (vue éclatée d'un cadre ouvrant)

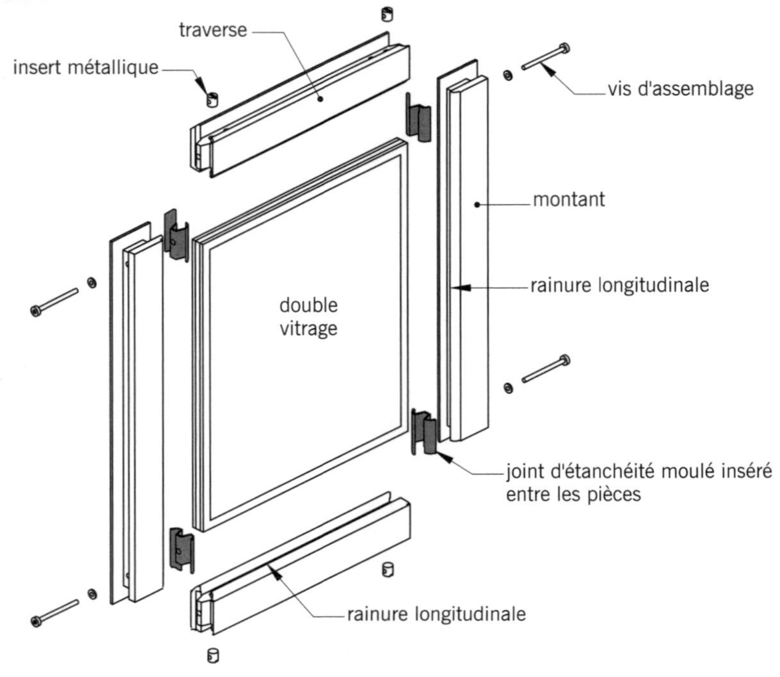

Fig. 6.5 Exemple de fenêtre coulissante en aluminium (vue éclatée)

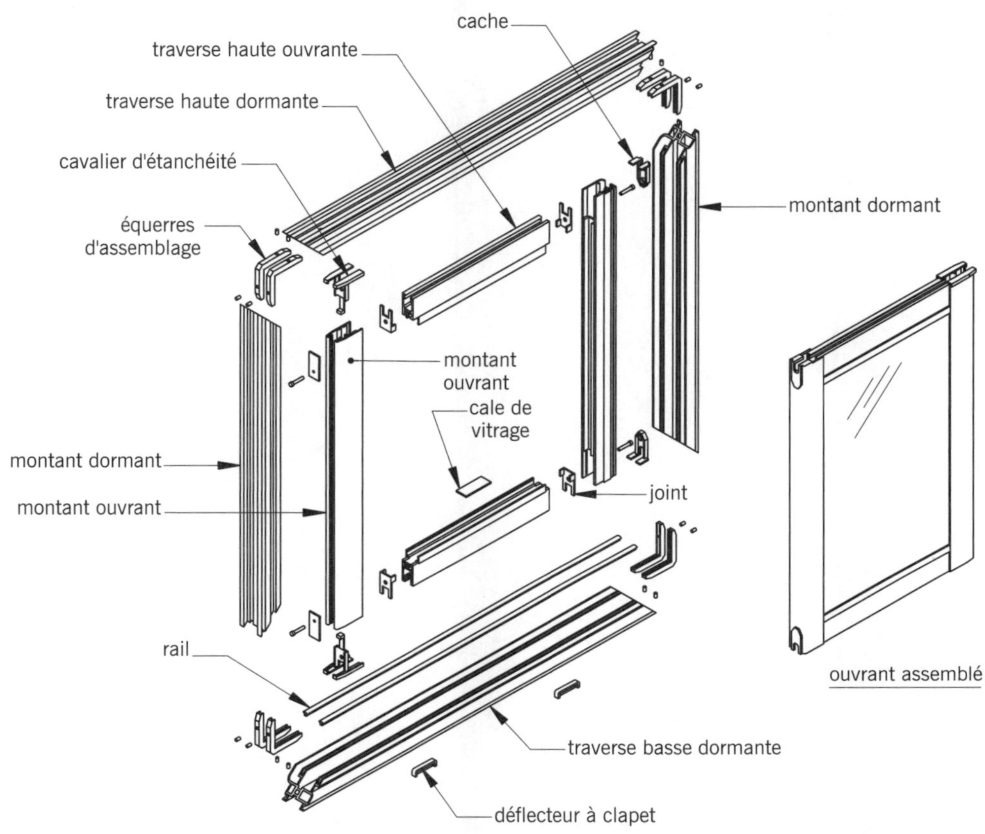

Fig. 6.6 Exemples de profilés en aluminium

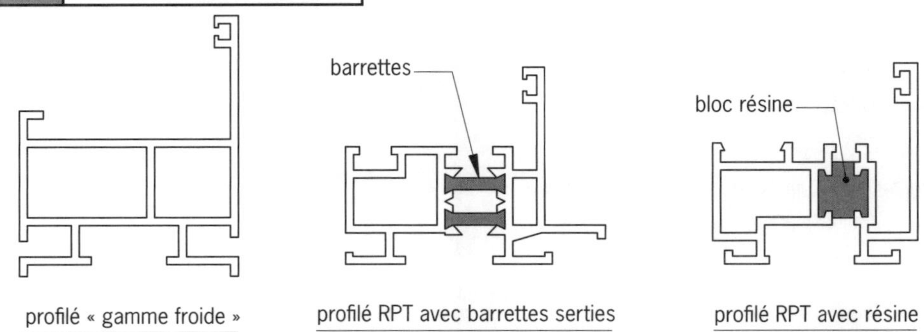

thermique » ou **RPT**, ces profilés réduisent de façon importante les échanges thermiques entre l'intérieur et l'extérieur. Il existe deux dispositifs de coupure thermique : le premier comprend des barrettes en polyamide armées de fibres de verre et maintenues par sertissage. Le second est un bloc de résine polyuréthane coulé dans une chambre ouverte du profilé.

Les deux dispositifs possèdent des propriétés équivalentes en terme d'isolation thermique et de rigidité des profilés. Le premier est à choisir si l'on souhaite une bicoloration du profilé car les deux parties sont fabriquées séparément avant d'être réunies par les barrettes. Dans le second système, il y a un seul profilé (donc une seule couleur) qui est séparé en deux après coulage de la résine isolante.

La tendance actuelle va vers une généralisation des profilés à RPT avec une augmentation de la largeur des barrettes.

Fig. 6.7 **Exemple de fenêtre en aluminium**

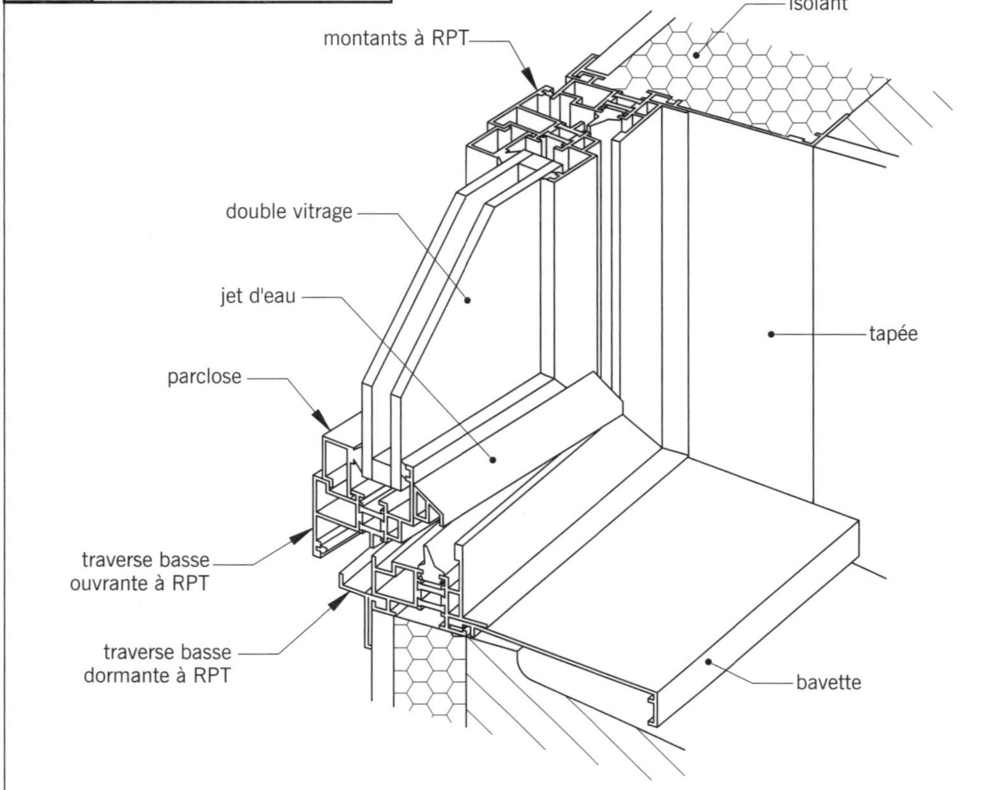

■ Une fenêtre isolante en aluminium comprend (fig. 6.7) :

- des profilés RPT pour les cadres ouvrant et dormant. La fenêtre à ouvrant caché de conception particulière ne possède pas de RPT sur le cadre ouvrant ;
- des joints d'étanchéité adaptés aux profilés utilisés ;
- un double vitrage isolant performant ;
- des profilés additionnels (tapée, bavette) permettant d'adapter la fenêtre à tous les types de murs isolés.

■ Avantages des menuiseries en aluminium :

- grande longévité des profilés qui ne craignent pas la corrosion ;
- entretien réduit (lavage à l'eau savonneuse) ;
- bonne résistance mécanique. La rigidité des profilés permet de réaliser de grandes baies coulissantes, d'accepter des vitrages de sécurité lourds ;
- bonne isolation thermique en version RPT ;
- bicoloration possible des profilés équipés de barrettes ;
- choix important de coloris.

■ Inconvénients des menuiseries en aluminium :

- comme l'aluminium est un matériau qui conduit très bien la chaleur et le froid, les profilés « série froide » sont à éviter ;
- le prix de revient est élevé ;
- le caractère « métallique » des menuiseries en aluminium peut être considéré comme peu esthétique.

3 – Les menuiseries en PVC

■ Les menuiseries en PVC sont largement utilisées dans les habitations tant en rénovation qu'en construction neuve en raison principalement de leur bon rapport qualité/prix. Elles sont réalisées sur mesure en atelier. Les profilés sont assemblés entre eux à coupe d'onglet par thermosoudure. Avant montage, des renforts métalliques peuvent être insérés dans les chambres(11) des profilés pour augmenter leur rigidité et leur résistance.

L'esthétique des profilés a évolué. Les progrès réalisés ces dernières années sur la qualité des résines

(11) le terme « chambre » désigne les subdivisions établies dans la largeur du profilé.

employées ont permis d'obtenir des profilés plus fins, plus résistants, aux formes arrondies et moulurées.

■ Une fenêtre isolante en PVC comprend (fig. 6.8) :

- des profilés à chambres multiples. Plus le nombre de chambres est élevé, meilleures sont les performances thermiques et acoustiques de la fenêtre. L'augmentation du nombre de chambres améliore aussi la rigidité du profilé ;
- un double vitrage isolant performant ;
- des joints d'étanchéité dont certains sont coextrudés avec le profilé (joints de parclose notamment) ;
- des profilés spécifiques (fourrures, dormants monoblocs) permettant de répondre à tous les types de pose.

■ Il existe trois techniques principales de coloration des profilés en PVC :

- La **coloration dans la masse** par incorporation de pigments dans le produit de base avant extrusion des profilés ;
- Le **plaxage** qui consiste à coller à chaud sur les faces du profilé un film acrylique de couleur unie ou à motifs imitant la structure du bois. Ce procédé permet la bicoloration (une couleur pour les faces du profilé situées à l'intérieur et une autre pour celles qui sont visibles de l'extérieur ;
- La **coextrusion** : le profilé au moment même de sa fabrication est recouvert sur ses faces extérieures d'une couche acrylique.

■ Avantages des menuiseries en PVC :

- bon rapport qualité/prix ;
- entretien réduit (lavage à l'eau savonneuse) ;
- matériau insensible à l'humidité et relativement isolant ;
- assemblages étanches à l'eau.

■ Inconvénients des menuiseries en PVC :

- malgré les progrès réalisés, les profilés demeurent encore plus épais que les profilés en aluminium ;
- manque de rigidité en grande longueur (emploi déconseillé pour les grandes baies coulissantes) ;
- gamme réduite de coloris ;
- coefficient de dilatation élevé (plusieurs fois supérieur à celui de l'aluminium). Cette particularité doit notamment être prise en compte lors de la fixation de la fenêtre sur la maçonnerie.

Fig. 6.8 **Exemple de fenêtre en PVC**

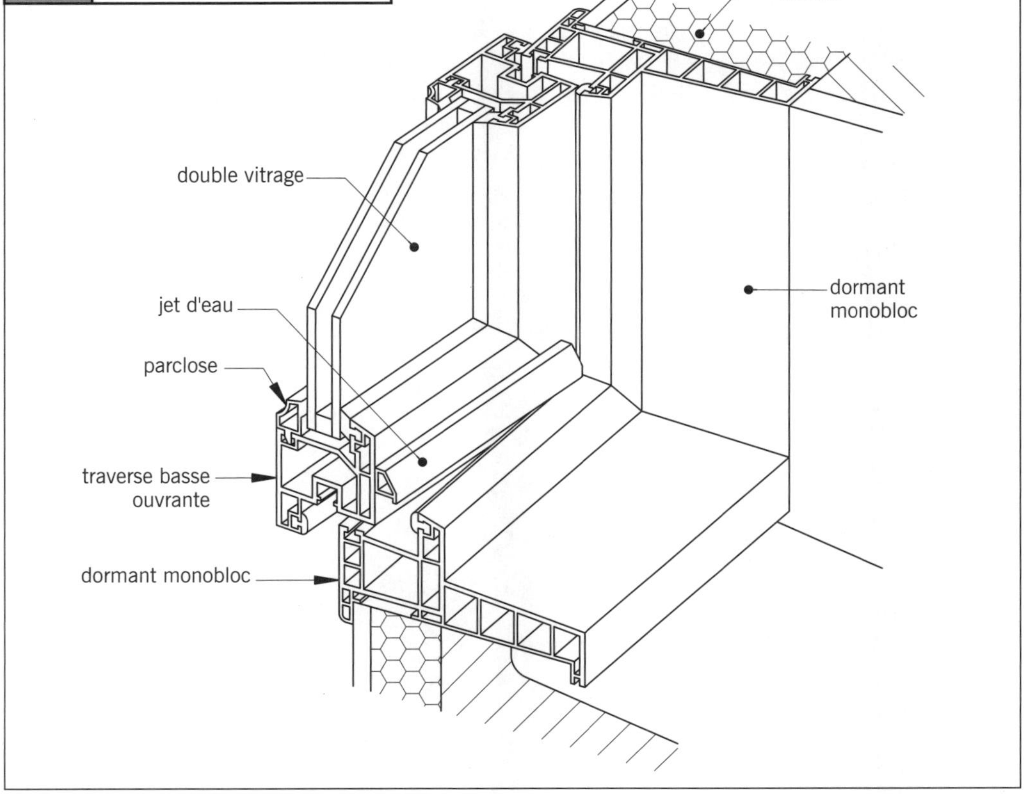

4 – Les menuiseries mixtes

■ Dans une menuiserie mixte, chaque élément (montant et traverse) est constitué de deux matériaux différents dont l'association permet de tirer parti de leurs qualités respectives. On distingue plusieurs types de menuiseries mixtes :

- les **menuiseries bois/aluminium** sont les plus courantes. Elles se répartissent en deux catégories (fig. 6.9) :
  - dans la première, les profilés en bois assurent la rigidité de la fenêtre (disposition A). Ils supportent également le poids du vitrage au niveau de l'ouvrant. L'aluminium est présent sous la forme de profilés de faible épaisseur qui, fixés côté extérieur, protègent le bois des intempéries tout en assurant la fonction de parclose. L'entretien de ces menuiseries à l'extérieur se limite à un lavage à l'eau savonneuse. Le principal inconvénient de ces menuiseries est leur prix de revient élevé ;
  - la deuxième catégorie comprend les menuiseries bois/aluminium dont l'ossature est constituée de profilés en aluminium. Ceux-ci supportent le poids du vitrage et assurent l'isolation thermique par le biais de barrettes isolantes. Les profilés en bois qui recouvrent les faces intérieures du dormant et de l'ouvrant ont une fonction essentiellement esthétique. Ils se présentent soit sous la forme de petites pièces de bois (disposition B), soit de placages en bois naturel (disposition C).
- les **menuiseries bois/PVC**. Comme pour l'aluminium (dispositions A et B), le PVC peut soit constituer la structure du châssis, soit habiller les faces extérieures de la fenêtre sous forme de profilés de faible épaisseur.
- les **menuiseries PVC/aluminium**. Quelques fabricants proposent ce type de menuiseries dans lesquelles les profilés en aluminium de faible épaisseur sont fixés à l'extérieur sur une menuiserie en PVC. Cette technique appelée **capotage** permet de choisir la teinte extérieure parmi une palette étendue de coloris.

■ Pour en savoir plus ■

– Norme XP P 23-308 : menuiseries extérieures. Ouvrages mixtes avec éléments en bois. Spécifications techniques pour la liaison mixte.

5 – Les autres matériaux

■ Les **menuiseries en acier** : il existe peu de profilés en acier destinés aux menuiseries pour maisons individuelles. La figure 6.10 montre un type de profilé actuellement commercialisé. Grâce à leur très grande résistance, ces profilés présentent un faible encombrement en hauteur (de l'ordre de 35 mm) et offrent ainsi un clair de vitrage maximal tout en limitant les déperditions calorifiques par pont thermique. Ces profilés ne sont pas équipés de RPT et, bien qu'élevée, la conductivité thermique λ de l'acier demeure cinq fois inférieure à celle de l'aluminium. Le principal inconvénient de ce type de profilé, outre les éventuels problèmes de condensation, sont les risques de corrosion.

■ Les **menuiseries en bronze d'architecture** : quelques fabricants proposent des menuiseries en bronze d'architecture. Il s'agit d'un laiton spécifique (alliage de cuivre et de zinc) dont les profilés, avec ou sans RPT, se débitent et s'assemblent comme des profilés en aluminium. Ces menuiseries possèdent un rendu particulier. Leurs coloris, obtenus par oxydation superficielle, vont du brun clair au brun sombre. L'inconvénient majeur de ce type de profilés est leur prix de revient élevé.

■ Les **menuiseries en polyuréthane** : le polyuréthane entre dans la composition de quelques menuiseries

Fig. 6.9 Exemples de menuiseries bois/aluminium (coupes verticales)

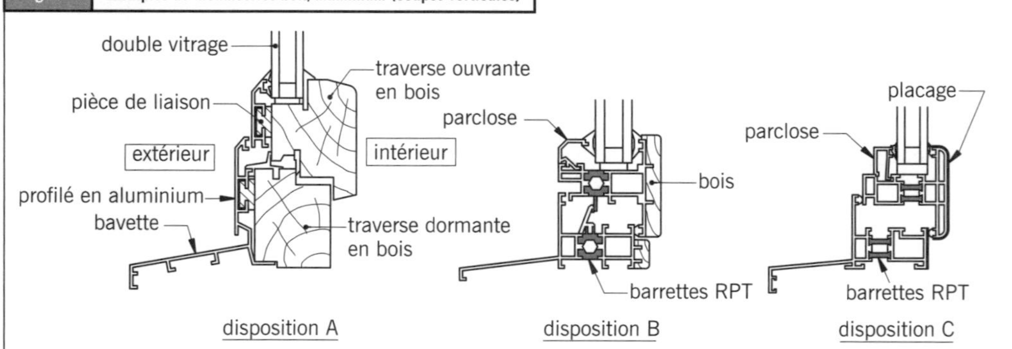

Fig. 6.10 Exemple de fenêtre en acier ouvrant caché (d'après doc. RP Technik)

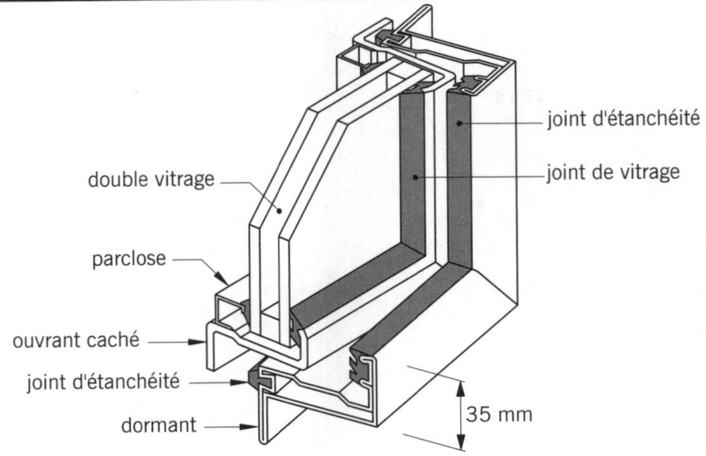

mixtes. Les profilés sont obtenus par moulage autour d'un noyau central en bois ou en aluminium (fig. 6.11). Le polyuréthane est un très bon isolant thermique et il ne se corrode pas.

6.3 Les types de fenêtres

1 – La fenêtre à la française

■ La fenêtre ou la porte-fenêtre dite « à la française » s'ouvre côté intérieur (fig. 6.12). Elle est aussi appelée **ouvrant à la française** ou **châssis à frappe**. Ce mode d'ouverture très utilisé dans l'Hexagone, présente de nombreux avantages :

- en position ouverte, la baie est complètement dégagée ;
- en position fermée, les fenêtres isolantes à la française possèdent une bonne étanchéité à l'air, à l'eau et au vent ;
- le nettoyage des faces extérieures des vitrages peut s'effectuer de l'intérieur sans aucune difficulté ;
- la fenêtre à la française peut recevoir tous les types de fermetures (volets battants ou volets roulants).

Fig. 6.11 Exemples de fenêtres en polyuréthane

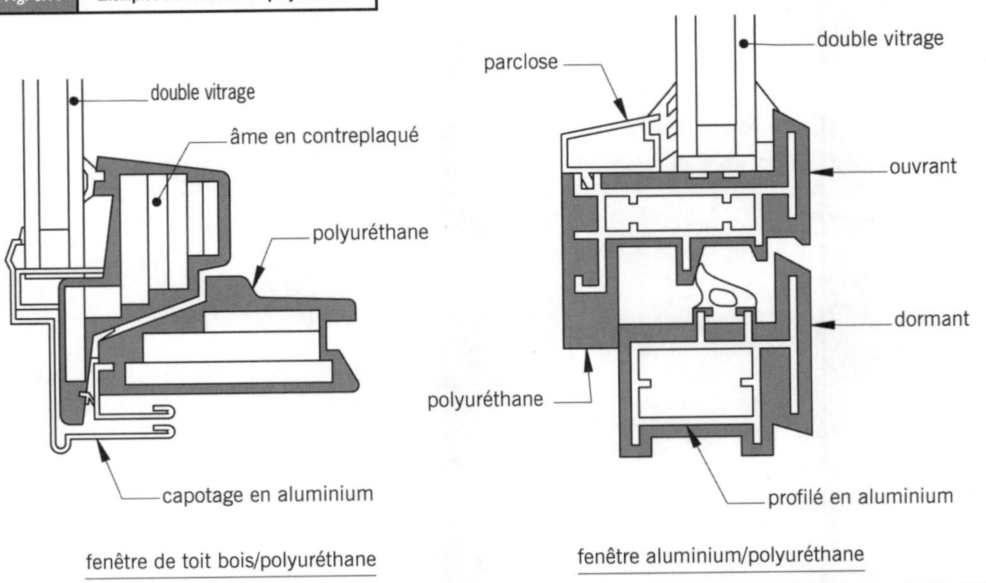

FICHE ENVIRONNEMENT N°1

DES FENÊTRES ÉCOLOGIQUES ?

■ Les matériaux entrant dans la composition des fenêtres ne sont pas exempts de reproche d'un point de vue écologique. Cependant, les industriels intègrent de plus en plus les contraintes environnementales dans leurs procédés de fabrication pour respecter, d'une part, les nouvelles réglementations européennes et, d'autre part, pour répondre aux attentes d'une clientèle toujours plus exigeante.

■ Le **PVC** qui est un matériau thermoplastique (susceptible d'être ramolli par la chaleur et durci par le froid) est composé de chlore et d'éthylène. Le chlore obtenu par électrolyse du sel est une ressource abondante. L'éthylène est un hydrocarbure issu du pétrole. Les profilés en PVC font souvent l'objet de critiques car, au-delà de leur dépendance vis-à-vis d'une source d'énergie non renouvelable, ils nécessitent pour leur fabrication l'emploi d'additifs dont certains (cadmium, plomb) sont considérés comme nocifs pour la santé et dangereux pour l'environnement.

Ces reproches ont conduit les professionnels de l'industrie du PVC à proposer, en mars 2000, un plan intitulé « Vinyl 2010 » qui définit un programme sur 10 ans. Cet engagement de l'industrie du PVC comporte notamment :

- de nouvelles règles limitant les émissions dans l'atmosphère de substances dangereuses lors de la fabrication du PVC ;
- le remplacement progressif des stabilisants à base de cadmium et de plomb par des substituts ;
- le recyclage de 50% des déchets en PVC provenant des fenêtres, tubes et raccord.

■ Le **bois** est une ressource renouvelable dans la mesure ou la forêt dont il est extrait répond à des règles de gestion forestière durable.

Si le bois brut est un produit naturel, le bois transformé fait l'objet de divers traitements (fongicides, insecticides, lasures, peintures) qui contiennent des substances chimiques souvent dangereuses pour la santé. Parmi celles-ci on trouve des composés organiques volatils (COV) qui se dispersent sous forme de gaz à température ambiante et dont la durée d'émission peut varier de quelques heures à plusieurs mois.

On a substitué au pentachlorophénol et au lindane, autrefois couramment utilisés dans les produits de traitement du bois, des produits moins volatils. Les peintures et les lasures en phase solvant sont de plus en plus remplacées par des produits en phase aqueuse qui génèrent moins d'émission de COV. Une directive européenne de 2004 exige de chaque état une forte réduction des émissions de polluants atmosphériques dont les COV font partie.

La **certification forestière PEFC** (Programme européen des forêts certifiées) est une marque qui garantit que les bois ainsi certifiés proviennent de forêts dont l'exploitation répond à des règles de gestion forestière durable (forêts gérées de façon écologiquement viable pour satisfaire les besoins sociaux économiques des générations actuelles et futures). Cette certification ne garantit pas les qualités techniques des bois qui sont validées par d'autres labels (marque CTB+, NF ameublement).

Au niveau mondial, le **label FSC** (Forest stewardship council) a été crée à l'initiative d'organisations de protection de l'environnement (WWF, Greenpeace). Ce Label définit les règles d'une exploitation forestière durable respectueuse de l'environnement (abattage réglementé des arbres, utilisation strict des pesticides).

■ **L'aluminium** n'existe pas à l'état pur dans la nature. Il est extrait de la bauxite sous forme d'alumine. Les réserves minières de bauxite sont très importantes et les risques d'épuisement ne sont pas à craindre à court ou à moyen terme.

Les procédés de fabrication de l'aluminium par électrolyse consomment beaucoup d'énergie et donnent lieu à des rejets importants de déchets. Le recyclage de l'aluminium se développe par la mise en place de dispositifs de collecte adaptés aux produits à récupérer (boites, pièces automobiles, profilés). Le recyclage conduit à la réduction des coûts de fabrication car il permet de réaliser des économies importantes d'énergie : la fabrication de l'aluminium à partir de produits recyclés exige moins d'électricité que la fabrication initiale avec du minerai de bauxite. Il permet aussi de réduire les problèmes environnementaux liés aux déchets.

■ Le **verre** est un mélange de sable, de fondant (carbonate de sodium), de stabilisants (chaux, magnésie, alumine), de calcin et d'additifs divers (oxydes métalliques). Le **calcin** est le verre usagé, nettoyé puis concassé qui est réintroduit dans le cycle de fabrication. La fabrication du verre nécessite une forte quantité d'énergie dont la plus grande partie est absorbée par l'opération de fusion (vitrification du sable). Afin de réduire les coûts, les industriels améliorent les procédés de fabrication (optimisation des opérations de combustion, meilleure isolation des fours, récupération de la chaleur) et recyclent le verre usagé.

Le recyclage du verre permet de réaliser des économies de matières premières (une tonne de verre nécessite pour sa fabrication 700 kg de sable) ainsi que des économies d'énergie (le calcin fond à une température inférieure à celle exigée pour le sable).

Le verre plat (vitrages pour menuiseries, pare-brises) est plus difficile à recycler que le verre creux (bouteilles, récipients divers) car il est souvent associé à d'autres produits (mastic d'étanchéité, films en PVC, couches d'oxydes métalliques). Le verre recyclé peut aussi entrer dans la composition de différents matériaux tels que la laine de verre, le verre cellulaire, des blocs pour murs, des abrasifs...

Pour en savoir plus

– *Livre vert sur les problèmes environnementaux du PVC*. Commission des communautés européennes. Document téléchargeable au format pdf sur le site : //europa.eu.int/comm/environnement/pvc/.

– *Le PVC en question*. Groupe de travail PVC. Document à télécharger, au format pdf, sur le site : www.arbez-came.com

– *Guide de rédaction : schéma de maîtrise des émissions de composés organiques volatils. Secteur de l'industrie du bois*. Document téléchargeable au format pdf sur le site : www.ctba.fr

– Label FSC. Informations sur le site : www.fsc.org

– Certification forestière PEFC. Informations sur le site : www.pefc-france.org

Mais il existe quelques inconvénients :

- l'ouverture à la française est peu compatible avec les larges ouvertures car les vantaux ouverts occupent alors beaucoup de place à l'intérieur ;
- la difficulté d'aérer la pièce en cas de pluie battante ;
- l'absence de position intermédiaire stable entre le léger entrebâillement et l'ouverture maximale.

Quel que soit le matériau utilisé, toutes les fenêtres à la française comportent un cadre dormant fixé à la maçonnerie et un ou deux vantaux. Les figures suivantes présentent quelques exemples de fenêtres à la française :

– une **fenêtre isolante en bois à deux vantaux** (fig. 6.13). Les cotes L1 et H1 définissent les dimensions totales de la fenêtre. Les cotes L2 et H2 sont appelées dimensions entre tableaux. Elles correspondent aux dimensions

Fig. 6.12 Fenêtre et porte-fenêtre à la française

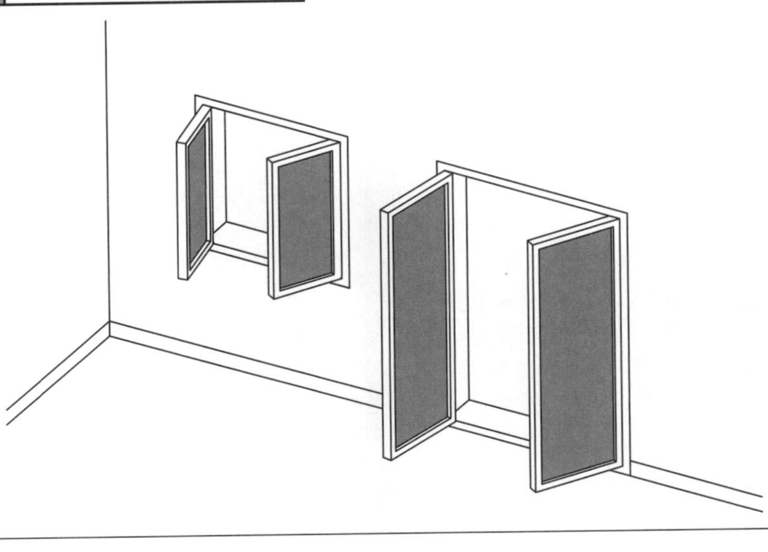

Fig. 6.13 **Fenêtre isolante en bois à deux vantaux**

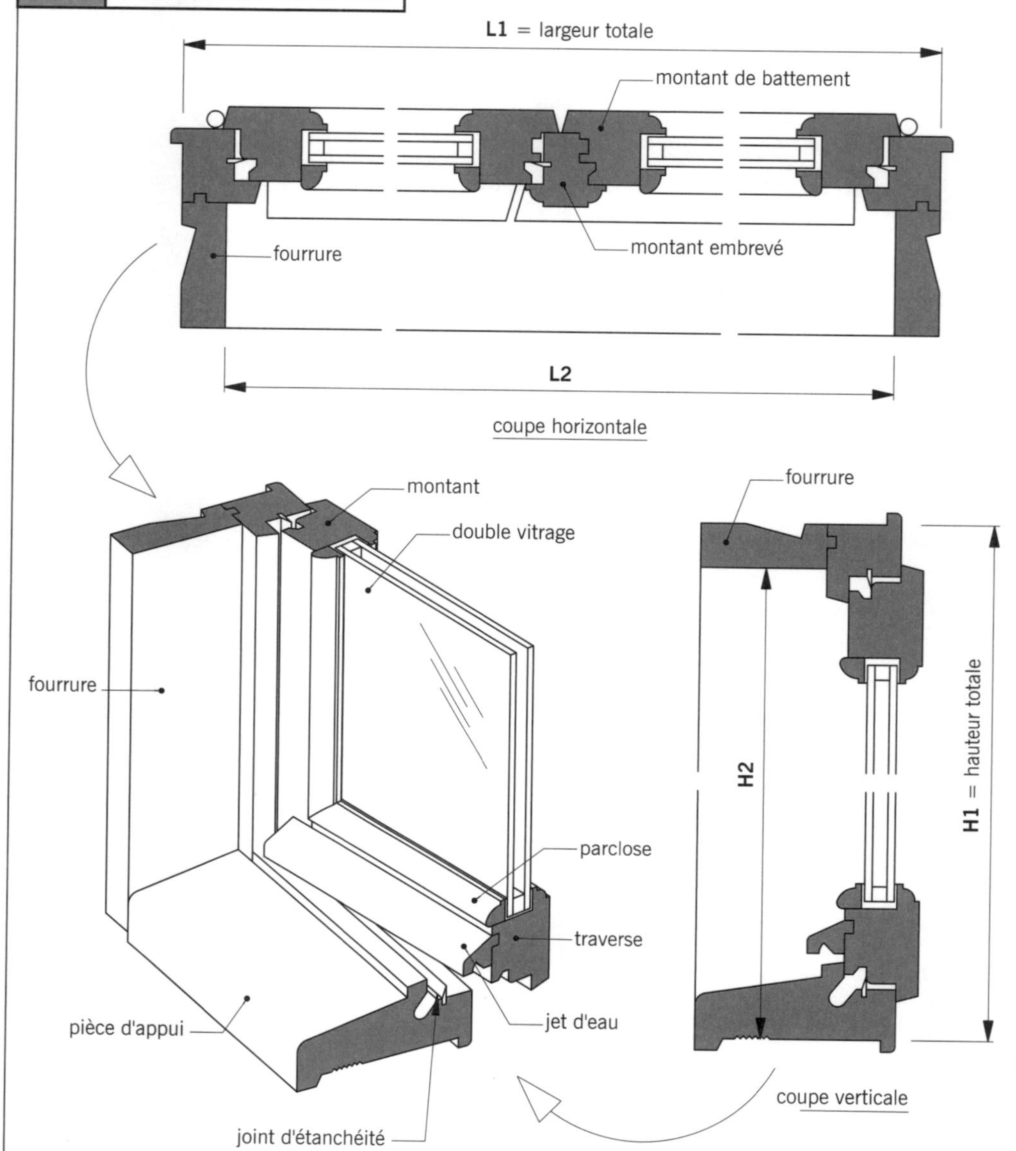

de l'ouverture ménagée dans le mur et à l'intérieur de laquelle vient se loger la fenêtre. Les trois **fourrures** servent à rattraper l'épaisseur de l'isolant mural ;

– une **fenêtre en aluminium à RPT à un vantail** (fig. 6.14). La RPT est présente sur les deux cadres, dormant et ouvrant. Il existe de très nombreuses formes de profilés. Les faces droites et les angles vifs ont tendance à disparaître au profit de formes plus douces et arrondies. La fenêtre dite « à ouvrant caché » est de plus en plus utilisée (fig. 6.15). Elle consiste à dissimuler le cadre ouvrant derrière le cadre dormant. On augmente ainsi le clair de vitrage de l'ordre de 10% par rapport à une fenêtre traditionnelle. Seul le cadre dormant est équipé de barrettes isolantes. La rupture du pont thermique au niveau du cadre ouvrant est assurée par des joints spécifiques ;

– une **fenêtre en PVC à deux vantaux** (fig. 6.16). L'inconvénient majeur des fenêtres en PVC est la largeur encore importante des profilés malgré les progrès significatifs réalisés ces dernières années. Quelques fabricants proposent des fenêtres en PVC à ouvrant caché.

Fig. 6.14 Fenêtre en aluminium à RPT à un vantail

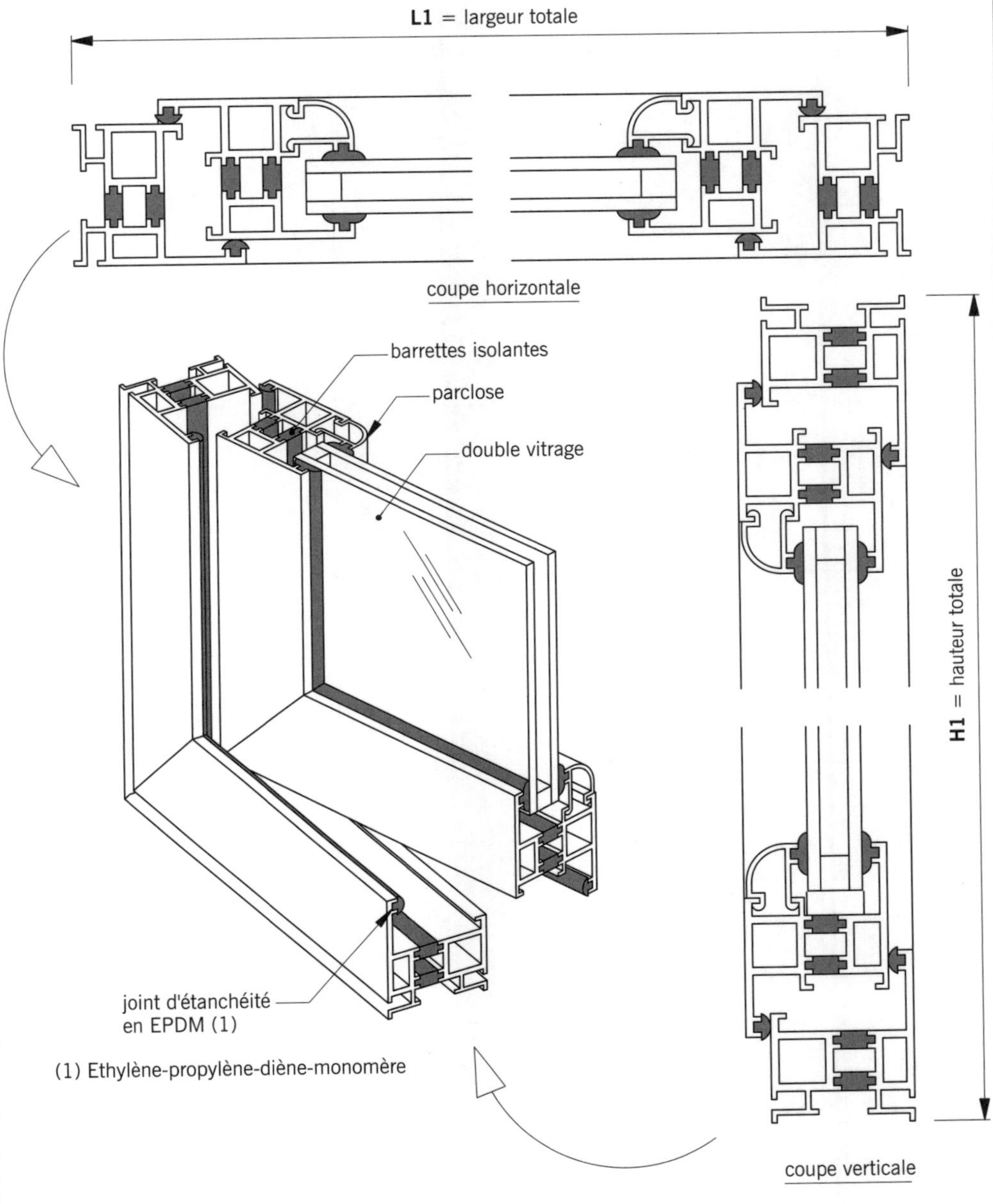

■ Le mode d'ouverture « **à l'anglaise** » qui consiste à faire ouvrir les vantaux à l'extérieur est peu utilisé en maison individuelle. Bien qu'il permette d'obtenir une bonne étanchéité en position fermée (la pression du vent plaque l'ouvrant contre le dormant), il présente deux inconvénients majeurs : les vantaux ouverts sont davantage soumis à la poussière et aux intempéries et l'utilisation conjointe d'une fermeture extérieure (volet roulant ou battant) n'est pas satisfaisante.

■ Les fenêtres et les portes-fenêtres peuvent être associées à des châssis vitrés fixes ou ouvrants. Le tableau suivant réunit quelques combinaisons possibles.

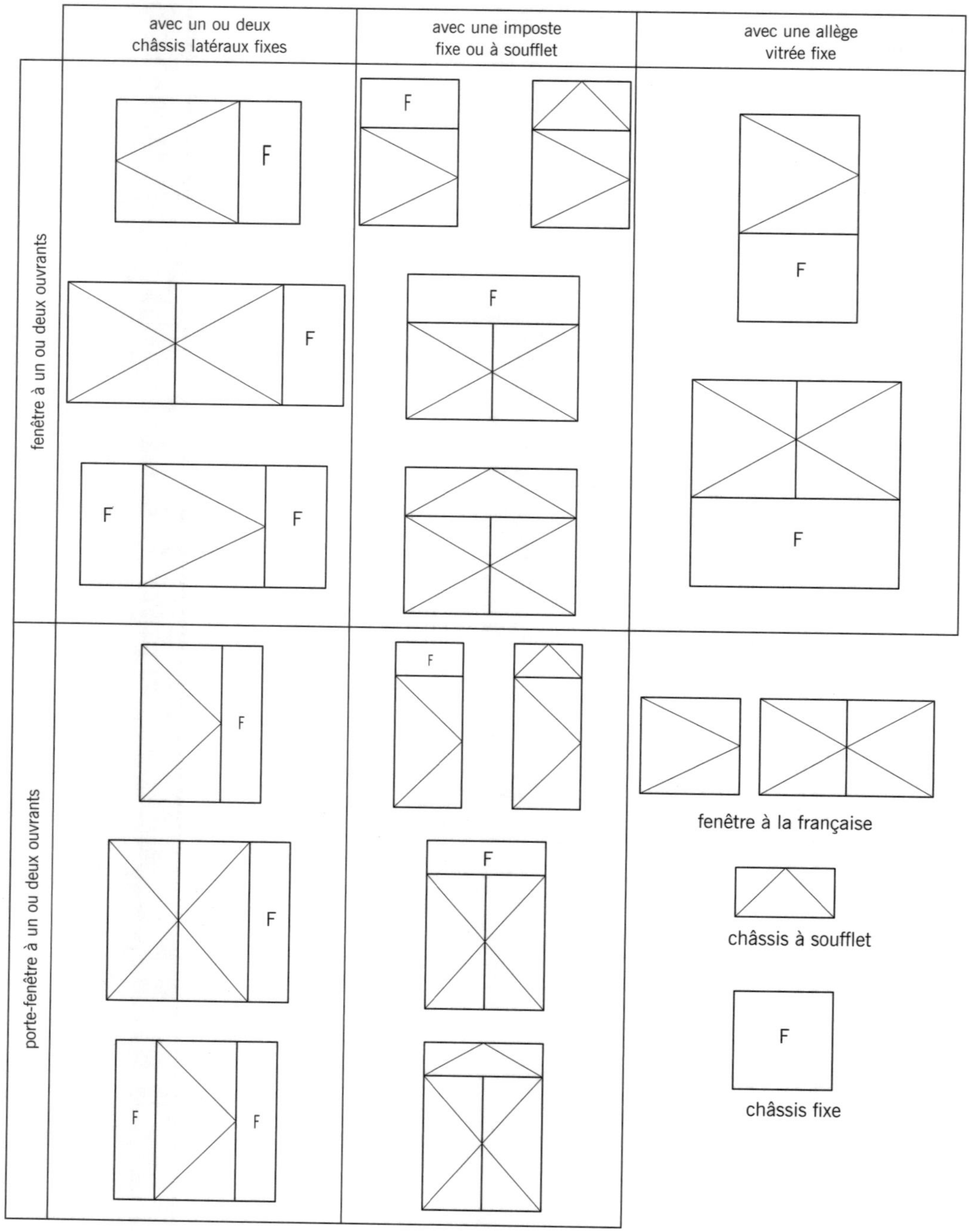
avec un ou deux châssis latéraux fixes
avec une imposte fixe ou à soufflet
avec une allège vitrée fixe
fenêtre à un ou deux ouvrants
porte-fenêtre à un ou deux ouvrants
F
fenêtre à la française
châssis à soufflet
châssis fixe

Fig. 6.15 Fenêtre en aluminium à RPT à ouvrant caché

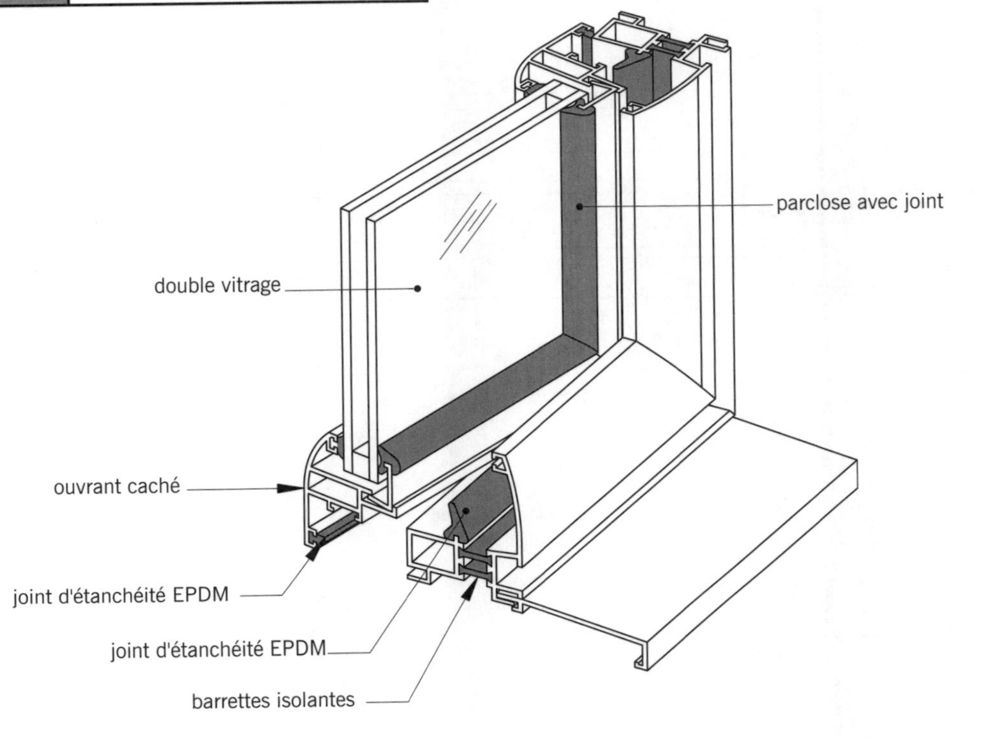

■ La **fenêtre oscillo-battante** peut s'ouvrir de deux façons différentes, à la française ou à soufflet (le châssis articulé en partie basse s'incline alors légèrement côté intérieur). L'ouverture à soufflet permet notamment d'aérer la pièce même en cas de pluie (fig. 6.17). Le prix de revient d'une fenêtre oscillo-battante est environ 30 % plus élevé qu'une fenêtre à la française de mêmes dimensions. Ce surcoût est du aux nombreuses pièces de quincaillerie insérées dans les profilés (renvois divers, compas d'ouverture, paumelles spécifiques).

2 – La fenêtre coulissante

■ La fenêtre ou la porte-fenêtre coulissante comprend un cadre dormant fixé à la maçonnerie et deux ou plusieurs cadres mobiles se déplaçant par translation horizontale (fig. 6.18). En maison individuelle, ce mode d'ouverture est souvent utilisé pour les portes-fenêtres et plus rarement pour les fenêtres. Ses principaux avantages sont :

- en position ouverte, les ouvrants n'empiètent ni à l'intérieur de la pièce, ni à l'extérieur ;
- l'ouverture est stable en toute position même en cas de vent.

Il existe cependant quelques inconvénients :

- la baie n'est jamais complètement dégagée (fig. 6.19). Seuls les coulissants à galandage permettent une ouverture totale (voir pages 117-118) ;
- le nettoyage extérieur des vitrages est difficile à effectuer de l'intérieur.

■ Les portes-fenêtres coulissantes peuvent être en bois, en PVC ou en aluminium mais ce dernier matériau est le plus utilisé car il autorise la réalisation d'ouvrants de grandes dimensions à l'aide de profilés rigides et fins.

■ La figure 6.20 représente une porte-fenêtre coulissante en aluminium à deux ouvrants. Tous les profilés sont à RPT. Les vitrages ne sont pas maintenus sur leur pourtour par des parcloses mais insérés dans des profilés rainurés. Ce mode de fixation appelé « prise portefeuille » assure une parfaite immobilisation du vitrage mais nécessite, en cas de bris de verre, le démontage partiel du cadre ouvrant.

Fig. 6.16 **Fenêtre en PVC à un vantail**

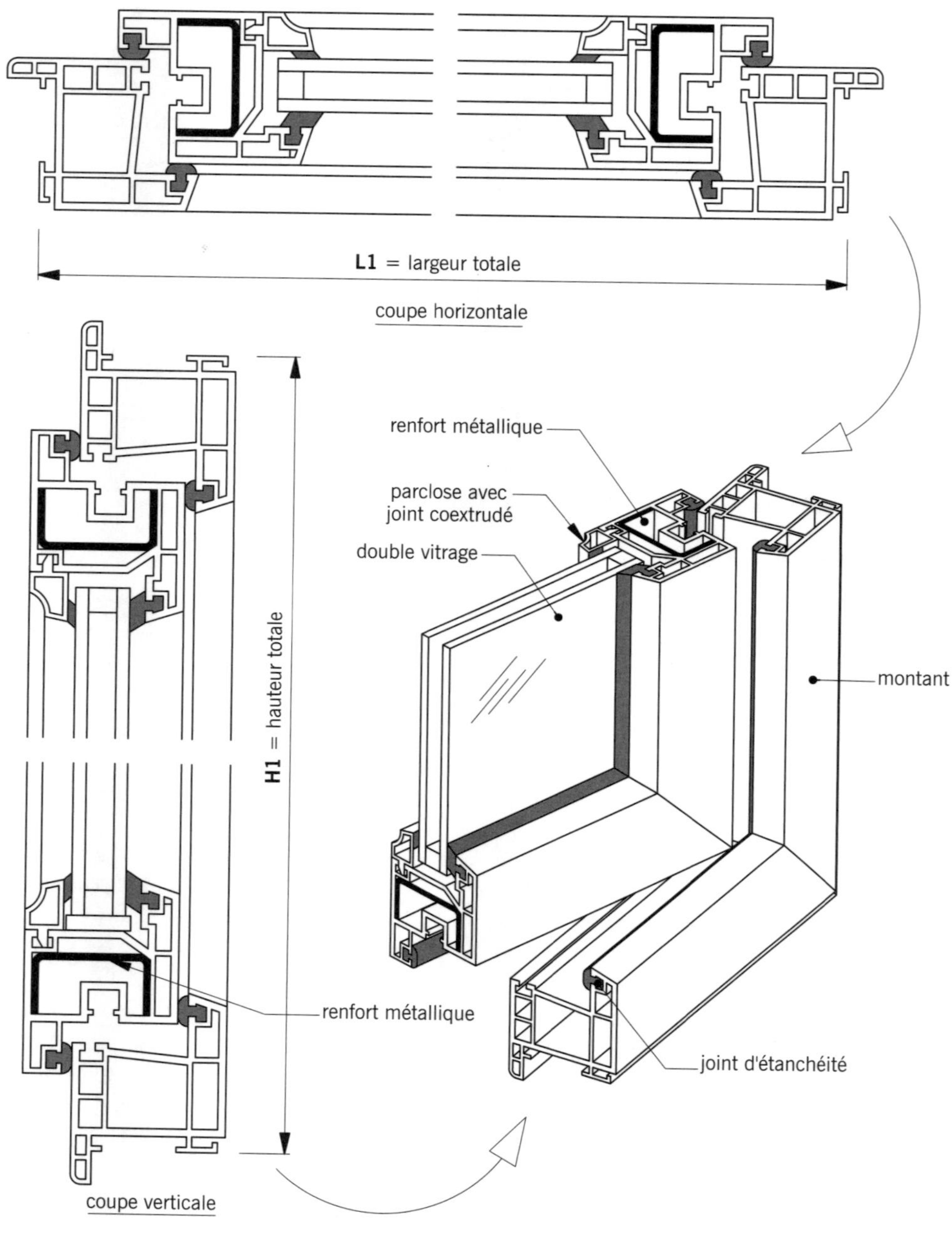

Fig. 6.17 Modes d'ouverture d'une fenêtre oscillo-battante

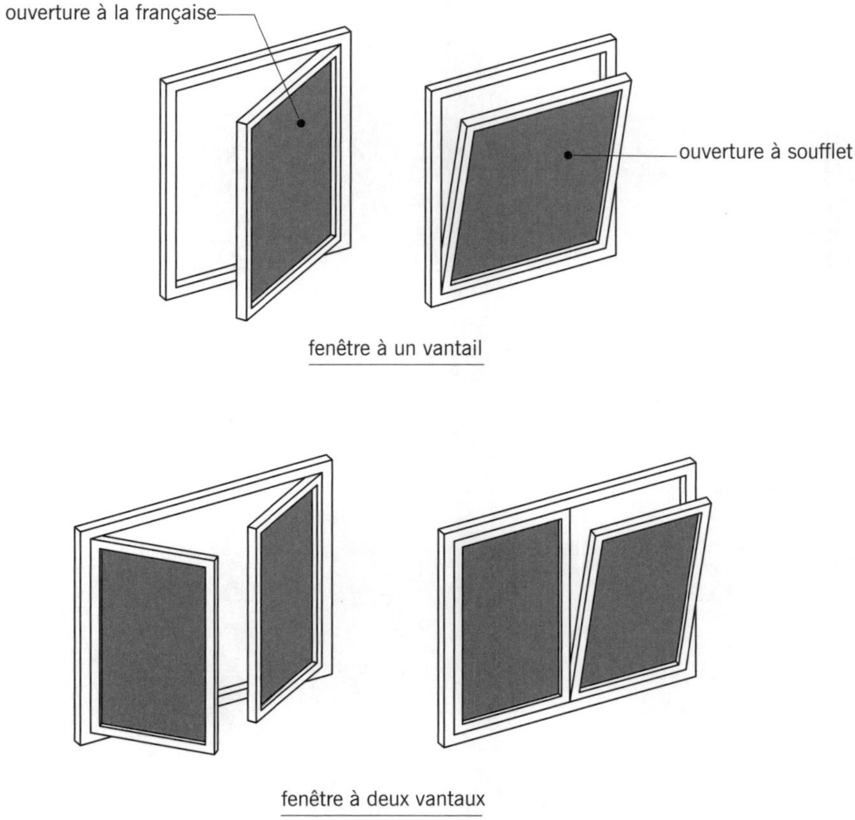

Fig. 6.18 Fenêtre et porte-fenêtre coulissantes

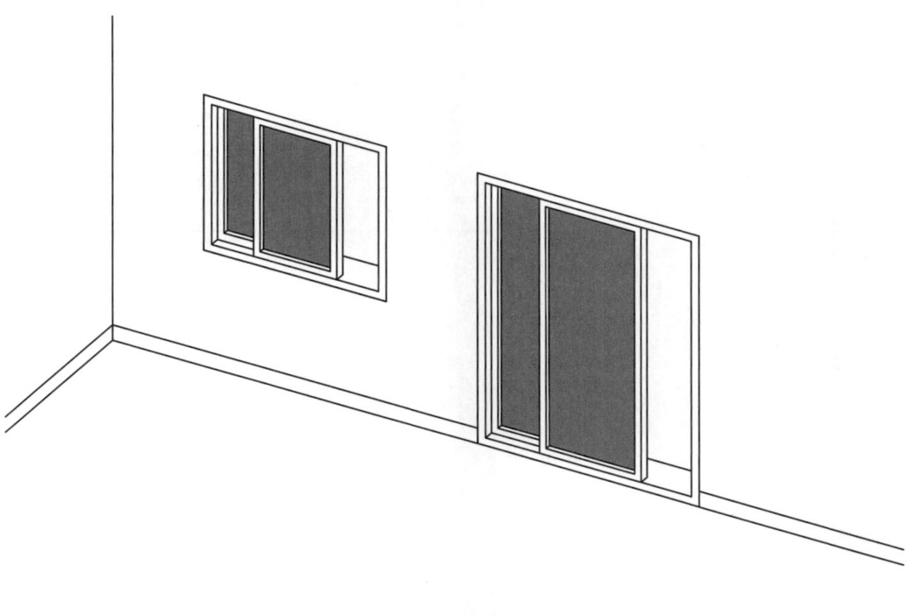

Fig. 6.19 Principaux types de portes-fenêtres coulissantes

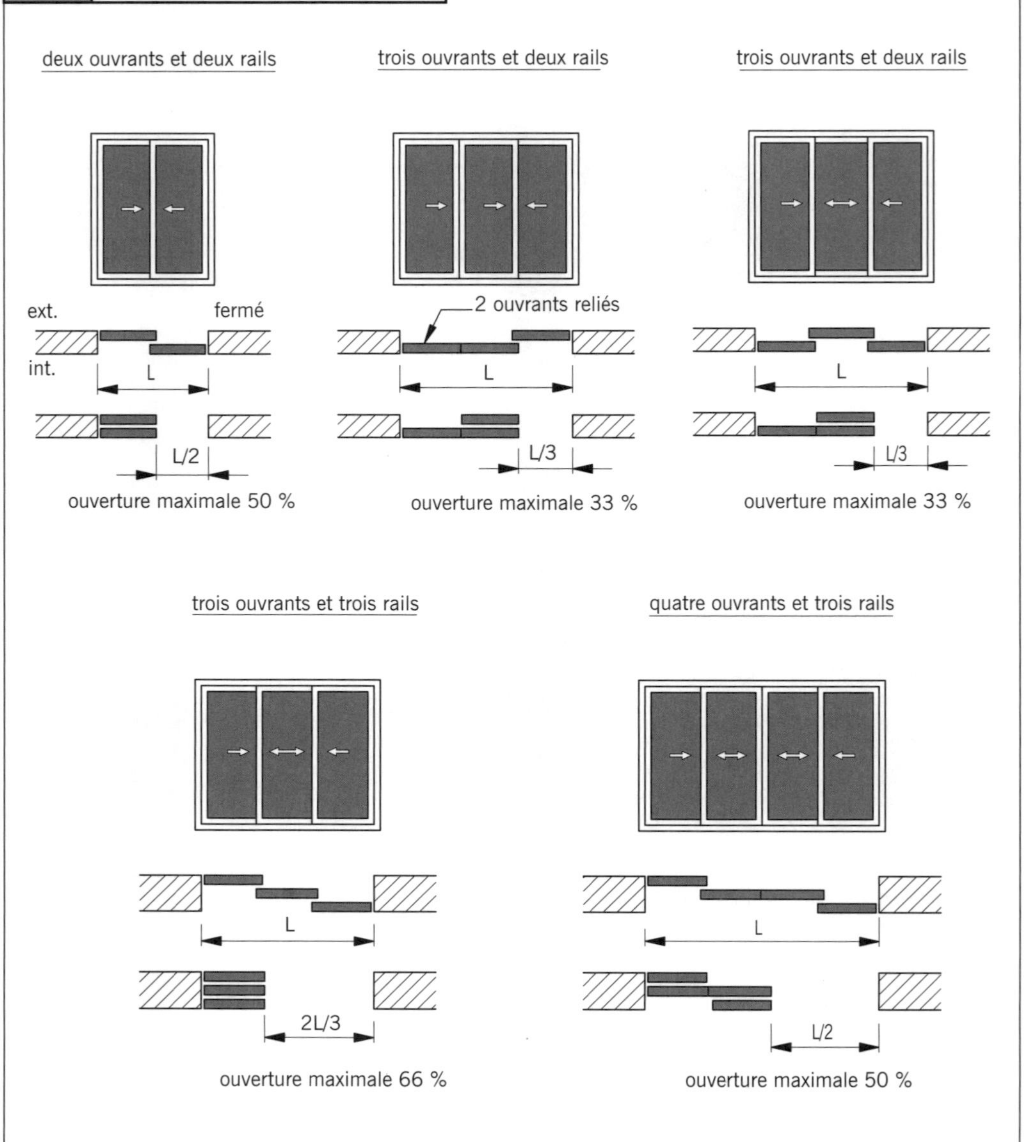

Fig. 6.20 Porte-fenêtre coulissante en aluminium à RPT

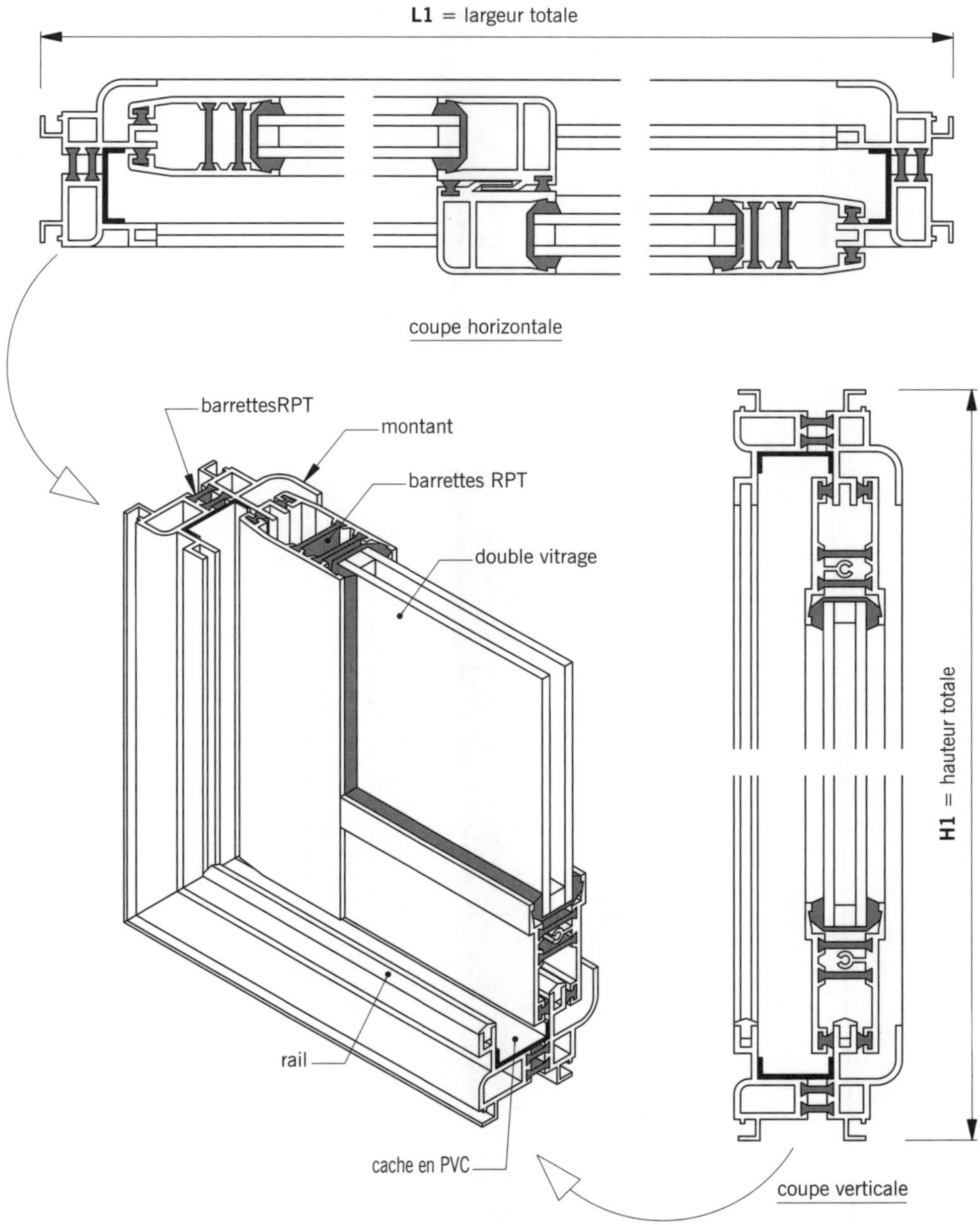

■ Les fenêtres et les portes-fenêtres coulissantes peuvent être associées à des châssis vitrés, fixes ou ouvrants. Le tableau suivant réunit quelques combinaisons possibles.

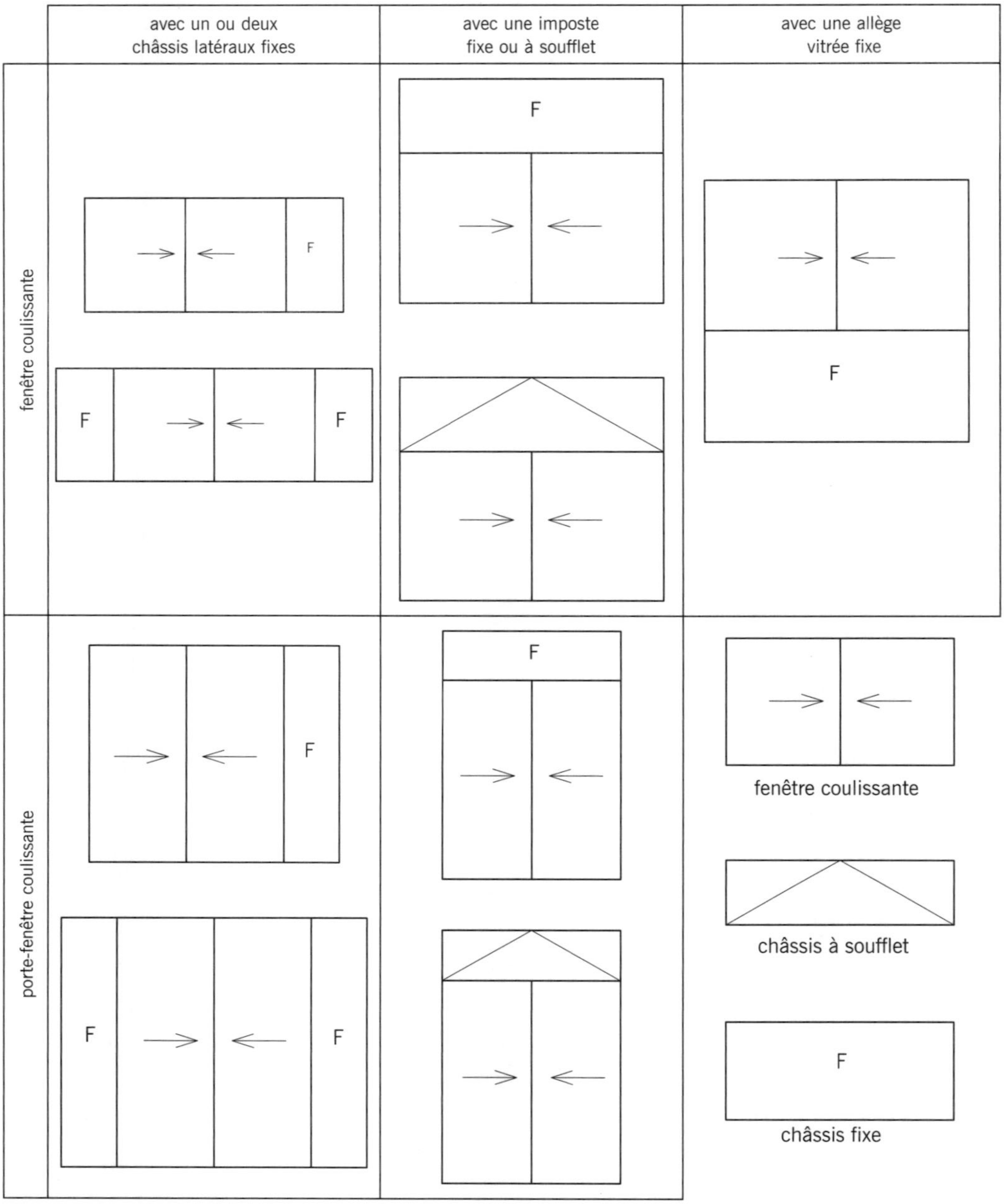

Fig. 6.21 Principaux types de portes-fenêtres à galandage

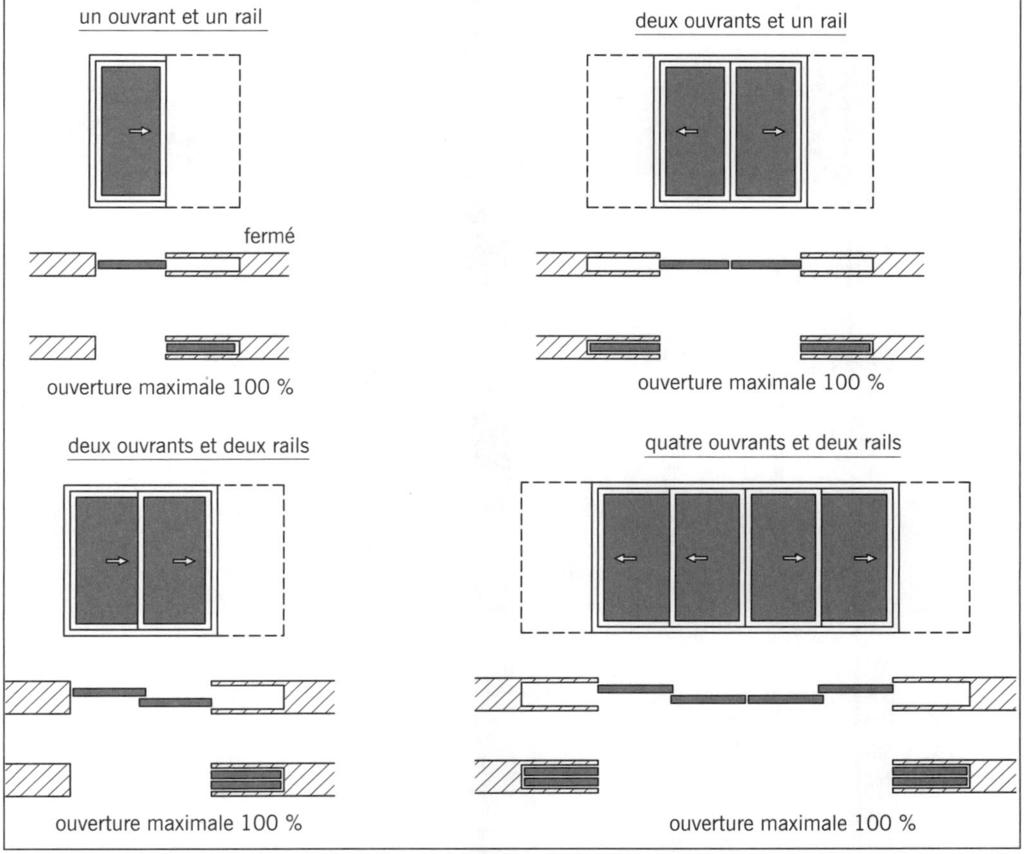

Fig. 6.22 Porte-fenêtre coulissante à galandage à un ouvrant (perspective schématique)

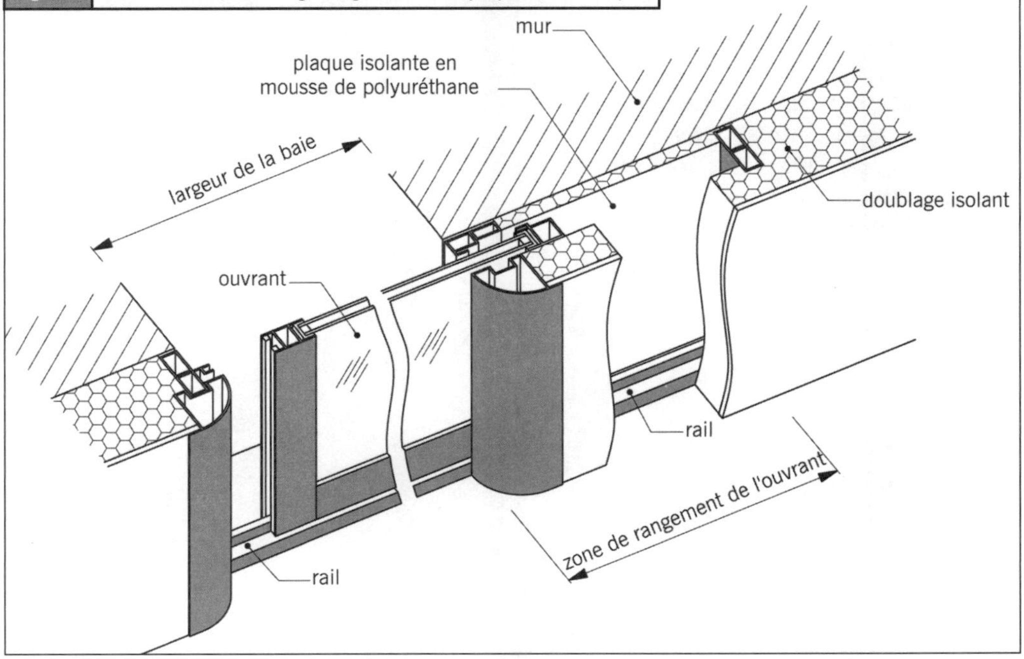

Fig. 6.23 Porte-fenêtre coulissante à galandage à deux ouvrants sur deux rails (perspective schématique)

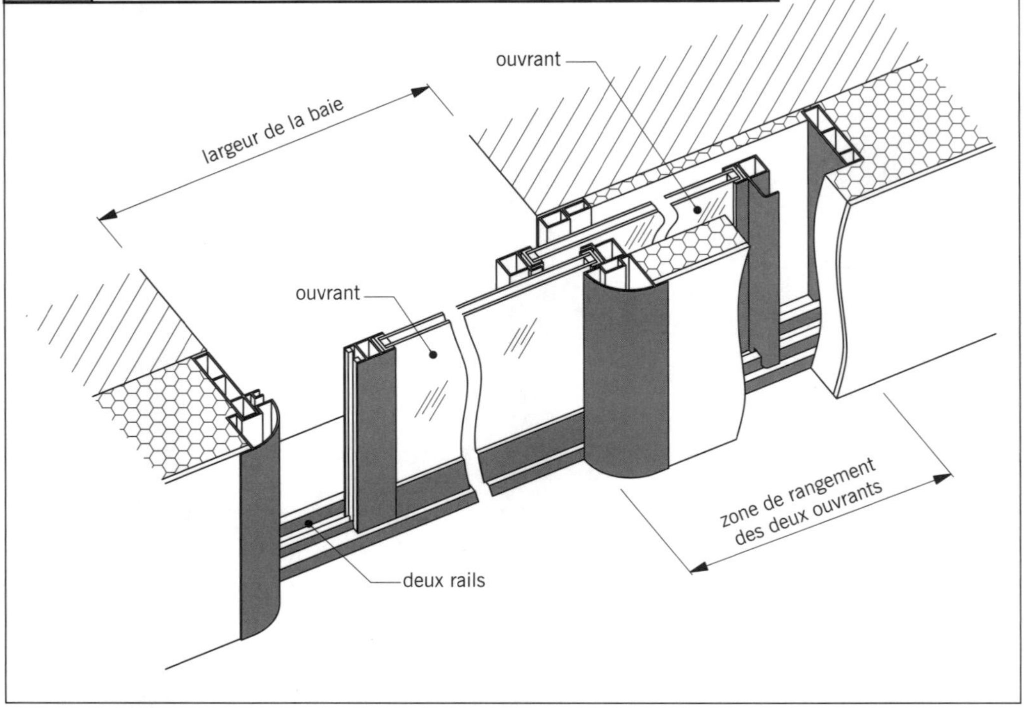

■ **La porte-fenêtre coulissante à galandage** : ce mode d'ouverture permet un dégagement total de la baie. Les vantaux en position ouverte rentrent dans des niches ménagées dans l'épaisseur des murs. Il existe plusieurs combinaisons possibles (fig. 6.21). Le choix d'une solution dépend de la largeur de la baie et de la place disponible de chaque côté de l'ouverture pour ranger les vantaux. Les figures 6.22 et 6.23 présentent deux solutions fréquemment utilisées. La zone de rangement des ouvrants est isolée thermiquement de manière à réduire les ponts thermiques. Certains fabricants proposent la mise en place d'un panneau amovible devant la zone de rangement afin d'en faciliter l'accès en cas de dysfonctionnement.

3 – Les autres types de fenêtres

Il existe deux autres types de fenêtres moins fréquemment utilisés en maison individuelle :

- **la fenêtre à soufflet** qui s'ouvre à l'intérieur de la pièce (fig. 6.24). Généralement de petites dimensions, elle est peu encombrante en position ouverte mais l'extérieur est difficile à nettoyer de l'intérieur. Le modèle rectangulaire est surtout utilisé comme imposte au-dessus d'une fenêtre ou d'une porte d'entrée. Le châssis triangulaire peut être installé au sommet d'un mur pignon, pour éclairer des combles par exemple. Il est aussi utilisé pour la réalisation d'outeaux (petites lucarnes de forme prismatique) ;

Fig. 6.24 Fenêtres à soufflet

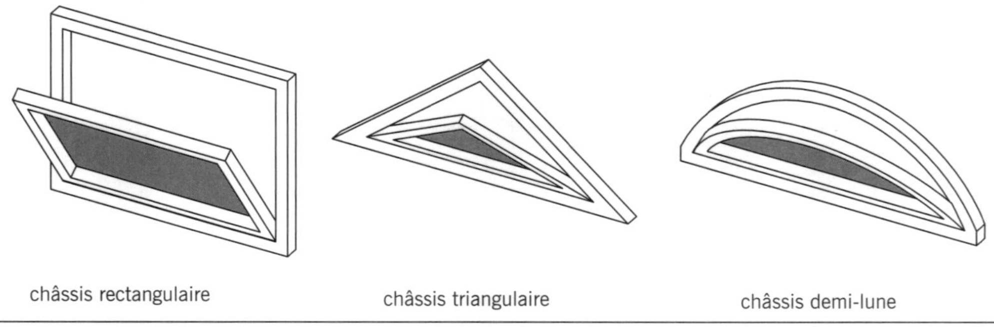

Fig. 6.25 **Fenêtres basculantes**

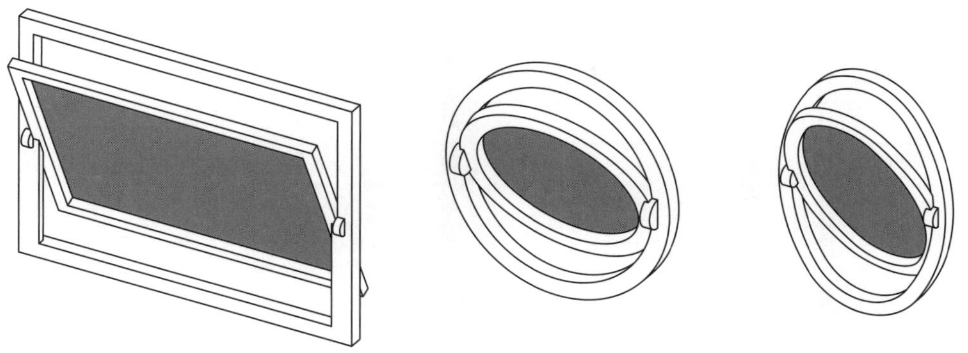

- **la fenêtre basculante** dont la moitié supérieure s'ouvre à l'intérieur et l'autre moitié à l'extérieur (**fig. 6.25**). Le vantail s'ouvre au maximum à 30° mais il peut, après déverrouillage, se retourner presque complètement, facilitant ainsi le nettoyage complet du vitrage. Notns que les châssis rectangulaires sont peu utilisés en maison individuelle. A souligner, à l'inverse, que les œils-de-bœuf le sont davantage, notamment dans les habitations contemporaines.

LE CLASSEMENT AEV DES MENUISERIES EXTÉRIEURES

Les fenêtres, portes d'entrées et portes-fenêtres sont classées en fonction de leur comportement à l'air, à l'eau et au vent. Les tests de performance sont effectués suivant des procédures normalisées qui évaluent les menuiseries selon trois critères :

- la perméabilité à l'air ;
- l'étanchéité à l'eau ;
- la résistance au vent.

1 – La perméabilité à l'air

■ L'essai de perméabilité à l'air consiste à rechercher d'éventuelles fuites d'air entre l'ouvrant et le dormant de la menuiserie. Celle-ci est mise en place dans un caisson étanche. A l'aide d'un ventilateur, on envoie de l'air dans le caisson et on mesure la différence de pression qui existe entre la pression initiale et la pression effective dans le caisson. Cette différence correspond à la quantité d'air qui s'est échappée entre le dormant et l'ouvrant.

■ On distingue deux critères de classement :

- le classement établi en fonction de la surface totale de la menuiserie (tableau 1) ;
- le classement établi en fonction de la longueur des joints d'étanchéité de l'ouvrant (tableau 2).

tableau 1

classe	débit de fuite (1) ($m^3/h.m^2$)	pression maximale (2) (Pa)
1	50	150
2	27	300
3	9	600
4	3	600

tableau 2

classe	débit de fuite (1) ($m^3/h.m$)	pression maximale (2) (Pa)
1	12,50	150
2	6,75	300
3	2,25	600
4	0,75	600

(1) volume d'air qui traverse la menuiserie par heure et par m^2 (ou par mètre linéaire)
(2) 1 Pa (Pascal) = 1 N/m^2

Le tableau suivant donne le classement de la menuiserie établi selon les deux précédents critères :

classes tableau 2 \ classes tableau 1	1	2	3	4
1	**A* 1**	**A* 2**	**A* 2**	-
2	**A* 2**	**A* 2**	**A* 3**	**A* 3**
3	**A* 2**	**A* 3**	**A* 3**	**A* 4**
4	-	**A* 3**	**A* 4**	**A* 4**

2 – L'étanchéité à l'eau

■ L'essai d'étanchéité à l'eau consiste à rechercher d'éventuelles fuites d'eau entre l'ouvrant et le dormant de la menuiserie. Celle-ci est mise en place dans le même caisson et arrosée à l'aide de buses à jet conique (débit de 2 litres /min) selon deux méthodes différentes (A et B). Pendant l'essai, la pression de l'eau augmente par paliers successifs.

Dans la méthode A, la menuiserie est totalement exposée à l'arrosage et dans la méthode B elle ne l'est que partiellement. Le tableau suivant indique la classe d'étanchéité à l'eau de la menuiserie en fonction de la méthode A ou B.

pression d'eau (Pa)	classe méthode A	classe méthode B	durée d'arrosage (minutes)
0	1A	1B	15
50	2A	2B	20
100	3A	3B	25
150	4A	4B	30
200	5A	5B	35
250	6A	6B	40
300	7A	7B	45
450	8A	-	50
600	9A	-	55

■ La menuiserie n'est pas classée, notamment si une entrée d'eau est constatée dans un assemblage ou dans un joint de vitrage (cas d'une feuillure non drainée). **Le classement retenu est celui correspondant à la pression maximale sous laquelle la menuiserie reste étanche à l'eau.**

Il existe neuf classes d'étanchéité à l'eau notées **E* 1** à **E* 9**.

Exemple de classement : une menuiserie soumise à la méthode A laissant apparaître des infiltrations d'eau entre le dormant et l'ouvrant pendant les cinq première minutes du palier à 250 Pa sera classée E* 5.

3 – La résistance au vent

■ L'essai de résistance au vent consiste à mesurer le comportement de la menuiserie sous l'effet du vent. On envoie de l'air à l'aide d'un ventilateur sur la menuiserie mise en place dans le caisson. La norme définit trois types d'essais :

- l'**essai de déformation** : des comparateurs permettent de mesurer les déformations du cadre ouvrant et du cadre dormant. Soit P1 la pression correspondant à cet essai ;
- l'**essai de fatigue** : la menuiserie est soumise à 50 cycles de pression et de dépression. Soit P2 la pression correspondant à cet essai. Après essai, la menuiserie est manœuvrée en ouverture et en fermeture. On note les éventuels dysfonctionnements et dommages ;

- l'**essai de sécurité** : la menuiserie est soumise à une pression et à une dépression élevées. Les éventuels dommages et dégradations sont notés. La pression correspondant à cet essai est la pression P3.

■ Le tableau suivant indique, pour chacune des valeurs normalisées de pression, la classe correspondante.

classe	pressions des différents essais (Pa)		
	P1	P2	P3
1	400 (1)	200	600
2	800	400	1200
3	1200	600	1800
4	1600	800	2400
5	2000	1000	3000 (2)

(1) une pression de 400 Pa correspond à un vent soufflant à 95 km/h.
(2) une pression de 3000 Pa correspond à un vent soufflant à 250 km/h

■ La menuiserie est classée à la résistance au vent si, après les essais de déformation et de fatigue, elle ne présente pas de défauts visibles et demeure en état de fonctionnement. Après l'essai de sécurité, la menuiserie doit rester fermée (la fissuration et le gauchissement sont admis).

■ La norme définit 3 classes de rigidité nommées A, B et C. La plus utilisée est la classe A. Elle correspond à une flèche ne devant pas dépasser 1/150e de la portée (la flèche correspond à l'amplitude maximale de la déformation d'une pièce soumise à un effort de flexion).

■ Il existe cinq classes de résistance au vent notées **V* A1** à **V* A5.**

Exemple de classement : une menuiserie (avec une flèche ne devant pas dépasser 1/150e de la portée) soumise aux essais de résistance au vent, ne présentant pas de dysfonctionnements et de défauts visibles sous une pression P1 de 800 Pa mais accusant des déformations importantes sous une pression de 1200 Pa sera classée V* A2.

4 – Les critères d'exposition

■ La norme FD P 20-201 permet de déterminer le **classement minimal** à retenir pour une menuiserie extérieure en fonction de trois critères :

- **la zone géographique** : la France métropolitaine est découpée en quatre zones. Chaque zone correspond à une vitesse de vent de référence. Le tableau suivant donne la liste des départements par zones ;

zone	départements concernés
1	21(1), 25, 39, 42, 67(1), 68, 69, 70, 71, 88, 90
2	01, 02, 03, 04, 05, 06, 07, 08, 09, 10, 11(1), 12, 15, 16, 17, 18, 19, 21(1), 23, 24, 26, 27(1),28, 30, 31, 32, 33, 34(1), 35(1), 36, 37, 38, 40, 41, 43, 44(1), 45, 46, 47, 48, 49, 51, 52, 53, 54, 55, 57, 58, 59(1), 60, 61, 62(1), 63, 64, 65, 66(1), 67(1), 72, 73, 74, 76(1), 79, 80(1), 81, 82, 83(1), 84(1), 85(1), 86, 87, 89
3	11(1), 13(1), 14, 2A(1), 2B(1), 22(1), 27(1), 34(1), 35(1), 44(1), 50(1), 56(1), 59(1), 62(1), 66(1), 76(1), 80(1), 83(1), 84(1), 85(1)
4	11(1), 13(1), 2A(1), 2B(1), 22(1), 29, 50(1), 56(1), 66(1), 83(1), 84(1)

(1) départements appartenant à plusieurs zones

- **la situation d'environnement de la construction** : la norme distingue quatre situations d'environnement :

– **situation a** : la construction est à l'intérieur d'un grand centre urbain ;

– **situation b** : la construction est à l'intérieur d'une ville petite ou moyenne, à la périphérie d'un grand centre urbain, dans une zone industrielle ou forestière ;

– **situation c** : la construction est située en rase campagne ;

– **situation d** : la construction est située en bordure d'un lac ou d'un plan d'eau pouvant être parcouru par le vent sur une distance d'au moins 5 km ou lorsque la construction est située en bord de mer à une distance du rivage inférieure à 20 fois la hauteur de cette construction.

- **la hauteur de la menuiserie par rapport au sol** : plus la menuiserie est installée en hauteur, plus elle sera soumise à l'action du vent. La hauteur H définit la distance qui sépare la partie haute de la fenêtre du sol.

■ Ainsi, en fonction de la zone géographique, de la situation de la construction et de la hauteur H, on peut définir le classement minimal à l'aide du tableau suivant (extrait) figurant dans la norme FD P 20-201.

zone	situation	hauteur H au-dessus du sol	
		H ⩽ 6 mètres	6 < H ⩽ 18
1	a	A* 2 E* 4 V* A2	A* 2 E* 4 V* A2
	b	A* 2 E* 4 V* A2	A* 2 E* 4 V* A2
	c	A* 2 E* 4 V* A2	A* 2 E* 4 V* A2
	d	A* 2 E* 4 V* A2	A* 2 E* 5 V* A2
2	a	A* 2 E* 4 V* A2	A* 2 E* 4 V* A2
	b	A* 2 E* 4 V* A2	A* 2 E* 4 V* A2
	c	A* 2 E* 4 V* A2	A* 2 E* 5 V* A2
	d	A* 2 E* 5 V* A2	A* 2 E* 5 V* A2
3	a	A* 2 E* 4 V* A2	A* 2 E* 4 V* A2
	b	A* 2 E* 4 V* A2	A* 2 E* 4 V* A2
	c	A* 2 E* 4 V* A2	A* 2 E* 5 V* A2
	d	A* 2 E* 5 V* A2	A* 3 E* 6 V* A3
4	a	A* 2 E* 4 V* A2	A* 2 E* 4 V* A2
	b	A* 2 E* 4 V* A2	A* 2 E* 4 V* A2
	c	A* 2 E* 5 V* A2	A* 3 E* 6 V* A3
	d	A* 3 E* 6 V* A3	A* 3 E* 7 V* A3

■ Exemple d'utilisation : soit une maison individuelle située dans le département de l'Isère (38), en rase campagne. Le classement AEV minimal à retenir pour les fenêtres et les portes-fenêtres de cette habitation (avec H < 6 m) est : A* 2 E* 4 V* A2.

■ Pour en savoir plus ■

- Norme FD P 20-201 (DTU 36.1/37.1) : choix des fenêtres et des portes extérieures en fonction de leur exposition. Mémento pour les maîtres d'œuvre.

6.4 Les différents verres

1 – Le verre recuit

Verre ordinaire obtenu par coulage sur un bain d'étain en fusion.

2 – Le verre trempé

Verre ayant subi un traitement thermique particulier en vue d'augmenter sa résistance mécanique et de modifier son mode de fragmentation. Lors de sa fabrication, le verre est chauffé à 650°C environ, puis refroidi très rapidement par des jets d'air. Ce refroidissement brutal crée dans le verre des contraintes qui augmentent ses propriétés mécaniques (résistance accrue à la flexion et aux chocs d'origine thermique et mécanique). S'il se brise, le verre trempé se fragmente en de multiples petits morceaux peu coupants réduisant ainsi les risques de blessures profondes. Un verre trempé de 8 mm d'épaisseur peut résister à la chute d'une bille d'acier de 500 gr tombant d'une hauteur de deux mètres. Par comparaison un verre simple de même épaisseur se brise à partir d'une hauteur de chute de 30 cm (source Saint Gobain). Le verre « Sécurit® » est l'appellation commerciale des verres trempés de la société Saint Gobain Vitrage.

3 – Le verre feuilleté

■ Le verre feuilleté comprend au moins deux feuilles de verre collées entre elles à l'aide d'un ou plusieurs films intercalaires en plastique (de 0,35 mm d'ép. chacun), généralement en **butyral de polyvinyl (PVB)**. L'assemblage entre les verres et les films est réalisé sous pression, par traitement thermique à 150°C. Lors d'un choc, la rupture du verre reste localisée au point d'impact. Le PVB grâce à son élasticité et à son adhérence parfaite au verre maintient les morceaux en place, limitant ainsi les risques de blessure par projections d'éclats coupants. D'autre part, même brisé le verre feuilleté continue à protéger les personnes contre les risques de chute éventuelle.

En habitat individuel, le verre feuilleté entre dans la composition de certains doubles vitrages. Il peut également être employé pour le remplissage des rampes d'escalier et des garde-corps.

En faisant varier le nombre de films PVB ainsi que le nombre et/ou l'épaisseur des feuilles de verre, on obtient divers types de verres feuilletés offrant des niveaux de protection différents. Le verre « Stadip® » est l'appellation commerciale des verres feuilletés de la société Saint Gobain Vitrage.

■ La norme européenne EN 356 définit pour les vitrages de sécurité huit classes de performances appelées aussi classes de résistance (voir tableau ci-après) :

- les cinq premières classes (**P1A** à **P5A**) déterminent l'aptitude du vitrage à résister aux jets d'objets. Le test normalisé consiste à laisser tomber sur le verre placé horizontalement trois billes de 4,1 kg dont la hauteur de chute varie suivant la classe. Lors du dernier impact le verre ne doit pas être traversé ;
- les trois classes suivantes (**P6A** à **P8A**) définissent l'aptitude du vitrage à résister aux tentatives d'effraction. Le test consiste à frapper le verre placé verticalement à l'aide d'un mécanisme équipé d'une masse puis d'une hache. Le vitrage est classé suivant le nombre de coups nécessaires pour réaliser une ouverture de 40 cm x 40 cm appelé « passage d'homme ».

■ Tableau des classes de performances

classes	caractéristiques du test	exemples de verres feuilletés avec films PVB et épaisseur totale	observations
P1A	hauteur de chute de 1,50 mètre	33.2 (6,8 mm)	-
P2A	hauteur de chute de 3,00 mètres	44.2 (8,8 mm)	protection élémentaire contre les chocs et la chute des personnes [2]
P3A	hauteur de chute de 6,00 mètres	44.3 (9,2 mm)	protection renforcée contre les chocs et la chute des personnes
P4A	hauteur de chute de 9,00 mètres	44.4 (9,6 mm) 55.4 (11,6 mm)	
P5A	hauteur de chute de 9,00 mètres [1]	44.6 (10,4 mm)	protection minimale contre l'effraction en habitat individuel [2]
P6A	nombre de coups > 30	444.6 (14,4 mm) 666.4 (19,6 mm)	protection renforcée contre le vandalisme et l'effraction
P7A	nombre de coups > 51	666.12 (22,8 mm)	
P8A	nombre de coups > 71	44444.12 (24,8 mm)	très haute protection contre le vandalisme et l'effraction

(1) chute de 9 billes
(2) les vitrages de classe P2A et P5A sont les verres feuilletés de sécurité les plus utilisés en habitat individuel

4 – Le verre armé

Verre contenant un grillage métallique inoxydable destiné à retenir les fragments de verre en cas de bris. Le verre armé n'est pas destiné à éviter les chutes des personnes et les blessures car son mode de fragmentation ne répond pas aux exigences de sécurité. Sous un choc violent, le grillage peut se déformer de manière importante – voire se rompre – et ne plus retenir les fragments de verre dans le plan du vitrage. En maison individuelle, le verre armé peut être utilisé comme verre décoratif intérieur. Dans les bâtiments du domaine tertiaire, le verre armé participe, sous certaines conditions, à la sécurité incendie en tant qu'élément de construction pare-flammes.

5 – Le verre autonettoyant

Le verre autonettoyant comporte sur sa face extérieure un revêtement spécial, transparent, fixé de manière permanente qui permet de garder le vitrage propre plus longtemps. La société Pilkington commercialise un verre autonettoyant dont la couche extérieure possède deux caractéristiques :

- elle empêche, par temps de pluie, la formation de gouttelettes séparées. L'eau forme un film qui, par gravité, s'écoule et lave le verre ;
- elle dégrade progressivement, sous l'action des rayons ultraviolets du soleil, les poussières minérales et organiques qui perdent leur adhérence avec le verre.

En habitat individuel, le verre autonettoyant entre dans la composition de certains doubles vitrages.

6.5 Les propriétés des vitrages isolants

Il existe plusieurs types de vitrages isolants. Chacun d'entre eux possède des propriétés particulières. Celles-ci sont regroupées, ci-après, sous forme de tableaux comportant les informations suivantes :

- quelques **exemples de composition** de vitrages avec leurs épaisseurs totales et leurs poids correspondants en kg/m^2 ;
- **le coefficient de transmission U** en W/m^2°C. Plus U est faible, plus la quantité de chaleur traversant le vitrage est faible et plus le vitrage est isolant. Le coefficient U moyen d'un mur de façade isolé est égal à 0,40 W/m^2°C. Cette valeur est à comparer au coefficient U d'un simple vitrage qui est égal environ à 5,8. La quantité de chaleur qui s'échappe au travers d'1 m^2 de simple vitrage est donc 15 fois supérieure à celle qui traverse 1 m^2 de mur isolé. Pour qu'un simple vitrage possède le même pouvoir isolant qu'un mur isolé il faudrait qu'il mesure 3 mètres d'épaisseur ! D'où la nécessité d'installer des doubles vitrages isolants performants ;
- **le facteur solaire g** défini la quantité d'énergie solaire entrant à l'intérieur de l'habitation à travers le vitrage. Un vitrage dont le facteur solaire est égal à 60 % réfléchit vers l'extérieur 40 % de la chaleur émise par le soleil. Le facteur solaire d'un simple vitrage non traité est égal à 85 % environ. Celui d'un double vitrage réfléchissant peut descendre jusqu'à 35 % ;
- **l'indice d'affaiblissement acoustique R** s'exprime en décibels (dB). Il caractérise le pouvoir d'isolation acoustique d'un élément de construction (mur, plancher, vitrage...). Plus R est élevé, plus l'élément s'oppose à la transmission des bruits.

Un mur de façade isolé possède un affaiblissement de 50 à 65 dB suivant la nature des matériaux employés. L'indice d'affaiblissement d'un simple vitrage est de 26 à 29 dB et celui d'un double vitrage standard de 28 à 32 dB environ. Seuls les doubles vitrages feuilletés spécial acoustique permettent d'atteindre 40 dB voire davantage dans certains cas.

Le niveau sonore qui s'exprime en dB est une unité de mesure logarithmique. On ne peut pas additionner arithmétiquement plusieurs niveaux pour obtenir le niveau sonore global. La somme de deux bruits de même niveau sonore est égale à la valeur de l'un augmenté de 3 dB. De même la somme de quatre bruits de même niveau est égale à la valeur de l'un augmenté de 6 dB. Inversement lorsque l'indice R augmente de 6dB (par exemple, lors du remplacement d'un double vitrage standard par un double vitrage spécial acoustique) le nombre de sources sonores semble, pour le locataire, avoir été divisé par quatre.

La certification CEKAL (voir tome 1, chapitre 6) établit des classes de performances pour les vitrages isolants. Ainsi la classe médiane AR4 correspond à un affaiblissement minimal R de 33 dB pour une épaisseur totale des produits verriers de 18 mm.

1 – Le simple vitrage

Le simple vitrage ne doit pas être utilisé pour vitrer les menuiseries extérieures des pièces habitées parce qu'il occasionne des déperditions calorifiques importantes.

Il n'est pas non plus conseillé de l'employer pour les fenêtres éclairant des locaux non chauffés (garage, coin atelier, cave...) car il favorise alors les phénomènes de condensation.

Fig. 6.26 Simple vitrage

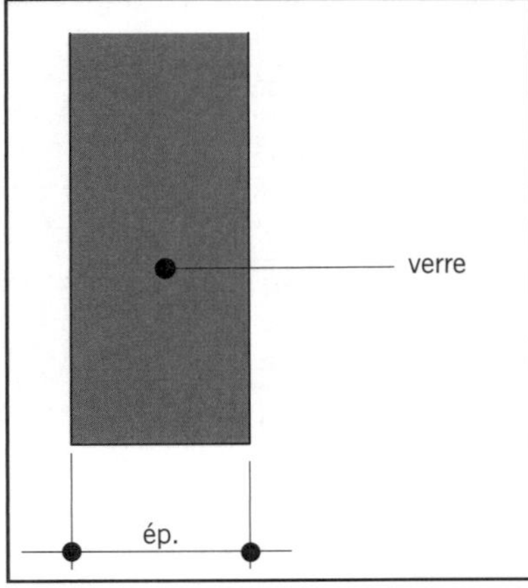

composition [2]	4	6	8	10
épaisseur (mm)	4	6	8	10
poids (kg/m^2)	10 [1]	15	20	25
U (W/m^2°C)	de 5,6 à 5,8 [1]			
g	de 80 % à 85 % [1]			
R (dB)	de 26 à 29 [1]			

(1) valeurs moyennes
(2) exemples de compositions

2 – Le double vitrage standard à lame d'air

En version de base, un double vitrage isole presque fois plus qu'un simple vitrage. Le coefficient de transmission U des doubles vitrages est rarement inférieur à 2,8. Le coefficient U du double vitrage ne définit pas à lui seul le pouvoir isolant de la fenêtre. Il faut aussi prendre en compte le coefficient U de la menuiserie qui reçoit le vitrage. Ainsi, si on met en place dans une fenêtre en aluminium à RPT un double vitrage dont le coefficient U est égal à 2,8, on obtient un U global menuiserie + vitrage de 3 à 3,2 environ.

Fig. 6.27 Double vitrage standard à lame d'air

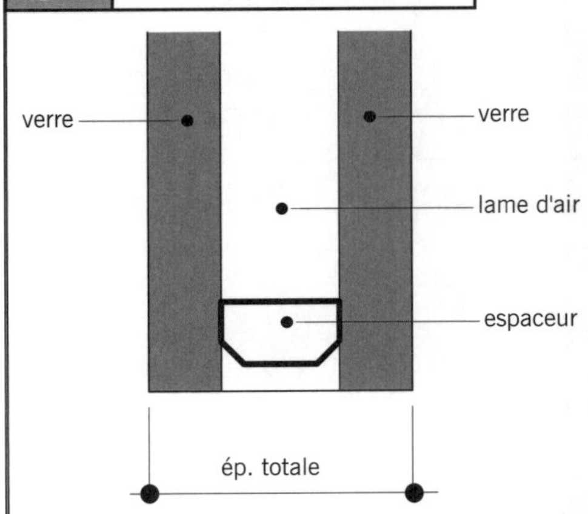

composition	4-8-4 [1]	4-12-4	6-12-6	4-16-4
épaisseur (mm)	16	20	24	24
poids (kg/m^2)	20	20	30	20
U (W/m^2°C)	de 2,8 à 3,2			
g	de 70 % à 80 %			
R (dB)	de 28 à 32			

(1) un verre de 4 mm + une lame d'air de 8 mm + un verre de 4 mm

3 – Le double vitrage à faible émissivité à lame d'air

Ce double vitrage possède une couche dite « peu émissive » à base d'oxydes métalliques placée à l'intérieur du vitrage sur l'un des deux verres. Cette couche transparente a pour rôle de réduire les échanges thermiques entre le logement et l'extérieur. En hiver, elle retient à l'intérieur la chaleur émise par les appareils de chauffage. Les performances thermiques de ce type de double vitrage sont supérieures de 30 % environ à celles d'un double vitrage standard de même épaisseur totale. Ce type de double vitrage atténue sensiblement l'effet de paroi froide sur le verre intérieur.

Fig. 6.28 Double vitrage à faible émissivité à lame d'air

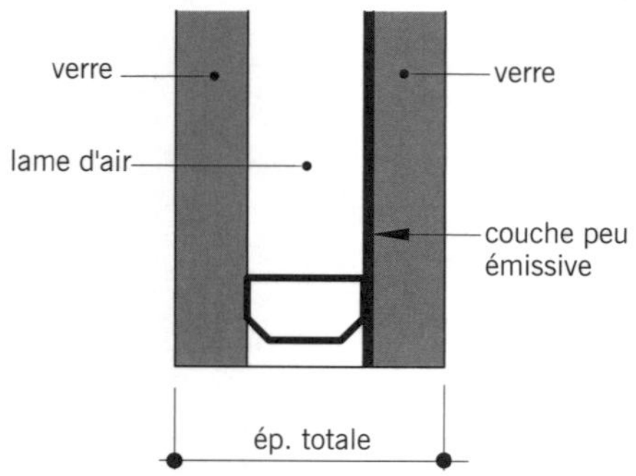

composition	4-12-4	4-16-4	6-12-6
épaisseur (mm)	20	24	24
poids (kg/m²)	20	20	30
U (W/m²°C)	de 1,8 à 2,2		
g	de 70 % à 75 %		
R (dB)	de 28 à 32		

4 – Le double vitrage à faible émissivité avec remplissage argon

Dans ce double vitrage qui possède également une couche peu émissive, la lame d'air est remplacée par un remplissage en argon qui améliore les performances thermiques du vitrage de l'ordre de 40 à 50 % par rapport à celles d'un double vitrage standard de même épaisseur. Le surcoût (10 à 15 % environ) est compensé par les économies d'énergie réalisées. Ce vitrage est aussi appelé **vitrage à isolation renforcée** ou **à haut rendement (HR)**.

Fig. 6.29 Double vitrage à faible émissivité avec remplissage argon

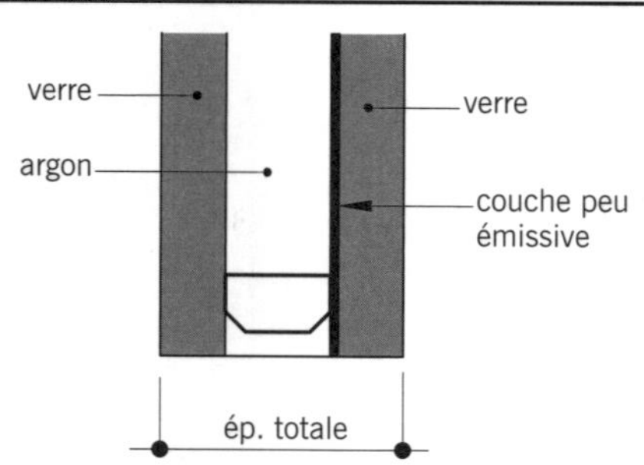

composition	4-12-4	4-16-4	6-12-6
épaisseur (mm)	20	24	24
poids (kg/m²)	20	20	30
U (W/m²°C)	de 1,5 à 2		
g	de 65 % à 70 %		
R (dB)	de 28 à 32		

5 – Le double vitrage asymétrique avec remplissage argon

Par la présence de deux verres d'épaisseurs différentes, ce double vitrage améliore l'isolation acoustique. L'indice d'affaiblissement acoustique R augmente de 2 à 4 dB par rapport à celui d'un double vitrage classique. Toutefois l'atténuation n'est réelle que si la menuiserie possède une très bonne étanchéité à l'air et si la pose a été correctement effectuée (calfeutrement des interstices).

Fig. 6.30 Double vitrage asymétrique avec remplissage argon

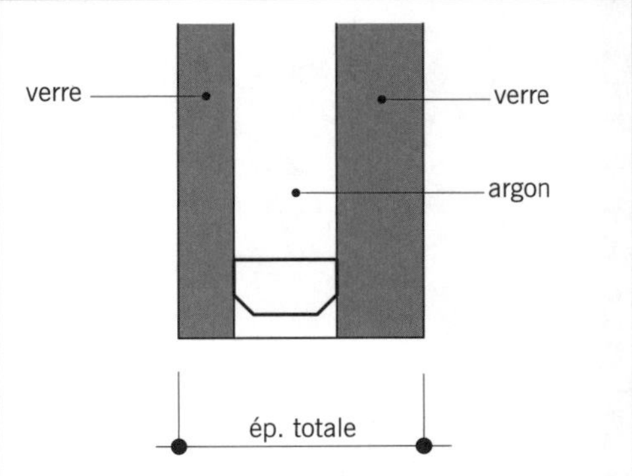

composition	10-10-4	6-14-4	10-14-4	8-16-4
épaisseur (mm)	24	24	28	28
poids (kg/m²)	35	25	35	30
U (W/m²°C)	de 2,5 à 3			
g	de 65 % à 75 %			
R (dB)	de 30 à 35			

6 – Le double vitrage réfléchissant avec remplissage argon

Appelé aussi **vitrage de contrôle solaire** ou **vitrage de régulation solaire**, ce double vitrage possède des propriétés particulières en matière de protection solaire. Son verre extérieur est recouvert sur l'une ou l'autre de ses faces, d'une couche d'oxydes métalliques (cuivre, argent, étain...). Cette couche limite la pénétration du rayonnement solaire à l'intérieur du bâtiment en réfléchissant vers l'extérieur une partie de ce rayonnement.

En limitant l'effet de serre, ce double vitrage évite les surchauffes d'été dans les pièces très vitrées exposées au soleil mais il réduit également les apports énergétiques en hiver et en demi-saison. Les propriétés « anti-solaires » du vitrage sont constantes quelle que soit la saison. Il existe des doubles vitrages réfléchissants dont une face est en verre feuilleté.

Fig. 6.31 Double vitrage réfléchissant avec remplissage argon

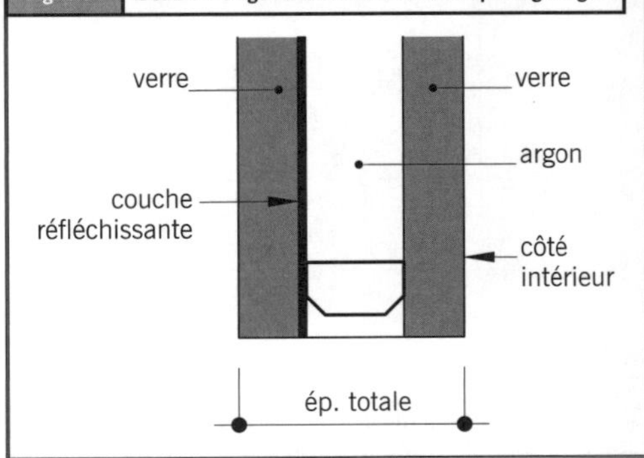

composition	6-12-6	6-16-6	4-16-4
épaisseur (mm)	24	32	24
poids (kg/m²)	30	30	20
U (W/m²°C)	de 1,8 à 2,5		
g	de 35 % à 60 %		
R (dB)	de 28 à 31		

7 – Le double vitrage feuilleté avec remplissage argon

Double vitrage dont une des deux faces est un verre feuilleté. Il s'agit généralement du verre intérieur. En cas de bris du vitrage, les morceaux de verre qui adhérent fortement aux films en PVB ne se détachent pas. Les toitures vitrées des verrières et des vérandas doivent être obligatoirement équipées de ce type de vitrage afin de protéger les occupants contre les risques de blessure par coupures. Les doubles vitrages feuilletés assurent la protection des personnes et des biens. Ils se comportent en matière d'isolation acoustique comme des doubles vitrages asymétriques. Certains modèles dont l'espace central est rempli d'un gaz spécifique « à effet acoustique » et dont les films en PVB sont remplacés par une résine spéciale possèdent un indice d'affaiblissement acoustique R élevé, de 40 dB environ. A titre de comparaison, cette valeur correspond à l'indice R d'une cloison en plaques de plâtre remplie de laine de verre et de 7 cm d'épaisseur totale.

Fig. 6.32 **Double vitrage feuilleté avec remplissage argon**

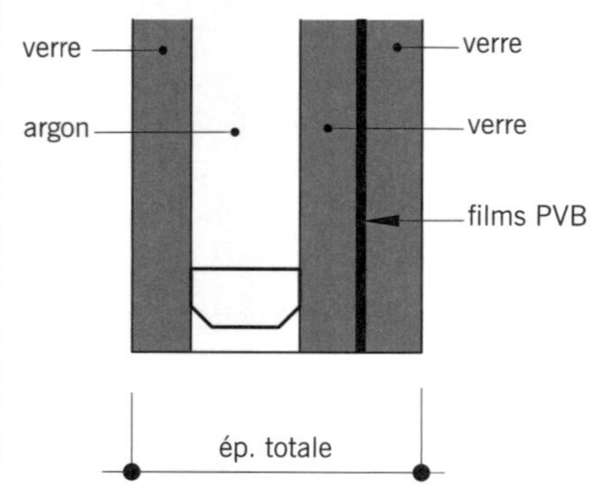

composition	4-10-44.2 (1)	10-6-44.2	10-12-44.2	6-12-44.2
épaisseur (mm)	23	25	31	27
poids (kg/m²)	30	45	45	35
U (W/m²°C)	de 2 à 2,8			
g	de 65 % à 70 %			
R (dB)	de 30 à 40			

(1) un verre de 4 mm + un remplissage argon de 10 mm + un verre feuilleté (verre de 4 mm + 2 films PVB + verre de 4 mm)

8 – Le triple vitrage avec remplissage gaz

Ce vitrage est encore peu utilisé en raison principalement de son coût élevé. Les triples vitrages les plus performants possèdent le même pouvoir isolant que 5 cm de laine de verre. Ce chiffre qui peut apparaître peu élevé doit cependant être comparé aux 120 cm que devrait mesurer en épaisseur un simple vitrage pour atteindre le même pouvoir isolant. Il existe également des triples vitrages à faible émissivité dont un des verres extérieurs est feuilleté.

Fig. 6.33 **Triple vitrage avec remplissage gaz**

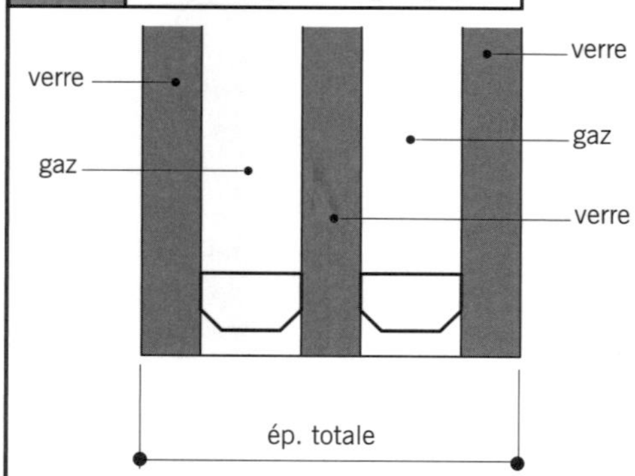

composition	4-8-4-8-4	4-12-4-12-4	4-6-4-6-44.2
épaisseur (mm)	28	36	29
poids (kg/m²)	30	30	40
U (W/m²°C)	de 1 à 2		
g	de 60 % à 70 %		
R (dB)	de 35 à 40		

6.6 La casse thermique

■ Lorsque les rayons du soleil frappent une surface vitrée, l'énergie solaire est, pour une partie d'entre elle réfléchie par le vitrage, une autre partie est absorbée par le verre et une troisième le traverse.

Cette énergie absorbée échauffe le verre. Si cette augmentation de température est uniformément répartie sur toute la surface du verre et si celui-ci peut librement se dilater dans son cadre support, il n'y aucun risque que le vitrage se brise. En revanche, si le vitrage n'est que partiellement exposé au soleil et si les bords sont beaucoup plus froids que le centre, on observe un écart de température qui génère dans le verre des contraintes internes susceptibles de provoquer sa rupture, si celles-ci dépassent une certaine valeur critique. Ce phénomène est appelé **casse thermique**.

■ Plusieurs facteurs externes sont susceptibles de provoquer l'échauffement du verre augmentant ainsi les risques de casse thermique **(fig. 6.34)** :

- **l'orientation et l'inclinaison du vitrage** : les vitrages dont l'orientation est comprise entre – 60 ° et + 45° sont considérés comme exposés au soleil (zone grisée sur la figure). L'inclinaison du vitrage rentre aussi en ligne de compte : moins le vitrage est incliné par rapport à l'horizontale, plus il intercepte une grande quantité de rayonnement solaire. Ainsi

Fig. 6.34 Facteurs de casse thermique

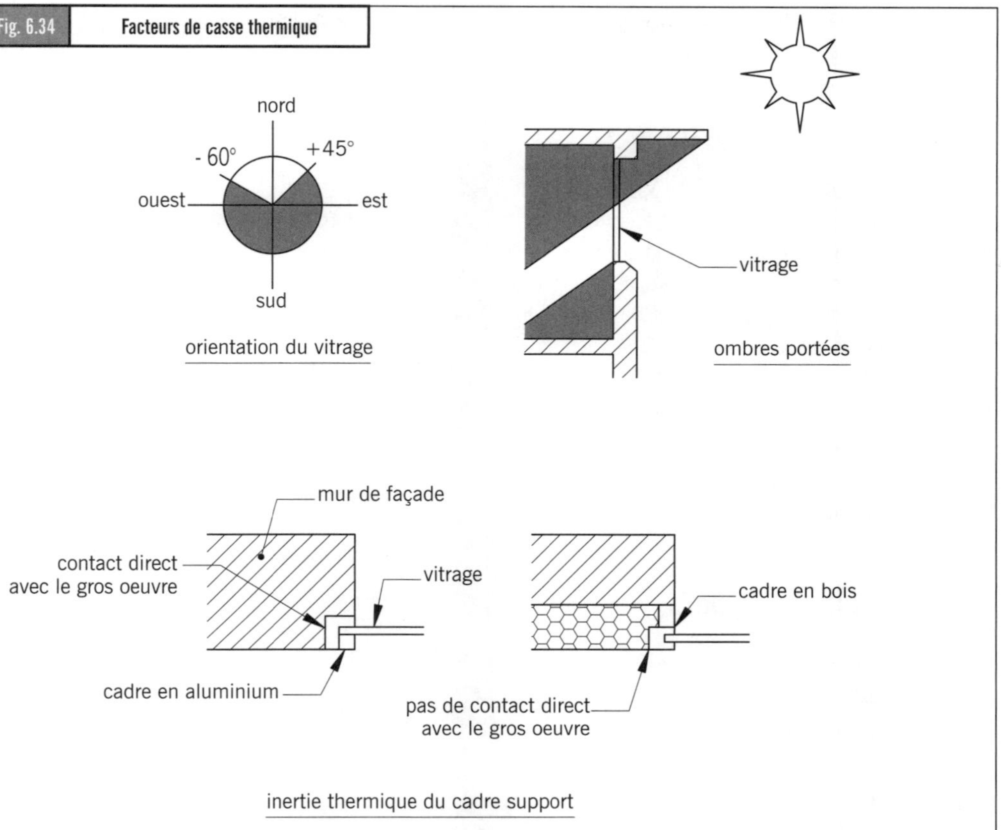

les risques de casse thermique sont plus importants pour les vitrages situés en toiture (verrière, véranda, fenêtre de toit...) que pour les vitrages verticaux ;

- **les ombres portées** occasionnées par des éléments de construction (auvent, dalle de balcon, mur...). Toute ombre portée et prolongée génère un écart de température entre les deux zones du vitrage ;
- **l'environnement intérieur** : les rideaux ou les stores intérieurs ne doivent pas être en contact avec le vitrage. L'air doit passer librement entre le vitrage et le dispositif d'occultation. Les murs, les abouts de plancher, les éléments de mobilier situés non loin du vitrage participent à son échauffement et accroissent les risques de casse thermique. De même tout corps de chauffe (radiateur, convecteur...) placé à proximité d'un vitrage constitue un risque potentiel ;
- **les caractéristiques du vitrage et de la menuiserie** : plus le coefficient d'absorption énergétique du vitrage est élevé, plus les risques de casse thermique sont importants. Si les bords du vitrage sont bruts, les micro-défauts de surface inhérents à la découpe du verre peuvent constituer des amorces éventuelles de rupture. En revanche, un rodage (rectification) des bords du vitrage permet d'éliminer ces défauts de surface et donc de réduire les risques de casse thermique. En règle générale, la température des bords du vitrage est différente de celle du reste du vitrage. Cette différence est d'autant plus importante que **l'inertie thermique**(12) du cadre support est élevée. Le risque de casse thermique est, par exemple, plus important pour un vitrage posé dans un châssis en aluminium en contact direct avec le gros œuvre que pour un vitrage posé dans un châssis en bois sans contact direct avec le gros œuvre.

■ Lorsque qu'il existe des risques de casse thermique, il est conseillé d'utiliser du verre trempé dont la résistance aux chocs thermiques et supérieure à celle du verre recuit ordinaire. Le verre trempé résiste à des

(12) L'inertie thermique d'une menuiserie caractérise son aptitude à amortir les variations de température. Une menuiserie à forte inertie thermique conserve une température stable. Elle se refroidit ou se réchauffe lentement. Inversement une menuiserie à faible inertie thermique s'échauffe ou se refroidit rapidement.

variations de température de l'ordre de 200°C tandis que le verre recuit ne supporte qu'une différence de 40°C environ.

■ Pour en savoir plus ■

– Norme NF P 78-201-1/A1 (DTU 39) : travaux de bâtiment. Travaux de miroiterie-vitrerie. Partie 1 : cahier des clauses techniques. Amendement A1 (extrait du sommaire : choix du vitrage en fonction des contraintes thermiques, méthode de calcul pour l'évaluation des risques de casse d'origine thermique, rodage des arêtes des verres pour en renforcer la résistance au regard des contraintes thermiques).

– Norme NF EN 365 : verre dans la construction. Vitrages de sécurité. Mise à essai et classification de la résistance à l'attaque manuelle.

6.7 Les principes de pose

On distingue trois principaux modes de pose des menuiseries extérieures (**fig. 6.35**) :

- la pose en applique avec ébrasement ou au nu intérieur ;
- la pose en feuillure ;
- la pose entre tableaux.

1 – La pose en applique avec ébrasement

La menuiserie est placée en retrait par rapport au doublage isolant (**fig. 6.36**). Un encadrement en bois ou en métal constitué de quatre **fourrures** ou **tapées** assemblées prolonge le dormant jusqu'au nu intérieur du mur. L'ensemble est fixé à la paroi et mis en place avant la pose du doublage isolant.

2 – La pose en applique au nu intérieur

■ Ce mode de pose est couramment utilisé pour tous les types de menuiseries extérieures (**fig. 6.37**). Les fourrures sont situées à l'extérieur entre le dormant de la menuiserie et la maçonnerie. L'ensemble est fixé au mur et mis en place avant la pose du doublage isolant.

Sur les menuiseries en bois, les fourrures appelées aussi **fausses-tapées** ou **tapées d'isolation** sont assemblées au cadre dormant. Soumises aux intempéries, elles doivent être suffisamment épaisses et correctement assemblées (collées et vissées) afin d'éviter tout risque de déformation dans le temps.

Les fabricants de menuiseries en PVC proposent deux types de montage permettant de rattraper l'épaisseur du doublage isolant :

- des fourrures sous la forme de profilés additionnels de différentes largeurs, vissées sur le cadre dormant ;
- des dormants dits « monoblocs » avec tapées intégrées disponibles en plusieurs largeurs pour accepter les différentes épaisseurs d'isolant (**fig. 6.38**).

■ Ces deux types de montage existent également dans les menuiseries en aluminium. Les dormants monoblocs sont plus utilisés que les fourrures additionnelles car ils simplifient le montage de la fenêtre et suppriment les risques éventuels d'infiltration. Les menuiseries en aluminium peuvent également être posées sur **précadre**. Ce mode de pose proposé par certains fabricants consiste à mettre en place, avant la pose du doublage isolant, un cadre rectangulaire constitué de quatre éléments assemblés (deux montants et deux traverses). La fenêtre ou la porte-fenêtre est posée plus tard après intervention des autres corps d'état (plaquiste, plâtrier). La pose sur précadre présente deux avantages principaux. D'une part les risques de détérioration de la menuiseries (rayures, casse des vitrages) sont réduits et, d'autre part, le précadre permet, dès le départ de fixer des dimensions précises de menuiserie. Cela contribue à faciliter la pose des ouvrages et à obtenir des calfeutrements efficaces.

3 – La pose en feuillure

La menuiserie est mise en place dans des entailles ou feuillures ménagées dans le mur (**fig. 6.39**). Ce mode de pose est généralement utilisé sur :

- des murs non isolés de garage, de cave...
- des murs à isolation répartie (Monomur® ou béton cellulaire).

Un doublage peut éventuellement être mis en place côté intérieur (pointillés sur les figures).

4 – La pose entre tableaux

La menuiserie est posée dans l'épaisseur du mur (**fig. 6.40**). Appelé aussi **pose en tunnel**, cette technique est très peu utilisée en construction neuve. On la rencontre surtout en rénovation dans le cas de murs très épais avec ébrasements intérieurs.

Fig. 6.35 Différents modes de pose (coupes horizontales schématiques)

pose en applique avec ébrasement

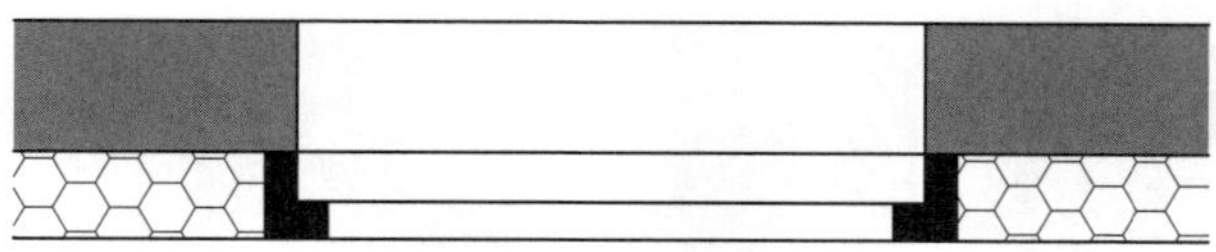

pose en applique au nu intérieur

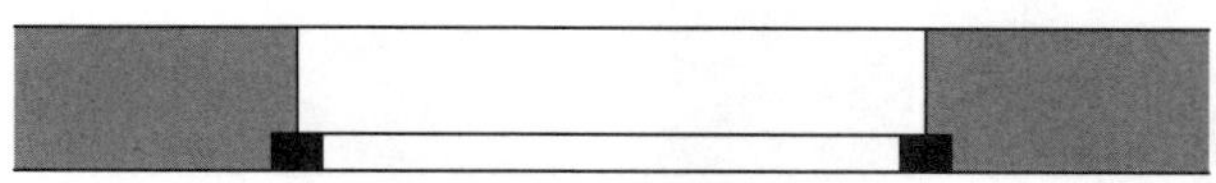

pose en feuillure

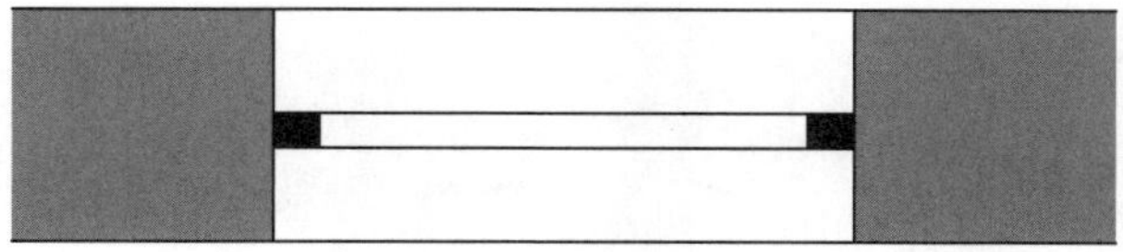

pose entre tableaux

Fig. 6.36 Pose en applique avec ébrasement

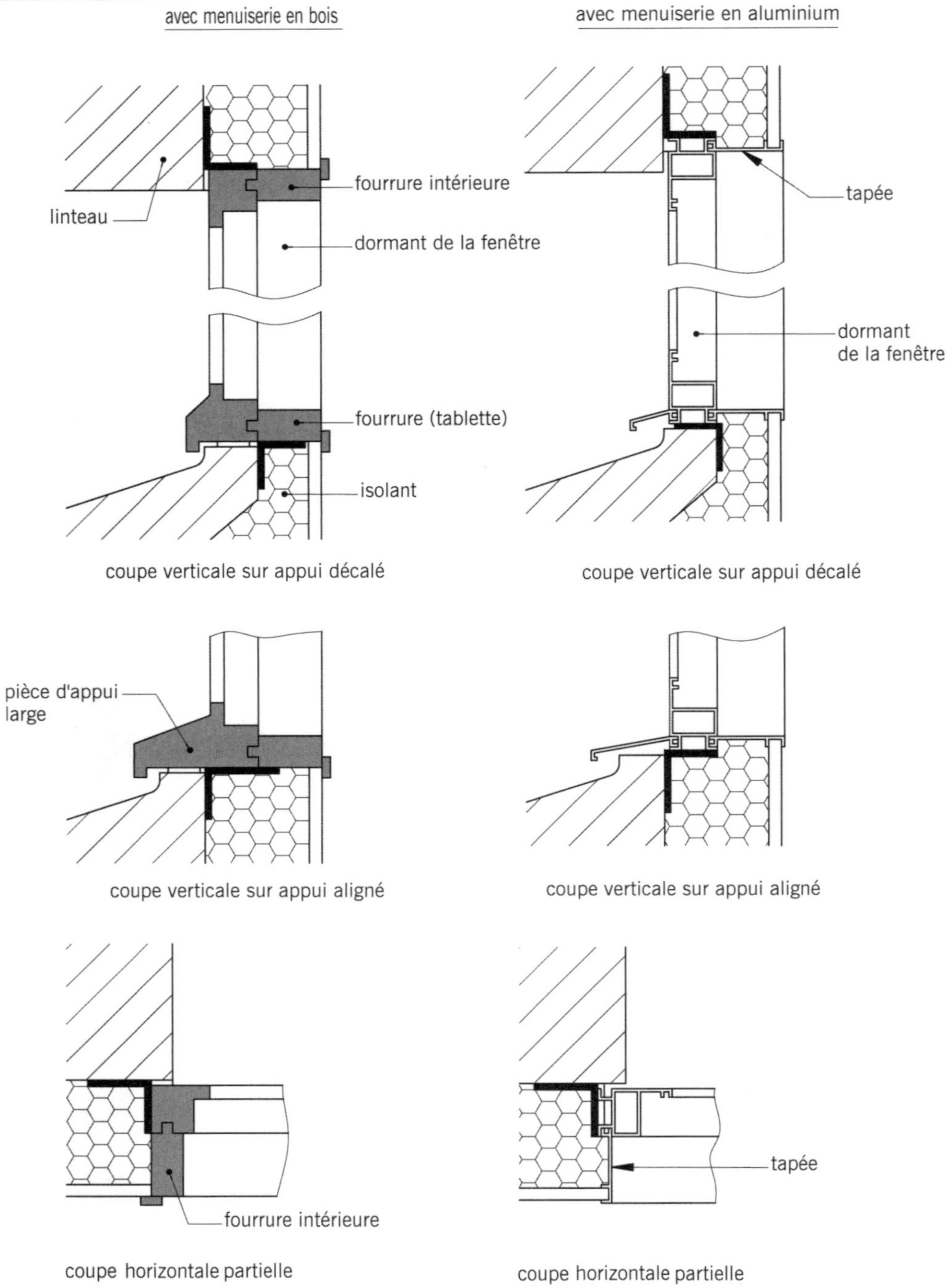

Fig. 6.37 **Pose en applique au nu intérieur**

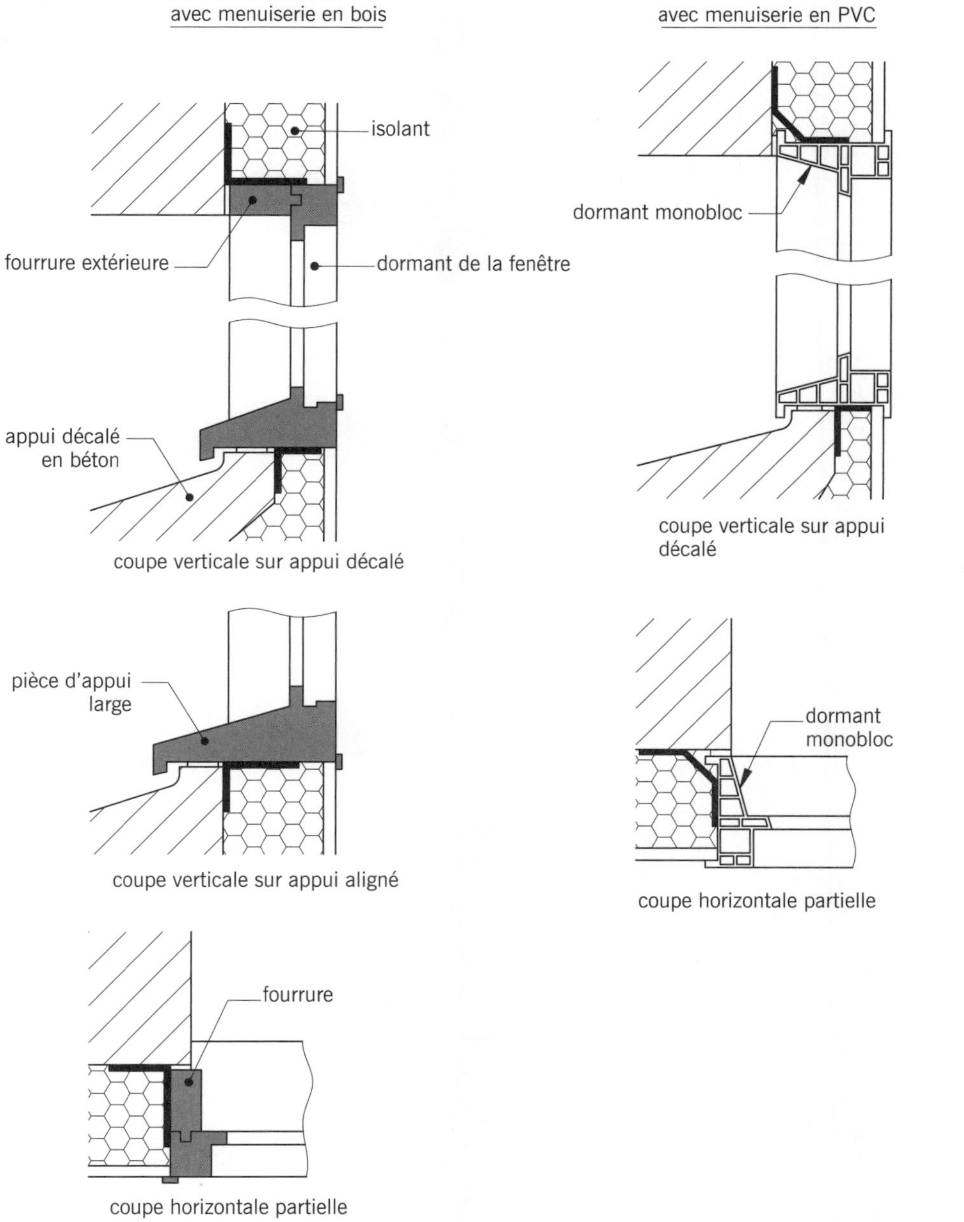

Fig. 6.38 **Exemples de dormants monoblocs en PVC**

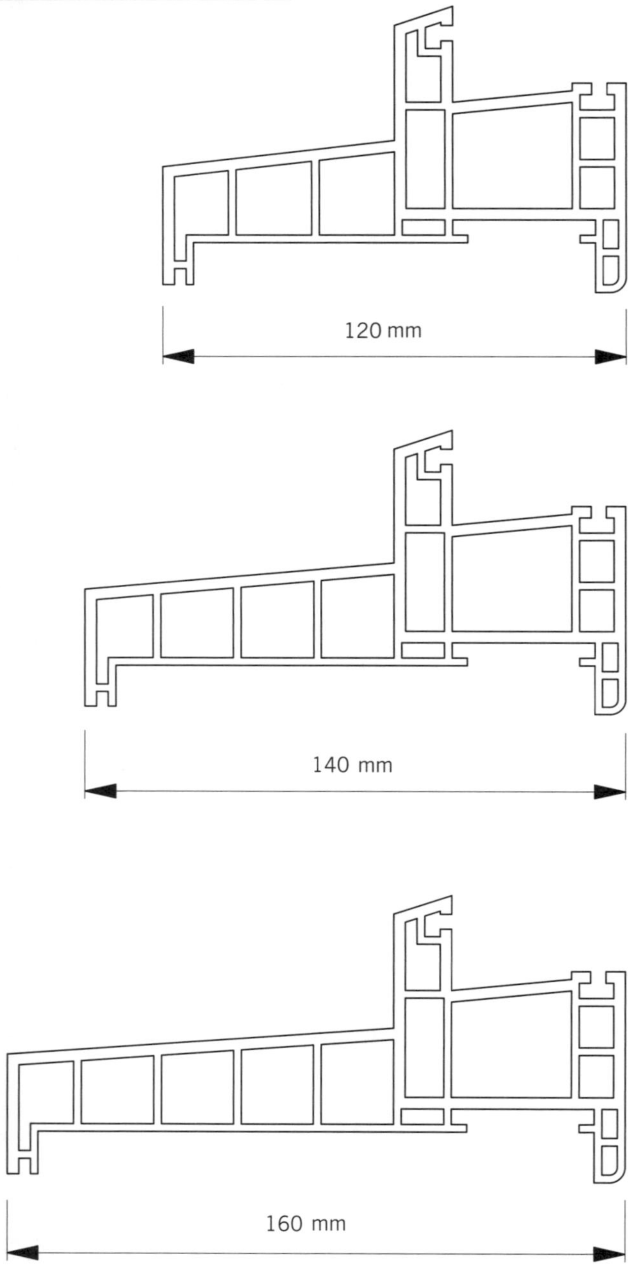

Fig. 6.39 **Pose en feuillure**

avec menuiserie en bois

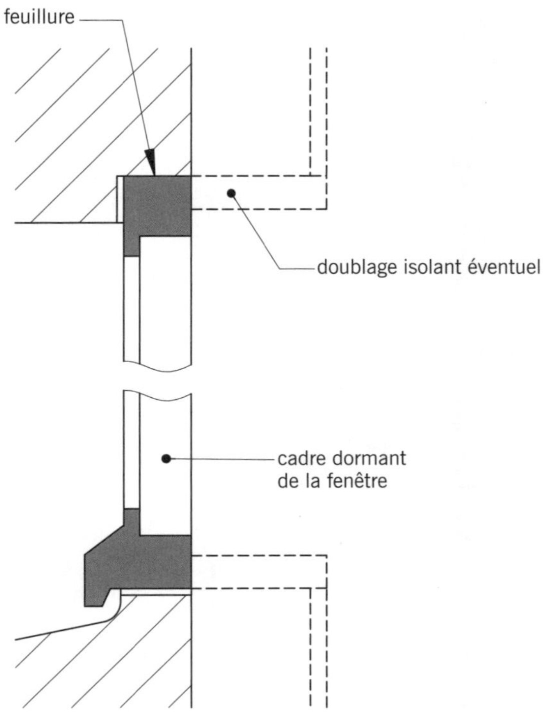

coupe verticale sur appui aligné

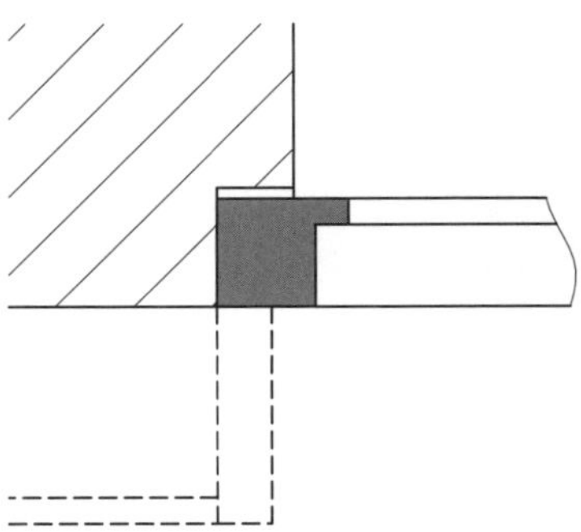

coupe horizontale partielle

avec menuiserie en PVC

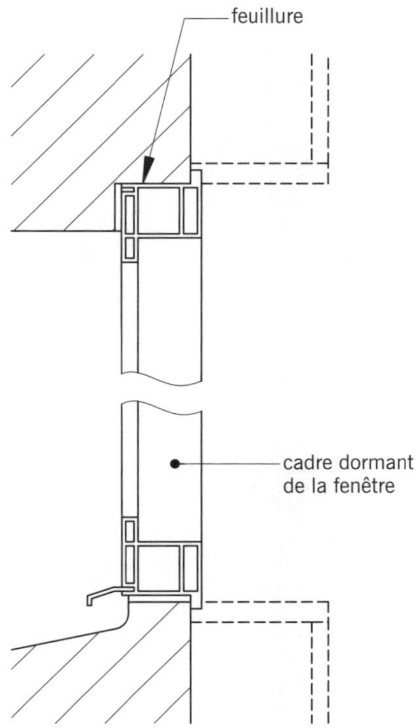

coupe verticale sur appui aligné

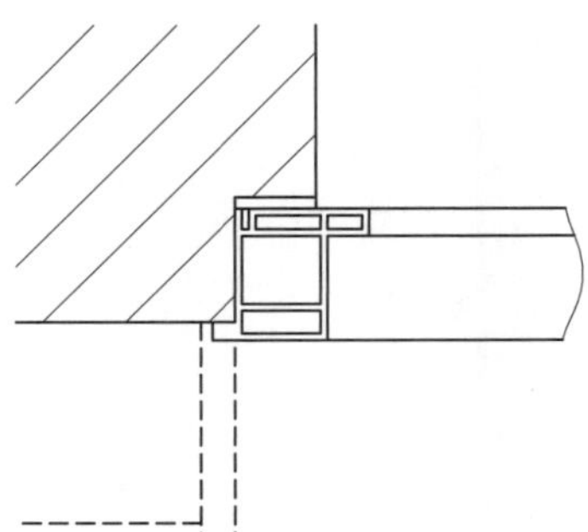

coupe horizontale partielle

Fig. 6.40 **Pose entre tableaux**

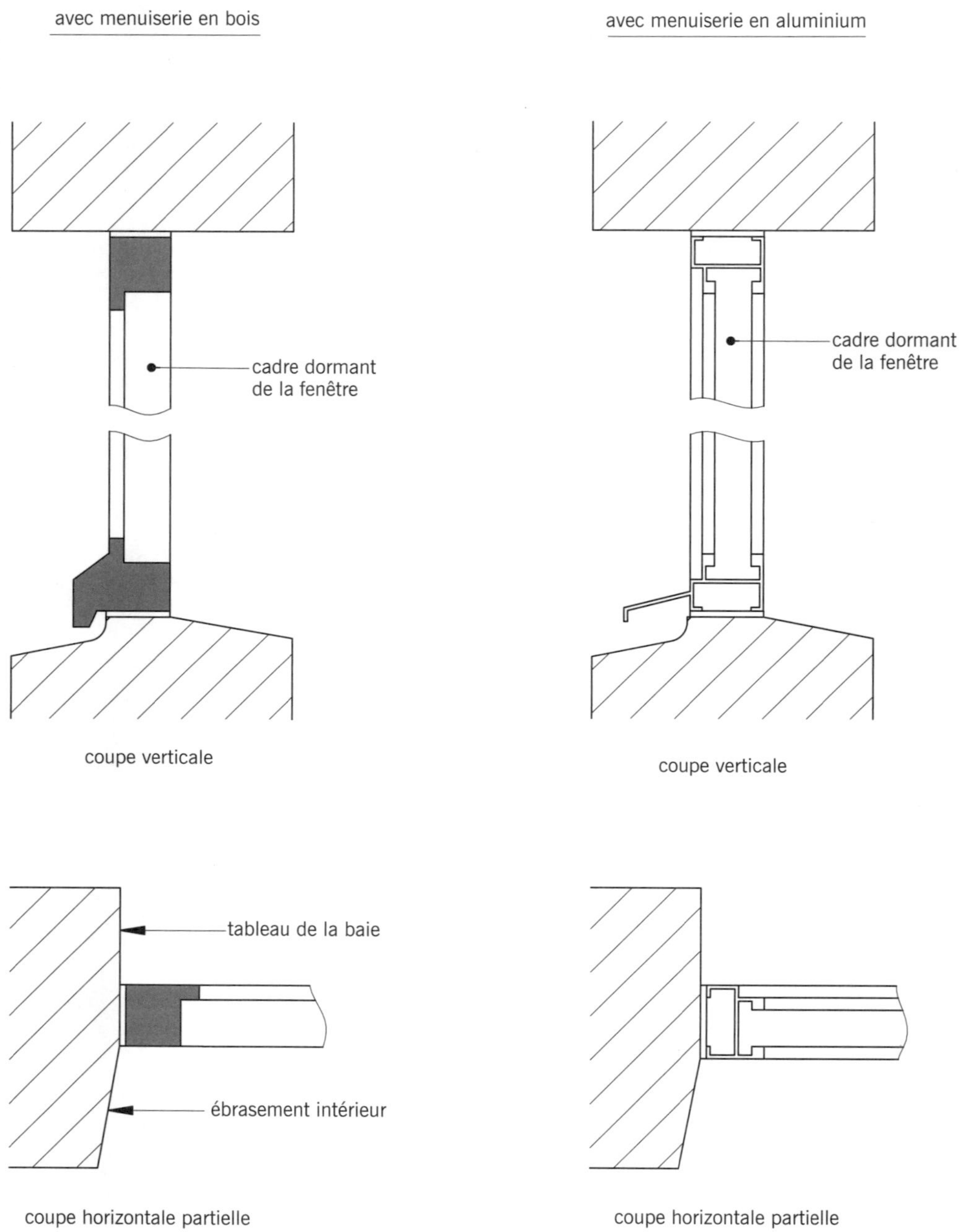

5 – La fixation au gros oeuvre

■ La menuiserie est fixée au gros œuvre par l'intermédiaire de pattes ou d'équerres métalliques vissées ou par des vis associées à des cales ou à des vérins. Le nombre de points de fixation est fonction des dimensions de la fenêtre. Un minimum de trois fixations par menuiserie est à prévoir. Les fixations doivent être renforcées au droit des points de condamnation des ouvrants (serrure) et des organes de rotation (paumelles).

En aucun cas la menuiserie ne doit prendre appui ou être fixée sur le doublage isolant intérieur. Les éléments de fixation de la pièce d'appui et éventuellement de la tablette (dans le cas d'une pose avec ébrasement) doivent pouvoir supporter une charge concentrée de 100 daN sans détérioration de la fenêtre ou du doublage isolant.

■ Il faut prévoir dans tous les cas un joint d'étanchéité périphérique entre le gros œuvre et le dormant de la menuiserie. Ce calfeutrement assure l'étanchéité à l'air et à l'eau (y compris dans les angles). On distingue trois types de calfeutrement :

- le calfeutrement humide qui consiste à réaliser un bourrage au mortier de ciment entre la maçonnerie et le dormant. cette technique est à proscrire pour les menuiseries en aluminium ou en acier ;
- le calfeutrement dit « humide renforcé » qui est un bourrage au mortier de ciment associé à un joint extérieur à base de mastic extrudé ;
- le calfeutrement sec qui peut être soit un cordon de mastic préformé ou une bande de mousse imprégnée (mis en place avant la pose de la menuiserie), soit un joint extrudé à base de mastic de type élastomère réalisé sur un fond de joint en mousse (effectué après la pose de la menuiserie).

■ Pour en savoir plus ■

- Norme NF P 23-305 : menuiseries en bois. Spécifications techniques des fenêtres, portes-fenêtres et châssis fixes en bois.
- Norme NF P 24-301 : spécifications techniques des fenêtres, portes-fenêtres et châssis fixes métalliques.
- Norme XP P 24-401 : menuiseries aluminium RPT. Spécifications techniques.
- Norme NF P 24-203 (DTU 37.1) : travaux de bâtiment. Menuiseries métalliques.
- DTU 36.1 : travaux de bâtiment. Menuiseries en bois.
- *Référentiel de pose des fenêtres en PVC. Recommandations professionnelles*. Document technique édité par le syndicat national de la menuiserie PVC
- *Mise en œuvre des menuiseries en PVC.* Guide pratique édité par le CSTB.
- *Mise en œuvre des menuiseries en aluminium.* Guide pratique édité par le CSTB.
- *Mise en œuvre des menuiseries en bois.* Guide pratique édité par le CSTB.

6.8 Les volets

1 – Les volets battants

■ Les volets battants sont constitués de un ou de deux vantaux pleins ou persiennés. En position ouverte, les vantaux sont maintenus contre la façade à l'aide d'**arrêts** (à tourniquet, à paillette ou à tête de bergère). En position fermée, une **espagnolette** assure, de l'intérieur, le verrouillage des vantaux. Les volets battants peuvent être réalisé en bois, en PVC ou en aluminium.

■ Il existe plusieurs modèles de **volets battants en bois** (fig. 6.41). Le modèle traditionnel, à barres et écharpe, est composé de lames verticales dont l'assemblage est renforcé par des tiges en acier logées dans l'épaisseur du volet. Les barres et écharpes ont souvent une fonction décorative. Certains modèles de volets pleins en sont dépourvus. La rotation des volets est assurée par des **pentures** dont l'extrémité enroulée s'articule dans des gonds scellés dans le mur. Des **contre-pentures** peuvent être prévues côté intérieur, à hauteur des pentures.

Les **volets à cadre** comportent un bâti dont les pièces sont assemblées par tenons et mortaises et un remplissage constitué de lames horizontales ou de panneau(x) plein(s).

Dans les **volets persiennés**, une partie ou la totalité du remplissage est constitué de lames inclinées non jointives (à bords arrondis ou à bords arasés). En position fermée, ces volets permettent d'aérer et de filtrer la lumière dans la pièce. En revanche, l'hiver, ils sont peu isolants (fig. 6.42).

Les volets en bois peuvent être réalisés en pin d'Orégon, en sapin blanc du nord ou en bois exotiques (méranti, sapelli...). Ils reçoivent en usine une protection temporaire (insecticide, fongicide et hydrofuge) qui doit être complétée, avant la pose, par au moins deux couches de produits de finition (lasure ou peinture) à renouveler à intervalles réguliers (tous les deux à trois ans environ).

Fig. 6.41 **Exemples de volets en bois**

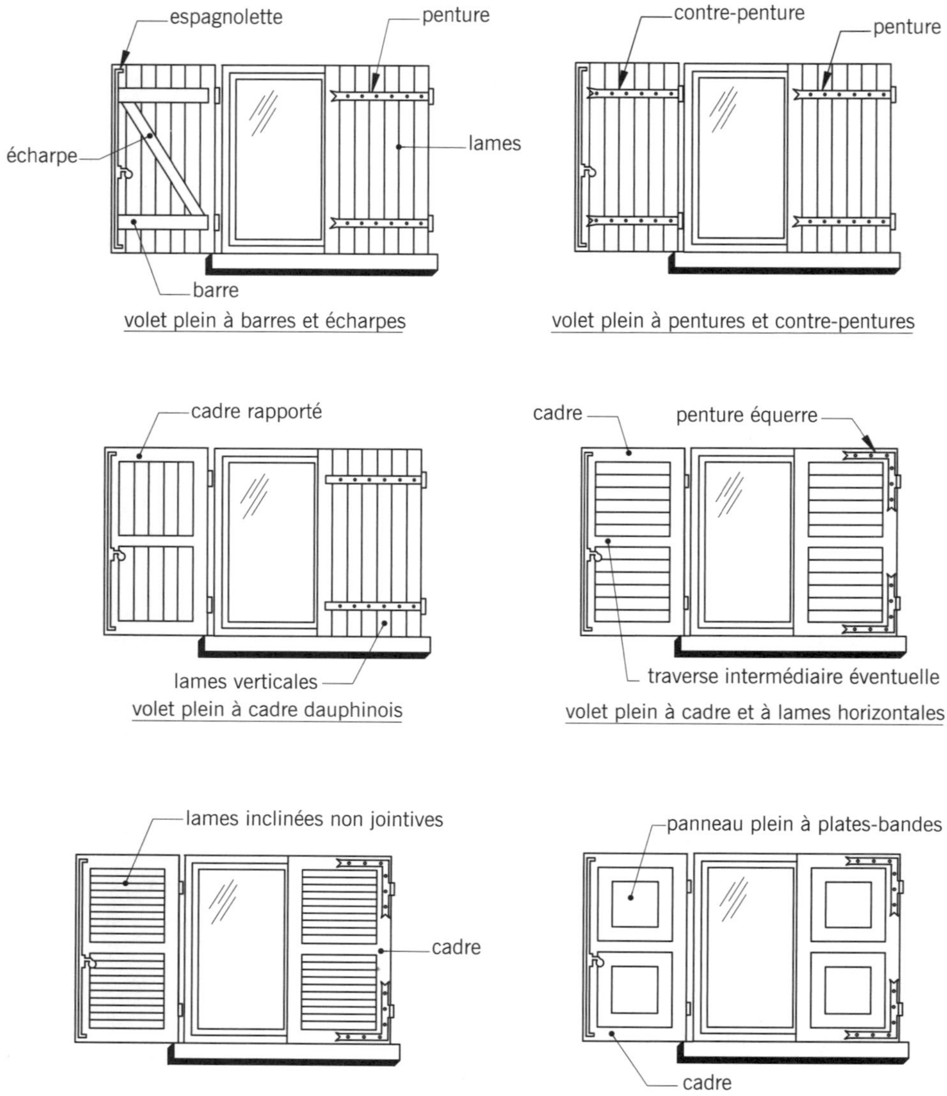

volet plein à barres et écharpes

volet plein à pentures et contre-pentures

volet plein à cadre dauphinois

volet plein à cadre et à lames horizontales

volet persienné

volet à cadre et à panneaux pleins

Fig. 6.42 Exemple de volet traditionnel 1/3 persienne

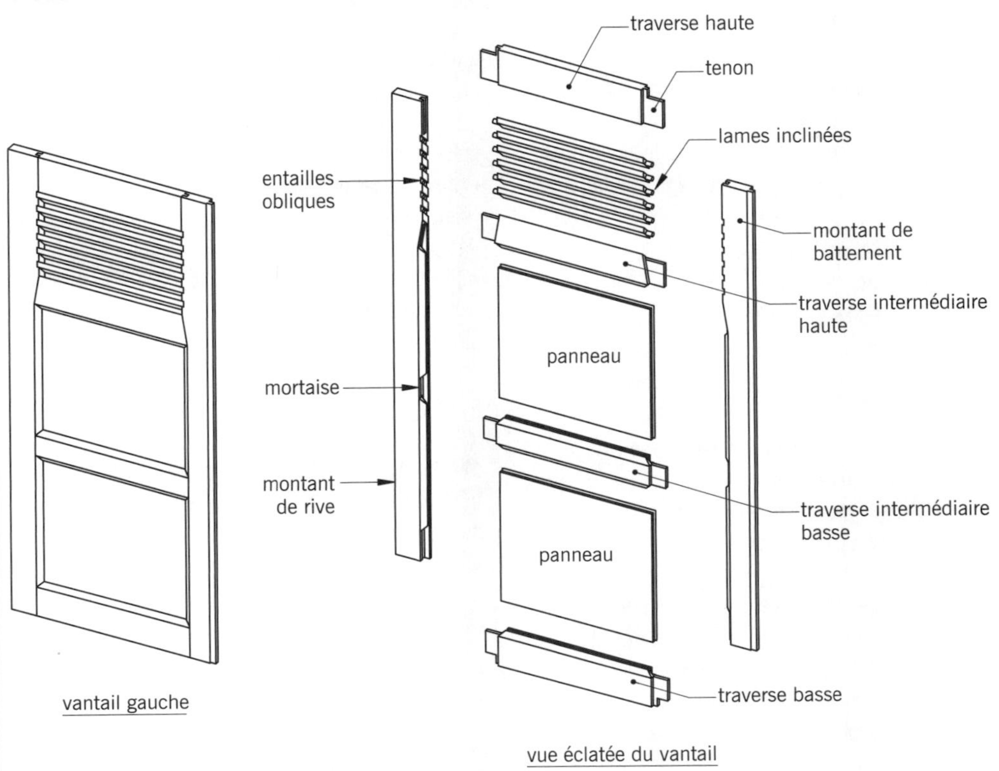

Fig. 6.43 Exemple de volet battant en PVC

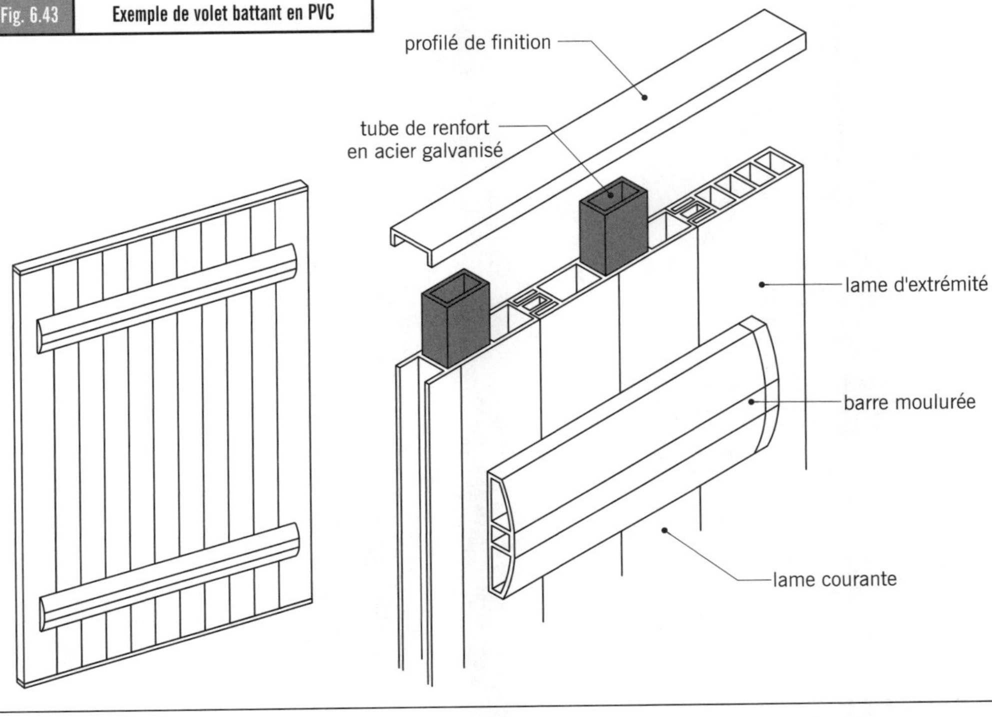

■ Les **volets en PVC** ressemblent par leurs formes aux différents types de volets en bois (fig. 6.43). Le PVC est imputrescible, son entretien est réduit (simple lavage à l'eau savonneuse) mais sa moindre résistance aux chocs et à l'effraction nécessite la mise en place de renforts métalliques (tubes en acier galvanisé insérés dans les chambres des profilés). Les coloris habituellement proposés sont le blanc ainsi que quelques tons pastel et imitation bois.

■ Les **volets en aluminium** adoptent les mêmes formes extérieures que celles des volets en bois. On distingue deux types de volets pleins :

- les volets réalisés avec des lames assemblées par emboîtement et équipées de barres, d'écharpes et de pentures ;
- les volets dont la partie pleine est un panneau sandwich constitué de deux parements en aluminium prélaqué et d'une âme en mousse de polyuréthane ou de polystyrène extrudé. Ces volets dont l'aspect extérieur ressemble à des lames jointives procurent un complément d'isolation thermique. Comme pour les fenêtres en aluminium, la palette de coloris est très étendue, l'entretien est réduit et le niveau de prix élevé.
- Il existe également des volets persiennés en aluminium à lames inclinées fixes (fig. 6.44) ou mobiles (orientables manuellement) ainsi que des persiennes coulissantes.

2 – Les persiennes

Les persiennes comportent plusieurs vantaux étroits qui sont reliés entre eux par des paumelles et qui viennent se replier de chaque côté de la fenêtre contre les tableaux de la baie (fig. 6.45). Les persiennes peuvent être équipées d'un dispositif de **projection à l'italienne**. Les vantaux sont alors fixés sur un cadre métallique dont la partie supérieure est articulée. L'ensemble, en s'inclinant vers l'extérieur, permet de réduire l'ensoleillement dans la pièce tout en conservant une aération naturelle. Il existe également des **persiennes coulissantes** appelées aussi **jalousies** dont les vantaux articulés entre eux sont guidés par des rails haut et bas. En position ouverte ils se replient en accordéon de chaque côté de la fenêtre. Les persiennes peuvent être réalisées en bois, en acier ou en aluminium.

3 – Les volets roulants

■ Le volet roulant est un ouvrage de fermeture composé de lames horizontales articulées s'enroulant autour d'un axe. Les principaux éléments composants un volet roulant sont (fig. 6.46) :

- le **tablier** constitué de lames assemblées en PVC ou en aluminium (à simple ou à double paroi, isolantes ou non) ;
- deux **coulisses** tubulaires en aluminium avec joint anti-bruit fixées sur les tableaux de la baie ;
- un **arbre d'enroulement** qui est un tube métallique horizontal autour duquel s'enroule le tablier ;
- un **caisson** ou **coffre** métallique en PVC, en fibres de bois ou en polystyrène selon l'emplacement du volet roulant (voir ci-après les différents modes de pose) ;

Fig. 6.44 **Exemple de volet persienne en aluminium**

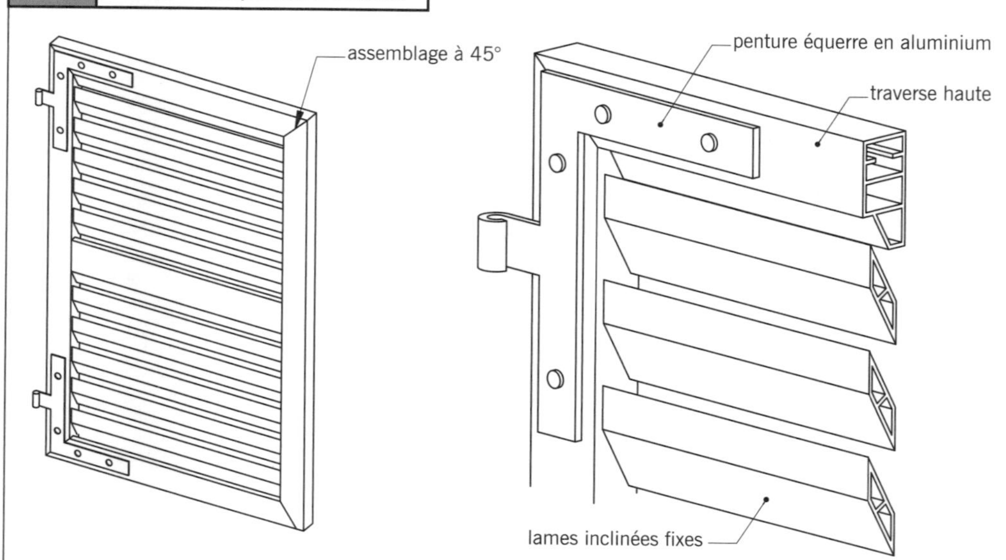

Fig. 6.45 Exemples de persiennes

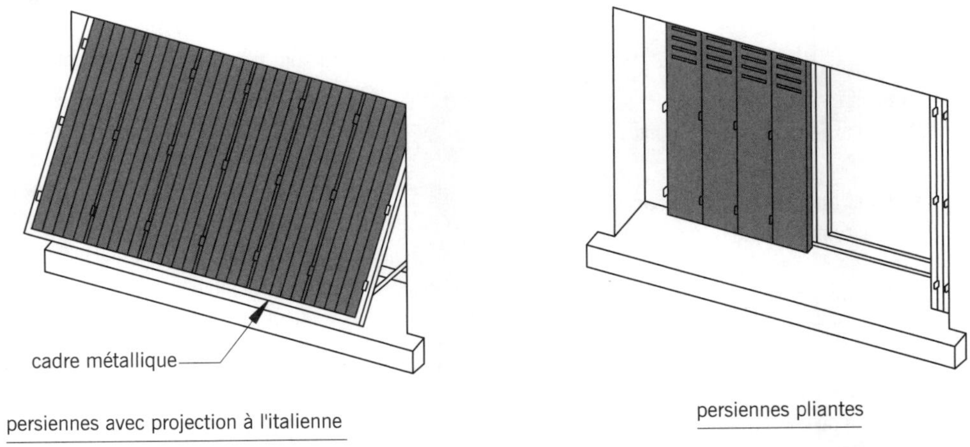

- un **dispositif de manœuvre** du volet dont la commande peut être manuelle (par sangle ou par tige oscillante) ou électrique par l'intermédiaire d'un moteur de forme tubulaire inséré dans l'arbre d'enroulement. Il existe deux types de commandes électriques :

– **par fils** avec commande individuelle (un inverseur montée/descente par volet roulant) ou avec une commande centralisée (pour piloter plusieurs volets roulants à partir d'un seul endroit) avec ou sans programmateur destiné à manoeuvrer automatiquement les volets (simulateur de présence) ;

Fig. 6.46 Exemple de volet roulant monobloc (vue éclatée schématique)

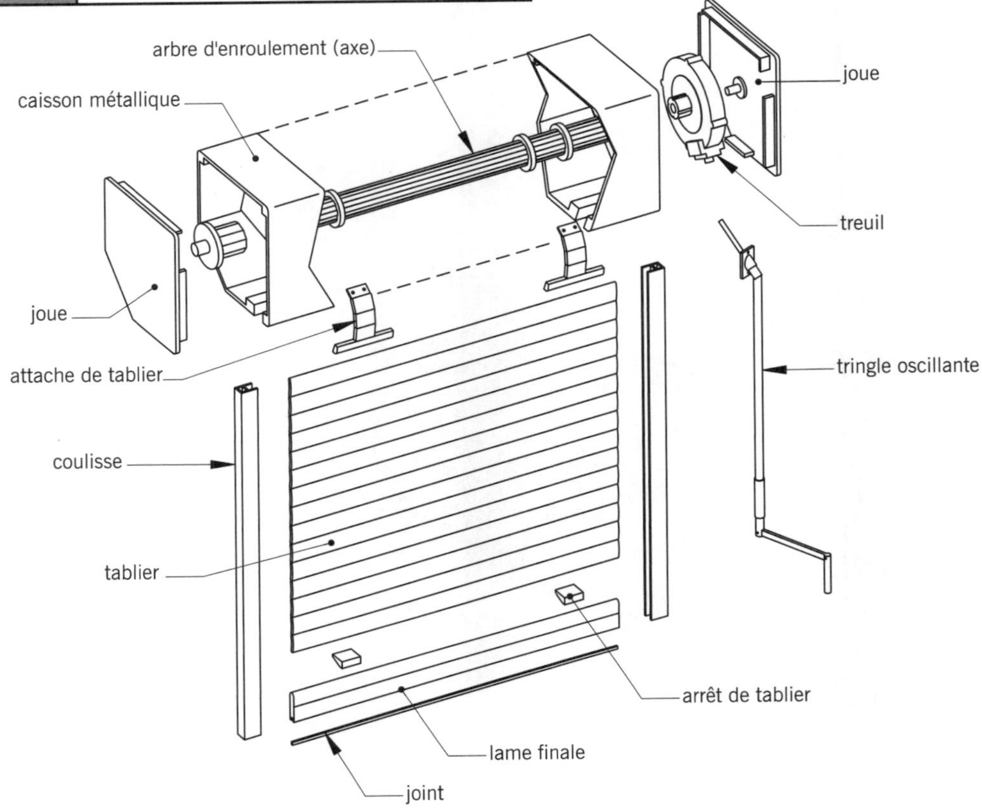

– **par ondes radio** pour commander à distance, sans fils, les volets roulants (commande individuelle ou générale).

■ Il existe plusieurs façons de poser un volet roulant : le coffre peut être soit apparent à l'intérieur de la pièce, soit visible à l'extérieur soit situé dans l'épaisseur du mur :

- **le coffre est apparent à l'intérieur** (fig. 6.47). Posé en applique contre la maçonnerie, il prend souvent la forme d'un boîtier préfabriqué en PVC, en tôle d'aluminium mais il peut aussi être réalisé en bois, à la demande. La face avant du coffre est démontable pour permettre d'accéder au mécanisme d'entraînement du tablier. Malgré un encombrement souvent réduit, ce type de coffre est peu esthétique ;
- **le coffre est visible à l'extérieur** (fig. 6.48). Le coffre est souvent installé à l'extérieur lors de travaux de rénovation en remplacement de volets battants existants. Mais ce mode de pose peut également être utilisé en construction neuve. Il libère l'espace intérieur et l'ensemble est posé en une seule opération sans nécessiter de gros travaux (volet roulant de type monobloc). On distingue trois dispositions possibles :

– **disposition A** : le coffre est mis en place sous le linteau. Le tablier est situé près de la fenêtre. La remontée du tablier s'effectue suivant le sens contraire des aiguilles d'une montre. Ce mode d'enroulement est appelé enroulement extérieur ;

– **disposition B** : le coffre est mis en place sous le linteau. Le tablier est situé dans le plan de la façade. La remontée du tablier s'effectue suivant le sens des aiguilles d'une montre. Ce mode d'enroulement est appelé enroulement intérieur ;

– **disposition C** : le coffre est posé en applique sur la façade avec enroulement extérieur.

- **le coffre est incorporé dans l'épaisseur du mur** (fig. 6.49). Le volet s'enroule dans un espace ménagé dans l'épaisseur du mur. Aucun élément ne dépasse

Fig. 6.47 Coffre apparent à l'intérieur

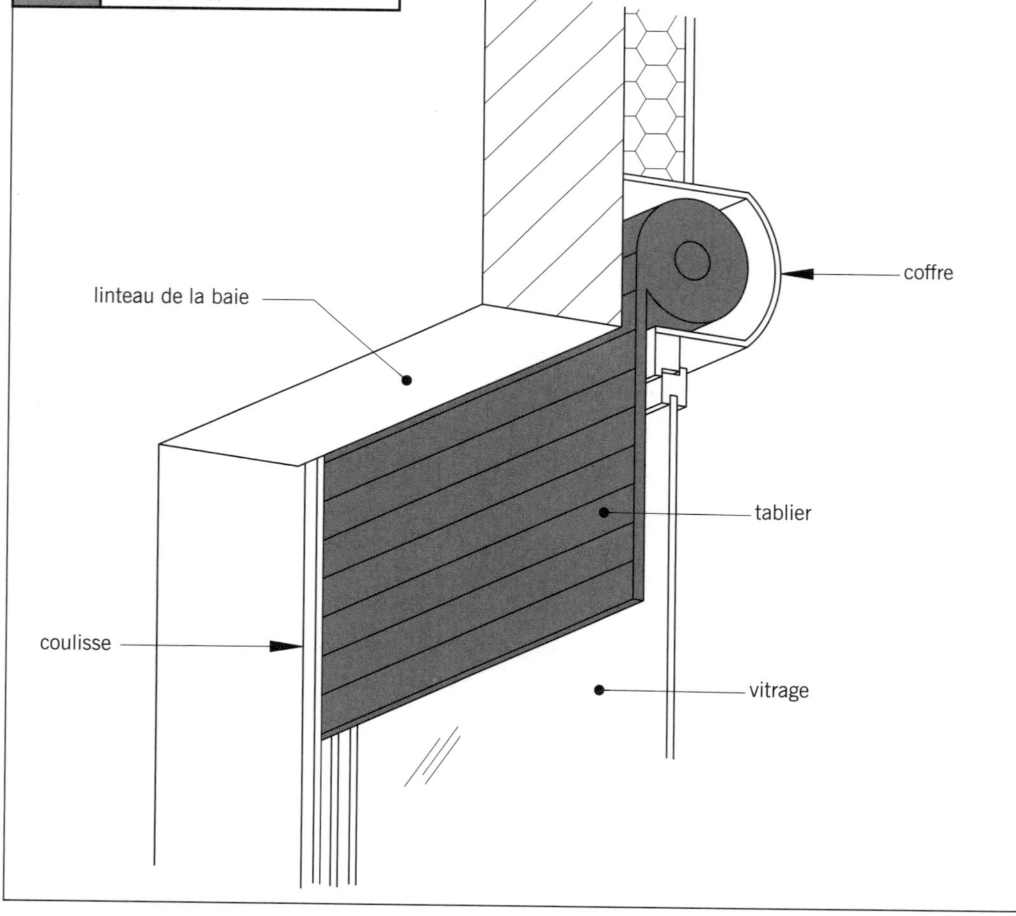

Fig. 6.48 Coffres visibles à l'extérieur

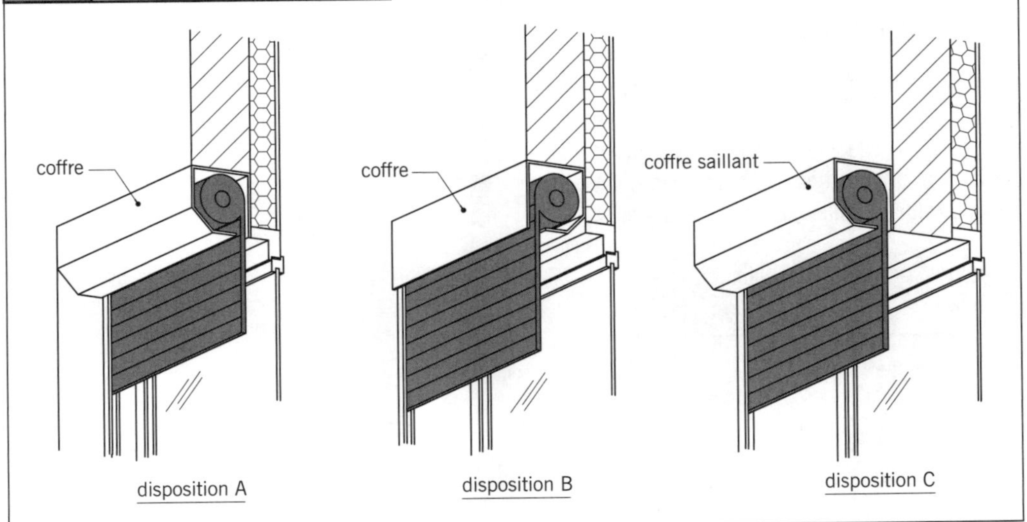

Fig. 6.49 Coffres incorporés dans le mur

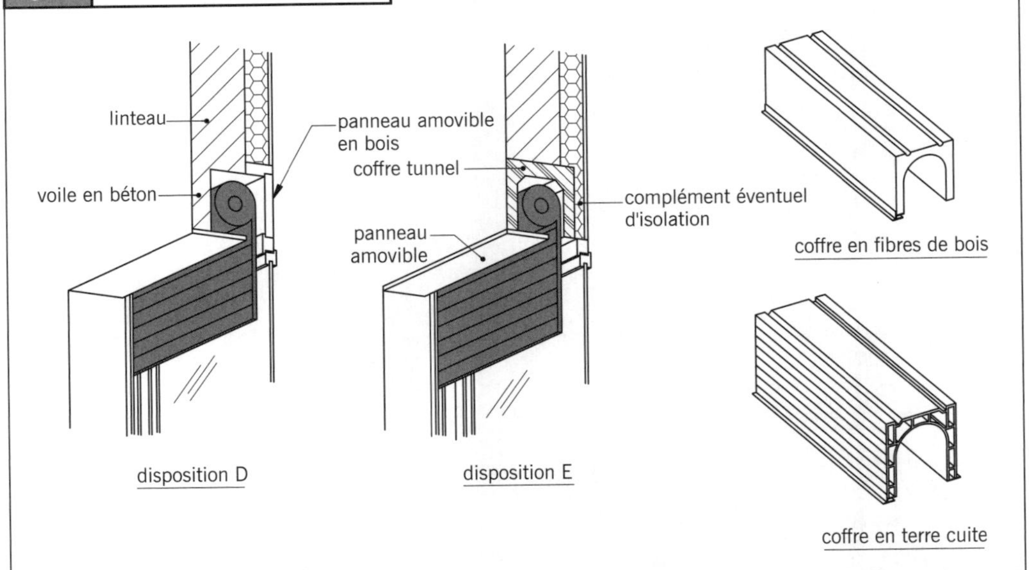

ni à l'intérieur ni à l'extérieur. Dans la **disposition D** un petit voile en béton prolonge le linteau de la baie. L'accès au mécanisme d'entraînement s'effectue de l'intérieur par la dépose d'un panneau amovible. La **disposition E** présente le mode de pose le plus répandu en construction neuve. Il consiste à enrouler le tablier à l'intérieur d'un caisson appelé **coffre-tunnel**. Mis en place lors des travaux de maçonnerie, ce coffre peut être en fibres de bois (fibragglo), en polystyrène ou en terre cuite avec isolation intégrée. Une sous face amovible permet d'accéder au mécanisme.

■ Les **volets roulants monoblocs** sont livrés aux dimensions souhaitées, entièrement assemblés et réglés. La pose se trouve ainsi simplifiée par rapport à celle d'un volet roulant traditionnel assemblé sur place.

4 – Le bloc-baie

Le bloc-baie est un ensemble comprenant la menuiserie (fenêtre ou porte-fenêtre) et le volet roulant. Le pré-assemblage en atelier des différents composants garantit un fonctionnement optimal de l'ensemble qui se pose en une seule opération.

7.1 Les portes intérieures

Classiques ou contemporaines, pleines ou vitrées, battantes ou à galandage, les portes intérieures se déclinent sous différentes formes (fig. 7.1). Destinées à desservir et à fermer les pièces de l'habitation, elles peuvent soit être toutes identiques et s'inscrire dans l'architecture intérieure générale, soit s'adapter au style et au décor de chaque pièce.

1 – Les caractéristiques générales

■ Les dimensions standard des portes intérieures sont indiquées dans le tableau de la page suivante.

Fig. 7.1 Exemples de portes intérieures

dimensions standard normalisées des portes à un vantail (cm)	
hauteur de porte (hauteur de passage)	204 (202.5)
largeur de porte (largeur de passage)	63 73 83 93 (60) (70) (80) (90)

■ Selon la position du vantail par rapport à l'huisserie, on distingue (fig. 7.3) :

- la **porte à chants plats** (ou à rives droites) dont les extrémités se logent totalement dans les feuillures de l'huisserie. Les jeux existants entre l'huisserie et le vantail sont visibles d'un côté de la porte ;
- la **porte à recouvrement** : porte dont le chant horizontal supérieur et les deux chants verticaux comportent une feuillure. La porte fermée est en légère saillie par rapport à l'huisserie. Les jeux entre l'huisserie et le vantail sont masqués.

Les huisseries en bois sont couramment utilisées en maison individuelle mais il existe également des huisseries métalliques.

2 – Les différents types de portes

Selon la conception de la porte, on distingue quatre principaux types (fig. 7.4) :

- la **porte plane** ou **isoplane.** Elle comporte un cadre périphérique en bois et deux parements (faces de la porte) en fibres de bois ou en contreplaqué. L'âme de la porte peut être alvéolaire (réseau d'alvéoles en carton ou en lamelles de bois), pleine (panneaux de particules remplissant tout l'intérieur de la porte) ou en polystyrène (cas des portes planes isolantes) ;
- la **porte postformée** est composée de deux parements en fibres de bois thermoformés (pressés dans un moule à haute température) et fixés sur un cadre en bois. Le thermoformage permet d'obtenir des reliefs ressemblant à ceux des portes menuisées. L'âme peut être alvéolaire, pleine ou en polystyrène ;
- la **porte menuisée** est constituée de montants et de traverses en bois, assemblés par tenons et mortaises autour de panneaux pleins et/ou de vitrages. Les montants et traverses peuvent être en bois massif ou en bois lamellés recouverts de parements en bois véritable. Les panneaux de remplissage sont constitués de bois massif ou de fibres de bois postformées avec placages sur les deux faces en bois véritable ;
- la **porte en verre** transparente ou translucide (aspect sablé).

3 – Les modes d'ouvertures

On distingue trois modes d'ouverture (fig. 7.5) :

- la **porte battante** à un ou deux vantaux ;
- la **porte coulissante** en applique. Portée par un rail de guidage, elle coulisse le long de la cloison ;
- la **porte à galandage** (ou porte escamotable) : le vantail coulisse sur un rail et à l'ouverture rentre dans un fourreau métallique de même épaisseur que la cloison.

4 – Les marques NF

■ La **marque NF vantaux de portes planes** s'applique à tous les vantaux de portes intérieures planes ou menuisées fabriquées selon une technologie similaire à celles des portes planes. Les caractéristiques certifiées sont :

Fig. 7.2 **Dimensions des portes intérieures**

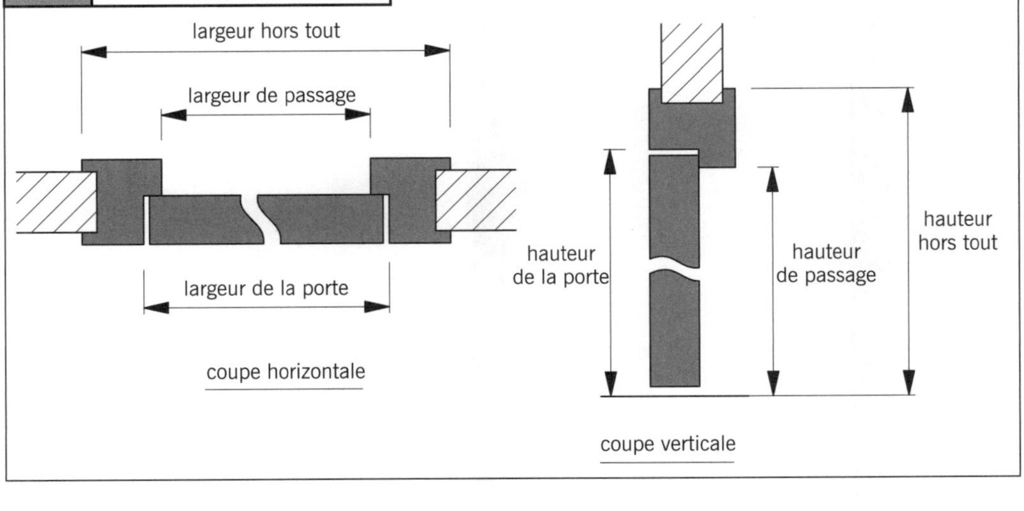

Fig. 7.3 **Positions du vantail (coupes horizontales)**

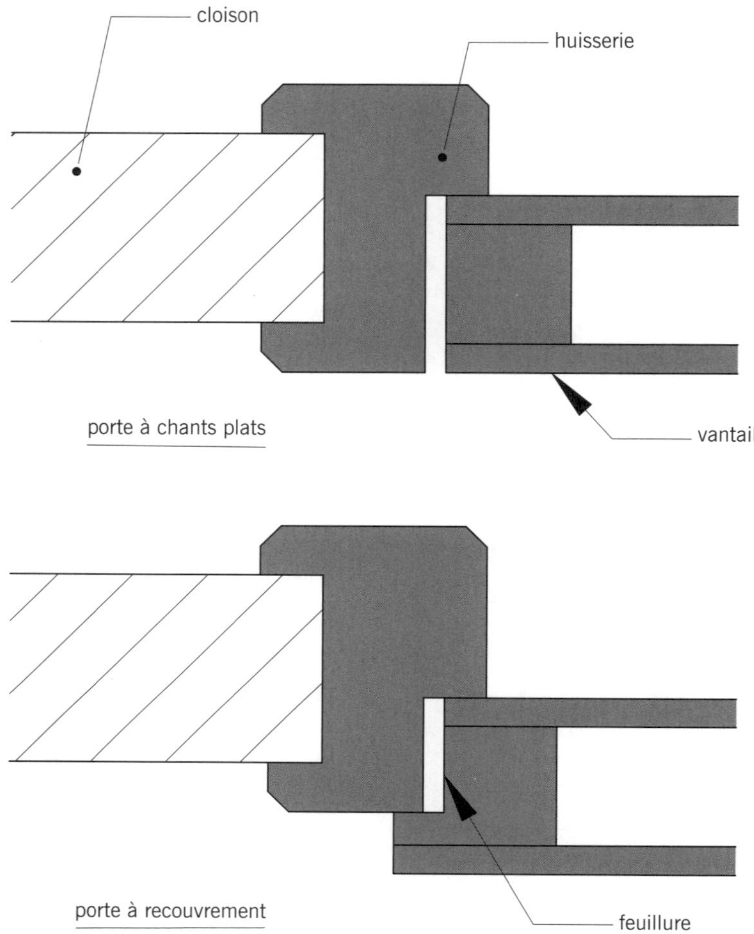

Fig. 7.4 **Différents types de portes**

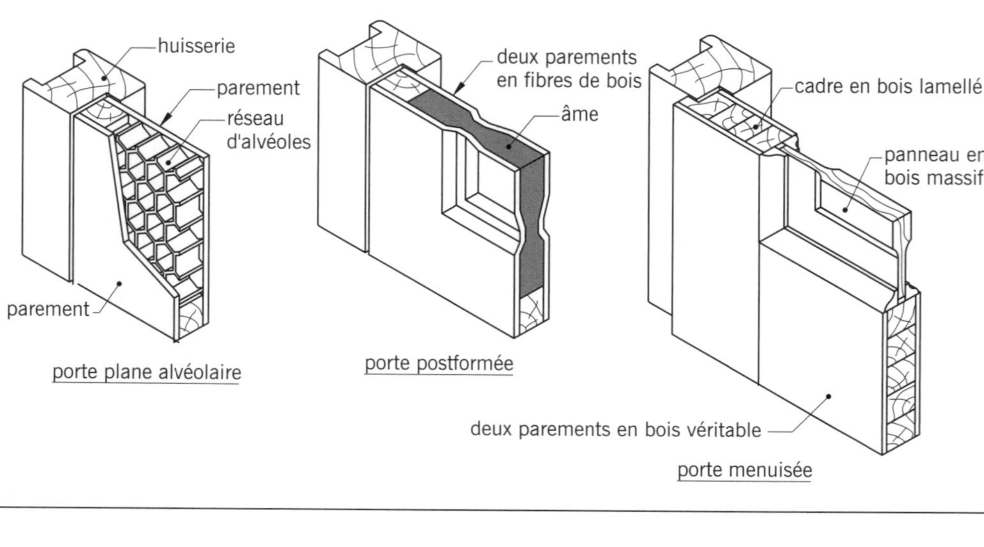

Fig. 7.5 Modes d'ouverture

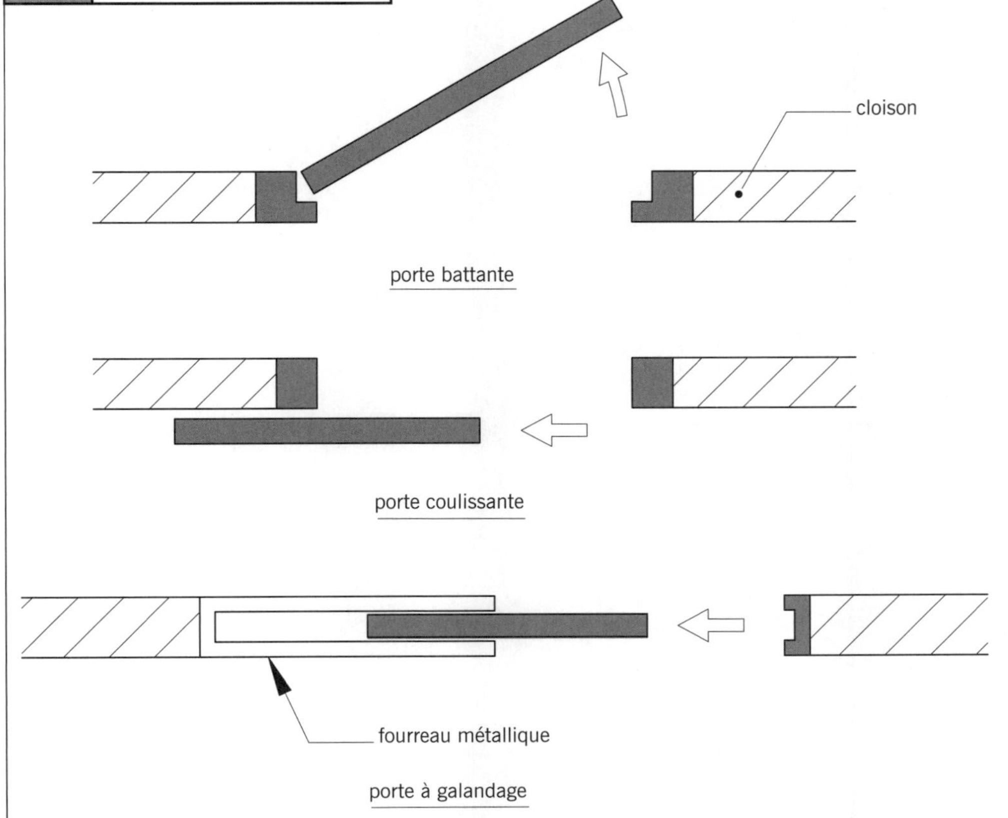

- la résistance aux chocs ;
- la stabilité ;
- la planéité ;
- la résistance à l'humidité,
- la qualité de la finition éventuelle.

L'appartenance à la marque est matérialisée par une étiquette adhésive apposée sur un chant transversal du vantail. Elle comporte les inscriptions suivantes : le numéro d'identification du titulaire, le code permettant de repérer la nature des composants des parois et de l'âme de la porte, l'indication abrégée de la destination du vantail (COM pour communication, BRU pou faces brutes, PRE pour faces prépeintes, STR pour faces stratifiées décoratives ou panneaux stratifiés, PLA pour placages en bois et LAQ pour faces laquées).

■ La **marque NF blocs-portes intérieurs, classement FASTE** s'applique aux blocs-portes intérieurs en bois posés sur huisseries en bois ou métalliques, équipés de vantaux plans ou fabriqués selon cette technique (vantaux postformés). Ces vantaux peuvent être éventuellement renforcés d'éléments complémentaires tels que des plaques ou des raidisseurs métalliques. Les caractéristiques certifiées sont :

- la résistance au feu **F** ;
- la performance acoustique **A** ;
- la stabilité selon le climat **S** ;
- l'isolation thermique **T** ;
- la résistance à l'effraction **E**.

L'appartenance à la marque est matérialisée par une étiquette apposée sur le chant du vantail, côté paumelles. Elle comporte les indications suivantes : la référence commerciale du produit, le nom du fabricant, le niveau de performance certifié de chacun des cinq critères.

Les blocs-portes intérieurs pour maisons individuelles ne doivent pas nécessairement posséder toutes les caractéristiques certifiées au travers de cette marque qui s'adresse prioritairement aux portes palières des logements collectifs.

FICHE ENVIRONNEMENT N°2

LES LABELS ÉCOLOGIQUES

1 – L'écolabel européen

Instauré en 1992 par l'Union européenne, **l'écolabel européen**, symbolisé par une petite fleur formée de 12 étoiles, est un label officiel européen délivré par Afnor Certification et destiné à distinguer et à promouvoir des produits plus respectueux de l'environnement. Les critères d'attribution couvrent l'ensemble du cycle de vie du produit depuis le choix des matières premières jusqu'à leur élimination après usage y compris leur recyclage éventuel.

Le mode d'attribution de l'écolabel est basé sur une démarche volontaire des fabricants et des entreprises. Il est ouvert à un très grand nombre de produits à l'exception des boissons, des produits agroalimentaires et pharmaceutiques. Il existe une vingtaine de catégories de produits labellisé parmi lesquelles on peut citer : les chaussures, les nettoyants multi-usages, les produits textiles, les aspirateurs, les réfrigérateurs. Dans le secteur du bâtiment, l'écolabel concerne, à l'heure actuelle, trois catégories de produits : les revêtements de sols durs, les peintures et vernis de décoration intérieure et les ampoules électriques.

1.1 Les revêtements de sols durs

L'écolabel concerne les produits suivants : pierres naturelles, pierres agglomérées, éléments de pavage en béton, carreaux de terrazzo (granit), carreaux de céramique et carreaux d'argile.

L'écolabel garantit un revêtement de sol de qualité dont le mode de fabrication :

- limite la consommation d'eau et d'énergie ;
- réduit l'utilisation de substances nocives pour la santé et l'environnement (interdiction d'utiliser des substances ou préparations classées comme cancérogènes ; teneur limitée en métaux lourds ; les matières premières ne doivent pas contenir d'amiante) ;
- limite l'impact de l'activité d'extraction sur les habitats et les ressources naturelles ;
- limite les rejets dans l'air et dans l'eau ;
- assure une meilleure gestion des déchets (séparation et utilisation des matériaux recyclables ; récupération de matériaux pour d'autres utilisations, traitement des déchets) ;

1.2 Les peintures et vernis de décoration intérieure

L'écolabel s'applique aux peintures et vernis de décoration intérieure dont le processus de production :

- limite la pollution de l'air par les solvants (faible contenu en composés organiques volatiles et en hydrocarbures aromatiques volatils ; pour les peintures murales, teneur en COV $\leqslant$ 30 gr/litre) ;
- limite l'utilisation de substances dangereuses pour l'environnement et la santé (le produit n'est pas classé comme très toxique, toxique, dangereux pour l'environnement, cancérigène, toxique pour la reproduction ; les ingrédients utilisés ne doivent pas contenir de métaux lourds) ;
- réduit les émissions de soufre ;
- réduit la production de déchets dangereux ;
- garantit des performances minimum (pouvoir masquant des peintures ; résistance au frottement humide pour les peintures murales et peintures pour sols ; résistance à l'eau pour les vernis et peintures pour sols).

1.3 Les ampoules électriques

L'écolabel concerne les ampoules électriques dont le processus de fabrication :

- réduit les dommages et risques écologiques liés à l'utilisation du mercure (teneur en mercure < 4 mg pour les ampoules à culot unique ; teneur en mercure < (5 mg pour les tubes de durée de vie normale et < 8 mg pour les tubes de longue durée de vie) ;
- limite l'emploi de substances nocives pour l'environnement et la santé (interdiction d'utiliser une liste de produits classés cancérigènes, toxiques pour la reproduction, toxiques pour les organismes aquatiques) ;

- garantit une durée de vie minimum (10 000 heures pour les ampoules à culot unique ; 12 500 heures pour les tubes à durée de vie normale et 20 000 heures pour les tubes à longue durée de vie) ;
- réduite les déchets d'emballage (utilisation de matériaux recyclés pour les emballages carton avec respect d'un pourcentage minimum).

2 – La marque NF Environnement

La **marque NF Environnement** est une marque officielle de certification française délivrée par Afnor certification. Elle distingue les produits dont l'impact sur l'environnement est réduit (limitation des émissions de solvants lors de la fabrication, non utilisation de substances classées comme dangereuses..).

La marque NF Environnement concerne de nombreux produits de grande consommation (filtres à café, sacs poubelle, enveloppes postales, litières pour chats) et quelques produits du secteur du bâtiment tels que les peintures et vernis, les profilés de décoration et d'aménagement (plinthes, moulures, lames de parquet.), les colles pour revêtements de sols et les plaques de plâtre.

2.1 Les peintures et les vernis

Pour les peintures et vernis, les critères d'attribution sont très proches de ceux exigés pour l'écolabel européen. La teneur maximale en COV est de 100 gr/litres pour les peintures de classe 1 (classement de brillance).

2.2 Les profilés de décoration et d'aménagement

Pour les profilés de décoration et d'aménagement les critères sont propres aux matériaux utilisés.

Pour les profilés en bois massif et reconstitués, ils portent notamment sur l'origine des bois, la gestion durable des forêts, la réduction des émissions de formol, la durabilité des bois traités. Pour les profilés en matière plastique, ils concernent notamment la réduction des métaux lourds et la valorisation du recyclage. Pour les profilés métalliques, ils portent notamment sur la limitation des rejets des ateliers de traitement de surface, sur la valorisation des boues issues de l'épuration des eaux et du recyclage.

■ Pour en savoir plus ■

– *L'écolabel européen. Moins de substances chimiques dangereuses dans les produits de consommation courante*. Brochure à télécharger, au format pdf, sur le site : www.europa.eu.int (portail de l'Union européenne. D'autres brochures relatives aux différents écolabels à télécharger sur le même site.

– Nombreuses informations sur la marque NF Environnement sur le site : www.marque-nf.com.

– *Ecoguide professionnel. Le métier de peintre*. Brochure à télécharger, au format pdf, sur le site : www.cr-picardie.fr.

7.2 Les portes d'entrée

La porte d'entrée joue un rôle de première importance en matière d'esthétique et de personnalisation des lieux. Qu'elle soit pleine ou vitrée, de style traditionnel ou contemporain, elle doit être impérativement isolante et doit protéger de toute intrusion. Quel modèle choisir parmi l'offre très diversifiée des fabricants ? Quel matériau retenir ? Quelles options sélectionner ? Pour vous aider à répondre à ces questions, voici quelques éléments d'informations.

1 – Les matériaux utilisés

■ Le **bois** est le matériau le plus utilisé. Les modèles proposés sont très nombreux (fig. 7.6) et la fourchette de prix est large (dans un rapport de 1 à 5 environ). Les portes en bois exotiques (moabi, movingui, tauari) présentent un bon rapport qualité/prix. Ces bois sont imputrescibles et possèdent une grande stabilité dimensionnelle. On trouve également quelques modèles de portes en chêne, peu nombreux en raison de leur prix élevé.

Même si leurs formes extérieures se ressemblent, toutes les portes en bois ne sont pas de constitution identique. En règle générale, elles comportent une huisserie en bois et un ouvrant composé d'une structure en bois (traverses et montants assemblés) et de panneaux remplissant l'intérieur de la structure. On distingue plusieurs types de panneaux :

- les panneaux multiplis (CTB-X) ou les panneaux de fibres de bois de moyenne densité de type médium

Fig. 7.6 Exemples de portes d'entrée en bois

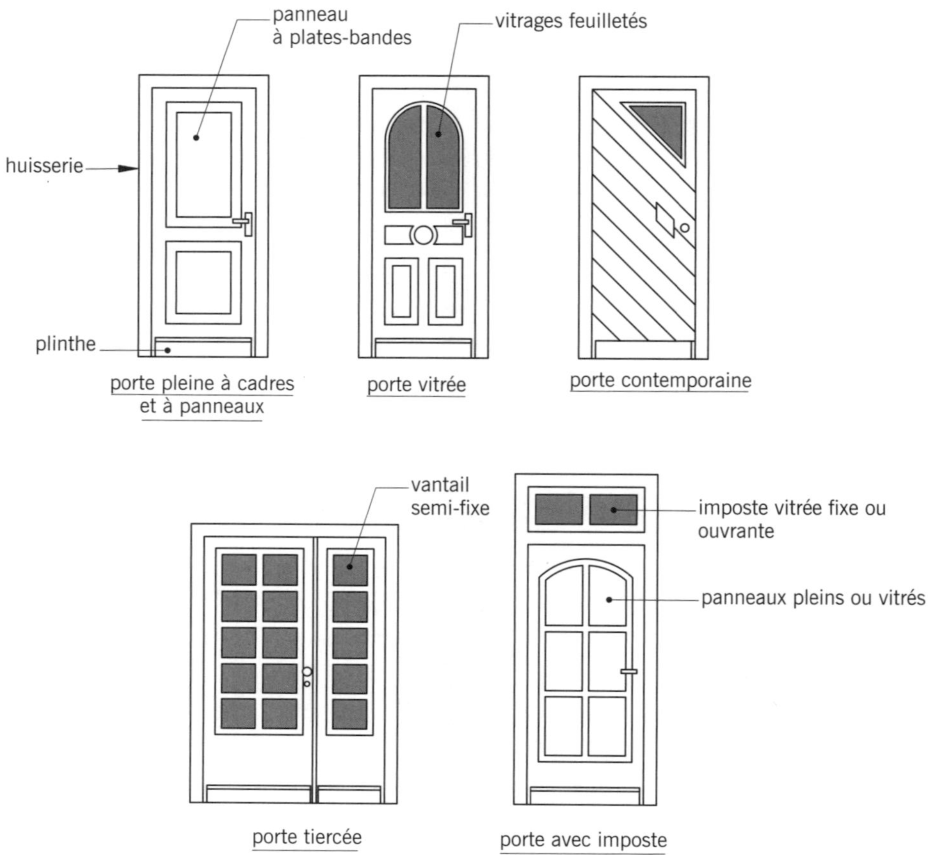

Fig. 7.7 Exemple de porte d'entrée isolante en bois

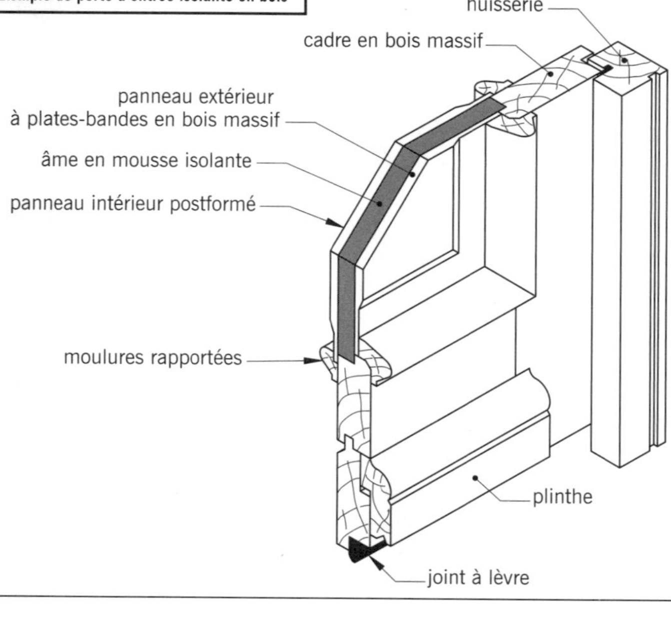

recouverts sur leurs deux faces d'un placage (feuille de bois de faible épaisseur) ;

- les panneaux en bois massif constitués de planches contrecollées à plat joint ;
- les panneaux sandwichs composés d'une âme isolante de polyuréthane (de 2 à 4 cm d'épaisseur) et de deux parements en bois massif, en médium postformé et plaqué ou en CTB-X plaqué (fig.7.7). il faut choisir, de préférence, une porte comportant ce type de panneaux afin de limiter les déperditions thermiques (3 cm de mousse de polyuréthane isolent autant que 15 cm de bois massif).

La structure en bois de la porte peut être de type monolithique ou de type latté (assemblage de lattes de bois contrecollées et de parements en bois massif). L'entretien est le point faible des portes d'entrée en bois. Le traitement IFH (insecticide, fongicide, hydrofuge) doit être complété par une couche de protection à renouveler tous les 2 à 3 ans environ.

■ Les portes en **PVC** possèdent plusieurs atouts : elles sont compétitives au niveau du coût et ne réclament qu'un lavage à l'eau savonneuse de temps en temps. Leur constitution s'apparente à celle des portes en bois : elles comportent une structure périphérique rigide faite de profilés assemblés et de panneaux de remplissage.

Ces panneaux de type sandwich comportent une âme en mousse de polyuréthane prise entre deux plaques de PVC thermoformées dont les reliefs imitent les portes en bois. Des renforts en acier galvanisé intégrés dans les profilés assurent la rigidité de la porte et augmentent sa résistance à l'effraction. Les possibilités décoratives restent limitées par rapport à celles des portes en bois et le choix des coloris est réduit : le blanc et quelques teintes imitation bois obtenues par plaxage.

■ Rigide, inaltérable, stable dimensionnellement, l'**aluminium** permet de réaliser des portes de qualité mais dont le prix de revient est élevé. Ces portes comportent généralement (fig. 7.8) :

- une huisserie en profilés d'aluminium à rupture de pont thermique avec barrettes isolantes ;
- un ouvrant constitué d'une ossature tubulaire en aluminium, d'une âme en mousse isolante et deux parements en aluminium à motifs réalisés par postformage. Il existe quelques modèles mixtes bois et aluminium pour lesquels le parement intérieur est recouvert d'un placage en bois véritable (essences exotiques ou chêne). La porte doit être labellisée Qualicoat ou Qualanod (voir tome 1). La certification **Qualicoat** garantit la bonne tenue des peintures utilisées pour les portes laquées et la certification **Qualanod** garantit la qualité du traitement de surface appliqué sur les portes anodisées.

Les portes en aluminium « premier prix » sont à éviter : elles comportent des panneaux de remplissage très peu isolants dont les deux parements en aluminium enserrent une âme en CTB-X (contreplaqué de qualité marine).

■ Les portes d'entrée en **acier** reçoivent en usine un traitement anti-corrosion. Elles sont livrées pré-peintes ou en finition laquée. L'offre des fabricants demeure très limitée. Le corps de la porte est constitué de deux plaques en acier dont les reliefs sont obtenus par emboutissage. Elles sont assemblées sur une structure en bois, généralement en pin (fig. 7.9). L'intérieur est rempli de mousse de polyuréthane injectée. L'huisserie

Fig. 7.8 **Exemple de porte d'entrée isolante en aluminium**

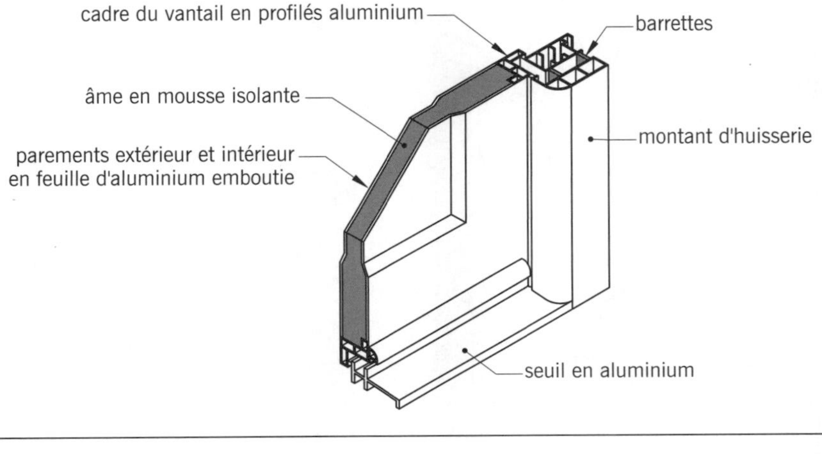

peut être métallique, en bois peint ou en bois revêtu d'une feuille d'acier.

■ La porte d'entrée en **résine de synthèse** est un produit relativement récent. Elle est composée d'une structure périphérique en bois, d'une âme centrale en mousse de polyuréthane et de deux parements moulés en résine de synthèse renforcée par des fibres de verre. Ce nouveau matériau, teinté dans la masse, est imputrescible et ne réclame aucun entretien.

2 – L'adaptation au gros-oeuvre

■ L'adaptation de la porte d'entrée au gros-œuvre peut s'effectuer de trois façons différentes :

- en adaptant les dimensions de l'ouverture aux dimensions standard de la porte. Cela ne peut se faire que sur une construction neuve ou en cas de rénovation lourde et doit être prévu au stade de l'avant-projet ;
- en adaptant une porte standard à une ouverture existante. Cette possibilité est offerte par les fabricants de menuiseries industrielles. Elle consiste à combler les espaces entre la porte et les bords de l'ouverture par la mise en place d'alaises verticales (planches de faibles épaisseur) et/ou de châssis vitrés fixes. Cette technique qui peut présenter des avantages en rénovation est à déconseiller en construction neuve car elle ne donne pas toujours des résultats satisfaisants ;
- en faisant réaliser une porte d'entrée sur mesure. Cette solution est intéressante car elle permet d'avoir une porte aux dimensions souhaitées. Elle est possible avec les artisans et proposée par la plupart des fabricants de menuiseries industrielles.

■ La **largeur de l'ouverture** est mesurée à l'extérieur entre tableaux finis, c'est-à-dire revêtus d'un enduit (fig. 7.10). La **hauteur de l'ouverture** est mesurée à l'extérieur entre le seuil béton et la sous face finie du linteau. La **largeur de passage** est égale à la largeur de l'ouverture moins 3 à 5 cm selon le type de porte. De même la **hauteur de passage** est égale à la hauteur de l'ouverture moins 3 à 5 cm environ.

Les dimensions standard des portes d'entrée sont toujours définies par rapport aux dimensions de l'ouverture (voir tableau suivant).

	dimensions des portes d'entrée (cm)	
	largeur d'ouverture	hauteur d'ouverture
porte à un vantail	80 90 100	200 215 225
porte à deux vantaux	160 (2 x 80) 180 (2 x 90) 200 (2 x 100)	200 215 225
porte tiercée	80 + 40 90 + 40 100 + 40	200 215 225

■ Choisir une largeur d'ouverture au moins égale à 90 cm. Si la porte d'entrée s'ouvre sur un large dégagement, elle peut être à deux vantaux ou tiercée, c'est-à-dire munie d'un vantail semi-fixe facilitant le passage d'objets encombrants (voir fig. 7.6). Elle peut aussi être équipée d'une imposte fixe ou ouvrante.

3 – Les dispositifs de protection et de sécurité

■ La porte d'entrée, au même titre que les fenêtres et les portes-fenêtres, constitue un accès privilégié pour

Fig. 7.9 **Exemple de porte d'entrée isolante en acier**

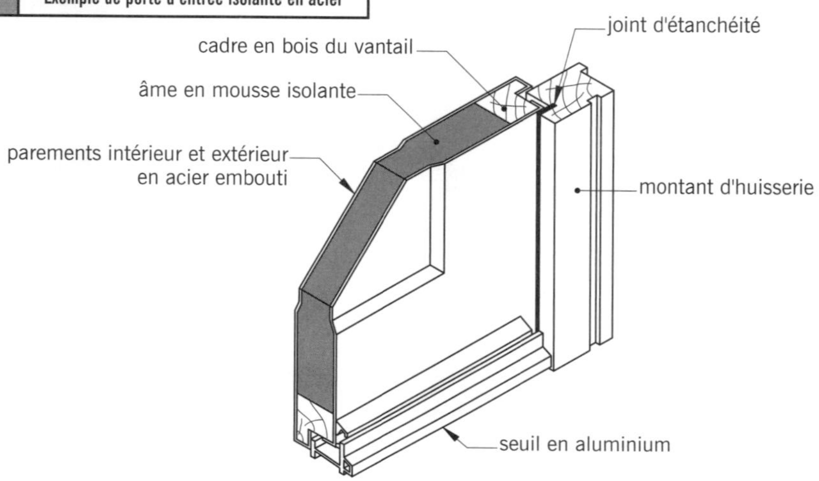

Fig. 7.10 **Dimensions des portes d'entrée**

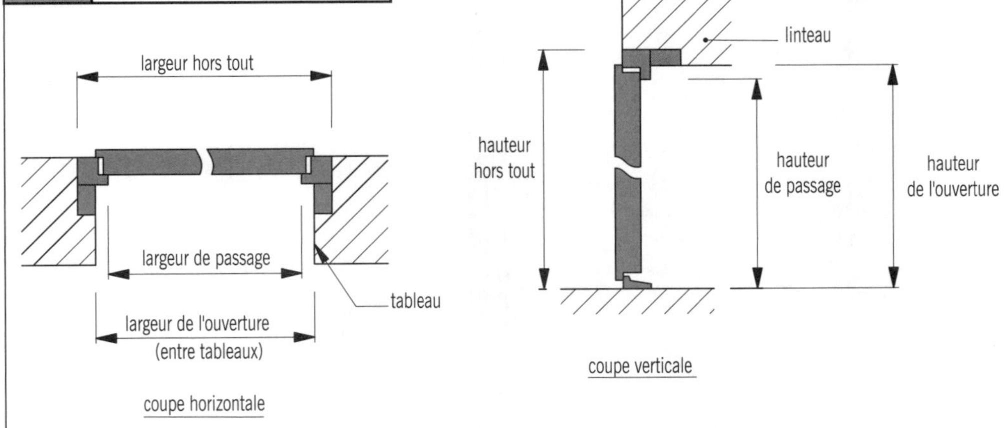

les cambrioleurs. Tout en sachant qu'il n'existe aucun dispositif de protection réellement imparable à moins de transformer son habitation en coffre-fort géant, la mise en œuvre de protections appropriées et multiples suffit, la plupart du temps, à décourager les voleurs.

■ La **fermeture multipoints** comporte une serrure qui actionne un pêne central et commande des tiges de renvoi haute et basse reliées à d'autres pênes. Le modèle de serrure dit à larder ou à mortaiser se pose dans un évidemment réalisé dans le chant de la porte. Une fois la porte fermée, le dispositif n'est plus visible mais il présente l'inconvénient de fragiliser la porte au droit de l'évidement. La serrure multipoints posée en applique sur la face intérieure de la porte assure une meilleure protection à condition qu'elle soit solidement fixée sur l'ouvrant. La fixation des gâches sur l'huisserie doit également être réalisée avec soin. Certains modèles sont carénés (recouverts par un bandeau métallique sur toute la hauteur de la porte). Les serrures de sécurité peuvent comporter jusqu'à 10 points de condamnation.

■ La **certification a2p** (assurance prévention et protection) classe les serrures de sécurité en fonction de leur résistance à l'effraction. Il existe trois catégories symbolisées par des étoiles (*) : une serrure classée **a2p*** résiste pendant 5 minutes au moins à une tentative d'effraction, **a2p**** au moins pendant 10 min. et **a2p***** au moins pendant 15 min.

■ Il existe également une **certification a2P des blocs portes** délivrée par le CNPP (Centre national de prévention et de protection). La classification des blocs portes est faite sur la base d'essais réalisés selon des méthodes normalisées. Les blocs portes non vitrés (vantail + huisserie + serrure) qui doivent être équipés de serrures certifiées a2p sont classés en trois catégories :

- **BP1** : temps de résistance à l'effraction égal à 5 minutes au moins (avec une serrure a2p* au minimum) ;
- **BP2** : temps de résistance égal à 10 min au moins (avec une serrure a2p** au minimum) ;
- **BP3** : temps de résistance égal à 15 min au moins (avec serrure a2p*** au minimum).

Le CNPP certifie également les installateurs de portes blindées. Cette **certification a2p service** est établie en fonction de six critères :

- la qualité de l'accueil et la relation client ;
- la validation des besoins et la fourniture de conseils professionnels ;
- la compétence et la formation du personnel ;
- la pertinence de l'offre ;
- la pose des produits ;
- le service après-vente.

■ Un **bloc porte blindé** comprend généralement (fig. 7.11) :

- une huisserie métallique solidement fixée au mur ;
- deux tôles en acier aux dimensions de la porte rigidifiées par des renforts intérieurs nervurés ;
- une serrure de sécurité multipoints certifiée a2p ;
- des dispositifs de protection de la serrure par plaques d'acier au manganèse ;
- un système de rotation de la porte renforcé et protégé par un système anti-dégondage ;
- un garnissage intérieur en laine minérale ou en mousse de polyuréthane assurant l'isolation thermique ;

Fig. 7.11 Exemple de porte blindée (vue éclatée)

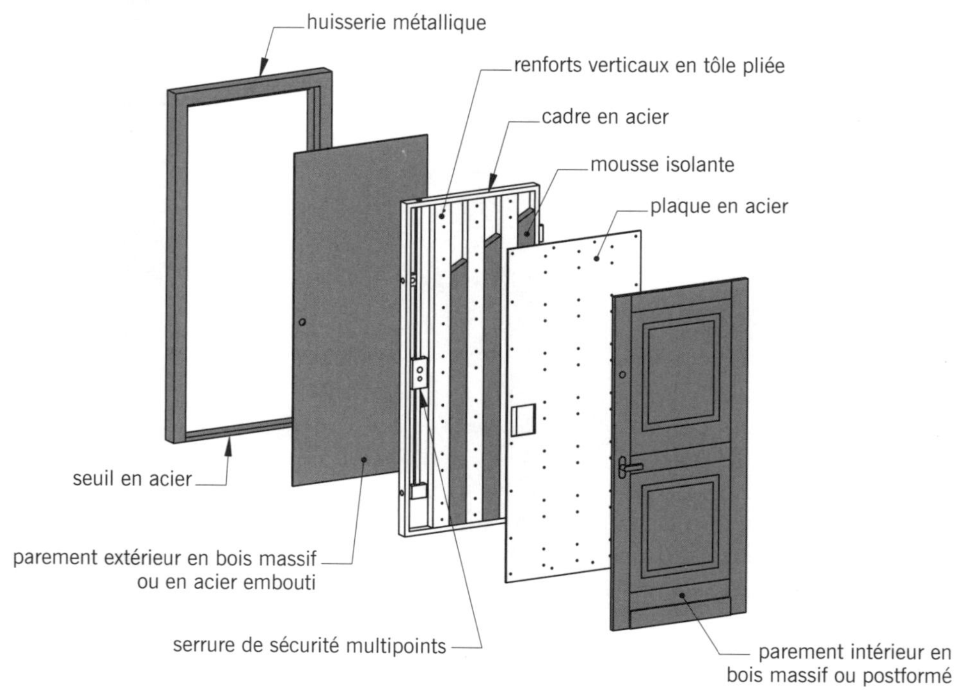

- un seuil en acier ;
- un arrêt de sûreté intégré (entrebâilleur) ;
- des panneaux d'habillage intérieur et extérieur en bois ou en produit dérivé du bois.

■ Pour en savoir plus ■

– Documents, au format pdf, à télécharger sur le site www.cnpp.com :

- règlement. Blocs portes de bâtiment a2p ;
- règles techniques. Blocs portes de bâtiment a2p. Spécifications et méthodes d'essai ;
- règlement. Protection mécanique contre la malveillance. Service de pose et d'après-vente d'équipements. Certification a2p service ;
- règlement. Serrures de bâtiment a2p ;
- règles techniques. Serrures de bâtiment a2p. Spécifications et méthodes d'essais.

7.3 Les portes de garage

On distingue deux principales catégories de portes de garage : les portes à dégagement latéral à droite et/ou à gauche et les portes relevables dont les parties mobiles se relèvent pour libérer le passage.

1 – Les portes à dégagement latéral (fig. 7.12)

■ La **porte à ouverture à la française** possède deux vantaux (ou battants) en bois ou en PVC qui s'ouvrent à l'extérieur. Elle laisse libre l'intérieur du garage mais, à l'extérieur, il faut prévoir le dégagement nécessaire pour l'ouverture (vantaux de 1,20 m de large environ) et le rabattement éventuel des battants contre la façade. Ce type de porte ne peut pas être installé en bordure de voie publique. Prévoir un dispositif permettant de bloquer les vantaux ouverts en cas de vent (arrêts en façade ou verrous baïonnette).

■ La **porte pliante**, généralement en bois, comporte trois à quatre vantaux qui s'ouvrent vers l'intérieur.

■ La **porte en accordéon** possède plusieurs panneaux (de quatre à six), le plus souvent en bois qui se replient en accordéon avec guidage par rails haut et bas. Ce type de porte n'occasionne à l'extérieur aucun débordement. A l'intérieur, l'encombrement est réduit. Il est limité à la largeur d'un panneau.

■ La **porte coulissante** est constituée de panneaux articulés entre eux (en bois, PVC ou acier) suspendus à un rail horizontal courbe. En position ouverte, le dégagement du passage est total et il n'y a aucun débordement à l'extérieur. Cette porte dont le premier vantail consti-

LA MARQUE NF PORTES EXTÉRIEURES

■ La **marque NF Portes extérieures** s'applique aux blocs portes extérieurs suivants :

- les blocs portes en bois constitués d'un bâti dormant destiné à recevoir un ou plusieurs châssis fixes ou ouvrants et éventuellement un ou plusieurs vitrages fixes ;
- les menuiseries mixtes : portes dont les composants constitutifs associent le bois à d'autres matériaux aptes à l'usage à l'extérieur et le protégent sur sa surface extérieure et dont la liaison entre les éléments est de type mécanique.

■ Les différentes caractéristiques certifiées sont :

- les **caractéristiques des bois** : la liste des essences utilisables pour la fabrication des menuiseries sous la marque NF Portes extérieures est donnée en annexe du règlement. Les éléments aboutés et/ou lamellés peuvent être utilisés s'ils satisfont à diverse spécifications techniques et exigences de contrôle définies par le règlement. Le règlement de la marque NF Portes intérieures est disponible sur le site www.ctba.fr. Il peut être téléchargé au format pdf ;
- la **préservation des bois** : suivant le type de bois utilisé, un traitement de préservation est exigé ou non. Le traitement éventuel doit mettre en œuvre un produit de préservation certifié et utiliser une technique de préservation permettant au produit de répondre en matière de durabilité à des spécifications minimales normalisées ;
- le **niveau de finition**. Deux catégories de finition sont visées par la certification :
  - les portes dites à finir (AF) dont la protection provisoire est transparente ou opaque. La lasure ou la peinture appliquée en une couche doit tenir de 3 à 6 mois à l'extérieur avant que la porte ne reçoive les couches de finition ultérieures ;
  - les portes dites finies (FI) dont la finition complète transparent ou opaque doit tenir à l'extérieur sans recevoir aucun autre produit supplémentaire.
- le niveau minimum de certification est « à finir » avec protection provisoire transparente ou opaque ;
- les **performances AEV** : les classements minimaux exigés sont **A*2** pour la perméabilité à l'air, **E*1B** pour l'étanchéité à l'eau et **V*2** pour la résistance au vent (voir classement AEV page 119) ;
- la **stabilité de l'ouvrage soumis à des climats différents** : trois classements possibles (de 0 à 3) suivant les déformations observées sur la porte en fonction des différentes conditions climatiques (température et taux d'humidité de l'air) ;
- les **performances thermique et acoustique** : la valeur calculée du coefficient U de la porte doit être inférieure ou égale à la valeur « plancher » définie par la RT 2005. La certification des propriétés acoustiques est facultative ;
- les **performances mécaniques** : plusieurs tests sont réalisés (résistance à une charge verticale, essai de torsion). La porte doit supporter ces essais sans être détériorée. Un test d'endurance est également pratiqué (résistance à l'ouverture et à la fermeture répétées).

tue le portillon, peut être posée derrière une ouverture à linteau cintrée. Elle nécessite sur un côté un retour de mur suffisant (écoinçon) ainsi qu'une zone de refoulement destinée à recevoir la porte en position ouverte. Il existe également des portes coulissantes composées de lames verticales étroites articulées entre elles. Cette variante ne peut pas recevoir de portillon.

2 – Les portes relevables (fig. 7.13)

■ La **porte basculante débordante** comprend un seul panneau (ou tablier) en bois, métal ou PVC qui bascule vers le haut pour libérer le passage. Le débordement extérieur de la porte en cours de manœuvre permet de dégager au maximum l'intérieur du garage. En position ouverte, la porte peut, selon les modèles, être refoulée entièrement à l'intérieur ou déborder légèrement en façade. Le fonctionnement peut être amélioré par la présence de rails de guidage horizontaux placés au dessus de l'ouverture. Ce type de porte qui déborde à l'extérieur lors de l'ouverture ne doit pas être installé en bordure de voie publique et ne peut fermer une baie dont le linteau est cintré. Seule une **porte basculante non débordante** peut répondre à ces deux cas particuliers. Quel que soit le matériau utilisé, il existe de nom-

Fig. 7.12 **Portes de garage à dégagement latéral**

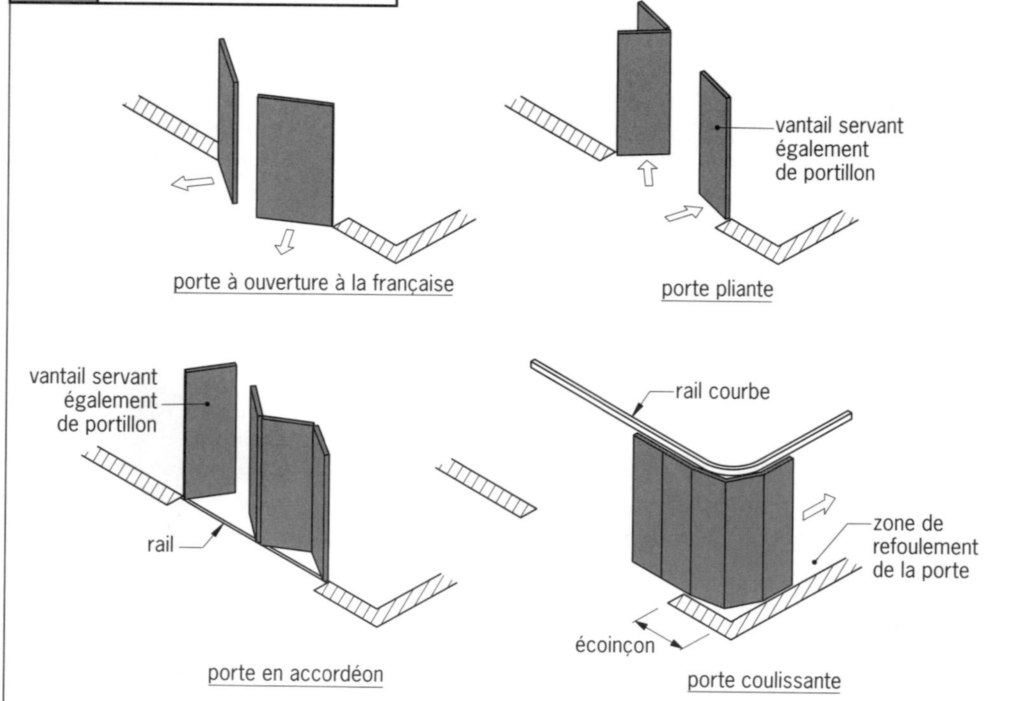

Fig. 7.13 **Portes de garage relevables**

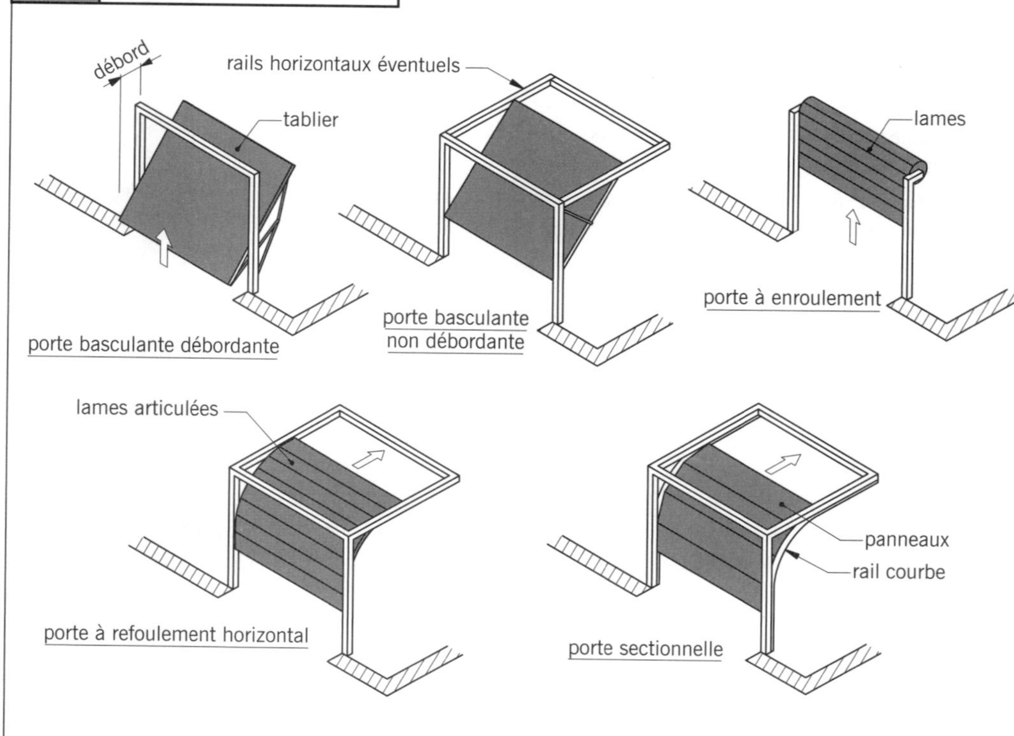

breuses finitions possibles : à nervures horizontales ou verticales, à chevrons, avec ou sans portillon, avec ou sans hublot.

■ La **porte à enroulement** fonctionne comme un volet roulant. Ses lames horizontales en aluminium s'enroulent autour d'un axe. Elle est obligatoirement motorisée et peut être posée derrière une baie dont le linteau est cintré. Ce type de porte ne peut pas recevoir de portillon.

■ La **porte à refoulement horizontal** comporte des lames horizontales en aluminium qui coulissent entre deux rails latéraux. En position ouverte, la porte est rangée horizontalement au-dessus de l'ouverture. Elle libère entièrement le passage et peut être installé derrière une baie à linteau cintré mais elle ne peut pas être équipée d'un portillon.

■ La **porte sectionnelle** est constituée de plusieurs panneaux de faible largeur, généralement en acier, articulés entre eux. A l'ouverture, les panneaux guidés par deux rails latéraux se rangent au-dessus de l'ouverture. Cette porte peut être posée derrière une baie à linteau cintré. Il existe un très grand choix de motifs à nervures et à cassettes et de coloris. En acier à simple ou double paroi ou en bois massif, elle peut, dans certains cas, être équipée d'un portillon.

3 – L'isolation de la porte

L'isolation de la porte de garage n'est pas indispensable si le garage lui-même n'est pas isolé. Cependant, si l'on souhaite isoler ultérieurement les murs, il est recommandé d'installer une porte isolante. Les modèles en bois ou en PVC sont rarement munis d'une isolation complémentaire sauf s'ils sont réalisés spécialement sur mesure. La plupart des modèles métalliques proposés existent en version dite « à double paroi ». Les panneaux de porte comportent alors une âme en mousse de polyuréthane (de 2 à 4 cm d'épaisseur environ) prise en sandwich entre deux tôles d'acier prélaqué. L'étanchéité à l'air est assurée par des joints périphériques. Les portes sectionnelles sont, à cet égard, plus performantes que les portes basculantes.

Les kits de revêtement isolants à installer ultérieurement sur des portes à simple paroi sont, en règle générale, peu performants d'autant plus qu'ils sont mis en place sur des portes dépourvues le plus souvent de toute étanchéité périphérique.

4 – La motorisation

Presque tous les modèles de portes peuvent être motorisés mais ce sont les portes relevables qui bénéficient des systèmes les plus performants.

Il existe plusieurs types de motorisation et de systèmes d'entraînement (à courroie crantée ou à chaîne) selon le poids et la taille de la porte. Tous les moteurs sont équipés d'un dispositif d'arrêt sur obstacle qui stoppe la porte dès qu'une résistance physique s'oppose à sa fermeture. D'autres équipements sont habituellement proposés :

- le déblocage manuel permettant de manœuvrer la porte de l'intérieur en cas de coupure d'alimentation électrique ;
- l'éclairage intégré et temporisé pou éclairer la zone de débattement de la porte ;
- un accessoire de commande (télécommande, contacteur extérieur à clé, clavier codé, bouton poussoir).

■ Pour en savoir plus ■

– Norme NF EN 13241-1 : portes industrielles, commerciales et de garage. Norme de produit. Partie 1 : produits sans caractéristiques coupe-feu ni pare-fumée.

Cette norme indique les exigences de performances et de sécurité relatives aux portes, portails et barrières, destinés à être installés dans des zones accessibles aux personnes ; l'utilisation principale prévue est de permettre l'accès des marchandises et des véhicules accompagnés ou conduits par des personnes dans des locaux industriels et commerciaux ou des garages et dans les zones d'habitation (cette norme remplace la norme NF P 25-362).

– *Guide d'information sur les portes de garage sectionnelles*. Ouvrage édité par le SNFPSA (Syndicat national de la fermeture, de la protection solaire et des professions associées).

Chapitre 8 : les vérandas

8.1 La réglementation

1 – les documents normatifs et réglementaires

La plupart des normes relatives aux menuiseries extérieures s'appliquent aux vérandas. Il existe néanmoins quelques documents normatifs et réglementaires dont la totalité ou un partie concerne les vérandas :

- les règles professionnelles pour les vérandas à structure en aluminium ;
- la norme NF P 06-002 ;
- la norme NF P 78-201 sur les travaux de miroiterie vitrerie ;
- la réglementation thermique RT 2005.

■ **Les règles professionnelles pour les vérandas à structure en aluminium** élaborées par le Syndicat national de la construction des fenêtres, façades et activités associées (SNFA), comportent deux parties :

- la première partie « Règles de définition du projet », comprend notamment un questionnaire type permettant de définir la véranda envisagée et d'en écrire le cahier des charges le plus précisément possible ;
- la seconde partie « Règles de réalisation du projet », aborde les thèmes suivants :
  - les différents produits entrant dans la composition des vérandas ;
  - la résistance mécanique des matériaux ;
  - l'habitabilité et la durabilité (perméabilité à l'air, étanchéité à l'eau, performances thermiques, ventilations, condensations) ;
  - les principales dispositions constructives (pente des toitures, évacuation des eaux pluviales) ;
  - les conditions de mise en œuvre (tolérances diverses, réception, maintenance).

Ces règles sont disponibles gratuitement, en téléchargement, sur le site www.snfa.fr.

■ **La norme NF P 06-002** « Règles NV 65. Règles définissant les effets de la neige et du vent sur les constructions et annexes » permet de déterminer les actions du vent et de la neige à prendre en compte pour le dimensionnement des vérandas.

L'action du vent sur les éléments constitutifs de la véranda (profilés et remplissages) est pris en compte suivant trois critères :

- la **zone de construction de la véranda**. La France métropolitaine est divisée en quatre zones. A chaque zone correspond une vitesse de vent différente ;
- la **situation de la véranda dans son environnement**. La norme distingue quatre situations d'environnement : à l'intérieur des grands centres urbains, dans les villes petites ou moyennes, en rase campagne et en bord de lacs ou de plans d'eau. La pression exercée par le vent sur la véranda est plus faible en ville où les constructions voisines font écran qu'en rase campagne où la véranda ne bénéficie d'aucune protection naturelle ;
- la **hauteur de la véranda au-dessus du sol**. La distance H séparant le haut de la véranda du sol intervient dans la détermination de l'action du vent (plus la véranda est située en hauteur, plus elle est soumise à l'action du vent). Il existe cinq classes de hauteur (voir tableau suivant). C'est le plus souvent la première classe qui convient et parfois la seconde (cas d'une véranda réalisée sur une toiture terrasse ou sur un balcon par exemple).

les classes de hauteur	③ 18 m $< H \leqslant$ 28 m
① $H \leqslant$ 6 mètres	④ 28 m $< H \leqslant$ 50 m
② 6 m $< H \leqslant$ 18 m	⑤ 50 m $< H \leqslant$ 100 m

La norme donne les pressions de vent à prendre en compte pour le dimensionnement des éléments de la véranda en fonction des trois critères cités précédemment. Ainsi, à titre d'exemple, la pression théorique de vent qui s'exerce sur une véranda installée dans le centre de Clermont-Ferrand (département du Puy-de-Dôme) est de 60 daN/m² (environ 60 kg/m²) tandis qu'une véranda située en Bretagne, en bord de mer, sera soumise à une pression de 140 daN/m², soit plus du double.

L'action de la neige sur les éléments de toiture de la véranda (profils et remplissages) est prise en compte selon plusieurs critères :

- la **zone de construction de la véranda**. La France métropolitaine est divisée en six zones. A chaque zone correspond une charge de neige différente, exprimée en daN/m² et déterminée pour une altitude inférieure à 200 mètres. Cette charge doit être majorée si l'altitude du lieu de construction est supérieure à 200 mètres car plus l'altitude est élevée plus la toiture de la véranda est susceptible de recevoir une charge de neige importante.

- A titre d'exemple, la charge de neige à prendre en compte pour la toiture d'une véranda située en Bretagne, en bord de mer, est de 35 daN/m² tandis qu'elle est de 185 daN/m² pour une véranda construite dans le département de l'Isère à 900 mètres d'altitude, soit 5 fois plus ;
- la **pente des versants de toiture**. La charge de neige est indiquée pour une inclinaison du toit ≤ 25° (par rapport à l'horizontale). Cette charge doit être réduite de 2% par degré d'inclinaison supplémentaire car plus la pente est forte, plus la neige accumulée a tendance à glisser et à tomber au pied de la véranda ;
- la **position de la véranda dans la construction**. Lorsque la véranda est susceptible de recevoir de la neige venant d'une toiture supérieure, la charge de neige doit être majorée. De même, lorsque la forme de la toiture et/ou la juxtaposition de celle-ci avec l'habitation principale favorisent l'accumulation de la neige.

En règle générale, le critère le plus important pour une véranda est la charge de neige qui, dans certains cas, peut être très élevée. Tous les fabricants de profilés en aluminium pour vérandas proposent des documentations techniques très détaillées. On y trouve notamment des abaques permettant de déterminer, sans calcul, le type de profilés à utiliser en fonction des critères évoqués ci-dessus (zone de construction, inclinaison de la toiture, types de remplissage utilisés).

■ **La norme NF P 78-201 (DTU 39)** « Travaux du bâtiment. Travaux de miroiterie vitrerie » traite des produits verriers (mise à dimensions, façonnage, perçage), des règles d'emploi des vitrages, des prescriptions communes de mise en place des vitrages et de mise en œuvre des systèmes d'étanchéité ainsi que les prescriptions particulières relatives à certains types de vitrages et d'ouvrages.

Le chapitre 3 « Règles d'emploi des vitrages » aborde notamment :

- le **choix des épaisseurs de vitrage en fonction des contraintes mécaniques**. La norme donne les méthodes de calcul à utiliser pour déterminer les épaisseurs des vitrages en fonction des charges climatiques (vent et neige) et des caractéristiques des vitrages (dimensions, modes de fixation) ;
- le **choix du vitrage en fonction des contraintes thermiques** (vitrage exposé à l'ensoleillement, vitrages exposés à un corps de chauffe).

■ **La réglementation thermique RT 2005** s'applique à toute véranda dont la surface au sol est supérieure à 20 m². Le respect de cette exigence ne présente pas de difficulté lorsque la véranda est construite en même temps que l'habitation principale. En revanche, cette exigence semble difficile à satisfaire lorsque la réglementation qui s'applique au bâtiment existant est ancienne voire inexistante.

2 – L'autorisation administrative

Quelle que soit sa surface, la construction d'une véranda nécessite une autorisation administrative. Si la surface au sol est égale ou supérieure à 20 m², une demande de permis de construire est nécessaire.

Cette surface au sol est à prendre en compte dans le calcul de la surface hors-œuvre totale que la véranda soit construite en même temps que l'habitation ou qu'elle soit accolée à une habitation existante.

En aucun cas, la SHON totale (SHON habitation + surface au sol de la véranda) ne doit dépasser la SHON maximale autorisée. D'autre part, lorsque la SHON totale dépasse le seuil de 170 m², le dossier de plans doit être réalisé par un architecte. Le tableau suivant présente les différents cas.

■ **La déclaration préalable** est à déposer à la mairie. Elle comprend les documents suivants :

- le **formulaire de déclaration** constitué d'une liasse de feuilles au format A4 ;
- le **plan de situation du terrain** établi à une échelle comprise entre 1:5000 et 1:25000 (un extrait du plan cadastral disponible en mairie peut être utilisé) ;
- le **plan de masse de la construction** coté dans les trois dimensions, à une échelle comprise entre 1:50 et 1:500, faisant notamment apparaître les distances de la construction par rapport aux limites séparatives et aux autres implantations situées sur le terrain ;
- un **schéma des façades** à créer où à modifier, à l'échelle 1:50 ou 1:100 ou des **photographies des façades** faisant apparaître l'état existant et les modifications projetées.

L'ensemble de ce dossier doit être établi en trois exemplaires. L'autorisation est délivrée dans un délai d'un mois à compter de la réception du dossier complet. Ce délai est porté à deux mois lorsque les travaux projetés nécessitent la consultation des services spécifiques liés aux monuments historiques ou aux servitudes d'utilité publique.

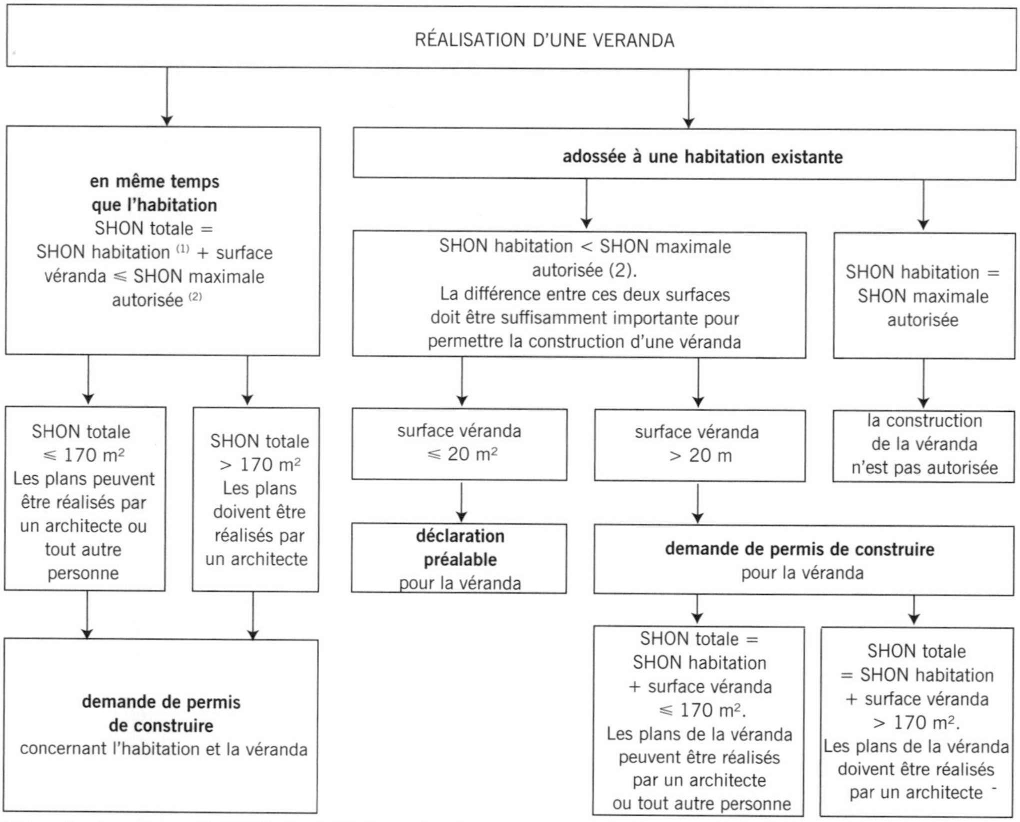

(1) la **surface hors œuvre nette (SHON)** d'une habitation est égale à la somme des surfaces de plancher de chaque niveau diminuée des surfaces de plancher des combles et des sous-sols non aménageables et des surfaces de plancher des toitures-terrasses, bacons et garages (pour plus d'informations, voir Tome 1, chapitre 10.2).
(2) **surface maximale autorisée** (m²) = surface du terrain (m²) x coefficient d'occupation des sols (COS).

En cas de non réponse dans ces délais, la demande est considérée comme acceptée. Les travaux peuvent être entrepris conformément à la déclaration déposée.

■ **La demande de permis de construire** est à déposer à la mairie. Le dossier comprend les documents suivants :

- le **formulaire de demande** constitué d'une liasse de feuilles au format A3 ;
- le **plan de situation** du terrain établi à une échelle comprise entre 1:5000 et 1:25000 (un extrait du plan cadastral disponible en mairie peut être utilisé) ;
- le **plan de masse de la construction** établi à une échelle comprise entre 1:50 et 1:5000 ;
- les **dessins des façades** établis à l'échelle 1:50 ou 1:100 ;
- les **plans des niveaux** établis à l'échelle 1:50 ou 1:100 ;
- **une ou plusieurs coupes** précisant l'implantation de la construction par rapport au terrain naturel.
- un **volet paysager** comportant :
  - deux photos au moins permettant de situer le terrain respectivement dans le paysage proche et lointain et d'apprécier la place qu'il y occupe. Les angles de prise de vue sont reportés sur le plan de situation et sur le plan de masse ;
  - un document graphique représentant la future construction sur une photo montrant le terrain est des environs. Ce document permet d'apprécier l'insertion du projet de construction dans l'environnement, son impact visuel ainsi que le traitement des accès et des abords ;
  - une notice descriptive qui décrit le paysage et l'environnement existants, expose et justifie les dispositions prévues pour assurer l'insertion dans ce paysage de la construction, de ses accès et de ses abords ;
  - ces deux dernières pièces ne sont pas exigibles si le projet est exempté du recours à un architecte et s'il est situé dans une zone urbaine ne faisant pas l'objet

d'une protection particulière au titre des monuments historiques, des sites, des paysages ou de la protection du patrimoine architectural et urbain.

8.2 L'orientation

L'emplacement d'une véranda ne peut se décider sans la prise en compte de plusieurs facteurs. Son orientation dépend notamment :

- de l'environnement (relief du terrain, présence d'arbres et de bâtiments, sens des vents dominants...) ;
- de l'orientation même de votre habitation et notamment de celle des pièces auxquelles la véranda sera accolée. Pour cette raison, il est recommandé de définir l'emplacement de la véranda lors du projet de construction de l'habitation même si, pour des raisons financières, son édification doit être différée[13]. L'ensemble « habitation + véranda » doit être cohérent tant au niveau de la volumétrie et de l'équilibre des formes qu'au niveau de l'implantation de la véranda et de ses relations avec les pièces de l'habitation qu'elle jouxte et qu'elle prolonge ;
- de la zone géographique et de son ensoleillement tout au long de l'année ;
- de l'usage que vous souhaitez faire de la véranda ;
- de vos goûts personnels en matière de confort.

■ **L'orientation au sud** : les apports de chaleur sont importants et très appréciables en demi-saison mais souvent excessifs en été. La véranda, pour éviter la surchauffe, doit alors être protégée par des dispositifs de protections, par la présence d'arbres à feuillages caducs (en été, le feuillage arrête les rayons du soleil tandis qu'en hiver les branches effeuillées les laissent passer).

■ **L'orientation au sud-ouest** : dans les régions à fort ensoleillement (sud de la France), cette orientation n'est pas conseillée car les apports solaires sont très importants l'après-midi. Dans les régions à ensoleillement moyen (centre et nord de la France), cette orientation permet à la véranda d'emmagasiner de la chaleur dès le début de l'après-midi jusqu'en fin de journée puis de restituer progressivement cette chaleur à l'habitation. En été, lors de fortes chaleurs la véranda doit être protégée.

(13) Voir *Ma maison tome 1*, chapitre 10 sur les différentes façons d'implanter une véranda.

■ **L'orientation au sud-est** : dans les régions très ensoleillées, cette orientation n'est pas recommandée car les apports solaires demeurent très importants même si la véranda n'est pas, l'après-midi, sous l'action directe des rayons du soleil. Elle conserve néanmoins la chaleur emmagasinée pendant la matinée. Pour les régions moyennement ensoleillées, cette orientation est à retenir car elle permet de capter suffisamment de chaleur tout en rendant supportable l'utilisation de la véranda lors des chaudes journées d'été.

■ **L'orientation à l'ouest** : le soleil ne chauffe la véranda que l'après-midi. Si l'apport de chaleur est suffisant dans les régions à fort ensoleillement, il peut s'avérer insuffisant dans les autres régions.

■ **L'orientation à l'est** : le soleil ne chauffe la véranda que le matin. Cette orientation convient aux régions à fort ensoleillement car elle autorise l'utilisation de la véranda l'après-midi (sauf peut-être les jours les plus chauds en été où une protection solaire peut s'avérer nécessaire).

■ **L'orientation au nord** : une véranda orientée au nord ne permet pas de bénéficier de l'effet de serre (les rayons du soleil ne la frappant jamais directement) mais, en revanche, dans les régions à fort ensoleillement, elle sera la pièce fraîche de l'habitation. Dans les régions à ensoleillement moyen la véranda sera inhabitable l'hiver sans chauffage d'appoint. Orientée au nord, la véranda ne joue pas son rôle d'accumulateur thermique mais elle contribue, par sa présence, à réduire les déperditions calorifiques des pièces auxquelles elle est adossée.

8.3 Les différents types de vérandas

■ Quel que soit le matériau utilisé pour la structure, toutes les formes – ou presque – sont possibles. Cependant, la véranda doit s'adapter au mieux aux dimensions et aux volumes de l'habitation principale. Il faut éviter les formes trop compliquées qui génèrent des surcoûts importants et qui peuvent être à l'origine de désordres (problèmes d'étanchéité, d'infiltration et de liaison avec le gros oeuvre).

■ La figure 8.1 présente quelques formes de vérandas réalisées avec des profilés en aluminium. Les modèles avec toitures bombées et courbes nécessitent des profilés particuliers qui sont souvent cintrés à la demande.

Fig. 8.1 Formes diverses de vérandas en aluminium

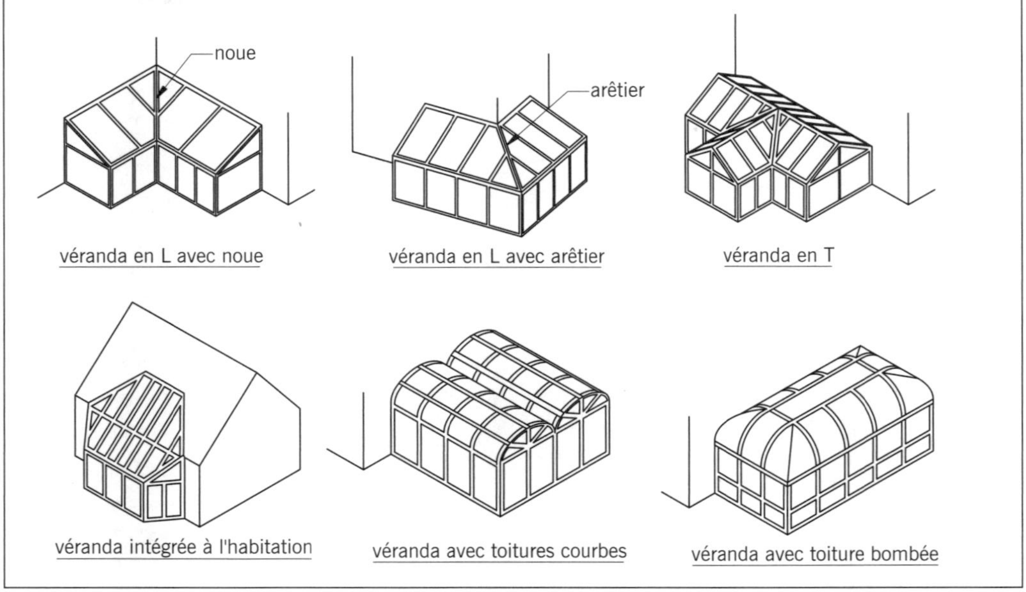

■ La figure 8.2 réunit quelques modèles de vérandas à facettes appelées aussi vérandas victoriennes ou vérandas à toiture rayonnantes. Ce type de vérandas qui peut être réalisé avec des profilés en aluminium, en acier ou en bois est relativement onéreux car il comporte de nombreuses pièces (profilés et accessoires). Le modèle bow-window peut être intégré à une habitation neuve ou rajouté sur une construction existante lors d'une rénovation. Dans ce cas, il est souvent installé sur un grand balcon ou sur une toiture-terrasse. Ses formes en saillie permettent de bénéficier d'une vue plongeante.

Fig. 8.2 Vérandas à facettes en aluminium

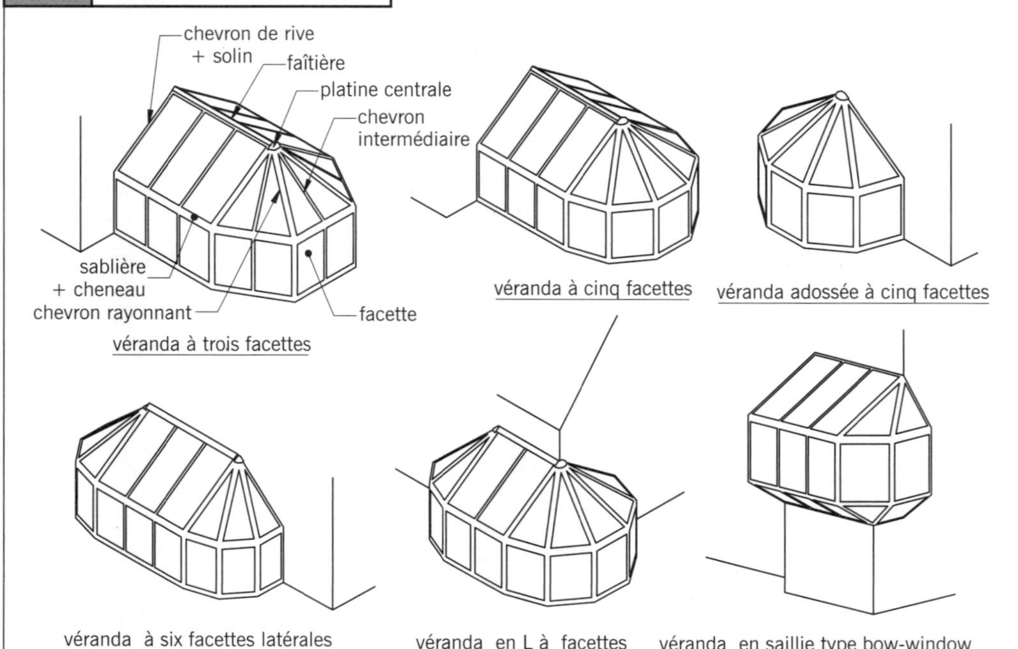

■ La figure 8.3 montre quelques vérandas en bois. Les toitures peuvent être opaques, munies ou non de fenêtres de toit ou transparentes (plaques de polycarbonate ou verre feuilleté).

8.4 L'effet de serre

L'effet de serre est un phénomène naturel : tout vitrage laisse passer la chaleur et l'emprisonne en partie.

■ Principe de l'effet de serre (fig.8.4) :

① Le soleil émet de l'énergie sous forme de rayonnements infrarouges et ultraviolets. Ces derniers qui ne chauffent pas peuvent toutefois brûler l'épiderme.

② Une grande partie de cette chaleur traverse les vitrages de la véranda.

③ L'air intérieur, le sol et les parois de la véranda en s'échauffant émettent un rayonnement dont les longueurs d'ondes sont, en général, trop grandes pour qu'il puisse à nouveau retraverser les vitrages.

④ La chaleur étant piégée dans la véranda, la température intérieure augmente. Cet apport gratuit est intéressant en hiver et demi-saison car il contribue au chauffage de l'habitation. En revanche, en été il est préférable de réduire cette transmission de chaleur vers l'intérieur par la mise en place de protections solaires adaptées ou favoriser son évacuation par des dispositifs de ventilation.

8.5 Le gros-œuvre

1 – les fondations et le dallage

Les fondations constituent l'assise de la véranda. Elles assurent sa stabilité. Aussi doivent-elles être réalisées avec soin. Une simple dalle en béton, même très épaisse, n'est pas toujours suffisante. Il est recommandé de réaliser des semelles de fondations périphériques et même des semelles intermédiaires si la surface au sol de la véranda est importante.

Les semelles doivent être enfouies à une profondeur au moins égale à la cote hors gel (de 50 à 90 cm selon les régions). Elles doivent toujours reposer sur le terrain naturel et jamais sur un remblai.

La dalle en béton, armée d'un treillis soudé, repose sur les semelles de fondations. Elle peut être solidaire de l'habitation principale ou bien désolidarisée de celle-ci. Cette dernière technique évite, en cas de tassement différentiel, l'apparition de fissures en bordure de dalle. Prévoir éventuellement un dispositif de drainage à la périphérie de la dalle si le sol évacue difficilement les

Fig. 8.3 **Exemples de vérandas en bois**

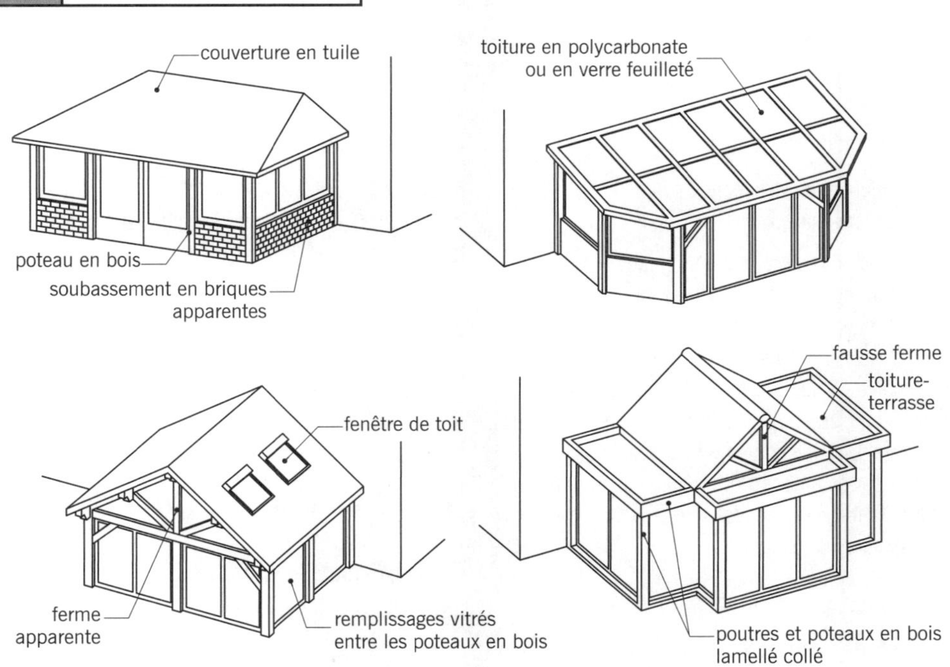

Fig. 8.4 Effet de serre

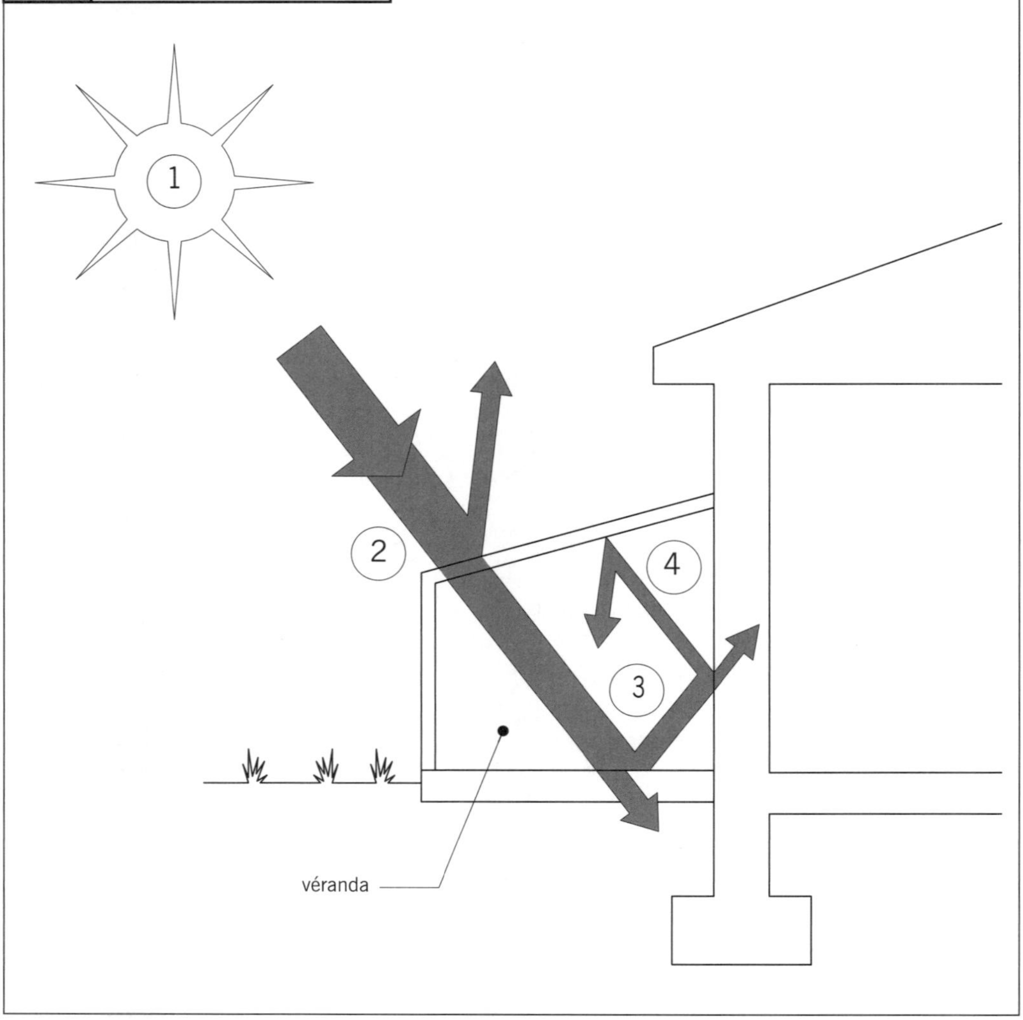

eaux de pluie et de ruissellement. La figure 8.5 présente les deux solutions possibles.

Un conseil : si vous prévoyez une véranda pour votre future maison, définissez dès à présent son emplacement et sa forme. Vous ferez réaliser les fondations et la dalle en même temps que le gros œuvre de la maison. Ainsi, le jour où vous déciderez de faire construire la véranda, il ne sera pas nécessaire d'acheminer sur place du matériel lourd pour réaliser le gros œuvre. Votre gazon et vos abords seront épargnés et vraisemblablement la dalle se sera tassée, réduisant ainsi les risques éventuels de désordre.

2 – Les ouvrages en élévation (fig.8.6)

La réalisation d'un soubassement en blocs de béton ou en briques apparentes, d'une hauteur de 50 à 70 cm présente l'avantage – à condition qu'il soit correctement isolé – de supprimer le pont thermique au niveau de la dalle. Il permet également de résoudre les problèmes d'étanchéité et d'infiltration à cet endroit.

Lorsqu'un côté de la véranda est orienté au nord ou en direction des vents dominants, il peut être maçonné. S'il est correctement isolé, il permet de réduire les déperditions calorifiques.

8.6 La structure de la véranda

1 – Les matériaux utilisés

La structure de la véranda doit être solidement fixée à la dalle en béton et aux murs de l'habitation contre lesquels elle prend appui. Cette structure est très exposée.

Fig. 8.5 **Dallages et fondations**

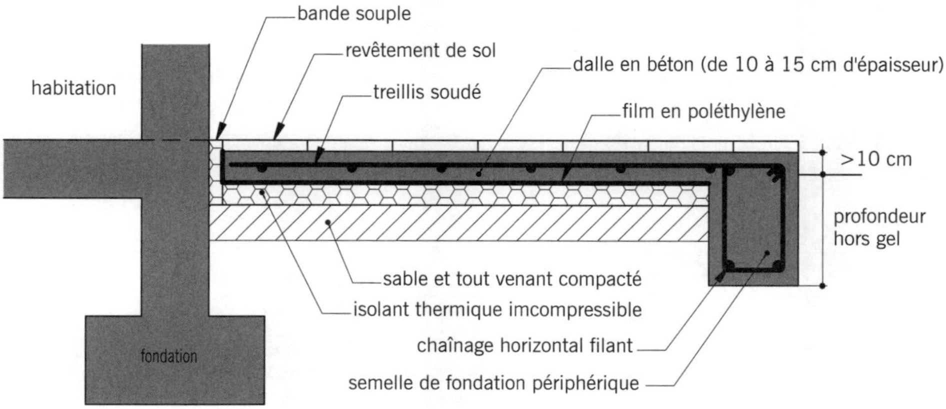

dalle désolidarisée de l'habitation

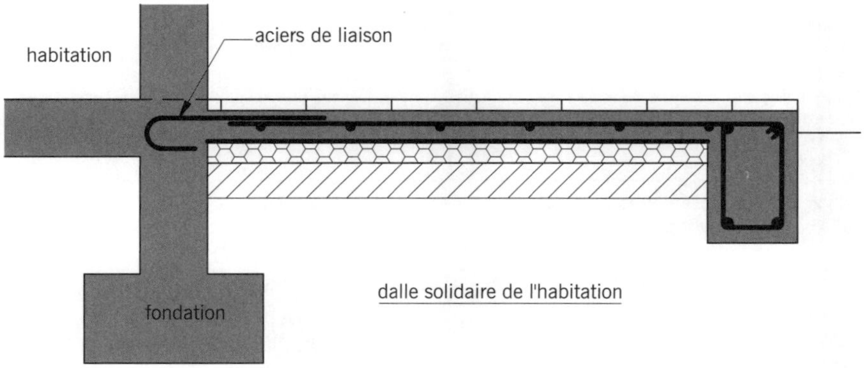

dalle solidaire de l'habitation

Fig. 8.6 **Ouvrages en élévation**

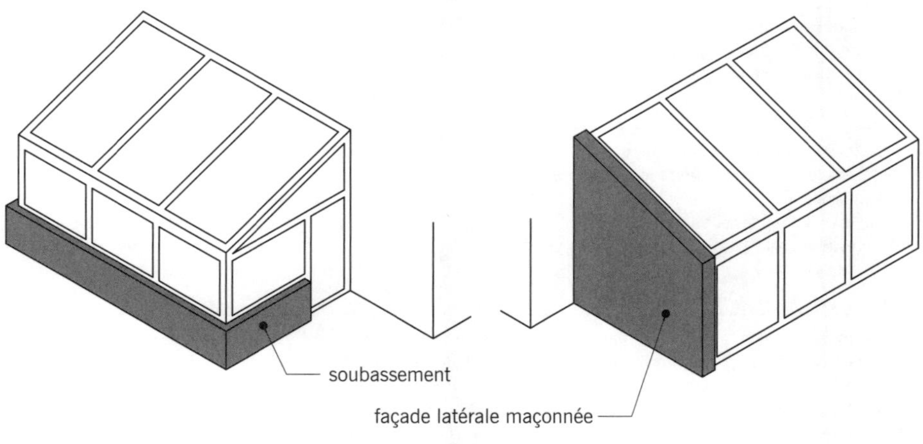

Elle doit résister, sans se déformer, aux effets du vent et de la neige, de la pluie, de la grêle et aux changements de température. Elle doit être relativement discrète afin de privilégier les surfaces vitrées et demander, de préférence, peu d'entretien.

Les principaux matériaux employés sont l'aluminium, le PVC, le bois et l'acier. Le tableau suivant recense les avantages et les inconvénients de chaque matériau.

2 – Les vérandas en aluminium

■ On distingue deux gammes de profilés pour vérandas :

- la **gamme froide** ou **série froide** dont les profilés sont constitués d'une seule pièce. Ces profilés qui sont de très mauvais isolants thermiques sont de moins en moins utilisés ;

<table>
<tr><th></th><th>avantages</th><th>inconvénients</th></tr>
<tr><td rowspan="2">l'aluminium</td><td>– bonnes performances mécaniques
– matériau pratiquement inusable
– bonne résistance à la corrosion
– finesse des profilés
– entretien réduit (nettoyage à l'eau savonneuse)
– grand choix de profils et de coloris (pour une meilleure intégration de la véranda dans son environnement)</td><td>– coût élevé
– les profils en aluminium sans rupture de pont thermique possèdent une très forte conductivité thermique pouvant engendrer des problèmes de condensation</td></tr>
<tr><td colspan="2">L'aluminium est le matériau le plus employé pour la réalisation des vérandas.
A l'heure actuelle tous les fabricants proposent des profilés à rupture de pont thermique qui contribuent à améliorer l'isolation thermique de la véranda.</td></tr>
<tr><td rowspan="2">le PVC</td><td>– matériau à faible conductivité thermique
– à caractéristiques égales, une véranda en PVC est moins chère qu'une véranda en aluminium
– pas de risque de corrosion
– entretien réduit (lavage à l'eau savonneuse)</td><td>– les profilés en PVC sont plus larges que les profilés en aluminium
– coefficient de dilatation important
– petit choix de coloris
– moins rigides que les profilés en aluminium, les profilés en PVC doivent souvent être renforcés intérieurement par des tubes en acier galvanisé</td></tr>
<tr><td colspan="2">Le PVC est peu employé pour les vérandas alors qu'il est plébiscité pour la réalisation des fenêtres. Cette désaffection est due aux deux principaux inconvénients indiqués ci-dessus : le manque de rigidité en grandes dimensions et l'aspect « massif » des profilés.</td></tr>
<tr><td rowspan="2">le bois</td><td>– matériau naturellement isolant
– ne se corrode pas
– présente l'avantage de pouvoir être repeint en une autre couleur
– l'emploi d'éléments en bois lamellé-collé permet d'obtenir de grandes portées (de 4 à 6 mètres) sans appui intermédiaire</td><td>– nécessite un entretien régulier (lasure, verni ou peinture) tous les 3 à 4 ans
– coût élevé si les éléments de la structure sont nombreux
– la structure porteuse est beaucoup plus massive que celles réalisées en PVC et en aluminium</td></tr>
<tr><td colspan="2">Le bois est peu utilisé pour les vérandas (il l'est davantage pour la réalisation d'abris couverts). Pourtant il possède de nombreux atouts. Le choix de l'essence est très important : les essences privilégiées sont celles qui présentent la meilleure durabilité et la plus grande stabilité (cèdre rouge, méranti).
Le bois lamellé-collé est une alternative intéressante aux bois massifs. Il permet la réalisation de structures allégées, plus fines, tout en garantissant une grande stabilité dimensionnelle et une très bonne résistance mécanique.</td></tr>
<tr><td rowspan="2">l'acier</td><td>– très bonnes performances mécaniques
– la finesse des profilés permet de réaliser des vérandas « à l'ancienne »
– souplesse d'adaptation du matériau (touts les formes – ou presque – sont possibles). Les profilés peuvent se cintrer facilement</td><td>– matériau sensible à la corrosion (traitement antirouille indispensable)
– l'acier est un matériau à forte conductivité thermique pouvant entraîner des problèmes de condensation
– coût élevé surtout dans le cas de formes compliquées réclamant pour leur exécution de nombreuses heures de travail</td></tr>
<tr><td colspan="2">L'acier, matériau historique pour la réalisation des serres et des vérandas, est de nos jours peu employé. Il existe pourtant des remèdes aux principaux reproches qui lui sont fait. Les problèmes de corrosion peuvent être évités soit par l'emploi d'un traitement spécifique (galvanisation), soit par l'utilisation de profilés en acier inoxydable naturellement résistant à la corrosion. La conductivité thermique peut être réduite par l'utilisation de profilés à rupture de pont thermique. Commercialisés seulement par quelques fabricants, ces profilés sont peu répandus.</td></tr>
</table>

- la **gamme à RPT** dont les profilés sont constitués de deux éléments reliés entre eux par des barrettes en résine isolante ou en polyamide armé de fibres de verre (voir p. 101).

■ La figure 8.7 représente la vue éclatée d'une véranda de forme simple. Les éléments qui en constituent l'ossature sont nombreux. Ils ont chacun une forme particulière **(fig. 8.8)**. Ils s'assemblent entre eux au moyen de petites pièces de liaison.

Les principaux éléments entrant dans la composition d'une véranda sont les poteaux, la sablière, la faîtière, les chevrons, les traverses et les éléments de remplissage.

■ **Les poteaux (fig. 8.9)** : les poteaux d'angle comme les poteaux intermédiaires éventuels supportent la toiture de la véranda. Le tuyau de descente de récupération des eaux pluviales est très souvent placé contre un poteau ou dissimulé par un cache amovible. Certains modèles de poteaux intermédiaires permettent de relier deux parois vitrées non parallèles entre elles.

■ **La sablière (fig. 8.10)** : profilé de forte section relié aux poteaux et supportant les éléments de toiture (chevrons et remplissage). Suivant sa longueur et l'importance des charges qu'elle reçoit, la sablière peut être renforcée ou non par des profilés intérieurs en acier. Le profilé chéneau destiné à la collecte des eaux de ruissellement de la toiture est soit fixé mécaniquement à la sablière, soit intégrée à celle-ci. Certains fabricants proposent des chéneaux intégrant un coffre de volet roulant.

■ **La faîtière (fig. 8.11)** : profilé constitué de deux parties, l'une est fixée au mur de l'habitation (l'accroche murale) et l'autre, le plus souvent articulée, constitue la partie haute de la toiture. La faîtière est toujours recouverte d'une étanchéité continue constituée d'un joint bavette en caoutchouc et éventuellement d'un solin engravé dans le mur.

■ **Les chevrons (fig. 8.12)** : profilés inclinés disposés suivant la pente du toit, reliés à la faîtière en partie haute et à la sablière en partie basse. Les chevrons possèdent un dispositif (différent selon les fabricants) de maintient des éléments de remplissage (vitrages ou plaques synthétiques). Les chevrons de rive sont disposés aux deux extrémités de la véranda. Certains modèles reçoivent sur leur face extérieure un bandeau de finition. On distingue deux types de chevrons :

- Les **chevrons « épines »**, en forme de T renversé, ne sont visibles qu'à l'extérieur de la véranda. A

Fig. 8.7 **Véranda simple (vue éclatée)**

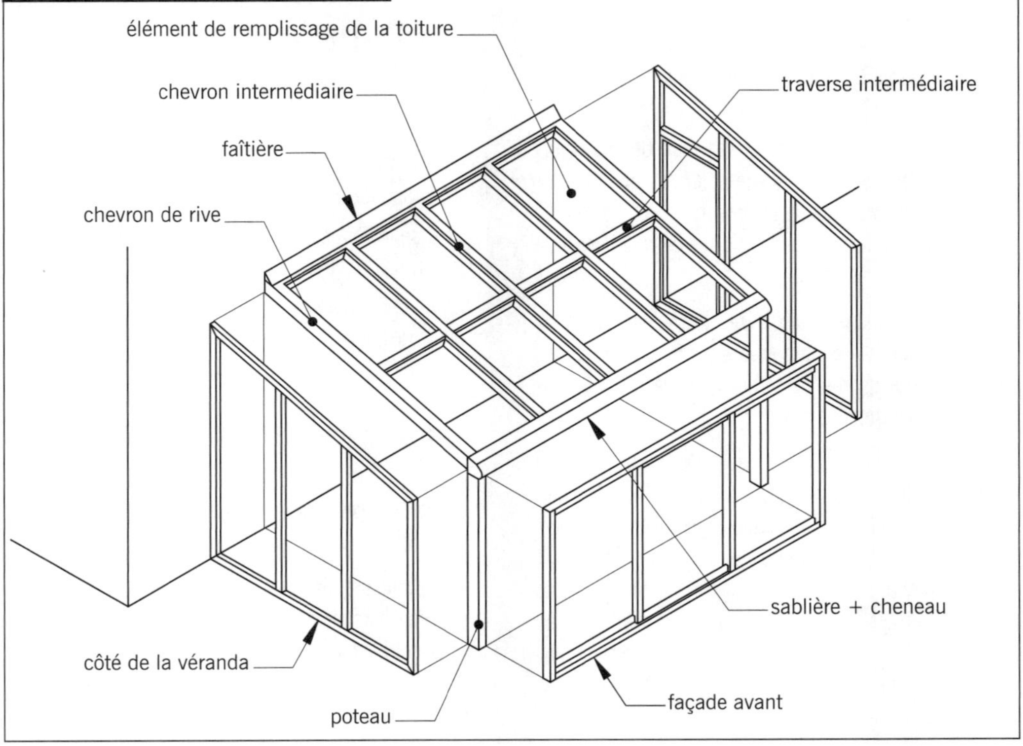

Fig. 8.8 **Détail d'un angle de véranda**

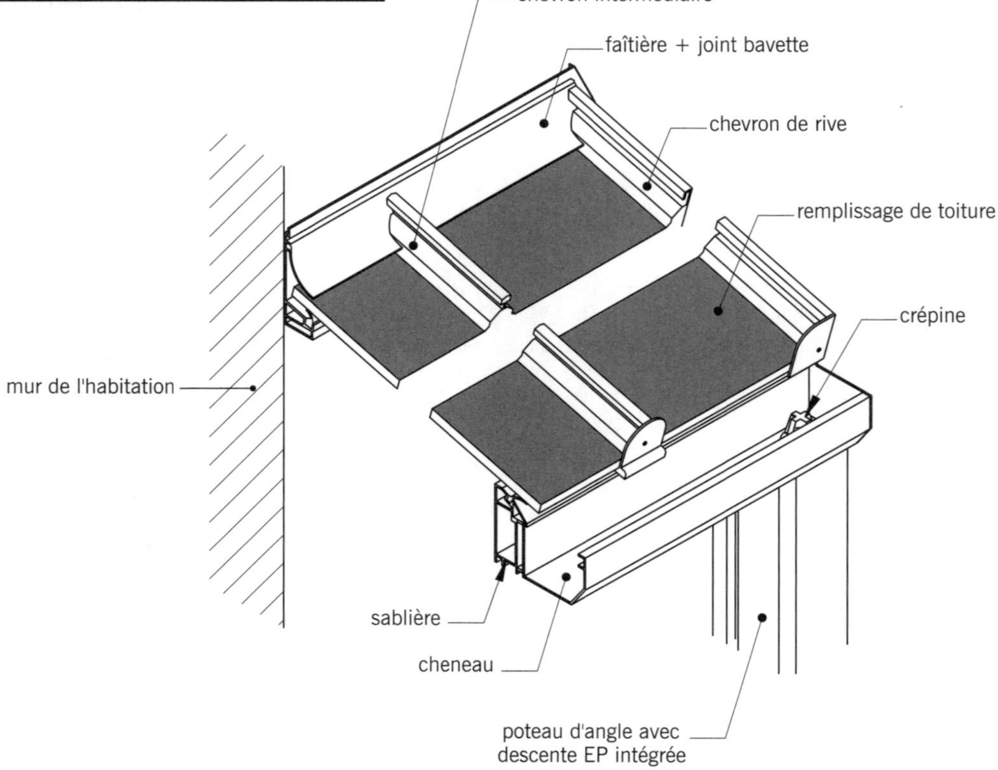

l'intérieur, la toiture est quasiment plane. Ces chevrons peuvent être munis ou non d'une RPT ;

- Les **chevrons tubulaires** n'apparaissent pas à l'extérieur mais sont visibles à l'intérieur. Ces chevrons peuvent être renforcés par des plaques métalliques. La RPT est généralement assurée par un profilé isolant qui s'interpose entre le chevron tubulaire et le profilé serreur extérieur.

■ **Les traverses intermédiaires** : profilés fixés perpendiculairement aux chevrons (fig. 8.7). Ces traverses permettent de rigidifier la toiture lorsque les surfaces couvertes sont importantes.

■ **Les remplissages** : il s'agit des ouvrages qui remplissent les vides de la structure. La façade avant comporte généralement des châssis fixes et/ou des portes-fenêtres. Les côtés de la véranda sont également équipés de châssis fixes vitrés et de parties ouvrantes (portes-fenêtres et fenêtres). Les remplissages de toiture peuvent être transparents, translucides ou opaques. Ces éléments de remplissage sont abordés dans les pages suivantes.

■ **Pour en savoir plus** ■

– Site Internet du SNFA : www.snfa.fr.

– *Les profilés des vérandas. Le point sur la question*. Documentation, au format pdf, à télécharger sur le site : www.verandasconfort.be.

– Revue : *Habitat. Les solutions pour réussir. Votre véranda*, n°2, février mars avril 2005.

– *Guide de la véranda*. Brochure de la société Grandeur nature. Site Internet : www.verandagrandeurmature.com

8.7 Les menuiseries de la véranda

1 – Les menuiseries et leurs modes d'ouverture

Dans la mesure du possible, il faut, pour faciliter la circulation, installer de grandes ouvertures entre la véranda et l'extérieur mais également entre la véranda et l'habitation. La figure 8.13 regroupe les différents types d'ouvertures possibles :

Fig. 8.9 Exemples de poteaux à RPT (coupes horizontales schématiques)

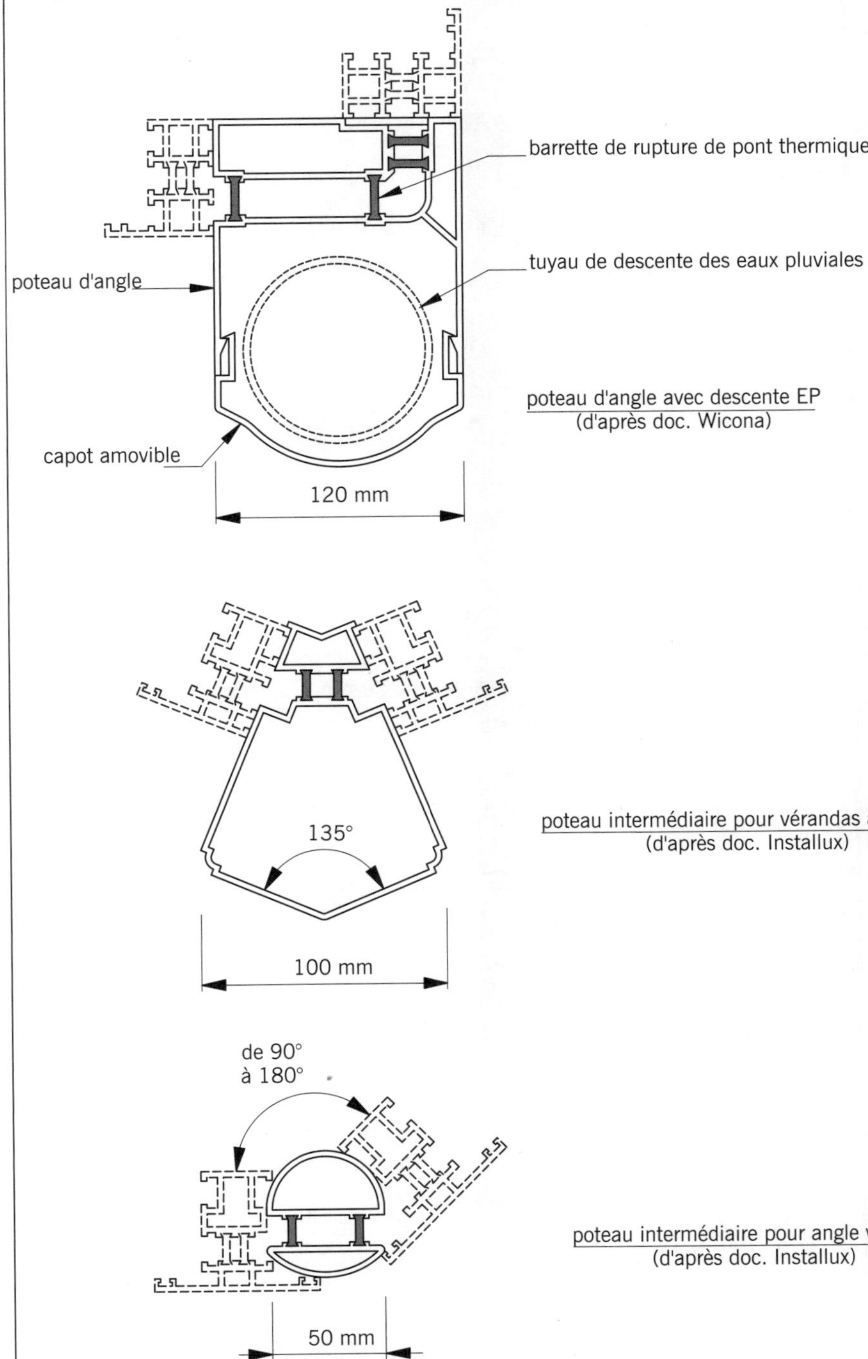

poteau d'angle avec descente EP
(d'après doc. Wicona)

poteau intermédiaire pour vérandas à facettes
(d'après doc. Installux)

poteau intermédiaire pour angle variable
(d'après doc. Installux)

Fig. 8.10 **Exemples de sablières (coupes verticales schématiques)**

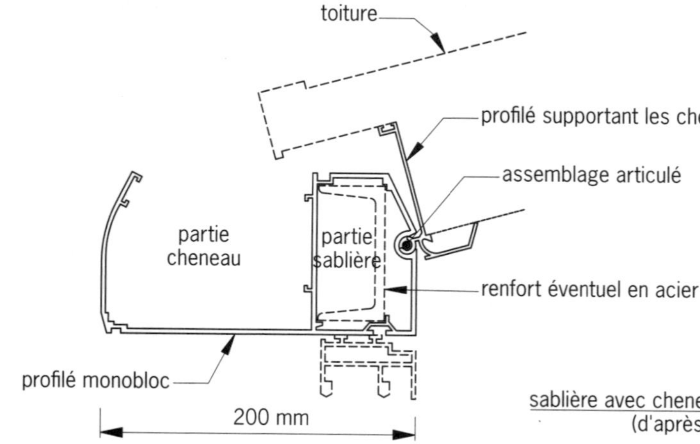

sablière avec cheneau incorporé, série froide
(d'après doc. Technal)

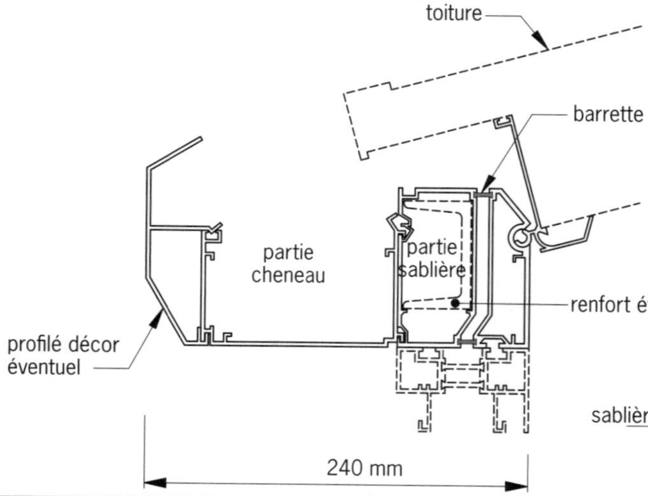

sablière à RPT avec cheneau rapporté
(d'après doc. Technal)

Fig. 8.11 **Exemples de faitières (coupes verticales schématiques)**

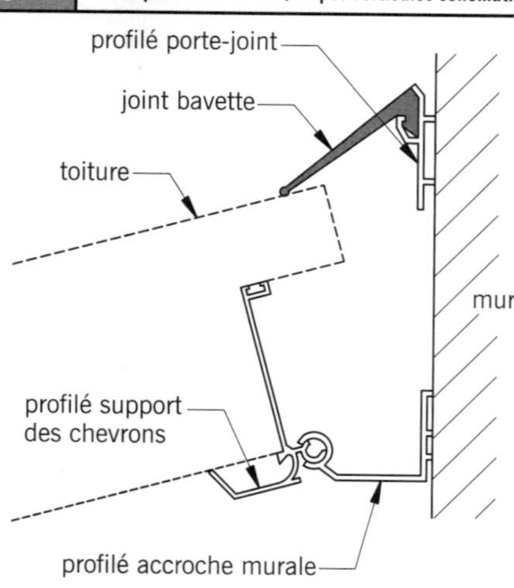

faîtière avec articulation
(d'après doc. Technal)

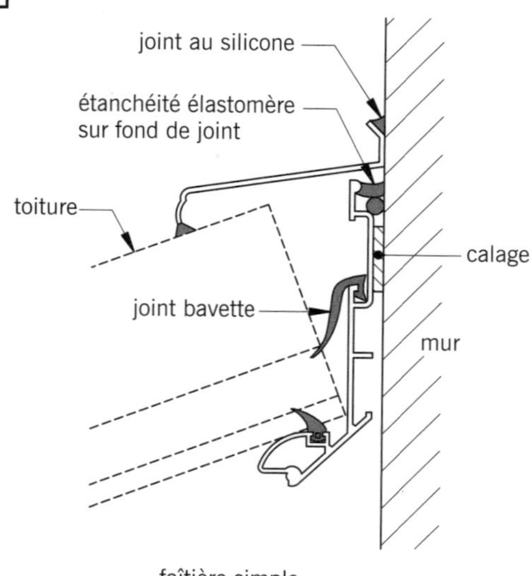

faîtière simple
(d'après doc. Profilsystèmes)

Fig. 8.12 Exemples de chevrons (coupes verticales schématiques)

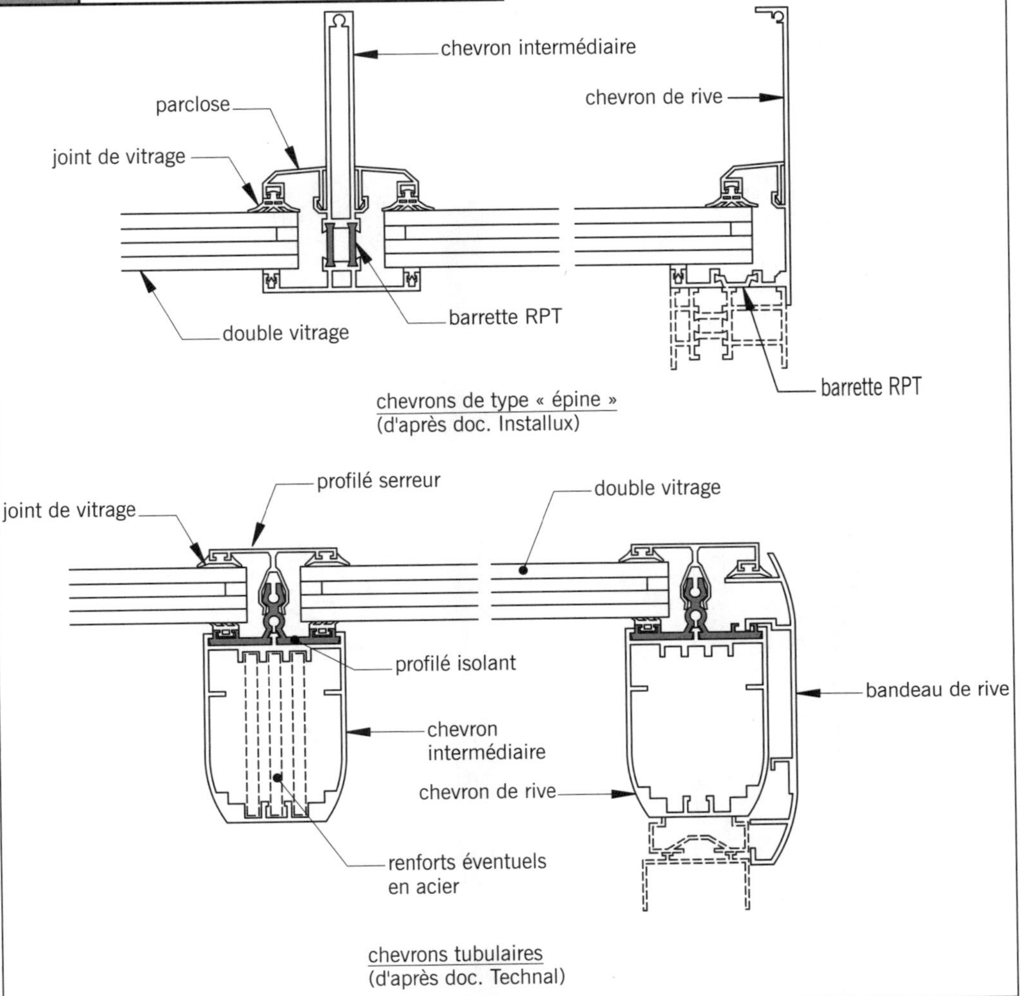

① La **porte-fenêtre coulissante à deux ouvrants** : ce mode d'ouverture est très utilisé pour les vérandas. Il permet un dégagement maximal de l'ouverture de 50 %. Les vantaux n'encombrent pas à l'intérieur, contrairement aux portes-fenêtres ouvrantes à la française.

② La **porte-fenêtre coulissante à trois ouvrants** : dans ce cas le dégagement maximal est de 66%. Ce type de porte-fenêtre nécessite des traverses haute et basse à trois rails. Il existe également des portes-fenêtres coulissantes à quatre rails et à quatre ouvrants. Dans ce cas le dégagement maximal est de 75 % mais les traverses très larges sont peu esthétiques.

③ La **porte-fenêtre repliable en accordéon** : avec ce mode d'ouverture, le dégagement maximal est de l'ordre de 90 %. Les ouvrants sont suspendus, ils coulissent en haut dans un rail et, en bas, ils sont guidés par une traverse rainurée. L'étanchéité de ce type de porte-fenêtre est moins performante que celle d'une porte-fenêtre coulissante.

④ La **porte-fenêtre à galandage avec monorail** : installée dans le mur de façade, cette porte-fenêtre au mode d'ouverture original (voir p. 117) permet d'obtenir un dégagement de 100 %. Chaque ouvrant se loge, de chaque côté de l'ouverture, dans une niche ménagée dans le mur.

⑤ La **porte-fenêtre à galandage avec double rail** : les deux ouvrants se logent dans la même niche située à droite ou à gauche de l'ouverture.

⑥ Les **autres types de menuiseries extérieures** ne doivent pas être oubliées : la porte-fenêtre et la

Fig. 8.13 Modes d'ouverture

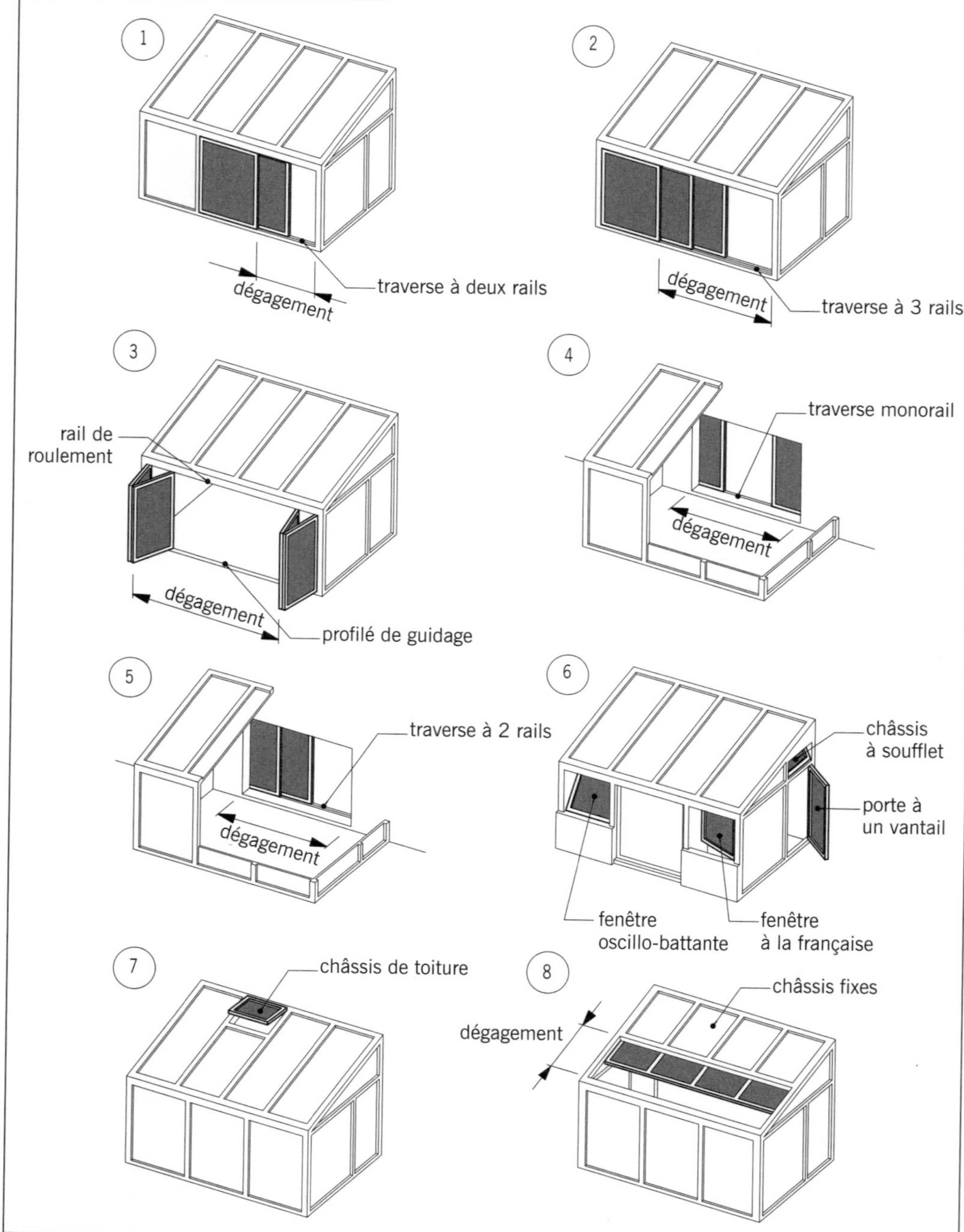

fenêtre à la française, la fenêtre oscillo-battante, le châssis à soufflet, la porte à un vantail ouvrant à l'intérieur ou à l'extérieur.

⑦ Le **châssis de toiture** ou **châssis tabatière** : son ouverture peut être manuelle ou électrique. Il permet de ventiler la véranda en évacuant l'air chaud accumulé. Tous les fabricants de vérandas proposent les accessoires nécessaires pour intégrer ce type de châssis de toiture dans la toiture.

⑧ La **toiture ouvrante** : ce mode d'ouverture, le plus souvent motorisé, permet un dégagement de 33 à 50 % selon le procédé retenu.

2 – Les produits verriers

Il existe plusieurs types de vitrages. Chacun d'entre eux possèdent des propriétés particulières et correspond à un domaine d'utilisation précis (voir chapitre 6). Seules sont abordées ici les caractéristiques des vitrages en relation avec les vérandas.

Les simples vitrages sont déconseillés car ils occasionnent des déperditions thermiques très importantes (coefficient U moyen d'un simple vitrage : 5,7 W/m²°C). La figure 8.14 regroupe les principaux produits verriers utilisés pour les vérandas.

■ **Le double vitrage standard** : vitrage dont les deux verres enserrent une lame d'air déshydraté. Le coefficient de transmission U varie de 2,8 à 3,2 suivant l'épaisseur des verres et la largeur de la lame d'air.

Ce double-vitrage convient pour les façades des vérandas (châssis fixes et ouvrants) mais ne doit pas être installé en toiture car, en cas de rupture du vitrage, des éclats de verre pourraient provoquer de graves blessures.

Malgré un léger surcoût, les doubles vitrages à faible émissivité (voir ci-dessous) sont à préférer aux doubles vitrages standards car leurs performances thermiques en terme d'isolation et de confort sont plus élevées.

■ **Le double vitrage à faible émissivité** ou **vitrage à isolation renforcée (VIR)** : double vitrage dont un des verres est revêtu, côté lame d'air, d'une couche d'oxydes métalliques qui retient la chaleur à l'intérieur de la véranda.

Le coefficient de transmission U varie de 1,5 à 2,2 suivant l'épaisseur des verres, la largeur de la lame d'air ou le type de gaz utilisé (argon, krypton). Ce double vitrage ne doit pas être installé en toiture pour les raisons indiquées ci-dessus.

■ **Le double vitrage feuilleté** : double vitrage dont une des deux faces est un verre feuilleté. Le coefficient de transmission U varie de 2 à 2,8 suivant l'épaisseur des verres, la largeur de la lame d'air ou le type de gaz utilisé. Ce double vitrage est utilisé :

- pour les façades des vérandas. La face feuilletée, placée de préférence côté intérieur, permet de réduire les risques de blessures en cas de bris du vitrage et participe à la protection contre les effractions ;
- pour les toitures. La face feuilletée doit être obligatoirement placée côté intérieur pour éviter, en cas de rupture du vitrage, la chute de fragments de verre.

La présence d'un verre feuilleté améliore l'isolation acoustique par rapport à un double vitrage ordinaire. Il existe des doubles vitrages feuilletés dont un des verres est revêtu d'une couche à faible émissivité.

■ **Le double vitrage réfléchissant** : double vitrage dont le verre extérieur est revêtu, côté lame d'air, d'une couche spécifique, qui ne laisse passer qu'une partie du rayonnement solaire. Le coefficient de transmission U varie de 1,8 à 2,5 suivant l'épaisseur des verres, la largeur de la lame d'air ou le type de gaz utilisé.

Ce double vitrage convient pour les façades des vérandas. Il ne peut être utilisé en toiture que si la face intérieure est en verre feuilleté (variante très souvent proposée par les fabricants de vérandas). Le double vitrage réfléchissant doit être utilisé avec discernement car s'il réduit les apports solaires en été, il les réduit également en hiver et en demi-saison, périodes pendant lesquelles tout apport gratuit de chaleur est le bienvenu. Il est conseillé de n'utiliser ce vitrage que pour les vérandas présentant des risques importants de surchauffe en été.

■ **Le double vitrage à stores intégrés** : double vitrage dont la lame d'air est équipée d'un store de type vénitien à lames orientables. Certains modèles commercialisés ne peuvent être installés que verticalement, en façade. D'autres peuvent être aussi utilisés en toiture. Suivant les modèles, le store est à commande manuelle ou électrique.

■ **Le triple vitrage** : ce vitrage possède des propriétés isolantes élevées. Son coefficient de transmission varie de 1 à 2 suivant l'épaisseur des verres, la largeur des lames d'air ou le type de gaz utilisé.

Le triple vitrage convient pour les façades des vérandas (châssis fixes et ouvrants) mais ne peut être installé en toiture que si le verre intérieur est feuilleté. Il est encore peut utilisé car, outre son prix de revient élevé, il nécessite l'emploi de profilés spécifiques en raison de sa forte épaisseur (jusqu'à 5 cm).

3 – Les matériaux synthétiques

La figure 8.15 représente les deux matériaux synthétiques utilisés pour les toitures des vérandas en remplacement du verre.

■ **Le polycarbonate (PC)** est un thermoplastique semi-transparent qui se présente sous différentes formes. La plaque alvéolaire en PC est utilisée pour les toitures des vérandas. Le coefficient de transmission U (en W/m²°C) varie de 4 (plaque de 6 mm à une rangée

Fig. 8.14 Produits verriers

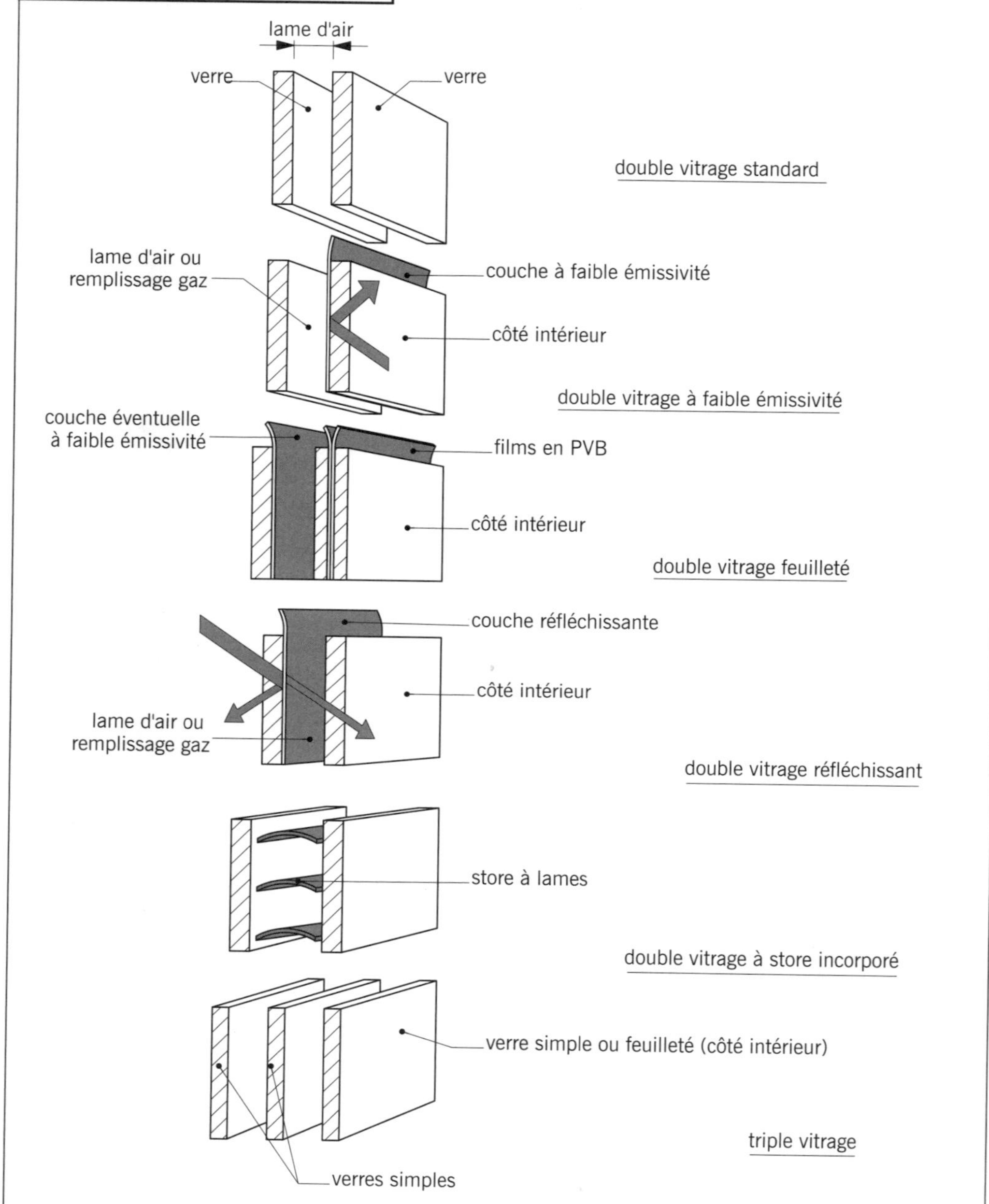

d'alvéoles) à 1,5 (plaque de 32 mm à 4 ou 5 rangées d'alvéoles).

Ce type de plaque présente une très bonne résistance aux chocs mais possède un faible indice d'affaiblissement acoustique de l'ordre de 15 à 25 dB suivant l'épaisseur de la plaque et le nombre d'alvéoles. Ces plaques sont légères (4 kg/m² pour une plaque de 32 mm contre 30 kg/m² pour un double vitrage feuilleté de type 4-10-44.2) mais leur coefficient de dilatation est élevé, près de huit fois supérieure à celui du verre. Cette particularité exige une mise en œuvre soignée (mise en place de jeux de dilatation suffisants).

Le PC alvéolaire est plus connu sous les appellations commerciales Lexan® et Makrolon®.

■ **Le polyméthacrylate de méthyle (PMMA)** est un matériau thermoplastique, transparent et résistant.

Fig. 8.15 **Matériaux synthétiques**

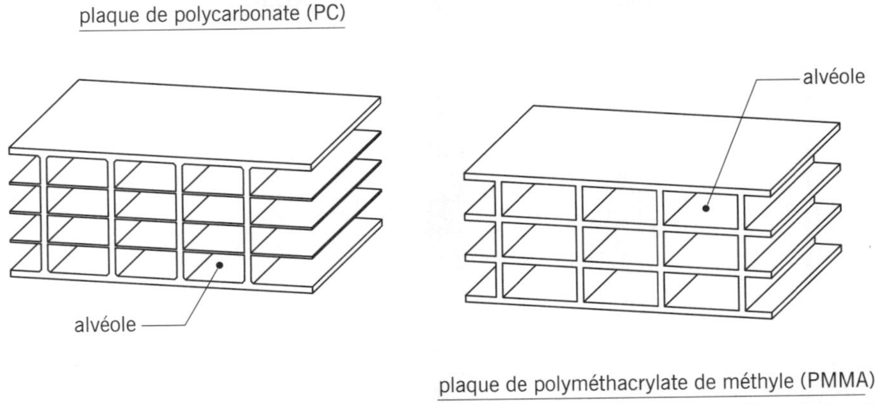

Il est aussi appelé **verre acrylique** ou **verre synthétique**. La plaque en PMMA alvéolaire est utilisée pour les toitures des vérandas. Son coefficient de transmission U varie de 3,4 (plaque de 8 mm à une rangée d'alvéoles) à 1,6 (plaque de 32 mm à quatre rangées d'alvéoles).

Le PMMA alvéolaire est léger (6 kg/m^2 pour une plaque de 32 mm) et comme le PC alvéolaire il possède un faible indice d'affaiblissement acoustique qui, notamment, le rend sonore sous l'impact de la pluie ou de la grêle. Son coefficient de dilatation élevé nécessite, au moment du montage, la mise en place des jeux nécessaires.

Les plaques dont l'épaisseur est inférieure à 25 mm ne doivent pas, en raison de leur très faible pouvoir isolant, être utilisées pour couvrir les vérandas.

■ Les plaques en PC et en PMMA étant relativement légères, il serait tentant de réduire le nombre de chevrons de toiture. L'écartement des chevrons ne dépend pas seulement du poids des éléments de remplissage mais aussi – et surtout – de la quantité de neige que la véranda devra supporter en hiver. Les dimensions maximales (entraxes et longueurs des chevrons) à ne pas dépasser sont déterminées, par chaque fabricant, en fonction des caractéristiques propres des profilés, de la zone géographique d'implantation de la véranda et de la nature des matériaux de couverture.

4 – Les panneaux sandwichs

Il existe deux principaux types panneaux sandwichs isolants utilisés pour les vérandas (fig. 8.16).

■ Le **panneau sandwich de remplissage** est un panneau plein composé d'une âme isolante en polystyrène extrudé ou en laine de roche haute densité et deux tôles en aluminium laqué. Ce panneau convient pour les façades des vérandas (occultation complète d'un côté, utilisation en soubassement) et pour les toitures où il est mis en place entre les chevrons. Le coefficient de transmission U varie de 2 (panneau de 16 mm d'épaisseur) à 1 (panneau de 32 mm d'épaisseur).

Ce type de panneau diminue les risques de surchauffe à l'intérieur de la véranda mais posé en toiture, il réduit la luminosité dans les pièces de l'habitation contiguës à la véranda. Pour pallier en partie à cet inconvénient, il existe plusieurs solutions de toitures dites mixtes avec alternance de panneaux pleins et de vitrages.

L'indice d'affaiblissement acoustique est peu élevé, de l'ordre de 20 à 25 dB. Pour améliorer sensiblement l'isolation acoustique notamment aux bruits d'impacts, les fabricants proposent des panneaux spécifiques qui permettent d'atteindre un affaiblissement de 35 dB environ.

■ Le **panneau sandwich autoportant** qui présente beaucoup de similitudes avec le précédent mais avec une épaisseur plus importante, est utilisé essentiellement pour couvrir les toitures des vérandas. Sa mise en œuvre ne nécessite pas la présence de chevrons intermédiaires. Les panneaux sont fixés directement sur le profilé sablière et sur le profilé d'accroche murale. La jonction longitudinale entre panneaux est assurée par des clés d'assemblage en PVC.

Le coefficient de transmission U varie de 0,7 (panneau de 52 mm d'ép.) à 0,4 (panneau de 85 mm d'épaisseur). L'isolation acoustique peut être améliorée par l'emploi de panneaux spécifiques.

Les panneaux autoportants limitent de façon importante l'entrée de la lumière naturelle. Il est toutefois possible d'incorporer des fenêtres de toit dans ces panneaux.

Fig. 8.16 Panneaux sandwichs

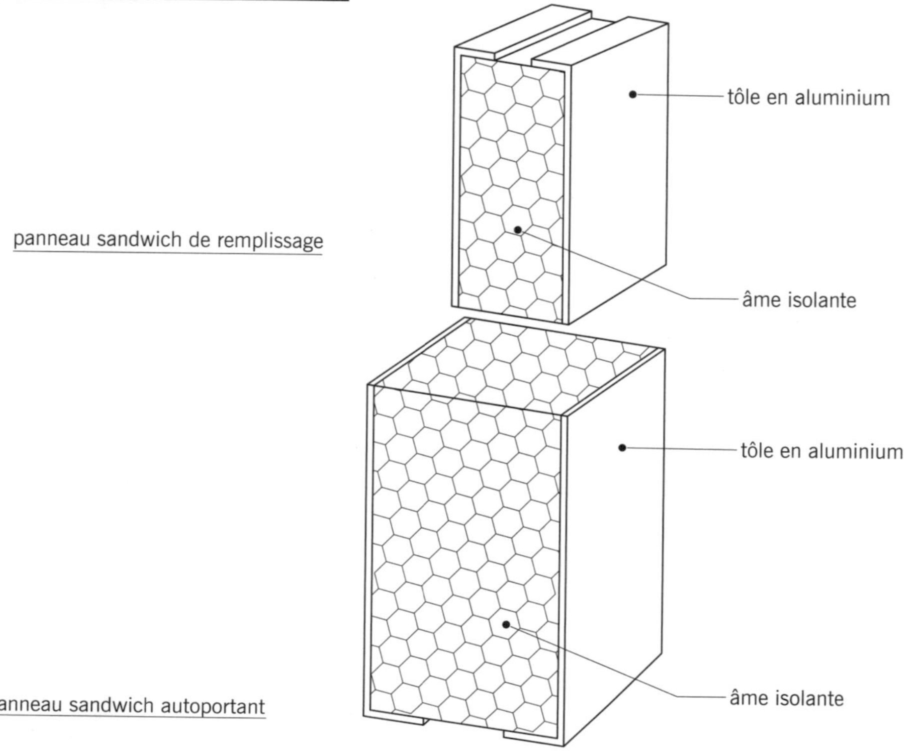

8.8 Les équipements de la véranda

1 – Les protections solaires

Il existe de nombreuses solutions d'occultation des baies permettant de réduire – lorsque cela est nécessaire – l'excès de chaleur dans la véranda et également de diminuer la luminosité intérieure.

On distingue les protections solaires extérieures et les protections solaires intérieures (fig. 8.17) :

- **à l'extérieur** on peut installer sur la toiture et en façade :

– des volets roulants à commande manuelle ou électrique. Les lames sont à simple paroi ou à double paroi avec un remplissage en mousse de polyuréthane ;

– des stores en toile à commande manuelle ou électrique. Les stores pour toiture comportent un coffre dans lequel la toile s'enroule. Celle-ci est maintenue en tension permanente par un mécanisme à ressort. Les stores peuvent être équipés d'un automatisme vent/soleil qui commande automatiquement le store en fonction de la vitesse du vent et de l'intensité lumineuse ;

- **à l'intérieur**, on peut installer en façade tous les types de stores (vénitien, à enrouleur, à lamelles verticales) et sous la toiture, on peut disposer des stores en toile (aluminisée ou en polyester ou des panneaux sandwichs mobiles (fig. 8.18).

Les protections solaires extérieures sont plus efficaces que les protections intérieures car elles arrêtent la chaleur du soleil avant qu'elle ne traverse le vitrage.

2 – L'aération et la ventilation

■ La véranda doit disposer d'un système de ventilation naturelle ou mécanique. La ventilation n'a pas pour seul effet d'abaisser la température intérieure, elle permet également de réduire le taux d'humidité et d'évacuer l'air vicié.

Selon le SNFA : « Une des pratiques de ventilation les plus efficaces est que la ventilation mécanique du logement tire l'air neuf au travers de la véranda. Cette technique offre, de plus, l'avantage de faire pénétrer dans le logement un air neuf préchauffé par la véranda.

En cas d'absence de VMC, une ventilation de la véranda limitera l'apparition des condensations. Cette ventilation même imparfaite sera, vis-à-vis des condensa-

Fig. 8.17 **Protections solaires**

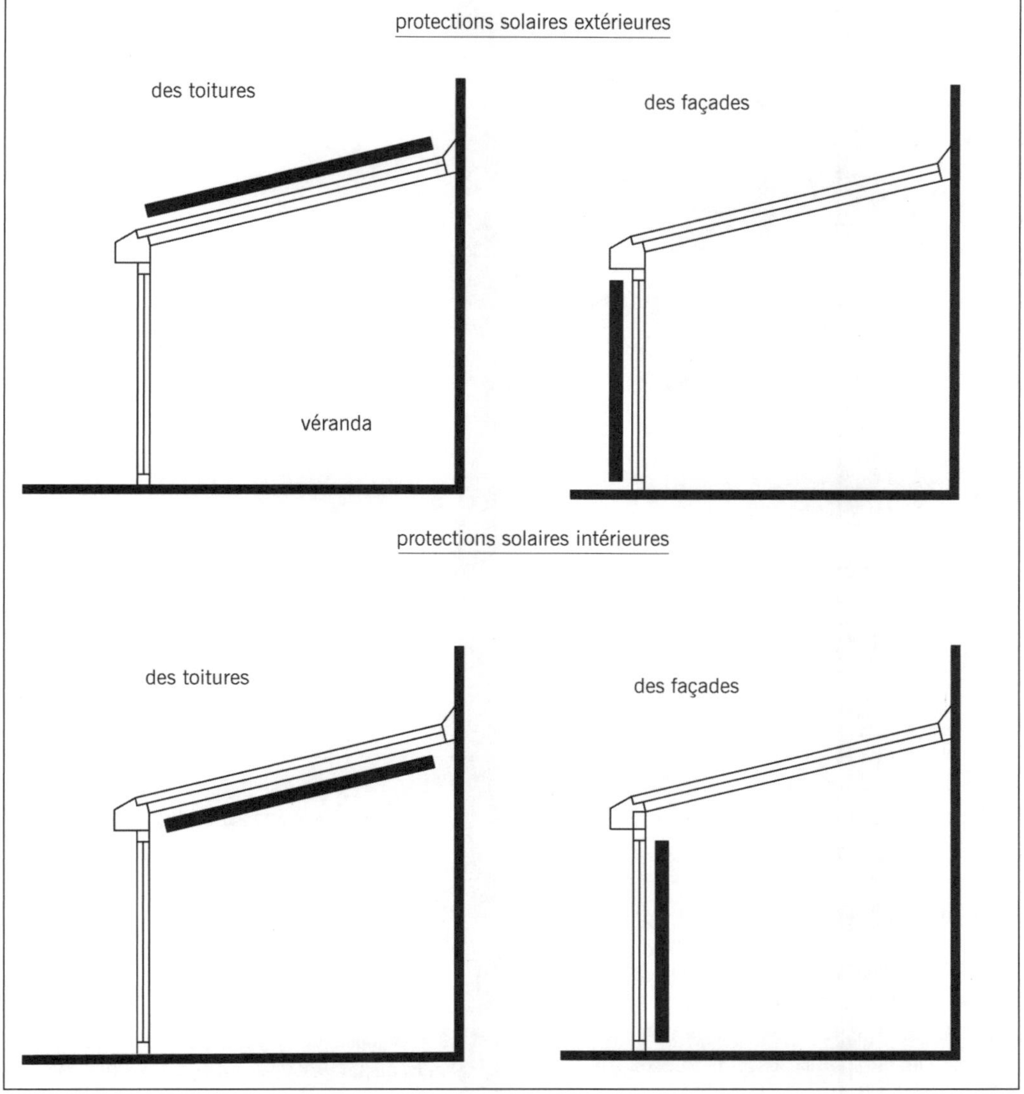

tions, beaucoup plus efficace qu'une amélioration de l'isolation thermique des parois. Si la véranda n'est pas ventilée, même chauffée, même avec une bonne isolation des parois, des condensations sont inévitables » (extrait des règles professionnelles pour les vérandas à structure en aluminium élaborées par le Syndicat national de la construction des fenêtres, façades et activités associées).

■ Lorsque l'habitation principale ne dispose pas d'une VMC, la véranda peut être ventilée par :

- une entrée d'air frais placée en façade et une sortie d'air vicié, éloignée le plus possible de la précédente et installée en hauteur. Cette ventilation naturelle est assurée par un flux d'air qui parcourt la véranda d'une extrémité à l'autre ;
- un dispositif mécanique d'extraction comprenant un extracteur d'air placé en toiture et des aérateurs installés sur les façades. L'**extracteur** se présente sous la forme d'un caisson en aluminium prélaqué renfermant plusieurs petits ventilateurs électriques. Certains modèles sont livrés prémontés sur un panneau sandwich isolant à insérer entre les chevrons de toiture. L'extracteur peut être à commande manuelle, semi-automatique ou entièrement automatique (selon

Fig. 8.18 Panneaux intérieurs coulissants

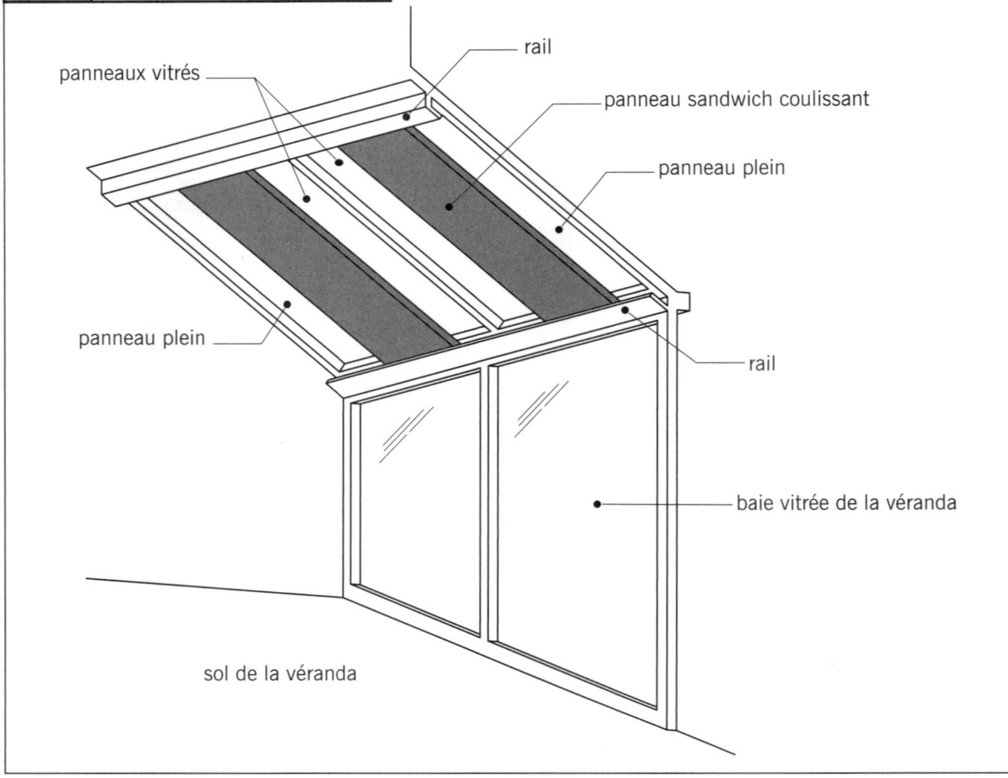

la température et l'humidité de l'air). Les **aérateurs** sont des grilles simples ou à double paroi avec RPT.

3 – Le chauffage

Il semble contradictoire de vouloir installer un système de chauffage dans une véranda dont une des fonctions premières est d'apporter de la chaleur par effet de serre. En fait, la façon d'occuper la véranda détermine le choix d'un mode de chauffage.

En cas d'utilisation continue, le chauffage est indispensable. La véranda doit être parfaitement isolée (profilés à RPT, doubles vitrages performants, isolation sous dalle) pour éviter de trop grandes déperditions calorifiques. Le chauffage peut être assuré par des convecteurs électriques ou par un système de chauffage par le sol à basse température (électrique ou à circulation d'eau chaude).

Le chauffage n'est pas nécessaire si la véranda est inutilisée pendant les périodes froides. Dans ce cas, elle doit être séparée de l'habitation par une porte-fenêtre isolante. Prévoir malgré tout un petit chauffage d'appoint pour les utilisations de courtes durées.

Pour en savoir plus

– *Guide de la protection solaire*. Ouvrage édité par le SNFPSDA (syndicat national de la fenêtre, de la protection solaire et des professions associées).

8.9 Le choix de l'entreprise

■ La réalisation et la pose d'une véranda doivent impérativement être confiées à une entreprise spécialisée dans ce domaine et, de préférence, installée depuis plusieurs années.

Une véranda est un ouvrage tridimensionnel complexe résultant de l'assemblage d'un grand nombre d'éléments. Le montage, le réglage de l'ensemble, l'adaptation de l'ouvrage à l'habitation principale requièrent des compétences professionnelles certaines. Méfiez-vous des entreprises qui proposent leurs services dans plusieurs secteurs d'activités (maçonnerie, plomberie, dépannages divers et... vérandas). Quand on exerce plusieurs métiers, il est rare d'être compétent dans chacun d'entre eux !

Consultez plusieurs entreprises (au moins trois). Faites part à chacune d'entre elles de vos envies et de vos souhaits en terme de surface au sol, de confort, d'esthétique... L'entrepreneur doit vous faire des propositions précises, argumentées. En cas de réponses évasives ou inappropriées soyez méfiant car si vos attentes n'ont pas été comprises, la véranda, une fois réalisée risque de ne pas vous convenir !

Si l'entreprise possède un hall d'exposition, observez les produits proposés, comparez-les et interrogez le vendeur sur leurs caractéristiques propres (domaine d'utilisation, points forts, points faibles). Demandez à voir des vérandas déjà construites et, si possible, entretenez-vous avec les propriétaires. Ont-ils, depuis la mise en service de leur véranda, constaté des désordres (présence de condensations, défauts d'étanchéité à l'air et/ou à l'eau, surchauffe excessive en été). Le service après-vente est-il correctement assuré ?

■ Exigez une offre de prix détaillée comportant notamment :

- les caractéristiques des profilés employés (marque commerciale, avec ou sans RPT, couleur du laquage) ;
- la nature des remplissages en façade (fixes et ouvrants) et en toiture ;
- les modes d'ouverture des éléments ouvrants (à la française, coulissant, à soufflet) ;
- les équipements de confort proposés : protections solaires, ventilation, chauffage. Y compris des options éventuelles chiffrées ;
- les dessins de la véranda comprenant au moins une perspective (conique ou isométrique) et des vues (vues de face, de droite et de gauche). Ces dessins doivent comporter les principales cotes d'implantation, situer la véranda par rapport à l'habitation et faire apparaître clairement les ouvrages de maçonnerie à réaliser (fondations, dalle en béton).

■ Si la véranda est construite en même temps que l'habitation, elle doit en principe être implantée et orientée de façon optimale. Si elle doit être adossée à une construction existante, il faut notamment :

- définir les emplacements possibles (avantages et inconvénients de chacun) et retenir celui qui présente le plus d'éléments positifs ;
- recenser tous les travaux préparatoires à réaliser : fondations, dalle en béton, sans oublier la portion de réseau enterré destinée à récupérer les eaux pluviales de la toiture de la véranda. S'il existe déjà une dalle extérieure, est-elle en capacité de recevoir la véranda sans s'affaisser, est-elle déjà isolée en sous face ?
- effectuer un état des lieux très précis en relevant (ou en faisant relever) toutes les cotes nécessaires, l'aplomb des murs, les défauts de planéité du sol, les saillies en façade (corniche, auvent, descente EP) avec lesquelles il faudra composer.

8.10 Les murs rideaux

■ Le **mur rideau** appelé aussi **façade rideau** ou **façade légère** est une grande paroi vitrée constituée d'éléments verticaux (les montants) et d'éléments horizontaux (les traverses) assemblés entre eux (fig. 8.19). Les espaces entre éléments peuvent être constitués :

- de vitrages fixes ;
- d'ouvrants vitrés tels que les portes, portes-fenêtres, châssis à soufflet ;
- de panneaux de remplissage opaques tels que les panneaux sandwichs isolants.

■ Le mur rideau se distingue de la véranda par l'importance de sa surface vitrée. Il existe plusieurs types de murs rideaux :

- le mur rideau de grande hauteur (supérieure à 10 mètres) dont les montants sont fixés soit au gros œuvre de la construction (murs et/ou planchers intermédiaires), soit à une ossature métallique porteuse mise en place derrière le mur rideau ;
- le mur rideau de 5 à 10 mètres de hauteur dont le mode de fixation dépend du type d'ouvrage et de la nature des profilés utilisés (profilés à forte inertie, profilés en acier ou en aluminium) ;
- le mur rideau d'une hauteur inférieure à 5 mètres fixé au gros œuvre de l'habitation (murs, planchers et poutres). C'est généralement ce type de mur rideau que l'on installe en maison individuelle, le plus souvent devant un séjour, face à une mezzanine.

La figure 8.20 montre quelques exemples de murs rideaux intégrés à l'habitation.

■ Dans un mur rideau réalisé avec des profilés en aluminium, les traverses sont assemblées aux montants par l'intermédiaire de pièces de liaison. Les éléments de remplissage (vitrages et panneaux isolants) sont fixés à l'aide de profilés serreurs (fig. 8.21 et 8.22). Le vissage s'effectue au travers d'intercalaires en matière isolante destinés à réduire les ponts thermiques. La finition extérieure de l'ensemble est assurée par des capots laqués horizontaux et verticaux clipés sur les profilés serreurs.

Fig. 8.19 Mur rideau

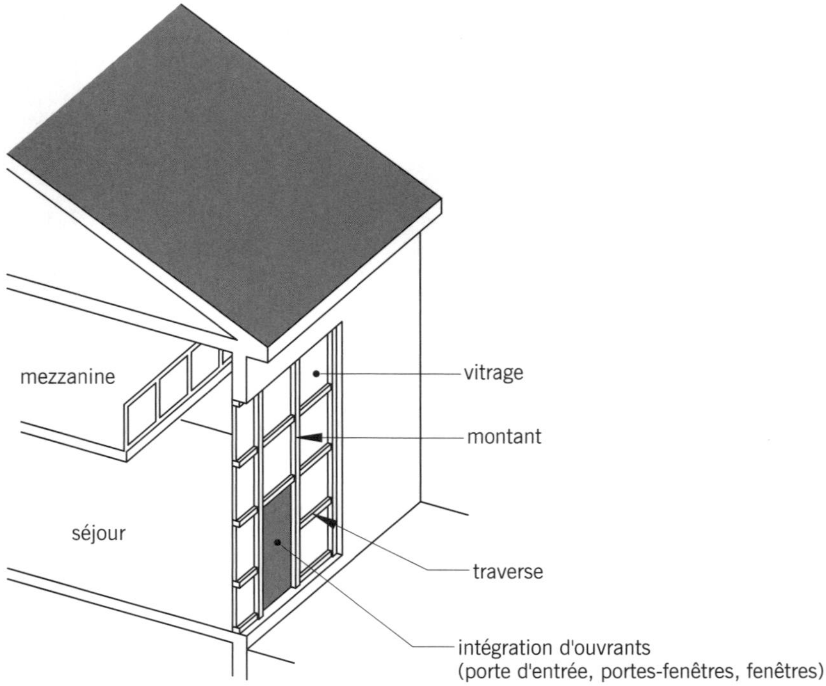

Fig. 8.20 Exemples de murs rideaux

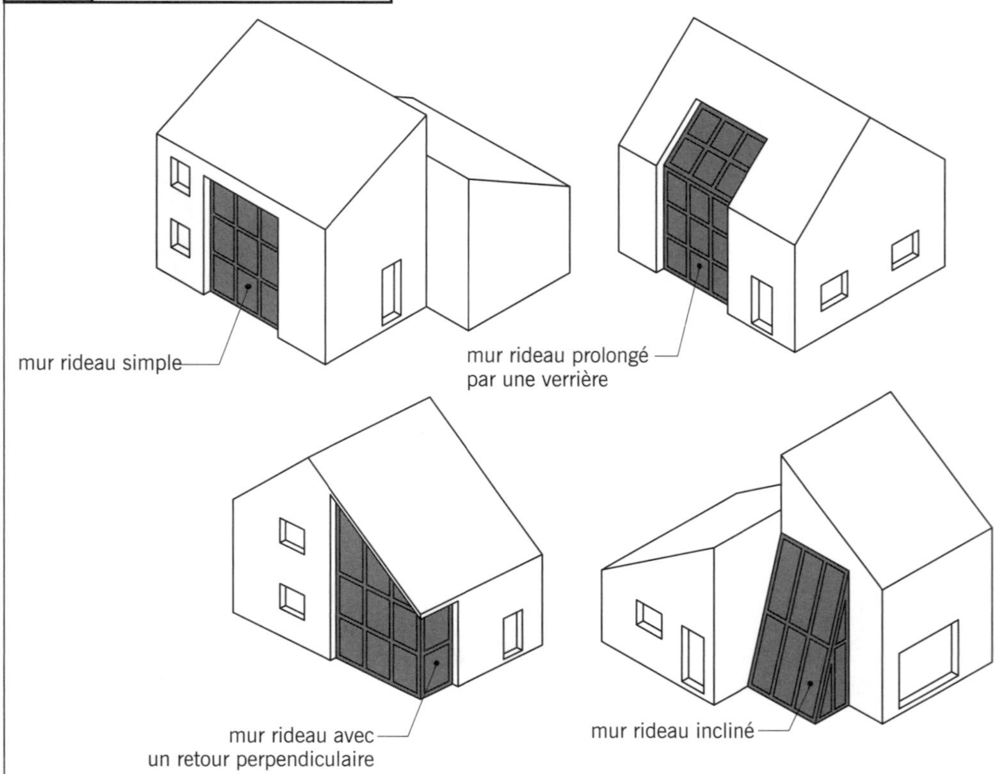

Fig. 8.21 Mur rideau avec profilés en aluminium

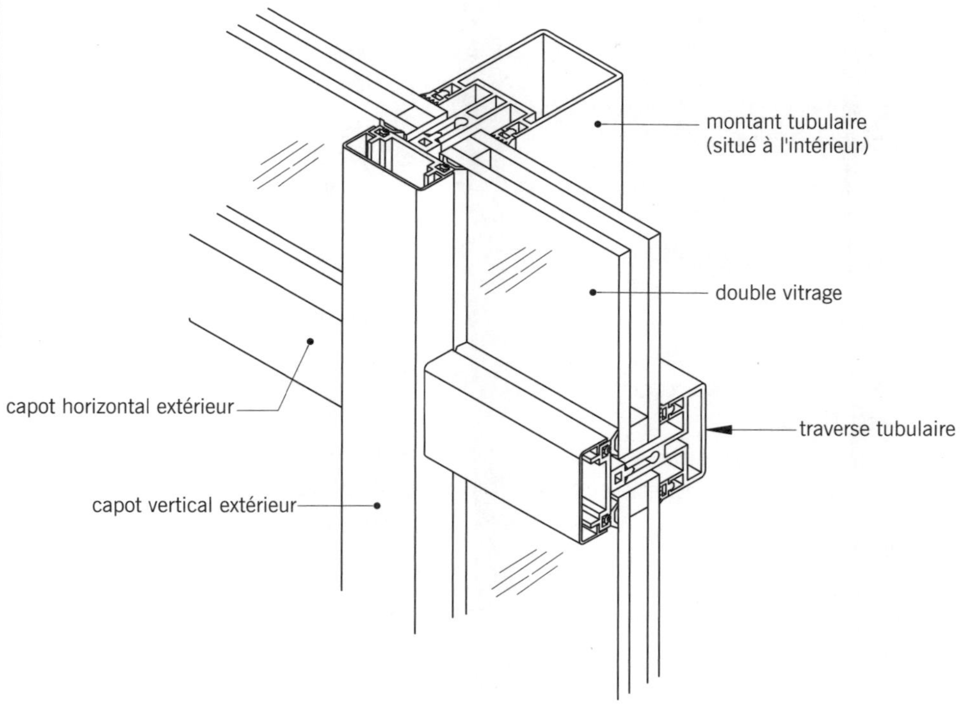

Fig. 8.22 Composants du mur rideau (vue éclatée)

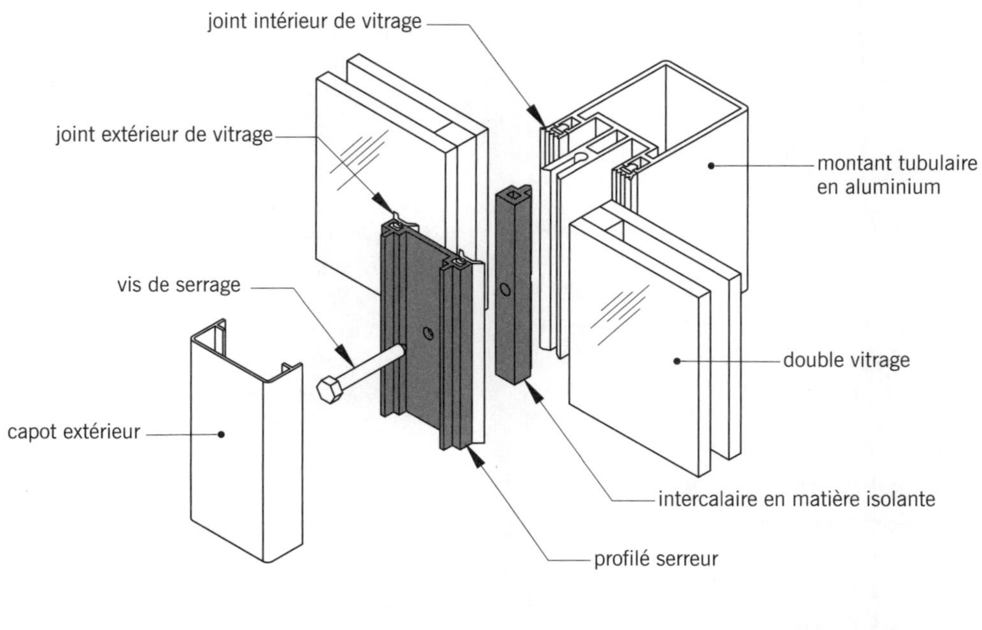

Chapitre 9 : l'isolation thermique

■ La nouvelle réglementation thermique, couramment appelée **RT 2005**, s'applique aux bâtiments neufs des secteurs résidentiel et non résidentiel depuis le 1er septembre 2006. L'objectif de cette nouvelle réglementation est d'améliorer d'au moins 15 % la performance énergétique des constructions par rapport à la RT 2000.

■ La RT 2005 reprend la structure réglementaire de la RT 2000 :

- le projet de construction est comparé à un projet de référence ;
- il existe des possibilités de compensation entre les différents postes de déperdition d'énergie : isolation thermique des parois, équipements de chauffage, de production d'eau chaude ;
- la mis en place d'exigences minimales appelées « garde-fous » sur certains équipements et matériaux ;
- les méthodes de calcul global de la consommation conventionnelle d'énergie pour le chauffage, la ventilation, la production d'eau chaude sanitaire, le refroidissement, l'éclairage intérieur.

■ Par rapport à la RT 2000, la nouvelle réglementation renforce plusieurs exigences :

- celles liées à l'isolation thermique sont augmentées de l'ordre de 10 % pour les déperditions par les parois et les baies vitrées et de 20 % environ pour les déperditions occasionnées par les ponts thermiques ;
- pour les chaudières à combustibles liquide ou gazeux, le système de référence est une chaudière basse température ;
- dans le cas d'un chauffage électrique, le panneau rayonnant devient l'émetteur de référence ;
- l'amélioration de l'isolation des réseaux de distribution ;
- pour les locaux d'habitation chauffés à l'électricité, le système de ventilation de référence est un système permettant de réduire de 25 % les déperditions énergétiques dues à la ventilation. Pour les autres locaux d'habitation, le système de ventilation de référence permet une réduction de 10 % ;
- pour les maisons individuelles, les consommations d'énergie liées à la production d'eau chaude sanitaire sont réduites de 20 %.

■ La RT 2005 valorise la conception bioclimatique aussi bien pour diminuer les besoins de chauffage que pour assurer un meilleur confort d'été en prenant en compte :

- les baies vitrées au sud, en les plaçant en référence pour favoriser l'impact des apports solaires gratuits en hiver ;
- l'inertie réelle du bâtiment pour souligner l'importance de certains matériaux à forte inertie thermique.

9.1 Les différents isolants

Les isolants thermiques se divisent en cinq familles :

- les isolants minéraux ;
- les isolants synthétiques ;
- les isolants à base végétale ;
- les isolants d'origine animale ;
- les isolants minces réfléchissants.

1 – Les isolants minéraux

■ Les **laines minérales** (laines de roche et laines de verre) sont les matériaux d'isolation les plus utilisés en France. Elles possèdent de bonnes performances thermiques et acoustiques. Elles contiennent :

- plus de 90 % de fibres d'origine minérale ;
- de 3 à 5 % de liants organiques (résines ou autres composants qui assurent la cohésion du produit) ;
- des additifs qui limitent l'émission de poussières et qui permettent de réduire l'absorption d'eau.

■ La **laine de roche** est fabriquée à partir de roches volcaniques comme le basalte, fondues dans un four à 1500 °C. La roche en fusion se déverse ensuite sur des roues qui, en tournant à grande vitesse, la transforme en fibres sous l'effet de la force centrifuge. Après refroidissement, les fibres sont encollées par pulvérisation de liants organiques. Le matelas de laine de roche ainsi obtenu est étiré puis découpé aux dimensions commerciales. λ (« lambda », coefficient de conductivité thermique) moyen de la laine de roche : 0,035 W/m°C.

■ La **laine de verre** est fabriquée à partir de sables et de verres recyclés. Le mélange est fondu dans un four à 1400 °C. La matière en fusion est transformée par centrifugation puis après l'ajout de liants spécifiques, le matelas de laine de verre est étuvé puis découpé. λ moyen de la laine de verre : 0,035 W/m°C.

■ Le **verre cellulaire** est un isolant minérale fabriqué à partir de silices et de verres recyclés. A ce mélange chauffé à plus de 1 000 °C est incorporé du carbone qui, par réaction chimique, crée dans le produit des microcellules fermées. Le verre cellulaire est incombustible. Il possède de bonnes propriétés isolantes (λ de 0,040 à 0,045 W/m°C). Sa très bonne résistance à la compression et son coût élevé le destinent principalement à l'isolation des toits plats (toitures-terrasses, toitures de parking).

■ Les billes d'**argile expansée** sont obtenues par cuisson à 1 000 °C de granules d'argile crue. Lisses et de forme arrondies, elles contiennent dans leur structure poreuse de l'air immobile qui confère au produit ses propriétés isolantes. L'argile expansée n'est pas un bon isolant (λ moyen de 0,10 W/m°C. Elle peut être utilisée en vrac ou constituer un agrégat pour les mortiers et bétons allégés.

■ La **vermiculite** est un minerai naturel de la famille des micas. Chauffées à 900 °C, les paillettes de vermiculite se séparent les unes des autres en augmentant de 10 à 20 fois de volume. Elles prennent la forme de petits grains en accordéon de couleur marron. L'air emmagasiné dans les grains donne au produit ses propriétés isolantes (λ de 0,050 à 0,080 W/m°C). La vermiculite est notamment utilisée en vrac pour l'isolation des planchers des combles et des parois creuses en rénovation. Comme la perlite, elle constitue un agrégat pour les bétons allégés et les enduits isolants.

■ La **perlite** expansée est une roche siliceuse d'origine volcanique qui, une fois broyée, est chauffée à plus de 1 000 °C. Sous l'action de la chaleur, les particules augmentent de 10 à 15 fois leur volume initial pour prendre la forme de petits grains de couleur blanche. L'air immobile contenu dans les grains confère au produit ses propriétés isolantes (λ de 0,045 à 0,055 W/m°C). La perlite est incombustible. Elle peut être utilisée en vrac pour l'isolation des planchers des combles, mélangée avec des bétons ou des mortiers pour obtenir des matériaux allégés. Il existe également des panneaux de doublage composés de perlite et de fibres de verres agglomérées.

2 – Les isolants synthétiques

■ Le **polystyrène expansé (PSE)** est un plastique alvéolaire fabriqué à partir d'hydrocarbures (styrène notamment) expansés au pentane et à la vapeur d'eau. Le produit obtenu est constitué de petites billes sphériques soudées entre elles. Il présente une structure à pores ouverts. On distingue plusieurs types de complexes isolants associant une plaque de polystyrène expansé et une plaque de plâtre :

- le **PSE ordinaire** (λ = 0,045 W/m°C) ;
- le **PSE Th 38** (λ = 0,038 W/m°C) ;
- le **PSE Ultra Th**, fabriqué à partir d'une nouvelle génération de polystyrènes dont les performances thermiques sont supérieures aux polystyrènes existants (λ = 0,032 W/m°C).

■ Le **polystyrène extrudé (XPS)** est également un plastique alvéolaire qui présente de nombreuses similitudes avec le PSE. Lors de sa fabrication il est introduit dans un moule fermé et soumis, sous pression, à un agent d'expansion qui lui confère une structure à pores fermés. Plus compact et d'une texture plus fine que le PSE, il est aussi, à épaisseur égale, plus isolant que ce dernier (λ = 0,028 W/m°C). Possédant une bonne résistance à la compression, il est souvent utilisé en isolation horizontale sous dalle béton. En cas d'incendie, les polystyrènes libèrent des gaz toxiques (styrène et autres gaz contenus dans les additifs ignifuges).

■ La **mousse rigide de polyuréthane (PUR)** est un isolant à alvéoles fermées. Les gaz utilisés à l'origine pour expanser la mousse étaient des chlorofluorocarbones (CFC). Ils ont été depuis remplacés par des hydrochlorofluorocarbones (HCFC). Le PUR est un très bon isolant. Son λ de l'ordre de 0,023 à 0,030 W/m°C permet de l'utiliser en panneaux de faible épaisseur.

3 – Les isolants à base végétale

■ Les **fibragglos** se présentent sous la forme de panneaux rigides constitués de fibres de bois comprimées et enrobées de ciment. Le fibragglo dont le pouvoir isolant est faible (λ de 0,09 à 0,12 W/m°C) est surtout utilisé comme complément d'isolation en fond de coffrage de dalle ou rapportée en sous-face de plancher. Il existe également des panneaux composites constitués d'une âme centrale en polystyrène et d'un ou deux parements en fibragglos.

■ Les **fibres de bois résineux** sont transformées en pâte par addition d'eau puis pressées et séchées pour donner des panneaux rigides ou semi-rigides. Ces panneaux de fibres de bois peuvent être utilisés en complément d'isolation ou comme isolation principale pour les toitures, murs et plafonds. Leur pouvoir isolant est satisfaisant (λ de 0,050 à 0,060 W/m°C) mais le coût pour une isolation complète est élevé.

■ Le **liège expansé** est obtenu à partir de l'écorce du chêne-liège. Celle-ci est broyée sous forme de granules puis introduite dans un four à 300 °C. Soumis à la vapeur d'eau, les granules augmentent de volume et, sans adjonction d'agent agglomérant, se collent entre eux grâce à une substance imperméable qu'ils contiennent, la subérine. L'air immobile emprisonné dans les microcellules qui le composent, confère au liège de bonnes propriétés isolantes (λ de 0,040 W/m°C) mais le coût pour une isolation complète est élevé. Il existe deux principaux modes de conditionnement : le vrac pour l'isolation des planchers et les panneaux de différentes épaisseurs pour doubler les murs.

■ Les **fibres de cellulose** sont fabriquées à partir de papier journal récupéré. Elles sont broyées mécaniquement puis stabilisées par l'ajout de diverses substances qui ignifugent les fibres et les rendent résistantes aux insectes xylophages. Les produits en fibres de cellulose se présentent soit sous forme de flocons ou de granules pour une utilisation en vrac, soit sous forme de panneaux semi-rigides de différentes épaisseurs pour l'isolation des murs et des toitures. La fibre de cellulose est un bon isolant thermique (λ de 0,040 W/m°C).

■ Le **chanvre** est une plante dont les constituants de la tige servent à la fabrication de matériaux isolants. La **chènevotte** qui constitue la partie non fibreuse de la tige est utilisée sous forme de granules pour l'isolation des planchers des combles et des toitures.

Sur le pourtour extérieur de la tige on trouve des fibres longues qui, après défibrage, donnent de la filasse qui est ensuite calibrée pour obtenir de la **laine de chanvre**. Les propriétés isolantes de la laine de chanvre sont équivalentes à celles de la laine de roche (λ de 0,040 W/m°C). Elle peut être utilisée en vrac ou sous forme de rouleaux et de panneaux. Pour ces deux derniers conditionnements, la cohésion du produit est assurée par l'ajout de fibres de polyester.

■ Le **lin** est une plante dont les fibres contenues dans les tiges sont utilisées depuis longtemps pour la fabrication des textiles. Les fibres les plus courtes sont transformées en **laine de lin**. Les fibres sont cardées, imprégnées de sels minéraux (traitement préventif contre les insectes xylophages, les champignons et le feu) puis liées entre elles par des fibres de polyester pour former des rouleaux et des panneaux semi-rigides de différentes épaisseurs. Ces produits servent à isoler tous types de parois (murs, planchers et toitures). La laine de lin peut également être utilisée en vrac pour être projetée mécaniquement ou mise en place à la main. Les produits à base de lin présentent des performances thermiques sensiblement identiques à celles des produits traditionnels d'isolation (λ de 0,040 W/m°C).

■ La fibre naturelle du cotonnier constitue la matière première de la **laine de coton**. Différents traitements lui sont appliqués pour assurer une protection durable contre les moisissures, les insectes xylophages, les champignons et le feu. La laine de coton est disponible en vrac (mise en place manuelle ou par insufflation) et sous forme de rouleaux et de panneaux semi-rigides (λ de 0,035 à 0,040 W/m°C).

4 – Les isolants d'origine animale

■ La **laine de mouton** reçoit un traitement insecticide et un traitement ignifugeant à base de sels minéraux. Elle se présente sous forme de rouleaux et de panneaux semi-rigides. Elle peut également être utilisée en vrac. Ses propriétés isolantes sont élevées (λ de 0,035 à 0,040 W/m°C).

■ Les **plumes de canard** mélangées avec de la laine de mouton et texturées à l'aide d'un liant à base de polyester sont conditionnées sous forme de rouleaux pour l'isolation des combles et des murs (λ de 0,035 à 0,040 W/m°C).

5 – Les isolants minces réfléchissants

■ **Les isolants minces réfléchissants,** appelés également **thermoréflectifs** ou **multi-réflecteurs**®, sont généralement constitués de plusieurs couches de différentes natures : ouate synthétique en polyester, film polyéthylène à bulles, mousse à cellules fermées emprisonnant des micro-cellules d'air. Ces couches sont séparées par des feuilles réfléchissantes en aluminium ou par des films alumisés. L'épaisseur totale varie environ de quelques millimètres à quelques centimètres.

Les performances thermiques des isolants minces réfléchissants suscitent de nombreuses controverses. Certains fabricants annoncent des performances isolantes équivalentes à celles des isolants traditionnels beaucoup plus épais. Ces performances élevées seraient obtenues notamment grâce aux propriétés réfléchissantes des différents films.

Le groupe spécialisée GS n° 20 du CSTB, en charge des produits et procédés spéciaux d'isolation, a fait le point dans une note d'information sur les performances thermiques des produits minces réfléchissants. Il indique notamment[14] :

(14) Note d'information n°1 (version n°3 du 24/06/04) du CSTB intitulée : *Performances des produits minces réfléchissants opaques utilisés dans l'enveloppe des bâtiments.*

« Ces produits ont une performance thermique intrinsèquement réduite du fait de leur faible épaisseur. Leur surface réfléchissante permet d'améliorer la performance thermique globale d'une paroi lorsque le produit est en contact avec une lame d'air non ventilée. Lorsqu'il est inséré entre deux lames d'air il est impératif qu'il n'y ait pas de communication entre ces lames d'air... Si ces conditions de non ventilation et de non communication des lames d'air sont remplies, la faible **émissivité**[15] des faces externes du produit en contact avec ces lames d'air permet en effet d'augmenter la résistance thermique de ces lames d'air. C'est la raison pour laquelle c'est le système complet qui doit être évalué y compris la mise en œuvre, puisque les lames d'air doivent être d'épaisseur constante et parfaitement étanches pour être efficaces ».

Le constat effectué par le GS n° 20 est le suivant : « Les résistances thermiques effectives des produits minces réfléchissants (calculées selon les méthodes appliquées en Europe à tous les bâtiments) sont, dans les cas courants, comprises entre 0,4 et 0,55 m^2°K/W avec les lames d'air associées. Ces valeurs ne répondent pas aux niveaux réglementaires appliqués au neuf. En conséquence, ces produits doivent être utilisés en complément d'isolation ».

■ Le CSTC[16] a effectué des mesures sur plusieurs produits minces réfléchissants afin de déterminer leurs performances thermiques. Ces produits posés dans des conditions optimales entre deux lames d'air non ventilés de 2 cm d'épaisseur chacune, présentent une résistance thermique totale mesurée entre 1 et 1,7 m^2°K/W. Selon le CSTC, « même posé de façon optimale, un produit mince réfléchissant associé à deux lames d'air non ventilées de 2 cm d'épaisseur (soit une épaisseur totale de 5 à 6 cm) peut tout au plus prétendre égaler une isolation traditionnelle (laine minérale, polystyrène expansé) d'épaisseur équivalente, soit 4 à 6 cm. Lorsque les lames d'air sont ventilées, même faiblement, les performances sont encore réduites. Or l'étanchéité à l'air est souvent difficile à garantir en pratique... Posé de manière correcte en complément d'un isolant traditionnel, le produit mince réfléchissant peut contribuer à améliorer la performance thermique globale de l'ouvrage mais ne peut pas à lui seul satisfaire aux exigences réglementaires. »

■ Bien que les organismes officiels recommandent d'employer les produits minces réfléchissants seulement comme complément d'isolation, on constate qu'ils sont de plus en plus utilisés, malgré un prix de revient élevé, pour l'isolation des toitures en construction neuve. Leur faible encombrement, leur facilité apparente de mise en œuvre et leurs propriétés anallergiques sont autant d'arguments commerciaux en leur faveur.

6 – Les isolants de demain

■ Les **panneaux isolants sous vide (PIV)**, appelés aussi **VIP** (Vacuum Insulation Panel) remplaceront peut être demain nos isolants actuels. Encore en phase d'expérimentation et d'un coût de fabrication très élevé, ces isolants se présentent sous la forme de panneaux composites dont l'âme (en polystyrène, polyuréthane ou en silice) est enveloppée dans un film étanche avec mise sous vide partiel. La conductivité thermique de ce type de panneaux est de l'ordre de 0,008 à 0,01 W/m°C, soit une résistance thermique égale à 5 pour une épaisseur moyenne de 5 cm !

(15) **L'émissivité** est l'aptitude d'un corps à réaliser des échanges thermiques par rayonnement. Une faible émissivité correspond à un corps qui renvoie une grande partie du rayonnement reçu et une forte émissivité correspond à un corps qui absorbe la presque totalité du rayonnement reçu.
(16) Centre scientifique et technique de la construction belge.

7 – Tableau récapitulatif des isolants

désignation		λ [1]	R [2]	conditionnement [3]	domaines courants d'utilisation
isolants à base minérale	laine de verre	0,035	2,9	panneaux nus semi-rigides panneaux composites panneaux sandwich rouleaux vrac (en insufflation)	tous types de parois (murs, planchers et toitures)
	laine de roche	0,040	2,5		
	verre cellulaire	0,040	2,5	panneaux	toitures-terrasses
	argile expansée	0,10	1	vrac additif pour blocs et mortiers	parois horizontales (planchers et dallages)
	vermiculite	0,070	1,4	vrac panneaux nus additif pour blocs et mortiers	parois horizontales (planchers et dallages)
	perlite	0,045	2,2		
isolants à base synthétique	polystyrène expansé	0,035	2,9	panneaux nus panneaux composites éléments moulés (entrevous, rupteurs...) intégration dans des blocs	tous types de parois (murs, planchers et toitures)
	polystyrène extrudé	0,028	3,6		
	polyuréthane	0,030	3,3	panneaux nus panneaux composites	tous types de parois (murs, planchers et toitures)
isolants à base végétale	fibragglo	0,10	1	panneaux nus panneaux composites	plafonds et sous-toitures
	liège expansé	0,040	2,5	panneaux vrac additif pour mortiers	plafonds et toitures
	fibres de cellulose	0,040 à 0,055	2,5 à 1,8	panneaux nus semi-rigides panneaux composites vrac (en insufflation)	tous types de parois (murs, planchers et toitures)
	chanvre	0,045	2,2	panneaux nus semi-rigides rouleaux vrac additif pour mortiers	tous types de parois (murs, planchers et toitures)
	lin	0,040	2,5	panneaux nus semi-rigides rouleaux vrac pour insufflation	tous types de parois (murs, planchers et toitures)
	laine de coton	0,040	2,5	rouleaux vrac	pour planchers et toitures
Isolants d'origine animale	laine de mouton	0,040	2,5	panneaux nus semi-rigides rouleaux écheveaux vrac	tous types de parois (murs, planchers et toitures)
	plumes de canard	0,040	2,5	rouleaux panneaux nus semi-rigides	tous types de parois (murs, planchers et toitures)
isolants réflecteurs minces		[4]	[4]	rouleaux	pour toitures

(1) conductivité thermique exprimée en W/m°C. Les valeurs indiquées constituent des moyennes. Plus λ est faible, plus le matériau est isolant
(2) résistance thermique exprimée en m²°C/W pour une épaisseur d'isolant de 10 cm. Plus R est élevé plus le matériau est isolant.
(3) modes de conditionnement les plus courants
(4) ces isolants ne possèdent pas de λ et de R officiels.

8 – Classement des isolants

- Classement des isolants selon leur coefficient λ, du plus isolant au moins isolant.

isolants	λ	isolants	λ
polyuréthane	**0,025 à 0,030**	fibres de cellulose	**0,040 à 0,055**
polystyrène extrudé	**0,030**	liège expansé	**0,040**
laine de verre	**0,035**	verre cellulaire	**0,040 à 0,045**
polystyrène expansé	**0,035 à 0,040**	perlite	**0,045 à 0,055**
laine de mouton	**0,035 à 0,040**	fibres de bois	**0,050 à 0,060**
laine de coton	**0,035 à 0,040**	vermiculite	**0,050 à 0,080**
laine de roche	**0,040**	fibragglo	**0,090 à 0,12**
chanvre	**0,040 à 0,050**	argile expansée	**0,10**
lin	**0,040**		

Et à titre de comparaison...

béton cellulaire	**0,12 à 0,17**	acier	**50**
bois	**0,15 à 0,20**	aluminium	**230**
béton ordinaire	**1,40 à 1,80**	cuivre	**380**

FICHE ENVIRONNEMENT N°3

LES ISOLANTS DANGEREUX POUR LA SANTÉ ?

■ Selon l'INRS (Institut national de recherche et de sécurité), « la nature des fibres (dimensions, composition chimique, propriétés de surface et persistance en milieu pulmonaire) joue un rôle dans les mécanismes toxiques induits par les laines. Seules les fibres de diamètres géométriques inférieur à 3µm atteignent le poumon profond (zone des alvéoles pulmonaires).

Les diamètres des fibres des laines minérales sont plus grands en moyenne que ceux des fibres d'amiante (diamètre géométrique moyen de 2 à 3,5 µm pour la laine de roche ou de laitier, 2 à 8 µm pour la laine de verre, inférieur à 1 µm pour l'amiante). A la différence de l'amiante, elles se coupent transversalement et non longitudinalement en fibrilles de diamètres inférieurs. Ces fibres sont en général plus rapidement éliminées par l'organisme que les fibres d'amiante. Les liants ajoutés aux fibres peuvent modifier les interactions entre les fibres et les milieux biologiques et également être responsables d'effets sur la santé.

Les fibres courtes et de diamètre supérieur à 4 µm, en suspension dans l'air, peuvent être à l'origine d'irritations de la peau, mais aussi des yeux et des vois respiratoires supérieures... urticaires et eczémas ont été observés. Les eczémas seraient notamment causés par les additifs présents dans les laines... » (extrait de la fiche pratique de sécurité ED93)

Ces effets indésirables ont incité les fabricants à innover : modifications des procédures d'encollage lors de la fabrication, création de laines minérales dites « encapsulées », enrobées dans un voile protecteur limitant la dispersion des fibres pendant la mise en œuvre du produit.

■ Le **centre international de recherche sur le cancer (CIRC)** qui dépend de l'Organisation mondiale de la santé (OMS) classe les produits en fonction de leurs pouvoirs cancérogènes. La classification du CIRC comprend cinq groupes :

- **Groupe 1** : les agents sont cancérogènes(1) pour l'homme ;
- **Groupe 2A** : les agents sont probablement cancérogènes pour l'homme ;
- **Groupe 2B** : les agents peuvent être cancérogènes pour l'homme ;

- **Groupe 3** : les agents ne peuvent être classés quant à leur cancérogénicité[(2)] pour l'homme ;
- **Groupe 4** : les agents ne sont probablement pas cancérogènes pour l'homme.

Les laines minérales (de roche et de verre) sont classées dans le groupe 3.

■ La directive européenne 67/548/CEE définit une classification en trois catégories destinée à l'emballage et à l'étiquetage des substances :

- **Catégorie 1** : substances cancérogènes pour l'homme, « substances pour lesquelles on dispose de suffisamment d'éléments pour établir l'existence d'une relation de cause à effet entre l'exposition de l'homme à de telles substances et l'apparition d'un cancer » ;
- **Catégorie 2** : substances cancérogènes probables pour l'homme, « substances pour lesquelles on dispose de suffisamment d'éléments pour justifier une forte présomption que l'exposition de l'homme à de telles substances peut provoquer un cancer » ;
- **Catégorie 3** : substances préoccupantes pour l'homme en raison d'effets cancérogènes possibles, « substances pour lesquelles les informations disponibles ne permettent pas une évaluation satisfaisante ».

La directive 97/69/CE apporte des modifications à la directive précédente. Sous certaines conditions, les laines minérales d'isolation initialement classées en catégorie 3 peuvent être exonérées de classement. C'est le cas de la plupart des laines minérales qui, n'étant plus classées, sont considérées comme non cancérogènes. Toutefois, elles conservent la classification « substance irritante pour la peau ».

■ Si le pouvoir toxique des fibres minérales est loin d'atteindre celui des fibres d'amiante, les risques sont néanmoins réels. Toutes les précautions nécessaires doivent être prises lors de la mise en œuvre sur chantier des panneaux et des rouleaux isolants. Il faut travailler dans un local aéré et porter un équipement adapté (tenue ajustée au cou, aux poignets et aux chevilles, gants, caquette, lunette équipée de protections latérales et masque de protection avec filtre).

La mise en œuvre des panneaux et des doublages en fibres minérales doit être correctement réalisée pour éviter après coup toute dispersion de fibres dans les espaces habitables. Celles-ci peuvent notamment être véhiculées par un système de ventilation mal installé ou par la présence de courants d'air parasites.

■ Les isolants synthétiques (polystyrènes et polyuréthanes) sont obtenus à partir d'hydrocarbures. Outre leur dépendance vis-à-vis d'une source d'énergie non renouvelable, ils présentent certains risques :

- le gaz pentane utilisé comme agent gonflant dans la fabrication du polystyrène est un composé organique volatil irritant pour les yeux, la peau et l'appareil respiratoire. Les produits isolants en polystyrène ne perdraient pas tout leur pentane lors de leur fabrication mais en laisseraient échapper pendant leur période de stockage et au cours de leur utilisation ;
- sous l'action de la chaleur, le polystyrène dégage du styrène (hydrocarbure ayant servi à sa fabrication) et des gaz toxiques contenus dans les substances ignifugeantes incorporées au polystyrène ;
- la présence d'isocyanates dans les mousses de polyuréthane peut provoquer des allergies et, en cas d'incendie, le polyuréthane libère des gaz toxiques.

■ Pour en savoir plus ■

– Informations sur les laines minérales et les règles de sécurité à respecter disponibles sur le site de l'INRS : www.inrs.fr.

– *Guide de sécurité sur le stockage et la manutention du polystyrène expansible*. Brochure à télécharger, au format pdf, sur le site : www.novachem.com.

– *Laine de roche et santé*. Brochure à télécharger, au format pdf, sur le site : www.rockwool.fr.

– *L'isolation écologique*. Jean Pierre Oliva. Editions Terre vivante.

(1) cancérogène : qui est susceptible de favoriser l'apparition d'un cancer.

(2) cancérogénicité : propriété d'une substance cancérogène.

9.2 La RT 2005

■ La nouvelle réglementation thermique RT 2005 renforce les exigences en matière d'isolation des parois (murs et planchers) de l'ordre de 10 % par rapport à la précédente réglementation. Le traitement des ponts thermiques n'est pas oublié : la RT 2005 a pour objectif une diminution de l'ordre de 20 % des pertes par ponts thermiques. Pour atteindre ces objectifs, la réglementation fixe des valeurs de référence et des valeurs maximales appelées « garde-fous ». Le tableau suivant réunit les différentes valeurs de la RT 2005 relatives aux parois (murs et planchers). Les chiffres indiqués entre parenthèses correspondent aux valeurs de l'ancienne réglementation RT 2000.

■ La **valeur de référence de la paroi** s'exprime sous la forme d'un coefficient de transmission thermique **U** en W/m²°C. Cette valeur correspond à un niveau de performance qui permet à chaque composant du bâti (mur, plancher, baie vitrée) de contribuer à part égale au calcul de la consommation d'énergie de l'habitation. Cependant certains composants peuvent posséder des performances inférieures aux valeurs de référence à condition que d'autres composants rééquilibrent l'ensemble.

■ La **valeur garde-fou** s'exprime sous la forme d'un coefficient de transmission thermique **U** en W/m²°C. Cette valeur correspond à une valeur maximale à ne pas dépasser quelles que soient par ailleurs les performances atteintes par les autres composants du bâti.

Le tableau comporte également d'autres valeurs qui permettent de mieux appréhender les exigences de la RT 2005 :

- les chiffres indiquées dans les deux colonnes **e** donnent pour chaque résistance thermique **R**, l'épaisseur minimale de l'isolant en cm pour une conductivité thermique λ de 0,040 W/m°C. Ces épaisseurs sont données à titre indicatif. Elles peuvent varier en fonction de type d'isolant réellement utilisé ;
- les chiffres indiqués dans la dernière colonne précisent pour chaque valeur garde-fou, la résistance thermique minimale de la paroi correspondante.

■ Pour les planchers sur terre-plein, la RT 2005 n'a pas d'exigence relative à la déperdition thermique. L'isolant à mettre en œuvre pour ce type d'ouvrage doit posséder une résistance thermique égale ou supérieure à 1,7 m²°C/W.

parois à isoler	zones **H1** et **H2** (1)			zone **H3** (1)			valeur garde-fou maximale **U** paroi (W/m²°C)	**R** paroi minimal (m²°C/W)
	valeur de référence de la paroi **U** (W/m²°C)	**R** (m²°C/W)	**e** (cm)	valeur de référence de la paroi **U** (W/m²°C)	**R** (m²°C/W)	**e** (cm)		
murs extérieurs parois verticales des combles aménagés	**0,36** (0,40)	**2,60** (2,30)	**10,5** (9,5)	**0,40** (0,47)	**2,30** (2,00)	**9,5** (8)	**0,45** (0,47)	**2,05** (2,00)
plancher bas sur vide sanitaire ou sur local non chauffé	**0,27** (0,30)	**3,40** (3,10)	**14** (12,5)	**0,36** (0,43)	**2,60** (2,00)	**10,5** (8)	**0,40** (0,43)	**2,15** (2,00)
plancher bas donnant sur l'extérieur	**0,27** (0,30)	**3,40** (3,10)	**14** (12,5)	**0,36** (0,43)	**2,60** (2,00)	**10,5** (8)	**0,36** (0,36)	**2,60** (2,60)
toitures-terrasses	**0,27** (0,30)	**3,60** (3,20)	**14,5** (13)	**0,27** (0,30)	**3,60** (3,20)	**14,5** (13)	**0,34** (0,36)	**2,80** (2,60)
rampants de toiture plancher haut des combles	**0,20** (0,23)	**4,90** (4,20)	**20** (17)	**0,25** (0,30)	**3,90** (3,20)	**16** (13)	**0,28** (0,30)	**3,45** (3,20)

(1) zones H1 et H2 : départements français hors bordure méditerranéenne. Zone H3 : départements situés en bordure méditerranéenne, Corse comprise.

■ Pour en savoir plus ■

– *La réglementation thermique 2005* (classeur à feuillets mobiles). Ouvrage édité par le CSTB.

9.3 L'isolation des murs

■ On distingue trois principaux modes d'isolation des murs :

- l'isolation réalisée sur la face intérieure des murs de façade dite **isolation par l'intérieur**. C'est le mode d'isolation le plus utilisé en maison individuelle. Il comprend plusieurs techniques de pose détaillées ci-dessous ;
- l'isolation réalisée sur la face extérieure des murs de façade dite **isolation par l'extérieur**. Ce procédé est surtout employé lors de travaux de rénovation. Il n'est pratiquement pas mis en œuvre sur les constructions neuves bien qu'il permette d'atteindre des niveaux d'isolation thermique élevés en corrigeant notamment de manière significative les ponts thermiques. Ce mode d'isolation, non abordé dans les pages suivantes, consiste à fixer par collage ou mécaniquement sur une ossature en bois ou en métal des panneaux isolants en polystyrène. L'ensemble est ensuite recouvert par un enduit de façade étanche.
- Il existe un autre procédé d'isolation par l'extérieur, également peu employé, qui consiste à utiliser des blocs spéciaux en béton de granulats dont la partie centrale est une bande en polystyrène (voir chapitre 2) ;
- l'**isolation répartie** obtenue à l'aide de blocs en terre cuite de type Monomur® ou en béton cellulaire. Ces blocs, qui assurent eux-mêmes l'isolation de la paroi, ne nécessitent pas la mise en œuvre d'une isolation rapportée (voir chapitre 2).

NOTA : les techniques d'isolation thermique des parois des maisons à ossature en bois sont abordées dans le chapitre 2.

■ **L'isolation par l'intérieur** peut être réalisée de trois façons différentes (fig. 9.1) :

- au moyen d'un **complexe isolant** : des panneaux constitués d'une plaque de plâtre associée à une couche isolante (en polystyrène ou en laine minérale) sont directement collé sur les murs. Les joints entre panneaux sont ensuite dissimulés par une couche d'enduit et une bande de jointoiement ;
- avec une couche isolante et une **contre-cloison** : des panneaux semi-rigides de laine minérale sont fixés au mur par des plots de colle ou à l'aide de petites pattes métalliques. Une contre-cloison appelée aussi **cloison de doublage** est ensuite bâtie devant l'isolant. En briques plâtrières, en carreaux de plâtre ou de brique, elle permet l'accrochage de charges lourdes (meubles haut de cuisine, étagères...) et facilite également le passage des gaines électriques. Etanche

Fig. 9.1 **Techniques d'isolation des murs par l'intérieur**

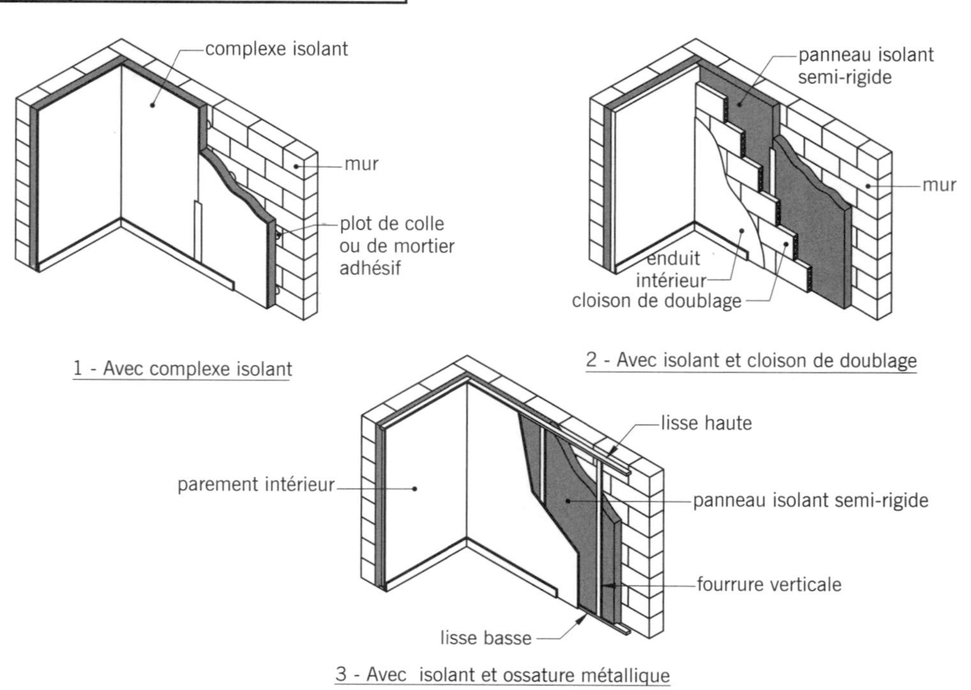

à l'air, elle constitue une barrière contre l'humidité et facilite la pose des carrelages muraux ;

- avec une couche isolante et un doublage posé sur une **ossature métallique**. Ce procédé qui est surtout utilisé en rénovation sur des murs irréguliers consiste à recouvrir les panneaux isolants d'un parement intérieur fixé sur une ossature métallique. Le plus souvent en plaques de plâtre rejointoyées, ce parement peut également être réalisé en panneaux de bois ou en lambris.

Exemples de murs isolés

Le tableau suivant présente trois exemples de murs de façade isolés dont les caractéristiques thermiques retenues correspondent à des valeurs moyennes :

- un mur revêtu d'un complexe isolant en polystyrène et dont la résistance thermique globale est égale 3,05 m²°C/W ;
- un mur isolé avec une contre-cloison en briques creuses et dont la résistance thermique globale est égale à 3,39 m°C/W ;
- un mur à isolation répartie réalisé en briques Monomur® et dont la résistance thermique globale est égale à 3,06 m°C/W.

Nota : les trois résistances obtenues sont supérieures aux valeurs minimales définies par la RT 2005.

AVEC COMPLEXE ISOLANT	AVEC CONTRE-CLOISON	A ISOLATION REPARTIE
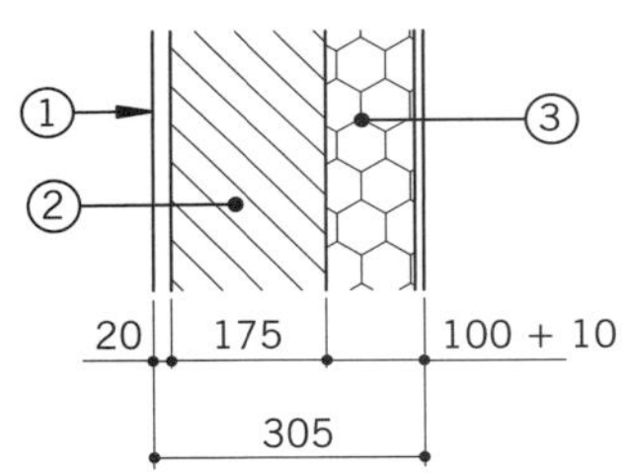	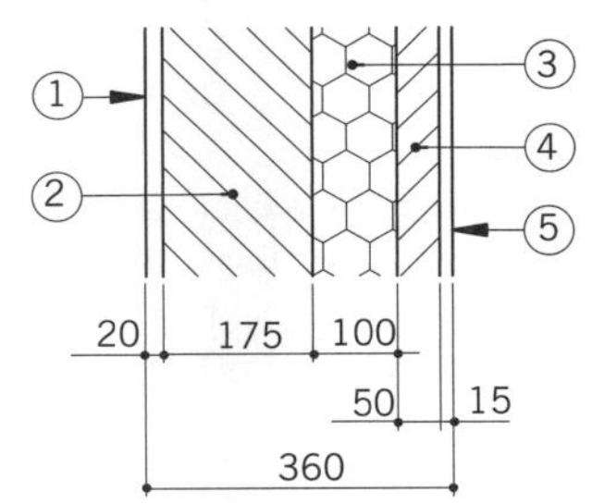	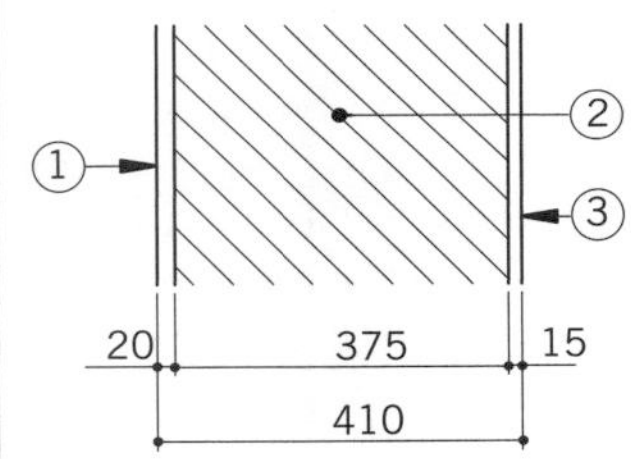
① enduit extérieur au mortier de ciment, λ = 1,15 R = e / λ = 0,02 / 1,15 = 0,017 ② blocs creux en béton de sable et gravillons, à quatre alvéoles, à parois épaisses de 175 mm d'ép., R = 0,16 ③ complexe isolant PSE Th, R = 2,7 **résistance thermique du mur :** 0,017 + 0,16 + 2,7 + 0,17 (résistances superficielles) = **3,05** m²°C/W **U** = 1 / 3,05 = **0,33** W/m²°C.	① enduit extérieur au mortier de ciment, λ = 1,15 R = e / λ = 0,02 / 1,15 = 0,017 ② blocs creux en béton de sable et gravillons, à quatre alvéoles, à parois épaisses de 175 mm d'ép., R = 0,16 ③ panneau semi-rigide en laine de verre de 100 mm d'ép., R = 2,9 ④ contre-cloison en briques creuses de 50 mm d'ép., R = 0,10 ⑤ enduit intérieur au plâtre courant de 15 mm d'ép., λ = 0,35 R = e / λ = 0,015 / 0,35 = 0,04 **résistance thermique du mur :** 0,017 + 0,16 + 2,9 + 0,10 + 0,04 + 0,17 (résistances superficielles) = **3,39** m²°C/W **U** = 1 / 3,39 = **0,29** W/m²°C.	① enduit extérieur au mortier de ciment, λ = 1,15 R = e / λ = 0,02 / 1,15 = 0,017 ② brique type Monomur® à joints horizontaux minces de mortier colle et à joints verticaux non remplis, de 375 mm d'ép., R = 2,83 ③ enduit intérieur au plâtre courant de 15 mm d'ép., λ = 0,35 R = e / λ = 0,015 / 0,35 = 0,04 **résistance thermique du mur :** 0,017 + 2,83 + 0,10 + 0,04 + 0,17 (résistances superficielles) = **3,06** m²°C/W **U** = 1 : 3,06 = **0,32** W/m²°C.

9.4 L'isolation des planchers

Il existe plusieurs façons d'isoler les planchers selon la nature du plancher et son emplacement dans l'habitation. Lorsque le plancher recouvre un vide sanitaire ou un local non chauffé trois techniques d'isolation peuvent être utilisées (fig. 9.2) :

- **l'isolant est rapporté en sous face du plancher**. Cette disposition est difficile à mettre en œuvre dans le cas d'un vide sanitaire de faible hauteur. D'autre part, elle crée un pont thermique important en about de dalle ;

- **le plancher est constitué d'entrevous isolants à languettes**. Associés à des poutrelles préfabriquées,

L'ISOLATION ACOUSTIQUE DES MURS ET DES CLOISONS (1)

■ Plus la masse volumique en kg/m³ d'un mur de façade est élevée, meilleure est son isolation acoustique vis-à-vis des bruits extérieurs.

L'isolement acoustique réglementaire des pièces principales et de la cuisine doit au moins être égal à 30 dB (**l'isolement acoustique** entre deux espaces correspond à la différence entre le niveau sonore dans la zone d'émission du bruit – local ou espace extérieur – et le niveau sonore dans le local de réception. L'isolement acoustique, toujours mesuré *in situ*, prend en compte toutes les transmissions directes et indirectes au travers de la paroi. Cet indice qui tient compte des transmissions indirectes est toujours inférieur de 5 à 8 dB à l'indice d'affaiblissement acoustique correspondant. Cette condition est habituellement remplie par tout type de mur de façade traditionnel isolé thermiquement. Si l'on souhaite un isolement acoustique plus élevé, il faut recourir à des isolants dits « thermo-acoustiques » qui possèdent à la fois de bonnes propriétés d'isolation thermique et d'isolation acoustique telles les laines minérales et les isolants à base de polystyrène spécifique souple de type PSE dB® et PSE Ultra ThA®.

■ Pour les maisons mitoyennes (cas des lotissements en bande), l'isolement acoustique contre les bruits aériens intérieurs (télévision, chaîne hi-fi, voix humaine) entre une pièce d'un logement (local d'émission) et la pièce d'un autre logement (local de réception) doit être au moins égal à 53 dB si le local de réception est une pièce principale et à 50 dB s'il s'agit d'une cuisine ou d'une salle de bains. Cette condition est habituellement remplie par un mur de façade en blocs de béton isolé thermiquement sur ces deux faces.

■ Pour les cloisons intérieures, il est parfois nécessaire de renforcer leur isolation acoustique. Le tableau suivant présente quelques types de cloisons séparatives et indique pour chacune d'entre elles l'indice d'affaiblissement acoustique moyen obtenu (**l'indice d'affaiblissement acoustique** caractérise la capacité d'un matériau ou d'un ensemble de matériaux à atténuer la transmission directe du bruit). Cet indice, mesuré en laboratoire, ne considère que les transmissions directes du bruit au travers de la paroi sans tenir compte des transmissions indirectes à travers les parois latérales (murs et/ou planchers).

types de cloisons (épaisseur en mm)	affaiblissement acoustique (dB)
carreaux de plâtre (épaisseur 100)	38
plaque de plâtre (épaisseur 13) + laine de verre (épaisseur 50) + plaque de plâtre (épaisseur 13) avec simple ossature métallique	40
deux plaques de plâtre (épaisseur 2 x 13) + laine de verre (épaisseur 50) + deux plaques de plâtre (épaisseur 2 x 13) avec simple ossature métallique	48
deux plaques de plâtre (épaisseur 2 x 13) + laine de verre (épaisseur 90) + deux plaques de plâtre (épaisseur 2 x 13) avec double ossature métallique (montants disposés en quinconce)	60
NOTA : si l'on peut comprendre les conversations provenant d'une pièce voisine, l'isolement acoustique de la cloison séparative est probablement inférieur à 35 dB. Si l'on perçoit les conversations sans en comprendre le sens, l'isolement acoustique est compris entre 35 et 40 dB.	

(1) voir *"Ma maison tome 1"*, chapitre 5, sur la réglementation acoustique

Fig. 9.2 Techniques d'isolation des planchers sur vide sanitaire ou sur local non chauffé

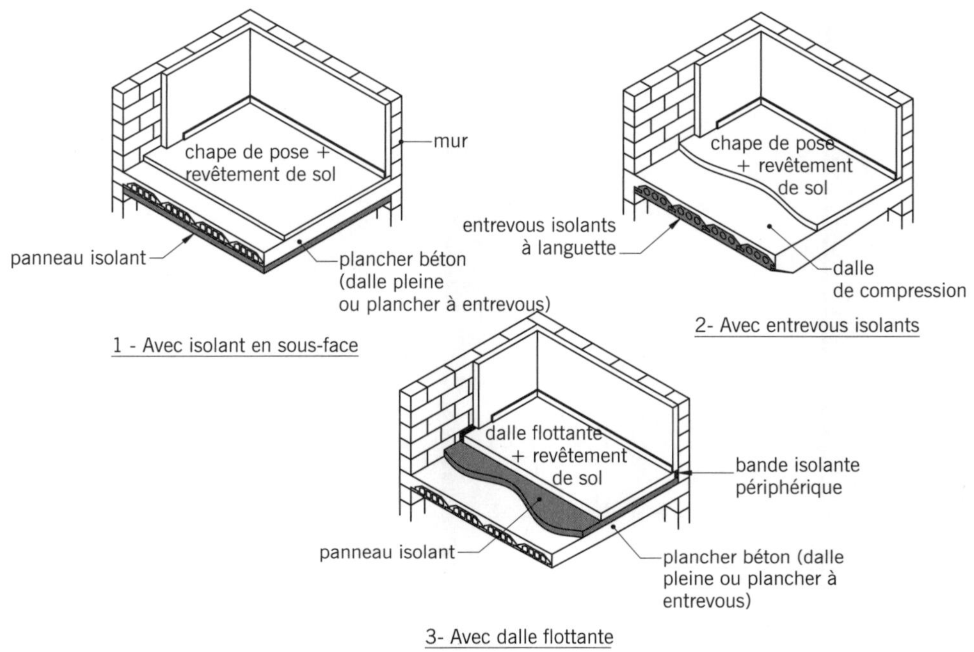

les entrevous en polystyrène expansé assurent une isolation thermique continue du plancher et servent de coffrage à la dalle de compression coulée en place (voir chapitre 3) ;

- **l'isolant mis en place sur le plancher est recouvert d'une dalle flottante**. Cette technique d'isolation permet d'intégrer un système de chauffage par le sol, électrique ou à eau chaude (voir chapitres 12 et 13). Les isolants utilisés doivent résister à la compression.

■ Pour isoler un dallage sur terre-plein, il faut, avant le coulage du béton, mettre en place des panneaux isolants incompressibles et insensibles à l'humidité (fig. 9.3). La dalle peut être solidaire des murs de soubassement ou désolidarisée. Cette dernière solution permet de traiter le pont thermique en about de dalle mais nécessite un terre-plein compacté et stable pour éviter tout tassement différentiel.

L'isolation thermique d'une toiture-terrasse doit toujours être posée sur l'élément porteur afin de protéger ce dernier de l'ensoleillement et des variations de température (fig. 9.3). Elle comprend des panneaux isolants (en verre cellulaire ou en PSE spécial toiture-terrasse) posés librement sur le plancher ou collés (selon le type de protection et la surface de la terrasse), un revêtement d'étanchéité en asphalte ou en bitume élastomère et une protection lourde (gravillons, dalles sur plots, terre végétale).

■ Les planchers séparant deux pièces d'habitation ne sont pas isolés thermiquement. Dans certains cas, les planchers en bois peuvent, pour des raisons d'isolation acoustique, recevoir soit une isolation rapportée en sous face, soit être recouvert de panneaux isolants de faible épaisseur.

■ Exemples de planchers isolés

Le tableau suivant présente trois exemples de planchers isolés dont les caractéristiques thermiques retenues correspondent à des valeurs moyennes :

- un plancher avec entrevous PSE dont la résistance thermique globale est égale 3,28 m^{2}°C/W ;
- un plancher avec couche isolante et dalle flottante dont la résistance thermique globale est égale à 3,23 m°C/W ;
- un plancher de toiture-terrasse avec couche isolante et protection en gravillons dont la résistance thermique globale est égale à 3,82 m°C/W.

Fig. 9.3 **Autres techniques d'isolation des planchers**

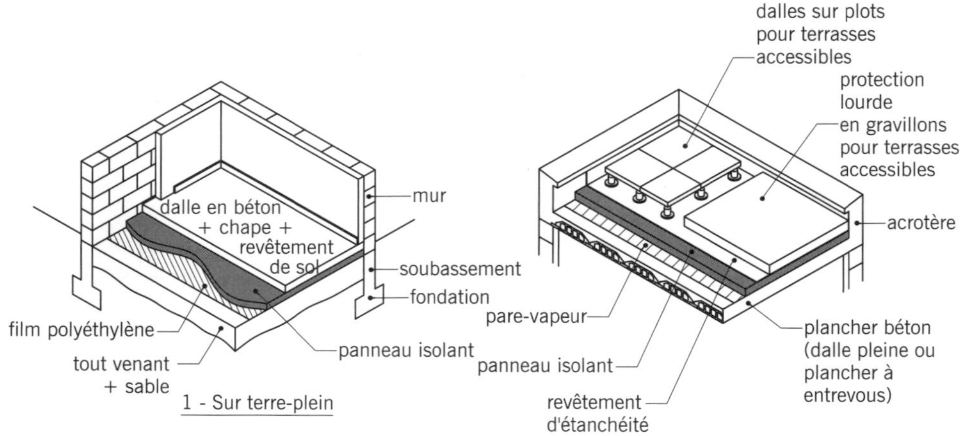

1 - Sur terre-plein

2 - Sur toiture-terrasse

AVEC ENTREVOUS PSE

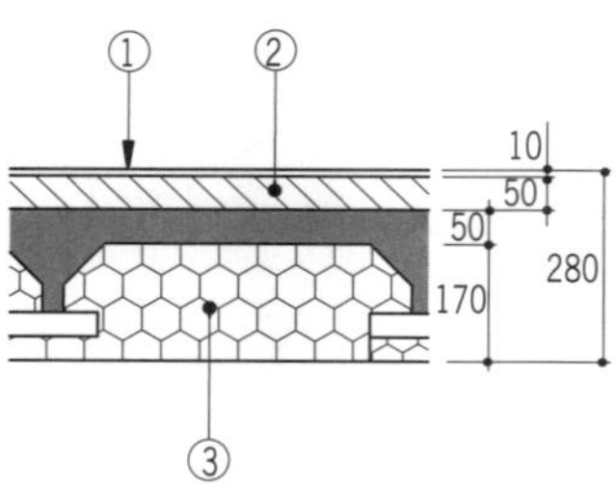

① carrelage en grés cérame de 1 cm d'épaisseur, $\lambda = 1{,}7$
$R = e / \lambda = 0{,}01 / 1{,}7 = 0{,}06$
② chape de pose au mortier de ciment de 5 cm d'ép., $\lambda = 1{,}5$
$R = e / \lambda = 0{,}05 / 1{,}5 = 0{,}033$
③ plancher à poutrelles et entrevous PSE à languette avec dalle de compression de 5 cm, R = 2,85

résistance thermique du plancher :
0,06 + 0,033 + 2,85 + 0,34 (résistances superficielles) = **3,28** m²°C/W
U = 1 / 3,28 = **0,3** W/m²°C.

AVEC DALLE FLOTTANTE

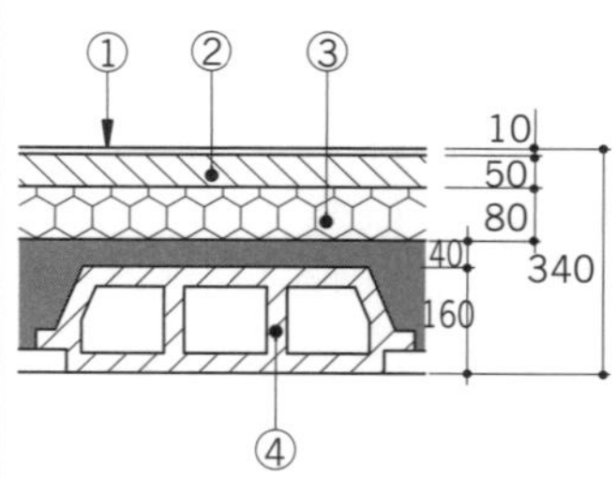

① carrelage en grés cérame de 1 cm d'ép., $\lambda = 1{,}7$
$R = e / \lambda = 0{,}01 / 1{,}7 = 0{,}06$
② dalle flottante en béton de granulats, $\lambda = 1{,}7$
$R = e / \lambda = 0{,}05 / 1{,}7 = 0{,}03$
③ couche isolante en mousse de polystyrène extrudé (XPS) de 8 cm d'ép., $\lambda = 0{,}03$
$R = e / \lambda = 0{,}08 / 0{,}03 = 2{,}65$
④ plancher à poutrelles et entrevous en béton de granulats avec dalle de compression de 4 cm d'épaisseur, R = 0,15

résistance thermique du plancher :
0,06 + 0,03 + 2,65 + 0,15 + 0,34 (résistances superficielles) = **3,23** m²°C/W
U = 1 / 3,23 = **0,31** W/m²°C.

TOITURE-TERRASSE

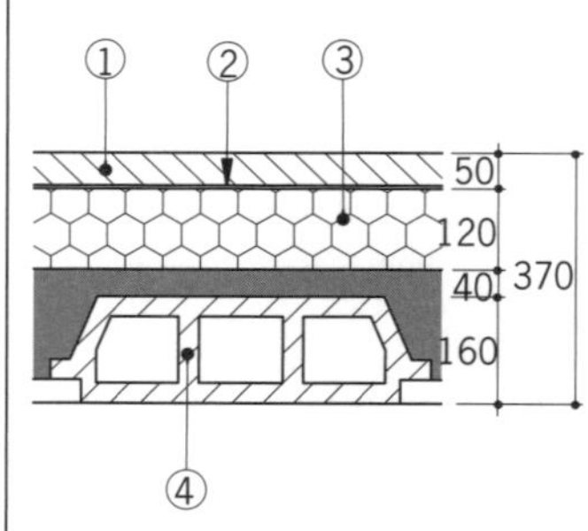

① protection en gravillons de 5 cm d'épaisseur
② revêtement d'étanchéité
③ couche isolante en panneaux PSE (spécial toiture-terrasse) de 12 cm d'ép., $\lambda = 0{,}034$
$R = e / \lambda = 0{,}12 / 0{,}034 = 3{,}53$
④ plancher à poutrelles et entrevous en béton de granulats avec dalle de compression de 4 cm d'épaisseur, R = 0,15

résistance thermique du plancher :
3,53 + 0,15 + 0,14 (résistances superficielles) = **3,82** m²°C/W
U = 1 / 3,82 = **0,26** W/m²°C.

L'ISOLATION ACOUSTIQUE DES PLANCHERS

■ Les dalles en béton et les planchers préfabriqués à poutrelles et entrevous, en raison de leur masse élevée, constituent une bonne isolation contre les bruits aériens. En revanche, les planchers en bois isolent beaucoup moins bien. Mais leur performance acoustique peut être augmentée s'ils sont fermés en sous face par un parement formant plafond et si les vides entre solives sont remplis de laine minérale.

■ Contre les bruits d'impact, la meilleure solution consiste à désolidariser la partie de plancher sur laquelle on marche des éléments porteurs du plancher. Une **dalle flottante** posée sur une couche isolante évite la transmission des vibrations du revêtement de sol vers le plancher mais aussi celles de vibrations extérieures (dues, par exemple, au passage d'un camion) vers le revêtement de sol. Une dalle flottante réalisée pour améliorer l'isolation thermique ou pour recevoir un système de chauffage par le sol contribue également à un meilleur confort acoustique. Pour les bruits d'impact, le niveau réglementaire de bruit à ne pas dépasser est de 58 dB dans les pièces principales d'un logement lorsque le bruit est produit sur le sol de locaux extérieurs à ce logement.

9.5 L'isolation des combles aménagés

■ Les combles aménagés peuvent être isolés de deux façons différentes :

- par l'intérieur une fois la couverture posée ;
- par l'extérieur avant la pose de la couverture.

■ On distingue deux modes **d'isolation par l'intérieur** (fig. 9.4) :

- avec **deux couches de laine minérale** en panneaux semi-rigides. La première couche sans pare-vapeur est disposée entre les chevrons. La deuxième couche avec pare-vapeur recouvre la précédente. Elle est maintenue par une ossature métallique légère constituée de suspentes et de fourrures qui sert également de support au parement intérieur (plaques de plâtre, panneaux de bois ou lambris). Il est impératif de ménager une lame d'air ventilée de quelques centimètres entre l'isolant et la sous face de la couverture pour prévenir tout risque de condensation ;
- avec **une seule couche épaisse de laine minérale** mise en place sous les chevrons. Les panneaux isolants sont maintenus en place par des suspentes et des fourrures métalliques et ensuite recouverts d'un parement intérieur. Cette technique présente l'inconvénient, par rapport à la précédente, de réduire légèrement le volume habitable des combles. Une autre méthode consiste à visser directement sur les chevrons des panneaux rigides en polystyrène extrudé ou en mousse de polyuréthane et à recouvrir l'ensemble soit de plaques de plâtre soit de lambris posés sur tasseaux.

Quelle que soit la méthode retenue, la couche isolante doit avoir une épaisseur minimale de 20 cm.

■ **L'isolation par l'extérieur,** qui assure une isolation des combles sans pont thermique intermédiaire, doit être réalisée avant la pose de la couverture. Deux techniques d'isolation peuvent être utilisées (fig. 9.5) :

- le **sarking** qui consiste à mettre en place sur un platelage rigide (en CTB-X ou CTB-H) des panneaux isolants assemblés entre eux par languettes et rainures. Des contre-chevrons cloués sur les chevrons de la charpente au travers de l'isolant reçoivent les liteaux de la couverture. Les panneaux isolants utilisés sont spécifiques à ce mode d'isolation. Ils doivent être suffisamment rigides pour supporter le poids propre de la couverture ainsi que les surcharges climatiques (neige et vent). L'isolant le plus utilisé est la mousse de polystyrène expansé. Il existe également des panneaux rigides en laine de verre spéciale ou en fibres de bois ;
- les **complexes isolants autoporteurs** sont posés directement sur les pannes de la charpente. Il existe pour la maison individuelle deux produits aux caractéristiques proches (fig. 9.6) :

– le **caisson chevronné** est constitué d'un parement inférieur, de chevrons longitudinaux servant de raidisseurs et destinés à remplacer les chevrons de la charpente et d'un isolant (en mousse de polyuréthane ou en polystyrène). Les chevrons dépassent l'isolant de 2 cm afin de ménager une lame d'air ventilée sous la couverture

– le **panneau sandwich** comprend une âme isolante rigide (en mousse de polyuréthane ou en polystyrène), un parement supérieur en panneau de particules hydrofugé muni de contrelattes et un parement inférieur.

Fig. 9.4 Techniques d'isolation par l'intérieur des combles aménagés

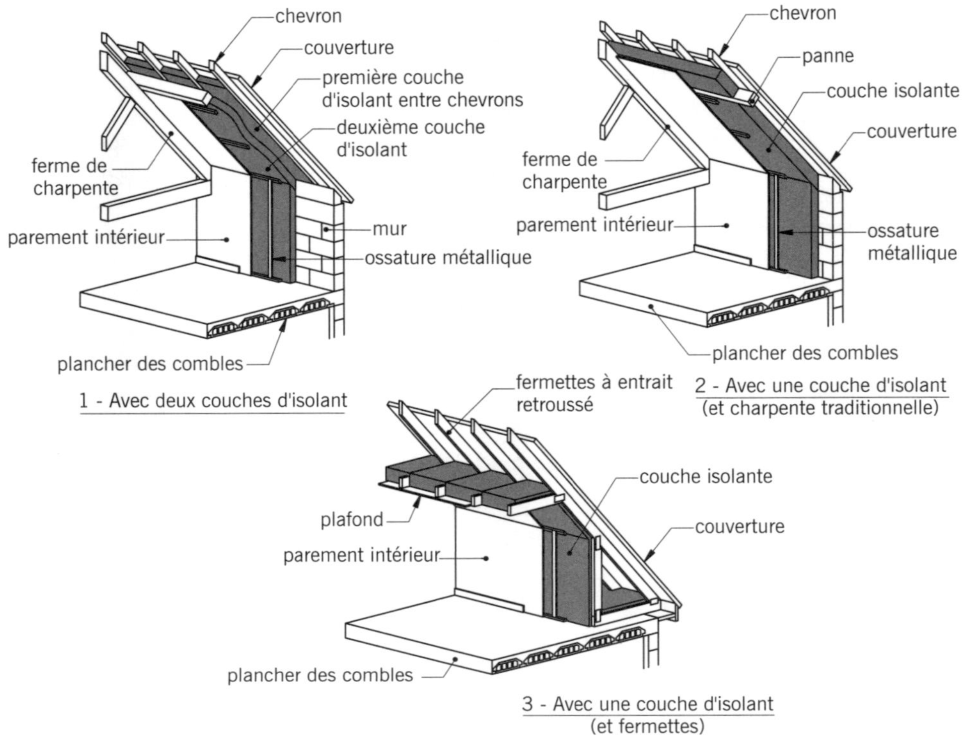

Fig. 9.5 Techniques d'isolation par l'extérieur des combles aménagés

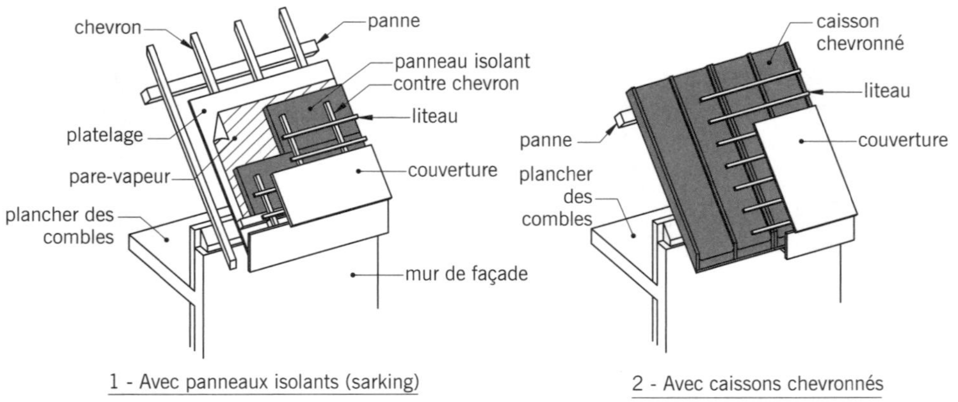

Fig. 9.6 Complexes isolants autoporteurs

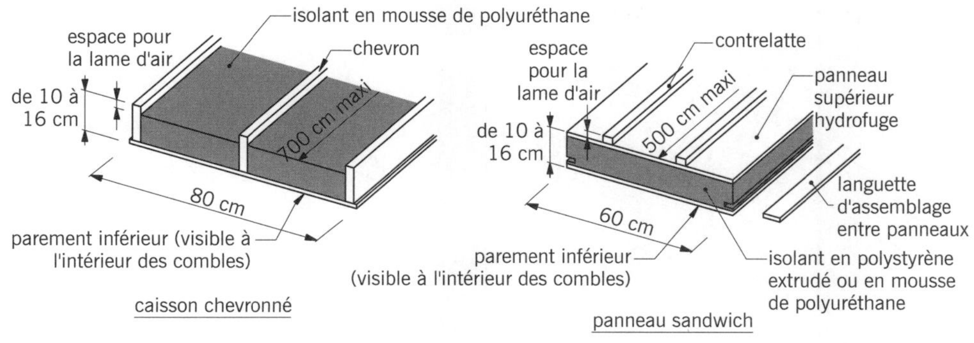

Ces deux produits sont disponibles en plusieurs types de parements inférieurs : plaques de plâtre, CTB-H lisse, rainuré ou laqué, CTB-H associé à du lambris.

■ Cette technique d'isolation par l'extérieur augmente le volume habitable des combles par rapport à une solution « traditionnelle ». Les complexes isolants assurent à la fois l'isolation thermique continue et le support de couverture, préservent la charpente des variations de température et d'humidité, forment le plafond des combles et ménagent un espace destiné à ventiler la toiture.

La méthode qui consiste à utiliser comme système d'isolation principale des combles les isolants minces réfléchissants n'est pas abordée ici car elle ne permet pas d'atteindre les niveaux d'isolation exigés par la réglementation thermique. Comme le recommande le CSTB, ces produits doivent être utilisés en tant que complément d'isolation (voir p. 184).

■ Exemples de toitures isolées

Le tableau suivant présente deux exemples de toitures isolées dont les caractéristiques thermiques retenues correspondent à des valeurs moyennes :

- une toiture avec deux couches d'isolant dont la résistance thermique globale est égale 5,17 m²°C/W ;
- une toiture isolée avec des caissons chevronnés dont la résistance thermique globale est égale à 5,14 m°C/W.

9.6 L'isolation des combles perdus

■ Il existe plusieurs façons d'isoler les combles perdus selon la nature du plancher des combles (fig. 9.7) :

- avec **deux couches d'isolant disposées sur une surface plane** (plancher à poutrelles ou platelage en bois). Pour réduire les risques de pont thermique, la deuxième couche, sans pare-vapeur, recouvre perpendiculairement la première (avec pare-vapeur). Cette disposition est préférable à la solution monocouche qui ne permet pas d'obtenir une parfaite continuité (présence de ponts thermiques aux jonctions des bandes) ;
- avec **deux couches** d'isolant mises en place sur un solivage apparent. La première couche (avec pare-vapeur) d'une épaisseur proche de la hauteur des solives s'insère entre celles-ci. La deuxième couche (sans pare-vapeur) est disposée perpendiculairement à la première. Cette technique d'isolation, comme la précédente, ne permet pas d'installer un plancher sur la couche isolante. L'accès aux combles est limité aux seuls travaux d'entretien et aux visites d'inspection ;
- avec **une seule couche isolante (ou deux) posée sur un plafond suspendu**. Celui-ci peut être accroché à un plancher en bois ou à une charpente (traditionnelle ou industrielle).

■ Lorsque les surfaces à isoler sont d'accès difficile, l'isolant en rouleaux ou en panneaux peut être remplacé par un isolant en vrac épandu manuellement ou mis en place par soufflage mécanique.

■ Quelle que soit la solution retenue, l'épaisseur totale de la couche isolante (en rouleaux ou en panneaux) doit être au moins égale à 20 cm. Avec un isolant en vrac (flocons de laine de roche, perlite, vermiculite...) l'épaisseur doit être de 25 à 30 cm environ.

■ La trappe d'accès aux combles doit être correctement isolée. La solution la plus efficace consiste à fixer solidement au dos de la trappe un morceau de panneau isolant de 20 cm d'épaisseur.

AVEC DEUX COUCHES D'ISOLANT

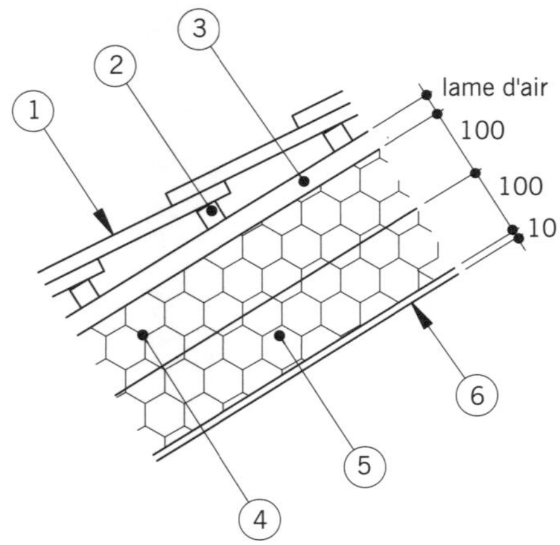

① tuiles
② liteau
③ chevron
④ première couche de laine de verre, sans pare-vapeur de 10 cm d'ép., $\lambda = 0{,}04$
$R = e / \lambda = 0{,}10 / 0{,}04 = 2{,}5$
⑤ deuxième couche de laine de verre, avec pare-vapeur, de 10 cm d'ép., $\lambda = 0{,}04$
$R = e / \lambda = 0{,}10 / 0{,}04 = 2{,}5$
⑥ plaque de plâtre de 1 cm d'ép., $\lambda = 0{,}35$
$R = e / \lambda = 0{,}01 / 0{,}35 = 0{,}03$

résistance thermique de la toiture :
2,5 + 2,5 + 0,03 + 0,14 (résistances superficielles) = **5,17** m²°C/W
U = 1 / 5,17 = **0,19** W/m²°C.

AVEC CAISSONS CHEVRONNES

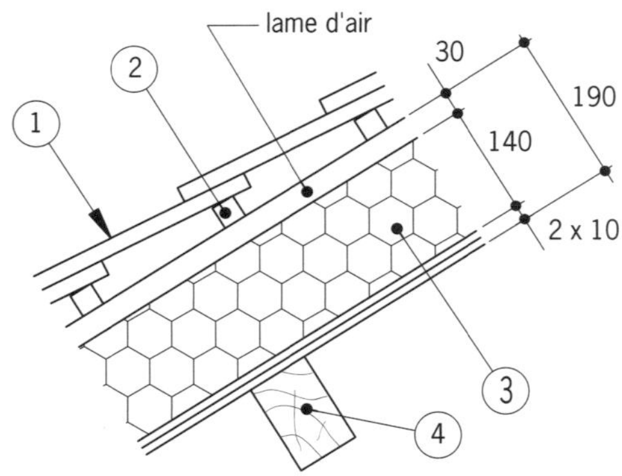

① tuiles
② liteau
③ caisson chevronné avec sous-face CTB-H + lambris avec 14 cm de mousse de polyuréthane et 19 cm d'ép. totale.
R = 5
④ panne de charpente

résistance thermique de la toiture :
5 + 0,14 (résistances superficielles) = **5,14** m²°C/W
U = 1 / 5,14 = **0,19** W/m²°C.

■ Exemples de planchers isolés

Le tableau suivant présente deux exemples de planchers de combles isolés dont les caractéristiques thermiques retenues correspondent à des valeurs moyennes :

- un plancher avec deux couches d'isolant et dont la résistance thermique globale est égale 5,24 m²°C/W ;
- un plafond suspendu dont la résistance thermique globale est égale à 5,17 m°C/W .

L'ISOLATION ACOUSTIQUE DES COMBLES

■ L'isolement acoustique des pièces principales et de la cuisine, vis-à-vis des bruits extérieurs doit être au moins égal à 30 dB.

■ Dans le cas de **combles perdus**, une isolation thermique à base de laine minérale, disposée horizontalement et de 20 cm d'épaisseur, permet d'obtenir un isolement acoustique aux bruits aériens proche de 40 dB avec une seule plaque de plâtre en sous face et de 45 dB avec deux plaques de plâtre posées à joints croisés. Avec un plancher des combles en bois, une isolation en sous face de 20 cm de laine minérale et un plafond en plaques de plâtre, on obtient un isolement acoustique de l'ordre de 50 dB.

■ Dans le cas de **combles aménagés**, une isolation thermique à base de laine minérale disposée suivant le rampant des toitures et de 20 cm d'épaisseur, permet d'obtenir un isolement acoustique aux bruits aériens de 35 à 40 dB avec une seule plaque de plâtre et de 40 à 45 dB avec deux plaques de plâtre posées à joints croisés.

AVEC ISOLANT ENTRE SOLIVES

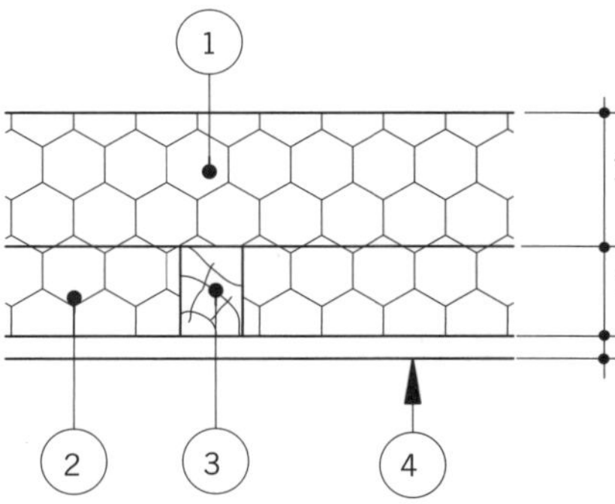

① couche isolante en laine de verre nue (sans pare-vapeur) de 12 cm d'épaisseur, λ = 0,04
R = e / λ = 0,12 / 0,04 = 3
② couche isolante en laine de verre nue (sans pare-vapeur) de 8 cm d'épaisseur, λ = 0,04
R = e / λ = 0,08 / 0,04 = 2
③ solive du plancher
④ plafond en panneaux de bois, λ = 0,20
R = e / λ = 0,02 / 0,2 = 0,10

résistance thermique du plancher :
3 + 2 + 0,10 + 0,14 (résistances superficielles) =
5,24 m²°C/W
U = 1/5,24 = **0,19** W/m²°C.

AVEC ISOLANT SUR PLAFOND SUSPENDU

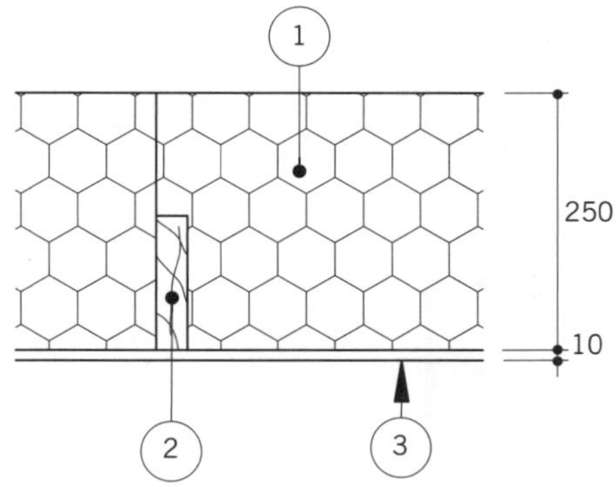

① couche isolante en perlite de 25 cm d'épaisseur, λ = 0,05
R = e / λ = 0,25 / 0,05 = 5
② entrait de fermette
③ plafond en plaques de plâtre de 1 cm d'épaisseur, λ = 0,35
R = e / λ = 0,01 / 0,35 = 0,03

résistance thermique du plancher :
5 + 0,03 + 0,14 (résistances superficielles) =
5,17 m²°C/W
U = 1 / 5,17 = **0,19** W/m²°C.

Fig. 9.7 Techniques d'isolation des combles perdus

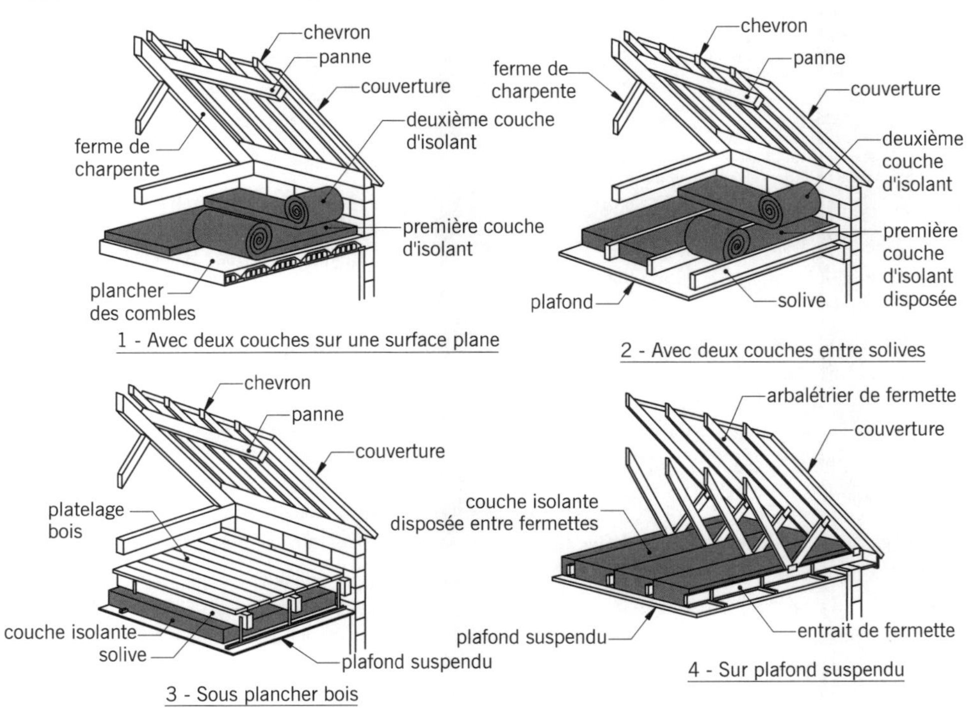

9.7 L'isolation des baies vitrées

■ Les baies vitrées et leurs systèmes d'occultation (volets battants ou volets roulants) constituent, malgré les progrès techniques importants réalisés ces quinze dernières années, le point faible de l'enveloppe isolante des bâtiments(17).

Le verre seul est un très mauvais isolant : un panneau en verre isole autant que 10 cm de laine de verre à condition de mesurer... 2,50 mètres d'épaisseur ! Les performances thermiques s'améliorent lorsqu'il s'agit de doubles vitrages mais elles demeurent malgré tout très en deçà de celles obtenues par les parois pleines isolées (murs et planchers).

■ La performance thermique d'un vitrage s'exprime sous la forme d'un **coefficient surfacique Ug(18)** en W/m²°C. Plus Ug est faible, plus la quantité de chaleur traversant le vitrage est faible et plus celui-ci est isolant. Le tableau suivant indique les valeurs moyennes de Ug pour trois types de vitrages. On remarque qu'un double vitrage à faible émissivité avec remplissage argon laisse passer quatre fois moins de chaleur qu'un simple vitrage.

types de vitrages	Ug (W/m²°C)	R (m²°C/W)
simple vitrage de 4 mm	**5,6**	**0,18**
double vitrage ordinaire 4-12-4 à lame d'air	**3**	**0,33**
double vitrage à faible émissivité 4-16-4 avec remplissage argon	**1,4**	**0,71**

Bien que les performances des vitrages ne soient jamais définies par leur résistance thermique R, les valeurs « non officielles » figurant dans la dernière colonne du tableau permettent de comparer les doubles vitrages aux parois opaques isolées. On constate que la résistance thermique du double vitrage le plus performant est environ 4,5 fois inférieure à celle d'un mur revêtu d'un complexe isolant (0,71 pour le double vitrage et 3,1 pour le mur isolé voir page 191). En d'autres termes, 1 m² de double vitrage laisse échapper vers l'extérieur autant de chaleur que 4,5 m² de mur isolé.

■ La performance thermique globale de la fenêtre (généralement celle qui est annoncée par les fabricants de menuiseries industrielles vitrées en usine) est définie par le **coefficient de transmission thermique Uw(19)** qui prend en compte plusieurs critères :

- le coefficient Ug propre au double vitrage ;
- le **coefficient surfacique moyen Uf(20)** qui caractérise la performance thermique des matériaux constituant les cadres dormant et ouvrant de la fenêtre (profilés, joints d'étanchéité, éléments de quincaillerie) ;
- la surface du vitrage ;
- la surface visible des cadres dormant et ouvrant.

■ Le tableau suivant donne les valeurs réglementaires de Uw en W/m²°C. On remarque un renforcement des exigences de la RT 2005 par rapport à la RT 2000 de l'ordre de 10 à 20 %.

■ Les valeurs de Uw varient en fonction de Ug, du type de matériau utilisé pour le châssis et des propriétés thermiques du matériau. Le deuxième tableau donne quelques valeurs de Uw (d'après Règles Th UBât) pour les fenêtres ouvrant à la française).

On remarque :

- une fenêtre ouvrant à la française, en bois, avec un coefficient λ de 0,18 et avec un double vitrage dont le coefficient Ug est de 1,8, possède un coefficient Uw de 2,3. Cette valeur est inférieure à la valeur garde-fou (2,60) fixée par la RT 2005. Cette menuiserie respecte la réglementation en vigueur ;
- une fenêtre ouvrant à la française, en aluminium, avec RPT avec Uf = 4 et avec un double vitrage dont le coefficient Ug est de 2, possède un coefficient Uw de 3. Cette valeur est supérieure à la valeur garde-fou. Cette menuiserie ne respecte pas la réglementation en vigueur.
- les menuiseries en aluminium sans RPT possèdent des performances thermiques inférieures aux performances minimales exigées par la RT 2005. Elles ne doivent pas être utilisées.

■ La figure 9.8 présente les trois principaux types de menuiseries isolantes utilisées en maison individuelle. Elles se différencient par le matériau employé mais possèdent des caractéristiques communes :

- un double vitrage ;
- des profilés dont les formes autorisent un double recouvrement des cadres dormant et ouvrant ;
- des joints périphériques qui assurent une bonne étanchéité à l'air et à l'eau ;

(17) Seules les performances thermiques des menuiseries extérieures sont abordées dans ce paragraphe. Voir le chapitre 6 pour d'autres informations relatives aux fenêtres et aux portes-fenêtres.
(18) « g » pour glass (vitre en anglais)

(19) « w » pour *window* (fenêtre en anglais)
(20) « f » pour *frame* (châssis en anglais)

	RT 2000			RT 2005		
	valeurs de référence		valeurs garde-fou	valeurs de référence		valeurs garde-fou
	H1 et H2 (1)	H3 (1)		H1 et H2	H3	
fenêtres et portes-fenêtres sans fermeture	**2,40**	**2,60**	**2,90**	**1,80**	**2,10**	**2,60**
fenêtres et portes-fenêtres avec fermeture	**2,00**	**2,35**	**2,90**	**1,80**	**2,10**	**2,60**

(1) zones H1 et H2 : départements français hors bordure méditerranéenne. Zone H3 : départements situés en bordure méditerranéenne, Corse comprise.

Ug	bois		PVC		aluminium avec RPT		aluminium sans RPT Uf ⩾ 6
	λ = 0,13	λ = 0,18	Uf = 1,8	Uf = 2,5	Uf = 3	Uf = 4	
1,2	**1,8**	**1,9**	**1,7**	**2**	**2,2**	**2,5**	Quelle que soit la valeur de Ug, le coefficient Uw dépasse dans tous les cas les valeurs garde-fou réglementaires
1,4	**1,9**	**2,1**	**1,9**	**2,1**	**2,3**	**2,7**	
1,6	**2**	**2,2**	**2**	**2,3**	**2,5**	**2,8**	
1,8	**2,2**	**2,3**	**2,1**	**2,4**	**2,6**	**2,9**	
2	**2,3**	**2,4**	**2,3**	**2,5**	**2,7**	**3**	
2,2	**2,4**	**2,5**	**2,3**	**2,5**	**2,8**	**3**	
2,4	**2,5**	**2,6**	**2,4**	**2,6**	**2,9**	**3,2**	

- un cadre dormant adapté pour recevoir et masquer le doublage isolant de la paroi ;
- un système d'occultation éventuel (volet battant, volet roulant à lames isolées ou non) qui permet, la nuit, de limiter les déperditions thermiques au travers des vitrages.

■ La technique du **survitrage** qui consiste à recouvrir le simple verre d'origine d'un cadre vitré amovible ou non n'est pas abordée ici car elle ne contribue pas – ou très peu – à améliorer les performances thermiques des menuiseries. Si ce système peut en rénovation, avoir parfois quelques utilités, il est à proscrire pour les construction neuves. Le seul type de vitrage qui convient est le double vitrage fabriqué et scellé en usine.

9.8 Les ponts thermiques

■ Un **pont thermique** est une partie de la construction où la résistance thermique de la paroi est localement diminuée soit à cause d'une mise en œuvre défectueuse de l'isolant, soit en raison du mode d'isolation qui occasionne une interruption localisée de l'isolant. Les ponts thermiques constituent une source importante de déperditions énergétiques pour les maisons individuelles correctement isolées en surfaces courantes mais dont les ponts thermiques sont nombreux.

On distingue deux types de ponts thermiques : les ponts thermiques ponctuels et les ponts thermiques linéiques.

1 – Les ponts thermiques ponctuels

Les ponts thermiques ponctuels correspondent aux endroits où l'isolant est ponctuellement interrompu. Cette interruption, très localisée, peut être due à des dispositifs qui traversent la couche isolante (comme, par exemple, les suspentes métalliques qui soutiennent un faux plafond). La perte de chaleur provoquée par un pont thermique ponctuel s'exprime en W/°C sous la forme d'un coefficient spécifique qui correspond à la perte de chaleur observée en un point donné pour une différence de température d'un degré entre l'air exté-

Fig. 9.8 **Menuiseries isolantes**

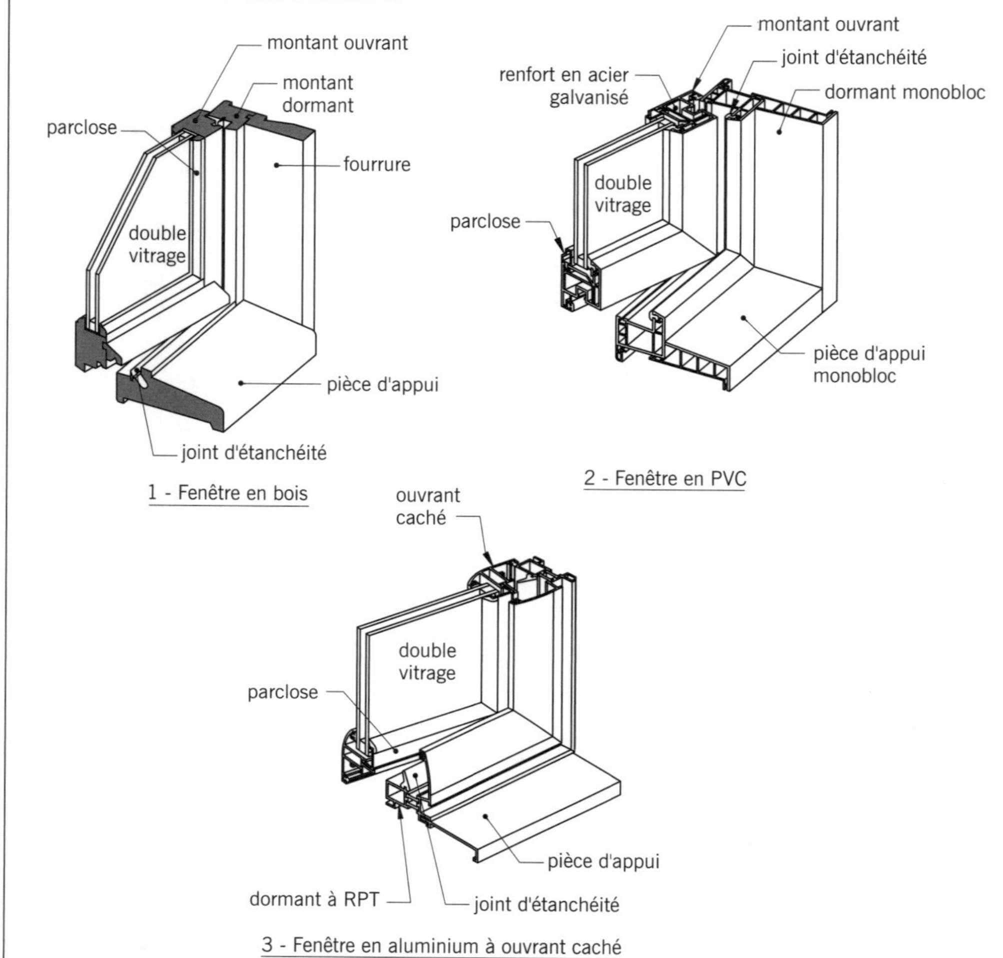

rieur et l'air intérieur. Plus la valeur de ce coefficient est élevée, plus le pont thermique ponctuel est important. En règle générale, les valeurs observées en maison individuelle sont peu importantes.

2 – Les ponts thermiques de liaison

Les ponts thermiques de liaison, appelés aussi ponts thermiques linéiques, se situent principalement aux jonctions des différents éléments porteurs (planchers, murs de façade et de refend). La figure 9.9 montre les principaux ponts thermiques de liaison que l'on rencontre dans une maison individuelle :

- le pont thermique **A** situé à la liaison du plancher haut avec le mur extérieur au niveau des combles perdus ;
- le pont thermique **B** situé à la liaison du plancher haut avec le mur extérieur au niveau des combles aménagés ;
- le pont thermique **C** situé à la liaison du rampant avec le mur extérieur ;
- le pont thermique **D** situé à la liaison du plancher intermédiaire avec le mur extérieur ;
- le pont thermique **E** situé à la liaison du plancher bas avec le mur extérieur ;
- le pont thermique **F** situé à la liaison du dallage avec le mur extérieur ;
- le pont thermique **G** situé à la liaison du plancher avec le mur de refend au niveau d'un local non chauffé ;
- le pont thermique **H** situé à la liaison du mur de refend avec le mur extérieur ;
- le pont thermique **J** situé à la liaison de la menuiserie avec le mur extérieur.

L'ISOLATION ACOUSTIQUE DES BAIES VITRÉES

■ Comme elles le sont au niveau de l'isolation thermique, les baies vitrées constituent le point faible de l'isolation acoustique. La loi de masse s'applique également au vitrage monolithique (simple vitrage) : plus le verre est épais, plus l'affaiblissement acoustique augmente (le doublement de l'épaisseur du verre conduit à un gain de 5dB environ). Mais cette propriété ne peut pas en pratique être utilisée telle quelle car le double vitrage s'impose dans tous les cas pour des raisons d'isolation thermique.

■ Pour concilier à la fois isolation thermique et isolation phonique, les fabricants proposent deux types de doubles vitrages aux propriétés acoustiques :

- le **double vitrage asymétrique** dont un des deux verres est plus épais que l'autre. Cette différence d'épaisseur perturbe la transmission des sons au travers du vitrage et conduit à leur affaiblissement ;
- le **double vitrage feuilleté** dont un des deux verres est feuilleté. Les films spéciaux en polyvinyl de butyral (PVB) utilisés possèdent des propriétés d'isolation acoustique supérieures à celles des films ordinaires en PVB.

■ Le tableau suivant présent les performances acoustiques de quelques vitrages.

Ne pas oublier qu'un gain de 3dB sur l'affaiblissement acoustique diminue de moitié la perception du bruit.

types de vitrages	affaiblissement moyen (dB)
verres monolithiques	
épaisseur 4 mm :	**27**
épaisseur 6 mm :	**29**
épaisseur 8 mm :	**32**
double vitrage standard : 4-12-4	**29**
double vitrage asymétrique : 4-12-8	**32**
double vitrage feuilleté : 6-12-44.2 avec PVB ordinaire	**34**
double vitrage feuilleté : 6-12-44.2 avec PVB acoustique	**36**

■ En cas d'environnement extérieur très bruyant, il est possible d'obtenir un affaiblissement acoustique supérieur à 40 dB en posant une **double fenêtre**. Cette technique, surtout utilisée en rénovation, consiste à installer deux fenêtres distantes de 15 cm environ l'une de l'autre. Très efficace d'un point de vue acoustique, cette disposition présente l'inconvénient d'être onéreuse.

■ Un double vitrage aussi performant soit-il ne peut, à lui seul, assurer une bonne isolation acoustique de la menuiserie. D'autres facteurs doivent être pris en compte :

- le **mode d'ouverture retenu** : les ouvrants à la française sont, en règle générale, plus performants d'un point de vue acoustique que les fenêtres et portes-fenêtres coulissantes ;
- la **mise en place de la menuiserie** dans la baie maçonnée doit être réalisée avec soin. Tout défaut d'étanchéité à l'air est préjudiciable tant au point de vue thermique que phonique ;
- l'**étanchéité du coffre de volet roulant** doit être satisfaisante. Les coffres mis en place indépendamment des menuiseries présentent, en règle générale, des faiblesses acoustiques d'autant plus s'ils sont placés à l'intérieur. Pour supprimer ces ponts phoniques, il faut utiliser des ensembles monoblocs, appelées **blocs-baies**, comprenant la menuiserie et le volet roulant assemblés entre eux en usine ;
- les **entrées d'air** nécessaires pour la ventilation simple flux doivent être équipées d'un dispositif d'affaiblissement acoustique certifié.

■ La **certification CEKAL**(1) atteste des performances thermiques et phoniques des vitrages isolants. Elle distingue six classes de performances acoustiques (AR1 à AR6). La classe AR1 correspond à un affaiblissement acoustique au moins égal à 25 dB et la classe AR6 à un affaiblissement égal ou supérieur à 37 dB.

■ La **certification ACOTHERM**(1) certifie les performances acoustiques et thermiques des menuiseries extérieures vitrées en usine. Elle comporte quatre classes (AC1 à AC4) avec un affaiblissement acoustique variant de 26 à 38 dB (avec entrée d'air certifiée).

(1) voir "Ma maison tome 1", chapitre 6

Fig. 9.9 Emplacements des ponts thermiques de liaison

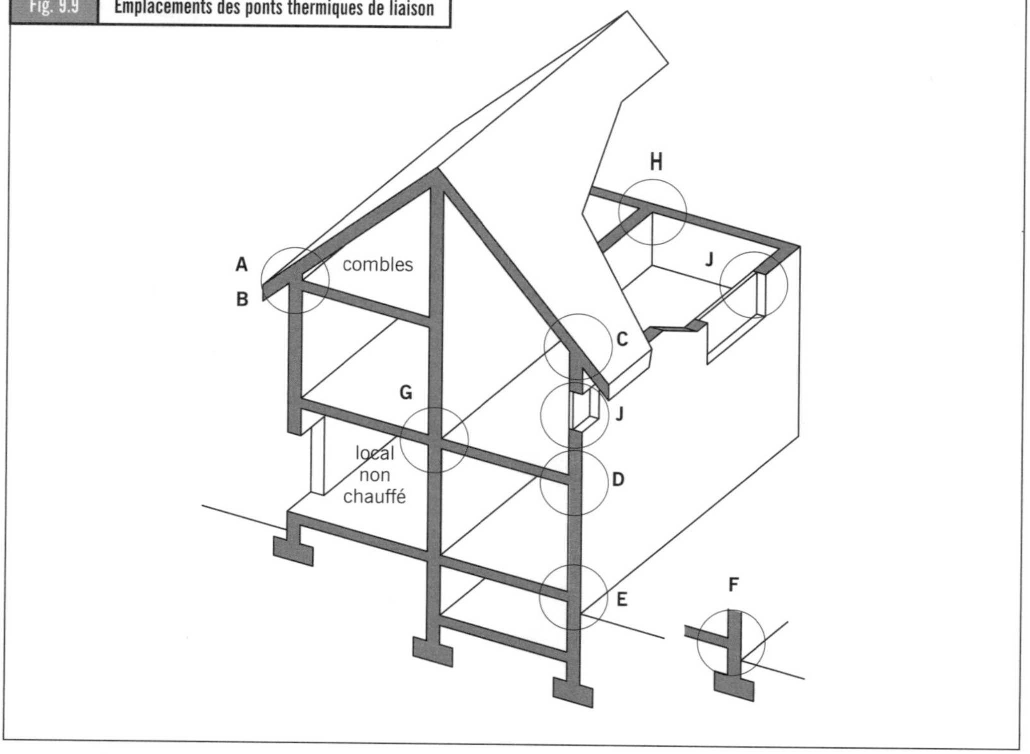

■ Le **pont thermique A** (fig. 9.10) : la configuration **A0** crée un pont thermique important. La déperdition calorifique (symbolisée par la flèche) qui s'effectue principalement en about de plancher peut être réduite par la mise en place de planelles. La réalisation d'un tel plancher n'est pas la solution à retenir à moins de vouloir utiliser les combles perdus pour stocker des charges lourdes. La disposition **A1**, sous réserve d'une mise en place soignée des isolants, supprime pratiquement le pont thermique. La disposition **A2** concerne les murs à isolation répartie (Monomur® ou béton cellulaire). Quant à la disposition **A3**, relative aux murs isolés par l'extérieur, elle ne supprime pas totalement le pont thermique, les deux couches isolantes ne se rejoignant pas.

■ Le **pont thermique B** (fig. 9.11) : dans le cas de combles aménagés le plancher haut doit être porteur. La configuration **B0** est à l'origine d'un pont thermique important. Celui-ci peut être réduit par la réalisation d'un plancher en bois (disposition **B1**) ou par la mise en place de rupteurs thermiques (disposition **B2**) qui assurent la continuité verticale de l'isolation. Comme précédemment, les deux dernières dispositions, **B3** et **B4**, concernent les murs à isolation répartie et les

Fig. 9.10 Pont thermique A : liaison plancher haut/mur extérieur avec combles perdus

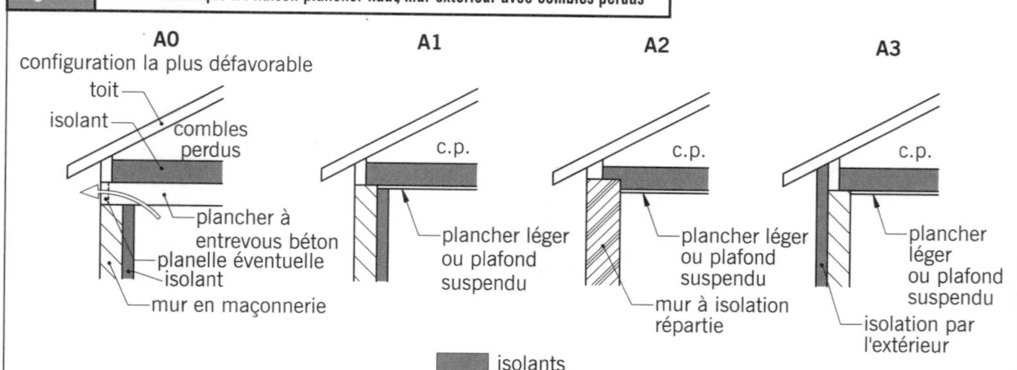

murs isolés par l'extérieur. Elles réduisent de manière significative le pont thermique.

■ Le **pont thermique C** (fig. 9.12) : l'absence de plancher haut permet de réaliser une isolation continue (disposition **C1**) qui supprime tout pont thermique sous réserve d'une mise en place soignée des isolants. Les dispositions **C2** et **C3** propres aux murs à isolation répartie et aux murs isolés par l'extérieur présentent des ponts thermiques peu importants.

■ Le **pont thermique D** (fig. 9.13) : pour corriger ce pont thermique de liaison qui est une source de déperditions calorifiques importantes (configuration **D0**) il faut que l'isolation, côté intérieur, soit continue. Les dispositions **D1** et **D2** corrigent le pont thermique de manière significative tandis que la disposition **D3** qui l'atténue légèrement nécessite la réalisation d'une dalle flottante. La disposition **D4** propre aux murs à isolation répartie réduit le pont thermique et la disposition **D5**, réservée aux murs isolés par l'extérieur, le supprime totalement.

■ Le **pont thermique E** (fig. 9.14) : la configuration **E0** engendre un pont thermique important qui peut être corrigé par la mise en place d'entrevous en polystyrène (disposition **E1**), par la réalisation d'une dalle flottante (disposition **E2**) ou par la présence d'une double isolation horizontale (disposition **E3**). Cette dernière est la plus performante des trois. La disposition **E4** est celle qui est couramment utilisée pour les murs à isolation répartie. Quant à la disposition **E5**, relative aux murs

Fig. 9.11 **Pont thermique B : liaison plancher haut/mur extérieur avec combles aménagés**

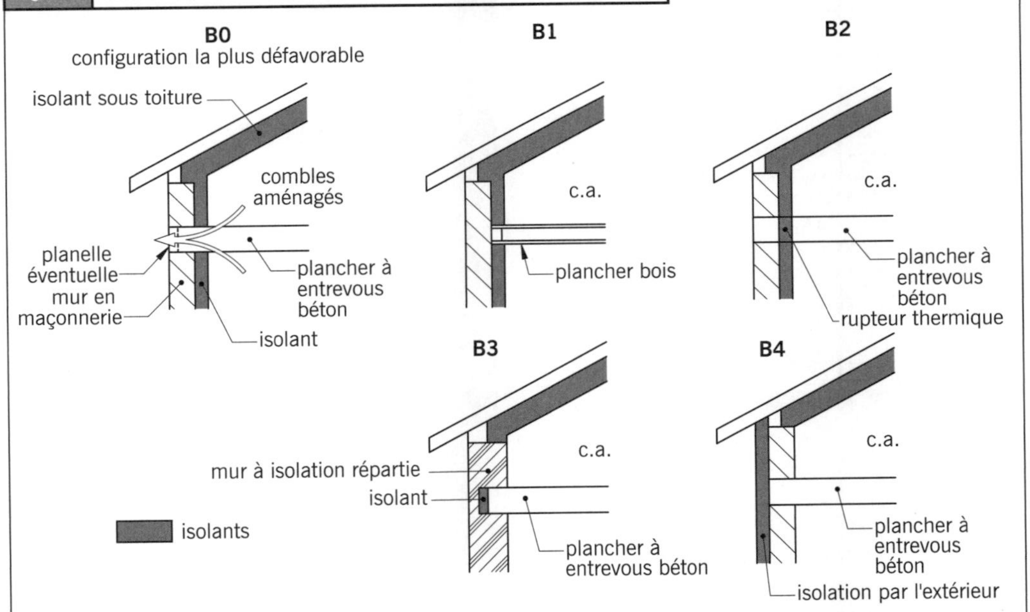

Fig. 9.12 **Pont thermique C : liaison rampant/mur extérieur**

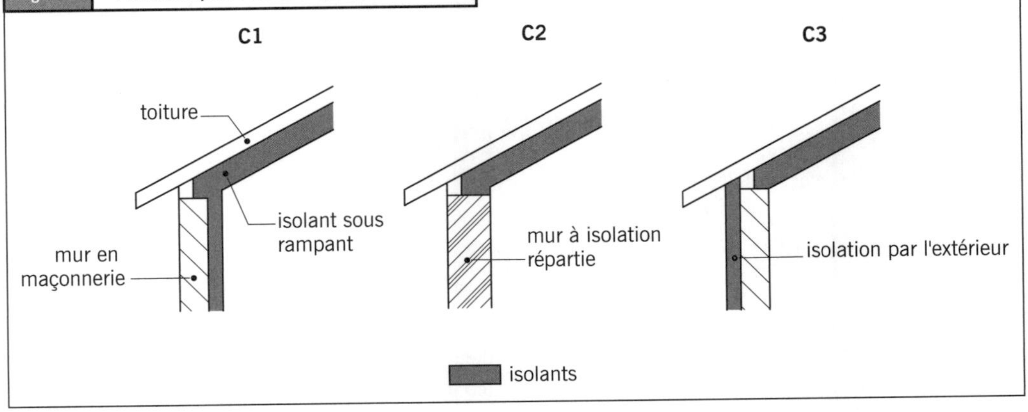

Fig. 9.13 Pont thermique D : liaison plancher intermédiaire/mur extérieur

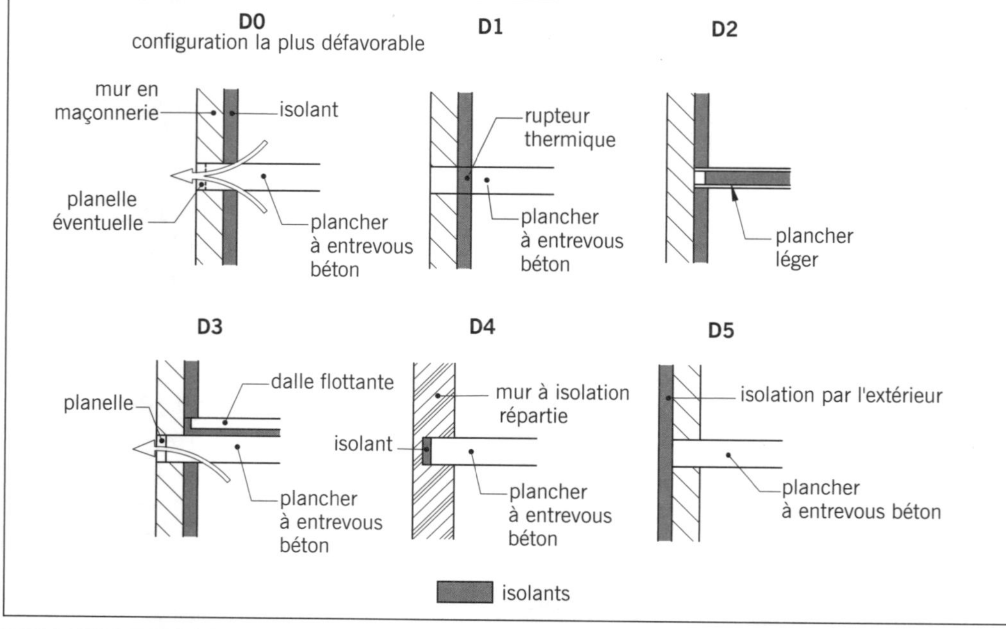

Fig. 9.14 Pont thermique E : liaison plancher bas/mur extérieur

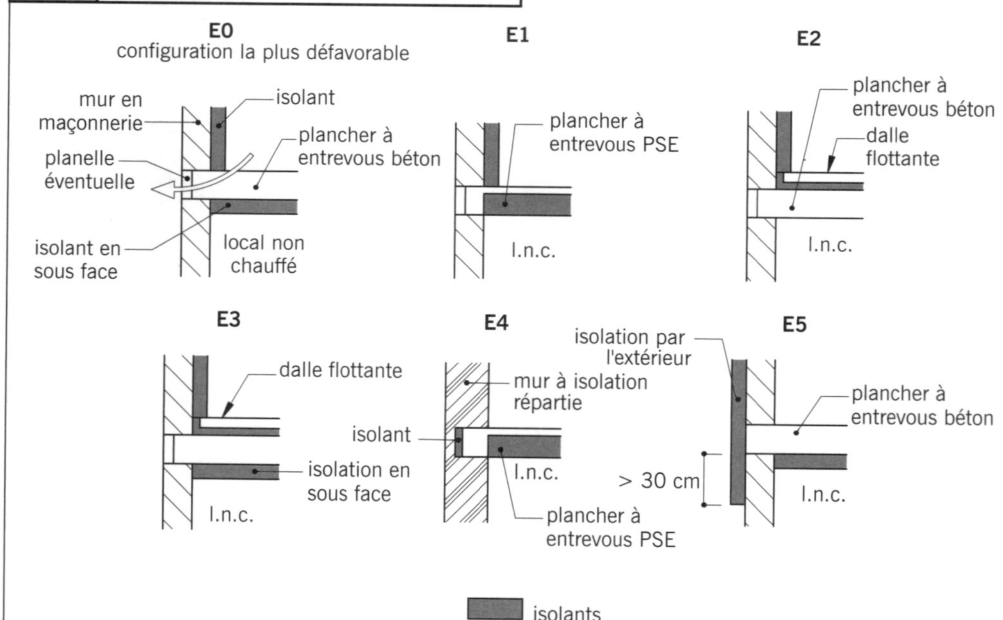

isolés par l'extérieur, elle ne réduit le pont thermique que si l'isolation extérieure descend suffisamment bas (30 cm au moins au-dessous de l'isolant horizontal).

■ Le **pont thermique F** (fig. 9.15) : pour corriger ce pont thermique situé en extrémité de dalle (configuration **F0**), il faut soit désolidariser la dalle du mur extérieur (disposition **F1**), soit mettre en place une double isolation horizontale avec dalle flottante (disposition **F2**). Dans le cas d'une isolation par l'extérieur il faut, comme précédemment, respecter la cote minimale de 30 cm (disposition **F3**).

■ Le **pont thermique G** (fig. 9.16) : pour corriger ce pont thermique intérieur du à la juxtaposition de plusieurs pièces dont une est non chauffée (garage, cave, cellier),

Fig. 9.15 Pont thermique F : liaison dallage/mur extérieur

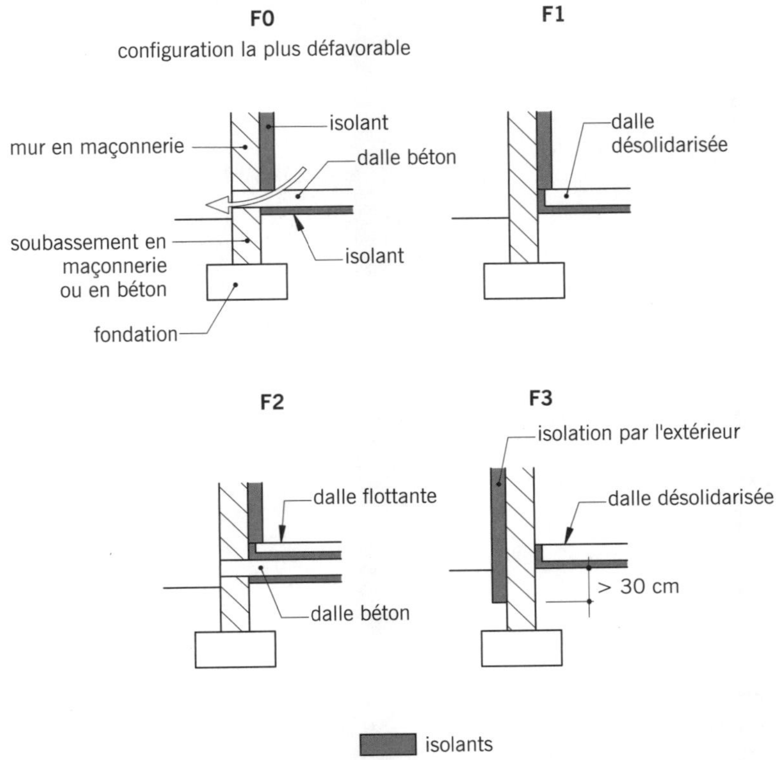

Fig. 9.16 Pont thermique G : liaison plancher/mur de refend avec local non chauffé

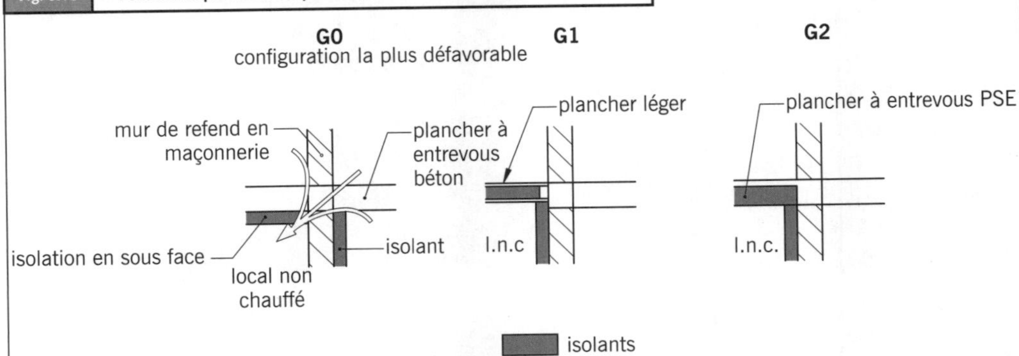

il faut envelopper cette dernière d'un doublage isolant. Les dispositions **G1** et **G2** illustrent deux types de montage possibles.

■ Le **pont thermique H** (fig. 9.17) : ce pont thermique du à la jonction des murs de refend avec les murs de façade (configuration **H0**) peut être facilement corrigé en désolidarisant les refends des murs extérieurs (disposition **H1**). Ceux-ci restent malgré tout liés aux façades par l'intermédiaire des chaînages horizontaux. Cette disposition qui supprime pratiquement le pont thermique peut, dans certains cas, ne pas être autorisée pour cause de réglementation parasismique. Avec un mur à isolation répartie, le pont thermique est faible (disposition **H2**) tandis qu'il est inexistant avec un mur isolé par l'extérieur (disposition **H3**).

■ Le **pont thermique J** (fig. 9.18) : pour atténuer ce pont thermique situé au niveau de l'appui de baie (configuration **J0**), il faut faire remonter l'isolation du

Fig. 9.17 **Pont thermique H : liaison mur de refend/mur extérieur**

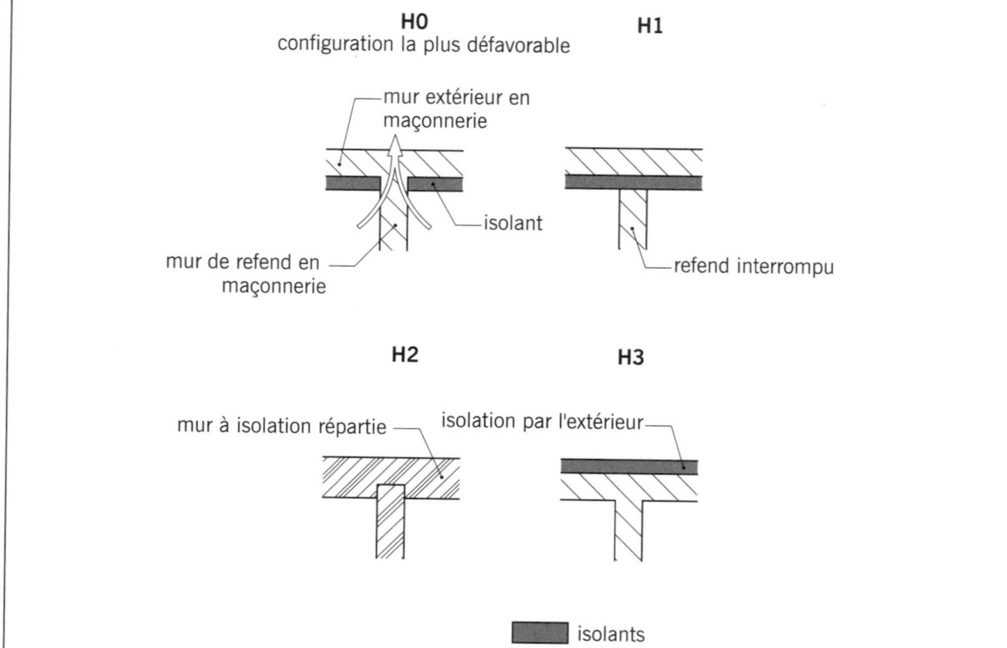

mur au droit de l'appui (dispositions **J1** et **J2**). La disposition **J3** illustre le cas d'un mur à isolation répartie avec mise en place d'une bande isolante derrière l'appui. Le pont thermique sur les trois côtés de la baie est considéré comme peu important sous réserve d'une mise en place soignée de l'isolant.

■ Le coefficient de transmission linéique ψ (psi) exprime, en W/m°C, la perte de chaleur du pont thermique de liaison. ψ correspond à la déperdition de chaleur sur une longueur d'un mètre et pour une différence de température d'un degré entre l'air intérieur et l'air extérieur. Plus la valeur de ψ est élevée, plus le pont thermique est important.

3 – Les rupteurs thermiques

■ Les rupteurs thermiques sont des composants spécifiques en matériau isolant destinés à corriger les ponts thermiques situés au niveau des planchers et des murs extérieurs. Par leur présence, ils assurent, entre deux niveaux, la continuité de l'isolation des murs.

On distingue deux types de rupteurs thermiques : ceux associés aux planchers à poutrelles et entrevous et ceux destinés aux dalles pleines en béton.

■ Les **rupteurs pour planchers à poutrelles** appelés aussi « isorupteurs® » ou « thermorupteurs® » sont des entrevous spécifiques en polystyrène expansé moulé qui, associés aux planchers à poutrelles, permettent de réduire de manière significative le pont thermique de liaison situé au niveau du plancher et du mur de façade dans le cas d'une isolation par l'intérieur (fig. 9.19 et 9.20). Ces rupteurs sont de deux types :

- les **rupteurs longitudinaux** sont disposés parallèlement aux poutrelles en s'appuyant d'un côté sur le mur et de l'autre sur une poutrelle. Ils sont munis d'encoches ménagées à intervalles réguliers pour permettre à la dalle de compression du plancher de se liaisonner aux chaînages horizontaux ;
- les **rupteurs transversaux** prennent appui sur le mur et sont disposés entre deux poutrelles.

NOTA : avant d'envisager la mise en place de ce type de rupteur, il faut consulter l'avis technique correspondant qui peut, dans certains cas, en restreindre l'utilisation.

■ Les **rupteurs pour dalles en béton armé** assurent la continuité de l'isolation aux endroits où elle est interrompue par les jonctions entre les différents éléments porteurs (dalles de plancher, murs, dalle en porte-à-faux...). Ces rupteurs participent également par l'intermédiaire d'armatures en acier, à la liaison mécanique entre les éléments concernés.

Il existe plusieurs modèles de rupteurs dont la forme est fonction du type de liaison à assurer. La figure

Fig. 9.18 Pont thermique J : liaison menuiserie/mur extérieur

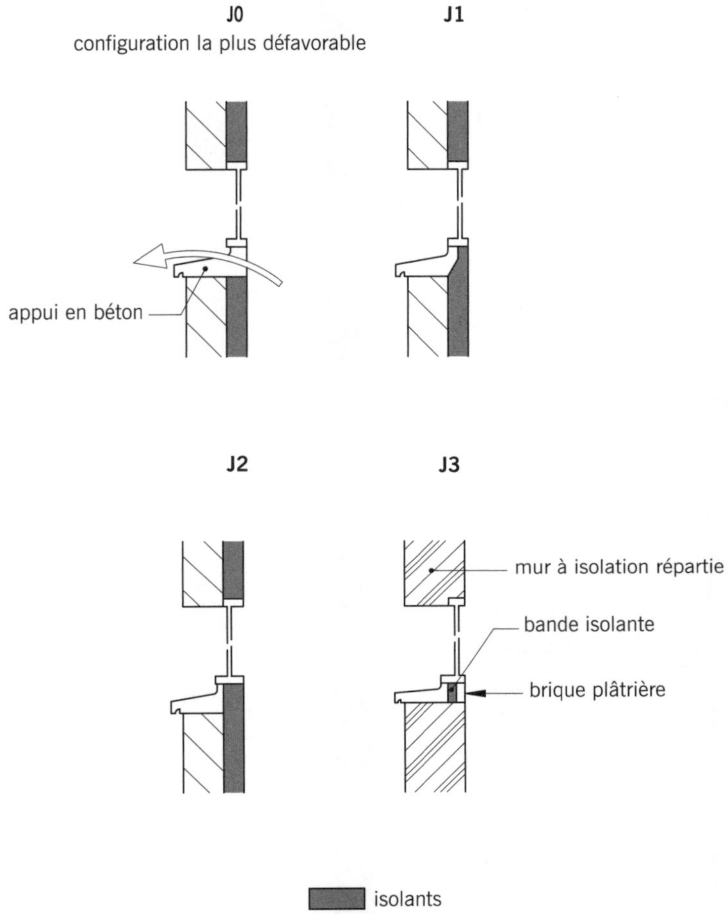

Fig. 9.19 Emplacement des rupteurs pour plancher à entrevous (d'après documentation Rector)

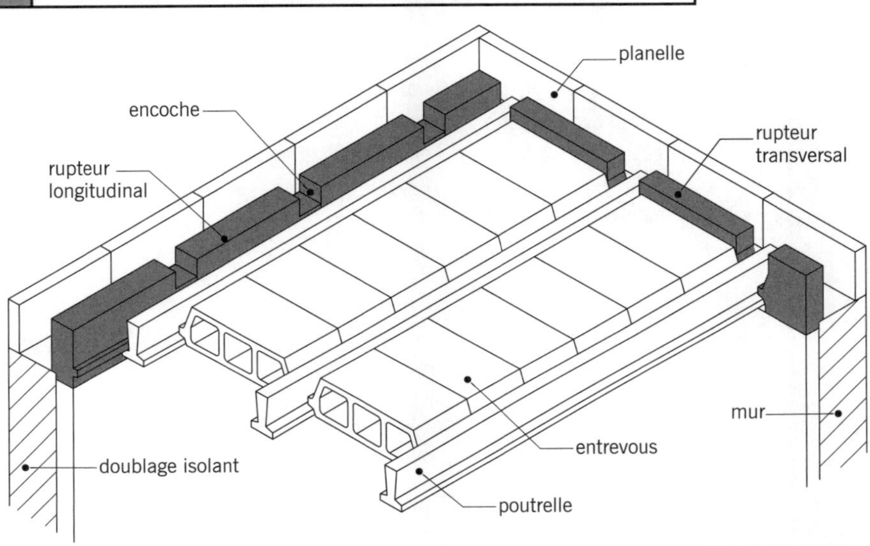

Fig. 9.20 Coupes verticales sur rupteurs

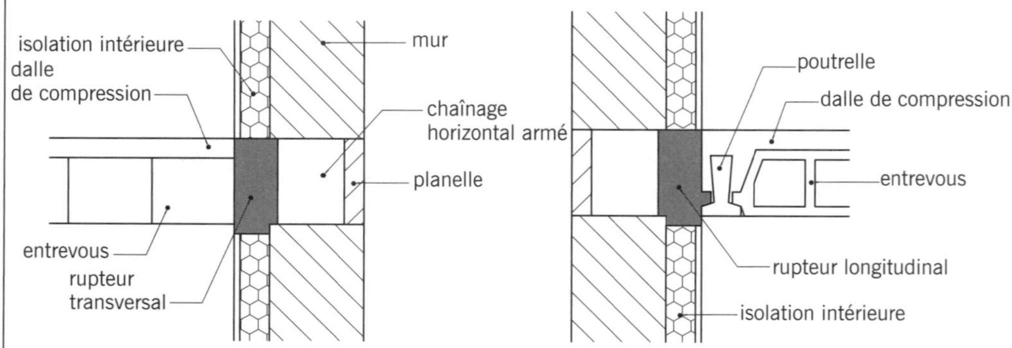

Fig. 9.21 Rupteurs pour dalle pleine en béton

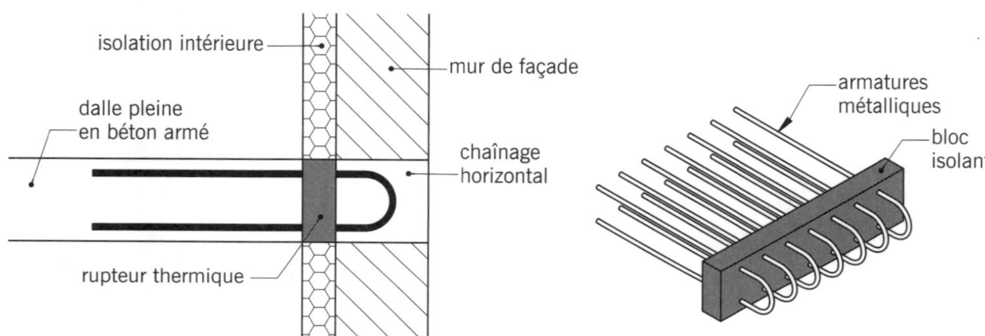

rupteur pour mur isolé par l'intérieur
(perspective schématique)

coupe verticale de principe

9.21 présente le rupteur thermique destiné à assurer la continuité de l'isolation verticale intérieure à la jonction d'un mur de façade et du plancher en béton armé. Les armatures qui traversent le bloc isolant en polystyrène expansé relient les éléments porteurs entre eux et permettent la transmission des différents efforts (efforts tranchants et moments fléchissants). A noter que d'autres modèles de rupteurs permettent de liaisonner un mur de façade avec un mur de refend, un plancher en béton armé avec une dalle de balcon en porte-à-faux.

NOTA

Ces rupteurs ne peuvent pas être associés à un plancher à poutrelles et à entrevous. Pour être employés, en maison individuelle, ils doivent obligatoirement être intégrés dans une dalle pleine en béton armé.

Chapitre 10 : les escaliers

10.1 Les mots de l'escalier

La terminologie de l'escalier est abondante car elle fait référence à de nombreuses techniques constructives propres aux différents matériaux utilisés (pierre, béton, bois et métal). Les mots définis ci-dessous font partie des termes les plus couramment employés. D'autres désignations plus spécifiques figurent au travers des pages de ce chapitre.

Fig. 10.1 Mots de l'escalier

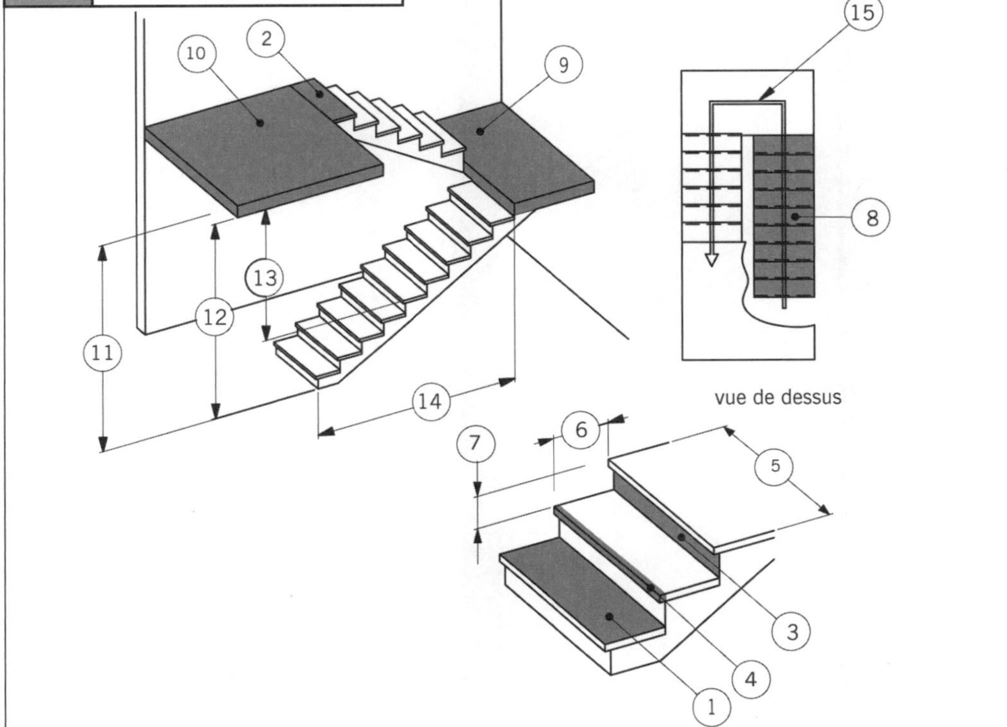

① La **marche** : élément horizontal (en bois, en béton, en métal) sur lequel on pose le pied. Il existe différentes formes de marches.

② La **marche palière** : marche d'extrémité de volée placée dans le prolongement du palier.

③ La **contremarche** : désigne la face verticale située entre deux marches consécutives. La contremarche peut être soit un élément rapporté, soit faire partie intégrante de l'escalier (escalier en béton), soit ne pas être présente.

④ Le **nez de marche** : bord avant de la marche, en saillie par rapport à la contremarche inférieure.

⑤ L'**emmarchement** : largeur utile de la marche.

⑥ Le **giron de marche** : distance horizontale mesurée entre les nez de deux marches consécutives. Dans les calculs de dimensionnement d'escalier, le giron est souvent désigné par la lettre **G**.

⑦ La **hauteur de marche** : distance verticale séparant deux marches consécutives. La hauteur est souvent désignée par la lettre **H**.

⑧ La **volée** : ensemble des marches comprises entre deux paliers.

⑨ Le **palier intermédiaire** ou **palier de repos** : plateforme située entre deux volées, à mi-hauteur de l'escalier environ.

⑩ Le **palier d'étage** ou **palier d'arrivée** : plateforme supérieure située en extrémité d'escalier. En maison individuelle, le palier d'arrivée est très souvent un plancher d'étage.

⑪ La **hauteur à monter** ou la **dénivelée** : hauteur totale franchie par l'escalier.

⑫ La **hauteur sous plafond (HSP)** : hauteur libre mesurée entre la sous face du plancher d'étage (plafond) et le niveau de départ de l'escalier.

⑬ L'**échappée** : hauteur minimale de passage entre l'escalier et le plancher de l'étage.

⑭ Le **reculement** ou l'**emprise au sol** : longueur de la volée d'escalier projetée sur le sol. Le reculement définit l'encombrement de l'escalier.

⑮ La **ligne de foulée** : ligne fictive représentant le chemin théorique suivi par une personne empruntant l'escalier.

10.2 Les différentes formes d'escaliers

1 – Les escaliers à une volée (fig. 10.2)

■ L'escalier à une volée droite dont toutes les marches sont identiques et de forme rectangulaire est souvent adossé à un mur ou à une cloison. Il présente l'inconvénient d'occuper une place importante en longueur.

■ Les escaliers à une volée courbe ou en forme de S sont rarement réalisés en béton armé. La structure porteuse peut être métallique ou en bois (massif ou lamellé-collé). Ces escaliers sont souvent installés en position centrale, dans un séjour par exemple, afin de desservir une mezzanine et/ou des chambres situées à l'étage. Les formes courbes peuvent être facilement obtenues avec des escaliers à marches orientables (voir p. 229).

Fig. 10.2 Escaliers à une volée

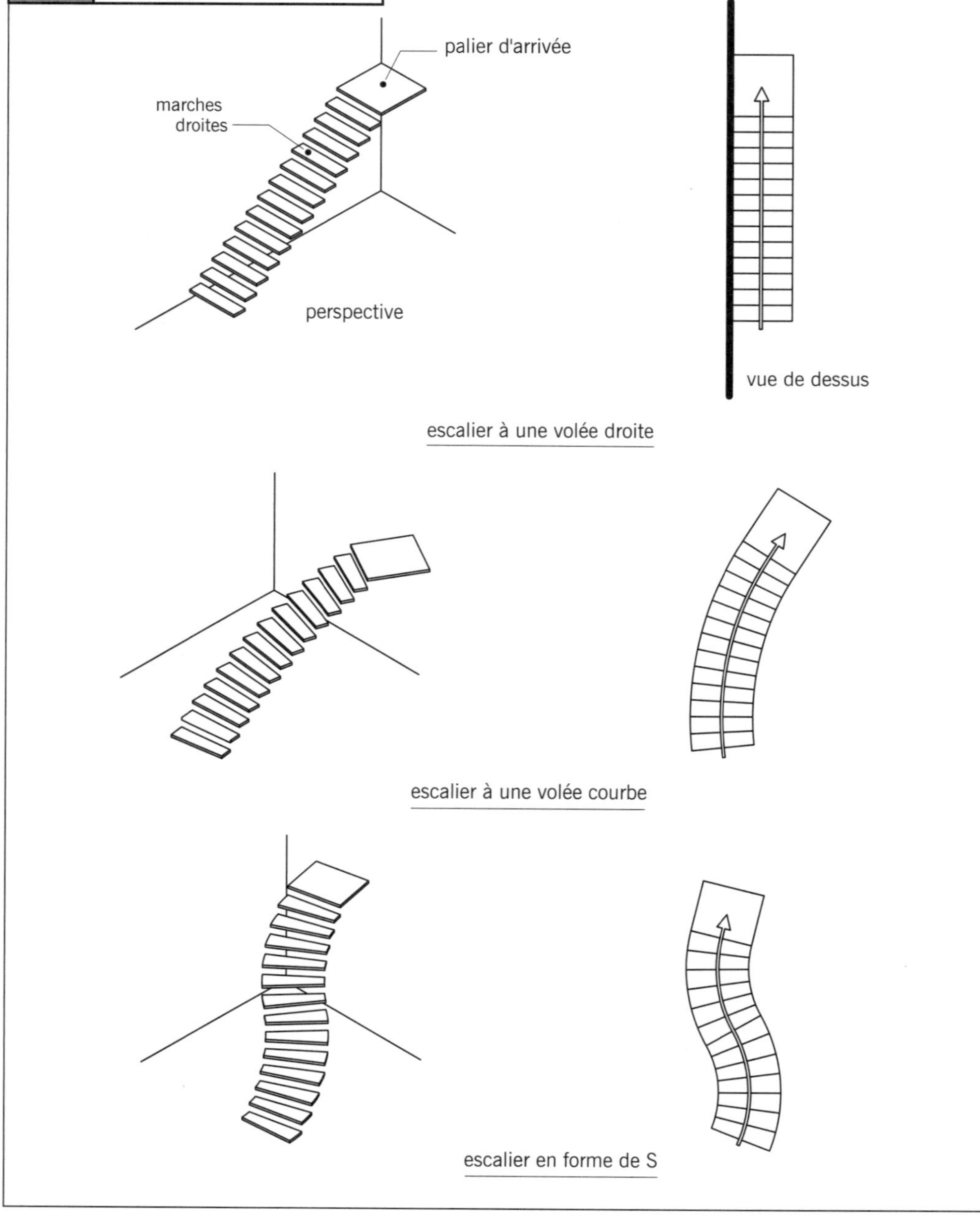

2 – Les escaliers à deux volées droites (fig. 10.3)

Fig. 10.3 Escaliers à deux volées droites

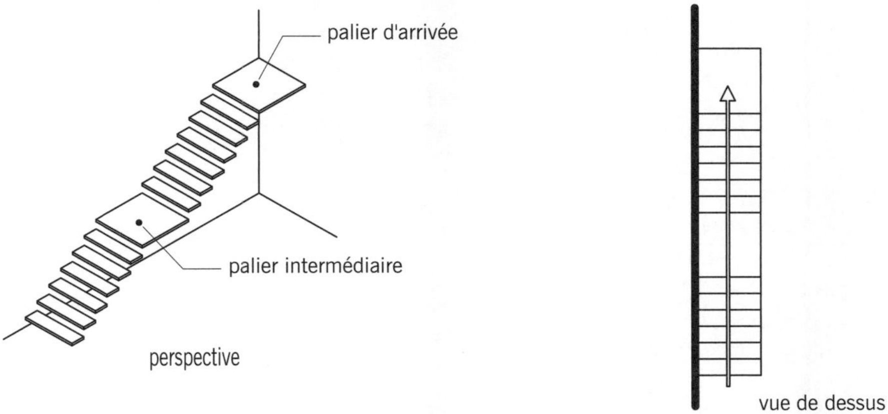

escalier à volées alignées

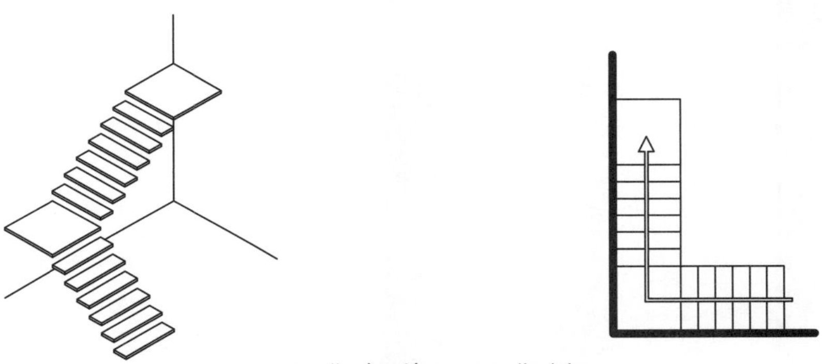

escalier à volées perpendiculaires

escalier à volées parallèles

■ Dans l'escalier à volées alignées, le palier intermédiaire permet éventuellement de desservir un niveau décalé de l'habitation.

■ L'escalier à volées perpendiculaires est souvent mis en place dans un angle de pièce. Le palier intermédiaire permet le changement de direction. Le nombre de marches de chaque volée est à adapter à la configuration des lieux.

■ L'escalier à volées parallèles est souvent installé dans une cage d'escalier rectangulaire. Le double changement de direction permet d'obtenir un escalier dont l'encombrement en longueur est inférieur à celui des escaliers précédents. Le palier d'arrivée se situe approximativement à la verticale du lieu de départ de l'escalier.

3 – Les escaliers balancés (fig. 10.4)

■ L'escalier à un quart tournant ne possède pas de palier intermédiaire. Le changement de direction est assuré par la présence de plusieurs marches balancées (le **collet** est le côté le plus étroit de la marche balancée et la **queue** est le côté opposé au collet). Cet escalier à installer dans un angle de pièce ou dans une cage d'escalier en forme de L est souvent réalisé en bois ou en béton coulé sur place.

■ L'escalier balancé à deux quartiers tournants, souvent installé dans une cage d'escalier rectangulaire, occupe une place réduite mais il peut être très inconfortable s'il est mal dimensionné.

4 – Les escaliers hélicoïdaux (fig. 10.5)

■ L'escalier à colonne centrale comporte des marches rayonnantes identiques placées en porte-à-faux. On distingue les escaliers sur plan carré dont l'encombrement s'inscrit dans un parallélépipède rectangle à base carrée et les escaliers sur plan circulaire (les plus courants) dont l'encombrement s'inscrit dans un cylindre. Cet escalier occupe très peu de place au sol mais il présente l'inconvénient d'être peu pratique. Il rend difficile notamment le transport d'objets volumineux.

Fig. 10.4 Escaliers balancés

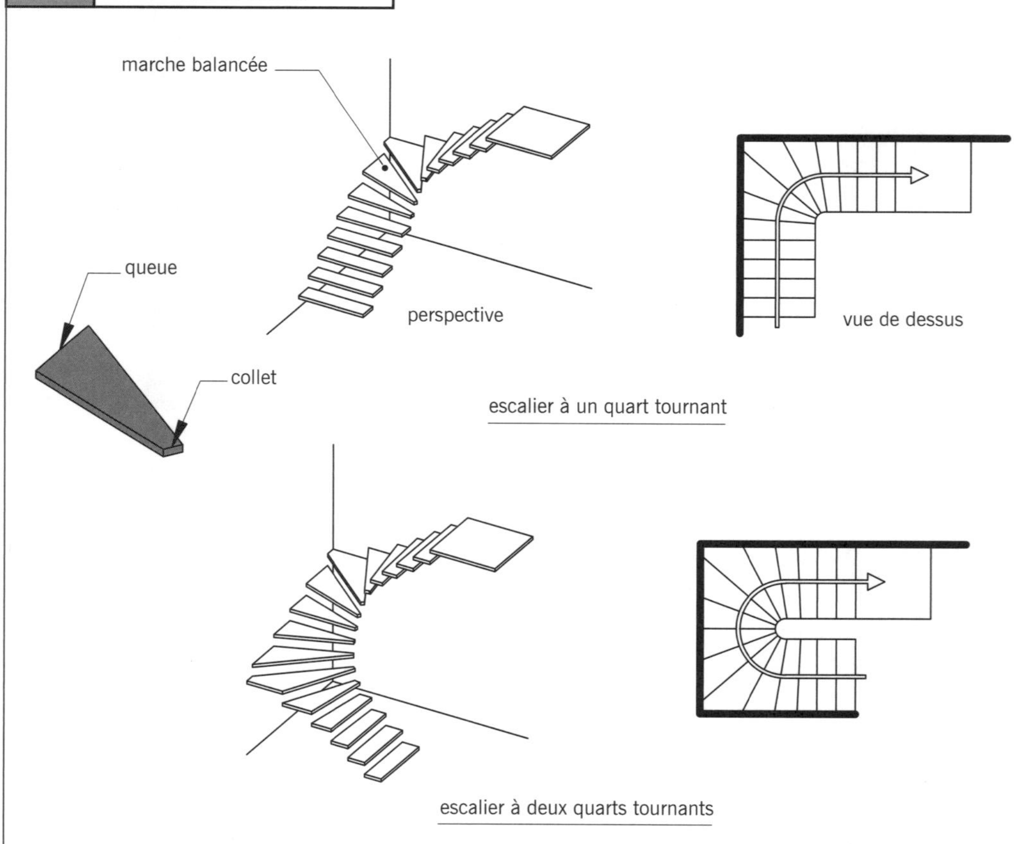

Fig. 10.5 Escaliers hélicoïdaux

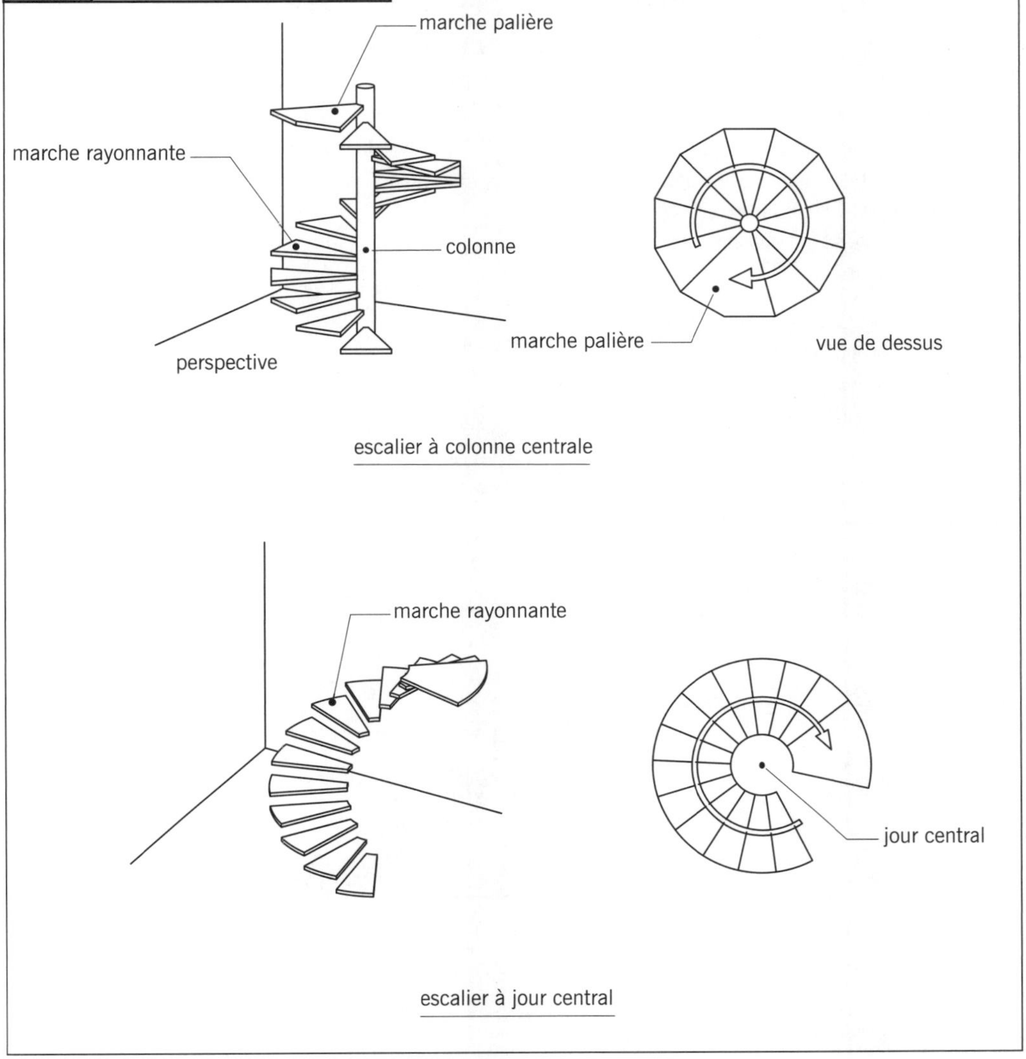

■ L'escalier à jour central ne possède pas de colonne. Les marches rayonnantes sont le plus souvent supportées par un ou deux limons incurvés, en métal ou en bois lamellé-collé.

■ L'escalier hélicoïdal est aussi appelé **escalier à vis**, en **spirale** ou **en colimaçon**.

10.3 Le dimensionnement des escaliers

1 – Les formules de dimensionnement

■ Le dimensionnement des marches d'escalier repose sur l'amplitude d'un pas humain. Un adulte de taille moyenne fait, sur terrain plat, des pas de 60 cm environ. L'architecte J.F. Blondel en a déduit la formule suivante : $2H + G = 64$ cm avec H = hauteur d'une marche et G = giron de marche.

Cette **formule** dite **de Blondel** appelée aussi **relation de Blondel** donne à l'escalier une pente satisfaisante mais elle est parfois inapplicable en raison du manque de place au sol (reculement trop important).

- La méthode utilisée de nos jours s'inspire de la formule de Blondel mais elle offre une plus grande latitude dans le choix des dimensions tout en conservant le même principe de calcul.

On utilise la formule suivante :

$$60 \text{ cm} < 2H + G < 64 \text{ cm}.$$

Dans tous les cas, la hauteur d'une marche **H** doit être comprise entre 16 et 20 cm et le giron **G** entre 24 et 30 cm.

Il existe une autre formule, moins employée, qui donne des résultats voisins : **$41 \text{ cm} < H + G < 43 \text{ cm}$**.

Trop d'escaliers commercialisés présentent un giron trop faible (de l'ordre de 21 à 24 cm) et une hauteur de marche trop importante (supérieure à 20 cm) qui rendent leur utilisation difficile voire dangereuse surtout lors de la descente et notamment pour les personnes âgées et les enfants.

■ Deux règles principales déterminent le confort d'utilisation d'un escalier (**fig. 10.6**) :

- à hauteur de marche égale, plus le giron est grand : $G1 > G2$ (à condition qu'il n'excède pas 32 à 33 cm), plus l'escalier est confortable. Mais le reculement devient plus important : $R1 > R2$;
- à giron égal, plus la hauteur de marche est faible : $H1 < H2$ (à condition qu'elle ne soit pas inférieure à 15 cm), plus l'escalier est confortable mais le reculement devient plus important : $R1 > R2$ et le nombre de marches augmente.

Sur l'abaque suivant (**fig. 10.7**), la surface grisée définit la zone préférentielle dans laquelle il est conseillé de choisir les valeurs de H et de G. A tout point situé dans cette zone correspond un couple (H, G) qui satisfait à la formule : $60 < 2H + G < 64$.

Dans la mesure du possible, choisir une pente comprise ente 30° et 35°.

Fig. 10.6 **Éléments de confort**

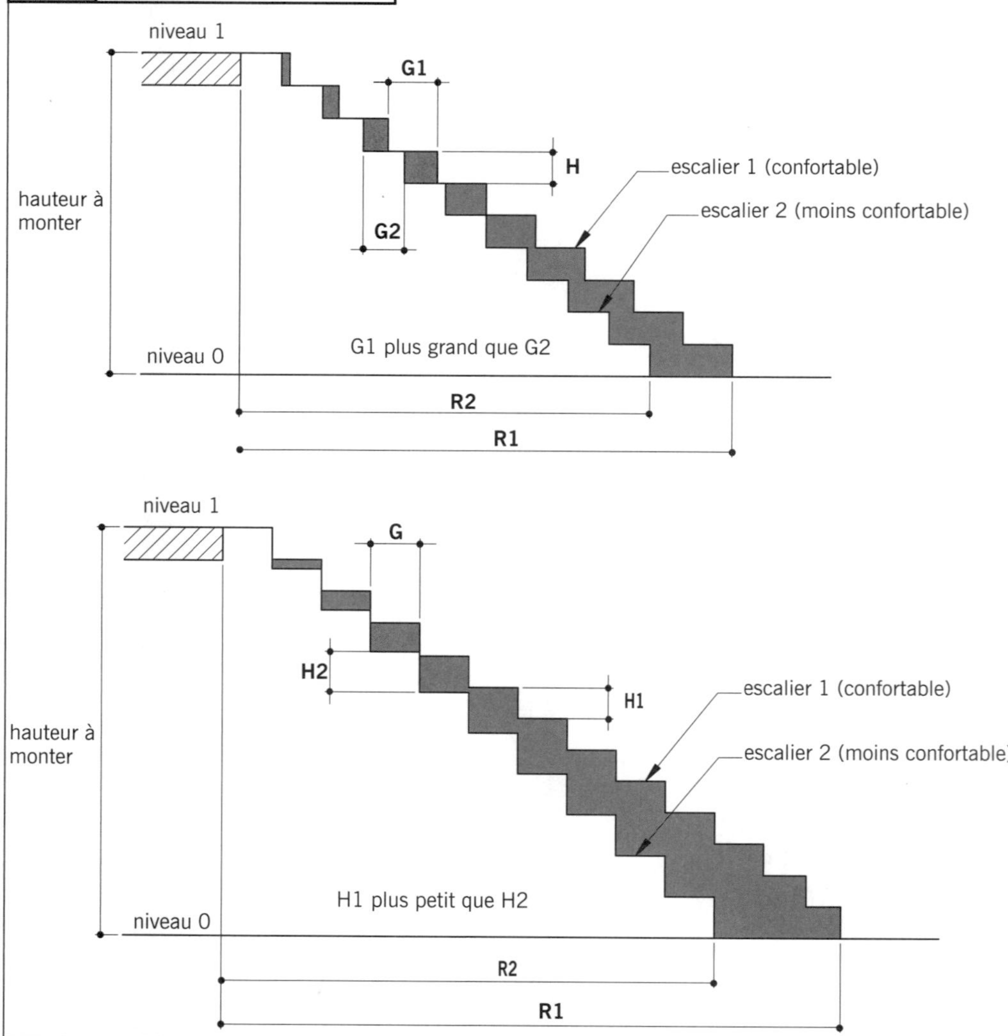

Fig. 10.7 Limites dimensionnelles des marches

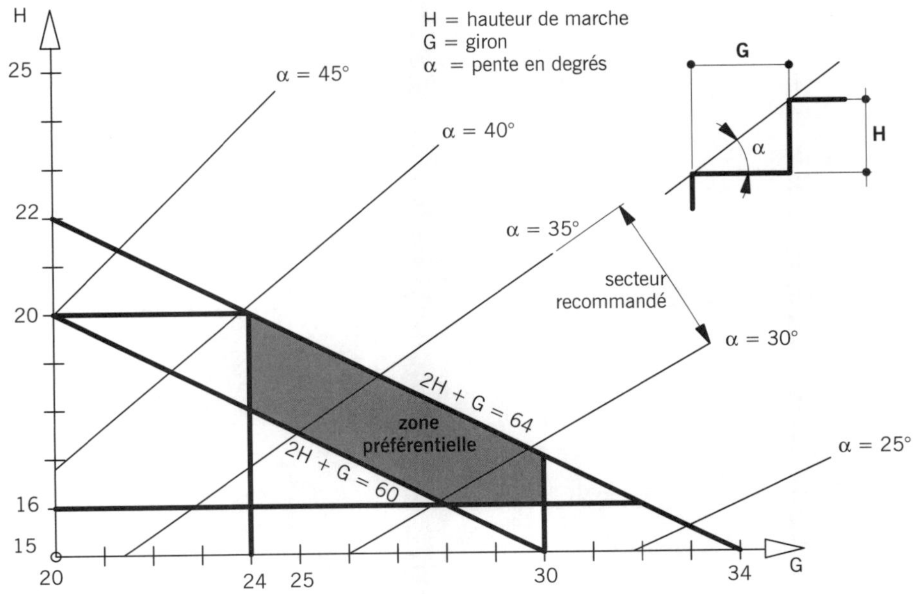

4 – Le tableau de dimensionnement

■ Le tableau suivant permet de définir, sans calculs, les caractéristiques d'un escalier à une volée droite connaissant la hauteur à monter et l'épaisseur du plancher d'étage.

Les informations dimensionnelles obtenues sont :

- le giron et la hauteur des marches ainsi que le nombre de marches ;
- le reculement de l'escalier ;
- l'échappée ;
- la largeur minimale de la trémie, pour que l'échappée soit respectée.

Les valeurs de H et de G figurant dans le tableau correspondent à une échappée toujours supérieure à 200 cm et respectent la formule : $60 < 2H + G < 64$.

Fig. 10.8

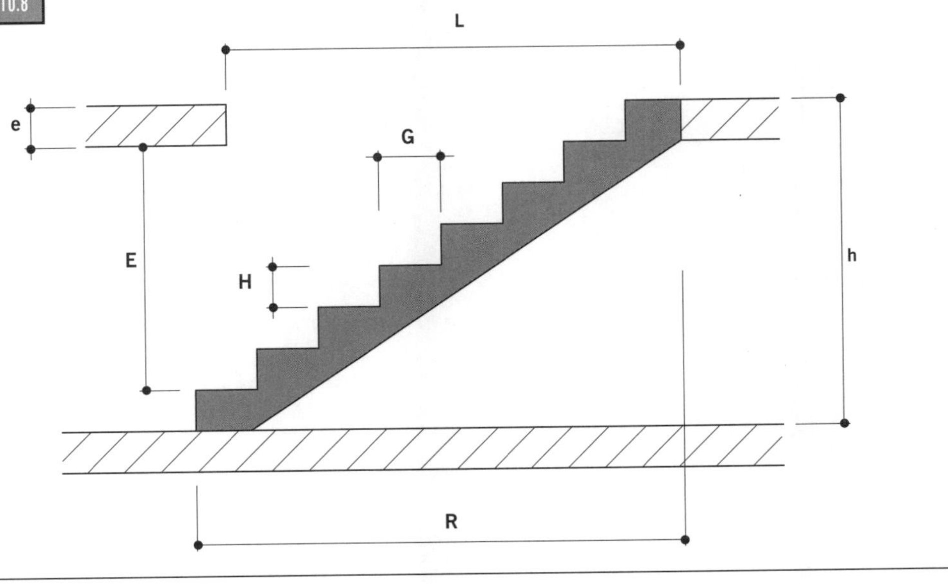

h	N	H	G	2H + G	R	e = 20		e = 25		e = 30	
						L	E	L	E	L	E
265	14	18,9	25	62,8	350	325	207,2	325	202,2	350	211,1
			26	63,8	364	338	207,2	338	202,2	364	211,1
	15	17,7	25	60,4	375	350	209,6	350	204,6	375	212,3
			26	61,4	390	364	209,6	364	204,6	390	212,3
			27	62,4	405	378	209,6	378	204,6	405	212,3
			28	63,4	420	392	209,6	392	204,6	420	212,3
270	14	19,3	25	63,6	350	325	211,4	325	206,4	325	201,4
	15	18	25	61	375	350	214	350	209	350	204
			26	62	390	364	214	364	209	364	204
			27	63	405	378	214	378	209	378	204
			28	64	420	392	214	392	209	392	204
	16	16,9	26	59,8	416	390	216,2	390	211,2	390	206,2
			27	60,8	432	405	216,2	405	211,2	405	206,2
			28	61,8	448	420	216,2	420	211,2	420	206,2
			29	62,8	464	435	216,2	435	211,2	435	206,2
			30	63,8	480	450	216,2	450	211,2	450	206,2
275	15	18,3	25	61,6	375	325	200,1	350	213,4	350	208,4
			26	62,6	390	338	200,1	364	213,4	364	208,4
			27	63,6	405	351	200,1	378	213,4	378	208,4
	16	17,2	26	60,4	416	364	203,4	390	215,6	390	210,6
			27	61,4	432	378	203,4	405	215,6	405	210,6
			28	62,4	448	392	203,4	420	215,6	420	210,6
			29	63,4	464	406	203,4	435	215,6	435	210,6
280	15	18,7	25	62,4	375	325	203,9	350	217,6	350	212,6
			26	63,4	390	338	203,9	364	217,6	364	212,6
	16	17,5	25	60	400	350	207,5	350	202,5	375	215
			26	61	416	364	207,5	364	202,5	390	215
			27	62	432	378	207,5	378	202,5	405	215
			28	63	448	392	207,5	392	202,5	420	215
			29	64	464	406	207,5	406	202,5	435	215
285	15	19	25	63	375	325	208	325	203	350	217
			26	64	390	338	208	338	203	364	217
	16	17,8	25	60,6	400	350	211,6	350	206,6	350	201,6
			26	61,6	416	364	211,6	364	206,6	364	201,6
			27	62,6	432	378	211,6	378	206,6	378	201,6
			28	63,6	448	392	211,6	392	206,6	392	201,6
h	N	H	G	2H + G	R	L	E	L	E	L	E
						e = 20		e = 25		e = 30	

h = hauteur à monter (cm)
N = nombre de hauteurs de marche
H = hauteur de la marche (cm)
G = giron de la marche (cm)
R = reculement de l'escalier (N x G) (cm)
L = longueur minimale de la trémie de l'escalier (cm)
E = échappée ⩾ 200 cm
e = épaisseur du plancher d'étage (cm)

■ Exemple d'utilisation du tableau : soit un escalier droit avec les dimensions connues suivantes :

- hauteur à monter, **h** = 275 cm ;
- épaisseur **e** du plancher d'étage = 25 cm ;
- le reculement **R** ne peut être supérieur à 410 cm en raison du manque de place.

Le tableau donne trois choix possibles :

- 15 hauteurs de 18,3 cm avec G = 25 cm, R = 375 cm et L ⩾ 350 cm ;
- 15 hauteurs de 18,3 cm avec G = 26 cm, R = 390 cm et L ⩾ 364 cm ;
- 15 hauteurs de 18,3 cm avec G = 27 cm, R = 405 cm et L ⩾ 378 cm. La figure 10.9 illustre ce dernier choix.

Fig. 10.9 Dimensions de l'escalier

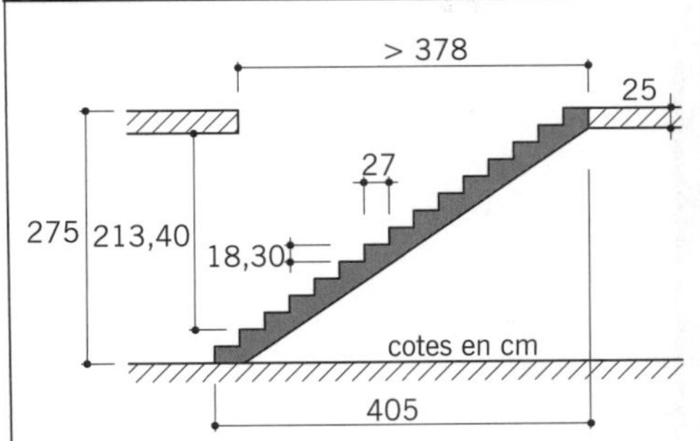

10.4 Le tracé des escaliers balancés

■ Lorsqu'un escalier à marches droites ne peut être installé dans une configuration donnée, soit parce qu'il occupe trop de place au sol, soit parce qu'il relie les deux niveaux de manière peu satisfaisante, on peut le remplacer par un escalier à marches balancées. A caractéristiques égales, ce dernier est moins encombrant qu'un escalier à marches droites.

Il existe plusieurs méthodes graphiques pour définir la forme des marches balancées. Ces tracés permettent de réduire et d'augmenter progressivement la dimension des collets tout en conservant la même valeur de giron au niveau de la ligne de foulée. Les deux méthodes simples exposées ci-après concernent un escalier à un quart tournant.

■ Caractéristiques de l'escalier tracé suivant les deux méthodes :

- escalier à un quart tournant à droite ;
- emmarchement = 90 cm ;
- hauteur à monter = 270 cm ;
- 15 hauteurs de marche de 18 cm et giron de 28 cm ;
- Présence d'une marche palière.

1 – Première méthode de tracé dite « méthode des alignements »

1. Représenter le contour de l'escalier en vue de dessus à grande échelle (1:20 ou, de préférence, 1:10). Tracer la ligne de foulée au milieu de l'emmarchement (fig.10.10) ;
2. Tracer le segment AB et reporter les quinze girons sur la ligne de foulée de part et d'autre de AB. Dans cet exemple, on choisit de reporter 6 girons avant AB et 9 après. La répartition peut être différente selon l'endroit où l'on souhaite faire démarrer l'escalier. Numéroter les girons de 1 à 15 ;
3. Dessiner les marches droites qui ne sont pas à balancer. Le nombre de marches à balancer ne se calcule pas. En règle générale, 4 à 5 marches avant et après le virage donnent une progressivité satisfaisante. Ici le choix retenu est de 8 marches balancées, 4 avant AB et 4 après (fig. 10.11). Repérer les points C, D, E et F. Les 3 segments prolongés AB, CD et EF se coupent en O ;

Fig. 10.10

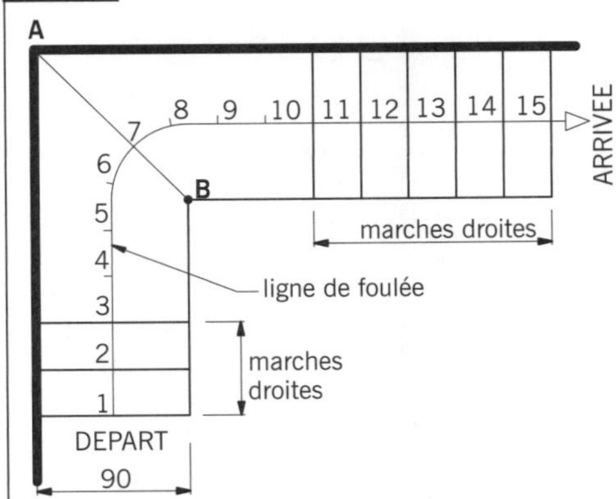

Fig. 10.11

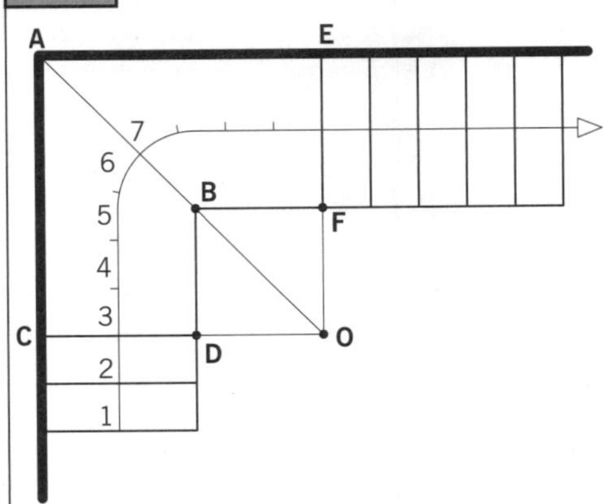

4. Sur l'horizontale CDO, reporter à droite de O, 3 girons de marche correspondant aux marches à balancer situées avant le segment AB (fig. 10.12). A partir des points 6', 5' et 4' tracer successivement les segments 6'6, 5'5 et 4'4. on obtient ainsi le tracé des quatre premières marches balancées ;
5. Procéder de la même façon pour le tracé des quatre autres marches (fig. 10.13).

Fig. 10.12

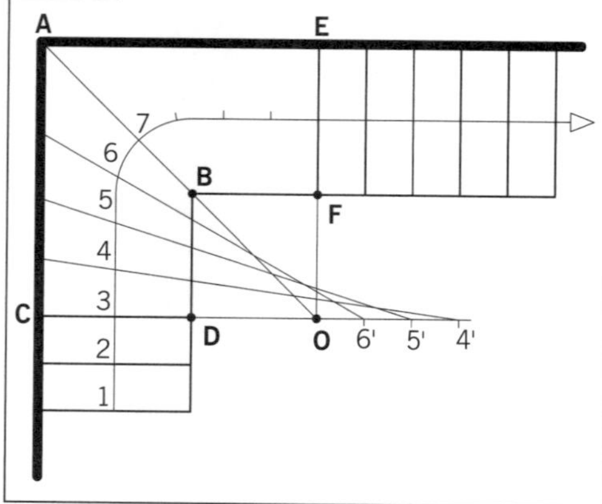

Fig. 10.13

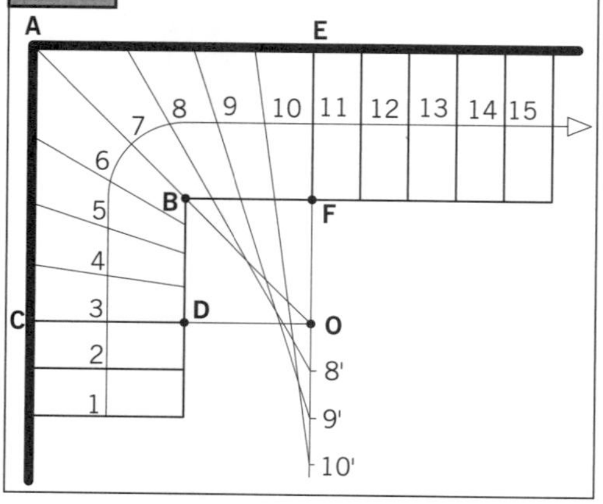

6. La figure 10.14 représente le tracé définitif de l'escalier ;
7. Lorsque le segment AB n'est pas placé en extrémité de marche mais à cheval sur une marche, les tracés sont légèrement différents (fig. 10.15). Ils s'effectuent à partir de deux points 0_1 et 0_2. le segment $0_1 7'$ permet de tracer la première partie de la marche

Fig. 10.14

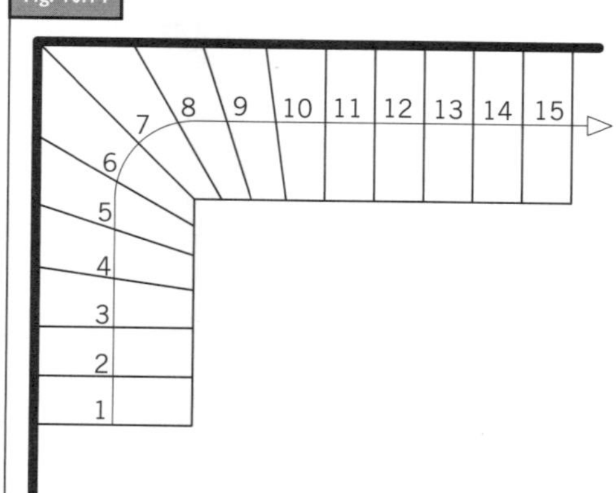

Fig. 10.15

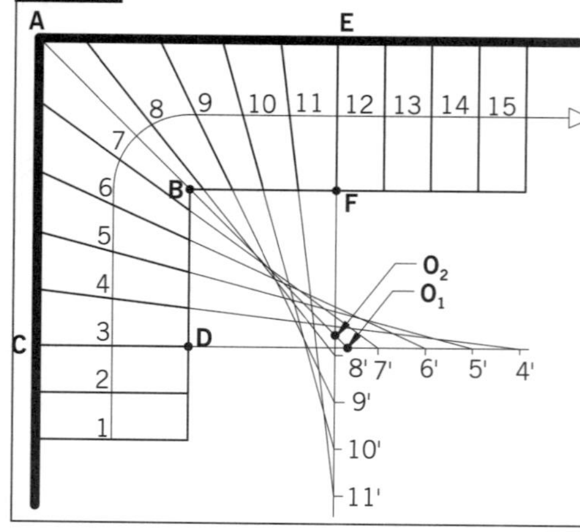

balancée située dans le virage et le segment $0_2 8'$ la seconde partie tel que : $0_1 7' + 0_2 8' =$ un giron de marche.

2 – Deuxième méthode de tracé dite « de la herse »

1. Représenter le contour de l'escalier, tracer la ligne de foulée et le segment AB puis reporter sur la ligne de foulée les girons des marches et numéroter les (fig. 10.16) ;
2. Dessiner les marches droites et repérer les points C, D et E ;
3. A proximité de la vue de dessus, commencer le dessin d'une figure géométrique appelée **herse de balancement** en traçant le segment horizontal C'B' égal à la longueur BC mesurée sur la vue de dessus. Tracer ensuite le segment vertical D'E' égal à la portion DE de la ligne de foulée (les points D' et

Fig. 10.16

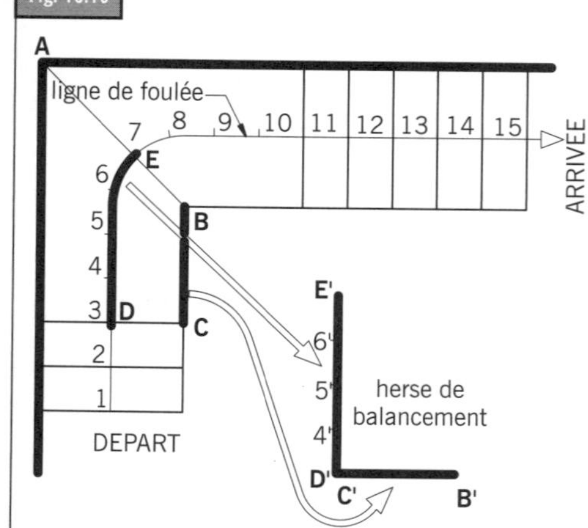

C' sont communs). Reporter sur D'E' les girons des marches à balancer ;

4. Joindre B' aux points 4', 5', 6' et E' (fig. 10.17) puis tracer l'arc de cercle de rayon C'B' et de centre C'. Il coupe E'B' en F'. Joindre C' à F' ;

Fig. 10.17

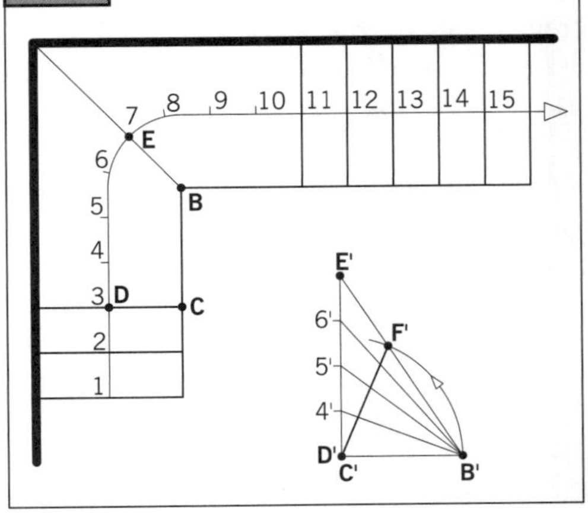

5. Le segment C'F' définit la largeur des collets des quatre premières marches balancées (fig. 10.18). Mesurer chaque segment et reporter le, avec précision, sur la vue de dessus puis tracer les quatre marches balancées ;

6. Procéder de la même façon pour le tracé des quatre marches balancées suivantes (fig. 10.19). Dans cet exemple, la seconde partie étant le symétrique de la première, il n'est pas nécessaire de dessiner une seconde herse. Lorsque la diagonale AB n'est pas située en limite de marche, il faut tracer deux herses distinctes ;

Fig. 10.18

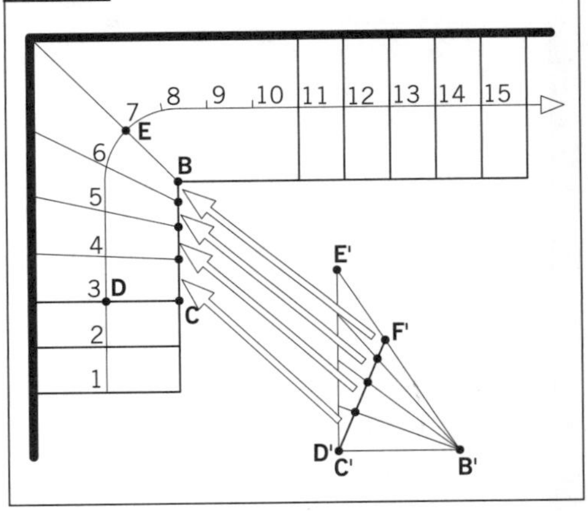

Fig. 10.19

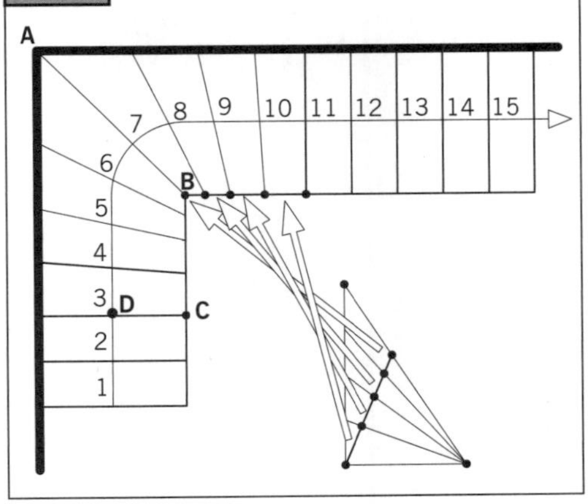

7. Procéder de la même façon pour tracer les marches balancées d'un escalier à double quartier tournant (fig. 10.20).

Fig. 10.20

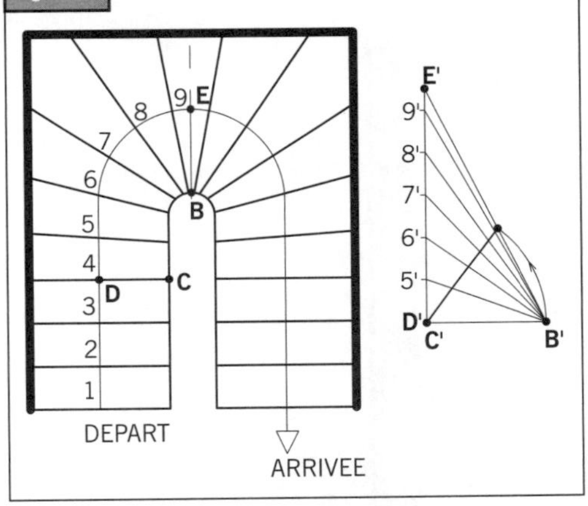

Remarque: ces deux méthodes de tracé ne donnent pas des tracés identiques. La figure 10.21 montre les deux tracés superposés.

10.5 Les escaliers en bois

Selon le mode de fixation des marches sur les limons on distingue :

- **L'escalier à la française** dont les marches et les contremarches s'assemblent par encastrement sur la face intérieure des limons (fig. 10.22). Dans les escaliers à quartier(s) tournant(s), les portions de limon situées aux changements de direction sont légèrement incurvées (fig. 10.23). Lorsque l'escalier est appuyé contre un mur, le limon fixé à la paroi est appelé **faux limon** ou **limon de mur** (fig. 10.24) ;

Fig. 10.21

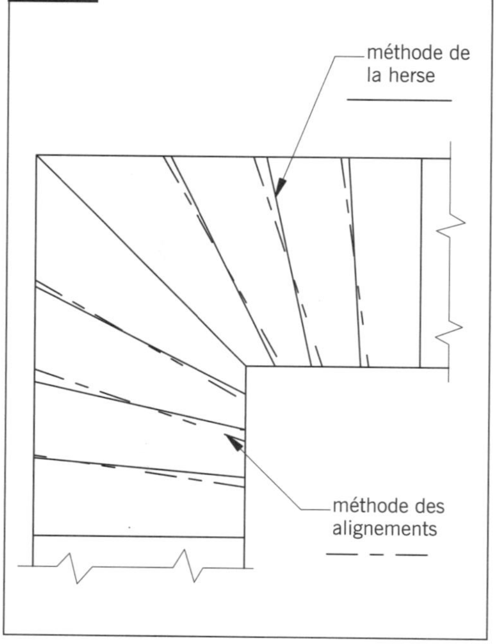

• L'**escalier à l'anglaise** dont les limons sont découpés en forme de crémaillère. Les marches et les contremarches éventuelles sont clouées et vissées sur les limons (**fig. 10.25**).

1 – Les escaliers droits et balancés

■ Les fabricants d'escaliers industrialisés proposent des escaliers standard et des escaliers réalisés sur mesure. Il existe deux familles d'escaliers standard appelés aussi « escaliers adaptables » livrés pré-assemblés :

• **l'escalier standard « basique »** dont chaque modèle est proposé en deux ou trois versions. Les hauteurs à monter les plus courantes sont 275 et 285 cm. L'acheteur choisit l'escalier dont la hauteur à monter est proche de la hauteur relevée sur chantier (ou sur plan) puis, lors de la pose, il doit adapter l'escalier soit, en recoupant la première marche (jusqu'à 7 cm), soit en disposant sous l'escalier un **socle de surélévation** (**fig. 10.23**) qui lui aussi peut être éventuellement recoupé en hauteur ;

Fig. 10.22 **Escalier droit à la française avec contremarches**

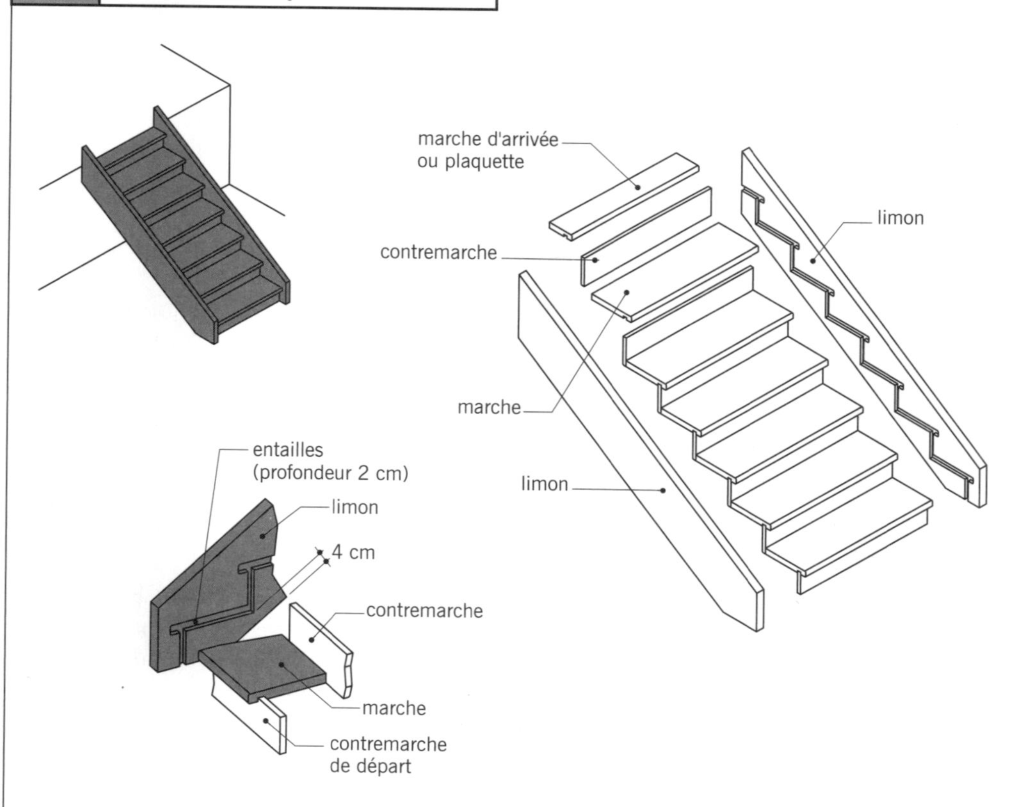

Fig. 10.23 Escaliers tournants à la française sans contremarche

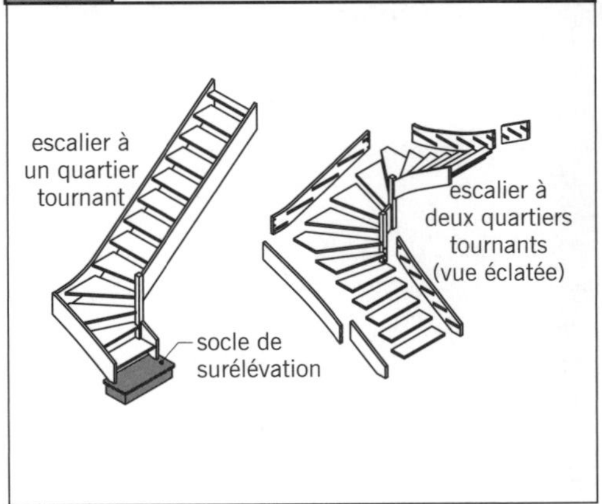

Fig. 10.24 Faux limon

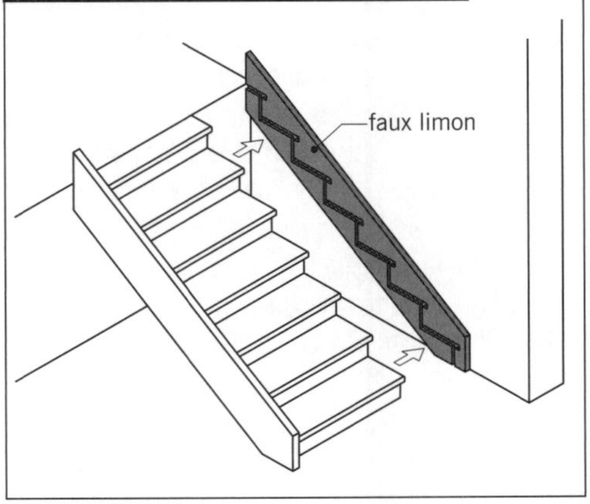

Fig. 10.25 Escalier à l'anglaise avec contremarches

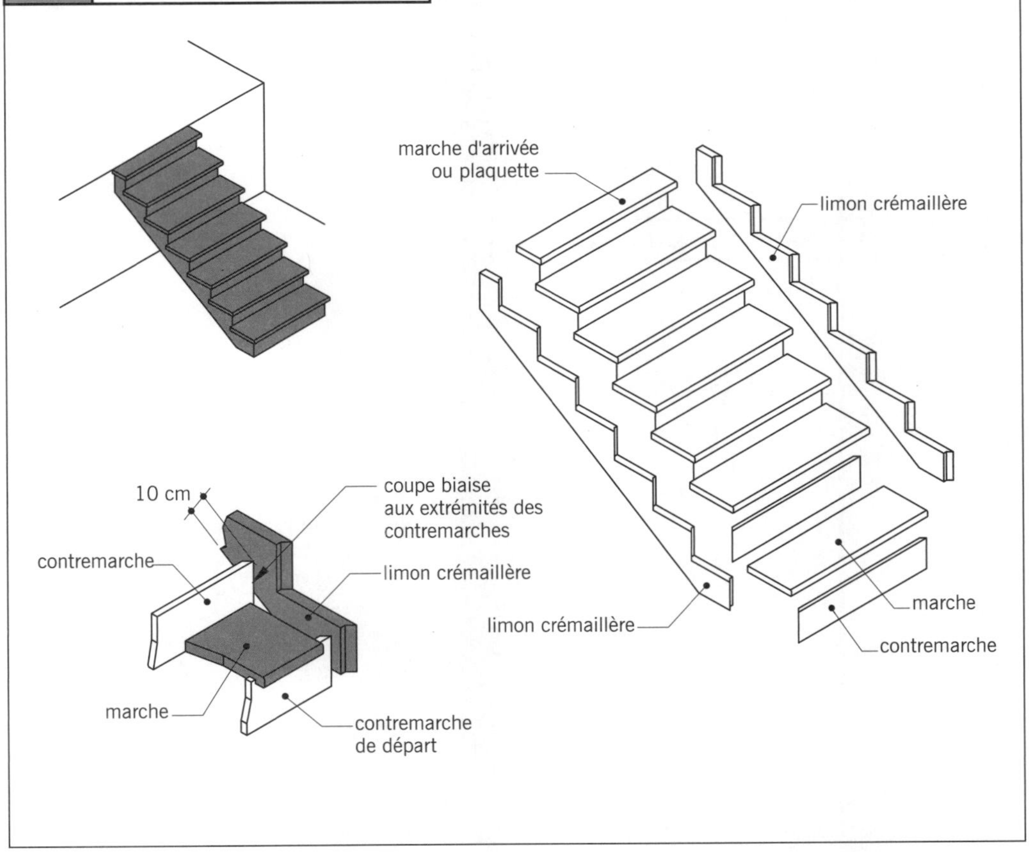

- **l'escalier standard proposé en de nombreuses versions**. L'acheteur choisit dans un tableau de dimensions (voir tableau ci-contre), en fonction de la hauteur relevée sur chantier (ou sur plan), l'escalier qui convient. Malgré les différentes hauteurs à monter proposées, il s'agit d'un escalier standard car le giron et l'emmarchement sont imposés. La hauteur à monter est limitée, le plus souvent à 290 cm, et la hauteur de la première marche est souvent différente de celles des autres marches. La figure 10.26 représente un escalier standard livré en kit en trois parties à assembler sur place.

Exemple d'utilisation du tableau : soit une hauteur à monter (de sol fini à sol fini) de 277 cm. On a le choix entre deux escaliers :

- un escalier avec 14 hauteurs de marche dont 13 de 20 cm et avec une première marche de 17 cm. Vérification : (13 x 20) + 17 = 277 cm ;
- un escalier avec 15 hauteurs de marche dont 14 de 18,5 cm et avec une première marche de 18 cm. Vérification : (14 x 18,5) + 18 = 277 cm.

extrait d'un tableau de dimensionnement (cotes en cm)

hauteur à monter	14 hauteurs de marche G = 24		15 hauteurs de marche G = 26	
	H1 (H = 19,5)	**H1 (H = 20)**	**H1 (H = 18)**	**H1 (H = 18,5)**
......	......	......	......	......
271	17,5	—	19	—
272	18,5	—	20	—
273	19,5	—	21	—
274	20,5	—	22	—
275	21,5	15	—	16
276	—	16	—	17
277	—	17	—	18
278	—	18	—	19
279	—	19	—	20
280	—	20	—	21
......	......	......	......	......

H1 = hauteur de la première marche

H et **G** hauteur et giron des marches courantes

■ **L'escalier sur mesure** est réalisé à la demande. C'est souvent la solution à retenir lorsqu'il existe des contraintes dimensionnelles particulières. L'acheteur

Fig. 10.26 **Escalier standard en kit (garde-corps non représenté)**

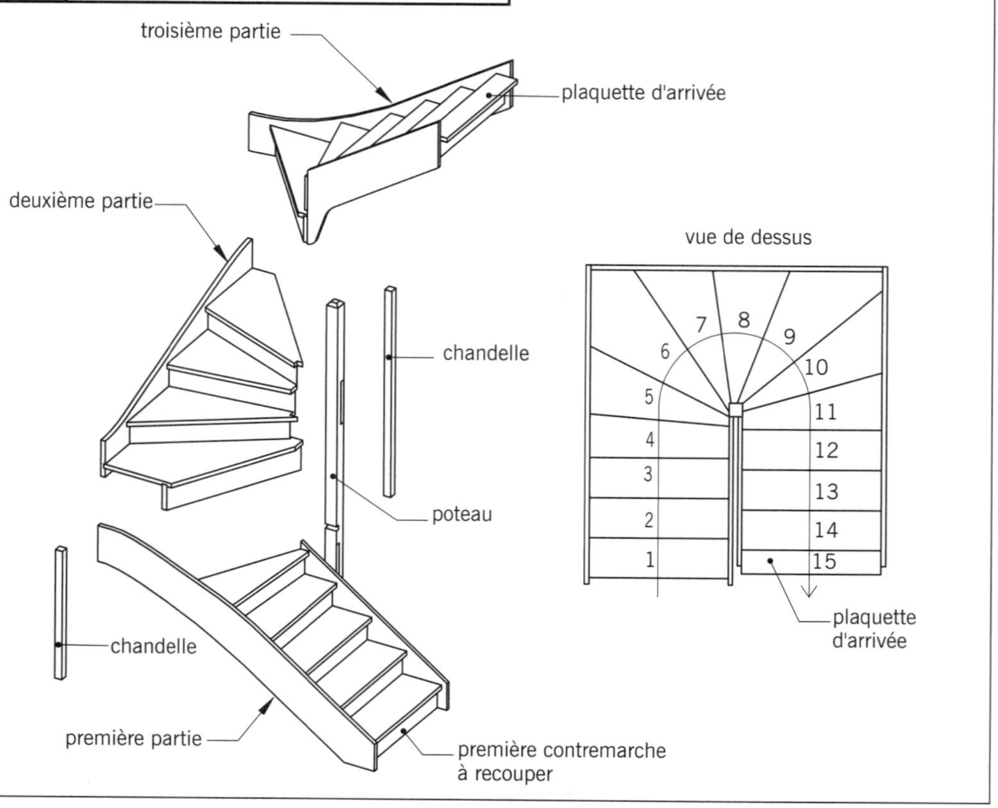

Fig. 10.27 Échelle de meunier

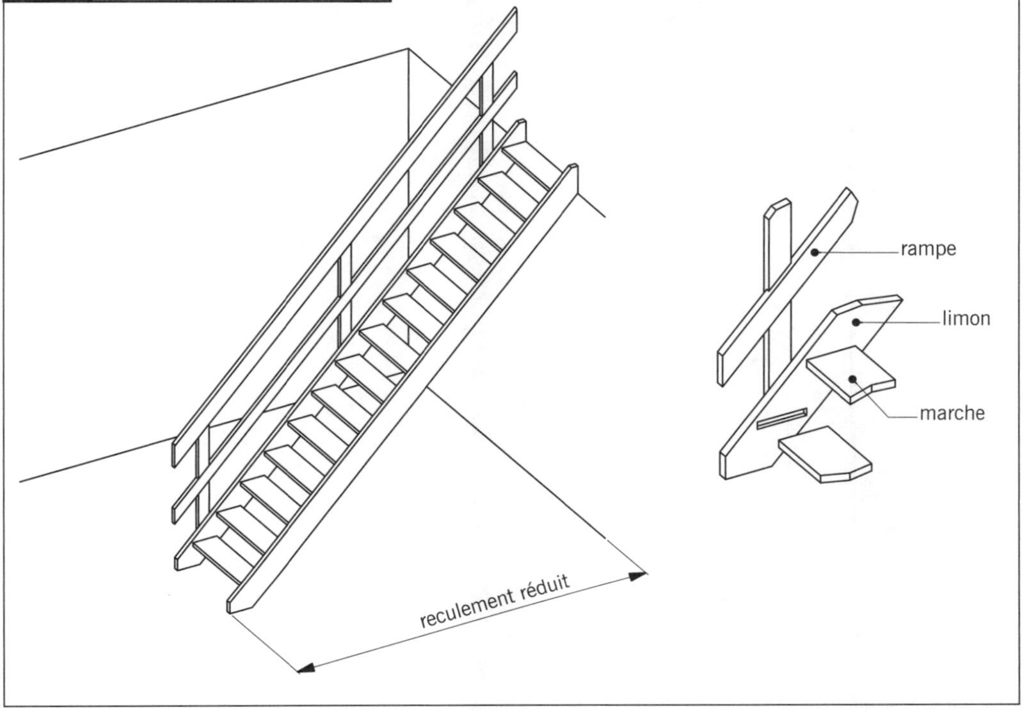

choisit ce qui lui convient parmi les nombreuses options proposées : essence de bois, présence ou non de contremarches, rampes avec balustres chanfreinés ou tournés. Le coût d'un escalier sur mesure est très souvent supérieur à celui d'un escalier standard de mêmes dimensions mais il présente l'avantage (sous réserve d'une exécution correcte) de s'adapter parfaitement à la construction. Toutes les marches sont de même hauteur et il peut être réellement personnalisé.

■ **L'échelle de meunier** est un escalier sans contremarche, très incliné, droit ou à quart tournant (fig. 10.27). Elle est généralement installée lorsque l'on ne dispose pas d'une place suffisante au sol pour loger un escalier standard. Son faible reculement rend son utilisation peu pratique (giron de 16 à 18 cm environ) surtout lors de la descente et notamment pour les enfants et les personnes âgées.

Fig. 10.28 Échelle à pas décalés (ou à pas japonais)

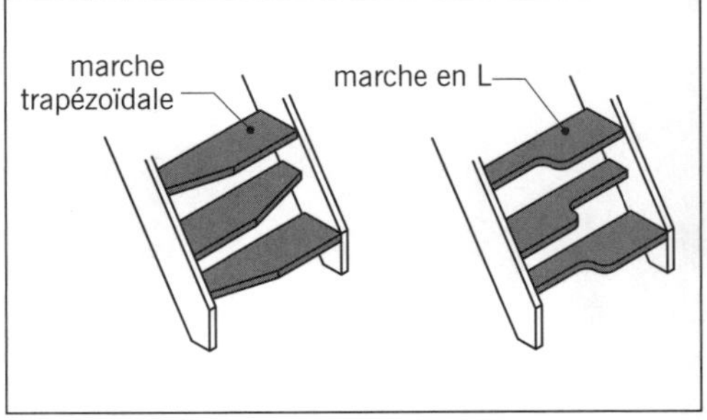

La forme particulière des marches de l'**échelle à pas décalés** permet de réduire encore l'encombrement au sol (fig. 10.28). Très peu pratique à utiliser, cet escalier ne doit être emprunté que de manière occasionnelle. Il peut souvent être avantageusement remplacé par un escalier hélicoïdal.

2 – Les escaliers hélicoïdaux

■ L'**escalier hélicoïdal** en bois est livré en kit, prêt à monter. Il comprend généralement les composants suivants (fig. 10.29) :

- un tube métallique en acier galvanisé de 40 ou 50 mm de diamètre et muni à sa base d'une platine ;
- un socle en bois de forme circulaire ou carrée destinée à recouvrir la platine ;
- des marches de dimensions et de formes différentes selon le type d'escalier hélicoïdal (sur plan carré ou circulaire). Les marches sont percées à une extrémité pour permettre le passage du tube métallique ;
- des bagues ou entretoises centrales en bois massif ou métalliques mises en place entre les marches ;
- des entretoises d'extrémité en bois ou métalliques fixées à l'extrémité des marches. Elles solidarisent

Fig. 10.29 Escalier hélicoïdal sur plan circulaire

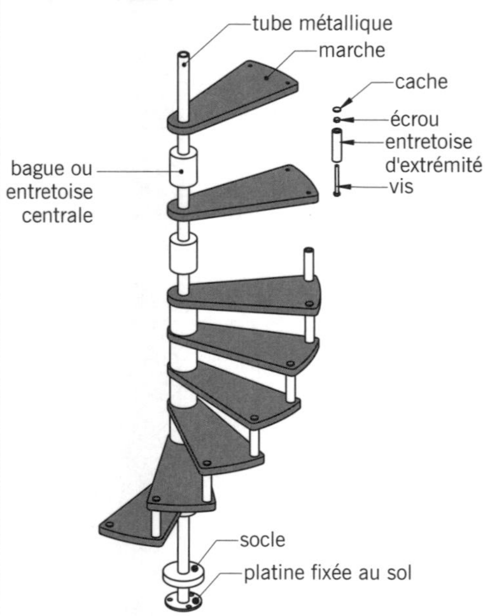

les marches entre elles. Le serrage est assuré par un système de vis et d'écrous ;

- le palier d'arrivée, plateforme placée au sommet de l'escalier dans le prolongement du plancher. Il existe plusieurs formes possibles de paliers d'arrivée (fig. 10.30).

■ La hauteur totale d'un escalier hélicoïdal standard correspond rarement à la hauteur à monter réelle dont on a besoin. Si l'escalier est plus haut de quelques centimètres, il convient alors de scier la première bague pour la raccourcir. S'il est plus bas, il faut surélever l'ensemble en installant l'escalier soit sur une plateforme en bois, soit sur une semelle en béton. On trouve également dans le commerce des escaliers hélicoïdaux dont on peut adapter la hauteur à monter grâce à des bagues de hauteurs différentes (voir tableau ci-après).

Exemple d'utilisation du tableau : soit une hauteur à monter (de sol fini à sol fini) de 268,5 cm. On choisit l'escalier de 268,4 cm (valeur la plus proche). Cet escalier comprend 14 marches dont la première mesure 18,1 cm de haute, la deuxième 18,7 cm et les douze suivantes 19,3 cm. Ces faibles différences de hauteur ne seront pas ressenties par les utilisateurs de l'escalier.

Vérification : (12 x 19,3) + 18,7 + 18,1 = 268,4 cm.

■ Certains fabricants proposent des escaliers hélicoïdaux sur mesure dont le poteau central est en forme d'hélice simple ou double (fig. 10.31).

Fig. 10.30 Exemples de paliers d'arrivée

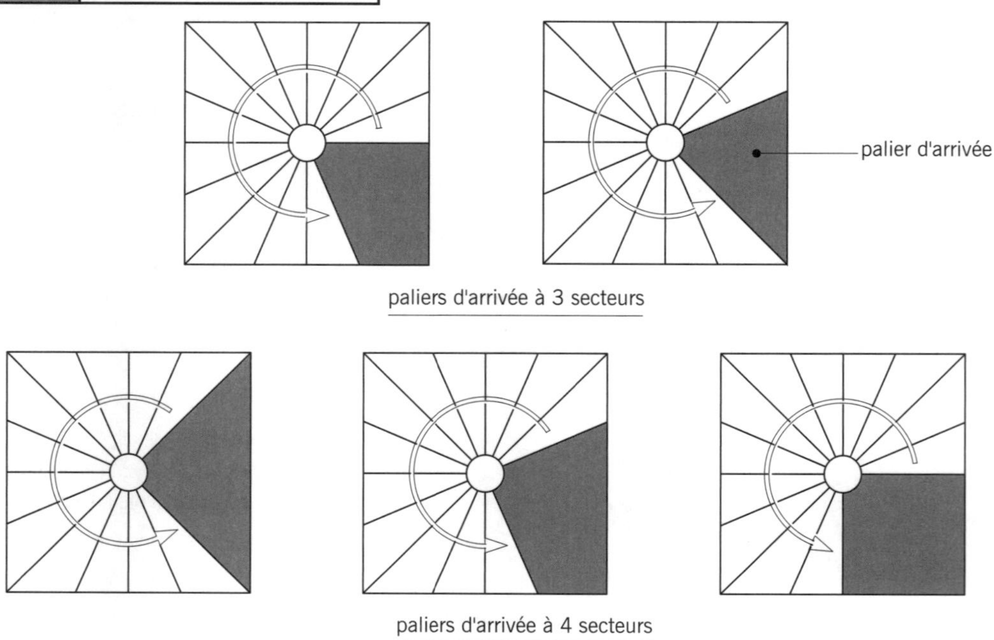

extrait d'un tableau de dimensionnement (cotes en cm) [1]				
nombre de hauteurs	**hauteur à monter**	**hauteurs des marches**		
		18,1	**18,7**	**19,3**
14	......	......	......	......
	268,4	1	1	12
	269	1	0	13
	269,6	0	1	13
	270,2	0	0	14
15	271,5	15	0	0
	272,1	14	1	0
	272,7	13	2	0
	273,3	12	3	0
	......	......	......	......

(1) d'après la documentation technique de la société FLIN (voir adresse en fin d'ouvrage).

Fig. 10.31 **Escaliers avec poteau hélicoïdal**

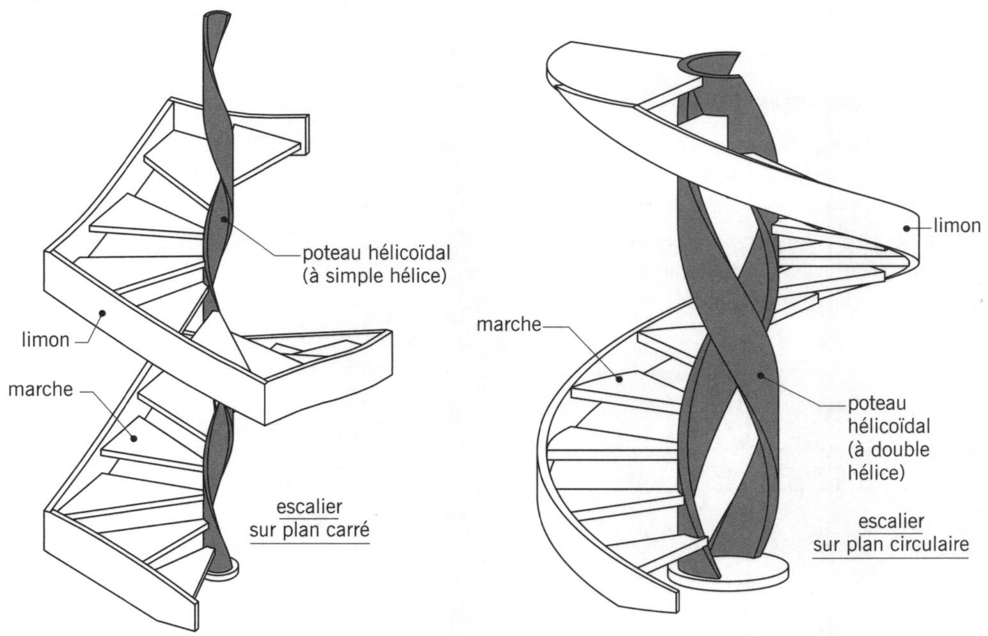

■ Pour en savoir plus ■

– Norme P 21-203 (DTU 31.1) : travaux de bâtiment. Charpente et escaliers en bois. Partie 1 : cahier des charges techniques. Partie 2 : cahier des charges spéciales.

– Norme XP P 21-211 : escaliers en bois. Spécifications.

– Norme NF EN 14076 (P 21-213) : escaliers en bois. Terminologie.

10.6 Les escaliers métalliques

Dans les pages suivantes l'appellation « escalier métallique » désigne tout escalier dont la structure porteuse est métallique quelle que soit la nature du matériau utilisé pour les marches.

On distingue plusieurs types d'escaliers métalliques :

- les escaliers droits ;
- les escaliers hélicoïdaux ;
- les escaliers à marches orientables.

Les escaliers à marches balancées sont rarement réalisés en métal mais plutôt en bois ou en béton.

1 – Les escaliers droits

Dans un escalier droit, la structure porteuse comprend généralement une ou deux grandes poutres inclinées, les **limons** (fig. 10.32). Chaque limon est fixé à ses deux extrémités au gros œuvre (mur et/ou plancher) à l'aide de platines métalliques. Il existe plusieurs façons de relier les marches aux limons :

- par l'intermédiaire de petits supports métalliques lorsque les marches sont disposées entre les limons (fig. 10.33). Ces supports soudés sur les parois intérieures des limons peuvent soit rester apparents soit être en partie dissimulés par les marches ;

Fig. 10.32 Exemples de limons

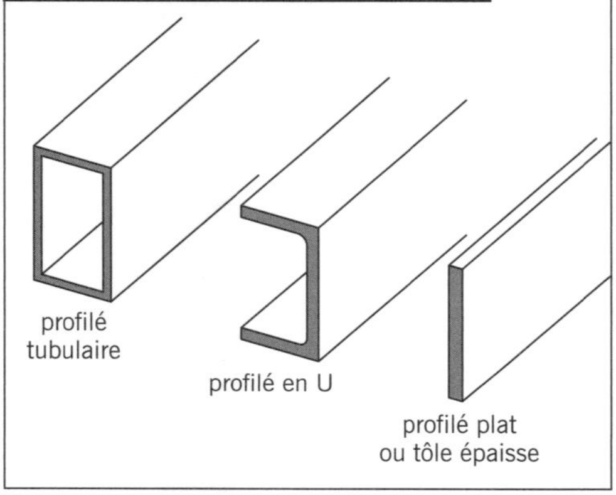

Fig. 10.33 Avec marches entre les limons

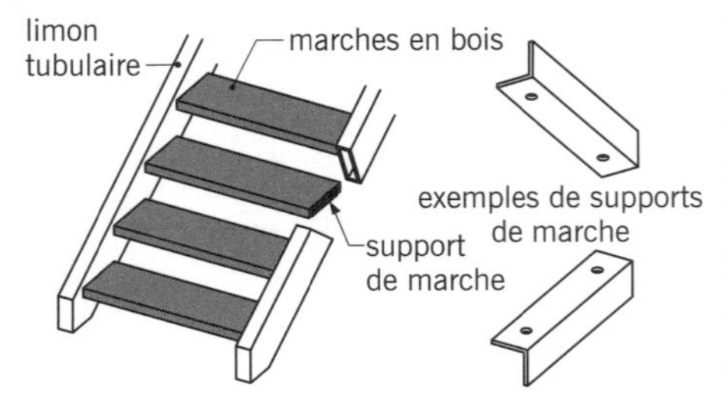

- à l'aide de supports de forme triangulaire lorsque les marches reposent sur les limons (fig. 10.34) ;

Fig. 10.34 Avec marches reposant sur deux limons

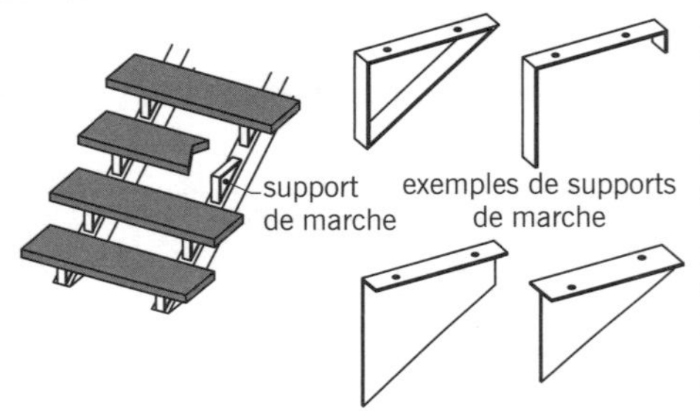

- par l'intermédiaire d'un large support central lorsque l'escalier ne possède qu'un seul limon (fig. 10.35) ;

Fig. 10.35 Avec marches reposant sur un limon

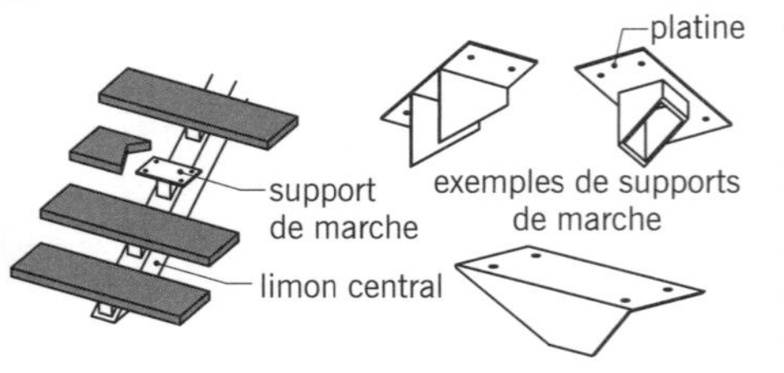

- par une fixation directe des marches sur des limons plats en tôle ou en profilés de faible épaisseur (fig. 10.36).

Fig. 10.36 Avec marches entre limons plats

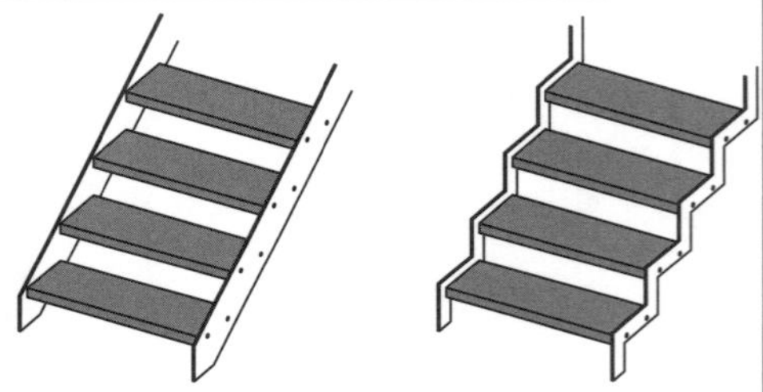

Fig. 10.37 Escalier avec marches en porte-à-faux

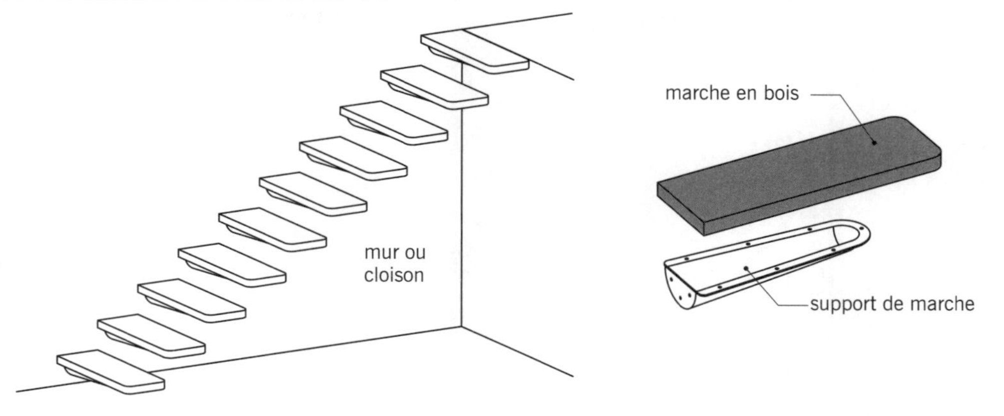

■ On trouve dans le commerce des supports métalliques permettant d'installer des marches en porte-à-faux par rapport à un mur ou à une cloison (fig. 10.37). La paroi doit être suffisamment résistante pour supporter les charges (poids propre et charges d'utilisation). Il faut prévoir des dispositifs de fixation adaptés aux charges lourdes (chevilles métalliques, scellements chimiques ou platines métalliques).

2 – Les escaliers hélicoïdaux

Dans ce type d'escalier, les marches sont métalliques et recouvertes ou non d'un panneau en bois. Elles peuvent soit s'emboîter les unes dans les autres (fig. 10.38), soit coulisser autour d'un tube métallique central. Ces escaliers sont livrés en kit avec une notice de montage. Le diamètre d'encombrement de l'escalier peut varier de 1,20 m à 1,60 m

Fig. 10.38 Escalier hélicoïdal avec marches emboîtées

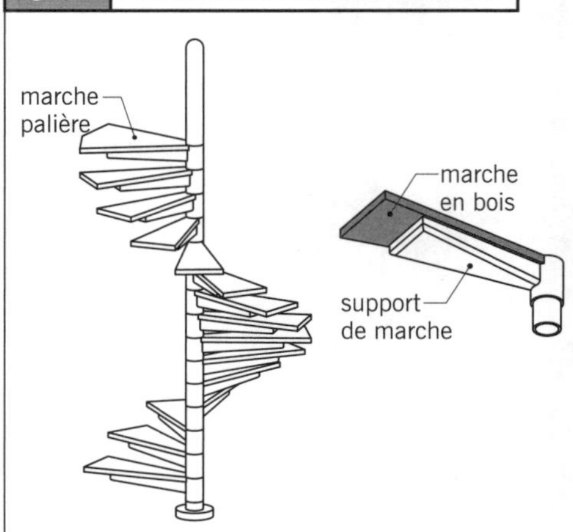

Lorsque la hauteur totale de l'escalier est inférieure à la hauteur à monter, l'adaptation peut être réalisée de différentes façons :

- par de petites bagues métalliques additionnelles que proposent certains fabricants. En insérant une bague entre deux marches consécutives, on augmente légèrement la hauteur de marche. Plusieurs bagues permettent ainsi d'augmenter la hauteur totale de l'escalier jusqu'à atteindre la hauteur à monter ;
- par la réalisation d'un socle de départ en béton ou en bois destiné à surélever l'escalier.

L'escalier peut aussi être réalisé sur mesure par un métallier. Dans le cas d'une construction neuve, il est également possible de définir la hauteur à monter en fonction d'un escalier donné.

Si la hauteur de l'escalier est plus grande que la hauteur à monter, il faut soit recouper la première marche (cette opération n'est pas possible avec certains modèles de marches), soit encastrer le pied de l'escalier dans le béton ou dans la chape du plancher.

La figure 10.39 présente deux modèles d'escaliers métalliques monoblocs dont les marches sont soudées sur le tube central (diamètre maximal de l'escalier : 2 mètres environ). Ce type d'escalier est beaucoup plus rigide que les modèles en kit.

3 – Les escaliers à marches orientables

On trouve dans le commerce plusieurs modèles d'escaliers à marches orientables. Ils se différencient par la forme des marches et des supports mais ils sont tous conçus suivant la même principe : la structure porteuse de l'escalier est constituée de supports métalliques orientables qui s'emboîtent les uns dans

Fig. 10.39 **Escaliers monoblocs**

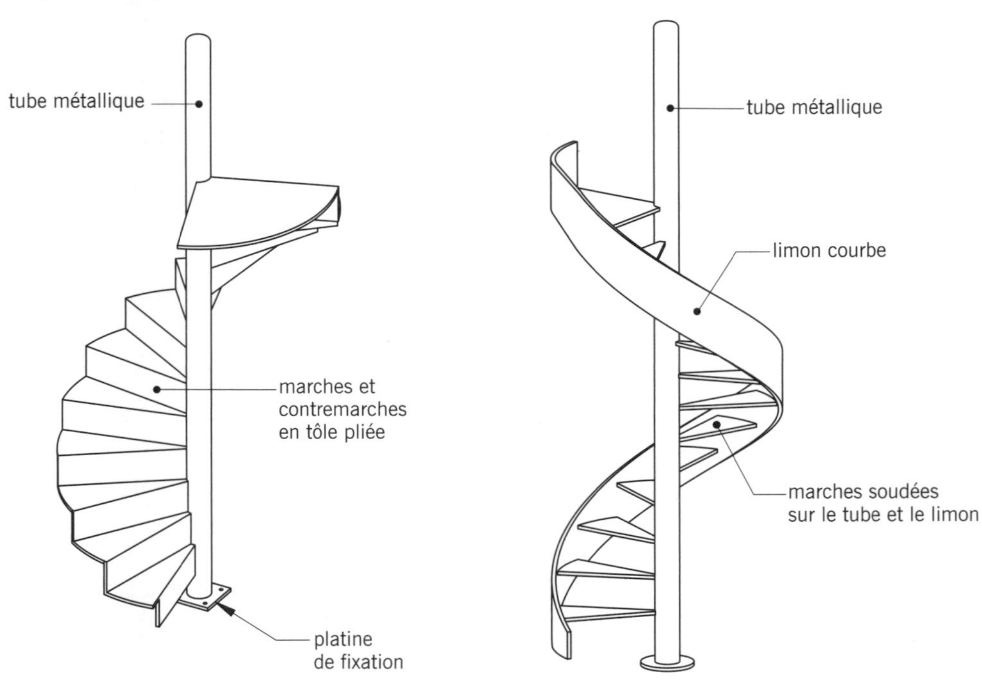

les autres (fig. 10.40). La hauteur des marches est toujours réglable (de 18 à 22 cm environ) et le giron est parfois modulable. Les marches peuvent s'orienter les unes par rapport aux autres avec une amplitude de 20° à 30°. Cette possibilité permet d'obtenir des configurations originales : formes en hélice, elliptiques, en S...
Mais ces escaliers possèdent un point faible : ils sont souples et peu rigides. Ils nécessitent la mise en place

Fig. 10.40 **Escalier avec marches orientables**

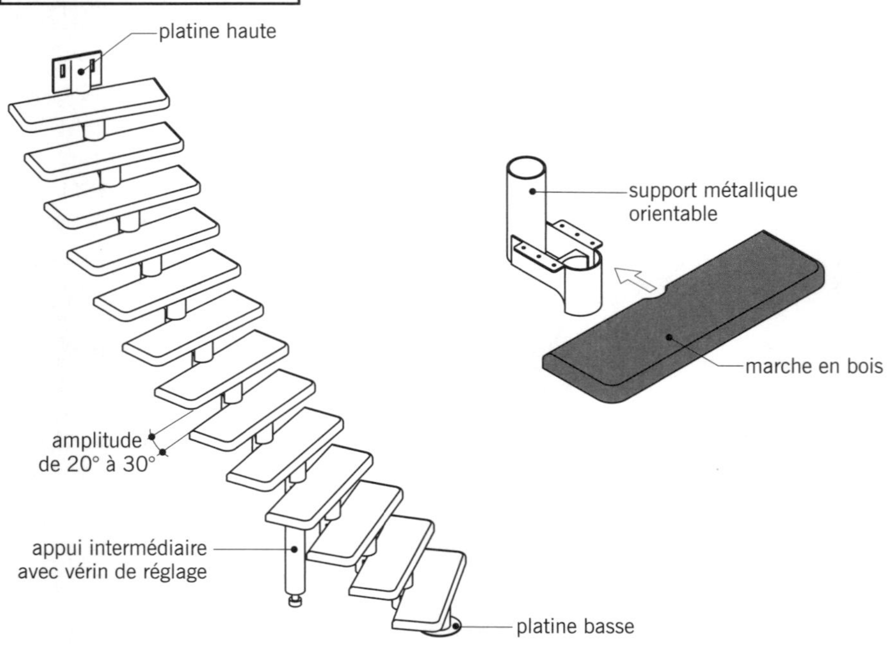

Fig. 10.41 **Exemple n° 1 : escalier à deux limons**

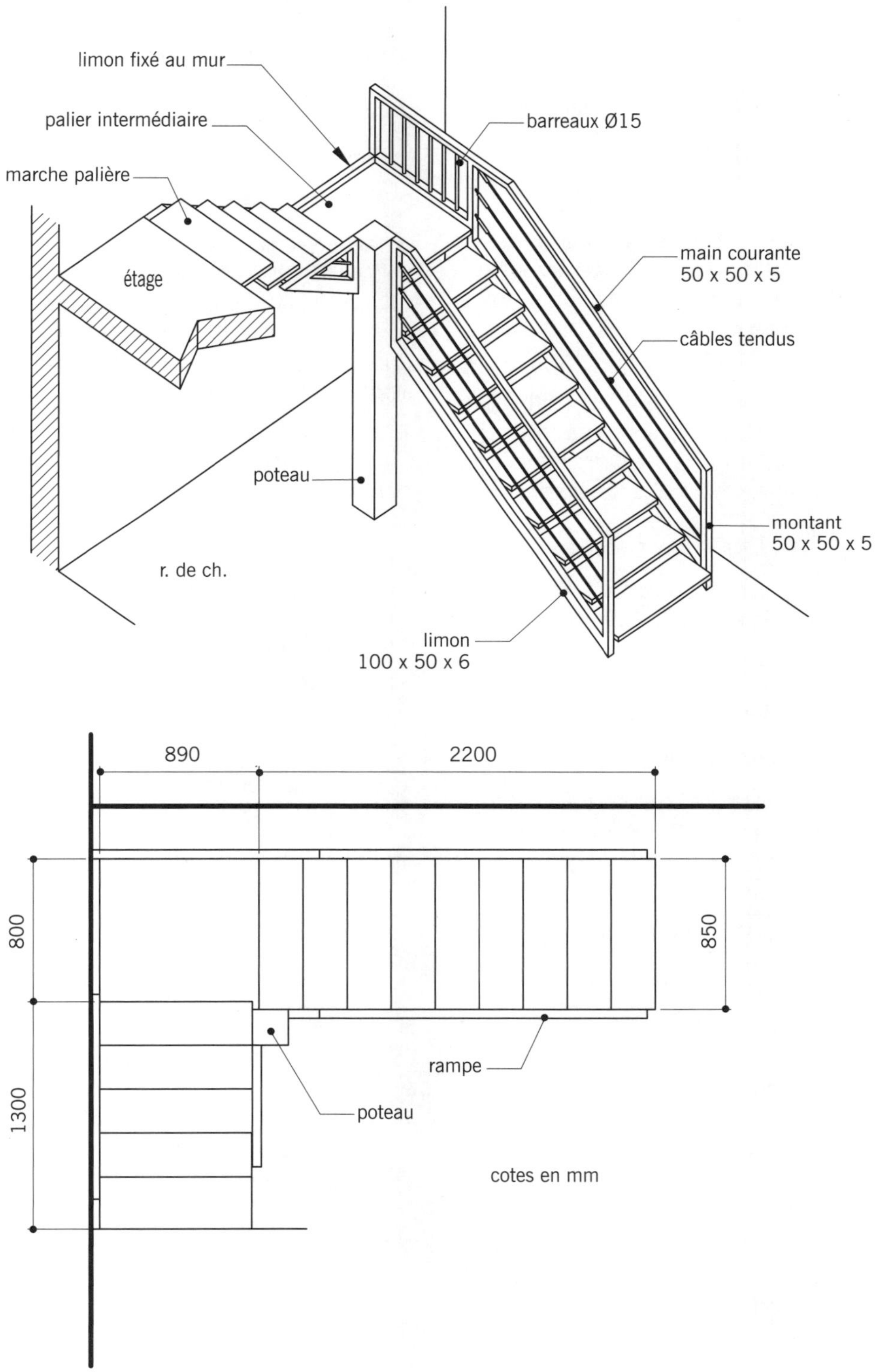

d'un appui intermédiaire sous la quatrième ou cinquième marche et éventuellement, d'un second point d'appui (par exemple, une extrémité de marche reliée à un mur par l'intermédiaire d'une cornière).

4 – Deux exemples d'escaliers métalliques

■ Les figures 10.41 et 10.42 présentent un escalier métallique à deux volées perpendiculaires. Les marches en bois sont placées entre les deux limons et supportées par des cornières. Des platines noyées dans la chape de pose du carrelage assurent la fixation des limons au sol. Les rampes comportent une main courante en tube et des câbles en acier maintenus par des tendeurs.

■ Les figures 10.43 et 10.44 montrent un escalier métallique à deux volées parallèles et à limon central. Des supports en tôle pliée soudés sur les limons reçoivent les marches en bois. Le palier intermédiaire prend appui sur les parties horizontales des limons.

■ Pour en savoir plus ■

– *Comment faire des escaliers*. Guide pratique édité par l'OTUA (voir adresse en fin d'ouvrage).

10.7 Les escaliers en béton

1 – Les escaliers coulés en place

En maison individuelle, les escaliers en béton sont très souvent coulés en place. Ce type d'escalier nécessite l'exécution d'un coffrage en bois dans lequel on coule le béton. La volée d'un escalier droit se comporte comme une dalle inclinée. Appelée **paillasse**, elle prend appui à ses deux extrémités sur les paliers. Le béton doit être renforcé par des aciers (fig. 10.45).

Une autre technique consiste à réaliser de part et d'autre des marches deux poutres inclinées en béton qui jouent le rôle de limons (fig. 10.46).

2 – Les escaliers préfabriqués

On emploie rarement des escaliers préfabriqués en maison individuelle. Davantage destinés aux logements collectifs et aux bâtiments à usage de bureaux, ces escaliers, pour un certain nombre d'entre eux, peuvent être employés dans une maison. Parmi les nombreux modèles existants, on peut citer :

- les escaliers droits dont les marches reposent sur un ou plusieurs limons en forme de crémaillère (fig. 10.47) ;
- les escaliers hélicoïdaux monoblocs ou à marches assemblées. La figure 10.48 présente un escalier hélicoïdal dont chaque marche possède sa portion de garde-corps. Une fois les marches empilées le noyau central est armé puis rempli de béton ;
- les escaliers balancés monoblocs à noyau central ou évidé en leur centre (fig. 10.49).

■ Pour en savoir plus ■

– Norme NF P 87-301 : escaliers. Marches et contremarches en béton de ciment pour volées droites.

Fig. 10.42 Exemple n° 1 : marches et limon

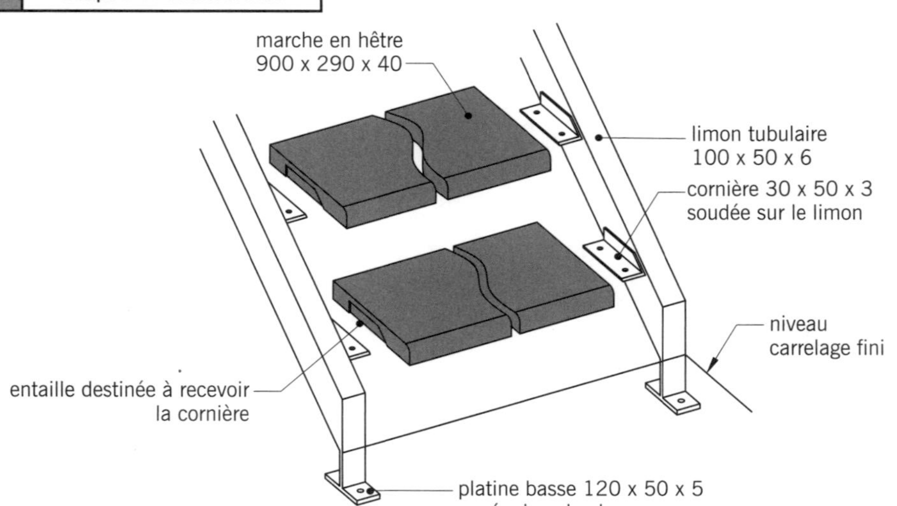

Fig. 10.43 Exemple n° 2 : escalier à limon central

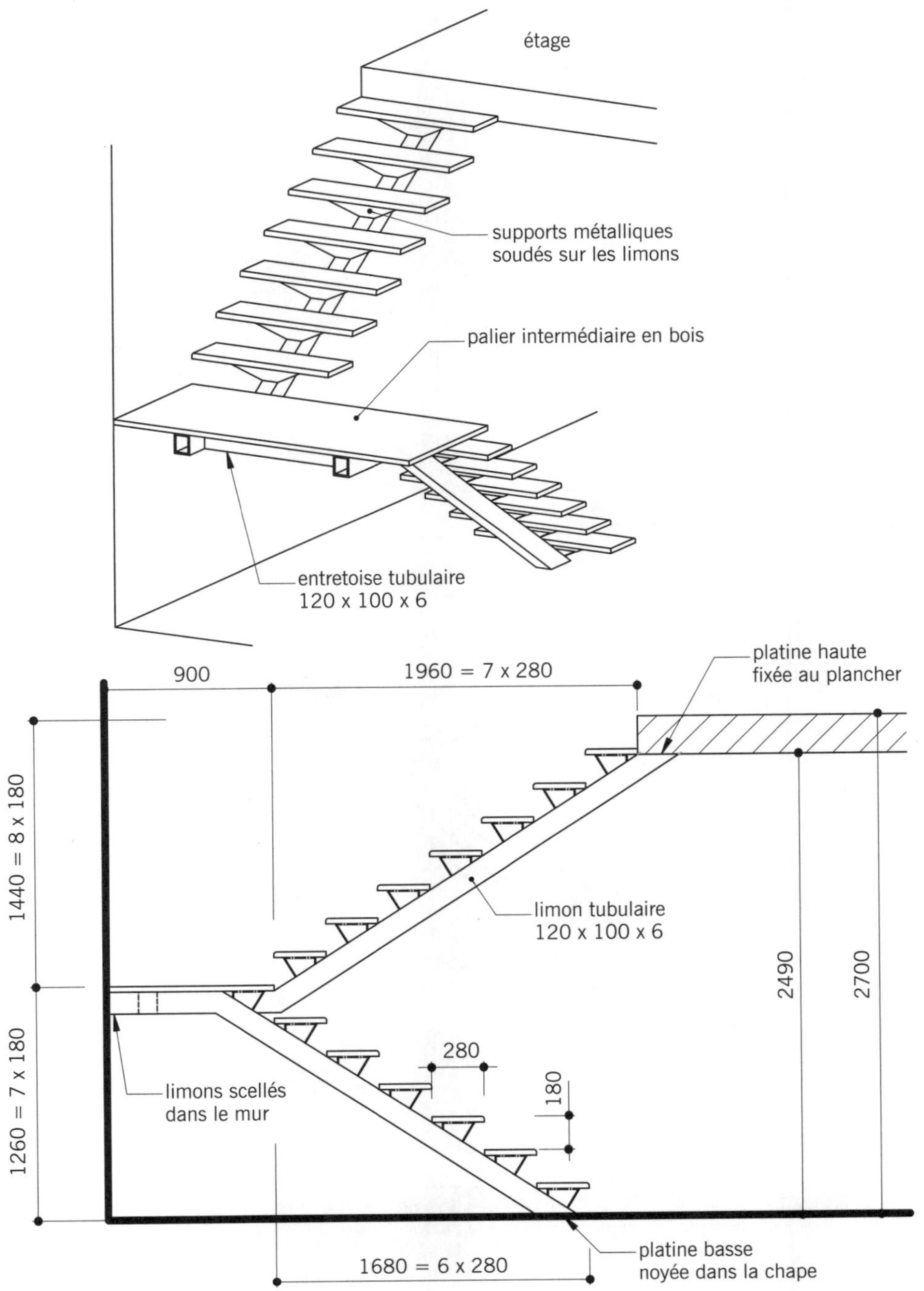

Fig. 10.44 Exemple n° 2 : détail d'une marche

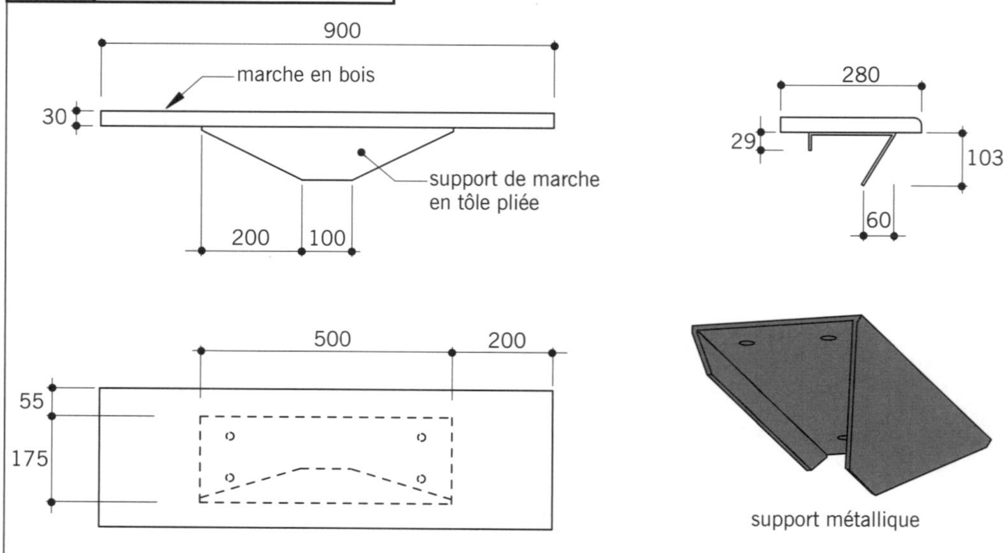

Fig. 10.45 Escalier droit coulé en place avec paillasse porteuse

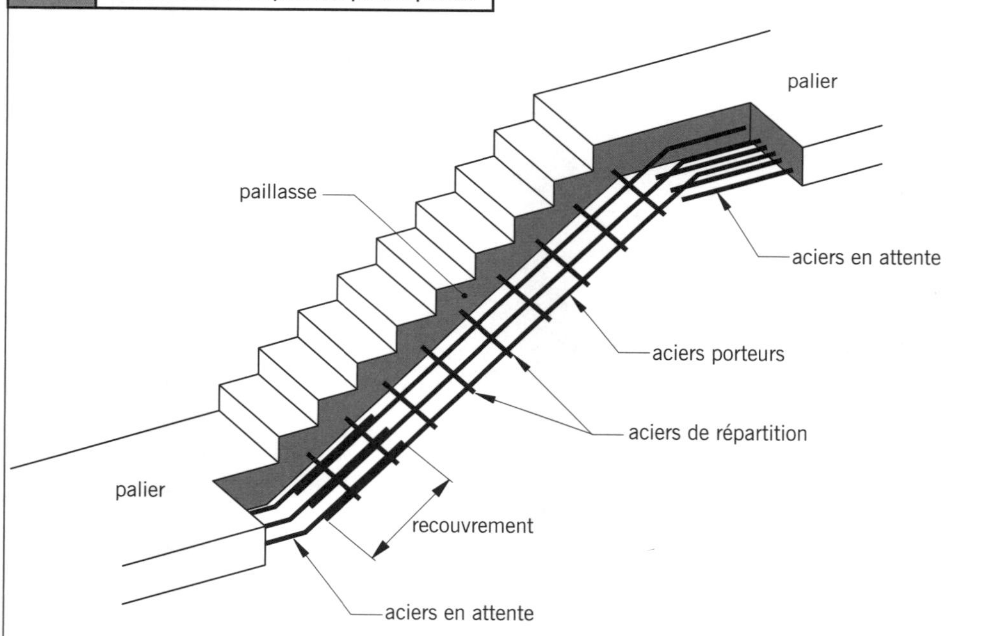

Fig. 10.46 Escalier droit à deux limons coulé en place

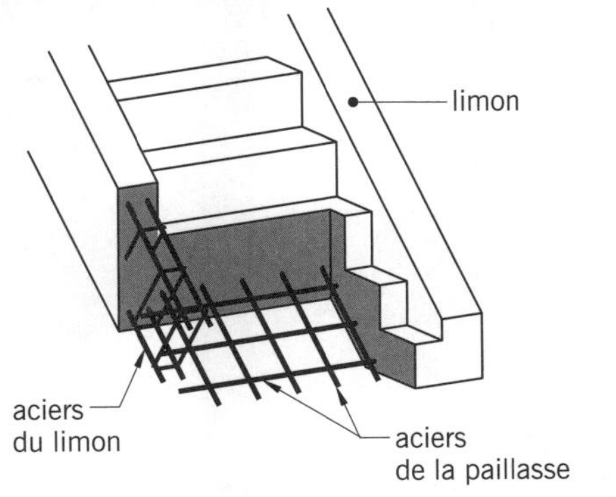

Fig. 10.47 Escalier droit préfabriqué à crémaillères

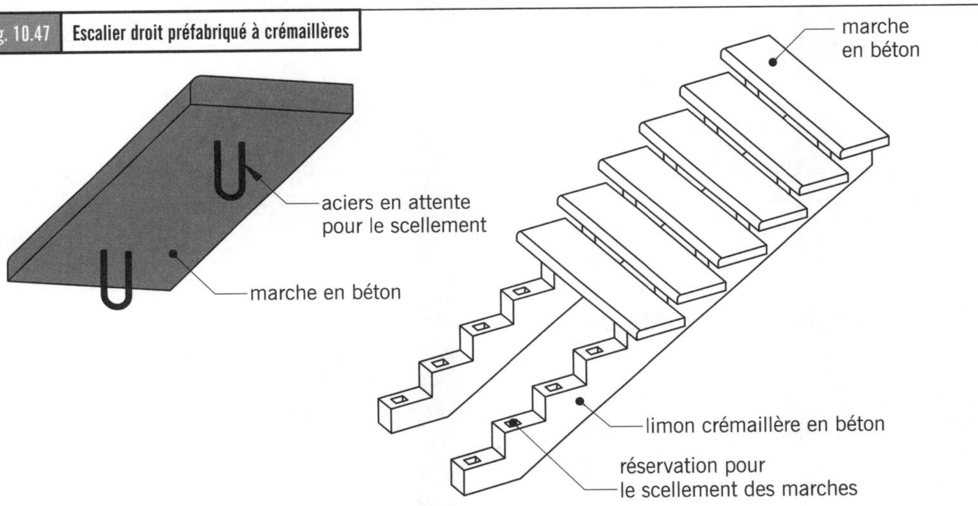

Fig. 10.48 Escalier hélicoïdal préfabriqué

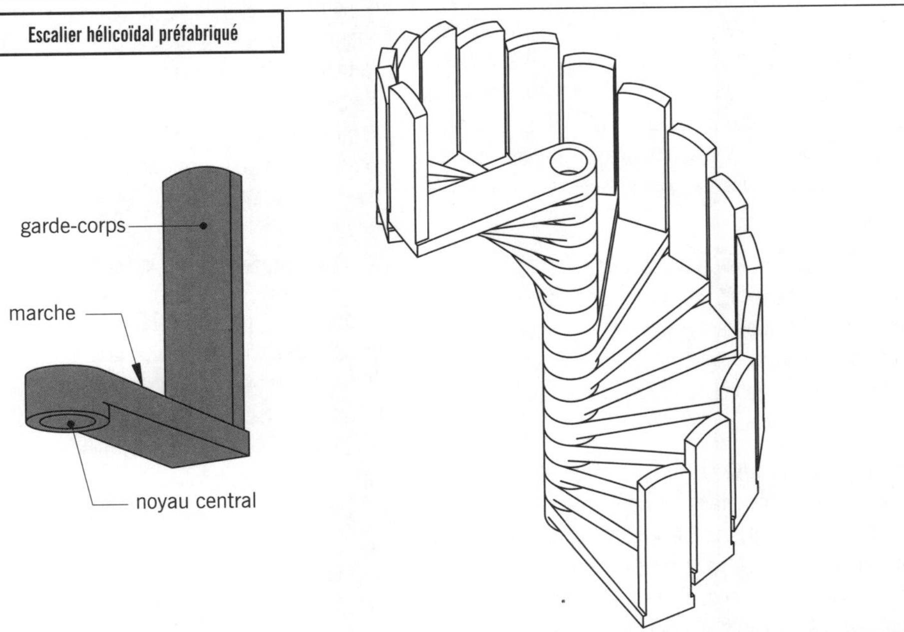

Fig. 10.49 Escaliers préfabriqués monoblocs

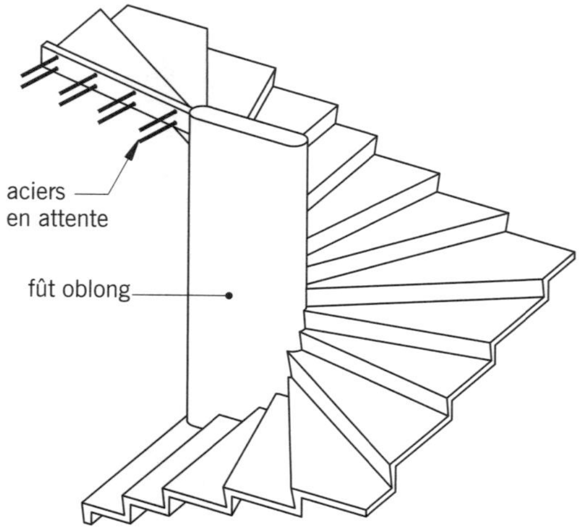

escalier balancé

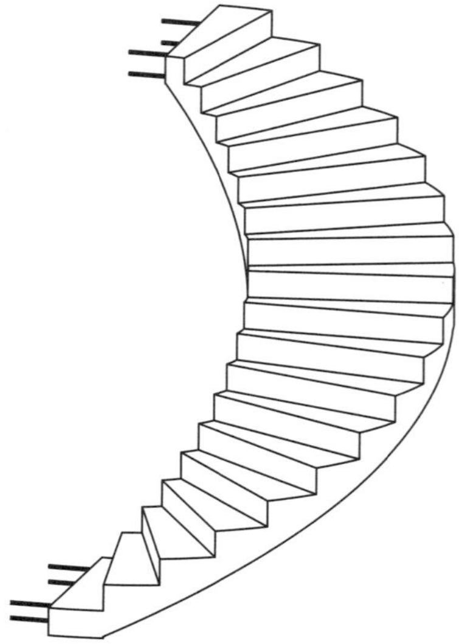

escalier à marches rayonnantes et à jour central

10.8 Les rampes et les garde-corps

■ La norme NF P 01-012 fixe les règles de sécurité relatives aux dimensions des garde-corps. Il est indiqué dans l'avant-propos : « Ces règles sont des spécifications minimales propres à assurer la protection contre le chutes fortuites ou involontaires. Il y a lieu de compléter les garde-corps répondant à ces spécifications minimales lorsqu'on désire qu'ils s'opposent aux chutes provoquées délibérément, ainsi qu'à celles qui ont pour cause l'imprudence d'enfants livrés à eux-mêmes. Il est rappelé que la responsabilité des actes de ces derniers incombe toujours aux personnes qui en ont la charge ».

Cette norme « ne vise pas les garde-corps et rampes situés à l'intérieur des logements et ne donnant pas sur l'extérieur, si le maître de l'ouvrage le notifie. Une telle notification doit être faite en toute connaissance des spécifications de la norme et des risques qu'elle a pour but de prévenir ».

Les garde-corps de balcon, les rampes d'escaliers extérieurs sont concernés par la norme tandis que les garde-corps de mezzanine et les rampes d'escalier intérieurs peuvent ne pas l'être si le maître d'ouvrage le notifie par écrit. Cependant, il est recommandé d'appliquer, aux garde-corps et rampes intérieurs, toutes les spécifications dimensionnelles détaillées ci-après. Tout absence ou défaut de protection peut être à l'origine d'accidents graves. Dans certains cas la responsabilité du maître d'ouvrage peut être engagée.

■ Avertissement : les informations réunies ci-dessous ne peuvent en aucun cas se substituer au contenu de la norme NF P 01-012 qui demeure le document de référence auquel il convient de se reporter. Le présent chapitre n'aborde que les principales spécifications dimensionnelles de sécurité relatives aux garde-corps et aux rampes. Il ne traite pas notamment des dispositions réglementaires concernant les zones de stationnement normal et précaire.

1 – Les hauteurs de protection

La hauteur de protection **H** d'un garde-corps est fonction de son épaisseur **E** (voir tableau suivant). La figure 10.50 présente quelques exemples de garde-corps de toutes épaisseurs. Ces dispositions complètent l'article R 111.15 du Code de la construction et de l'habitation qui précise notamment : « Aux étages autres que le rez-de-chaussée, les garde-corps des balcons, terrasses, galeries, loggias, doivent avoir une hauteur d'au moins un mètre ; toutefois cette hauteur peut être abaissée jusqu'à 80 cm au cas où le garde-corps à plus de 50 cm d'épaisseur ».

Fig. 10.50 Hauteurs et épaisseurs des garde-corps

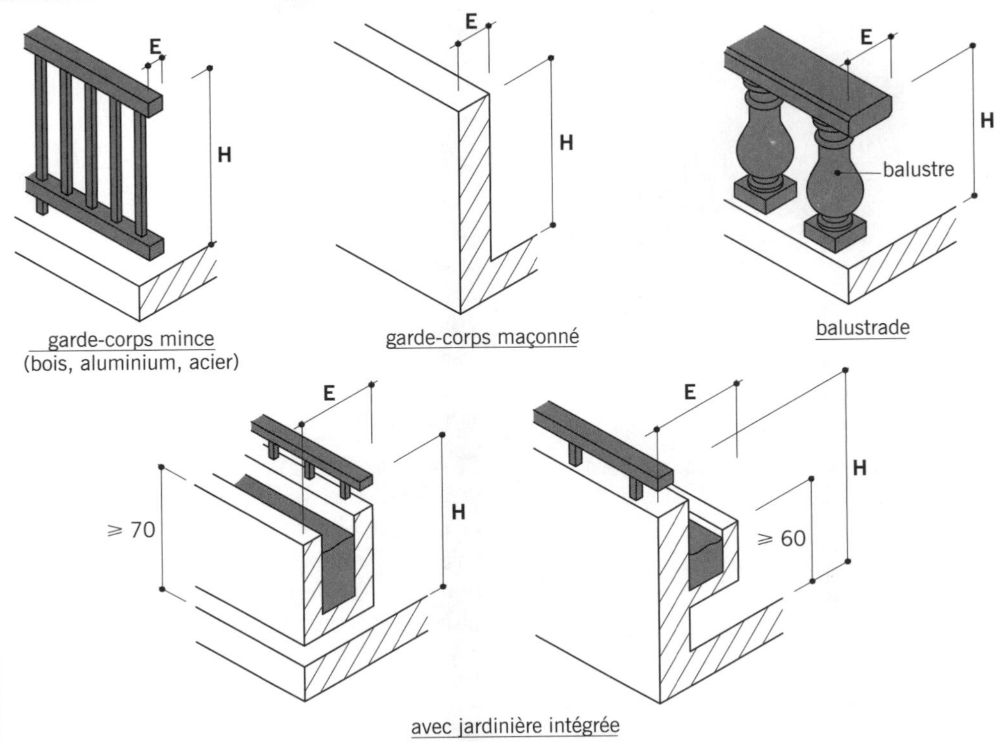

	garde-corps minces	garde-corps épais		
E (cm)	≤ 20	30	40	50
H (cm)	100	95	90	80

NOTA : L'installation d'un garde-corps est obligatoire lorsque la hauteur de chute est supérieure à 1 mètre.

2 – Les garde-corps minces et les rampes d'escaliers

■ Les rampes et les garde-corps en bois, aluminium ou acier font partie de la catégorie « garde-corps minces » car leur épaisseur **E** est inférieure à 20 cm. La hauteur normale de protection pour ces garde-corps mis en place sur les paliers ou en extrémité de balcon est donc de **1 mètre**. Pour les rampes d'escalier, la norme impose une hauteur minimale de **90 cm** mesurée à la verticale du nez de marche (fig. 10.51).

■ La dimension horizontale des vides entre éléments de remplissage (barreaux, panneaux...) dont la plus grande dimension est verticale doit être au plus égale à **11 cm** (fig. 10.52).

■ La dimension verticale des vides entre éléments de remplissage (lisses, panneaux...) dont la plus grande dimension est horizontale doit être au plus égale à (fig. 10.53) :

- **11 cm** pour les éléments situés à une hauteur inférieure à **45 cm** par rapport au sol ;
- **18 cm** pour les éléments situés à une hauteur supérieure ou égale à 45 cm par rapport au sol.

La partie du garde-corps situé à une hauteur inférieure à 45 cm par rapport au sol ne doit pas comporter d'éléments permettant d'y stationner en équilibre assisté. Dans le cas où le remplissage situé dans la hauteur d'accessibilité de 45 cm est constitué par un assemblage orthogonal d'éléments verticaux et horizontaux (grillages, treillis soudés), le vide horizontal entre éléments verticaux doit être inférieur à **5 cm** ;

Pour les rampes comportant des vides de grande largeur entre éléments parallèles à la pente (lisses, panneaux...), le vide mesuré perpendiculairement à la pente ne doit pas excéder :

- **18 cm** entre deux éléments parallèles à la pente ou entre un de ces éléments et la main courante ;

Fig. 10.51 Garde-corps minces et rampe d'escaliers

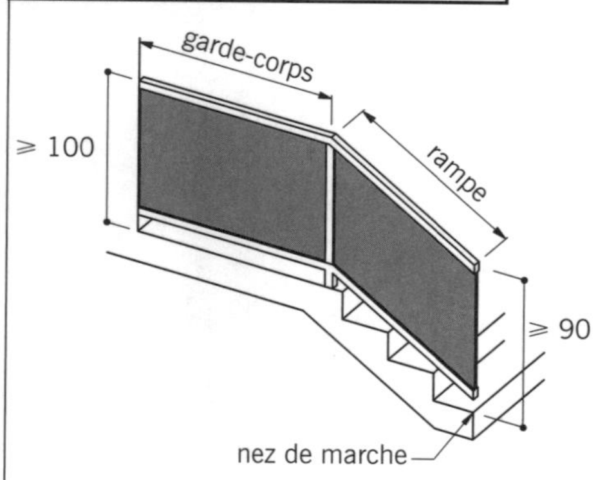

- **5 cm** entre le dessous de la première lisse (ou du panneau) et les nez de marche pour les escaliers ne comportant pas de limon et **18 cm** entre le dessous de la première lisse et le limon pour les escaliers comportant un limon.

■ Pour les garde-corps et rampes avec motifs (éléments de composition autres que verticaux et horizontaux). Les vides entre éléments ne doivent pas permettrent le passage d'un **gabarit rectangulaire de 25 cm x 11 cm** quelle que soit son orientation dans le plan du garde-corps (fig. 10.54). La dimension de **11 cm** empêche à un jeune enfant d'introduire la tête entre deux barreaux et de risquer un décollement d'oreilles. La dimension de **25 cm** correspond à la distance biacromiale (largeur d'épaules) du corps d'un enfant.

■ Pour les garde-corps en saillie, la distance horizontale entre l'élément inférieur du garde-corps et la partie horizontale la plus avancée du balcon ou du palier ne doit pas être supérieure à **5 cm** (fig. 10.55).

3 – Commentaires

■ La hauteur de 45 cm propre aux garde-corps (fig. 10.53) n'est pas exigée pour les rampes car les escaliers sont considérés, au regard de la réglementation, comme des zones de circulation et non de stationnement. Cependant, les lisses obliques des rampes peuvent servir d'échelle à un enfant en bas âge. Pour éviter tout risque d'accident, il convient de prendre les mesures de prévention nécessaires telle que l'installation d'un portillon à chaque extrémité de l'escalier.

■ Pour les garde-corps et les rampes comportant des éléments de composition autres que verticaux et horizontaux (fig. 10.54), la norme ne protége les jeunes enfants qu'au niveau du risque d'introduction de la tête ou d'une partie du corps au travers de l'ouvrage. Elle ne prend pas en compte le risque d'escalade : les parties ouvragées du garde-corps (volutes, ronds) pouvant faire office de marchepieds.

■ La norme impose une distance maximale de 5 cm entre les nez de marche et le dessous de la première lisse (fig. 10.53). Le respect de cette distance n'empêche pas, dans certains cas (lorsque la hauteur de marche est légèrement supérieure à 20 cm et le giron au moins

Fig. 10.52 Garde-corps et rampes à barreaudage

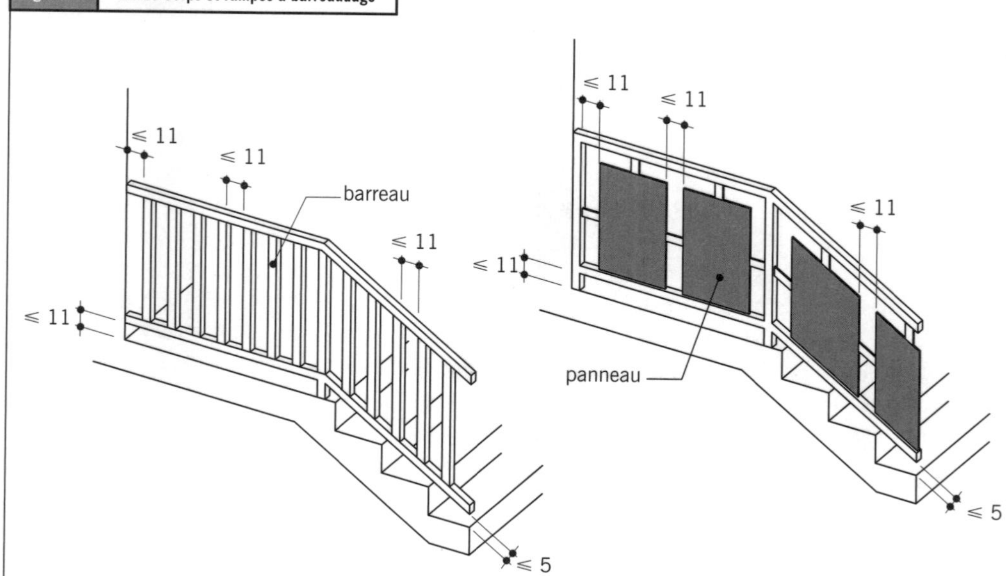

Fig. 10.53 Garde-corps et rampes avec lisses

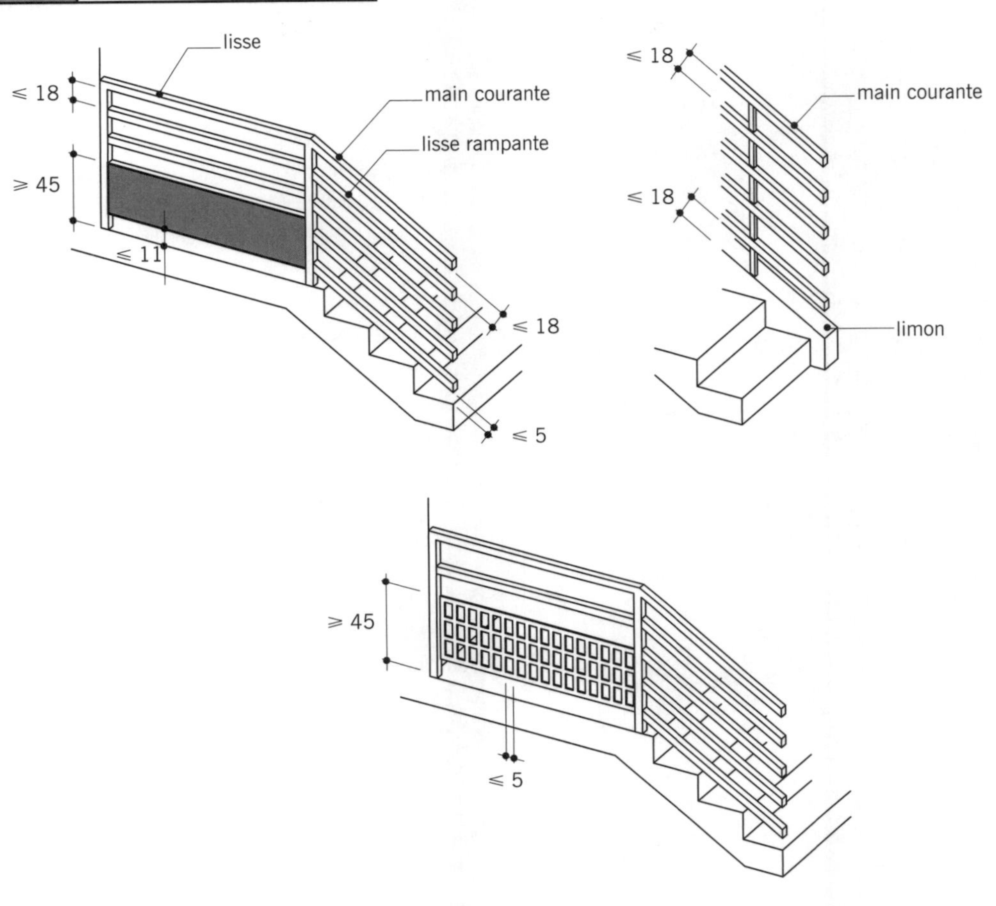

Fig. 10.54 Garde-corps et rampes avec motifs

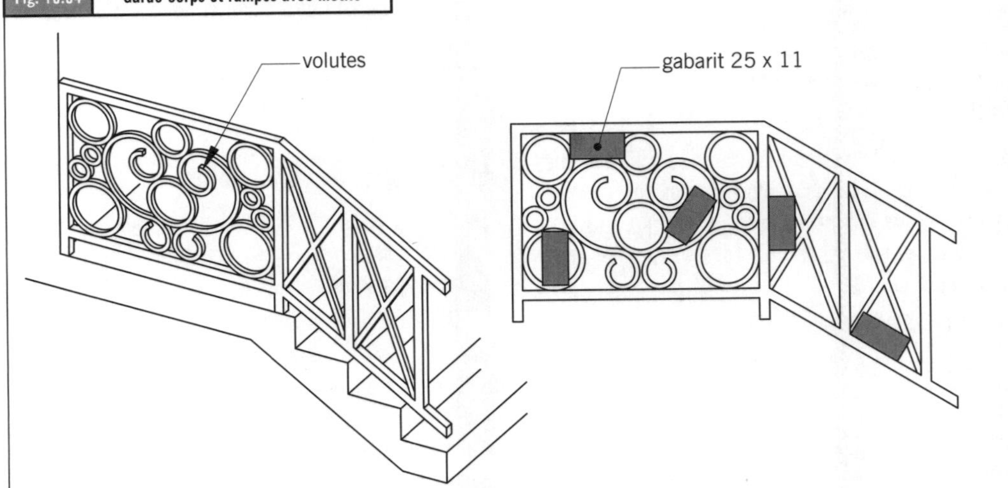

Fig. 10.55 Garde-corps en saillie

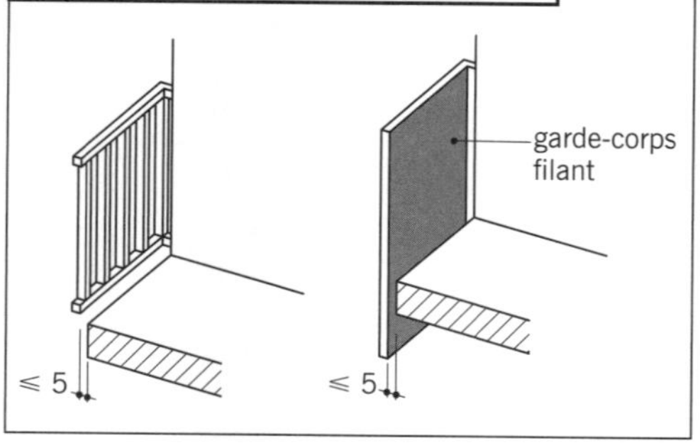

égal à 30 cm), le passage du gabarit rectangulaire normalisé (fig. 10.56).

Fig. 10.56 Passage du gabarit sous lisse

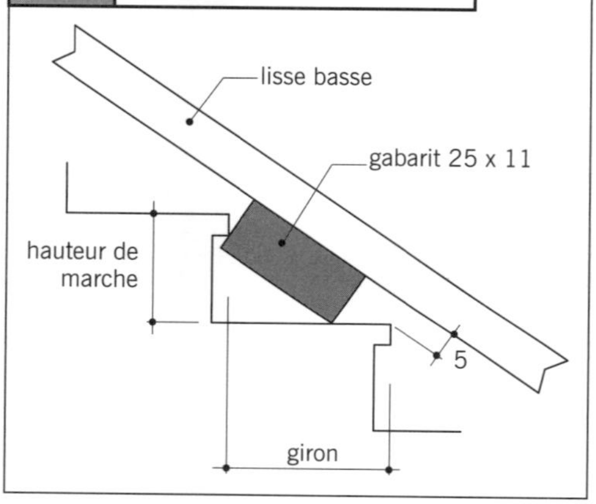

4 – Essais des garde-corps

■ La norme NF P 01-013 intitulée « Essais des garde-corps. Méthodes et critères » définit les essais applicables aux garde-corps ainsi que les déformations admissibles pour chacun de ces essais. Cette norme concerne le comportement intrinsèque des garde-corps rectilignes à l'exclusion de leurs fixations à la structure.

■ Les **essais de résistance statique** sont effectués pour les seuls types de garde-corps qui ne sont pas justifiés ou que l'on ne sait pas justifier par le calcul. Ces essais au nombre de trois sont réalisés par application d'une charge :

- horizontale dirigée vers l'extérieur ;
- horizontale dirigée vers l'intérieur ;
- verticale dirigée de haut en bas.

Les valeurs des charges à prendre en compte sont définies par la norme NF EN 1991-1-1. Elles dépendent de la longueur du garde-corps et de son lieu d'installation. Ainsi, pour un garde-corps installé dans un local privé et dont la longueur est inférieure à 3,25 m, l'effort global à considérer est de 130 daN uniformément réparti sur la longueur du garde-corps.

La flèche au centre géométrique du garde-corps est mesurée pendant l'application de la charge. La déformation résiduelle est mesurée une fois la charge supprimée. Le garde-corps est considéré comme satisfaisant :

- si les valeurs des déformations mesurées sont inférieures aux valeurs maximales définies par la norme ;
- si le garde-corps ne présente au cours de l'essai de résistance statique avec la charge horizontale dirigée vers l'extérieur aucun désordre susceptible de mettre en cause sa stabilité ou sa robustesse.

L'essai de résistance dynamique est réalisé par la chute d'un corps mou (sac de sable ou de billes de 50 kg) suspendu à un câble en acier et tombant, en mouvement pendulaire, sans vitesse initiale, d'une hauteur de 1,20 mètre. Le sac vient frapper le garde-corps en son centre. Le garde-corps est considéré comme satisfaisant si après le choc :

- l'élément de remplissage ne se détache pas de l'ossature du garde-corps ;
- le remplissage ne permet pas le passage d'un gabarit normalisé.

Remarque : au-delà de l'aspect esthétique, la fonction première d'un garde-corps est de protéger les personnes contre les risque de chutes. Tout garde-corps doit être conforme aux normes, qu'il soit réalisé par un professionnel ou par un particulier. Son mode de fixation à la structure doit être défini en fonction de la nature du support (béton, briques) et des caractéristiques des organes de liaison (résistance à la traction des chevilles, profondeur d'ancrage).

5 – Exemples de garde-corps

Les figures 10.57 et 10.58 présentent quelques garde-corps en bois et métalliques. La figure 10.59 montre un garde-corps en aluminium dont les éléments s'assemblent mécaniquement entre eux.

On distingue deux principaux types de garde-corps en aluminium : les modèles constitués de panneaux pleins (en verre ou opaques) dits « à remplissage » et ceux composés de lisses horizontales ou verticales dits « à barreaudage ».

Fig. 10.57 Exemples de garde-corps en bois

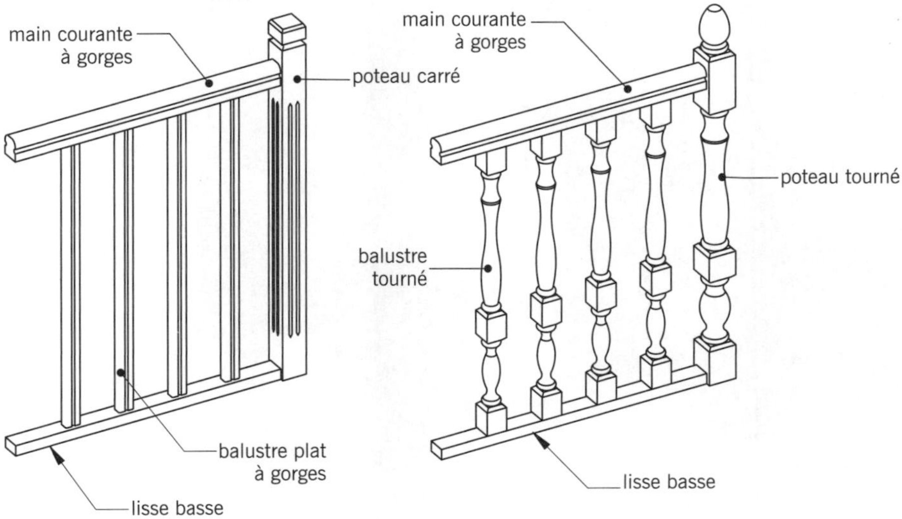

Fig. 10.58 Exemples de garde-corps métalliques

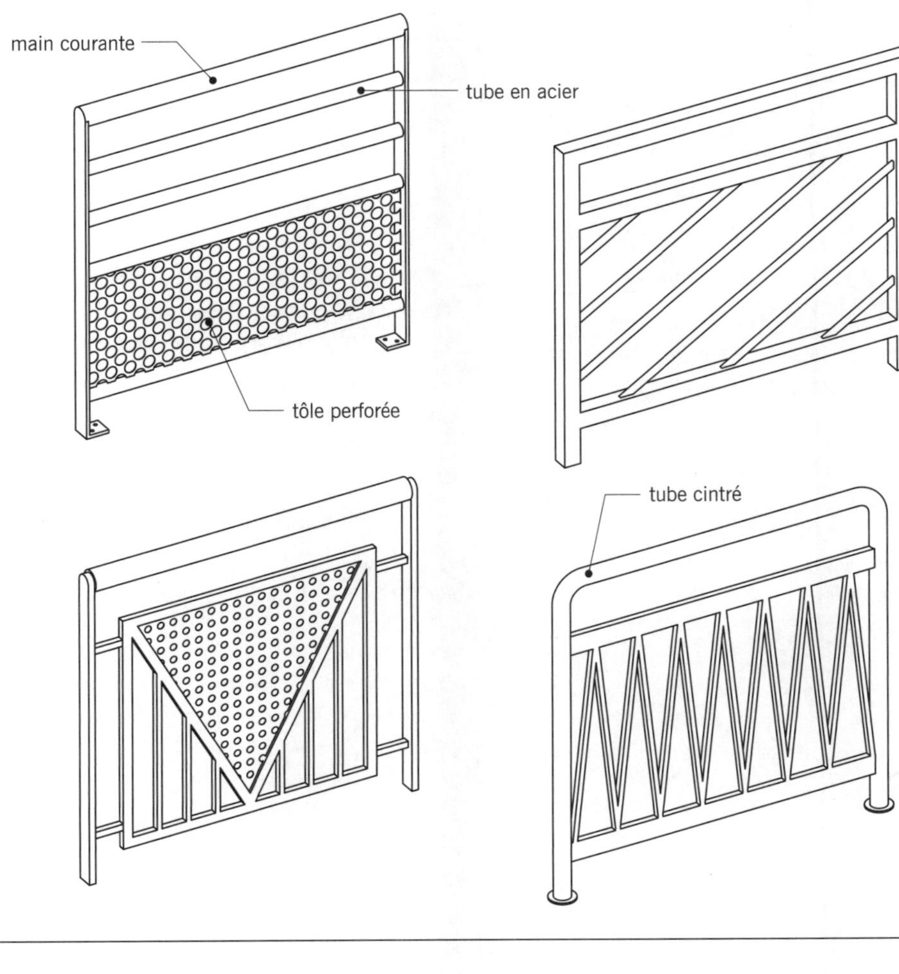

Fig. 10.59 **Garde-corps en aluminium**

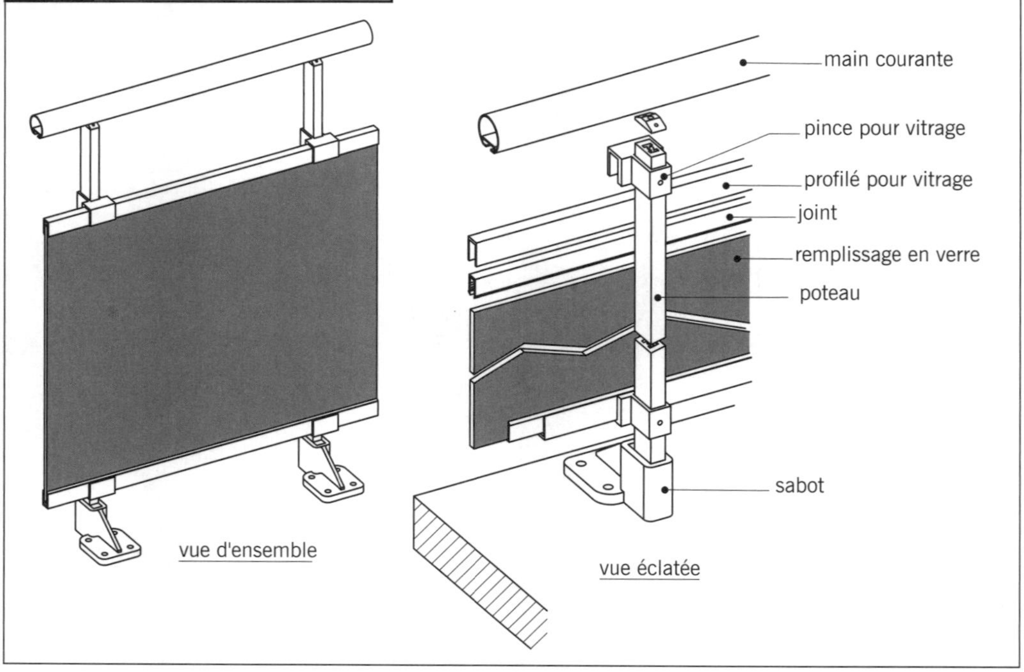

Pour en savoir plus

– Norme NF P 01-012 : dimensions des garde-corps. Règles de sécurité relatives aux dimensions des garde-corps et rampes d'escalier.

– Norme NF P 01-013 : essais des garde-corps. Méthodes et critères.

– Norme NF EN 1991-1-1 (P 06-111-1) : eurocode 1. Actions sur les structures. Partie 1-1 : actions générales. Poids volumiques, poids propres, charges d'exploitation des bâtiments.

– Norme NF P 08-301 : ouvrages verticaux des constructions. Essais de résistance aux chocs. Corps de chocs. Principes et modalités générales des essais de choc.

– *Comment faire des garde-corps ?* Guide pratique édité par l'OTUA.

– *Avis relatif à la sécurité des fenêtres et balcons* de la commission de la sécurité des consommateurs (www.securiteconso.org).

– *Garde-corps de bâtiments. Fonction, conception et dimensionnement.* Guide pratique édité par le CSTB.

LA PROTECTION DES BAIES

■ Lorsque la partie basse de la fenêtre, c'est-à-dire le mur d'allège surmonté du dormant de la fenêtre, a une hauteur égale ou supérieure à 90 cm, mesurée depuis la zone de stationnement normal, il n'est pas nécessaire de mettre en place une barre d'appui ou un garde-corps **(fig. 10.60)**.

■ Lorsque le mur d'allège, quelle que soit son épaisseur, surmonté du dormant de la fenêtre a moins de 90 cm de hauteur, il doit être complété par une main courante ou un garde-corps si cela est nécessaire pour satisfaire aux prescriptions de l'article R 111-15 du Code de la construction et de l'habitation **(fig. 10.61 et 10.62)**.

■ Article R 111-15 du CCH : « Aux étages autres que le rez-de-chaussée, les fenêtres autres que celles ouvrant sur des balcons, terrasses ou galeries et dont les parties basses, se trouvent à moins de 0,90 mètre du plancher doivent, si elles sont au-dessus du rez-de-chaussée, être pourvues d'une barre d'appui et d'un éléments de protection s'élevant au moins jusqu'à un mètre du plancher... »

Fig. 10.60 **Allège supérieure à 90 cm**

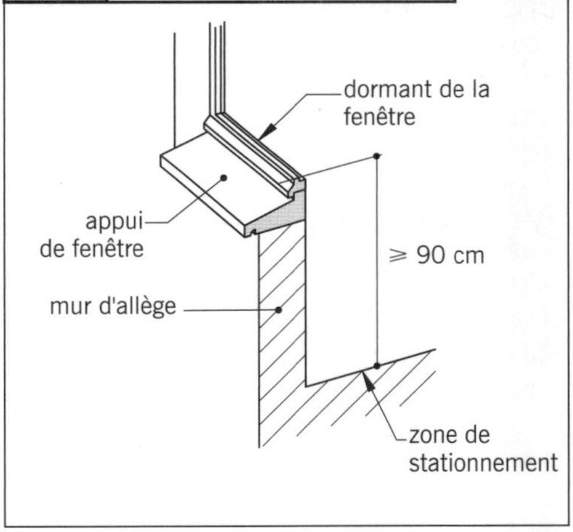

Fig. 10.61 **Allège inférieure à 90 cm (1)**

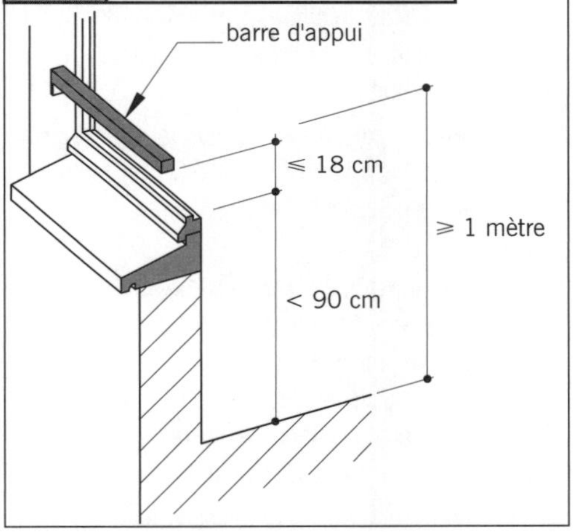

Fig. 10.62 **Allège inférieure à 90 cm (2)**

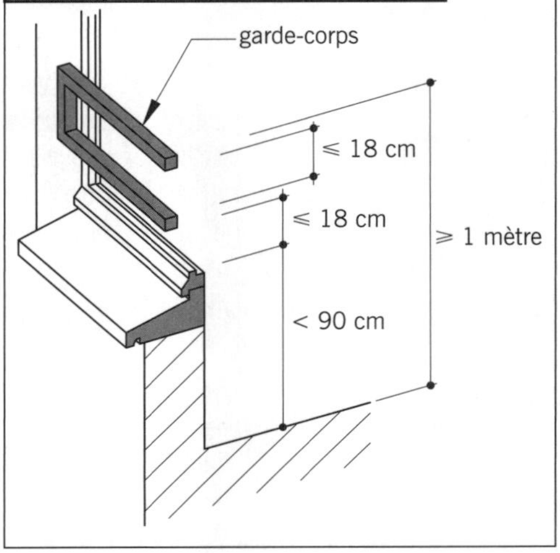

Chapitre 11 : les chaudières et les pompes à chaleur

11.1 Les chaudières au gaz

1 – Les principaux composants d'une chaudière

Une chaudière au gaz comprend principalement (fig. 11.1) :

- un **brûleur** relié à l'alimentation en gaz et qui délivre un mélange air-gaz ;
- un **foyer** dans lequel s'effectue la combustion du mélange ;
- un **échangeur** qui sert à transférer les calories issues de la combustion à l'eau du circuit de chauffage. Cette eau chaude alimente par un réseau de tuyauteries les émetteurs de chaleur (radiateurs et/ou plancher chauffant) ;
- un **circulateur** : pompe qui accélère le déplacement de l'eau dans les tuyauteries. Sa mise en route est commandée par le système de régulation intégré à la chaudière ;
- un **vase d'expansion** qui est un réservoir métallique fermé relié au circuit de chauffage. Il sert à amortir les variations de volume de l'eau qui en se réchauffant se dilate. Le vase possède une membrane intérieure qui absorbe cette augmentation de volume sans risque de surpression pour le reste de l'installation ;
- une **soupape de sécurité** qui évacue automatiquement de l'eau si la pression à l'intérieur du circuit devient trop élevée soit en cas de non fonctionnement du vase d'expansion ou lors d'un ajout trop important d'eau au circuit ;

Fig. 11.1 **Chaudière à gaz (principaux composants)**

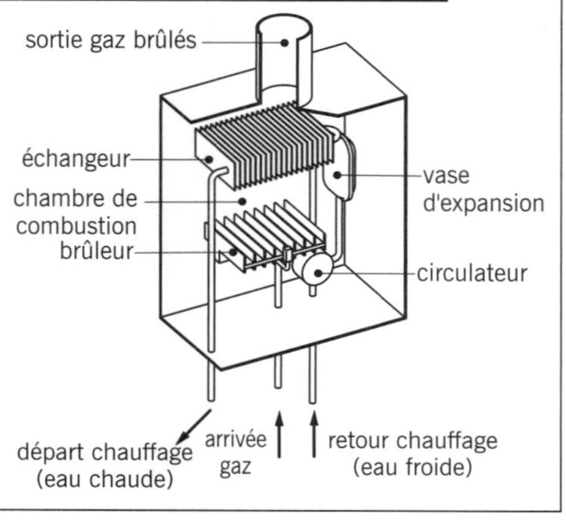

- une **sortie gaz brûlés** reliée soit à conduit de fumées soit à une ventouse.

2 – La chaudière à haut rendement

La chaudière à haut rendement bénéficie d'améliorations techniques importantes par rapport à la chaudière standard qu'elle remplace de plus en plus. Grâce à une isolation thermique renforcée de la chambre de combustion, à une optimisation de la consommation due notamment à des brûleurs et échangeurs perfectionnés, le rendement est voisin de 90% soit 10 à 15% de plus qu'une chaudière standard.

Le **rendement** est défini par rapport au **Pouvoir calorifique inférieur (PCI)** qui correspond à la quantité de chaleur dégagée lors de la combustion. Cette quantité de chaleur ne prend pas en compte la chaleur latente contenue dans la vapeur d'eau des produits de combustion.

3 – La chaudière à condensation

La chaudière à condensation est une chaudière à très haut rendement. Les gaz brûlés issus de la combustion du gaz naturel contiennent de la vapeur d'eau. Dans une chaudière standard ou à haut rendement, cette vapeur d'eau est rejetée directement à l'extérieur. Dans une chaudière à condensation, l'énergie contenue dans la vapeur d'eau, appelée chaleur latente, est récupérée. Elle sert à réchauffer l'eau de retour du circuit de chauffage (fig. 11.2). En cédant son énergie, la vapeur d'eau se condense, passe à l'état liquide puis est ensuite collectée pour être rejetée à l'égout.

Il existe plusieurs technologies pour favoriser au maximum la condensation de la vapeur d'eau : échangeur/condenseur surdimensionné en inox ou en aluminium, système à double échangeur...

Un dispositif de régulation contrôle en permanence la température de l'eau de retour. Celle-ci doit être de l'ordre de 30°C pour que la condensation soit maximale.

Ce type de chaudière permet de réduire la consommation d'énergie de 10 à 15% par rapport à une chaudière standard récente et de plus de 30% par rapport à une chaudière ancienne. Le rendement d'une chaudière à condensation est élevé. Il peut atteindre des valeurs légèrement supérieures à 100% (par rapport au PCI). Il faut compter un surcoût moyen de 30 à 40% par rapport à une chaudière standard.

Fig. 11.2 Chaudière à condensation au gaz (principe de fonctionnement)

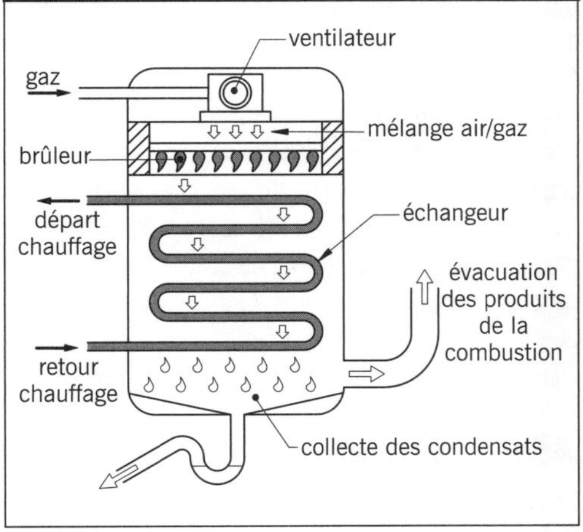

4 – La chaudière à basse température

La chaudière à basse température chauffe l'eau à une température n'excédant pas 50°C (contre 80 à 90°C pour une chaudière classique) ce qui est le plus souvent suffisant pour atteindre une température intérieure confortable dans une habitation bien isolée. Cette eau alimente des radiateurs dits à chaleur douce et/ou un plancher chauffant basse température. Ce type de chaudière permet de réaliser des gains de consommation de 10 à 15 % par rapport à une chaudière standard actuelle. Son rendement est de l'ordre de 90 à 95 % (défini par rapport au PCI).

Le principe de la basse température est adopté par de nombreuses chaudières à condensation dont il améliore encore les performances.

5 – La chaudière à ventouse

La chaudière à ventouse ou **chaudière étanche** dispose d'un conduit, appelé **ventouse**, débouchant sur l'extérieur (fig. 11.3). Constituée de deux tubes concentriques, la ventouse assure à la fois l'admission de l'air extérieur et le rejet des gaz brûlés. Les composants de la chaudière sont placés dans une enceinte étanche. Un extracteur disposé au-dessus du foyer refoule vers l'extérieur les produits de la combustion.

Malgré l'obligation d'adosser la chaudière à un mur extérieur (dans le cas d'une ventouse à trajet horizontal) et de respecter pour la sortie en façade, des distances minimales par rapport à divers ouvrages (fenêtre, balcon, angle de mur), l'installation est relativement libre. Totalement indépendante des conditions d'aération du logement, la chaudière à ventouse ne nécessite pas la présence de grilles de ventilation et elle peut être installée dans un placard.

Fig. 11.3 Chaudière à ventouse (principe de fonctionnement)

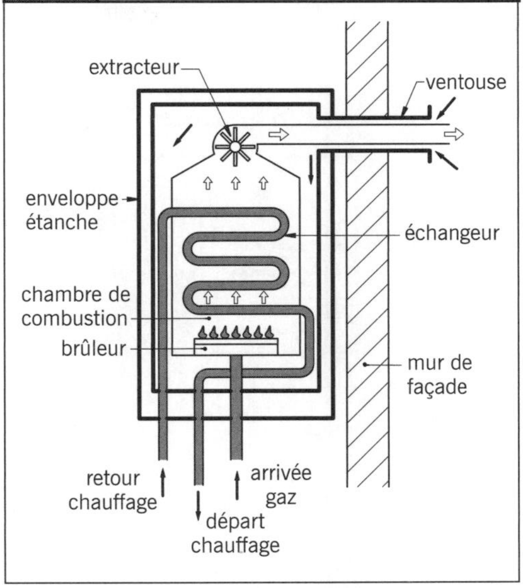

6 – La production d'eau chaude sanitaire (ECS)

■ L'ECS peut être produite par une chaudière ou par un appareil indépendant. Dans le cas d'une chaudière, on distingue trois possibilités de production d'ECS :

- l'**ECS instantanée** est produite par une **chaudière double service** ou **chaudière mixte**. Celle-ci chauffe l'eau sanitaire au moment même de la demande. En dehors des périodes de chauffage, lorsque la chaudière ne chauffe plus l'eau des radiateurs, la fourniture d'ECS à bonne température peut demander un certain temps. Le débit délivré est fonction de la puissance de la chaudière. Ce dispositif convient pour les petits débits d'ECS inférieurs à 15 litres/minute ;
- l'**ECS avec micro-accumulation** est produite par une chaudière double service possédant une réserve d'eau d'une dizaine de litres placée dans un petit ballon et maintenue à température par un petit échangeur relié au circuit de chauffage ou par une résistance électrique (fig. 11.4). Cette technique permet d'obtenir immédiatement de l'eau sanitaire à bonne température ;
- l'**ECS avec accumulation**. La chaudière double service est équipée d'un ballon d'eau de 100 à 400 litres intégré dans l'habillage de la chaudière ou séparé de celle-ci. Dans le ballon, un échangeur irrigué par l'eau du circuit de chauffage chauffe l'eau sanitaire. Quand la température est atteinte, un thermostat arrête la circulation de l'eau dans l'échangeur. Cette solution permet de disposer d'une grande quantité d'ECS à température constante.

Fig. 11.4 **Chaudière à micro-accumulation (principe de fonctionnement)**

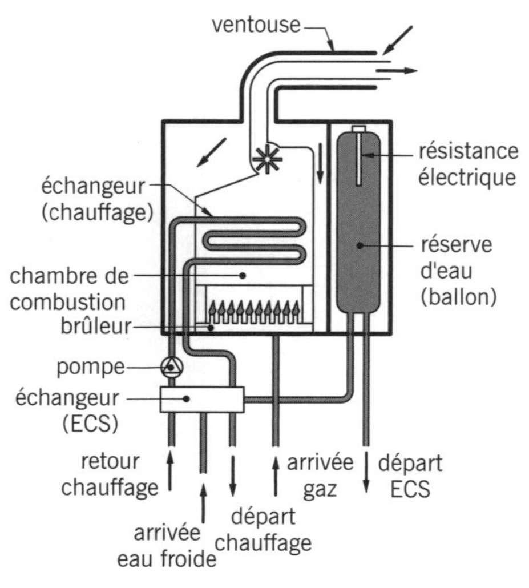

■ L'ECS peut également être produite par un appareil indépendant :

- un **accumulateur au gaz naturel** qui fonctionne de manière autonome. Equipé de son propre brûleur à gaz qui chauffe l'eau contenue dans une cuve d'une capacité de 80 à 200 litres environ. Cet appareil nécessite une arrivée de gaz et une évacuation des produits de combustion par un conduite ou par une ventouse ;
- un **chauffe-eau instantané** qui fonctionne comme une chaudière de petite taille. Sa mise en marche est commandée par l'ouverture du robinet d'eau chaude. Il répond à des besoins en ECS limités avec un débit moyen de 10 à 15 litres/minute. Il peut être raccordé à une ventouse pour l'admission d'air et l'évacuation des gaz brûlés ;
- un **chauffe-eau électrique à accumulation** d'un volume de 50 à 300 litres dont l'eau est chauffée par une résistance électrique immergée. Certains modèles sont équipés de résistances puissantes permettant de chauffer l'eau très rapidement.

11.2 Les chaudières au fioul et le stockage du fioul

1 – Les chaudières au fioul

■ Les chaudières actuelles au fioul sont aussi performantes que les chaudières au gaz. Il existe également des chaudières au fioul à haut rendement, à basse température (produisant une eau à 50°C destinée à alimenter un plancher chauffant à basse température) et à condensation. Ces dernières présentent sur le marché depuis quelques années offrent comme leurs consoeurs au gaz des rendements élevés (fig. 11.5). Cependant, le fioul au moment de la combustion dégage moins de vapeur d'eau que le gaz. La quantité d'énergie récupérée dans la chaleur latente est donc moins importante. D'autre part, la combustion du fioul dégage des oxydes d'azote et du dioxyde de soufre qui peuvent corroder la chaudière et le conduit de fumée. L'utilisation d'un fioul de qualité supérieure à faible teneur en soufre permet de résoudre, en partie, ce problème. On distingue plusieurs types de brûleurs plus ou moins performants. Le brûleur dit à flamme bleue permet, par sa technologie particulière, de réduire les émissions de substances nocives.

Fig. 11.5 **Chaudière à condensation au fioul**

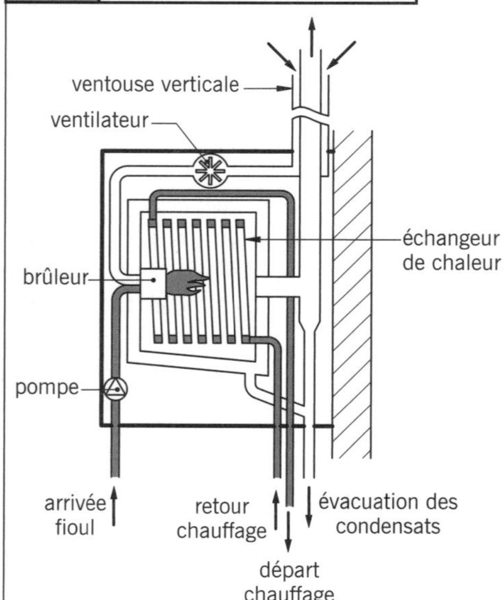

■ La plupart des chaudières au fioul peuvent produire de l'eau chaude sanitaire soit par accumulation grâce à un ballon intégré à la chaudière, soit en mode instantané (l'eau puisée est chauffée immédiatement par le biais d'un échangeur). Il existe également des chaudières électro-fioul qui fonctionnent indifféremment au fioul et à l'électricité.

2 – Le stockage du fioul

■ Les règles d'installation relatives au stockage du fioul sont fixées par l'arrêté du 1er juillet 2004 dont les principales dispositions sont rappelées ci-après.

Selon la quantité de fioul domestique stockée et le lieu d'installation du réservoir de stockage, les contraintes réglementaires sont différentes. On distingue quatre types d'installations possibles :

- le stockage non enterré installé à l'extérieur en plein air ;
- le stockage non enterré installé à l'intérieur de l'habitation ;
- le stockage en fosse ;
- le stockage enfoui.

■ **Le stockage non enterré en plein air** : le réservoir installé en plein air doit être conçu pour stocker du fioul en extérieur. L'opacité des parois du réservoir doit être suffisante pour empêcher l'altération des caractéristiques du fioul stocké (le fioul subit des transformations sous l'action du rayonnement ultraviolet). Le réservoir doit être fixé solidement sur un sol maçonné et doit disposer d'une double paroi ou être installé dans une cuvette de rétention étanche.

Aucune canalisation (alimentations en eau potable, évacuations des eaux usées, électriques...) autres que celles nécessaires à l'exploitation du stockage ne doit passer sous le réservoir et dans la cuvette de rétention.

■ **Le stockage non enterré dans l'habitation** : les règles d'installation varient en fonction du volume de fioul stocké. Pour une capacité maximale de 2 500 litres (fig. 11.6) :

- le stockage peut être installé en rez-de-chaussée ou en sous-sol ;
- le réservoir doit être équipé d'une enveloppe secondaire étanche résistante au feu ou placé dans une cuvette de rétention étanche et incombustible dont la capacité est au moins égale à celle du stockage ;
- le local contenant le stockage doit être convenablement ventilé et fermé par une porte pare-flamme de degré au moins ¼ heure. Les murs ainsi que les planchers haut et bas du local doivent être coupe-feu de degré au moins ½ heure.

Pour une capacité de stockage supérieure à 2 500 litres (fig. 11.7) :

- le stockage doit être installé dans un local spécifique quelle que soit la constitution du réservoir (métallique ou en matière plastique) ;
- le local de stockage doit être convenablement ventilé et fermé par une porte pare-flamme de degré 1 heure

Fig. 11.6 Stockage non enterré dans l'habitation (capacité < 2 500 litres)

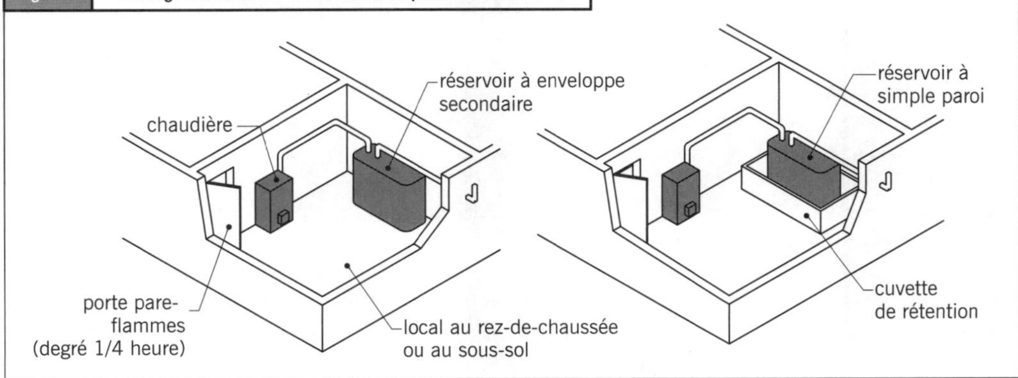

Fig. 11.7 Stockage non enterré dans l'habitation (capacité > 2 500 litres)

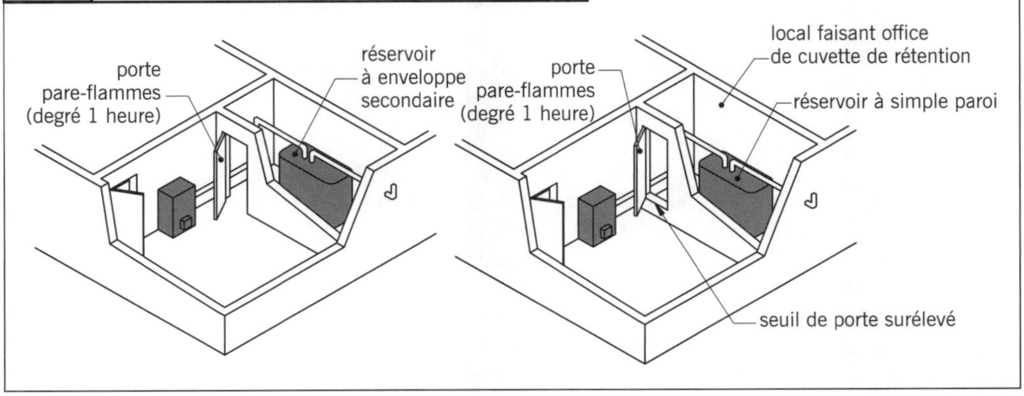

LA RÉGULATION DU CHAUFFAGE

■ La **régulation** permet de contrôler et de commander automatiquement le fonctionnement de l'installation de chauffage puis de maintenir la température intérieure à une valeur définie par l'utilisateur. La régulation du chauffage contribue non seulement à un meilleur confort mais permet également de réaliser des économies d'énergie dans la mesure où l'on chauffe juste ce qu'il faut, quand il le faut.

On distingue trois types de régulation :

- la **régulation centrale** avec la mise en place d'un thermostat d'ambiance dans une pièce principale. Ce dispositif est souvent présent dans le cas d'un chauffage à eau chaude. Il peut être complété par la présence d'une sonde en façade qui détectera immédiatement les variations de température extérieure ;
- la **régulation terminale ou individuelle par pièce** avec la mise en place de robinets thermostatiques sur les radiateurs à eau chaude afin de prendre en compte les apports gratuits de chaleur. Dans le cas d'un chauffage électrique, la plupart des convecteurs et des panneaux radiants possèdent un thermostat intégré individuel ;
- la **régulation mixte** avec thermostat d'ambiance et robinets thermostatiques dans certaines pièces.

■ La **programmation** permet de faire varier la température intérieure en fonction des périodes d'occupation du logement et des activités qu s'y déroulent (prises de repas, périodes de sommeil...).

■ Le **thermostat d'ambiance** est un dispositif destiné à détecter les variations de la température intérieure. A partir de seuils définis par l'utilisateur, il commande la mise en route ou l'arrêt du chauffage. Le thermostat d'ambiance doit être installé à 1,50 m de hauteur environ, dans une pièce principale (salon, séjour), éloigné des courants d'air et de toute source de chaleur (radiateur, cheminée, conduite d'eau chaude, ensoleillement...). On distingue deux familles de thermostats :

- le **thermostat programmable** qui intègre la fonction de régulation et de programmation. Il permet d'adapter l'utilisation du chauffage aux activités domestiques. Ainsi, il est possible de programmer une température de confort de 19°C pendant les périodes d'occupation (moments des repas, soirées, week-ends), une température réduite de 14 à 16°C pendant les heures de travail et pendant la nuit. Les thermostats programmables sont de deux types, électroniques et électromécaniques. Les premiers, les plus perfectionnés, possèdent de nombreuses fonctions : programmes prédéfinis, choix du régime de fonctionnement du chauffage (normal, réduit, hors gel et arrêt). Les modèles électromécaniques sont plus simples d'utilisation : la programmation journalière consiste à déplacer manuellement de petits segments en plastique correspondant aux plages horaires souhaitées. Il existe aussi des thermostats programmables sans fil avec transmission des consignes par ondes radio à un récepteur connecté à la chaudière ;
- le **thermostat non programmable** qui autorise peu de réglages. Qu'il soit électronique ou électromécanique, il permet seulement la mise en marche et l'arrêt du chauffage à partir d'un seuil de température défini par l'utilisateur.

■ La **sonde extérieure** est un dispositif placé sur un mur de façade, à l'extérieur de l'habitation, qui mesure en temps réel les variations de température. Les informations qu'elle communique à la chaudière ou à un dispositif intérieur de régulation permettent au système de chauffage d'anticiper sur les futurs changements de la température intérieure et d'agir en conséquence sur le fonctionnement du chauffage.

■ Le **robinet thermostatique** est un robinet à fonctionnement automatique, fixé sur le radiateur. Il sert à réguler la température de la pièce en agissant sur le débit d'eau chaude. Il comporte un organe thermostatique (sonde) et une tête de réglage qui permet à l'utilisateur de choisir le niveau de température souhaité. Ces deux composants agissent sur une tige reliée à un clapet qui commande le passage de l'eau. Le robinet thermostatique permet une régulation individuelle en prenant en compte les apports gratuits de chaleur (ensoleillement, activités des occupants...). Il existe aussi des robinets thermostatiques programmables qui permettent de définir les périodes de chauffage de la pièce en mode journalier ou hebdomadaire.

■ Pour en savoir plus ■

– Norme NF EN 12098 : régulation pour les systèmes de chauffage :

- Partie 1 : équipements de régulation pour les systèmes de chauffage à eau chaude ;
- Partie 2 : optimiseurs d'intermittences pour les systèmes de chauffage à eau chaude ;
- Partie 3 : équipements de régulation en fonction de la température extérieure pour les systèmes de chauffage électrique ;
- Partie 4 : optimiseurs d'intermittences pour les systèmes de chauffage électrique ;
- Partie 5 : programmateurs d'intermittences pour les systèmes de chauffage.

- Association confort régulation. Site Internet www.acr-regulation.com.

s'ouvrant vers l'extérieur. Les murs et les planchers haut et bas du local doivent être coupe-feu de degré 2 heures ;

- la porte du local doit comporter un seuil si le local fait lui-même office de cuvette de rétention.

■ **Le stockage en fosse** : le stockage comprend un réservoir métallique de type ordinaire placé dans une fosse étanche (fig. 11.8). La fosse peut être placée :

- à l'extérieur de l'habitation, enterrée ou au niveau du sol ;
- ou à l'intérieur de l'habitation, enterrée au niveau le plus profond ou au rez-de-chaussée sous réserve que le bâtiment ne comporte aucun espace vide sous la fosse autre que le vide sanitaire.

La fosse n'est pas remblayée afin de pouvoir vérifier facilement toute absence de fuite. Sa capacité doit être au moins égale à celle du réservoir. Elle doit comporter un regard permettant de contrôler son point le plus bas et être couvert par une dalle incombustible. Aucune canalisation (alimentations en eau potable, évacuations des eaux usées, électriques) autres que celles nécessaires à l'exploitation du stockage ne doit passer dans et sous la fosse.

Fig. 11.8 **Stockage en fosse**

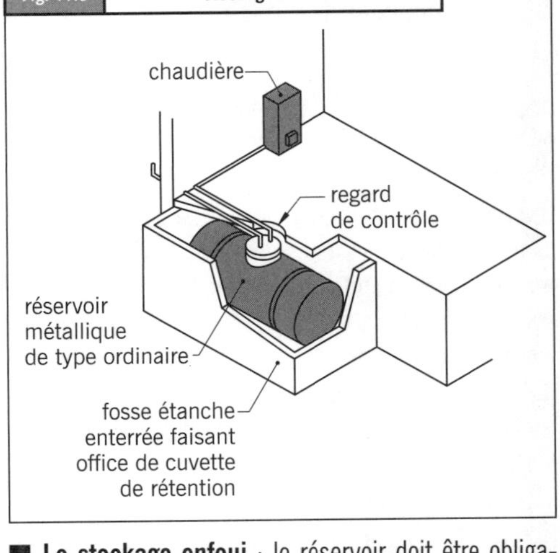

■ **Le stockage enfoui** : le réservoir doit être obligatoirement à sécurité renforcée soit en acier à double paroi, soit en acier avec enveloppe intérieure en matière plastique, soit en matière plastique renforcée en fibres de verre. Le réservoir peut être placé à l'extérieur de l'habitation, ou à l'intérieur, au niveau le plus profond (fig. 11.9). Une distance minimale de 50 cm doit exister entre les parois du réservoir et la limite de propriété. Le passage de véhicule et le dépôt de charges au-dessus du réservoir sont interdits sauf si celui-ci est recouvert par un plancher ou une dalle de résistance suffisante. Aucune canalisation autres que celles nécessaires à l'exploitation du stockage ne doit passer à moins de 50 cm du réservoir.

Fig. 11.9 **Stockage enfoui**

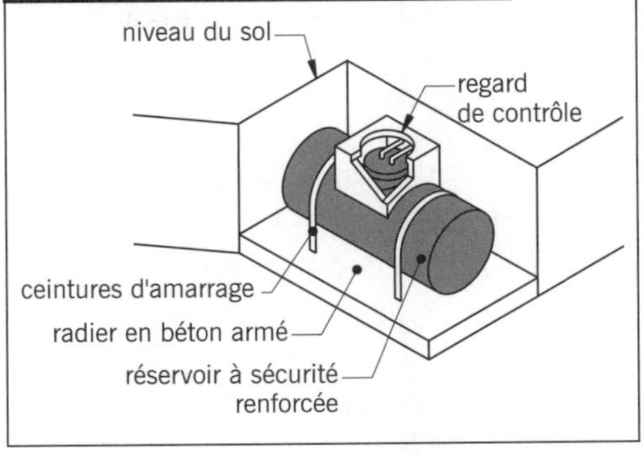

■ **Pour en savoir plus** ■

– *Le stockage du fioul domestique. Aspects techniques et réglementaires*. Document au format pdf, à télécharger, sur le site www.chaleurfioul.com.

– *Arrêté du 1er juillet 2004 fixant les règles techniques et de sécurité applicables au stockage de produits pétroliers dans les lieux non visés par la législation des installations classées ni la réglementation des établissements recevant du public.*

11.3 Les chaudières au propane et le stockage du propane

1 – les chaudières au propane

■ Issu essentiellement du raffinage du pétrole brut, le **propane** est un gaz de pétrole liquéfié (GPL). Il possède la propriété d'être gazeux à température ambiante et devient liquide à très basse température ou sous pression. Le **butane** qui est également un GPL est sensible aux basses températures (il ne peut se transformer en gaz si la température ambiante est inférieure à 0°C). Il ne peut donc pas être stocké à l'extérieur. On l'utilise, à l'intérieur, conditionné en bouteilles pour la cuisson des aliments et pour répondre à des besoins limités en ECS ou en chauffage d'appoint.

■ Les **chaudières au propane** n'ont rien à envier aux chaudières au gaz naturel. La chaudière au propane peut être standard, à haut rendement ou à condensation. Elle peut soit assurer seulement le chauffage de l'habitation soit être mixte à production d'ECS instantanée ou par accumulation.

2 – Le stockage du propane

■ Les règles d'installation relatives au stockage du propane sont fixées par l'arrêté du 30 juillet 1979 (modifié par l'arrêté du 5 février 1991) dont les principales dispositions sont décrites ci-dessous. Le propane doit être stocké à l'extérieur de l'habitation dans un réservoir spécialement conçu à cet effet (capable de résister à la pression du propane qui, dans la citerne, se trouve à l'état liquide). Le réservoir de propane peut être aérien ou enterré. Il est dit :

- **aérien** lorsqu'il est placé en plein air ou sous un simple abri (toiture ou auvent) ou éventuellement dans un local ouvert, recouvert d'une toiture légère et largement ventilé ;
- **enterré** lorsqu'il est placé en dessous du sol environnant entièrement ou en partie (réservoir semi-enterré).

■ **Avec réservoir aérien** : le réservoir doit reposer de façon stable de préférence sur une dalle ou sur des plots en béton. Il doit être amarré s'il se trouve sur un emplacement susceptible d'être inondé. Un espace libre d'au moins 60 cm doit être réservé autour de la citerne. Pour des raisons de sécurité, la bouche de remplissage de la citerne doit être placée au moins à trois mètres :

- de toute baie d'un local habité ou occupé ;
- de toute ouverture d'un local contenant des foyers ou autres feux nus ;
- de toute bouche d'égout non protégée par un siphon ;
- de tout dépôt de matières combustibles ;
- de la limite de propriété et de la voie publique.

■ **Avec réservoir enterré** : dans le cas d'un réservoir enterré, seul le regard de visite et de remplissage affleure le sol. Quatre plots de signalisation doivent être mis en place à l'aplomb du réservoir. Les distances minimales d'éloignement peuvent être diminuées de moitié, soit 1,50 m, par rapport à celles des réservoirs aériens. Le dépôt de matériaux et le passage des véhicules sont interdits au-dessus du réservoir. Aucune canalisation autres que celles nécessaires à l'exploitation du stockage ne doit se trouver à moins de un mètre du réservoir enterré.

Le réservoir enterré doit toujours être amarré et reposer de façon stable au fond de la fouille, de préférence sur une dalle en béton. D'une capacité de 1 000 à 2 000 kg environ, il doit être protégé contre la corrosion. On distingue différents types de protection :

- la coque en béton ou en polyéthylène enveloppant la citerne ;
- le revêtement époxy avec une couche antichoc ;
- la mise en place d'anodes en magnésium à l'intérieur de la fouille de chaque côté du réservoir. Ce dispositif dit de protection cathodique permet de protéger le métal du réservoir en le plaçant à un potentiel électrique négatif tel que la corrosion devienne impossible.

■ Pour en savoir plus ■

– *Arrêté du 30 juillet 1979 relatif aux règles techniques et de sécurité applicables aux stockages fixes d'hydrocarbures liquéfiés non soumis à la législation des installations classées ou des immeubles recevant du public.* Document au format pdf, à télécharger, sur le site http://aida.ineris.fr.

– Le comité Français du butane et du propane (CFBT). Site Internet www.cfbt.fr.

11.4 Les chaudières au bois et les autres générateurs de chaleur

1 – Les chaudières à bûches

■ Il existe différents types de chaudières à bûches qui se distinguent par leur mode de combustion plus ou moins performant. La mise en place d'un ballon d'hydroaccumulation est conseillée pour améliorer le fonctionnement et les performances du système. La chaleur produite par la chaudière est alors directement utilisée pour le chauffage de l'habitation mais en cas de surplus d'énergie, celle-ci est stockée dans un ballon « tampon ». Elle sera utilisée dès que la combustion du bois dans la chaudière s'achèvera. Une chaudière à bûches permet également de produire de l'ECS par l'intermédiaire d'un échangeur ou d'une réserve d'eau immergée dans un ballon d'hydroaccumulation.

Ce mode de chauffage nécessite d'entreposer du bois en quantité suffisante sous abri et dans un endroit aéré. Il faut compter un an et demi à deux ans pour obtenir du bois sec. L'utilisation d'un bois qui contient plus de 30 % d'humidité réduit le rendement énergétique de la chaudière, encrasse le foyer et le conduit de fumée et libère davantage de substances polluantes.

Il existe également des chaudières dites « deux en un » qui fonctionnent au bois et qui sont équipées d'un brûleur gaz ou fioul. Le dispositif de régulation n'autorise le fonctionnement du brûleur que lorsque la combustion est achevée et que la température de l'eau de chauffage est inférieure à un seuil fixé par l'utilisateur.

■ **La chaudière à combustion montante (ou verticale) et à tirage naturel** ; dans ce type de chaudière, les bûches sont posées sur une grille (fig. 11.10). L'air qui entre sous la grille est appelé air primaire et celui qui est introduit sur la flamme, air secondaire. Tout le bois empilé brûle en même temps. L'autonomie est faible. La combustion est irrégulière et incomplète car les bois qui sont encore un peu humides n'ont pas le temps de sécher avant de brûler. Ils dégagent beaucoup de fumée et rendent ainsi la combustion beaucoup moins efficace. Le rendement de ce type de chaudière est peu élevé, de l'ordre de 50 à 60 %.

Fig. 11.10 Chaudière à combustion montante et à tirage naturel (schéma de fonctionnement)

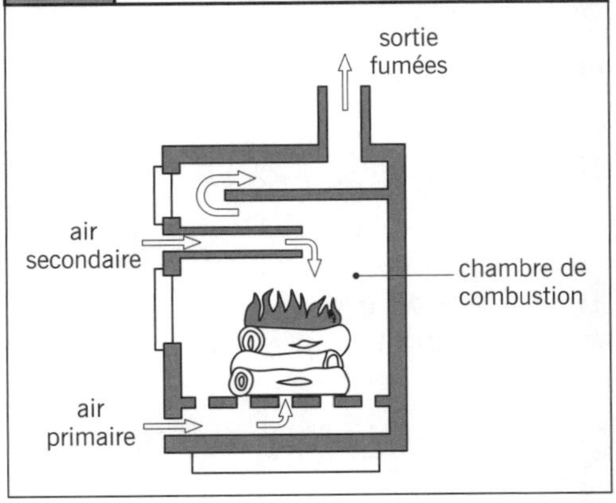

■ **La chaudière à combustion horizontale et à tirage naturel** : ce système constitue une amélioration du dispositif précédent (fig. 11.11). Les flammes se développent dans la chambre de combustion située dans un volume séparé à l'arrière de la chaudière. L'air secondaire est introduit à l'entrée de la chambre tandis que l'air primaire pénètre au-dessus des bûches empilées. Le rendement, à peine supérieur à celui d'une combustion montante, est de l'ordre de 60 %.

Fig. 11.11 Chaudière à combustion horizontale et à tirage naturel (schéma de fonctionnement)

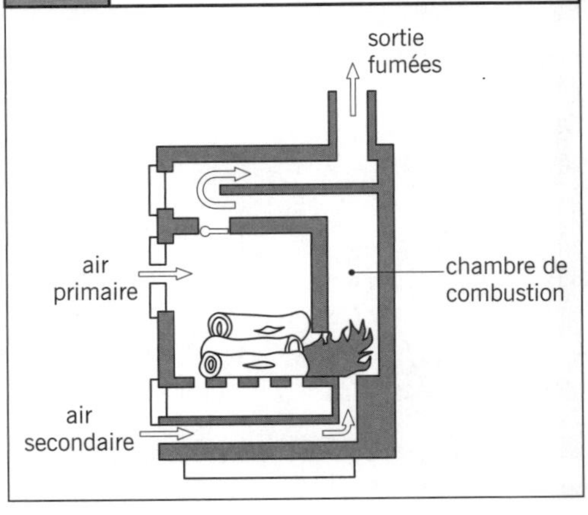

■ **La chaudière à combustion inversée (ou descendante) et à tirage naturel** : grâce à une entrée d'air secondaire, les flammes se développent dans la chambre de combustion située sous la grille (fig. 11.12). Ce dispositif assure une combustion continue avec un dégagement de chaleur régulier car il favorise la dessiccation des bûches en attente. Seules celles qui se trouvent sur la grille brûlent. Le rendement peut atteindre 70 %.

Fig. 11.12 Chaudière à combustion inversée et à tirage naturel (schéma de fonctionnement)

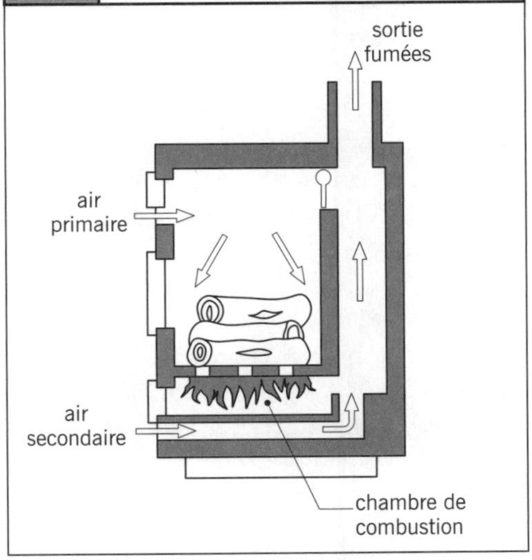

■ **La chaudière à combustion inversée et à tirage forcé** : ce mode de combustion est similaire au dispositif précédent mais l'apport d'air s'effectue au moyen d'un ventilateur électrique (fig. 11.13). Ce tirage forcé améliore de façon significative la combustion. Le rendement peut dépasser 80 %. Certains modèles sont équipés d'un extracteur qui aspire les gaz de combustion, d'autres disposent de deux ventilateurs, un de soufflage et un d'extraction.

■ **La certification NF Bois de chauffage**

La certification NF Bois de chauffage délivrée par l'AFNOR garantit un bon niveau de performances du bois commercialisé par des entreprises certifiées. Celles-ci s'engagent à respecter les caractéristiques suivantes :

- le **groupe d'essences**. Les bois sont classés en trois groupes, en fonction de la quantité de chaleur fournie par unité de volume :

Fig. 11.13 **Chaudière à combustion inversée et à tirage forcé (schéma de fonctionnement)**

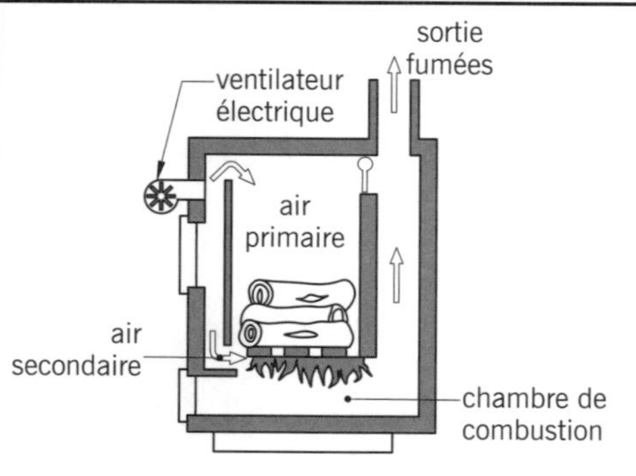

- groupe 1 : chêne, orme, hêtre, frêne et érable ;
- groupe 2 : châtaignier, robinier, faux acacia, merisier et fruitier divers ;
- groupe 3 : autres feuillus tempérés (peupliers, bouleau, platane...).

• l'**humidité**. Les classes d'humidité sont au nombre de deux :

- la classe H1 concerne les bois considérés comme secs prêts à l'emploi dont le taux d'humidité est inférieur à 20 % ;
- la classe H2 concerne les bois à stocker avant utilisation dont le taux d'humidité est supérieur à 20 %.

• la **quantité fournie**. Elle est exprimée en stères (une **stère** correspond à la quantité de bois empilés selon un volume extérieur apparent de 1 m^3). Les longueurs usuelles des bûches sont de 20, 25, 30, 33, 40, 50 et 100 cm.

2 – Les chaudières à plaquettes ou à granulés

■ Ces chaudières utilisent deux sortes de combustibles :

- les **plaquettes** sont des morceaux de bois déchiquetés de petites dimensions. Elles sont obtenues à partir de bois d'origines forestières et de déchets de scierie ;
- les **granulés** ou **pellets** sont fabriqués à partir de sciures de bois puis compressés en forme de petits cylindres.

■ Ce type de chaudière est souvent associé à un système d'approvisionnement automatique du combustible. Les plaquettes ou les granulés sont stockés dans un compartiment attenant à la chaudière ou dans un silo à proximité de celle-ci. Un système de vis sans fin alimente automatiquement la chaudière en combustible.

Ces chaudières dont le dispositif de régulation est perfectionné présentent un rendement élevé et une grande autonomie ; cependant, elles nécessitent le stockage d'une quantité importante de combustible et leur prix d'achat est élevé.

3 – Les autres générateurs de chaleur

■ **La cheminée à foyer ouvert** possède un rendement thermique extrêmement faible, de l'ordre de 10 à 20 % de la chaleur produite, le reste s'échappant par le conduit de fumée. Le rendement peut être légèrement amélioré par l'installation de récupérateurs de chaleur tels que :

- les **chenets soufflants** constitués de tubes en acier mis en place sur l'âtre de la cheminée et dans lesquels circule de l'air soufflé par un ventilateur. Des grilles installées aux extrémités des tubes rejettent l'air chauffé dans la pièce ;
- l'**échangeur à plaques** est une boite constituée de grandes plaques métalliques encastrées dans la maçonnerie derrière le foyer de la cheminée. Une grille en partie basse fait pénétrer de l'air frais dans la boite. Celui-ci s'échauffe au contact des plaques brûlantes, s'élève et s'échappe en partie supérieure par des conduits dans la pièce elle-même ou dans d'autres pièces situées au même niveau ou à l'étage ;
- le **récupérateur à eau** est un réseau de tubes installés dans le foyer de la cheminée et dans lequel circule de l'eau. Cette eau chauffée par les calories de la cheminée alimente des radiateurs. Ce dispositif est utilisé en complément d'une installation de chauffage à eau chaude. Il nécessite la mise en place d'un système de régulation pour prévenir en cas de montée brutale en température.

■ Le **foyer fermé** est un ensemble constitué d'un caisson généralement en fonte, fermé par une porte vitrée (fig. 11.14). Le foyer fermé nécessite la construction d'une cheminée autour de lui. L'air ambiant est admis dans la chambre de combustion du foyer fermé par une ouverture réglable placée sous la porte. De l'air pénètre également entre la hotte de la cheminée et l'avaloir du foyer fermé. Cet air ressort chaud en partie supérieure de la hotte et peut être distribué dans les pièces voisines à l'aide de gaines flexibles. Lorsque l'ensemble constitué par le foyer fermé et la cheminée est correctement conçu le rendement peut atteindre 70 %.

■ **L'insert** est une variante de foyer fermé (fig. 11.15). Il se met en place dans une cheminée existante. Constitué

Fig. 11.14 **Exemple de foyer fermé**

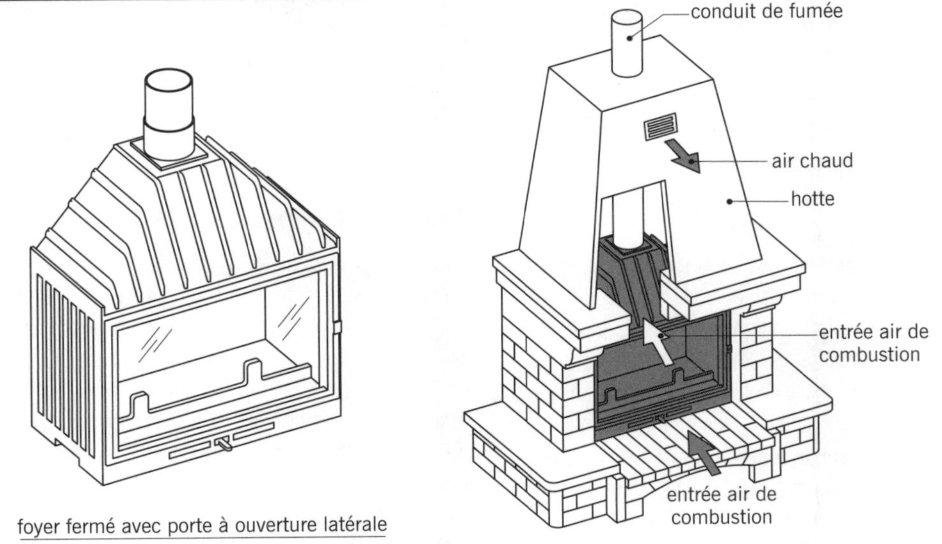

foyer fermé avec porte à ouverture latérale

intégration du foyer fermé dans une cheminée

d'un foyer proprement dit en fonte et d'une enveloppe métallique extérieure, il est muni de plusieurs ouvertures réglables qui dirigent l'air dans la chambre de combustion et dans l'espace ménagé entre les parois. L'air chaud qui s'évacue par les sorties supérieures peut être dirigé par des gaines flexibles vers d'autres pièces. Certains modèles d'insert sont équipés de turbines qui accélèrent la circulation de l'air. Néanmoins le rendement thermique d'un insert est en règle générale inférieur à celui d'un foyer fermé.

■ **Le poêle à bois** chauffe prioritairement la pièce dans laquelle il est installé contrairement à une chaudière au bois qui fournit une chaleur également répartie. Cependant, il peut constituer un chauffage d'appoint

Fig. 11.15 **Exemple d'insert**

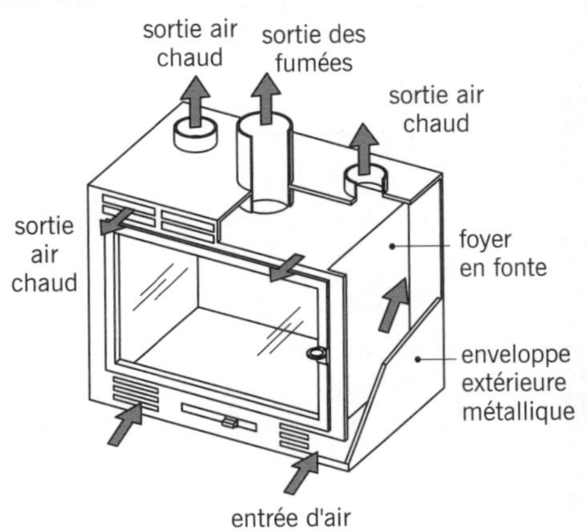

efficace pour une grande partie de la maison s'il est judicieusement placé et si l'air qu'il réchauffe circule librement d'une pièce à l'autre.

Il existe de nombreux modèles de poêles à bois. Leurs formes extérieures qui relèvent davantage de l'esthétique et du design sont souvent sans relation avec leurs performances thermiques. Les différences entre modèles résident dans la conception même du poêle (mode de combustion, matériaux utilisés) ;

Parmi les critères qui définissent un poêle à bois, on peut citer :

- la **puissance** en KW (kilowatt). Elle doit être adaptée aux volumes à chauffer et aux caractéristiques de l'habitation. Un poêle surdimensionné fonctionnera essentiellement à bas régime. La combustion sera alors imparfaite et le rendement obtenu médiocre ;
- l'**autonomie**. Le fonctionnement est dit continu ou à feu continu lorsque l'autonomie est supérieure à une durée de 10 heures et à feu intermittent dans le cas contraire. L'autonomie est favorisée par la présence de matériaux réfractaires dans la chambre de combustion. Ceux-ci emmagasinent une partie de la chaleur produite pour la restituer ensuite principalement par rayonnement ;
- le **mode de combustion** qui détermine en partie le rendement (un poêle de qualité possède un rendement compris entre 60 et 80 %). Les performances du poêle sont meilleures si celui-ci possède une chambre de post-combustion. Celle-ci, située à côté

de la chambre de combustion primaire et alimentée par une arrivée d'air spécifique, est destinée à achever la combustion des gaz imbrûlés avant qu'ils ne s'échappent par le conduit de fumée ;

- la **nature du combustible** : bûches ou granulés.

On distingue quatre principaux types de poêles à bois :

- les **poêles dits « traditionnels »** de conception ancienne. Leur rendement est médiocre et leur autonomie limitée (de 3 à 6 heures) ;
- les **poêles à combustion améliorée** présentent un rendement thermique satisfaisant grâce à différents perfectionnements techniques : présence d'une arrivée d'air secondaire et d'une chambre de post-combustion, mise en place de matériaux réfractaires dans le foyer destinés à produire une mini-accumulation ;
- les **poêles à accumulation** appelés aussi **poêles de masse** ou **poêles à inertie** fonctionnent selon le principe de l'accumulation de chaleur. Les matériaux réfractaires à forte inertie thermique de la chambre de combustion et de la zone d'évacuation des gaz brûlés stockent rapidement la forte chaleur dégagée par la combustion du bois effectuée à feu vif. Cette chaleur accumulée se diffuse ensuite progressivement dans la maison pendant au moins une dizaine d'heures. Ces poêles présentent l'inconvénient d'être volumineux et lourds et leur prix d'achat est élevé ;
- les **poêles à granulés** utilisent comme combustible les granulés de bois qui se présentent sous la forme de petits cylindres de sciure compressée. Grâce à son pouvoir calorifique élevé et à son faible taux d'humidité, le granulé de bois permet d'obtenir des rendements supérieurs à 80 %. Le poêle dispose d'une réserve à granulés intégrée qui alimente le foyer au moyen d'une vis sans fin. Ce dispositif permet d'obtenir une importante autonomie (de 2 à 3 jours) tout en assurant une combustion régulière. Ces poêles consomment un peu d'électricité (pour faire fonctionner le moteur qui entraîne la vis sans fin) et leur prix d'achat est élevé.

11.5 Les chaudières électriques

La **chaudière électrique** est peu présente en maison individuelle. Son fonctionnement s'apparente à celui d'un chauffe-eau électrique. L'eau du circuit de chauffage mis en mouvement par le circulateur traverse le corps de chauffe de la chaudière (réservoir plat généralement en fonte) qui comporte plusieurs résistances électriques blindées. L'eau s'échauffe au contact des résistances puis repart en direction des radiateurs ou d'un plancher chauffant.

La chaudière électrique ne nécessite ni la mise en place d'un conduit de fumée ni celle d'une ventouse. Elle peut être utilisée comme générateur principal de chaleur ou comme générateur d'appoint dans les installations de chauffage solaire et géothermique. Certains modèles de chaudières électriques fonctionnent également au fioul.

11.6 Les pompes à chaleur

La **pompe à chaleur (PAC)** destinée au chauffage des habitations fonctionne comme un réfrigérateur. Dans un réfrigérateur, la chaleur des aliments est absorbée puis rejetée dans l'air ambiant de la cuisine. La PAC puise de la chaleur dans l'environnement extérieur pour la diffuser à l'intérieur de l'habitation. La fonction première d'un réfrigérateur est de refroidir les aliments, celle d'une PAC est de réchauffer l'intérieur des logements.

La PAC utilise les propriétés particulières d'un fluide frigorigène dont l'état physique (gazeux ou liquide) change selon la pression à laquelle il est soumis. Quand il est à l'état gazeux, il absorbe de la chaleur qu'il restitue à l'état liquide. Le fluide le plus utilisé était, il y a quelques années, le R22 dont l'emploi aujourd'hui est interdit car il contribue à la destruction de la couche d'ozone. Les fluides actuellement employés (R407C et R410A notamment) ne présentent plus de risque envers la couche d'ozone mais favorisent l'effet de serre.

1 – Le principe de fonctionnement d'une PAC

La figure 11.16 présente le cycle de fonctionnement d'une PAC :

① A l'entrée de l'**évaporateur**, le fluide frigorigène est à l'état liquide et à très basse température. Si celle-ci est inférieure à celle du milieu extérieur, il y aura lors du passage dans l'évaporateur un prélèvement de chaleur dans l'air extérieur (ou dans le sol selon le type de PAC). A la sortie de l'évaporateur, ce captage de calories va faire passer le fluide de l'état liquide à l'état gazeux.

② Aspiré par le **compresseur électrique**, le fluide à l'état gazeux va être comprimé. Sous l'effet de la compression, sa température va fortement augmenter.

③ Sous l'action du compresseur, le fluide est dirigé dans le **condenseur**. Si sa température est supérieure à la température du local, il y aura un transfert de chaleur vers l'air ambiant (ou vers l'eau du circuit de chauffage selon le mode de restitution retenu). En cédant ses calories, le fluide reprend sa forme liquide.

Fig. 11.16 Pompe à chaleur (cycle de fonctionnement)

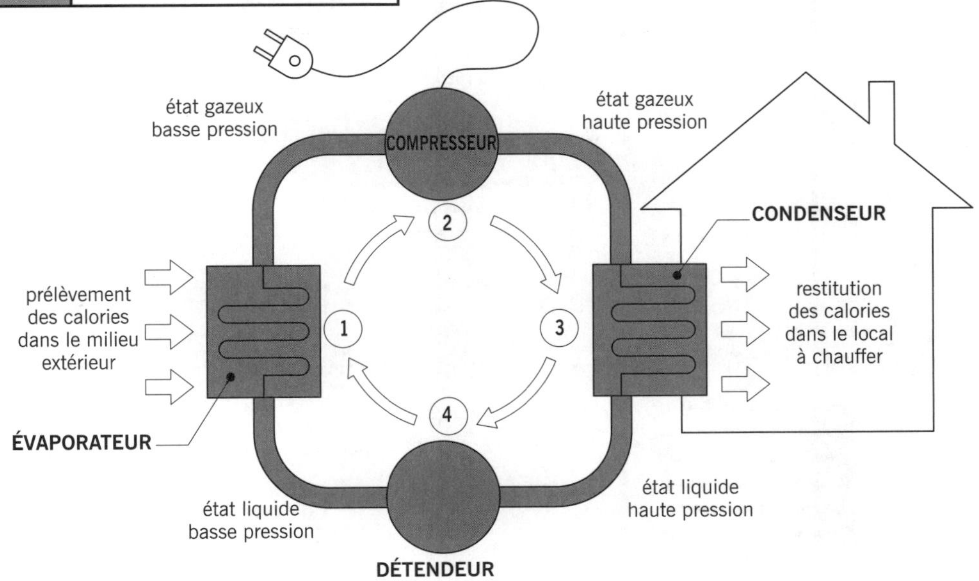

④ Dans le **détendeur**, le fluide est décompressé. Sous l'effet de la décompression sa température baisse de façon importante. Un nouveau cycle peut alors commencer.

2 – Les différentes PAC

■ Les PAC destinées à chauffer les maisons individuelles peuvent être réunies en deux grandes familles (voir chapitre 15 pour des informations complémentaires) :

- les **PAC géothermiques** qui prélèvent la chaleur dans le sol à l'aide d'un réseau de tubes enterrés pour la restituer à l'intérieur de l'habitation par l'intermédiaire d'un second réseau de tubes ;
- les **PAC aérothermiques** qui prélèvent la chaleur directement dans l'air extérieur pour la restituer à l'intérieur de l'habitation en réchauffant soit directement l'air ambiant soit le circuit d'eau du chauffage central.

■ Les **PAC géothermiques** appelées aussi **PAC géothermales** ne sont pas toutes identiques. On distingue trois procédés qui diffèrent par le nombre de circuits mis en œuvre et par la nature des fluides utilisés :

- le **procédé à détente directe** qui utilise une PAC sol/sol comporte un seul circuit fermé (fig. 11.17). Le même fluide frigorigène circule dans le réseau de tubes enterrés dans le sol (capteurs horizontaux), dans la PAC et dans le réseau de tubes du plancher chauffant. Le circuit de captage dans le sol constitue l'évaporateur de la PAC et le plancher chauffant le condenseur ;
- le **procédé avec fluides intermédiaires** qui utilise une PAC eau glycolée/eau possède trois circuits différents (fig. 11.18) :
  - le réseau de tubes enterrés dans le sol (capteurs horizontaux ou verticaux) dans lequel circule de l'eau glycolée (eau + antigel) ;
  - le circuit du fluide frigorigène de la PAC ;
  - le réseau de tubes à l'intérieur de l'habitation dans lequel circule l'eau chaude qui alimente un plancher chauffant ou des radiateurs.
- le **procédé mixte** qui utilise une PAC sol/eau possède deux réseaux différents (fig. 11.19) :
  - le réseau de tubes enterrés dans le sol (capteurs horizontaux) et le circuit propre de la PAC dans lesquels circule le même fluide frigorigène. Le circuit de captage dans le sol constitue l'évaporateur de la PAC ;
  - le réseau de tubes à l'intérieur de l'habitation dans lequel circule l'eau chaude qui alimente un plancher chauffant ou des radiateurs.

■ Les **PAC aérothermiques** sont présentes dans deux procédés de chauffage :

- le **procédé à détente directe** qui utilise une PAC air/air (fig. 11.20). Les calories prélevées à l'extérieur par la PAC réchauffent l'air intérieur par l'intermédiaire de ventilo-convecteurs ;

Fig. 10.17 Procédé à détente directe

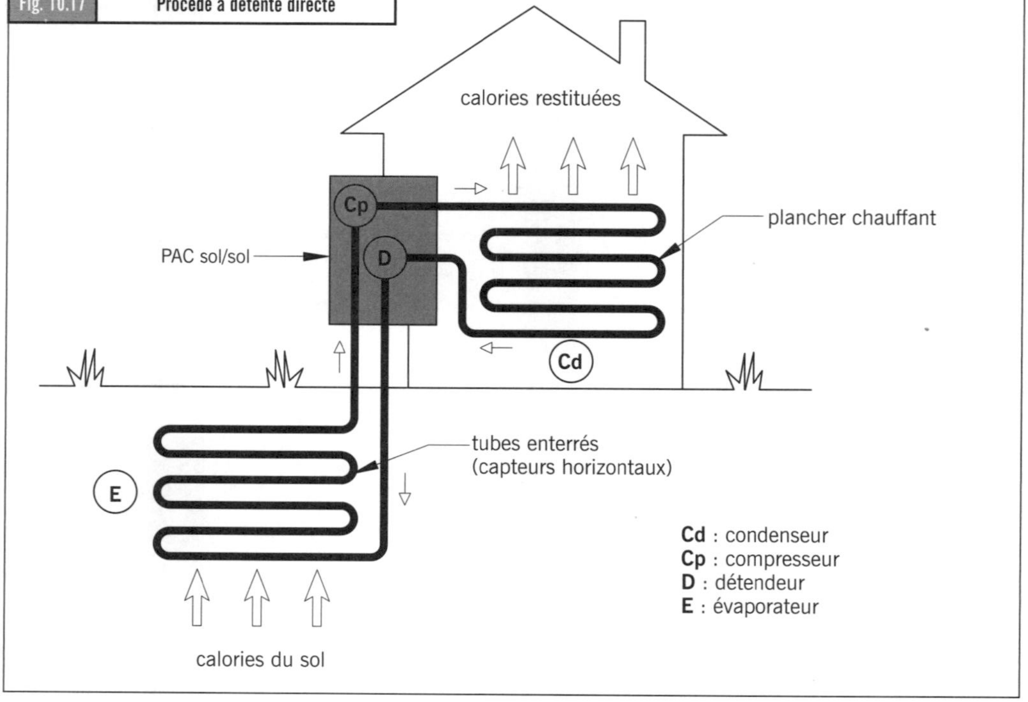

• le **procédé mixte** qui utilise une PAC air/eau comporte un réseau de tubes à l'intérieur de l'habitation dans lequel circule l'eau chaude qui alimente un plancher chauffant ou des radiateurs (fig. 11.21).

Les PAC aérothermiques sont moins performantes que les PAC géothermiques. Leur bon fonctionnement dépend de la température de l'air extérieur. Lorsque celle-ci est basse, l'efficacité de la PAC diminue.

Fig. 11.18 Procédé avec fluides intermédiaires

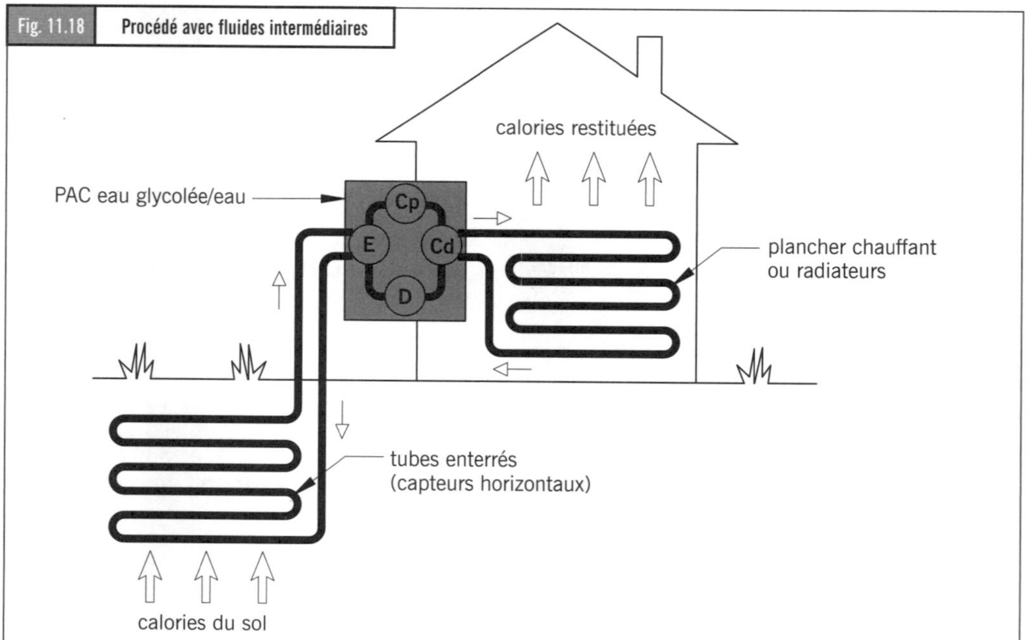

Fig. 11.19 Procédé mixte

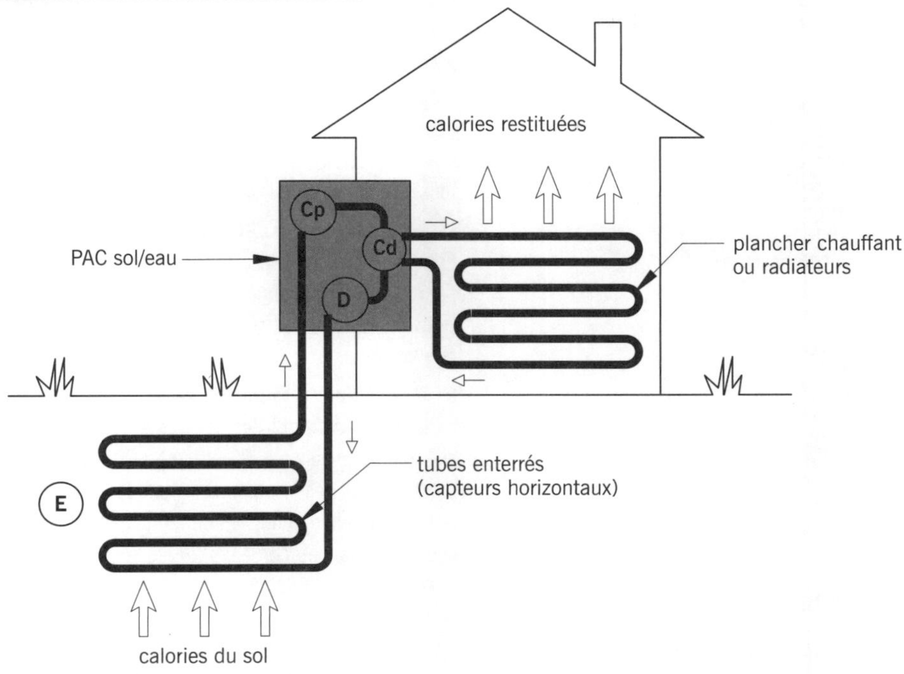

Fig. 11.20 Procédé à détente directe

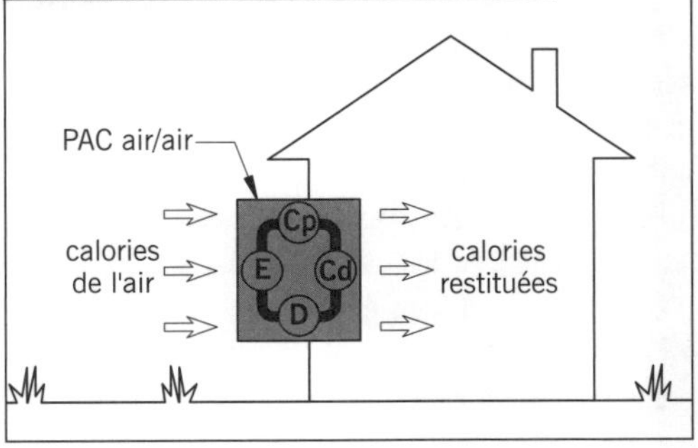

Ce type de PAC nécessite toujours la présence d'un chauffage d'appoint (le plus souvent des résistances électriques) pour assurer un complément de chaleur.

■ Il existe des **PAC réversibles** qui, l'hiver, assurent la production de chaleur et l'été, la production de froid (fig. 11.22). Elles sont équipées d'un dispositif qui inverse le sens de circulation du fluide frigorigène. L'été, le condenseur devient l'évaporateur et l'évaporateur le condenseur. La PAC prélève alors des calories dans l'habitation pour les rejeter à l'extérieur.

Fig. 11.21 Procédé mixte

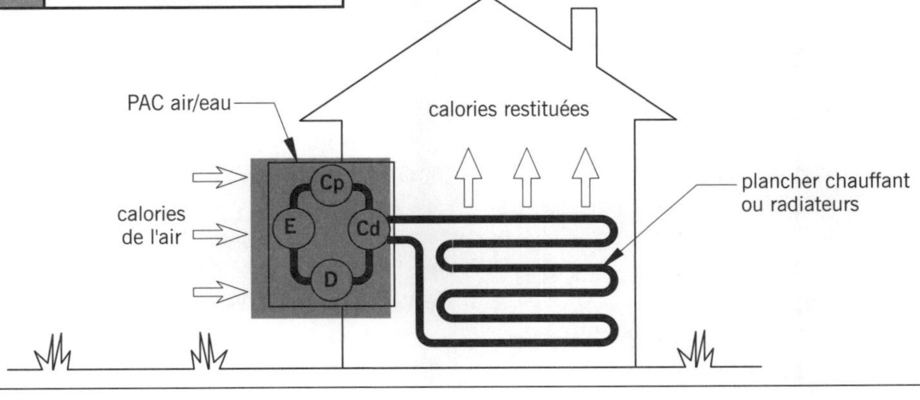

Fig. 11.22 **PAC réversible**

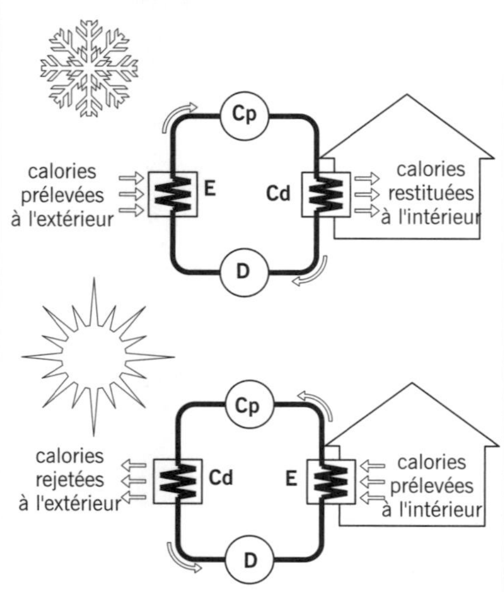

3 – Les performances et les certifications

■ Le **coefficient de performance (COP)** traduit la performance énergétique d'une PAC fonctionnant en mode chauffage. Il définit en quelque sorte son rendement. Il est égal à :

$$\text{COP} = \frac{\text{quntité de chaleur produite par la PAC}}{\text{quantité d'énergie électrique consommée par la PAC}}$$

L'énergie électrique consommée correspond à celle utilisée pour faire fonctionner le compresseur et autres auxiliaires électriques tel le circulateur pour le plancher chauffant et les radiateurs. Une PAC possédant un COP égal à 1 ne présente aucun intérêt car elle consomme autant d'énergie qu'elle fournit de chaleur. Un COP égal à 3 signifie que la maison reçoit 3 KW de chaleur pour 1 KW d'électricité consommée, soit un gain de 2 KW.

La norme NF EN 14511 spécifie les conditions d'essais pour la détermination des caractéristiques de performances des PAC. Pour les PAC air/air et air/eau, l'essai est réalisé pour une température extérieure de +7°C tandis que pour les PAC eau glycolée/eau, il est réalisé pour une température d'eau de 0°C. Quant aux PAC sol/sol il n'existe pas à l'heure actuelle de norme d'essai mais la température du fluide frigorigène à l'entrée de l'évaporateur retenue par la plupart des fabricants est de –5°C.

La performance d'une PAC est maximale lorsque la température du milieu extérieur (air ou sol) est élevée et la température d'utilisation basse. Une PAC qui prélève des calories dans un air extérieur à – 10°C pour chauffer de l'eau à 50°C aura, pour ce différentiel de température un COP faible. En revanche, si elle prélève des calories dans un air à 10°C pour chauffer de l'eau à 40°C (destinée, par exemple, à un plancher chauffant à basse température), le COP correspondant sera élevé. Pour obtenir un rendement satisfaisant, il faut installer une PAC dont le COP est le plus élevé possible et dans tous les cas supérieur à 3.

■ Le **coefficient d'efficacité frigorifique (EER** ou Energy Efficiency Rating**)** est l'équivalent du COP pour les PAC fonctionnant en mode rafraîchissement (PAC réversibles) et pour les différents systèmes de climatisation.

■ Le **coefficient Eurovent** garantit que les caractéristiques techniques des PAC réversibles (puissance électrique, puissance frigorifique, COP, EER....) sont conformes à celles annoncées par les constructeurs. Une réévaluation annuelle permet de garantir la fiabilité des performances certifiées. Si les résultats des tests effectués par un laboratoire indépendant ne correspondent pas aux valeurs publiées par le constructeur, celui-ci doit apporter les corrections nécessaires ou se retirer du programme de certification.

■ Pour en savoir plus ■

– Norme NF EN 14511 : climatiseurs, groupes refroidisseurs de liquide et pompes à chaleur avec compresseur entraîné par moteur électrique pour le chauffage et la réfrigération :

- Partie 1 : termes et définitions ;
- Partie 2 : conditions d'essais (conditions à appliquer pour déterminer les performances et mesurer la consommation d'énergie) ;
- Partie 3 : méthodes d'essais (installation et procédures d'essais, incertitudes de mesurage, calcul des puissances) ;
- Partie 4 : exigences (marquage, fiche technique, instructions pour l'utilisateur).

– Site Internet www.eurovent-certification.com.

– Association française pour les pompes à chaleur. Site Internet www.afpac.org.

– *Les pompes à chaleur géothermiques*. Brochure Ademe. Guide pratique à télécharger, au format pdf, sur le site www.ademe.fr;

– *Petit guide des pompes à chaleur géothermales*. Stéphanie Laporthe. CSTB Développement durable (environnement et systèmes énergétiques).

– *Les pompes à chaleur*. Bruno Béranger. Editions Eyrolles.

FICHE ENVIRONNEMENT N°4

LA COUCHE D'OZONE ET L'EFFET DE SERRE

1 – La couche d'ozone

La **couche d'ozone** désigne la partie de la stratosphère (haute atmosphère située environ à 30 km d'altitude) contenant de l'ozone qui est un gaz dérivé de l'oxygène (1). En arrêtant la plus grande partie du rayonnement solaire ultraviolet, la couche d'ozone nous préserve notamment contre les risques de cancer de la peau. Il y a une vingtaine d'années, des scientifiques ont mis en évidence une diminution de la concentration d'ozone au niveau du pôle sud. Ce phénomène couramment appelé « trou de la couche d'ozone » menace les régions antarctiques et à terme l'ensemble du globe du fait du brassage de l'atmosphère.

De nombreux gaz sont responsables de la destruction de la couche d'ozone. La plupart d'entre eux sont issus des activités humaines (CFC, HCFC, gaz carbonique, acide nitrique).

2 – L'effet de serre

■ L'effet de serre est, à l'origine, un phénomène naturel. Des gaz présents dans l'atmosphère dits « gaz à effet de serre » jouent à peu près le même rôle que les parois vitrées d'une véranda. Ils laissent passer la lumière du soleil mais empêchent une partie du rayonnement infrarouge réfléchi par la terre de retraverser l'atmosphère. En piégeant ainsi une partie de la chaleur réémise par le sol, l'effet de serre permet de maintenir une température moyenne à la surface du sol de 15°C. En l'absence d'effet de serre, la température négative interdirait toute forme de vie.

■ Mais, depuis le début de l'ère industrielle, des quantités importantes de gaz ont été rejetées dans l'atmosphère dont certains à effet de serre. Cette concentration très élevée de gaz perturbe le fonctionnement naturel de l'effet de serre : le rayonnement infrarouge est retenu en trop grande quantité. Il fait monter la température moyenne qui a augmenté de 0,5 à 0,7°C depuis un siècle environ. Des modèles mathématiques fondés sur une hypothèse d'accroissement des gaz à effet de serre prévoient une augmentation de la température de 2 à 5°C d'ici 2050 avec toutes les conséquences qui pourraient en découler (élévation du niveau des océans, instabilité climatique, nombreux bouleversements écologiques).

■ Parmi les nombreux gaz à effet de serre produits par l'homme, on distingue notamment :

- le **gaz carbonique** provenant essentiellement de la combustion des énergies fossiles pétrole, gaz, charbon) ;
- le **méthane** qui a pour principales origines l'élevage des ruminants, la riziculture et les décharges d'ordure ;
- les **oxydes d'azote** provenant notamment des engrais azotés utilisés en agriculture ;
- les **gaz fluorés**.

■ Les **gaz fluorés** sont utilisés notamment dans les installations de climatisation et de réfrigération. Ils sont classés selon leur composition :

- les **chlorofluorocarbones (CFC)** sont composés de chlore, de fluor et de carbone. Gaz à effet de serre et responsables en partie de l'appauvrissement de la couche d'ozone, ils sont interdits depuis 1987 (protocole de Montréal). Ils étaient utilisés comme gaz expanseurs dans la fabrication des isolants synthétiques (polystyrènes, polyuréthanes) comme fluides frigorigènes (2) et gaz propulseurs pour les bombes aérosols ;
- les **hydrochlorofluorocarbones (HCFC)** sont composés d'hydrogène, de chlore, de fluor et de carbone. Ils remplacent les CFC mais leur interdiction est programmée car ils sont également à effet de serre et participent également, dans une moindre mesure, à l'appauvrissement de la couche d'ozone ;
- les **hydrofluorocarbones (HFC)** sont composés d'hydrogène, de fluor et de carbone. Destinés à remplacer les HCFC, ils ne sont pas nocifs pour la couche d'ozone mais ils contribuent à accentuer l'effet de serre.

(1) Cet ozone stratosphérique ne doit pas être confondu avec le « mauvais » ozone présent dans les couches basses de l'atmosphère produit, en grande partie, par la circulation automobile et qui est irritant pour les yeux et les voies respiratoires.
(2) le **fluide frigorigène** ou **fluide réfrigérant** est un fluide dont la propriété principale est, à basse pression (à l'état gazeux), de capter la chaleur du milieu où il se trouve, puis de restituer cette chaleur dès qu'on le comprime. Les fluides frigorigènes sont commercialisés sous des noms divers : Fréon®, Forane®, Iscéon®...

12.1 Les radiateurs et les réseaux d'alimentation

1 – Les radiateurs

■ Quelle que soit l'énergie utilisée par la chaudière (fioul, propane ou gaz naturel), les radiateurs sont alimentés en eau chaude. Ils diffusent leur chaleur, en grande partie, par rayonnement. Les radiateurs en acier sont les plus couramment utilisés. Ils sont résistants et fournissent une chaleur homogène. Les radiateurs en aluminium bénéficient d'une faible inertie thermique qui leur permet de réagir très rapidement aux demandes de chauffage. Les radiateurs en fonte possèdent, au contraire, une très forte inertie thermique qui paraît inadaptée aux systèmes de régulation actuels exigeant des temps de réponse rapides.

L'esthétique des radiateurs a fait beaucoup de progrès ces dernières années. Les radiateurs traditionnels en tôle emboutie ou à ailettes laissent la place, de plus en plus, à des radiateurs aux formes originales (fig. 12.1). Les radiateurs dits « à chaleur douce », à grande surface de diffusion, sont alimentés avec une eau chauffée à 40 à 50°C (contre 80 à 90°C pour les radiateurs traditionnels) produite par une chaudière à basse température.

■ Le **radiateur indépendant au gaz** ou **radiateur gaz modulable** est équipé d'un brûleur alimenté au gaz naturel. L'air nécessaire à la combustion est prélevé à l'extérieur de l'habitation et les gaz brûlés sont évacués à l'extérieur par deux conduits généralement concentriques (système à ventouse).

■ La **marque NF Radiateurs eau chaude** atteste du contrôle continu de la qualité effectué par un organisme indépendant ;

- vérification en laboratoire des performances (puissance thermique, pression maximale d'utilisation, étanchéité...) de plusieurs produits dans chaque gamme ;
- inspection du site de fabrication et vérification inopinée des performances des radiateurs conformes à celles de l'essai initial.

Fig. 12.1 Radiateurs

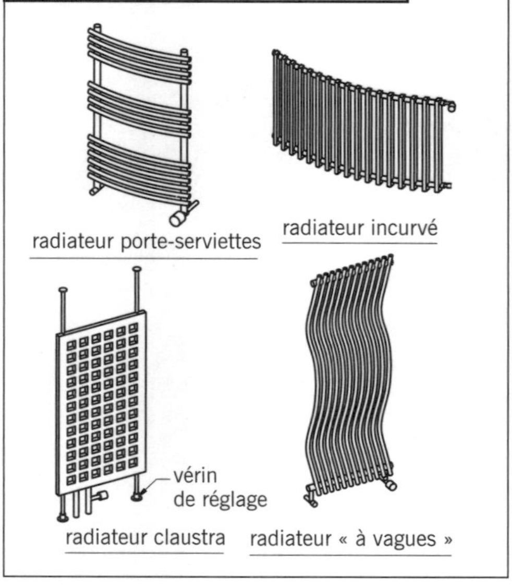

2 – Les réseaux d'alimentation

■ On distingue trois façons d'alimenter les radiateurs en eau :

- la **distribution monotube** (fig. 12.2). Ce réseau comprend un seul tuyau muni de dérivations reliées aux radiateurs. L'avantage de ce mode d'alimentation est de réduire la longueur totale de la tuyauterie en n'installant qu'une seule conduite. Le principal inconvénient concerne la température de l'eau chaude qui décroît après chaque radiateur alimenté. Les radiateurs ne peuvent pas être réglés indépendamment les uns des autres. Les réglages effectués sur les radiateurs situés à proximité de la chaudière influent sur la température de l'eau chaude circulant dans les autres radiateurs ;

Fig. 12.2 Distribution monotube

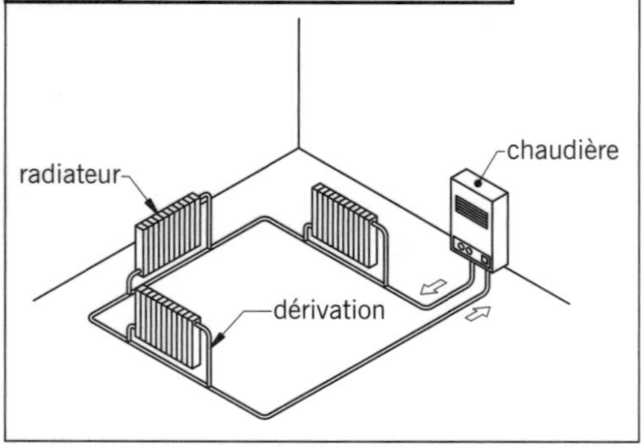

- la **distribution bitube** (fig. 12.3). C'est le mode d'alimentation le plus utilisé. Il comprend deux circuits. L'un alimente en eau chaude les radiateurs tandis que l'autre reconduit l'eau refroidie à la chaudière. Aux pertes de chaleur près, la température d'entrée dans les radiateurs est la même. Les tuyauteries

Fig. 12.3 **Distribution bitube**

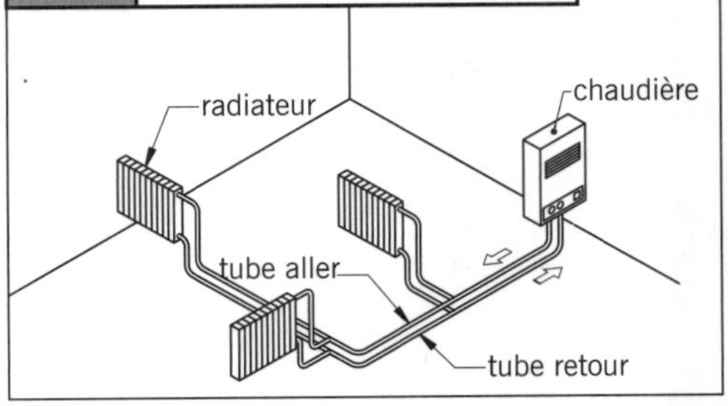

nombreuses et souvent peu esthétiques peuvent être dissimulées derrière les plinthes ou incorporées en partie dans la dalle ;

- la **distribution hydrocâblée** appelée aussi **distribution centralisée** consiste à alimenter individuellement chaque radiateur par un tuyau aller pour l'eau chaude et un tuyau retour pour l'eau refroidie (fig. 12.4). Tous les tuyaux aller se raccordent sur la même alimentation principale, par l'intermédiaire d'un **collecteur** ou **nourrice**, de même pour les tuyaux retour. Dans ce type de réseau, les canalisations en polyéthylène réticulé (PER) ou en cuivre sont le plus souvent incorporées dans la chape ou la dalle en béton. Ce procédé de distribution qui fait appel à de nombreux accessoires et raccords est également utilisé pour l'alimentation en eau froide et eau chaude des appareils sanitaires.

Fig. 12.4 **Distribution hydrocâblée**

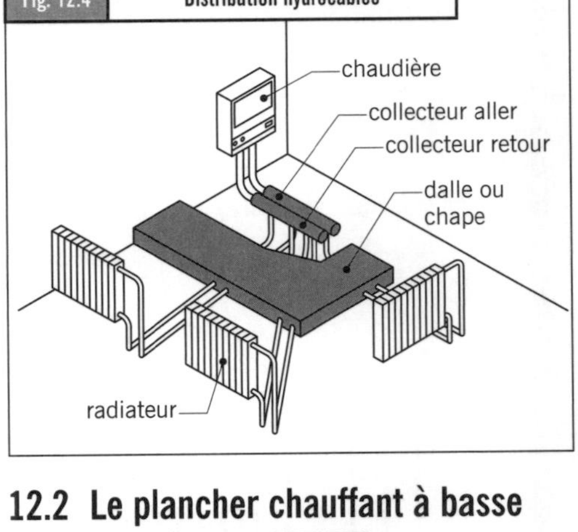

12.2 Le plancher chauffant à basse température (PCBT)

■ Comme son homologue électrique, le plancher chauffant à basse température à eau chaude (PCBT) procure une chaleur homogène répartie sur l'ensemble de la pièce (température de surface n'excédant pas 28°C) et libère de la place au niveau du sol et des murs.

Ce procédé de chauffage par le sol comprend un réseau de tubes noyés dans une dalle flottante et dans lesquels circule de l'eau chaude. Il fonctionne avec une chaudière à basse température ou à condensation alimentée au fioul, au propane ou au gaz naturel. Ce plancher chauffant nécessite une régulation spécifique compte tenu de l'inertie de la dalle en béton. Une sonde extérieure, reliée à la chaudière, permet, par la prise en compte de la température extérieure, d'anticiper sur la mise en fonctionnement du plancher chauffant.

■ Un plancher à basse température comprend les éléments suivants (fig. 12.5) :

- un **isolant thermique** mis en place sur le plancher porteur et destiné à réduire les fuites de chaleur vers le bas. Les isolants habituellement utilisés sont le polystyrène expansé, le polystyrène extrudé et la mousse de polyuréthane. Il existe deux types de plaques isolantes :

Fig. 12.5 **Exemple de PCBT**

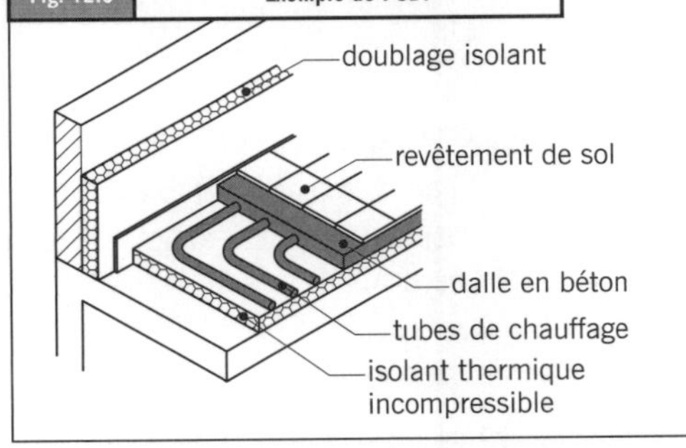

  – les **plaques thermoformées à plots**. Les plots disposés à intervalles réguliers maintiennent les tubes en place (fig. 12.6) ;
  – les **plaques standard** sur lesquelles on fixe les tubes à l'aide d'accessoires spéciaux propres à chaque fabricant (treillis métallique, clips, cavaliers).

Dans tous les cas, les plaques doivent être de qualité incompressible, attestée soit par un certificat Acermi, soit par un essai normalisé. La résistance thermique de l'isolant doit être égale ou supérieure à la résistance thermique minimale exigée par la réglementation thermique RT 2005. Cette valeur minimale est fonction notamment de la nature du local situé sous le plancher.

- un **réseau de tubes** en polyéthylène réticulé (PER), en polypropylène ou en cuivre recuit dans lesquels l'eau chaude circule ;
- une **dalle en béton** destinée à l'enrobage des tubes, d'une épaisseur moyenne de 4 à 5 cm et dosée à 350 kg de ciment par m³ de béton. Elle est dissociée des murs par un joint périphérique en mousse de polyuréthane. La conductivité thermique λ du béton doit être supérieure à 1 W/m°C (les bétons dits « isolants » ne sont

Fig. 12.6 **Plaque isolante à plots**

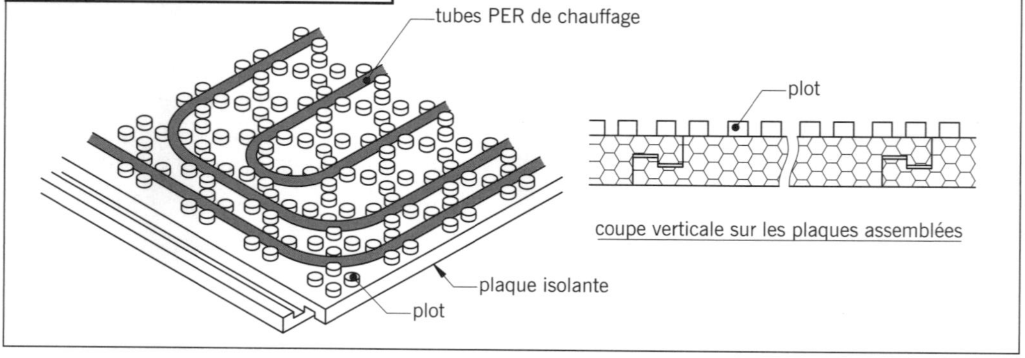

pas autorisés). Les adjuvants de type fluidifiant plastifiant peuvent être employés s'ils sont spécialement conçus pour ce type de dalle. En augmentant la maniabilité du béton, ils assurent un parfait enrobage des tubes. Différents procédés bénéficiant d'un avis technique permettent de remplacer le béton d'enrobage par une chape fluide à base de ciment. Un **treillis soudé** anti-fissuration doit être mis en place dans la dalle à mi-épaisseur environ. Les canalisations électriques, les conduits d'évacuation et d'alimentation en eau ne doivent pas être incorporés dans la dalle mais enrobés dans une forme en béton (ravoirage) réalisée directement sur le plancher porteur ;

- un **revêtement de sol** dont la résistance thermique doit être faible. De nombreux types de revêtements peuvent être posés sur un plancher chauffant : les carrelages en grès, terre cuite, pierre naturelle) collés au mortier-colle ou scellés sur une chape au mortier, les revêtements plastiques, les parquets collés, les revêtements stratifiés qui doivent avoir fait l'objet d'un avis technique favorable pour l'emploi sur plancher chauffant. Le parquet à lames épaisses est déconseillé car il s'oppose au transfert de chaleur.

■ Les tubes en PER ou en cuivre recuit peuvent être posés sur les plaques isolantes sous forme de **serpentin** (fig. 12.7) ou en **spirale** (fig. 12.8). Ce dernier mode est de pose est aussi appelé « en colimaçon » ou « en escargot ». La distance qui sépare deux portions de tubes parallèles (le pas) peut se resserrer dans les zones du plancher où les déperditions calorifiques sont les plus importantes, notamment près des ouvertures.

12.3 Le plancher chauffant rafraîchissant

- Le **plancher chauffant rafraîchissant**, appelé aussi **plancher réversible**, assure deux fonctions distinctes :
- l'hiver, il se comporte comme un plancher chauffant ordinaire. L'eau chaude circulant dans les tubes incorporés dans la dalle chauffe le béton qui, par rayonnement, diffuse sa chaleur dans les pièces ;

Fig. 12.7 **Pose en serpentin**

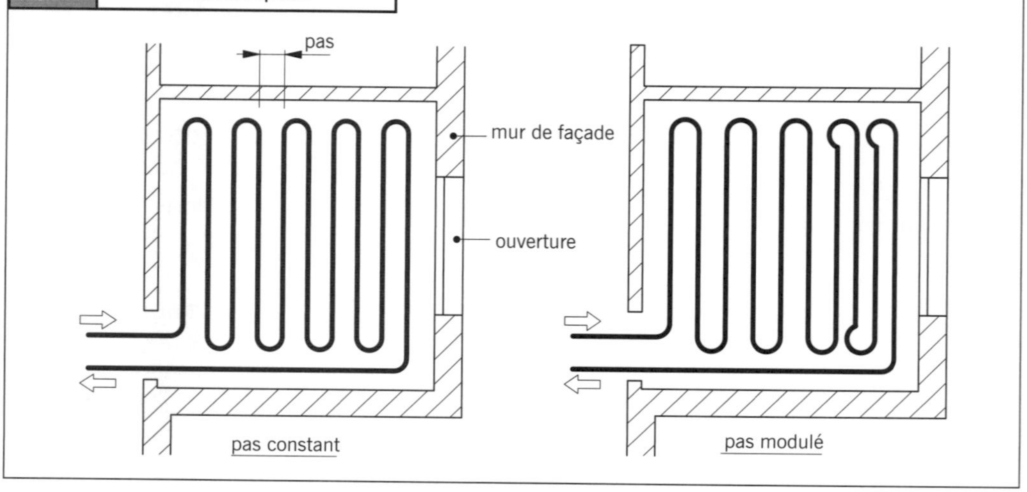

Fig. 12.8 Pose en spirale

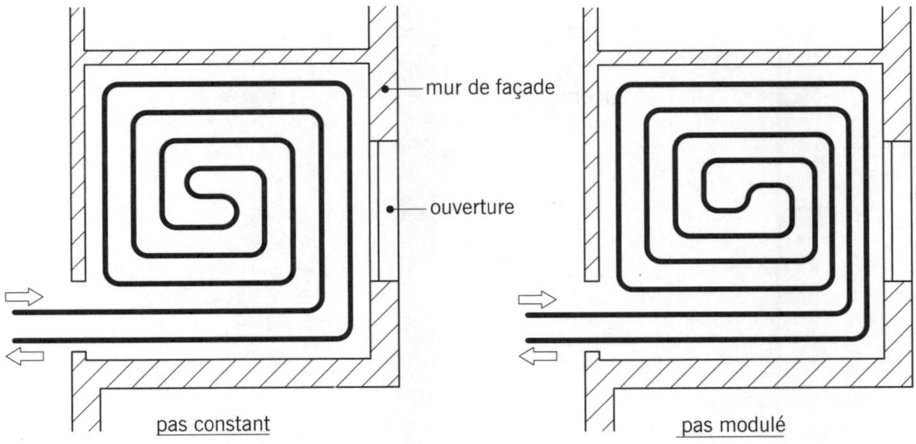

- l'été, l'eau rafraîchie abaisse la température de surface du sol qui se comporte alors comme un absorbeur de chaleur. Il s'agit d'un rafraîchissement de confort qui abaisse la température ambiante de quelques degrés et non d'une climatisation ou d'un conditionnement d'air.

■ Ce système nécessite l'installation :

- d'une chaudière produisant de l'eau chaude et d'un groupe frigorifique fournissant de l'eau rafraîchie ;
- ou d'une pompe à chaleur réversible (cas le plus courant en habitat individuel) qui peut indifféremment produire de l'eau chaude et de l'eau rafraîchie (voir p. 257).

■ En mode rafraîchissement, l'abaissement de la température au niveau du plancher peut, dans certains cas, faire apparaître de la condensation sur le revêtement de sol. Ce phénomène peut être évité si la température n'est pas inférieure aux valeurs suivantes : 18°C pour la majeure partie du territoire français ; 19°C pour les zones côtières de la mer du Nord et de la Manche ; 20 à 21°C pour la zone côtière de l'océan Atlantique et 22°C pour le littoral méditerranéen. Un dispositif de sécurité, indépendant de la régulation, coupe impérativement l'alimentation en eau froide, au niveau du plancher, lorsque la température de l'eau atteint 12°C.

■ La résistance thermique au-dessus des tubes ne doit pas être supérieure à 0,13 m^2°C/W dont 0,04 pour la dalle proprement dite et 0,09 pour le revêtement de sol. Cette dernière condition limite les possibilités de revêtements de sols. Les carreaux céramiques, certains revêtements plastiques et certains parquets peuvent être utilisés. Les parquets flottants, les parquets contrecollés et les moquettes ne sont pas compatibles avec un plancher réversible.

■ Pour en savoir plus ■

– Norme NF DTU 65.14 (P 52-307) : travaux de bâtiment. Exécution de planchers chauffants à eau chaude (ce nouveau DTU remplace les DTU 65.6 et 65.8) :

- Partie 1 : cahier des clauses techniques. Dalles désolidarisées isolées ;
- Partie 2 : cahier des clauses techniques. Autres dalles que les dalles désolidarisées isolées ;
- Partie 3 : cahier des clauses spéciales.

– Norme NF EN 1264 : chauffage par le sol. Systèmes et composants :

- Partie 1 : définitions et symboles ;
- Partie 2 : détermination de l'émission thermique ;
- Partie 3 : dimensionnement ;
- Partie 4 : installation.

– *Planchers réversibles à eau basse température. CPT n°3164*. Cahier des prescriptions techniques téléchargeable, au format pdf, sur le site Internet www.catb.fr.

– Syndicat national des fabricants de composants et de systèmes intégrés de chauffage, rafraîchissement et sanitaires. Informations techniques sur le site Internet www.cochebat.fr.

– *Plancher chauffant rafraîchissant*. Ouvrage édité par la Fédération française du bâtiment (FFB).

FICHE ENVIRONNEMENT N°5

LES MAISONS À BASSE CONSOMMATION

Les études relatives aux maisons à basse consommation énergétique ont commencé en Allemagne il y a une vingtaine d'années. Depuis, elles se sont multipliées et de nombreuses constructions dites « à basse énergie » ont été réalisées à l'étranger. Le but de ces habitations est de diminuer de manière drastique les besoins énergétiques en réduisant le plus possible les déperditions thermiques et en utilisant au mieux l'énergie solaire thermique.

Parmi les différentes recherches entreprises quelques unes se sont orientées vers les maisons à très basse consommation énergétique appelées aussi « maison passives ». Ce type d'habitation qui consomme environ cinq fois moins d'énergie qu'une maison construite selon les réglementations actuellement en vigueur doit satisfaire aux exigences suivantes :

- être implantée et orientée de manière à bénéficier au mieux des apports solaires gratuits. Les pièces principales sont situées côté sud et les pièces secondaires ainsi que les espaces de rangement côté nord ;
- bénéficier d'une isolation thermique maximale des parois pleines extérieures (murs, planchers, sol et toiture). Le coefficient de transmission U ne doit pas être supérieur à 0,15 W/m^2°C. Cette valeur correspond à des épaisseurs importantes d'isolants, de 25 à 35 cm ;
- être équipée de menuiseries extérieures (fenêtres, portes-fenêtres et porte d'entrée) très isolantes dont le coefficient U ne doit pas être supérieur à 0,8 W/m^2°C. Cette condition est remplie par des menuiseries équipées de doubles vitrages à faible émissivité et à remplissage au gaz ;
- être très étanche à l'air et exempt de ponts thermiques (conception étudiée de manière à supprimer toute fuite de chaleur vers l'extérieur) ;
- être parfaitement ventilée au moyen d'une ventilation mécanique à double flux avec échangeur de chaleur performant (récupération jusqu'à 80% de la chaleur sortante). La ventilation mécanique permet le renouvellement constant de l'air intérieur sans avoir à ouvrir les fenêtres. Dans certains cas, l'efficacité du système de ventilation peut être améliorée par l'utilisation d'un puits provençal ;
- ne pas consommer plus de 16 KWh/m^2/an pour les seuls besoins en chauffage et pas plus de 120 KWh/m^2/an pour la consommation totale d'énergie (chauffage, production d'eau chaude sanitaire, ventilation, éclairage et fonctionnement des appareils électroménagers). L'emploi de l'énergie solaire thermique pour les besoins en ECS permet notamment de réduire la consommation énergétique.

■ Pour en savoir plus ■

– *See the light 2005 ou l'émergence des bâtiments sans chauffage ni climatisation*. Compte rendu rédigé par Bernard Chabot, à télécharger, au format pdf, sur : htp://ecoz.ouvaton/org/documents/.

– *L'habitat passif en action*. Article paru dans la revue « La maison écologique » n° 33, juin-juillet 2006.

Chapitre 13 : le chauffage électrique

■ L'installation d'un chauffage électrique est simple à réaliser, d'un coût raisonnable (pour les cas les plus courants) et ne nécessite aucun entretien. Mais compte tenu du prix élevé du KWh(21) électrique, il est recommandé de choisir des appareils de chauffage de qualité, d'optimiser la consommation d'énergie par l'emploi d'une régulation appropriée, de mettre en œuvre une isolation thermique performante et de choisir un tarif approprié aux besoins et aux équipements installés.

Il existe à l'heure actuelle trois options tarifaires destinées aux particuliers :

- l'**option de base** avec un seul et même prix du KWh tout au long de l'année pour une puissance souscrite de 3 à 18 KVA(22). Le coût de l'abonnement est fonction de la puissance choisie. Cette option est destinée aux foyers qui utilisent l'électricité seulement pour le fonctionnement des appareils ménagers et l'éclairage. Elle est à déconseiller en cas de chauffage électrique ;
- l'**option heures creuses** pour une puissance souscrite de 6 à 36 KVA, avec un prix réduit du KWh, généralement la nuit, pendant 8 heures (heures creuses). Le reste du temps (heures pleines) le KWh est au même tarif que l'option de base. Le coût de l'abonnement est supérieur à celui du tarif de base. Cette option est destinée aux foyers qui possèdent un chauffe-eau à accumulation, une machine à laver programmable et des radiateurs à accumulation. Elle nécessite la pose sur le tableau de répartition électrique d'un **relais jour/nuit** qui permet la mise en marche automatique du chauffe-eau, du lave-linge ou du lave-vaisselle pendant les heures creuses d'EDF ;
- l'**option Tempo** pour une puissance souscrite de 9 à 36 KWA. Cette option, relativement complexe, décompose l'année en :

– **jours bleus** pendant lesquels le prix moyen du KWh est légèrement inférieur à celui de l'option heures creuses ;

– **jours blancs** pendant lesquels le prix moyen de KWh correspond approximativement à celui de l'option de base ;

– **jours rouges** pendant lesquels le prix moyen du KWh est très élevé.

(21) Un kilowatt heure (KWh) est la quantité d'énergie correspondant à une puissance consommée ou fournie de 1000 watts (1 KW) pendant 1 heure.

(22) Le kilovolt ampère (KVA) est une unité de puissance équivalente au KW.

De plus, chaque jour comprend des heures creuses et des heures pleines. Cela donne au total six tarifs différents du KWh. Cette option réclame l'installation d'un programmateur électronique appelé **gestionnaire d'énergie** pour gérer au mieux le chauffage (mise en route et arrêt des appareils, température des pièces suivant leur mode d'occupation) en fonction des différentes options tarifaires.

■ La **marque NF Electricité** est une marque de conformité garantissant le respect des normes de sécurité en vigueur. La **marque NF Electricité Performance** garantit, en plus des normes de sécurité, un certain niveau de performances. Les appareils (convecteurs, panneaux rayonnants, accumulateurs) sont classés par catégories (B, C, 3) d'après leurs performances clairement identifiées et certifiées.

■ Il existe de nombreux appareils et équipements électriques transmettant la chaleur par convection et/ou rayonnement :

- le **convecteur** ordinaire ou équipé d'un ventilateur ;
- le **panneau** rayonnant ;
- l'**accumulateur** emmagasine de la chaleur, la nuit, et la restitue la journée par convection et rayonnement ;
- le **plancher rayonnant électrique (PRE)** ;
- le **plafond rayonnant plâtre (PRP)**.

13.1 Les convecteurs

■ Le **convecteur** est l'appareil de chauffage le plus simple et le plus économique à l'achat. Il est constitué d'un caisson métallique renfermant une ou plusieurs résistances électriques. Suivant le principe de la convection, l'air ambiant entre par le bas de l'appareil, se réchauffe au contact des résistances avant de ressortir par une grille frontale (fig. 13.1).

Il existe une très large gamme de formes et de dimensions de convecteurs. Ceux-ci peuvent être équipés d'un thermostat mécanique ou électronique. La régulation électronique, précise à ± 0,1°C, permet une température constante. Certains appareils possèdent une programmation par fil pilote ou par cassette intégrée.

■ La **marque NF Electricité Performance catégorie C** garantit un matériel de qualité supérieure (fiabilité du corps de chauffe, une bonne résistance aux chocs

Fig. 13.1 Convecteur

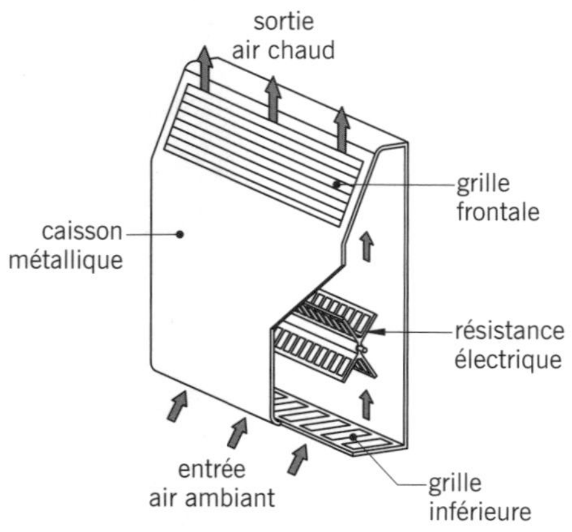

électriques et thermiques, plusieurs programmes de fonctionnement...).

■ Le **convecteur soufflant** est équipé d'un ventilateur qui accélère la diffusion de l'air chaud. Il est destiné à la salle de bains. Certains modèles sont munis de barres porte-serviettes. Il existe également des convecteurs mobiles sur pieds qui servent essentiellement de chauffage d'appoint.

13.2 Les panneaux rayonnants

■ Le **panneau rayonnant** ou **panneau radiant** comporte un élément chauffant (résistances électriques ou couche métallisée conductrice) qui communique sa chaleur à un corps de chauffe (plaque en acier ou bloc en aluminium extrudé). La partie de chaleur émise par rayonnement (l'autre étant diffusée par convection) est absorbée puis restituée par les objets, les parois et les occupants. Elle se répartie dans toute la pièce d'une manière homogène.

■ On distingue deux types de panneaux rayonnants :

- les modèles « ouverts » dont la partie avant est une grille ou une tôle ajourée (fig. 13.2) ;
- les modèles « fermés » dont la face avant est une plaque de verre ou de métal ou un panneau en pierre naturelle (ou reconstituée).

■ La **marque NF Electricité Performance catégorie C** garantit un matériel de qualité (thermostat électronique, une bonne résistance aux chocs électriques et thermiques, la fiabilité du corps de chauffe et des composants).

■ Les **radiateurs électriques dits à chaleur douce** comportent deux sources de chaleur à commandes séparées :

Fig. 13.2 Panneau rayonnant à grille perforée

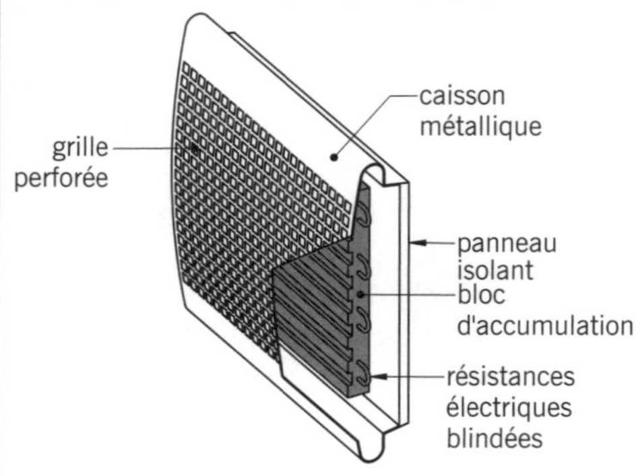

- un corps de chauffe en briques réfractaires à haute densité ou en matériau particulièrement dense (verre composite) qui, comme un accumulateur diffuse progressivement sa chaleur sans toutefois pouvoir la stocker ;
- une ou plusieurs résistances électriques indépendantes qui, en cas de besoin, apportent rapidement le complément de chaleur nécessaire.

■ Le **radiateur sèche-serviettes rayonnant** fonctionne comme un panneau rayonnant. Il est muni de plusieurs barres porte-serviettes. Certains modèles sont équipés d'un ventilateur pour une diffusion plus rapide de la chaleur.

13.3 Les accumulateurs électriques

■ L'**accumulateur électrique** ou **radiateur à accumulation** emmagasine dans un bloc en briques réfractaires, à haute densité, la chaleur produite par des résistances électriques fonctionnant généralement la nuit pendant les heures creuses EDF (période pendant laquelle la tarification de l'électricité est la plus basse). La chaleur est ensuite progressivement restituée tout au long de la journée. Les briques sont entourées de matériaux isolants. La régulation est assurée par un dispositif de charge électronique et un thermostat d'ambiance.

Les accumulateurs sont des appareils massifs et lourds (de 100 à plus de 200 kg suivant les modèles). Les parois peuvent atteindre des températures de surface de 60°C. Les matériaux placés dans l'environnement immédiat de l'accumulateur ne doivent pas être inflammables ou combustibles. Il faut prévoir une distance minimale de 50 cm entre la grille frontale de sortie d'air et tout objet (meuble, fauteuil...).

On distingue deux types d'accumulateurs :

- l'**accumulateur statique compensé** muni d'un volet dans sa partie supérieure. Celui-ci, commandé par le thermostat, libère la chaleur accumulée pendant la nuit (fig. 13.3). Une résistance additionnelle placée en partie basse fournit, en cas de grand froid ou en fin de période de restitution, un complément de chaleur diffusé par convection ;

Fig. 13.3 Accumulateur statique compensé

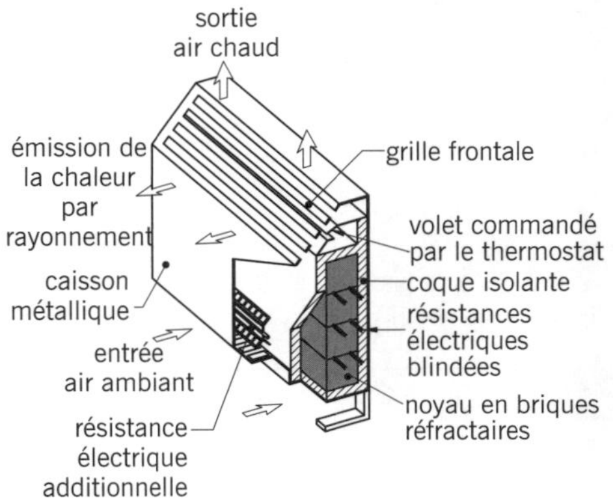

- l'**accumulateur dynamique** comporte en partie basse une turbine de ventilation contrôlée par le thermostat d'ambiance (fig. 13.4). Cette turbine force la circulation de l'air dans des conduits aménagés à l'intérieur des briques réfractaires. Lorsque la charge restante dans l'accumulateur est insuffisante pour assurer le chauffage en fin de journée, l'appareil dispose d'une fonction de relance (à 1/3, 2/3 ou 3/3 de la puissance totale). La **marque NF Electricité Performance catégorie 3** garantit un matériel fiable et de qualité, conforme aux normes en vigueur.

Le principal inconvénient de ces appareils est, outre leur poids, leur prix d'achat élevé.

Fig. 13.4 Accumulateur dynamique

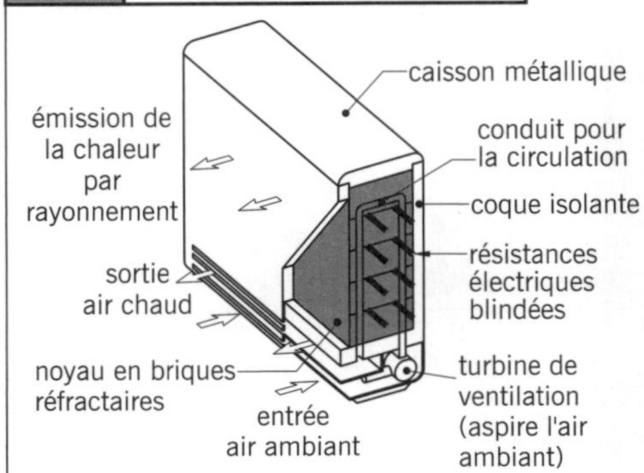

13.4 Le plancher rayonnant électrique (PRE)

■ Le **plancher rayonnant électrique (PRE)** est un procédé qui consiste à chauffer à l'aide de câbles électriques une dalle en béton qui se comporte alors un très grand radiateur diffusant par rayonnement une chaleur douce et homogène dans la pièce. Intégré au plancher, ce système de chauffage libère de la place au niveau du sol et des murs.

Le PRE fonctionne à basse température. L'arrêté du 23 juin 1978 impose aux planchers chauffants électriques ou à circulation d'eau chaude une température de surface de sol inférieure à 28°C. Les planchers chauffants actuels n'ont rien à voir avec les premiers systèmes installés dans les années 60, dont la température de surface élevée (voisine de 40°C) et la mauvaise répartition de la puissance installée provoquaient des désagréments (jambes lourdes et maux de tête).

■ Un PRE comprend les éléments suivants (fig. 13.5) :

- un **isolant thermique** mis en place sur le plancher porteur et bénéficiant d'un certificat ACERMI, classé au moins I4 (voir Tome 1). Plusieurs types de matériaux isolants peuvent convenir : polystyrène expansé de forte densité, polystyrène extrudé ou mousse rigide de polyuréthane. La présence de canalisations ou de gaines est interdite dans l'isolant ;
- des **câbles chauffants blindés** fixés mécaniquement sur les plaques isolantes. Les câbles doivent être placés au moins à 20 cm du nu intérieur fini des murs de façade et des bords du plancher. Il est interdit de disposer des éléments chauffants sous les équipements fixes reposant directement sur le sol (placards, meubles, appareils sanitaires et ménagers, cheminée d'agrément...). Les éléments chauffants doivent bénéficier d'un avis technique favorable ;
- une **chape en mortier ou en béton** de faible épaisseur (4 à 5 cm) destinée à enrober les éléments chauffants. Les chapes fluides à base de ciment sont compatibles avec le PRE. Seuls les produits bénéficiant d'un avis technique favorable sont autorisés. Un **treillis soudé** doit être mis en place dans la chape pour éviter les microfissures provoquées par le retrait du béton lors de sa prise et de son durcissement. Les canalisations et gaines ne doivent pas circuler dans la chape mais être incorporées dans un **ravoirage** (chape en mortier de quelques centimètres d'épaisseur réalisée directement sur le plancher porteur) ;

Fig. 13.5 Exemple de PRE

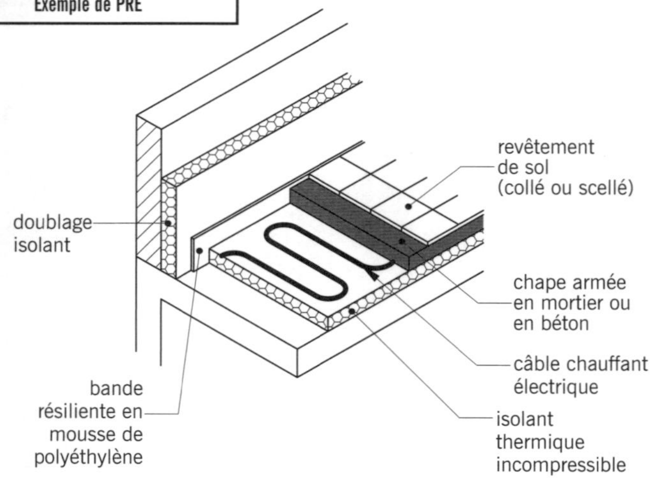

- un **revêtement de sol** dont la résistance thermique ne doit pas être supérieure à 0,15 m²°C/W afin d'assurer une bonne diffusion de la chaleur. Le carrelage peut être directement scellé sur la chape fraîche ou collé au mortier-colle sur la chape durcie. Certaines moquettes épaisses et les revêtements souples (avec une sous couche en mousse), ainsi que les parquets à lames massives de 23 mm d'épaisseur, sont incompatibles avec un PRE.

■ Pour limiter le flux de chaleur par la face inférieure du PRE, la résistance thermique R de l'isolant doit être au moins égale à :

- 2 m²°C/W si le plancher porteur est en contact avec l'extérieur, un vide sanitaire, un local non chauffé ou s'il est mis en place sur un terre-plein (fig. 13.6) ;

Fig. 13.6 PRE avec R isolant ⩾ 2

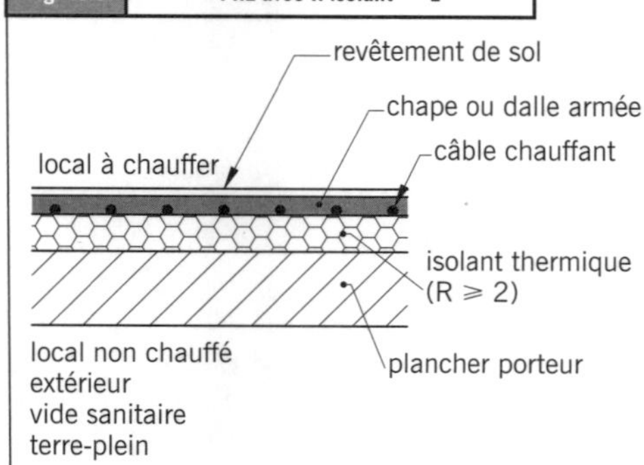

- 1 m²°C/W si le plancher porteur dispose déjà d'un isolant thermique (entrevous en polystyrène ou plaques isolantes rapportées en sous face) dont la résistance thermique est au moins égale à 1,5 (fig. 13.7) ;
- 1 m²°C/W si le plancher porteur est en contact avec un local chauffé (fig. 13.7).

Fig. 13.7 PRE avec R isolant ⩾ 1

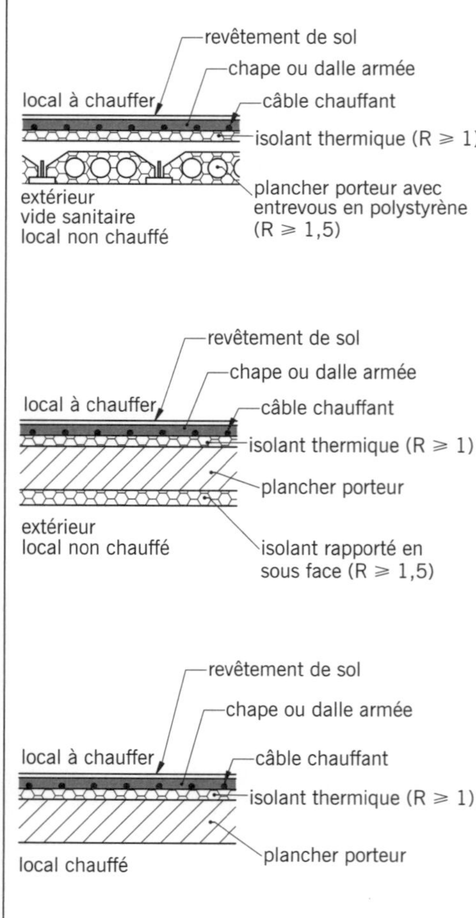

Fig. 13.8 Exemple de PRP

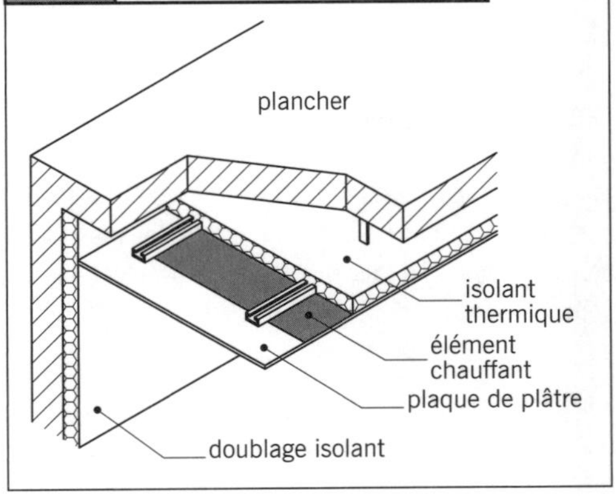

Pour en savoir plus

– *Cahier des prescriptions techniques communes CPT PRE 06/96,* relatif au chauffage par plancher rayonnant électrique. Document, au format pdf, à télécharger sur le site www.cstb.fr.

– Norme NF P 52-302 (DTU 65.7) : travaux de bâtiments. Exécution des planchers chauffants par câbles électriques enrobés dans le béton.

- Association pour la qualité du confort thermique. Documentation sur le site Internet www.promodul.fr.

13.5 Le plafond rayonnant plâtre (PRP)

■ Le **plafond rayonnant plâtre (PRP)** est un procédé de chauffage électrique intégré dans un plafond suspendu en plaques de plâtre. Des éléments chauffants échauffent par conduction les plaques de plâtre qui diffusent par rayonnement une chaleur homogène dans la pièce. Le PRP libère de la place au niveau du sol et des murs. La température en sous face du plafond n'excède pas 35°C en pleine puissance.

■ Un PRP comprend les éléments suivants (fig. 13.8) :

- un **plafond suspendu en plaques de plâtre** spécialement conçues pour cette utilisation ;
- des **éléments chauffants** posés sur les plaques de plâtre et recouverts d'une couche isolante en laine minérale. L'isolant doit posséder une résistance thermique minimale de 1 m°C/W. Cette valeur correspond à une épaisseur de plaque de 4 cm d'épaisseur environ. Les éléments chauffants ne doivent pas être placés à moins de 10 cm des cloisons, des poutres et du nu intérieur des murs de façade. Il existe des

Fig. 13.9 Exemple de panneau chauffant

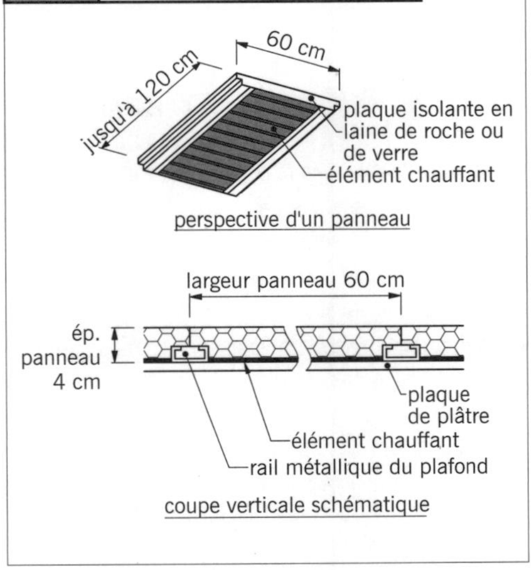

panneaux chauffants constitués d'un film métallisé contrecollé sur une plaque isolante rigide (fig. 13.9) ;

- une **isolation thermique complémentaire** éventuelle en laine minérale sous forme de panneaux semi-rigides ou rigides. Cette isolation doit être mise en place lorsque le PRP est installé sous un plancher dont la face supérieure est en contact soit avec l'extérieur soit avec un local non chauffé. L'épaisseur totale d'isolant doit être au moins égale à 20 cm ;

La réglementation impose de laisser un espace libre d'au moins 10 cm entre le plafond et tout élément de mobilier (meuble haut de cuisine, bibliothèque...).

Pour en savoir plus

– *Cahier des prescriptions techniques communes CPT PEC 12/93,* relatif aux équipements de chauffage électrique installés en plafond. Document, au format pdf, à télécharger sur le site www.cstb.fr.

– Norme NF P 72-203-1 (DTU 25.41) : travaux de bâtiment. Ouvrages en plaques de parement en plâtre. Plaques à faces cartonnées.

– *Sécurité des appareils électrodomestiques et analogues : règles particulières pour les films souples chauffants intégrés au bâti et pour les modules rayonnants.* Publication UTEC 73-999 disponible auprès de l'UTE (voir adresse en fin d'ouvrage).

– Association pour la qualité du confort thermique. Documentation sur le site Internet www.promodul.fr.

– *Plafond rayonnant plâtre.* Collection « Guide pratique ». Ouvrage édité par le CSTB.

Chapitre 14 : le chauffage solaire

L'énergie solaire peut être utilisée de trois façons différentes :

- l'**utilisation thermodynamique** consiste à concentrer le rayonnement solaire en un point à l'aide d'un grand nombre de miroirs orientables. Cette technique qui permet de produire de l'électricité est utilisée en France à titre expérimental car l'ensoleillement n'est pas suffisant. Elle n'est pas applicable au domaine de la maison individuelle ;
- l'**utilisation thermique** consiste à transformer le rayonnement solaire en chaleur par l'intermédiaire de capteurs solaires. L'énergie solaire thermique s'utilise principalement au travers de deux applications : le chauffage des locaux et celui de l'eau chaude sanitaire. Il existe pour la maison individuelle une gamme étendue de produits et d'équipements permettant d'utiliser l'énergie solaire thermique ;
- l'**utilisation photovoltaïque** consiste à produire de l'électricité à partir de cellules solaires photovoltaïques. Cette technique est encore peu utilisée en maison individuelle.

14.1 Les capteurs solaires

Il existe deux types de capteurs solaires : le capteur plat vitré et le capteur à tubes sous vide.

1 – Le capteur plat vitré

■ Le **capteur plat vitré** est le type de capteur le plus utilisé en maison individuelle (fig. 14.1). Il permet d'atteindre des températures d'eau de l'ordre de 70°C. Il comprend :

- un coffre généralement en aluminium dont le fond et les côtés sont fortement isolés en mousse de polyuréthane et/ou en laine minérale ;
- un absorbeur constitué de tubes en cuivre et d'une plaque revêtue d'une peinture noire spéciale favorisant l'absorption du rayonnement solaire ;
- un vitrage amovible en verre trempé.

Fig. 14.1 Capteur solaire plan

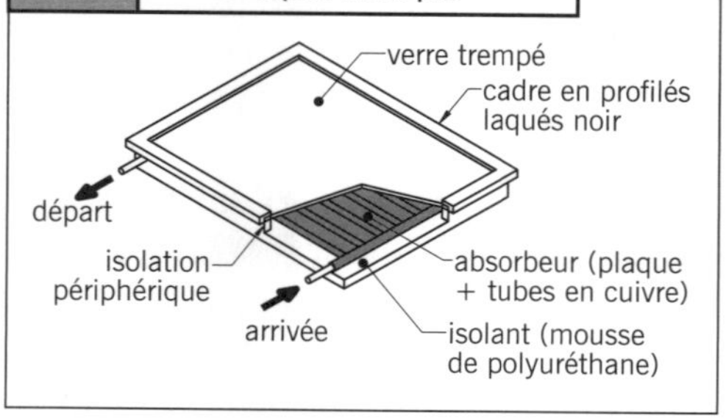

■ Le capteur fonctionne de la manière suivante : le rayonnement solaire qui traverse le vitrage est transformé en chaleur au contact de l'absorbeur (la présence du vitrage crée un effet de serre qui augmente le rendement du capteur). Cette chaleur est ensuite récupérée par conduction par le fluide qui circule dans les tubes de l'absorbeur. Le fluide, mis en mouvement par la pompe, transfert ensuite cette chaleur à l'eau d'un ballon d'ECS et/ou à la dalle d'un plancher chauffant.

Selon les modèles, le capteur peut être fixé sur la toiture (sans modification de celle-ci) à l'aide de supports métalliques appropriés, ou intégré dans la toiture à la place de quelques tuiles. Certains fabricants proposent des capteurs qui s'accordent parfaitement avec certains modèles de tuiles. Directement vissés sur les liteaux de la couverture, leur étanchéité périphérique est simplement assurée par emboîtement et recouvrement avec les tuiles voisines.

2 – Le capteur à tubes sous vide

■ Le **capteur à tubes sous vide** se présente sous la forme d'un panneau rectangulaire comportant une série de tubes transparents en verre (fig. 14.2). Chaque tube est constitué de deux cylindres concentriques scellés l'un à l'autre et entre lesquels le vide a été fait. Les verres reçoivent des traitements spécifiques de surface qui permettent de réfléchir puis d'absorber le rayonnement solaire (fig. 14.3). Le fluide caloporteur qui circule dans le tuyau en cuivre intégré dans chaque tube en verre récupère cette chaleur et la transfère à l'intérieur de l'habitation à une dalle de plancher chauffant et/ou à un ballon d'ECS. Le vide crée entre les deux épaisseurs de verre permet de réduire fortement les déperditions de chaleur et d'obtenir des températures d'eau élevées de l'ordre de 100°C. Le rendement d'un capteur à tubes sous vide est supérieur à celui d'un capteur plan vitré mais son coût est plus élevé.

Fig. 14.2 Capteur à tubes sous vide

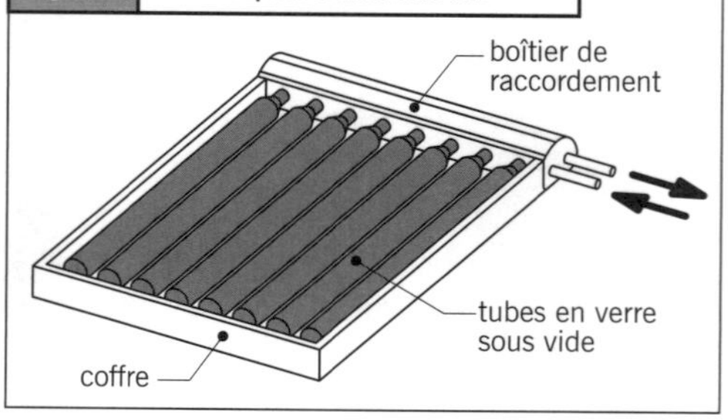

Fig. 14.3 Constitution d'un tube à vide (vue en coupe)

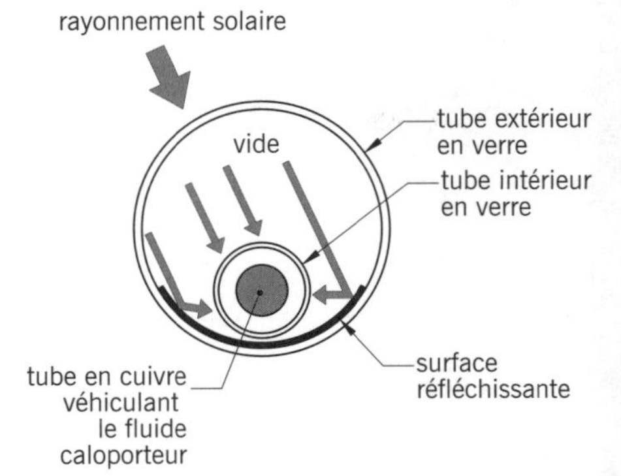

14.2 Les systèmes solaires combinés (SSC)

L'appellation « SSC » regroupe différents systèmes qui utilisent l'énergie solaire thermique pour le chauffage des locaux et pour la production combinée d'ECS. On distingue notamment le plancher solaire direct (PSD®) et les installations reposant sur l'hydroaccumulation.

1 – Le plancher solaire direct®

■ Dans ce système de chauffage, le fluide réchauffé dans les capteurs solaires est envoyé directement dans les tubes du plancher sans passer par un échangeur (fig. 14.4). La dalle en béton de 10 à 13 cm d'épaisseur qui enrobe les tubes du plancher chauffant, stocke la chaleur et, grâce à son inertie, la restitue ensuite progressivement par rayonnement. En hiver, la majeure partie de l'énergie solaire est utilisée pour le chauffage. A la mi-saison, une partie de cette énergie permet d'assurer un préchauffage de l'ECS stockée dans un ballon tandis qu'en été toute l'énergie est dirigée vers le ballon d'ECS.

Un PSD® ne permet pas de couvrir la totalité des besoins de chauffage et d'ECS. Il doit être complété

Fig. 14.4 Plancher solaire direct avec production d'ECS (schéma de fonctionnement)

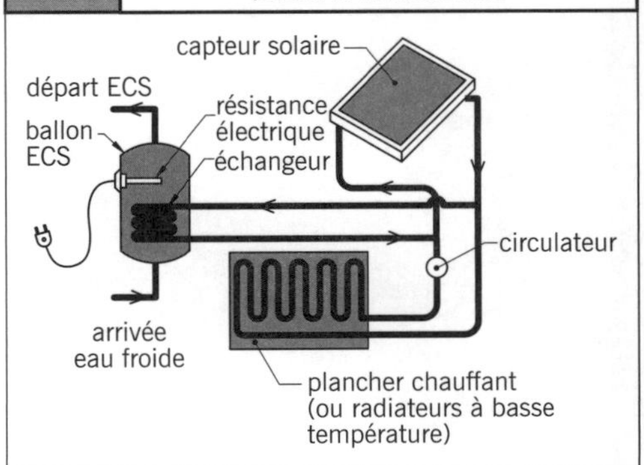

par un chauffage d'appoint. On distingue deux types de PSD® selon le type de chauffage d'appoint :

- le **PSD® avec appoint intégré**. Le complément d'énergie est assuré par une chaudière (fioul, gaz ou bois) qui prend le relais des capteurs pour chauffer l'eau circulant dans le plancher lorsque ceux-ci ne fournissent pas assez d'énergie. Un régulateur gère et optimise l'utilisation des deux énergies (énergie solaire et énergie apportée par la chaudière). L'ECS est produite dans un ballon équipé de deux échangeurs, l'un solaire et l'autre relié à la chaudière ;
- le **PSD® avec appoint séparé**. Le complément de chauffage peut être assuré par une cheminée, un insert, par un chauffage central avec radiateurs ou par des convecteurs et des panneaux rayonnants. Le système d'appoint pour l'ECS est soit une résistance électrique intégrée au ballon « solaire », soit un chauffe-eau à gaz instantané ne fonctionnant que pendant les périodes où l'énergie solaire sert exclusivement à chauffer le logement.

■ Le PSD® à lui seul permet, avec une surface de capteurs de 10 à 25 m² (pour une surface de 100 à 150 m² de plancher chauffant), de couvrir de 40 à 60 % des besoins de chauffage et d'ECS. Ce pourcentage varie en fonction de la situation géographique de l'habitation, de sa surface habitable, du nombre d'occupants et de leurs modes de vie (température souhaitée dans les pièces, fréquence des douches...).

2 – Les systèmes à hydroaccumulation

■ Ces systèmes comportent une grande cuve remplie d'eau chauffée par l'échangeur solaire et par une chaudière d'appoint. Cette eau stockée est utilisée pour le chauffage de l'habitation par le biais d'un plancher chauffant et/ou des radiateurs à basse température. L'ECS peut être chauffée soit au bain-marie dans un ballon immergé dans la cuve soit par l'intermédiaire d'un échangeur de chaleur propre à l'ECS (fig. 14.5).

Ce type de SSC est peu utilisé en France. Il est plus onéreux et d'une conception plus complexe que le PSD® et il nécessite la présence d'un ballon de stockage volumineux d'une capacité moyenne de 800 à 1 000 litres (pour une surface de 100 m² de plancher chauffant) auxquels il faut ajouter environ 200 litres pour l'ECS.

■ Avec un tel système, la surface des capteurs est largement suffisante pour couvrir les besoins d'ECS pendant l'été. Le fluide circulant dans les capteurs peut parfois atteindre, pendant les périodes chaudes, des températures très élevées. Les constructeurs proposent

Fig. 14.5 **SSC avec ballon d'hydroaccumulation (schéma de fonctionnement)**

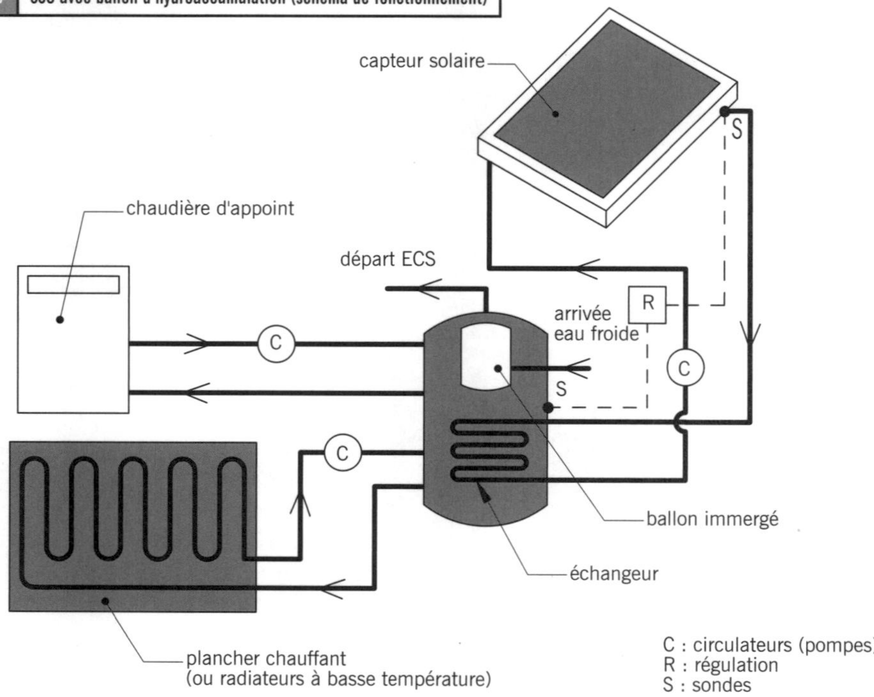

des dispositifs permettant d'éviter toute dégradation du matériel lors des surchauffes estivales : vidange automatique du capteur et des tubes de liaison, boucle de décharge, occultation des capteurs.

14.3 Le chauffe-eau solaire individuel (CESI)

1 – Les différents types de CESI

■ Il existe plusieurs types de chauffe-eau solaires individuels :

- le **CESI monobloc** est constitué d'un seul élément réunissant le capteur solaire et le ballon de stockage de l'eau chaude sanitaire (fig. 14.6). L'ensemble, installé sur la toiture, fonctionne selon le principe du thermosiphon : le fluide (eau + antigel) circule en circuit fermé sans l'aide d'une pompe, du capteur vers le ballon puis du ballon vers le capteur une fois ses calories cédés dans l'échangeur. Le fluide est mis naturellement en mouvement grâce à la différence de densité provoquée par la variation de température. Ce dispositif peu esthétique, difficile à intégrer sur une toiture, est surtout utilisé dans les régions où les températures extérieures sont clémentes. Des températures trop basses refroidiraient trop rapidement le ballon de stockage ;
- le **CESI à thermosiphon** fonctionne selon le même principe que le précédent (fig. 14.7). Le ballon de stockage est installé à l'intérieur de l'habitation mais il doit être placé plus haut que le capteur solaire ;
- le **CESI à circulation forcée** appelé aussi **CESI à éléments séparés** possède un circulateur (pompe électrique) qui met en mouvement le fluide dans les tuyauteries (fig. 14.8). Le ballon d'ECS peut être placé n'importe où dans l'habitation et pas nécessairement à proximité immédiate du capteur solaire.

■ Un dispositif de régulation électronique compare à l'aide de sondes, la température du fluide dans le capteur à celle de l'eau contenue dans le ballon. Si cette dernière est plus chaude, la régulation stoppe le fonctionnement du circulateur. Lorsque la température

Fig. 14.6 **Chauffe-eau solaire monobloc**

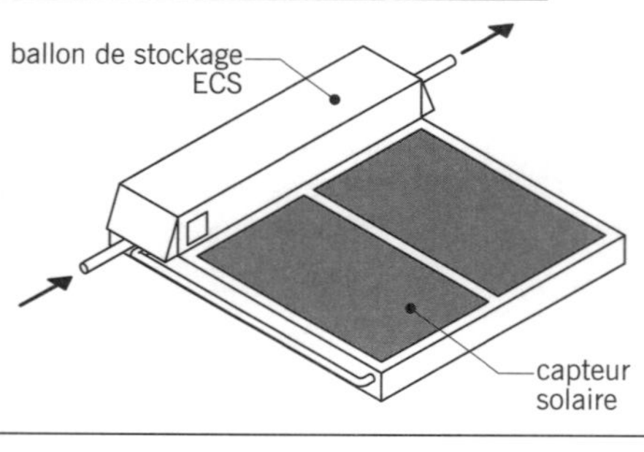

Fig. 14.7 **Chauffe-eau à thermosiphon (schéma de fonctionnement)**

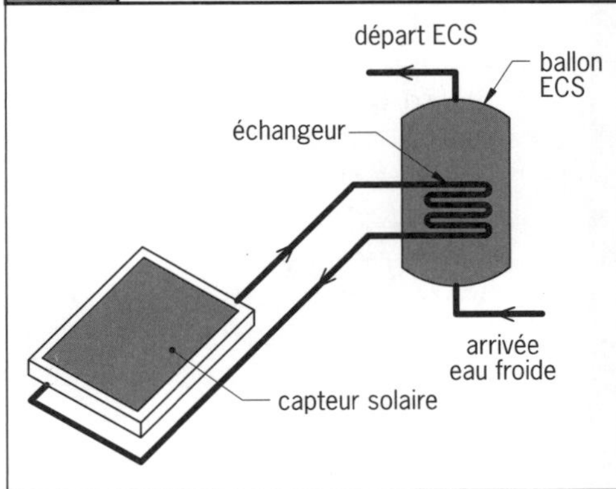

Fig. 14.8 **Chauffe-eau solaire à circulation forcée (schéma de fonctionnement)**

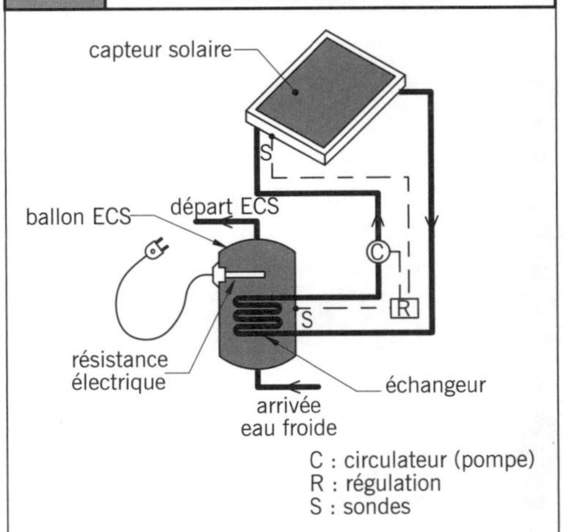

Fig. 14.9 **Exemple d'installation pour production d'ECS avec chaudière d'appoint**

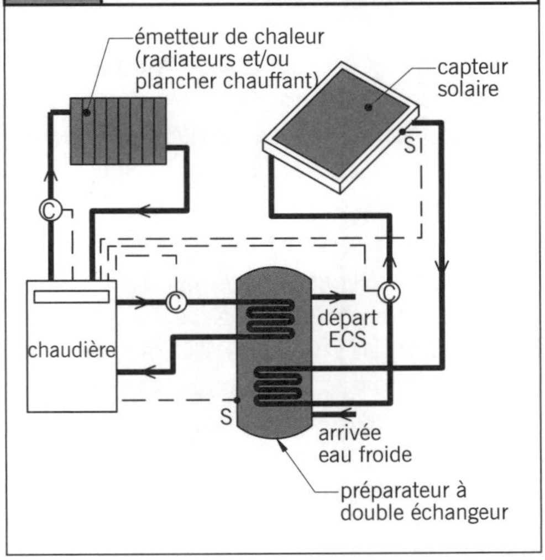

dans le capteur redevient supérieure à celle de l'eau dans le ballon, la pompe se remet en marche pour faire circuler le fluide.

■ Un CESI produit en moyenne 50 à 60% de l'ECS nécessaire aux besoins d'une famille de quatre personnes avec une surface de capteurs de 5 m² environ et un ballon de 300 litres. Un dispositif d'appoint est donc nécessaire pour assurer la totalité des besoins en ECS. Le ballon appelé aussi **préparateur solaire** peut être équipé soit d'une résistance électrique soit d'un second échangeur relié à la chaudière du chauffage central **(fig. 14.9 et 14.10)**.

Fig. 14.10 **Exemples de préparateurs solaires**

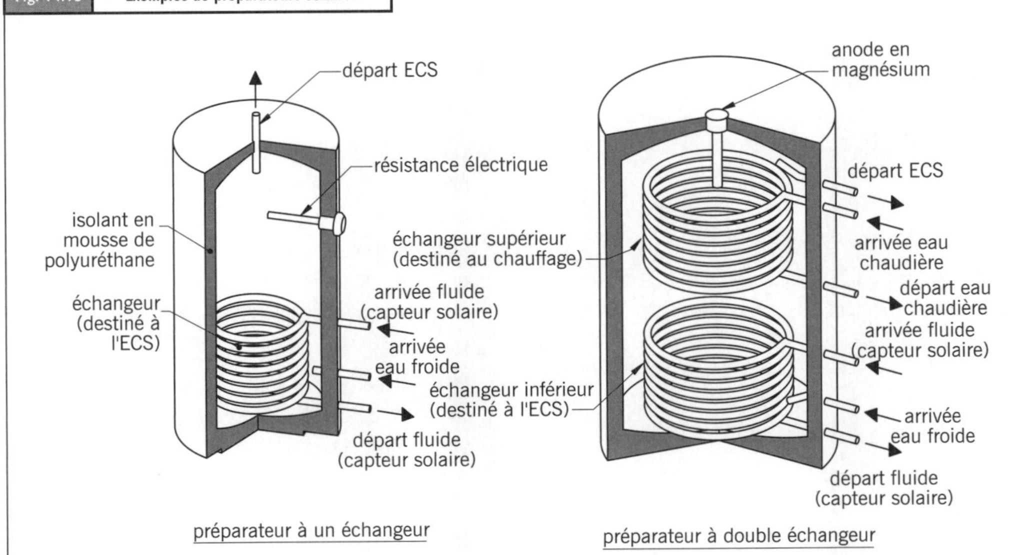

2 – Les aides financières

■ L'installation d'un SSC ou d'un CESI ouvre droit à plusieurs aides. Celles-ci sont liées à l'acquisition du capteur solaire disposant d'une certification CSTBat ou d'une certification Solar Keymark. L'ADEME recommande de faire appel à un installateur agrée Qualisol sans pour autant en faire une condition obligatoire pour l'obtention des aides.

Les principales aides financières sont :

- l'**aide éventuelle du Conseil régional**. La plupart des Conseils régionaux accordent une aide forfaitaire dont le montant varie d'une région à l'autre. Dans certaines régions, cette aide porte uniquement sur le montant de la main-d'œuvre de manière à permettre aux particuliers de bénéficier d'un crédit d'impôt à taux plein ;
- l'**aide éventuelle du Conseil général** ;
- l'**aide éventuelle de l'ANAH**. L'Agence nationale d'amélioration de l'habitat accorde parfois sous certaines conditions une aide de quelques centaines d'euros ;
- un **crédit d'impôt de 50 %** sur le montant des équipements installés (hors coût de la main d'œuvre) dans la résidence principale. Le montant maximum des dépenses ouvrant droit au crédit d'impôt pour la période du 01/01/2005 au 31/12/2009 est de 8 000 € pour une personne seule et de 16 000 € pour un couple marié ou pacsé. Le montant pris en compte concerne le coût TTC des équipements déduction faite des aides éventuelles des collectivités si ces aides concernent les équipements.

■ Pour en savoir plus ■

– Norme NF EN 12975 : installations solaires thermiques et leurs composants. Capteurs solaires :

- Partie 1 : exigences générales (durabilité, fiabilité, sécurité, identification du capteur) ;
- Partie 2 : méthodes d'essais (essais de fiabilité, de performances thermiques).

– Norme NF EN 12976 : installations solaires thermiques et leurs composants. Installations préfabriquées en usine :

- Partie 1 : exigences générales (résistance au gel, résistance à la pression, sécurité électrique) ;
- Partie 3 : méthodes d'essais.

– Norme XP ENV 12977.2 : installations solaires thermiques et leurs composants. Installations assemblées à façon. Partie 2 : méthodes d'essais (norme expérimentale).

14.4 L'énergie photovoltaïque

1 – Les modules photovoltaïques

■ Contrairement à l'énergie solaire thermique, l'énergie solaire photovoltaïque ne sert pas à chauffer les locaux mais à produire de l'électricité. Cette électricité est obtenue à partir de cellules photovoltaïques fabriquées en matériaux semi-conducteurs (le plus souvent en silicium cristallin) qui possèdent la propriété de convertir l'énergie du rayonnement solaire en courant électrique continu. Cette conversion de la lumière du soleil en électricité appelée **effet photovoltaïque** s'effectue sans fluide caloporteur, sans production de déchets ni pollution.

■ Les cellules sont câblées en série et réunies dans un même élément, le **module,** constitué le plus souvent d'un cadre en aluminium dont le fond et les côtés sont étanches et d'une face supérieure en verre trempé (fig. 14.11).

Un module photovoltaïque d'une surface de 1 m^2 produit en France, 80 à 120 KWh selon la région. Les besoins électriques annuels moyens d'une famille de quatre personnes (hors chauffage et production d'ECS) s'élèvent de 2 500 à 3 500 KWh. 25 à 35 m^2 de modules sont donc nécessaires pour subvenir à la totalité des besoins.

■ La société Imérys commercialise une **tuile photovoltaïque** qui est un module de 0,50 m^2 constitué de 36 cellules photovoltaïques. De formes et de dimensions équivalentes à cinq tuiles plates traditionnelles, ce module s'emboîte avec les tuiles voisines et s'intègre parfaitement à la toiture.

2 – Les types d'installations

On distingue deux types d'installations :

- l'électricité produite est stockée dans des batteries pour pouvoir être utilisée ultérieurement. Ce mode d'utilisation qui n'est pas adapté à la maison individuelle peut éventuellement convenir à de petites structures (refuge, chalet de montagne, camping-car...) non raccordées au réseau national électrique ;
- l'installation est raccordée au réseau de distribution national par l'intermédiaire d'un **onduleur** qui convertit le courant continu délivré par les cellules photovoltaïques en courant alternatif compatible avec le réseau de distribution (fig. 14.12). Le courant ainsi produit est consommé sur place par les appareils en fonctionnement ou réintroduit dans le réseau. Ce type d'installation nécessite la mise en place de deux

Fig. 14.11 **Cellule et module photovoltaïques**

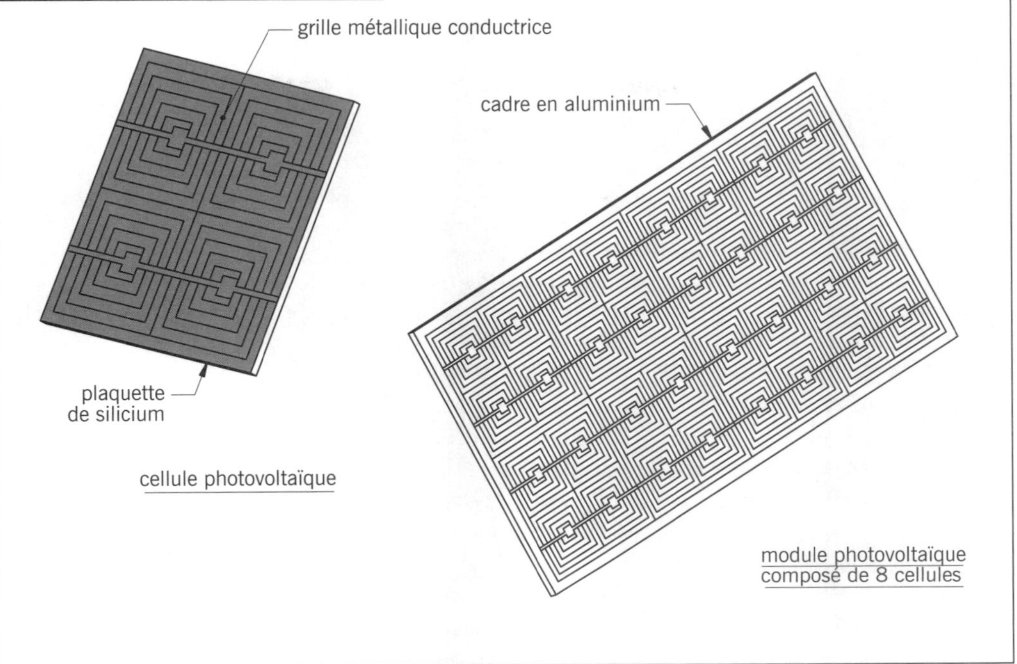

Fig. 14.12 **Modules photovoltaïques raccordés au réseau (schéma de principe)**

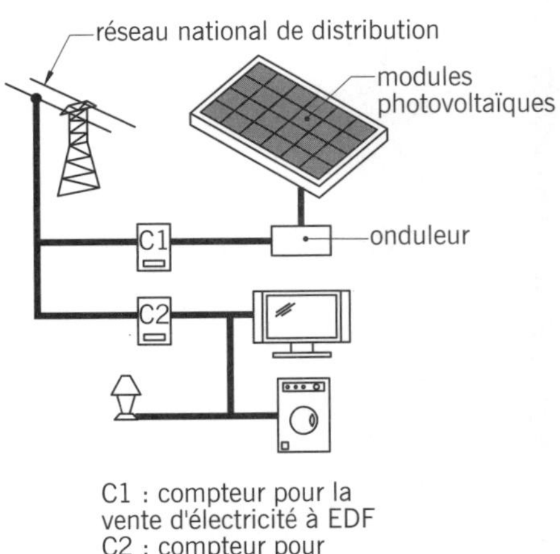

C1 : compteur pour la vente d'électricité à EDF
C2 : compteur pour l'achat d'électricité à EDF

compteurs : un pour mesurer la quantité d'électricité rachetée par l'exploitant du réseau et un autre pour mesurer la quantité d'électricité consommée par les occupants.

3 – Les aides financières

L'installation de modules photovoltaïques raccordés au réseau ouvre droit à plusieurs aides :

- l'**aide éventuelle du Conseil régional**. Certaines régions soutiennent le développement de l'énergie solaire photovoltaïque. Le montant de cette subvention (fixé en partenariat avec l'ADEME) est souvent lié au nombre de KWh installés. Il peut s'élever à plusieurs milliers d'euros ;
- l'**aide éventuelle communale**. Certaines communes accordent des aides dont le montant s'élève à quelques centaines d'euros ;
- un **crédit d'impôt de 50 %** sur le montant des équipements installés dans l'habitation principale (hors coût de la main d'œuvre). Le montant maximum des dépenses ouvrant droit au crédit d'impôt pour la période du 01/01/2005 au 31/12/2009 est de 8 000 € pour une personne seule et de 16 000 € pour un couple marié ou pacsé. Le montant pris en compte concerne le coût TTC des équipements déduction faite des aides éventuelles des collectivités si ces aides concernent les équipements ;
- dans le cadre d'un contrat d'achat conclu pour une durée de 20 ans, **le KWh photovoltaïque est acheté 55 centimes** par EDF pour les installations intégrées au bâti (arrêté du 10 juillet 2006).

FICHE ENVIRONNEMENT N°6

LA CONSTRUCTION DURABLE

■ Une **construction durable** est une construction qui s'avère économique tant pour sa réalisation que pour son utilisation et son entretien et dont l'impact environnemental est le plus faible possible.

Pour atteindre ces performances, plusieurs objectifs principaux sont à considérer :

- **réduire la consommation d'énergie** liée à l'utilisation du bâtiment par une conception architecturale rationnelle (volumétrie, orientation), par le développement des sources d'énergies renouvelables (solaire, géothermie) et par la mise en place d'une isolation thermique de qualité (suppression des ponts thermiques, doubles vitrages performants…). La maîtrise des consommations énergétiques passe également par la prise en compte de l'énergie grise des matériaux. L'**énergie grise** est la quantité d'énergie qui a été consommé pour extraire la matière première et fabriquer le matériau (ou le produit) de construction. Plus la quantité d'énergie grise d'un matériau est élevée, plus ce matériau participe à l'épuisement des ressources énergétiques et plus son impact sur l'environnement est grand (pollution de l'air notamment) ;
- **préserver les ressources naturelles** par l'utilisation de matières premières renouvelables et de matériaux facilement recyclables ;
- **utiliser des matériaux et des équipements de qualité** qui permettent à la construction de conserver ses performances physiques dans le temps. Choisir également des matériaux qui nécessitent peu d'entretien ;
- **réduire la consommation d'eau potable** par la mise en place de dispositifs économiseurs d'eau (chasse d'eau à double touche, mitigeur de douche, douchette à débit variable…) et favoriser la récupération des eaux de pluie pour l'arrosage du jardin et l'entretien des terrasses ;
- **assurer la santé des personnes** par l'emploi de matériaux « sains », non polluants. Certains matériaux ou équipements peuvent altérer la qualité de l'air intérieur (fibres minérales artificielles, solvant, colles, métaux lourds…).

LES MARQUES ET LES CERTIFICATIONS

■ La **marque Qualisol** gérée par l'association QUALIT'EnR garantit aux consommateurs la qualité des matériels solaires utilisés et les compétences professionnelles des entreprises qui les installent. Cette marque regroupe au niveau national près de 10 000 installateurs spécialisés dans la mise en œuvre de chauffe-eau solaires individuels (CESI) et de systèmes solaires combinés (SSC).

Les installateurs Qualisol signent une charte de bonne pratique et de qualité de services rendus aux clients. Ils s'engagent notamment à :

- posséder les compétences professionnelles requises pour la mise en œuvre des CESI et des SSC ;
- préconiser des matériels solaires sélectionnés par l'ADEME (seuls ces matériels ouvrent droit à la fois au crédit d'impôt et aux aides éventuelles régionales et locales) ;
- assurer auprès du client un rôle de conseil, à l'assister dans le choix des solutions techniques les mieux adaptées à ses besoins ;
- soumettre au client un devis descriptif écrit, complet et détaillé de l'installation solaire préconisée ;
- réaliser une fois l'accord du client obtenu, l'installation commandée dans le respect des normes et règles professionnelles en vigueur.

■ La **certification CSTBat** référence les équipements solaires les plus performants. Le laboratoire d'essais des procédés solaires (LEPS) du CSTB évalue les performances thermiques et mécaniques ainsi que la fiabilité et la durabilité des capteurs solaires thermiques (plans vitrés ou à tubes sous vide), des CESI à thermosiphon ou à circulation forcée et des SSC.

Les performances thermiques sont évaluées conformément aux normes européennes de test de matériels concernant les capteurs solaires et les SESI. Les performances mécaniques concernent essentiellement la bonne tenue au vent des capteurs solaires.

La fiabilité et la durabilité des procédés solaires sont évaluées à l'aide de différents tests dont un test de vieillissement qui correspond à une exposition prolongée du capteur solaire à certaines conditions climatiques pendant une période d'un an.

La certification CSTBat prend en compte à la fois le procédé lui même (validé par un avis technique) et l'exploitation de ce procédé.

■ La **certification Solar Keymark** est une certification européenne qui atteste de la qualité des capteurs solaires conformément aux normes européennes en vigueur. Elle ne prend pas en compte l'évaluation des procédés de mise en œuvre.

■ Pour en savoir plus ■

– Règlement et charte Qualisol à télécharger, au format pdf, sur le site Internet www.qualisol.org.

– Informations sur la certification Solar Keymark sur le site Internet www.estif.org/solarkeymark.

Chapitre 15 : la géothermie

■ L'énergie géothermique est l'énergie calorifique accumulée, stockée dans le sous-sol. Le principe de la géothermie consiste à récupérer cette énergie enfouie et à l'utiliser pour la production d'électricité ou pour alimenter des réseaux de chauffage. On distingue trois types de géothermie :

- la **géothermie haute énergie** qui utilise la chaleur contenue dans le sol à plus de 1 500 m de profondeur. Cette chaleur est récupérée en pompant les eaux chaudes (de 100 à 150°C) qui se trouvent à cette profondeur ou en faisant circuler, en circuit fermé, de l'eau dans des forages traversant des roches naturellement chaudes. La chaleur récupérée sert à entraîner des turbines pour la production d'électricité ;
- la **géothermie basse énergie** qui utilise des eaux chaudes souterraines dont la température est comprise entre 30 et 100°C. la chaleur récupérée est exploitée notamment pour le chauffage urbain collectif, le chauffage des serres et pour certaines applications industrielles ;
- la **géothermie très basse énergie** qui utilise la chaleur provenant non pas du sous-sol mais de la terre située en surface. Sur une profondeur de 60 à 100 cm, le sol constitue une réserve de chaleur naturelle renouvelée par le rayonnement solaire et les précipitations qui véhiculent des calories. Le terme « géothermie » peut sembler abusif car, à faible profondeur, la chaleur en provenance directe du sous-sol est quasi inexistante. Cependant cette appellation est aujourd'hui largement utilisée pour désigner ce mode de récupération de chaleur. Ce système de chauffage est utilisé pour les maisons individuelles. Il fonctionne à l'aide d'une pompe à chaleur selon trois dispositifs ou systèmes différents :

– le système à captage horizontal ;
– le système à captage vertical ;
– le système à captage sur nappe.

15.1 Le système à captage horizontal

■ Ce système comprend (fig. 15.1) :

- un **captage horizontal** composé d'un réseau de tubes en polyéthylène ou en cuivre gainé de polyéthylène pour la protection contre la corrosion. Ces tubes sont disposés horizontalement à l'extérieur de l'habitation et enterrés à faible profondeur (de 60 à 120 cm). La surface de captage nécessaire varie, selon les fabricants entre 1,5 et 2 fois la surface de plancher à chauffer. Le fluide circulant dans les tubes (eau glycolée ou fluide frigorigène selon le type de pompe à chaleur installée) collecte par conduction les calories du sol et les transmet à la PAC ;

Fig. 15.1 Système à captage horizontal

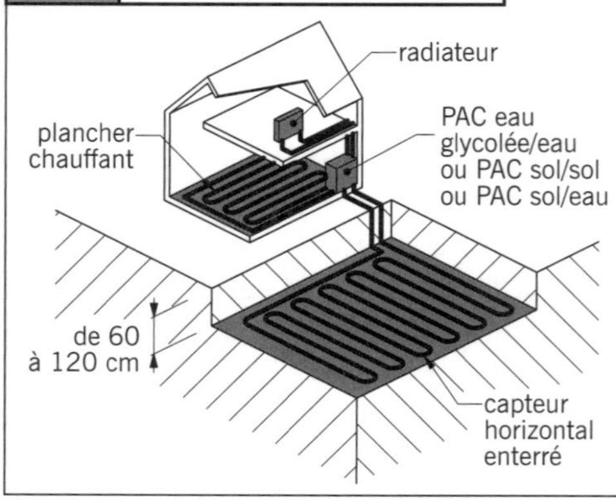

- une **pompe à chaleur** destinée à récupérer les calories du fluide circulant dans le captage horizontal et à les transférer à un niveau de température plus élevé au réseau de chauffage intérieur. Trois types de PAC (voir chapitre 11) peuvent être utilisées avec un captage horizontal (fig. 15.2) :

– la PAC sol/sol ;
– la PAC eau glycolée/eau ;
– la PAC sol/eau.

- un **plancher chauffant à basse température** constitué de tubes en polyéthylène ou en cuivre gainé posés horizontalement sur une couche isolante et enrobés dans une dalle en béton ;
- et/ou des **radiateurs** à circulation d'eau chaude et éventuellement des **ventilo-convecteurs** si l'installation est équipée d'une PAC réversible (pompe à chaleur qui fonctionne, l'été, en mode rafraîchissement) ;
- un dispositif éventuel de **production d'eau chaude sanitaire (ECS)** à accumulation avec ballon de stockage. Pendant les périodes de chauffage de l'habitation, la PAC préchauffe l'eau sanitaire (pendant les cycles programmables de préchauffage, la PAC se consacre uniquement à la production de l'ECS). En été, une résistance électrique placée dans le ballon prend le relais.

■ Ce système de chauffage exige une surface de terrain suffisante pour la mise en place des capteurs.

Fig. 15.2 Différents types de PAC

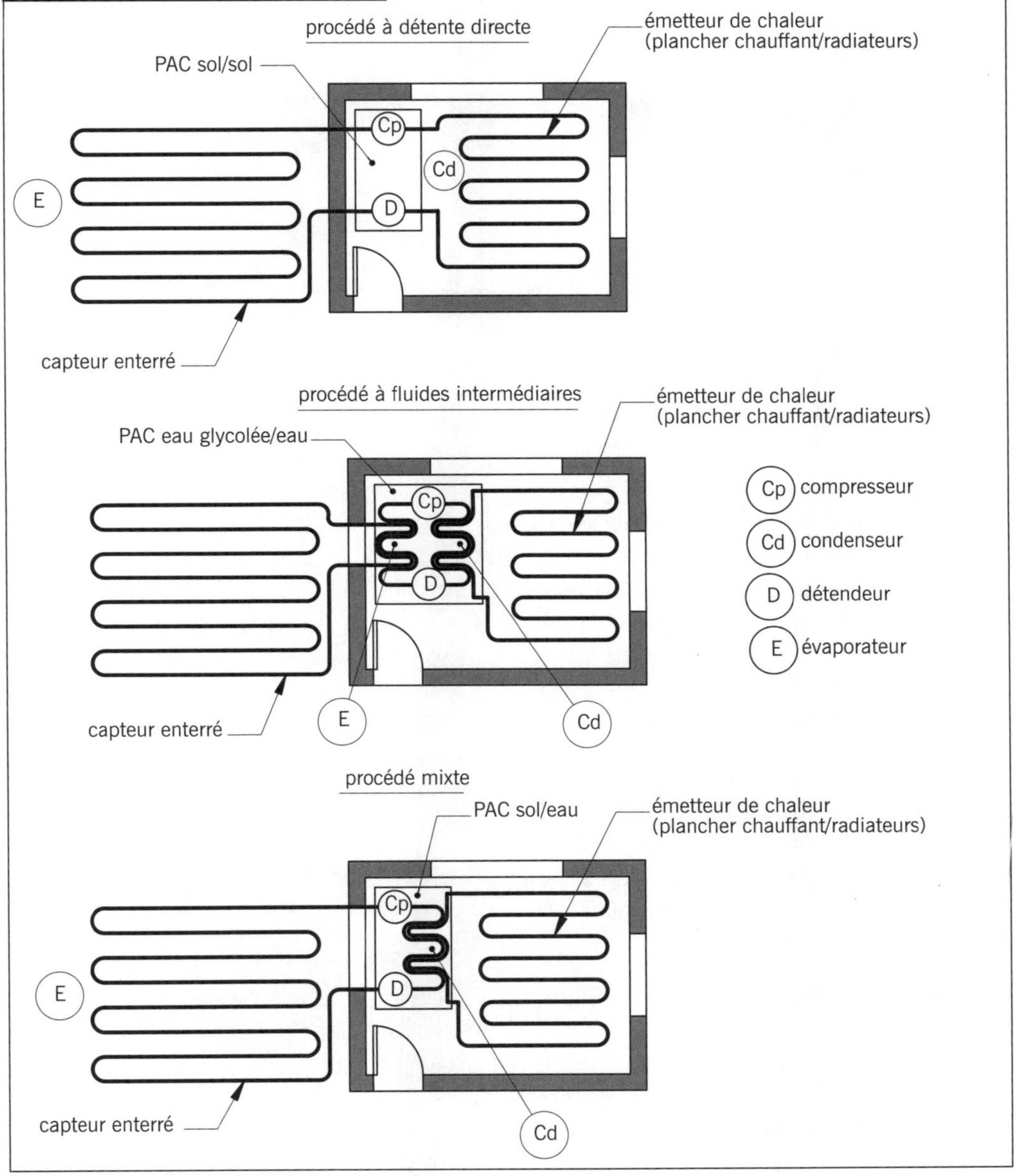

Ceux-ci doivent être implantés à plus de 2 mètres des arbres et à plus de 3 mètres des fondations et des dispositifs d'assainissement individuel (fosse septique, épandage).

15.2 Le système à captage vertical

■ Ce système comprend (fig. 15.3) :

- un **captage vertical** constitué d'un tube appelé aussi **sonde** plié en forme de U et mis en place dans un forage réalisé dans le sol (de 20 à 100 mètres de profondeur). On réalise le plus souvent deux forages distants d'au moins 10 mètres, chacun étant équipé d'une sonde. L'eau glycolée qui circule dans le tube en circuit fermé collecte par conduction les calories du sous-sol qu'elle transfère en surface à l'évaporateur d'une pompe à chaleur ;
- une **pompe à chaleur eau glycolée/eau**. Seul ce type de PAC peut être utilisé avec un captage vertical (les PAC sol/sol et sol/eau ne conviennent pas). La PAC récupère les calories emmagasinées par l'eau

Fig. 15.3 Système à captage vertical

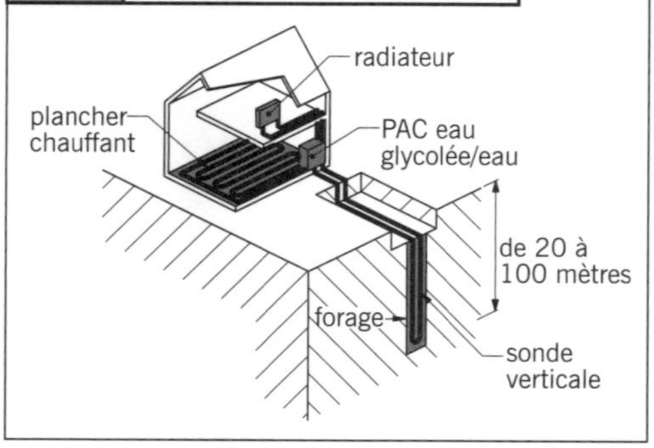

glycolée et les transfère, à un niveau de température plus élevé, au réseau intérieur de chauffage ;

- un **plancher chauffant à basse température** constitué de tubes en polyéthylène et éventuellement des **radiateurs** ;
- un dispositif éventuel de **production d'eau chaude sanitaire (ECS)**.

■ Ce système est plus coûteux que le captage horizontal (coût élevé des forages) mais il est plus performant car la température en profondeur est relativement constante quelle que soit la saison (à 15 m de profondeur, la température avoisine les 10 à 13°C). D'autre part, le dispositif de captage vertical occupe au sol une place réduite.

L'installation des sondes est soumise selon la région à autorisation ou déclaration préalable. Avant de réaliser un forage il faut contacter la Direction régionale de l'industrie, de la recherche et de l'environnement (DRIRE).

15.3 Le système à captage sur nappe

■ Ce système comprend (fig. 15.4) :

- un **dispositif de captage** comprenant un forage réalisé à la verticale d'une nappe phréatique et une pompe immergée dans la nappe. L'eau puisée circule dans l'évaporateur de la pompe à chaleur où elle cède ses calories. Cette eau est ensuite rejetée soit

Fig. 15.4 Système à captage sur nappe

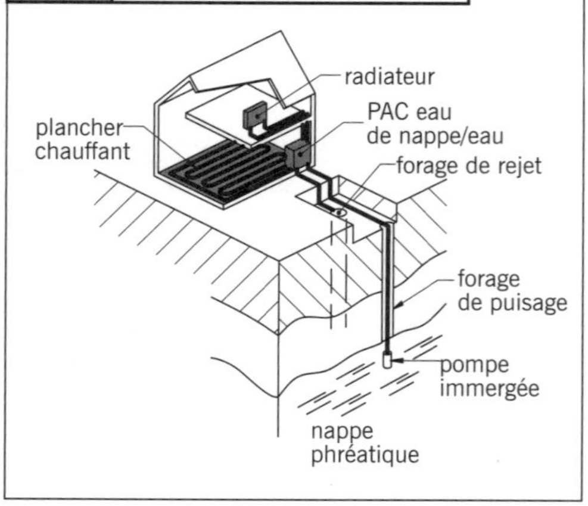

dans une rivière ou dans un plan d'eau (le rejet dans le réseau d'égout est interdit) soit réintroduite dans la nappe par l'intermédiaire d'un second forage. Le premier est appelé **forage de puisage** ou **puits d'aspiration** et le second **forage de rejet** ou **puits de restitution** ;

- une **pompe à chaleur eau de nappe/eau.** La PAC récupère les calories emmagasinées dans l'eau de la nappe et les transfère, à un niveau de température plus élevé, au réseau intérieur de chauffage ;
- des émetteurs de chaleur de type **plancher chauffant à basse température** et/ou **radiateurs** ;
- un dispositif éventuel de **production d'ECS**.

■ Ce système est peu utilisé en maison individuelle car il nécessite la présence d'une nappe souterraine dont l'approvisionnement en eau doit être suffisant et stable dans le temps. La réalisation des forages et l'exploitation des eaux souterraines sont soumis à une autorisation préalable délivrée par la DRIRE.

La procédure **AQUAPAC** développée par L'ADEME, le BRGM et EDF consiste à garantir au maître d'ouvrage, sous réserve du paiement d'une assurance, le versement d'une indemnité si la recherche d'une ressource en eau souterraine échoue ou si le débit de la nappe diminue en cours d'exploitation.

Chapitre 16 : la climatisation

■ Dans son rapport du mois d'août 2004, l'Agence française de sécurité sanitaire de l'environnement (AFSSE)(23) précise que « la climatisation n'est pas la première solution à envisager pour garder un logement frais l'été. Sa généralisation irait en effet dans le sens d'une augmentation importante des consommations d'énergie en période d'été alors que les moyens de production d'énergie électrique sont limités par la diminution des débits des cours d'eau. De plus, les fluides frigorigènes utilisés dans ces systèmes sont susceptibles d'être relâchés dans l'atmosphère à l'occasion de fuites inévitables des circuits ou en fin de vie des appareils dont les gaz frigorigènes sont néfastes pour l'environnement : ce sont en particulier de puissants gaz à effet de serre ».

■ Diverses dispositions constructives peuvent être mises en œuvre afin de maintenir des conditions de confort acceptables en cas de forte chaleur sans nécessiter l'installation d'une climatisation.

Lors de la conception du bâtiment, il est recommandé de :

- réaliser une isolation thermique de qualité par la mise en place de fortes épaisseurs d'isolant, par la suppression des ponts thermiques qui laissent autant sortir la chaleur intérieure en hiver qu'entrer la chaleur extérieure en été. De ce point de vue, une isolation thermique par l'extérieur est plus efficace qu'une isolation par l'intérieur ;
- réduire les apports solaires par la présence proche d'arbres à feuilles caduques, par la mise en place de dispositifs de protection et d'occultation des baies vitrées (auvent, volets, store bannes...).

Lors des périodes de chaleur :

- laisser toutes les fenêtres fermées pendant la journée ;
- ventiler largement pendant la nuit, en créant des courants d'air, pour évacuer toute la chaleur accumulée et stockée dans les murs, sols et meubles.

■ Si toutefois l'emploi d'un climatiseur s'avère indispensable, il faut choisir, parmi les très nombreux systèmes et modèles commercialisés, celui qui s'adaptera le mieux à la construction et qui saura répondre à vos attentes. Il ne faut surtout pas choisir dans l'urgence un équipement qui pourrait, à l'usage, se révéler inadapté et coûteux.

Un climatiseur utilise les mêmes composants qu'une pompe à chaleur et fonctionne suivant le même principe thermodynamique. Mais, tandis que la PAC alimente généralement une installation de chauffage central à eau chaude, le climatiseur agit directement sur l'air intérieur sans passer par l'intermédiaire d'un circuit d'eau. Sous sa forme courante, le climatiseur absorbe la chaleur du local dans lequel il est installé et l'évacue à l'extérieur grâce à un fluide réfrigérant qui circule en circuit fermé. On distingue différents types de climatiseurs et de procédés de climatisation :

- les climatiseurs monoblocs ;
- les climatiseurs à unités séparés ;
- la climatisation centralisée ;
- la climatisation réversible.

16.1 Les climatiseurs monoblocs

Les climatiseurs monoblocs regroupent dans un même appareil l'ensemble des composants d'une pompe à chaleur (condenseur, évaporateur, compresseur et détendeur). Ce type d'appareil destiné à climatiser une seule pièce est commercialisé sous deux formes différentes :

- le **climatiseur fixe** appelé aussi **climatiseur window** (fig. 16.1 et 16.2) s'installe dans un mur de façade ou à la place d'une fenêtre avec une moitié de l'appareil situé à l'extérieur et l'autre moitié à l'intérieur. Difficile à intégrer sur le plan esthétique, ce type de climatiseur est peu utilisé en maison individuelle. Sa puissance frigorifique est comprise, selon les modèles, entre 2

Fig. 16.1 Climatiseur window

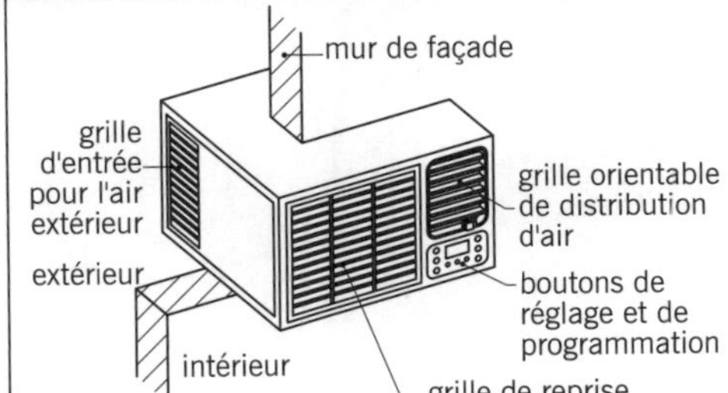

(23) *Impacts sanitaires des installations de climatisation. Domicile des particuliers, habitats collectifs, habitat individuel.* Dossier à télécharger, au format pdf, sur le site www.afsse.fr.

Fig. 16.2 **Climatiseur window (coupe verticale schématique)**

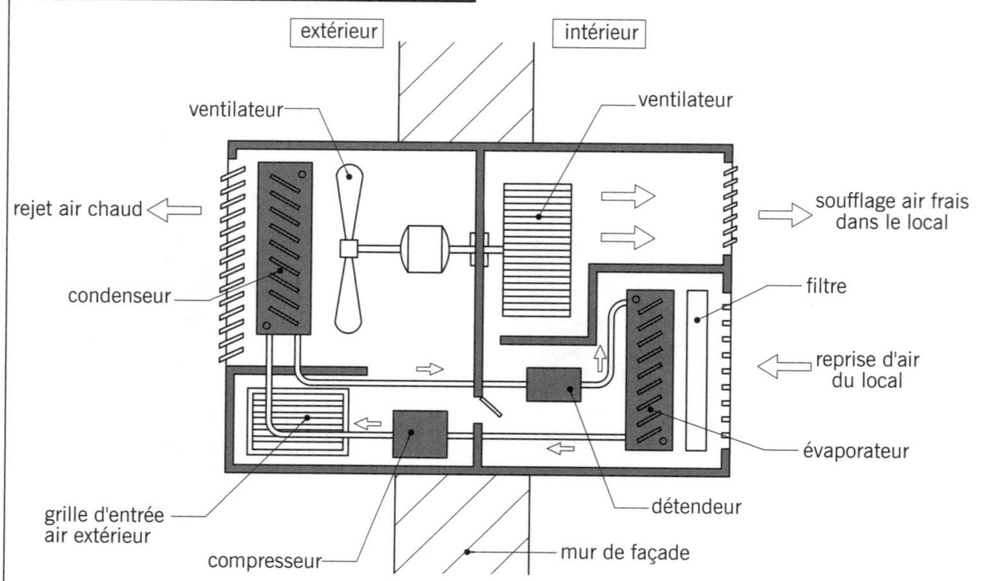

et 6 KW. Le niveau sonore est assez élevé de l'ordre de 40 à 50 dB ;

- le **climatiseur mobile** est équipé de roulettes (fig. 16.3). Le rejet des calories s'effectue par une gaine flexible dont l'extrémité débouche à l'extérieur. La solution la plus efficace consiste à faire passer le flexible par un trou ménagé dans le mur. Il n'est pas conseillé de le placer dans l'entrebâillement d'une fenêtre car l'air chaud rejeté risque de revenir aussitôt dans la pièce. La mobilité de ce type d'appareil est toute relative à moins de multiplier les trous dans les murs de façade ! La puissance frigorifique peu élevée (de 2 à 4 KW) ne permet de climatiser correctement que les pièces de surfaces moyennes (10 à 15 m^2).

Fig. 16.3 **Climatiseur monobloc mobile**

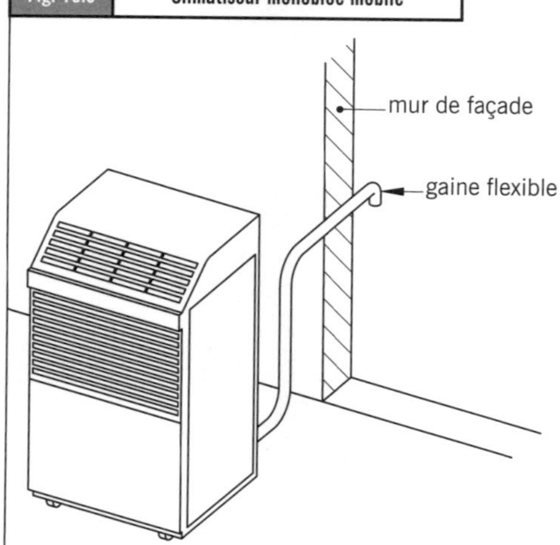

Les climatiseurs monoblocs sont souvent livrés avec une télécommande qui permet à distance de programmer toutes les fonctions principales.

16.2 Les climatiseurs à unités séparées

■ Couramment appelé **split** (de l'anglais, *to split* = séparer), ce type de climatiseur comprend deux parties distinctes, reliées entre elles soit par une gaine flexible, soit par une conduite rigide :

- l'élément situé dans la pièce à climatiser est appelé **unité intérieure**. Il réunit l'évaporateur et son ventilateur, le détendeur. L'unité intérieure assure également les fonctions d'épuration et de déshumidification. Elle est équipée de filtres qu'il faut changer ou nettoyer régulièrement ;
- l'élément situé à l'extérieur est appelé **unité extérieure**. Il comporte le condenseur et son ventilateur ainsi que le compresseur.

Ces climatiseurs sont généralement fournis avec une télécommande qui permet à distance de programmer de nombreuses fonctions : réglage de la température, mise en marche et arrêt sur 24 h, mode de refroidissement progressif ou accéléré...

■ Le **climatiseur split système mobile ou bibloc** possède une unité extérieure fixe et une unité intérieure mobile sur roulettes (fig. 16.4). L'unité extérieure peut être fixée au mur ou posée sur une terrasse ou un balcon. La gaine flexible reliant les deux unités regroupe les circuits aller et retour du fluide frigorigène et la liaison électrique.

Fig. 16.4 Climatiseur split-système à unité intérieure mobile

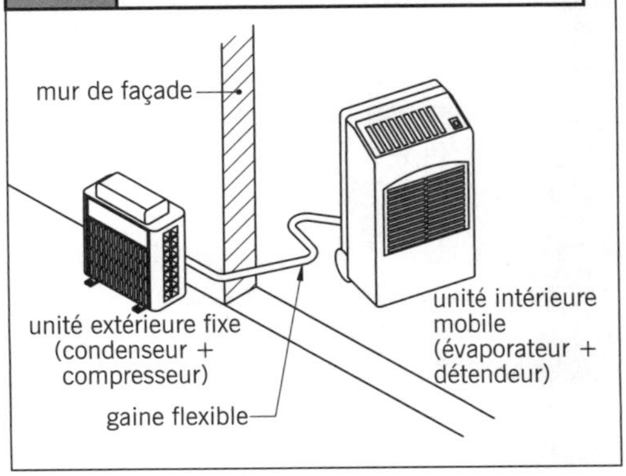

■ Le **climatiseur split système fixe** dispose de deux unités fixes, une à l'intérieur et l'autre à l'extérieur, reliées entre elles par des conduites rigides (fig. 16.5). L'unité intérieure installée dans la pièce à rafraîchir peut être soit fixée au mur, en allège ou en hauteur, soit positionnée sous le plafond ou intégrée dans un faux plafond (cassette pour plafond suspendu). C'est dans cette catégorie de climatiseurs qu'il existe le plus grand choix d'appareils. La plupart d'entre eux sont disponibles en version réversible.

■ Le **climatiseur multisplit fixe** ou **multibloc** comprend plusieurs unités intérieures (de deux à quatre) raccordées sur la même unité extérieure. La puissance globale frigorifique est fractionnée : chaque pièce est climatisée de façon indépendante et dispose d'une régulation individuelle.

■ Les climatiseurs splits sont généralement plus silencieux que les climatiseurs monoblocs car le compresseur qui est, en partie, responsable du bruit est situé dans l'unité extérieure hors du local. Pour les modèles dédiés à la maison individuelle, les puissances disponibles varient de 2 à 10 KW.

16.3 La climatisation centralisée

■ Il existe deux types de climatisation centralisée :

- la technique du **plancher chauffant rafraîchissant** qui consiste, en été, à faire circuler de l'eau rafraîchie

Fig. 16.5 Climatiseur split système fixe

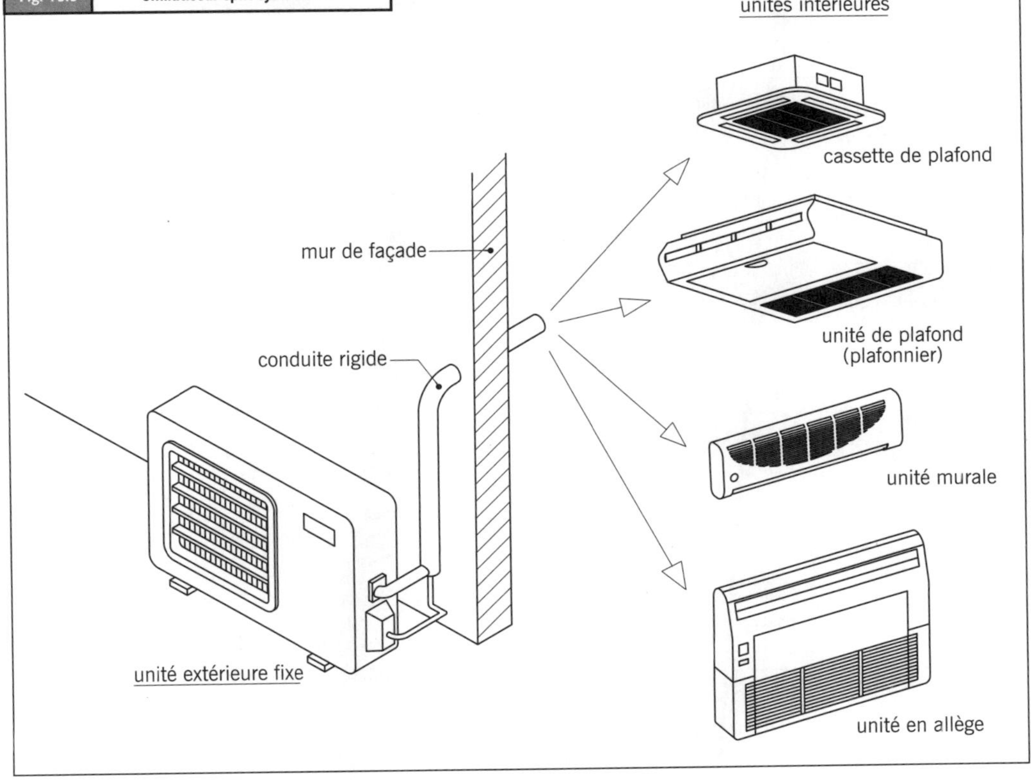

dans les tubes du plancher (voir chapitre 12). Ce système nécessite la mise en place d'une pompe à chaleur ;

- la **climatisation centralisée par gaines** qui comprend les éléments constitutifs suivants (fig. 16.6) :

– une **unité extérieure** regroupant le condenseur avec son ventilateur et le compresseur ;

– une **unité intérieure** installée généralement dans les combles, au-dessus d'un faux-plafond ou d'un plancher. Cette unité réunit l'évaporateur et son ventilateur, le détendeur et le filtre à air ;

– une **liaison frigorifique** constituée des circuits aller et retour du fluide frigorigène ;

– un **réseau de gaines flexibles** isolées dont une extrémité est raccordée à l'unité intérieure et dont l'autre débouche dans les pièces à climatiser.

Fig. 16.6 Climatisation centralisée (schéma d'implantation)

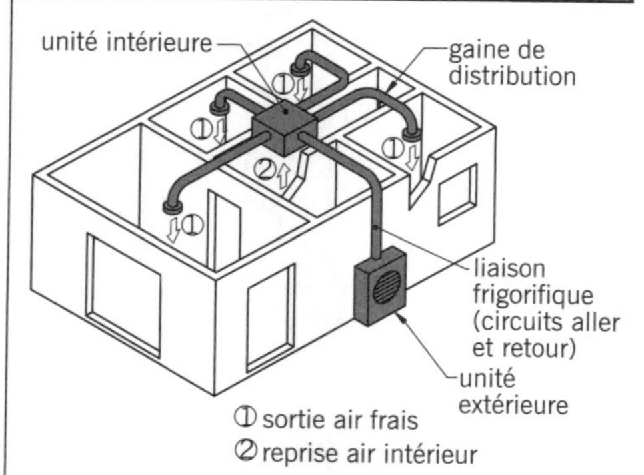

■ L'unité intérieure absorbe la chaleur de l'air ambiant par une grille de reprise installée le plus souvent dans le couloir. Les sorties d'air frais reliées aux gaines sont disposées au plafond. La figure 16.6 présente la disposition la plus courante mais il existe d'autres types d'installations :

- l'unité extérieure (équipée de deux compresseurs) est associée à deux unités intérieures, l'une dédiée à la zone nuit (chambres et salle de bain) et l'autre à la zone jour (séjour, salon et coin repas). Ce système permet d'individualiser la climatisation pour chacune des zones et d'obtenir une meilleure régulation ;
- l'unité extérieure est reliée à une unité intérieure installée dans les combles et réservée à la zone nuit et à plusieurs unités intérieures (de type plafonnier ou mural) installées dans les pièces de jour. Cette disposition présente l'avantage d'individualiser les réglages et de bénéficier d'une climatisation plus puissante dans la zone jour.

■ La climatisation centralisée gainée est relativement silencieuse, les deux unités principales étant situées hors de la zone habitable. La puissance frigorifique globale peut atteindre 25 KW. Les différents types d'installations évoqués ci-dessus sont disponibles en version réversible.

16.4 La climatisation réversible

■ Un **climatiseur réversible** remplit deux fonctions : il rafraîchit en été et il chauffe en hiver (fig. 16.7).

En mode rafraîchissement, l'évaporateur situé dans l'unité intérieure capte la chaleur du local et la transfère au fluide frigorigène. Celui-ci la cède à l'extérieur par l'intermédiaire du condenseur situé dans l'unité extérieure.

En mode chauffage, le cycle s'inverse, le condenseur devient l'évaporateur. Il prélève les calories dans l'environnement extérieur tandis que l'évaporateur qui agit alors comme un condenseur les diffuse dans le local à chauffer. Plus la température extérieure est basse et plus il est difficile pour le climatiseur de prélever

Fig. 16.7 Climatiseur réversible à deux unités (coupes schématiques)

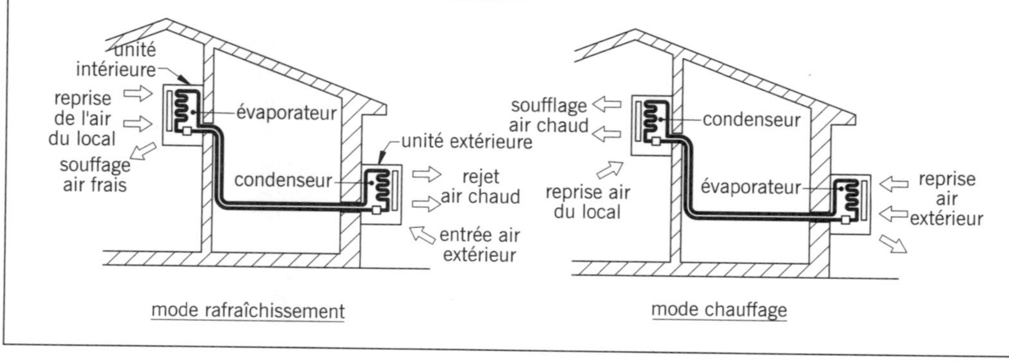

des calories à l'extérieur. Des résistances électriques additionnelles apportent, en cas de grand froid, le complément de chaleur nécessaire.

La technologie dite « Inventer » utilise un compresseur à vitesse variable qui assure une régulation précise de la température en fonction des besoins réels tant en mode rafraîchissement qu'en mode chauffage. D'autre part, cette technologie adoptée par de nombreux fabricants permet de réduire la consommation d'électricité et de diminuer les bruits de fonctionnement des équipements.

16.5 Le puits provençal

■ Le **puits provençal**, appelé aussi **puits canadien**, est une technique de climatisation naturelle qui consiste à faire circuler, dans un tuyau enterré, de l'air en provenance de l'extérieur avant de l'introduire dans l'habitation.

La température du sol, à deux mètres de profondeur, en été, est inférieure à la température extérieure. Par conséquent, l'air extérieur va se rafraîchir tout au long de son trajet sous terre avant d'entrer dans la maison.

L'installation d'un puits provençal comprend les équipements suivants (fig. 16.8) :

- la **bouche d'admission d'air** constituée d'un tuyau vertical de un mètre de hauteur au minimum muni à son extrémité d'un chapeau laissant passer l'air tout en empêchant l'entrée des feuilles mortes, des rongeurs et des insectes ;
- un **tuyau** de 160 à 200 mm de diamètre enterré à une profondeur de 1,50 à 2 mètres. Si la configuration du terrain ne permet pas une pose droite, le tuyau peut cheminer en zigzag, voire être doublé. Il doit être posé avec une pente de 2 à 3 %, dirigée vers l'habitation, de manière à permettre aux condensats éventuels de s'évacuer par gravité. Le tuyau peut être en PVC, en PEHD (polyéthylène à haute densité) ou en PE (polyéthylène ordinaire) ;
- **l'arrivée dans la maison** : si le tuyau débouche dans une cave ou un vide sanitaire de hauteur suffisante, son extrémité sera munie d'un siphon pour l'évacuation des condensats et d'un bouchon de visite. En l'absence de sous-sol, il faut prévoir à l'extérieur de l'habitation un regard de visite destiné à recevoir le siphon ;
- un **ventilateur** pour aspirer l'air extérieur et le souffler dans la maison.

■ Il est possible d'associer le puits provençal à une VMC simple flux. L'air neuf, au lieu de pénétrer par les entrées d'air placées au-dessus des fenêtres et des portes-fenêtres des pièces principales, est introduit dans la maison par l'intermédiaire du puits provençal. L'été, cet air rafraîchi contribue à la baisse de la température intérieure avant d'être extrait par la VMC. L'hiver, cet air légèrement préchauffé permet de réaliser des économies de chauffage.

Fig. 16.8 Puits provençal (schéma de principe)

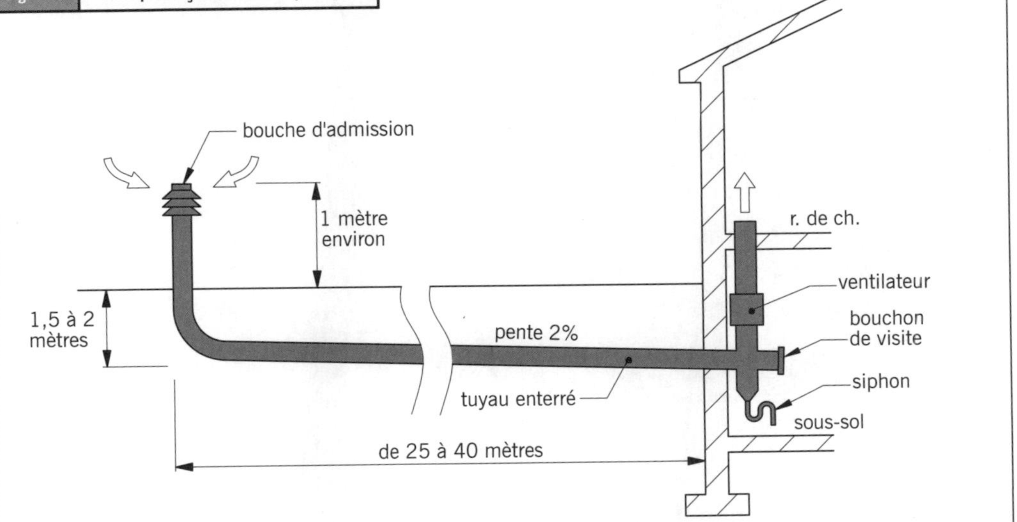

FICHE ENVIRONNEMENT N°7

LES POLLUANTS DE L'AIR INTÉRIEUR

Si la qualité de l'air extérieur est devenue depuis plusieurs années une source de préoccupation majeure, celle de l'air intérieur des logements n'est étudiée et analysée que depuis peu de temps.

Pourtant nous passons chaque jour près de 90 % de notre temps dans un espace clos (habitation, lieux de travail, commerces...) où on trouve de plus en plus de nouveaux produits et de matériaux aux compositions complexes qui libèrent dans l'air de nombreuses substances polluantes. Les parois très étanches de ces espaces clos, par souci d'économies d'énergie, emprisonnent ces gaz nocifs.

L'**Observatoire de la qualité de l'air intérieur (OQAI)** a mis en place, à l'échelle nationale, un dispositif de collecte de données sus les polluants de l'air intérieur. Les informations regroupées ci-dessous proviennent, en partie, de l'OQAI.

1 – Les fibres minérales

Les fibres minérales artificielles sont les principaux constituants des laines isolantes telles que la laine de verre et la laine de roche (voir Fiche Environnement n°3 page 187).

En 2001, le centre international de recherche sur le cancer (CIRC) a décidé de classer dans le groupe 3 (substances inclassables quant à leur cancérogénicité pour l'homme) les laines minérales qui appartenaient précédemment au groupe 2B (substances pouvant être cancérogènes pour l'homme) parce que plusieurs études donnaient des indications insuffisantes de risque de cancer chez l'homme.

Les laines minérales artificielles sont irritantes pour la peau, les yeux et la gorge. Elles peuvent provoquer des démangeaisons souvent transitoires mais qui peuvent récidiver dans le cas d'une exposition prolongée.

Le liant utilisé dans la plupart des laines minérales artificielles est à base de formaldéhyde (voir ci-après).

2 – Le monoxyde de carbone

Le monoxyde de carbone (CO) est un gaz toxique, incolore et inodore qui se forme lorsque des matières contenant du carbone (bois, charbon, essence) brûlent en l'absence d'air neuf. La combustion alors incomplète donne lieu à des émanations de CO qui sont souvent à l'origine de décès accidentels.

Les équipements responsables d'intoxication sont les appareils de combustion (poêles à charbon, chauffe-eau, appareils de chauffage d'appoint) non ou mal raccordés à un conduit d'évacuation ou fonctionnant dans de mauvaises conditions d'aération. La fumée de cigarette et les gaz d'échappements des moteurs sont également des sources d'émission de CO.

Les symptômes sont plus ou moins graves selon la concentration de CO de l'air et la durée d'exposition : maux de tête, vertiges, vomissements, perte de connaissance pouvant aller jusqu'à la mort. Pour prévenir ce type d'accidents, il faut respecter impérativement les règles d'utilisation des appareils de combustion, assurer un entretien régulier de ces appareils (réglage et nettoyage) et ne les utiliser que dans des locaux suffisamment ventilés (ne pas obturer les bouches d'aération, même en hiver).

3 – La fumée de tabac

La fumée de tabac est le plus nocif de tous les polluants intérieurs. Elle est un mélange de plusieurs centaines de composés différents (nicotine, goudrons, monoxyde de carbone...) et de gaz irritants dont certains sont cancérogènes (benzène, formaldéhyde..). La fumée de tabac est classée par le CIRC dans le groupe 1 (substance cancérogène pour l'homme).

4 – Les composés organiques volatils

Les **composés organiques volatils (COV)** sont des substances qui, contenues dans les matériaux organiques, ont tendance à s'évaporer et à se transformer en gaz à température ambiante.

Il existe un grand nombre de COV présents dans l'air intérieur du logement parmi lesquels on trouve les substances suivantes.

4.1 Les aldéhydes

■ Les aldéhydes sont présents dans de nombreux produits d'usage courant : panneaux de bois brut, panneaux de particules, panneaux de fibres, produits de traitement du bois... L'aldéhyde le plus connu est le **formaldé-**

hyde qui est plus spécialement présent dans les résines et colles à base d'urée-formol et de phénol-formol, les laques et vernis, les laines minérales (où il est souvent utilisé comme liant pour les fibres) ainsi que dans la fumée de tabac.

Les symptômes observés sont plus ou moins importants selon la teneur de formaldéhyde dans l'air : irritation des yeux, du nez et de gorge, céphalées, vertiges, vomissements. Le CIRC classe le formaldéhyde cancérogène pour l'homme (groupe 1).

■ Il existe des normes européennes qui tendent à limiter les émissions de formaldéhyde des produits de construction à base de bois :

- la norme EN 120, intitulée « Panneaux à base de bois. Détermination de la teneur en formaldéhyde. Méthode par extraction dite méthode au perforateur ». Cette norme définit plusieurs classes de panneaux à base de particules de bois, selon leur teneur en formaldéhyde :

– **Classe E1** : teneur en formaldéhyde < 8 mg pour 100 grammes de matière ;
– **Classe E2** : 8 mg < teneur en formaldéhyde < 30 mg.

La presque totalité des panneaux de bois fabriqués en France sont classée E1 ;

- La norme EN 1084, intitulée « Contreplaqués. Classes de dégagement de formaldéhyde déterminées par la méthode d'analyse de gaz ». Cette norme définit trois classes d'émission pour les panneaux de contreplaqué :

– **Classe A** : dégagement de formaldéhyde < 3,5 mg/m^2.heure ;
– **Classe B** : 3,5 mg/m^2.h < dégagement de formaldéhyde < 8 mg/m^2.h ;
– **Classe C** : dégagement de formaldéhyde > 8 mg/m^2.h.

L'emploi des panneaux de contreplaqué classée A tend à se généraliser.

■ Des tests en laboratoire réalisés par l'UFC-Que Choisir sur les revêtements de sols font apparaître pour certains types de revêtements des émissions élevées de COV et de formaldéhyde un mois après la pose du produit (revue « Que Choisir » n° 442, novembre 2006).

4.2 Le benzène

Le benzène est un hydrocarbure présent dans certains produits de construction et de décoration, dans les effluents automobiles et dans la fumée de cigarette. Le CIRC classe le benzène cancérogène pour l'homme (groupe 1).

4.3 Le toluène

Le toluène est un hydrocarbure présent dans les peintures, vernis et colles et dans certains produits d'entretien. Le CIRC le défini comme ne pouvant être classé quant à sa cancérogénéité pour l'homme (groupe 3).

4.4 Le styrène

Le styrène rentre dans la composition du polystyrène. Le CIRC classe le styrène comme pouvant être cancérogène pour l'homme (groupe 2B).

4.5 Les éthers de glycol

■ Les éthers de glycol sont présents dans de nombreux produits notamment dans ceux dits à l'eau comme les peintures, vernis colles, produits d'entretien et cosmétiques. Les éthers de glycol sont à la fois solubles dans l'eau et dans les graisses. Ils permettent de mélanger des substances non miscibles entre elles. A ce jour aucun éther de glycol est classé cancérogène mais un certain nombre d'entre eux sont interdits dans les produits destinés au grand public car ils présentent une nocivité particulière pour l'appareil reproducteur et pour le développement du fœtus chez la femme enceinte.

■ Les produits contenant des éthers de glycol doivent être de préférence utilisés à l'extérieur ou à défaut dans des locaux correctement ventilés. Bien qu'elles ne dégagent pas d'odeur les peintures dites à l'eau diffusent des éthers de glycol plusieurs heures après leur application. Il existe des peintures « NF Environnement » qui ne comportent pas d'éther de glycol.

4.6 Le trichloroéthylène

Le trichloroéthylène ou trichloréthylène est une substance à base de chlore utilisée principalement comme dégraissant pour métaux et comme solvant dans divers produits (peintures, lubrifiants, vernis et colles). Le

CIRC classe le trichloroéthylène cancérogène probable pour l'homme (groupe 2A). Une exposition de courte durée provoque des irritations du nez et de la gorge accompagnées ou non de maux de tête, de vertiges et de vomissements.

4.7 Le tétrachloroéthylène

Le tétrachloroéthylène ou perchloroéthylène est une substance à base de chlore utilisée pour le nettoyage à sec (vêtements, moquettes et tapis). Le CIRC classe le tétrachloroéthylène cancérogène probable pour l'homme (groupe 2A).

5 – Les contaminants d'origine biologique

Il existe un grand nombre de substances d'origine biologique présents dans les environnements intérieurs parmi lesquelles on distingue plus particulièrement les moisissures, les acariens et les allergènes du chat. Pour se débarrasser et/ou empêcher la prolifération de ces contaminants d'origine biologique, il est conseillé de :

- passer souvent l'aspirateur même dans les endroits les plus inaccessibles ;
- laver régulièrement les draps, housses de couette et taies ;
- ventiler les pièces après toute activité susceptible d'augmenter le taux d'humidité (cuisson des aliments, bain, douche...) ;
- entretenir les systèmes de ventilation et nettoyer régulièrement les bouches d'extraction d'air présentes dans les pièces humides (WC, salle de bains et cuisine).

5.1 Les moisissures

Les moisissures qui sont des champignons microscopiques se développent plus spécialement en présence d'humidité dans des milieux clos et mal ventilés. Leurs lieux de prédilection sont les salles de bains et les cuisines (lavabo, baignoire, évier, bouches d'extraction d'air vicié...) et ceux présentant des défauts d'isolation thermique (angles des pièces, pourtour des baies vitrées, jonctions mur-plafond...). L'inhalation des spores de moisissures peut provoquer chez certaines personnes des réactions allergiques (rhinites, asthme).

5.2 Les acariens

Les acariens sont de petits animaux invisibles à l'œil nu présents dans les tapis, moquettes, rideaux et surtout dans les matelas et les oreillers. Ils se nourrissent de squames humains (débris de peau et d'ongles, poils) et prolifèrent dans les milieux chauds et humides. Leurs débris de cadavres et leurs déjections peuvent déclencher des réactions allergiques (rhinite chronique, asthme).

5.3 Les allergènes du chat

Les allergènes du chat peuvent également être à l'origine de divers symptômes : rhinites, gêne respiratoire, conjonctivite....

■ Pour en savoir plus ■

– *Consommation toxique. Les substances dangereuses dans les poussières du logement. Des indicateurs de l'exposition chimique dans l'environnement domestique*. Brochure à télécharger, au format pdf, sur le site : www.greenpeace.org.

– *La pollution intérieure. La connaître. La reconnaître. L'éviter*. Brochure à télécharger, au format pdf, sur le site : www.air-interieur.org.

– *Les composés organiques volatils de la directive européenne relative à l'ozone*. Brochure à télécharger, au format pdf, sur le site : www.airfobep.org.

– *Dossier air intérieur. Lettre santé-environnement. Septembre-octobre 2002 n°14*. Brochure à télécharger, au format pdf, sur le site de France nature environnement : www.fne.asso.fr.

– *Le guide de l'habitat sain*. Suzanne et Pierre Déoux. Editions Medieco.

Chapitre 17 : les installations électriques

17.1 La gaine technique logement

■ La **gaine technique logement** (GTL) est obligatoire dans les logements neufs individuels ou collectifs. Elle regroupe en un emplacement unique toutes les arrivées des réseaux électriques et de communication. Elle doit être installée à proximité de l'entrée principale (ou de service) ou dans un garage ou un local annexe directement accessible.

La GTL doit contenir les éléments suivants :

- le **panneau de contrôle** (disjoncteur de branchement et compteur). Ce panneau n'est pas obligatoirement situé dans le logement mais lorsqu'il y est il doit être intégré à la GTL ;
- le **tableau de répartition principal** qui regroupe l'ensemble des appareils de protection et de sectionnement des circuits. La norme prévoit une réserve de 20 % pour la mise en place éventuelle d'équipements supplémentaires ;
- le **tableau de communication** qui reçoit toutes les arrivées des courants faibles (télévision, téléphonie, domotique...) à destination des différents points d'utilisation mis en place dans les pièces ;
- **deux socles de prises de courant** 10/16 A avec terre, protégées par une protection dédiée ;
- les **canalisations électriques** (arrivée et départs) ;
- les protections anti-intrusion et les équipements domotiques éventuels.

■ La GTL peut être installée en saillie (apparente), semi-encastrée ou encastrée en totalité par rapport au mur support. Dans le cas d'un montage en saillie, la GTL comprend une goulotte avec les faces avant amovibles allant du sol au plafond et des coffrets pour le panneau de contrôle et les deux tableaux.

Le cheminement des canalisations de communication (courants faibles) et des canalisations de puissance (courants forts) doit s'effectuer soit dans des goulottes compartimentées, soit dans des goulottes séparées.

17.2 Les appareillages

1 – Le disjoncteur de branchement

Le disjoncteur de branchement est généralement différentiel avec une sensibilité de 500mA. Cela signifie qu'en cas de défaut d'isolement, tout courant de fuite vers la terre au moins égal à 0,5 ampères provoque le déclenchement du disjoncteur.

2 – Les dispositifs différentiels résiduels

■ Il existe deux types de dispositifs différentiels résiduels(24) (DDR) : l'interrupteur différentiel et le disjoncteur différentiel. Les deux sont destinés à protéger les personnes contre les fuites de courant. Chaque DDR est placé à la tête de plusieurs circuits dans le tableau de répartition, entre le disjoncteur de branchement et les dispositifs de protection des circuits (disjoncteur divisionnaire et coupe-circuit).

Trois caractéristiques principales définissent un DDR :

- le **courant assigné** qui correspond au courant exprimé en ampères (A) que le DDR laisse passer en temps normal (10, 16, 25, 32 ou 40 A) ;
- la **sensibilité** ou le **seuil de déclenchement**. C'est la valeur la plus faible du courant de fuite pour laquelle le DDR en se déclenchant coupe le circuit. Pour les installations domestiques, il est exigé une haute sensibilité de 30 mA (milli ampères) soit 0,03 ampères ;
- le **type de DDR**. Le DDR de type AC est le modèle le plus courant. Il protège les matériels électriques susceptibles de produire des courants de défaut alternatifs sinusoïdaux. Le DDR de type A est réservé à la protection de circuits spécialisés dont les courants de défaut sont à composante continue (circuits de la plaque de cuisson, du lave-linge, des installations informatiques...).

Outre leur fonction de protection, le DDR sert à couper manuellement le courant sur les circuits qu'il protège.

■ **L'interrupteur différentiel** protège contre les fuites de courant. La norme NFC 15-100 impose un nombre minimal d'interrupteurs différentiels en fonction de la surface de l'habitation (voir tableau suivant).

■ Le **disjoncteur différentiel** protège contre les fuites de courant mais également contre les courts-circuits et les risques de surcharges. Dans les installations électriques domestiques, le disjoncteur différentiel est souvent remplacé par un interrupteur différentiel dont le prix d'achat est moins élevé. En règle générale, le disjoncteur différentiel est réservé à la protection de certains circuits dont ceux destinés aux équipements électriques extérieurs et ceux alimentant des appareils constamment sous tension (congélateur, centrale d'alarme...).

(24) Appelés aussi dispositifs à courant différentiel résiduel.

	35 m² < S (1) < 100 m²	S > 100 m²
interrupteur différentiel de type A 40A/30mA	1 (3)	1 (3)
interrupteur différentiel de type AC 40A/30mA	2	3 (2)

(1) S = surface de l'habitation en m²
(2) en cas de chauffage électrique d'une puissance supérieure à 8 KVA, il faut remplacer un interrupteur différentiel de 40 A de type C par un de 63 A de type AC
(3) l'interrupteur différentiel de type A doit protéger certains matériels (lave-linge, plaque de cuisson à induction...) qui intègrent des composants susceptibles de créer certains défauts spécifiques que le type AC ne détecte pas.

3 – Le coupe-circuit à cartouche fusible

Dispositif installé en tête de circuit et assurant la protection contre les surcharges et les courts-circuits par fusion d'un fusible. Le fusible est contenu dans une cartouche dont les dimensions normalisées sont fonction du calibre exprimé en ampères. Celui-ci correspond au courant nominal maximal que le fusible peut supporter. Le choix d'un fusible se fait en fonction de la grosseur du fil à protéger (voir tableau suivant).

courant nominal maximal (A)	10	20	25	32
section des conducteurs à protéger (mm²)	1,5	2,5	4	6

On ne peut pas remplacer une cartouche fusible par une autre de calibre plus élevé. Chaque porte-cartouche n'admet que les cartouches fusibles d'un calibre donné.

L'emploi de coupe-circuits ne permet pas d'obtenir le label Promotelec. D'autre part, ils ne sont pas autorisés pour assurer la protection de certains circuits (prises de courant avec conducteurs 1,5 mm², VMC).

4 – Le disjoncteur divisionnaire

Dispositif installé en tête de circuit, équivalent au coupe-circuit à cartouche fusible. Lorsqu'une surcharge ou un court-circuit se produit, le disjoncteur divisionnaire concerné se déclenche automatiquement. Après élimination du défaut, il suffit, pour rétablir le circuit, de réenclencher le disjoncteur en remettant le levier en place. Le disjoncteur est défini en fonction de l'intensité du courant qui le traverse et la nature du circuit à protéger (section des conducteurs et nature des équipements installés) (voir tableau suivant).

courant nominal maximal (A)	10	16	20	25	32
section des conducteurs à protéger (mm²)	1,5	1,5	2,5	4	6

5 – Le parafoudre

La mise en place d'une protection contre la foudre est obligatoire dès lors que l'habitation se situe dans une région dont le **niveau kéraunique** est égal ou supérieur à 25 (nombre de jours par an pendant lesquels on entend le tonnerre) et que l'alimentation de l'habitation est réalisée par une ligne partiellement ou entièrement aérienne.

QUELQUES DÉFINITIONS

■ Le **court-circuit** : contact accidentel entre deux conducteurs (fils électriques) de polarité différente qui peut entraîner une décharge de courant nettement supérieure à la normale. Pour éviter qu'un court-circuit ne détériore le circuit, il faut mettre en place une protection adaptée (disjoncteur, fusible).

■ Le **courant de fuite** : courant qui circule entre les parties actives d'un circuit et la masse de l'appareil alimenté par ce circuit, en l'absence de tout défaut électrique. Le courant de fuite est lié au fonctionnement normal de l'installation. Pour un appareil de classe I (avec protection contre les chutes d'eau), il est de l'ordre de 1 mA. Cette valeur peut augmenter progressivement dans le temps en raison du vieillissement des parties isolantes.

■ Le **courant de défaut** : courant qui apparaît à la suite d'un défaut d'isolement. La surintensité d'un courant de défaut sur un circuit conduit au déclenchement du dispositif de protection mis en place sur ce circuit.

■ La **surcharge** : le branchement sur un même circuit d'un trop grand nombre d'appareils (ou d'appareils trop puissants) conduit à dépasser la puissance maximale supportée par les fils d'alimentation. Le courant qui en résulte est supérieur au courant nominal. Il y a alors échauffement des fils avec un risque de court-circuit.

■ La **masse** : partie d'un matériel électrique qui habituellement n'est pas sous tension mais qui devient conductrice à la suite d'un défaut d'isolement, telle la carcasse métallique d'un appareil ménager.

6 – Exemple de composition d'une installation électrique

Pour une surface comprise entre 35 et 100 m^2

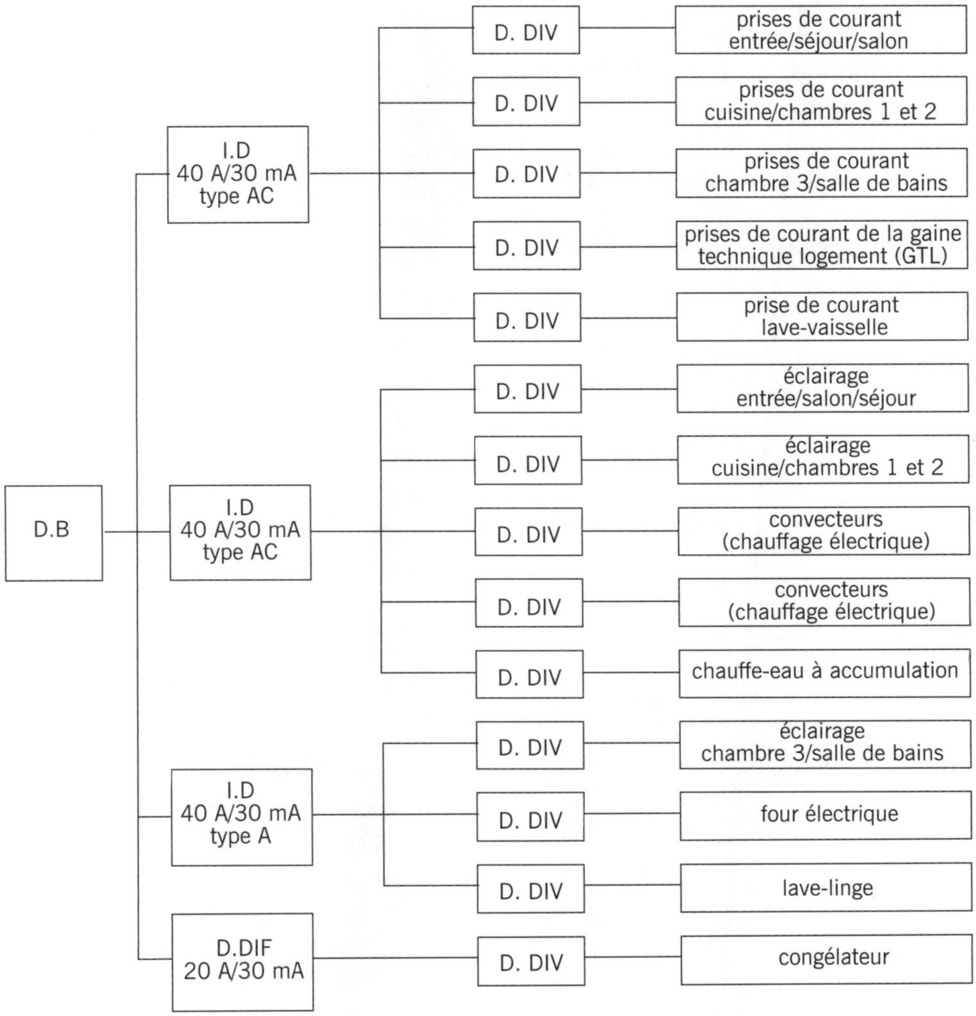

D.B : disjoncteur de branchement
D.DIF : disjoncteur différentiel
D.DIV : disjoncteur divisionnaire
I.D : interrupteur différentiel

17.3 La domotique

La **domotique** désigne l'ensemble des automatismes utilisés dans l'habitat individuel en matière de gestion de l'énergie, de sécurité, de confort et d'assistance.

1 – La gestion de l'énergie

La gestion de l'énergie permet de réaliser des économies d'énergie. Elle consiste à :

- programmer le fonctionnement des appareils de chauffage suivant l'occupation des locaux (régime réduit du chauffage pendant la nuit et les heures de travail) ;
- programmer le fonctionnement de la VMC et de la climatisation ;
- mettre en marche les appareils électroménagers (lave-vaisselle, lave-linge et sèche-linge) pendant les heures creuses d'EDF ;
- déclencher à distance les appareils de chauffage (d'une résidence secondaire, par exemple) par l'intermédiaire d'un transmetteur téléphonique.

2 – La sécurité

■ On distingue deux types d'équipements automatisés destinés à la sécurité des personnes et des locaux :

- les équipements de sécurité domestique ;
- les équipements de protection contre l'intrusion.

■ La **sécurité domestique** comporte essentiellement des dispositifs de protection tels que :

- le **détecteur de fuite de gaz** à installer à proximité des appareils fonctionnant au gaz (cuisinière, chaudière, chauffe-eau...) ;
- le **détecteur de fuite d'eau** pour le lave-vaisselle et le lave-linge ;
- le **détecteur de température** qui signale toute variation anormale de température à partir d'un seuil réglable. Il peut être utilisé pour le congélateur ou pour détecter une baisse de température dans un local ;
- le **détecteur de fumée** à installer dans la cuisine.

En cas d'anomalie, ces détecteurs déclenchent une alarme spécifique dans le logement et/ou à distance (par Internet ou par téléphone).

Il existe également un dispositif permettant d'interrompre momentanément l'alimentation électrique des prises (pour la sécurité des enfants en bas âge).

■ La **protection contre l'intrusion** comprend les équipements suivants :

- le **détecteur de mouvement** qui détecte le rayonnement infrarouge émis par le corps de l'intrus. Il transmet l'information à la centrale d'alarme ;
- le **détecteur d'ouverture** qui est fixé sur une menuiserie extérieure (porte d'entrée ou de service, porte-fenêtre, fenêtre). Il fonctionne par contact magnétique. En cas d'ouverture, l'aimant se détache de ses contacts et l'ouverture est instantanément signalée à la centrale d'alarme ;
- le **détecteur de choc** qui est installé sur les vitrages des fenêtres de toit, des portes-fenêtres et des portes vitrées. Il détecte le bris de verre qu'il signale à la centrale d'alarme ;
- le **détecteur pour volet roulant** qui surveille toute tentative de soulèvement, d'arrachage du volet roulant sur lequel il est placé. Il déclenche ainsi l'alerte avant toute intrusion ;
- la **centrale d'alarme** qui gère les informations communiquées par les détecteurs et qui, suivant la nature de l'information, déclenche une alarme sonore et/ou visuelle et éventuellement une alerte à distance par le biais d'un transmetteur téléphonique vers un ou plusieurs correspondants. En liaison avec certains équipements, la centrale peut simuler l'occupation des locaux (ouverture et fermeture des volets roulants, mise en marche et arrêt de l'éclairage, de la télévision...).

3 – Le confort

Certains automatismes contribuent à améliorer le confort des occupants tels que :

- la motorisation des volets roulants avec ou sans commande centralisée ;
- la commande à distance de l'ouverture de la porte de garage et du portail ;
- l'extinction centralisée de l'éclairage intérieur ;
- l'arrosage automatique du jardin avec une centrale de programmation.

4 – l'assistance

Les personnes handicapées ou âgées peuvent être assistées par des dispositifs automatisés tels que :

- une télécommande sans fil pour contrôler le fonctionnement des volets roulants, des points d'éclairage, d'un lit médical motorisé ;
- un boîtier relié au téléphone pour avertir rapidement les secours sans avoir à composer le numéro en cas de malaise ou d'agression.

5 – Les modes de communication

Il existe quatre modes de communication d'informations entre les différents appareillages :

- par **courant faible**. Les appareils (émetteurs et récepteurs) sont reliés entre eux par un réseau de fils électriques dans lesquels circule un courant de faible intensité associé à une basse tension ;
- par **courant porteur en ligne** (CPL). Cette technologie utilise le réseau de distribution électrique du logement pour véhiculer les informations. Ce mode de transmission ne nécessite pas la mise en place d'un câblage spécifique ;
- par **rayons infrarouges** (IR). Les informations sont transmises par un faisceau infrarouge invisible. L'émetteur doit être visible du récepteur et à une distance inférieure à 10 mètres environ. Les rayons infrarouges sont arrêtés par les parois et les objets ;
- par **ondes radio**. Celles-ci peuvent traverser les parois. Leur portée moyenne est de 20 mètres. Cette technologie ne nécessite aucun câble de raccordement.

Adresses utiles

Les adresses sont classées de la façon suivante :

1 Sites Internet généralistes ;
2 Organismes officiels (normalisation, qualité, fédérations) ;
3 Gros œuvre (murs, planchers et composants industrialisés) ;
4 Charpente et menuiserie (fenêtres, portes, vérandas, cloisons...) ;
5 Couverture et étanchéité ;
6 Isolations thermique et acoustique ;
7 Chauffage, climatisation et ventilation ;
8 Electricité.

1 – Sites Internet généralistes

www.batiactu.com

- actualités sur la construction ;
- produits du bâtiment avec moteur de recherche.

www.batibase.fr

- produits du bâtiment avec moteur de recherche.

www.batiweb.com

- produits du bâtiment avec moteur de recherche.

www.cyberbtp.com

- actualités sur la construction ;
- produits du bâtiment avec moteur de recherche.

www.interbat.com

- avis techniques en ligne ;
- certifications produits et réglementations.

2 – Organismes officiels et sites Internet généraux

ACERMI, Association pour la certification des matériaux isolants
4, avenue du Recteur Poincaré – 75782 Paris Cedex 16
Tél. 01 64 68 84 97

ADEME, Agence de l'environnement et de la maîtrise de l'énergie
27, rue Louis Vicat – 75737 Paris Cedex 15
Tél. 01 47 65 20 00
www.aderme.fr

- liste des délégations régionales.
- édition de guides pratiques à l'intention des particuliers

AFNOR, Association française de normalisation
11, avenue Francis de Pressensé
93571 Saint Denis La Plaine Cedex
Tél. 01 41 62 80 00
www.afnor.fr

- normes, DTU, avis techniques et labels.

AFOCERT, Association française des organismes de certification des produits de construction
11, avenue Francis de Pressensé
93571 Saint Denis La Plaine Cedex
Tél. 01 41 62 80 00
www.afocert.asso.fr

- liste des organismes membres d'Afocert et recherche par familles de produits.

AGENCE QUALITE CONSTRUCTION
9, boulevard Malesherbes – 75008 Paris
Tél. 01 44 51 03 51
www.qualiteconstruction.com

- édition de fiches techniques sur la pathologie du bâtiment et d'un guide technique de la maison individuelle.

ANAH, Agence nationale pour l'amélioration de l'habitat
8, avenue de l'Opéra – 75001 Paris
Tél. 01 49 27 07 30
www.anah.fr

- édite des fiches techniques et de fiches habitat-santé.
- liste des délégations locales.

BRGM, Bureau de recherches géologiques et minières
Centre scientifiques et technique
3, avenue Claude Guillemin – BP 6009
45060 Orléans Cedex 2
Tél. 02 38 64 34 34
www.brgm.fr

- gère les banques de données sur le risque sismique.

CAPEB, Confédération de l'artisanat et des petites entreprises du bâtiment
2, rue Béranger – 75003 Paris
Tél. 01 53 60 50 00
www.capeb.fr

CATED, Centre d'assistance technique et de documentation
102, route de Limours – Bâtiment 14 – Domaine de Saint-Paul – 78471 Saint Rémy les Chevreuse Cedex
Tél. 01 30 85 24 64
www.cated.fr

- édition d'ouvrages techniques : mémentos, guides...

CAUE, Fédération nationale des conseils en architecture, urbanisme et environnement
20-22, rue du Commandeur – 75014 Paris
Tél. 01 43 22 07 82
www.fncaue.asso.fr
- coordonnées des CAUE départementaux.
- assistance gratuite avec architectes conseils.

CEKAL, Organisme certificateur (vitrages)
9, rue La Pérouse – 75786 Paris Cedex 16
Tél. 01 47 23 06 65
www.cekal.asso.fr

CEQUAMI, Certification de la qualité en maison individuelle
4, avenue du Recteur Poincaré – 75782 Paris Cedex 16

CSTB, Centre scientifique et technique du bâtiment
4, avenue du Recteur Poincaré
75782 Paris Cedex 16
www.cstb.fr
- avis techniques, normes, DTU, certifications...

CTBA, Centre technique du bois et de l'ameublement
10, avenue de Saint-Mandé – 75012 Paris
Tél. 01 40 19 49 19
www.ctba.fr
- le bois dans la construction.
- édition d'ouvrages sur le bois (catalogue à télécharger).

CTTB, Centre technique des tuiles et des briques
17, rue Letellier - 75015 Paris
et 200, avenue du général de Gaulle – 92140 Clamart
Tél. 01 45 37 77 77
www.cttb.fr

OTUA, Office technique pour l'utilisation de l'acier
1, place aux Etoiles
93212 La Plaine Saint-Denis Cedex
Tél. 01 71 92 17 26
www.otua.org
- publication d'ouvrages techniques.

PROMOTELEC, Association pour la sécurité et la qualité des installations électriques dans le bâtiment
Tour Chantecoq - 5, rue de Chantecoq
92808 Puteaux Cédex
Tél. 01 41 97 42 22
www.promotelec.com
- documents d'information à télécharger.
- librairie en ligne.

QUALIBAT, Organisme professionnel de qualification et de certification du bâtiment
55, avenue Kléber – 75784 Paris Cedex 16
Tél. 01 47 04 26 01
www.qualibat.com

QUALIFELEC, Association technique et professionnelle de qualification des entreprises de l'équipement électrique
109, rue Lemercier – 75017 Paris
Tél. 01 53 06 65 20
www.qualifelec.fr
- moteur de recherche des entreprises Qualifelec.
- vérification de la qualification des entreprises.

QUALITEL,
136, boulevard Saint-Germain – 75006 Paris
www.qualitel.org
- certification des produits et des services.

SOCOTEC, Société de contrôle technique
3, avenue du centre Guyancourt
78182 Saint-Quentin-Yvelines Cedex
Tél. 01 30 12 80 00
www.socotec.fr
- publie des ouvrages sur les désordres dans le bâtiment, sur la sécurité incendie...

UNCMI, Union nationale des constructeurs de maisons individuelles
3, avenue du président Wilson – 75116 Paris
Tél. 01 47 20 82 08
www.uncmi.org

UTE, Union technique de l'électricité et de la communication
33, avenue du général Leclerc - BP 23
92262 Fontenay-aux-Roses Cedex
www.ute.fr
- publie des ouvrages sur les installations électriques et fournit des informations sur les normes électriques.

3 – Gros œuvre

ADETS, Association technique pour le développement de l'emploi du treillis soudé
25, avenue du Val – Z.I. de Limay-Porcheville
78440 Gargenville
Tél. 01 34 77 01 72
www.adets.org

BOUYER LEROUX
9, avenue Jules Verne – BP 33237
44230 Saint Sébastien sur Loire
Tél. 02 40 80 78 07
www.bouyer-leroux.com
- briques traditionnelles, briques Monomur, coffres linteau et corniches en terre cuite...

CERIB, Centre d'études et de recherches de l'industrie du béton
1, rue des Longs Réages – BP 30059
28231 Epernon Cedex
Tél. 02 37 18 48 00
www.cerib.com
- blocs RTH® et BABI®.

CIMBETON, Centre d'information sur le ciment et ses applications
7, place de la Défense – 92974 Paris La défense Cedex
Tél. 01 55 23 01 10
www.infociments.fr
- édite des guides techniques, des brochures d'information sur les ciments et les bétons.
- publications gratuites consultables et téléchargeables sur : www.infociments.fr

CIMENTS CALCIA
Les Technodes - BP 01 – 78931 Guerville Cedex
Tél. 01 34 77 78 00
www.ciments-calcia.fr

COMPOBAIE SA
ZA La Vialette – 81150 Marssac
Tél. 05 63 53 25 50
www.compobaie.fr
- ensembles préfabriqués comprenant l'encadrement monobloc en béton, la menuiserie, et le volet (battant ou roulant).

CTTB, Centre technique des tuiles et des briques
17, rue Letellier - 75015 Paris
ou 200, avenue du général de Gaulle – 92140 Clamart
Tél. 01 45 37 77 77
www.cttb.fr

FERRARI S.A.
5, rue du Pont-Rouge – 25300 Vuillecin
Tél. 03 81 39 07 23
- procédé « Prefer ».

FIB, Fédération de l'industrie du béton
23, rue de la Vanne – 92126 Montrouge Cedex
Tél. 01 49 65 09 09
www.fib.org
- produits en béton, brochures à télécharger.

GEOXIA
220, route de Grenoble – 69800 Saint Priest
- maisons « Phenix ».

IMERYS Structures
1, rue des Vergers – Bât. 3 – 69579 Limonest Cedex
Tél. 04 72 52 02 72
www.imerys-structure.com
- briques pour murs (Optibric, Monomur), briques pour cloisons, conduits de fumée...

LAFARGE S.A.
61, rue des Belles Feuilles - BP 40
75782 Paris Cedex 16
Tél. 01 44 34 11 11
www.lafarge.com et www.creagros.com
- ciments, granulats, béton et plâtre.

PREFA BETON
Rue du Pont-Rouge – 25300 Vuillecin
Tél. 03 81 38 62 32
- procédé « Magmur ».

PROFIL DU FUTUR
8, rue de Fortschwihr – BP 83 – 68180 Horbourg-wirh
Tél. 03 89 20 77 00
- procédé « Styltech ».

RECTOR Lesage s.a.
18, rue de Hirtzbach – 68058 Mulhouse Cedex
Tél. 03 89 59 67 65
www.rector.fr
- composants en béton : planchers, poutres, prélinteaux, longrines....

SEAC
47, boulevard de Suisse – BP 2158
31021 Toulouse Cedex 2
Tél. 05 34 40 90 00
www.seac-gf.fr
- planchers en béton précontraint et produits en béton pressé.

STANDARM, Armatures Mancelles
Montrubert – BP 18 – 72220 Marigné-Laillé
Tél. 02 43 47 00 40
- armatures préfabriquées et accessoires d'armatures.

STRADAL
Le Cérame
47, avenue des Genottes – BP 98318
95803 Cergy-Pontoise Cedex
Tél. 01 34 25 55 55
www.stradal.fr
- produits préfabriqués pour les toitures, les baies et les reliefs de façade.

WEBER et BROUTIN
Rue de Brie – BP 84 – 77253 Brie Comte Robert Cedex
Tél. 01 60 62 13 00
www.weber-broutin.fr
- enduits monocouches, colles carrelages, mortiers....

WESER
Route de Cléré – 37130 Mazières-de-Touraine
www.weser.fr

- composants préfabriqués : corniches, balustrades, colonnes, appuis de fenêtres, lucarnes, œils-de-bœuf, plaques de parement...

WIENERBERGER
8, rue du Canal - Achenheim
67087 Strasbourg Cedex 2
Tél. 03 90 64 64 64 (siège social)
Tél. 03 85 36 81 60 (documentation technique)
www.viernerberger.com
- briques traditionnelles et briques Monomur.

XELLA Thermopierre
Le pré Chatelain – Saint Savin
38307 Bourgoin-Jallieu Cedex
Tél. 04 74 28 90 15
www.ytong.fr
- blocs de béton cellulaire Ytong et plaques Fermacell.

4 – Charpente et menuiserie

ALUMINIUM ARCHITECTURE
10, rue du Débarcadère – 75852 Paris Cedex 17
Tél. 01 40 55 11 78
www.aluminiumarchitecture.com

BPB Placo
34, avenue Franklin Roosevelt – 92282 Suresnes Cedex
Tél. 01 46 25 46 25
www.bpbplaco.com
- produits Placoplâtre : plaques, cloisons, doublages, carreaux de plâtre...

CNDB, Comité national pour le développement du bois
6, avenue de Saint-Mandé – 75012 Paris
Tél. 01 53 17 19 60
www.bois-construction.org
- produits et matériaux en bois : menuiseries, charpentes, revêtements...

ELMADUC
Rue de la Recollaine – BP 14 – 03800 Gannat
Tél. 04 70 90 06 56
www.elmaduc.com
- profilés en aluminium pour la construction.

FFPV, Fédération française des professionnels du verre
10, rue du Débarcadère – 75852 Paris Cedex 17
Tél. 01 40 55 13 55
www.ffpv.com

FLIN
22130 Languenan
Tél. 02 96 27 90 96
www.flin.fr
- escaliers en bois.

HUET
La Gazonnière – BP 559 – 85305 Challans Cedex
Tél. 02 51 49 53 00
www.huet.fr
- menuiseries industrielles : fenêtres et portes-fenêtres en bois, PVC, aluminium, blocs portes...

INSTALLUX
Chemin du bois Rond – 69720 Saint-Bonnet-de-Mure
Tél. 04 72 48 31 31
www.installux-aluminium.com
- profilés en aluminium pour portes, fenêtres, portails, vérandas...

MALERBA
Rue de la Fargette – 69470 Cours la Ville
Tél. 04 74 89 85 85
www.malerba.fr
- huisseries métalliques, blocs portes métalliques, blocs portes bois.

PAP le panneau autoportant
1, rue Jean Decôte – 28600 Luisant
Tél. 02 37 28 03 82
www.nailweb.com
- poutres composites pour charpentes et planchers.

PAQUET
29, boulevard des Saulniers – BP 4
35370 Argentré-du-Plessis
Tél. 099 96 60 47
www.paquet.fr
- menuiseries industrielles : fenêtres, portes-fenêtres en bois, PVC, volets battants et volets roulants...

PROFILS SYSTEMES
Parc d'activités Massane – rue Alfred Sauvy
34670 Baillargues
Tél. 04 67 87 67 87
www.profils-systemes.com
- profilés en aluminium pour fenêtres, portes-fenêtres, vérandas, garde-corps...

REYNAERS Aluminium
Rue Victoir Cousin – 77127 Lieusaint
Tél. 01 64 13 85 95
www.reynaers.com
- profilés en aluminium pour le bâtiment.

SNFA, Syndicat national de la construction des fenêtres, façades et activités associées
10, rue du Débarcadère – 75852 Paris Cedex 17
www.snfa.fr

SNFMI, Syndicat national des fabricants de menuiseries industrielles
33, rue de Naples – 75008 Paris

www.snfmi-menuiserie.fr

TECHNAL
Hydro building systèmes
270, rue Léon Joulin - BP 63709
31037 Toulouse Cedex 1
Tél. 05 61 31 28 28
www.technal.fr
- profilés en aluminium et en PVC pour fenêtres, portes-fenêtres, garde-corps, portails.....

TUBAUTO SAS
ZI de Gron – Rue des Salcys – BP 711
89107 Sens Cedex
Tél. 03 86 64 85 85
www.tubauto.fr
- portes de garage métalliques et blocs portes.

UFPVC, Union fenêtre PVC
7-9, rue La Pérouse — 75784 Paris Cedex 16
Tél. 01 40 69 51 95
www.uf-pvc.fr

VELUX
3 bis, avenue Ferdinand de Lesseps
91421 Morangis Cedex
Tél. 08 11 02 01 01
www.velux.fr
- fenêtres de toit

WICONA
Hydro building systèmes
270, rue Léon Joulin – BP 63709
31037 Toulouse Cedex
Tél. 05 61 31 25 25
www.wicona.fr
- profilés en aluminium pour fenêtres, portes-fenêtres, garde-corps, vérandas...

5 – Couverture et étanchéité

FFTB, Fédération française des tuiles et briques
17, rue Letellier — 75015 Paris
Tél. 01 44 37 07 10
www.fftb.org

NICOLL
37, rue Pierre et Marie Curie – BP 966
49309 Cholet Cedex
Tél. 02 41 63 73 83
www.nicoll.fr
- produits en PVC : caniveaux, tuyaux, gouttières...

SOPREMA
14, rue de Saint-Nazaire – BP 121
67025 Strasbourg Cedex
www.soprema.fr
- dispositifs d'étanchéité, écrans de sous-toiture, bardeaux...

TERREAL
47, rue Louis Blanc — 92984 Paris la Défense
Tél. 01 49 97 20 30
www.terreal.com
- portail d'information sur les tuiles Lambert, Guiraud et TBF.

6 – Isolations thermique et acoustique

ACTIS isolation
Avenue de Catalogne — 11300 Limoux
Tél. 08 00 04 04 04
www.actisisolation.com
- isolants minces

ALDES
20, boulevard Joliot Curie — 69694 Venissieux Cedex
Tél. 04 78 77 15 15
www.aldes.com
- ventilation mécanique, aspiration centralisée.

CFI, Comité français de l'isolation
8, rue d'Athènes — 75008 Paris
Tél. 01 42 85 47 00

CIDB, Centre d'information et de documentation sur le bruit
12-14, rue Jules Bourdais — 75017 Paris
Tél. 01 47 64 64 64
www.infobruit.org

EFISOL
14 à 24 rue des Agglomérés — 92024 Nanterre Cedex
Tél. 01 41 37 57 44
www.efisol.fr
- isolation thermique des maisons : polyuréthane, perlite, vermiculite...

FILMM, Syndicat national des fabricants d'isolants en laines minérales manufacturées
1, rue du Cardinal Mercier — 75009 Paris
Tél. 01 49 70 89 60
www.filmm.fr

ISOVER
Les miroirs — 92096 Paris La Défense Cedex
Tél. 01 47 62 40 00
www.isover.fr
- produits isolants pour cloisons, plafonds et planchers.

PROMO PSE, Association de promotion du polystyrène expansé
« Le Diamant A »
14, rue de la République
92909 Paris La Défense Cedex

Tél. 01 46 53 11 07
www.promo-pse.com

ROCKWOOL ISOLATION
111, rue du Château des Rentiers – 75013 Paris
Tél. 01 40 77 82 82
www.rockwool.fr
- produits en laine de roche pour l'isolation des bâtiments d'habitation.

7 – Chauffage, climatisation et ventilation

ACOME
52, rue du Montparnasse – 75014 Paris
Tél. 01 42 79 14 00
www.acome.fr
- systèmes de planchers chauffants hydrauliques et électriques, planchers rafraîchissants, de distribution hydrocâblée...

AERE, Association pour les énergies renouvelables et l'écologie
Maison de l'agriculture, avenue des Druides
84400 Apt
Tél. 04 90 74 09 18
www.aere-asso.com

CAMPA
109, boulevard Ney – 75876 Paris Cedex 18
Tél. 01 53 06 28 99
www.campa.fr
- appareils de chauffage électrique : convecteurs, panneaux rayonnants...

CEGIBAT, Centre d'information de Gaz de France pour l'industrie et le bâtiment
44-46, rue du Rocher – 75008 Paris
Tél. 01 47 54 75 75
www.cegibat.fr

CFBP, Comité français du butane et du propane
Tour Arago - 5, rue Bellini – 92806 Puteaux
Tél. 01 41 97 02 80
www.cfbp.fr
- chauffage au gaz, installations de butane et de propane.

CHALEUR FIOUL
135, avenue de Wagram – 75017 Paris
Tél. 01 47 49 47 49
www.chaleurfioul.com

CHAPPEE
157, avenue Charles Floquet
93158 Le Blanc-Mesnil Cedex
Tél. 01 45 91 59 59
www.chappee.com
- chaudières, radiateurs, sèche serviettes.

CLIPSOL
Parc d'activités des Combaruches
73100 Aix-les-Bains
Tél. 04 79 34 35 36
www.clipsol.com
- chauffage et eau chaude solaire

ELIOPE, espace ELEC – CNIT BP 6
2, place de la Défense – 92053 Paris la Défense
Tél. 01 41 26 57 80
- diffuse de petits mémentos relatifs au chauffage électrique.

FINIMETAL
157, avenue Charles Floquet
93158 Le Blanc-Mesnil Cedex
Tél. 01 45 91 62 00
www.finimetal.fr
- radiateurs et planchers chauffants.

GEFOSAT
22, boulevard Maréchal Foch – 34140 Mèze
Tél. 04 67 18 77 02
www.gefosat.org
- informations sur les énergies renouvelables.

GIORDANO
ZI les Paluds, 529 avenue de la Fleuride
13685 Aubagne Cedex
Tél. 08 00 00 30 40
www.giordano-solar.com
- chauffage et eau chaude solaire.

IDEAL STANDARD, Compagnie internationale de chauffage
157, avenue Charles Floquet
93158 Le Blanc-Mesnil Cedex
Tél. 01 45 91 56 00
www.ideal-standard.fr
- radiateurs, chaudières, pompes à chaleur, équipements de salles de bain...

8 – Electricité

ARNOULD
5, rue jean Nicot – BP 155 – 93691 Pantin Cedex
www.arnould.com
- appareillages électriques : prises, interrupteurs...

LEGRAND
BP 30076 – 87002 Limoges Cedex 1
www.legrand.fr
- équipements électriques (installations et câblages).

Index alphabétique

Significations des abréviations présentes dans l'ouvrage

ADETS	Association technique pour le développement de l'emploi du treillis soudé	PAC	Pompe à chaleur
BRGM	Bureau de recherches géologiques et minières	PC	Polycarbonate
CCH	Code de la construction et de l'habitation	PCBT	Plancher chauffant à basse température
CESI	Chauffe-eau solaire individuel	PCI	Pouvoir calorifique intérieur
CFC	Chlorofluorocarbone	PEFC	Programme européen des forêts certifiées
CIRC	Centre international de recherche sur le cancer	PER	Polyéthylène réticulé
COP	Coefficient de performance	PIV	Panneau isolant sous vide
COV	Composé organique volatil	PMMA	Polyméthacrylate de méthyle
CPL	Courant porteur en ligne	PPR	Plan de prévention des risques
DDR	Dispositif différentiel résiduel	PRE	Plancher rayonnant électrique
DRIRE	Direction régionale de l'industrie, de la recherche et de l'environnement	PRP	Plafond rayonnant plâtre
ECS	Eau chaude sanitaire	PSD®	Plancher solaire direct®
EER	Energy efficiency rating ou coefficient d'efficacité frigorifique	PSE	Polystyrène expansé
FSC	Forest stewardship council ou label forestier	PSL	Parallel strand lumber ou bois reconstitué
GTL	Gaine technique logement	PUR	Polyuréthane
HCFC	Hydrochlorofluorocarbone	PVB	Butyral de polyvinyl
HFC	Hydrofluorocarbone	RPT	Rupture de pont thermique
IR	Infrarouge	RT	Réglementation thermique
LVL	Laminated veneer lumber ou Lamibois	SSC	Système solaire combiné
OQAI	Observatoire de la qualité de l'air intérieur	XPS	Polystyrène extrudé
OSB	Oriented strand board		

Conception graphique : Ah ! Anne Meige, Vanves
Exécution maquette : Marie-Thérèse Leloup, Desk, Laval
Impression : Oberthur Graphiques, Rennes
Achevé d'imprimer en juin 2007
Imprimé en France, Union européenne